Office 2013 高效办公实战从入门到精通（视频教学版）

刘玉红　王攀登　编著

清华大学出版社

北京

内容简介

本书以零基础讲解为宗旨，用实例引导读者深入学习，采取“Word 高效办公→ Excel 高效办公→ PowerPoint 高效办公→ Outlook 邮件收发→行业应用案例→高手办公秘籍”的讲解模式，深入浅出地讲解 Office 办公操作及实战技能。各篇内容如下。

第 1 篇“Word 高效办公”主要讲解初识 Office 2013 软件、Word 2013 基础入门、使用图文美化文档、用好表格与图表、高效率地检查并打印文档、Word 2013 的高级应用等；第 2 篇“Excel 高效办公”主要讲解 Excel 报表的制作与美化、使用公式和函数自动计算数据、数据报表的分析、使用图表与图形和使用宏自动化处理数据等；第 3 篇“PowerPoint 高效办公”主要讲解 PowerPoint 2013 基础入门，编辑演示文稿中的幻灯片，美化演示文稿，放映、打包和发布幻灯片等；第 4 篇“Outlook 邮件收发”主要讲解使用 Outlook 2013 收发办公信件等；第 5 篇“行业应用案例”主要讲解 Office 在行政办公、人力资源管理、市场营销中的应用等；第 6 篇“高手办公秘籍”主要讲解 Office 2013 组件之间协作办公等。

本书适合任何想学习 Office 2013 办公技能的人员，无论您是否从事计算机相关行业，是否接触过 Office 2013 软件，通过学习均可快速掌握 Office 的使用方法和技巧。

图书在版编目(CIP)数据

Office 2013 高效办公实战从入门到精通：视频教学版 / 刘玉红，王攀登编著 . —北京：清华大学出版社，2016（2017.4 重印）（实战从入门到精通：视频教学版）

ISBN 978-7-302-44743-6

I. ① O…　II. ①刘… ②王…　III. ①办公自动化－应用软件　IV. ① TP317.1

中国版本图书馆CIP数据核字（2016）第185975号

责任编辑：张彦青
封面设计：张丽莎
责任校对：张彦彬
责任印制：宋　林
出版发行：清华大学出版社
网　址：http://www.tup.com.cn，http://www.wqbook.com
地　址：北京清华大学学研大厦A座　　邮　编：100084
社 总 机：010-62770175　　邮　购：010-62786544
投稿与读者服务：010-62776969，c-service@tup.tsinghua.edu.cn
质量反馈：010-62772015，zhiliang@tup.tsinghua.edu.cn
印 刷 者：北京鑫丰华彩印有限公司
装 订 者：北京市密云县京文制本装订厂
经　销：全国新华书店
开　本：190mm×260mm　　印　张：28.25　　字　数：688千字
版　次：2016年9月第1版　　印　次：2017 年 4 月第 2 次印刷
（附光盘1张）
印　数：3001～4000
定　价：59.00 元

产品编号：069569-01

前言

“实战从入门到精通（视频教学版）”系列图书是专门为职场办公初学者量身定做的一套学习用书，整套书涵盖办公、网页设计等方面的内容。本系列书具有以下特点。

前沿科技

无论是 Office 办公，还是 Dreamweaver CC、Photoshop CC 的内容，都精选了较为前沿或者用户群最大的领域，帮助大家认识和了解最新动态。

权威的作者团队

组织国家重点实验室和资深应用专家联手编著该套图书，融合丰富的教学经验与优秀的管理理念。

学习型案例设计

以技术的实际应用过程为主线，全程采用图解和同步多媒体结合的教学方式，生动、直观、全面地剖析使用过程中的各种应用技能，降低难度，提高学习效率。

为什么要写这样一本书？

Office 在办公中有非常普遍的应用，正确熟练地操作 Office 已成为信息时代对每个人的要求。为满足广大读者的学习需要，针对不同学习对象的接受能力，编写组总结了多位 Office 高手、实战型办公讲师的经验，精心编写了这本书，主要目的是提高办公的效率，让读者不再加班，轻松完成工作任务。

通过本书能精通哪些办公技能？

◇ 熟悉 Office 2013 办公软件。

◇ 精通 Word 2013 办公文档的应用技能。

◇ 精通 Excel 2013 电子表格的应用技能。

◇ 精通 PowerPoint 2013 演示文稿的应用技能。

◇ 精通 Outlook 2013 收发办公信件的应用技能。

◇ 精通 Office 在行政办公中的应用技能。

◇ 精通 Office 在人力资源管理中的应用技能。

◇ 精通 Office 在市场营销中的应用技能。

◇ 精通 Office 2013 组件之间协作办公的应用技能。

本书特色

▶ 零基础、入门级的讲解

无论您是否从事计算机相关行业，是否接触过 Office 2013 软件，都能从本书中找到最佳起点。

▶ 超多、实用、专业的范例和项目

本书在编排上紧密结合深入学习 Office 办公技术的先后过程，从 Office 软件的基本操作开始，逐步深入地讲解各种应用技巧，侧重实战技能，使用简单易懂的实际案例进行分析和操作指导，让读者读起来简明轻松，操作起来有章可循。

▶ 职业范例为主，一步一图，图文并茂

本书在讲解过程中，每一个技能点均配有与此行业紧密结合的行业案例辅助讲解，每一步操作均配有与此对应的操作截图，使读者易懂更易学。读者在学习过程中能直观、清晰地看到每一步操作过程和效果，更利于加深理解和快速掌握。

▶ 职业技能训练，更切合办公实际

本书在每章最后均设有"高效办公技能实战"小节，此小节是特意为读者提升电脑办公实战技能而安排的。其案例选择和实训策略均符合当前行业应用技能需求，通过学习能使读者更好地投入到电脑办公中去。

▶ 随时检测自己的学习成果

每章首页均提供了学习目标，以指导读者重点学习及学后检查。

每章最后一小节，根据各章内容均有精选而成的"课后练习与指导"，读者可以随时检测自己的学习成果和实战能力，做到融会贯通。

▶ 细致入微、贴心提示

本书在讲解过程中，各章均使用了"注意""提示""技巧"等小栏目，读者在学习过程中可清楚地了解相关操作、理解相关概念，轻松掌握各种操作技巧。

▶ 专业创作团队和技术支持

如果读者在学习过程中遇到任何问题，可加入智慧学习乐园 QQ 群（群号：221376441）进行提问，随时都有资深实战型讲师为读者指点难点。

超值光盘

▶ 全程同步教学录像

全程同步教学录像涵盖本书所有知识点，详细讲解每个实例及项目的过程及技术关键点，更适合不爱看书的读者轻松掌握书中所有 Office 2013 的相关技能，而且扩展的讲解部分有可能会得到比书中更多的收获。

▶ 超多容量王牌资源大放送

赠送大量王牌资源，包括本书实例完整素材和结果文件、教学幻灯片、本书精品教学视频、600 套涵盖各个办公领域的实用模板、Office 2013 快捷键速查手册、Office 2013 常见问题解答 400 例、Excel 公式与函数速查手册、常用的办公辅助软件使用技巧、办公好助手——英语课堂、做个办公室的文字达人、打印机／扫描仪等常用办公设备使用与维护、快速掌握必需的办公礼仪。

读者对象

- ▶ **没有任何 Office 2013 办公基础的初学者**
- ▶ **有一定的 Office 2013 办公基础，想实现 Office 2013 高效办公的人员**
- ▶ **大专院校及培训学校的老师和学生**

创作团队

本书由刘玉红、王攀登编著，参加编写的人员还有刘玉萍、周佳、付红、李园、郭广新、侯永岗、蒲娟、刘海松、孙若淞、王月娇、包慧利、陈伟光、胡同夫、梁云梁和周浩浩。

在编写过程中，虽然我们尽力将最好的内容呈现给读者，但也难免有疏漏和不妥之处，敬请读者朋友不吝指正。若您在学习中遇到困难或疑问，或有何建议，可写信至信箱 357975357@qq.com。

编 者

目录

第1篇 Word高效办公

第1章 初识Office 2013软件

第2章 Word 2013基础入门

第3章 使用图文美化文档

第4章 用好表格与图表

第5章 高效率地检查并打印文档

第6章 Word 2013的高级应用

第2篇 Excel高效办公

第7章 Excel报表的制作与美化

第8章 使用公式和函数自动计算数据

第9章 数据报表的分析

第10章 使用图表与图形

第11章 使用宏自动化处理数据

第3篇 PowerPoint高效办公

第12章 PowerPoint 2013基础入门

第13章 编辑演示文稿中的幻灯片

第14章 美化演示文稿

第15章 放映、打包和发布幻灯片

Outlook邮件收发

第16章 使用Outlook 2013收发办公信件

第 5 篇 行业应用案例

第17章 Office在行政办公中的应用

第18章 Office在人力资源管理中的应用

第19章 Office在市场营销中的应用

第6篇 高手办公秘籍

第20章 Office 2013组件之间协作办公

第 1 篇

Word 高效办公

使用电脑办公是目前最常用的办公方式，它可以使办公轻松步入无纸化时代，既能节约能源，又能提高工作效率。本篇主要介绍 Word 2013 的相关办公知识。

△ 第 1 章　初识 Office 2013 软件

△ 第 2 章　Word 2013 基础入门

△ 第 3 章　使用图文美化文档

△ 第 4 章　用好表格与图表

△ 第 5 章　高效率地检查并打印文档

△ 第 6 章　Word 2013 的高级应用

初识Office 2013软件

● **本章导读**

Office 2013软件是办公使用的工具集合，主要包括Word 2013、Excel 2013、PowerPoint 2013和Outlook 2013等软件。通过Office 2013，可以实现文档的编辑、排版和审阅，表格的设计、排序、筛选和计算，演示文稿的设计和制作，以及电子邮件收发等功能。本章为读者介绍Office 2013系列组件的主要功能、各个Office系列版本之间的打开和保存方法等。

● **学习目标**

◎ 了解Office 2013办公软件系列。
◎ 了解Office 2013软件的新特性。
◎ 掌握Office各个版本之间的保存方法。

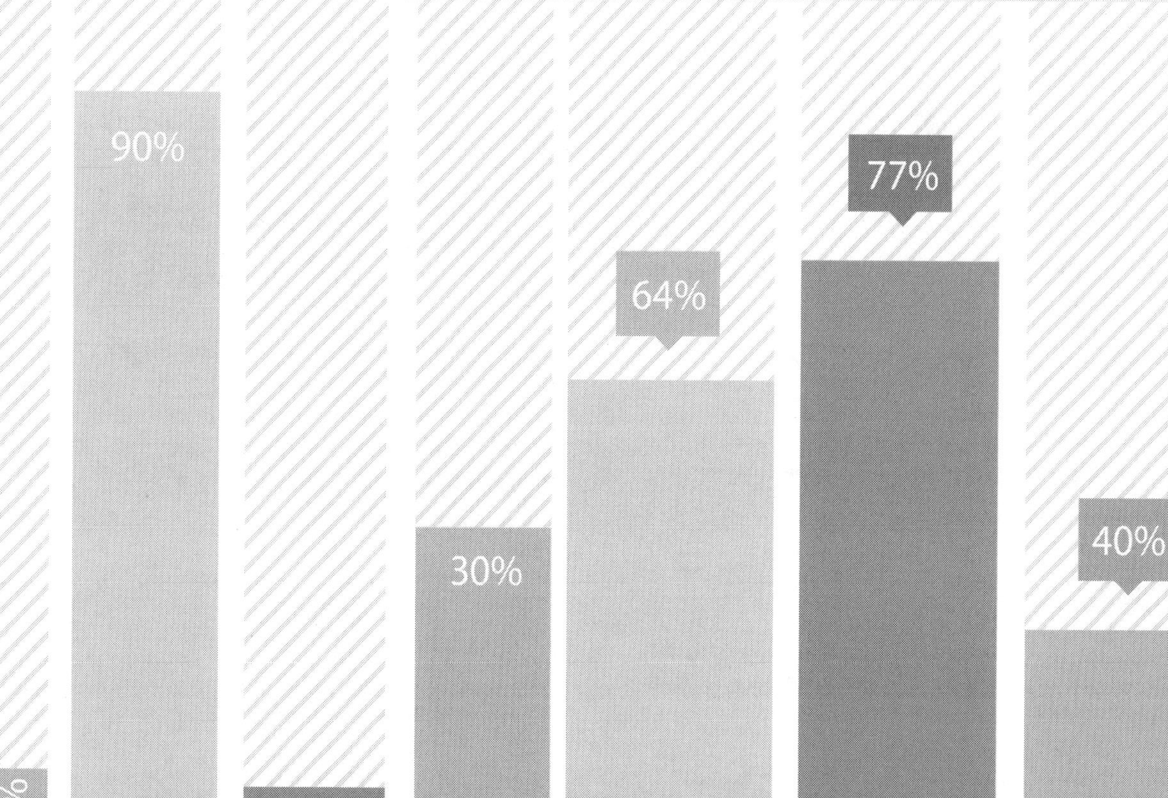

1.1 Office 2013系列组件一览

Office 2013 办公软件中包括 Word 2013、Excel 2013、PowerPoint 2013、Outlook 2013、Access 2013、Publisher 2013、InfoPath 2013 和 OneNote 2013 等组件。Office 2013 中最常用的四大办公组件是 Word 2013、Excel 2013、PowerPoint 2013 和 Outlook 2013。

1.1.1 Word 2013——文档创作与处理组件

Word 2013 是市面上使用频率最高的文字处理软件。使用 Word 2013，可以实现文本的编辑、排版、审阅和打印等功能，如图 1-1 所示。

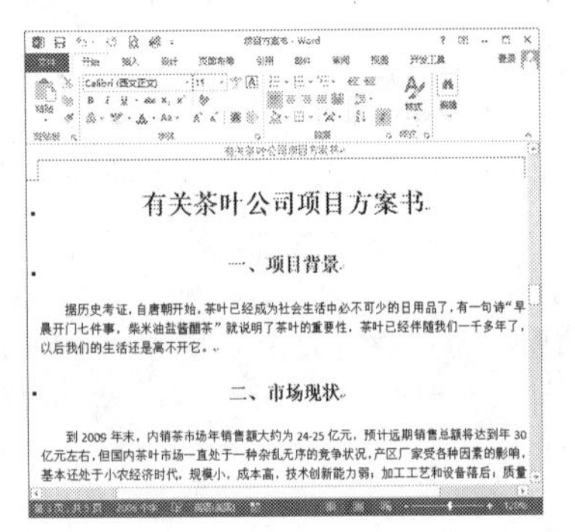

图 1-1　Word 2013 的工作界面

1.1.2 Excel 2013——电子表格组件

Excel 2013 是一款强大的数据表格处理软件。使用 Excel 2013，可对各种数据进行分类统计、运算、排序、筛选和创建图表等操作，如图 1-2 所示。

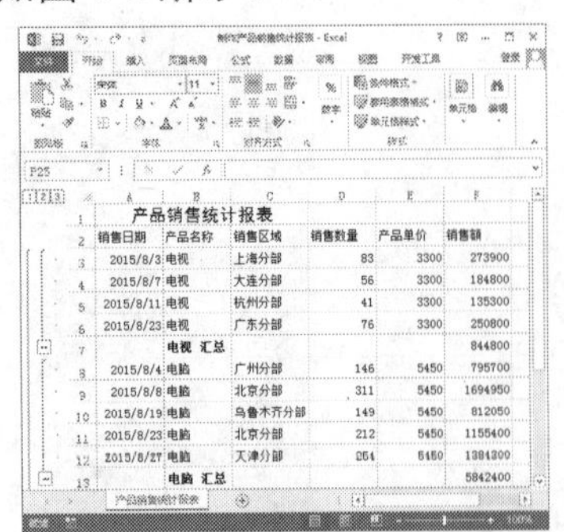

产品销售统计报表

销售日期	产品名称	销售区域	销售数量	产品单价	销售额
2015/8/3	电视	上海分部	83	3300	273900
2015/8/7	电视	大连分部	56	3300	184800
2015/8/11	电视	杭州分部	41	3300	135300
2015/8/23	电视	广东分部	76	3300	250800
	电视 汇总				844800
2015/8/4	电脑	广州分部	146	5450	795700
2015/8/8	电脑	北京分部	311	5450	1694950
2015/8/19	电脑	乌鲁木齐分部	149	5450	812050
2015/8/23	电脑	北京分部	212	5450	1155400
2015/8/27	电脑	天津分部	254	5450	1384300
	电脑 汇总				5842400

图 1-2　Excel 2013 的工作界面

1.1.3 PowerPoint 2013——演示文稿组件

PowerPoint 2013 是制作演示文稿的软件，使用 PowerPoint 2013，可以使会议或授课变得更加直观、丰富，如图 1-3 所示。

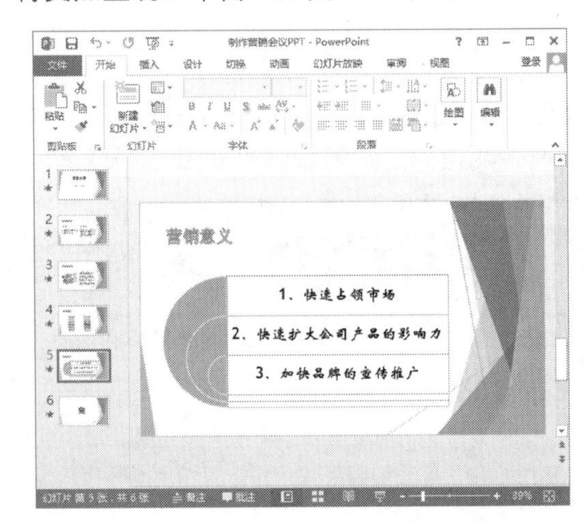

图 1-3　PowerPoint 2013 的工作界面

1.1.4 Outlook 2013——邮件收发组件

Outlook 2013 是一款运行于客户端的电子邮件软件。使用 Outlook 2013，可以直接进行电子邮件的收发、任务安排、制定计划和撰写日记等工作，如图 1-4 所示。

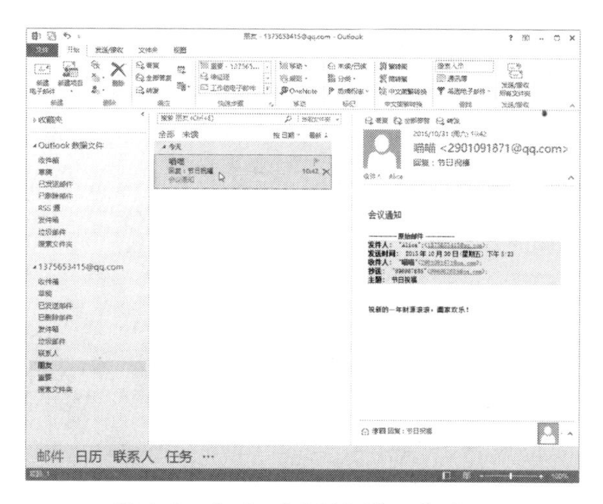

图 1-4 Outlook 2013 的工作界面

1.2 鉴别Office系列版本

目前常用的 Office 版本主要有 Office 2003、Office 2010 和 Office 2013。那么，应如何识别文件使用的 Office 版本类型呢？下面介绍两种简单的鉴别方法。

1.2.1 通过文件后缀名鉴别

文件后缀名是操作系统用来标识文件格式的一种机制，各类文件的后缀名各不相同，甚至同一类文件因版本不同，其后缀名也有所不同。常见的应用软件的后缀名如表 1-1 所示。

表 1-1 Office 系列版本的文件后缀名

版 本	软件名称	后 缀 名
Office 2003	Word 2003	.doc
	Excel 2003	.xls
	PowerPoint 2003	.ppt
Office 2010	Word 2010	.docx
	Excel 2010	.xlsx
	PowerPoint 2010	.pptx
Office 2013	Word 2013	.docx
	Excel 2013	.xlsx
	PowerPoint 2013	.pptx

如果文件的后缀名在本地计算机中不显示，则可通过以下操作，使其正常显示。

步骤 1 在桌面上双击【计算机】图标，打开【计算机】窗口，选择【组织】→【文件夹和搜索选项】选项，如图 1-5 所示。

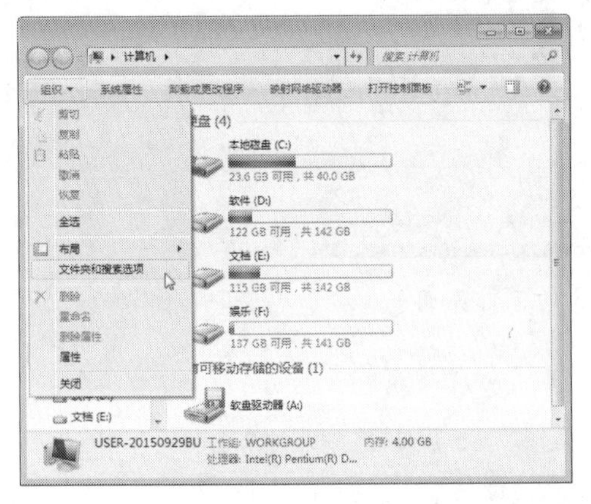

图 1-5 【计算机】窗口

步骤 2 打开【文件夹选项】对话框，选择【查看】选项卡，在【高级设置】列表框中取消系统已选中的【隐藏已知文件类型的扩展名】复选框，如图 1-6 所示。

步骤 3 单击【确定】按钮，保存设置，可以看到各文档的后缀名。这时打开保存 Word 文档的文件夹，其中后缀名为 .doc 的文档，是使用 Office 2003 或以前的版本创建的文档；后缀名为 .docx 的文档，是使用 Office 2007 或 Office 2013 版本创建的文档，如图 1-7 所示。

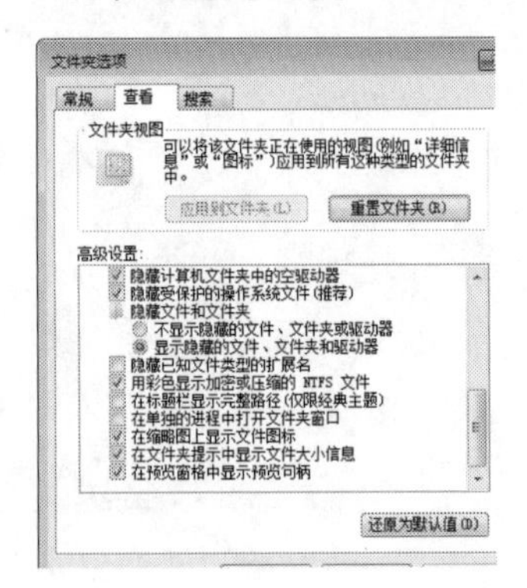

图 1-6 【文件夹选项】对话框

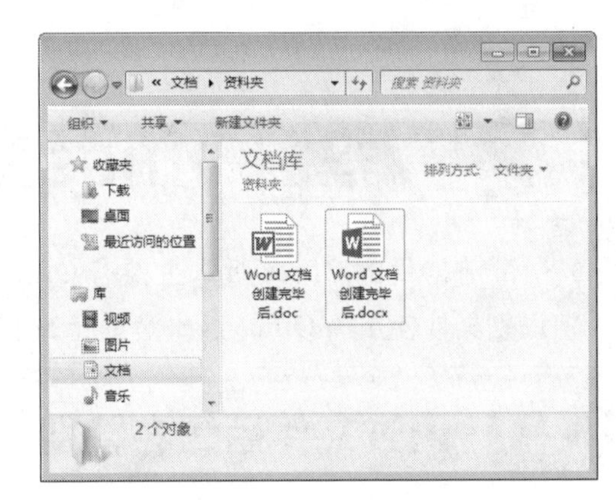

图 1-7 显示后缀名的文件

1.2.2 通过文件图标鉴别

文件图标是文件的图形化标识，不同类型的文件，其图标的表现形式也各不相同。下面以 Office 2003、Office 2010 和 Office 2013 这 3 种版本为例，介绍常见的应用文件图标，如表 1-2 所示。

表 1–2 Office 系列版本的文件图标

版　本	软件名称	图　标
Office 2003	Word 2003	Word 2003图标.doc Microsoft Word 9... 27 KB
	Excel 2003	Excel 2003图标.xls Microsoft Excel ... 14 KB
	PowerPoint 2003	PowerPoint 2003图标.ppt Microsoft PowerP...

续表

版　本	软件名称	图　标
Office 2010	Word 2010	Word 2010图标.docx Microsoft Word 文档 13 KB
	Excel 2010	Excel 2010图标.xlsx Microsoft Excel ... 9 KB
	PowerPoint 2010	PowerPoint 2010图标.pptx Microsoft PowerP...
Office 2013	Word 2013	Word 2013图标.docx Microsoft Word 文档 11.9 KB
	Excel 2013	Excel 2013图标.xlsx Microsoft Excel 工作表 7.60 KB
	PowerPoint 2013	PowerPoint 2013图标.pptx Microsoft PowerPoint 演示文稿 0 字节

通过以上各文件的图标也可以鉴别用户所使用的 Office 版本。

1.3 使用Office 2013打开其他版本的文件

时至今日，Office 的版本已出现多种，新的 Office 2013 并不是所有人都在使用，如果别人给你的 Office 文件是低于 Office 2013 版本的文件，你该如何对其进行编辑呢？下面就来简单介绍一下。

1.3.1 使用 Office 2013 打开 Office 2003 版本的文件

使用 Office 2013 打开 Office 2003 格式文件的方法比较简单。下面以 Word 为例，讲述使用 Word 2013 打开 Word 2003 格式文件的方法。

方法 1：使用命令打开 Word 2003 版本的文件。

步骤 1 在 Word 2013 文档中选择【文件】选项卡，从弹出的下拉列表中选择【打开】选项，在右侧选择【计算机】选项，如图 1-8 所示。

步骤 2 单击【浏览】按钮，弹出【打开】对话框，在【查找范围】下拉列表中选择文档所在路径，在其下方的文档列表中选中需要打开的文件，如图 1-9 所示。

图 1-8　选择【计算机】选项

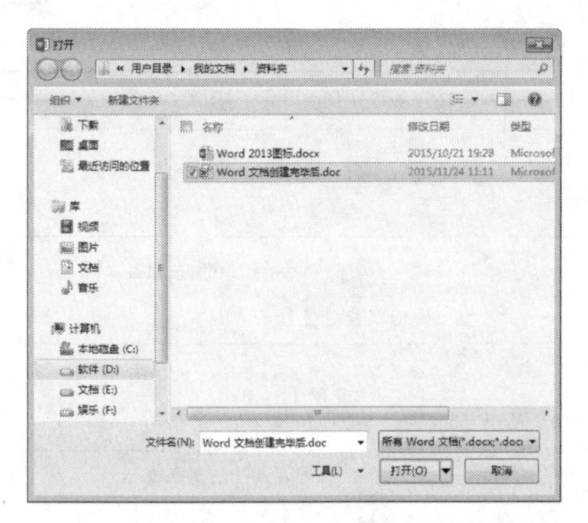

图 1-9 【打开】对话框

提示 用户也可以在【文件名】文本框中直接输入文档所在的物理路径，按 Enter 键跳转到指定的目录，之后在其下方的文档列表中选中需要打开的文件。

步骤 3 单击【打开】按钮，即可将 Word 2003 版本的文件在 Word 2013 文档中打开，并在标题栏中显示出“兼容模式”字样，如图 1-10 所示。

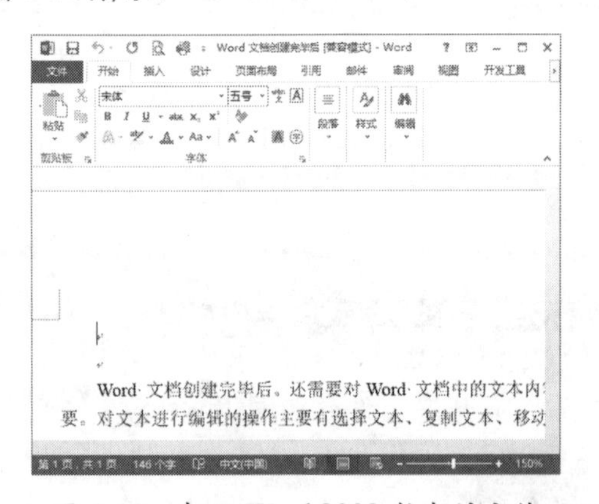

图 1-10 打开 Word 2003 版本的文件

方法 2：打开已使用过的 Word 2003 版本的文件。

如果之前已经打开过要查看的 Word 2003 版本的文件，则用户还可以选择【文件】选项卡，在【打开】的文件窗口中直接单击【最近使用的文档】列表中的文档名，打开文档，如图 1-11 所示。

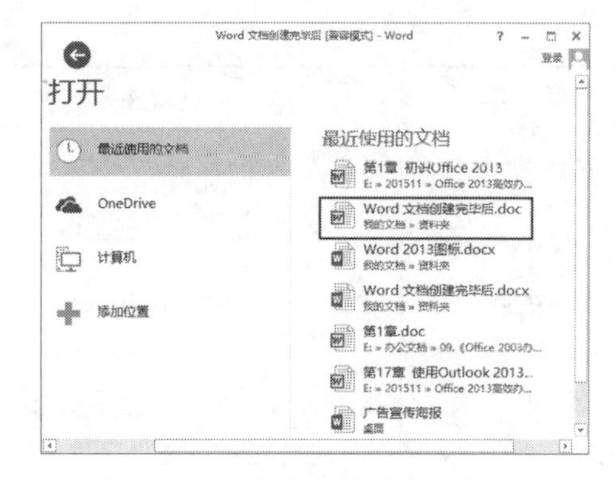

图 1-11 最近使用的文件记录

方法 3：在资源管理器中打开 Word 2003 版本的文件。

如果本地计算机中只安装有 Word 2013 版本的软件，而没有其他版本的 Word 软件时，可以在 Windows 资源管理器中找到该文件，然后双击所要打开文件的图标即可打开该文件。

1.3.2 使用 Office 2013 打开 Office 2010 和 Office 2013 版本的文件

用 Office 2013 打开 Office 2010 和 Office 2013 版本的文件比较简单，其操作方法与 1.3.1 节介绍的 3 种方法相同，这里不再重复。只是在打开 Office 2010 和 Office 2013 格式的文件时，标题栏上的“兼容模式”字样不再显示，如图 1-12 所示。

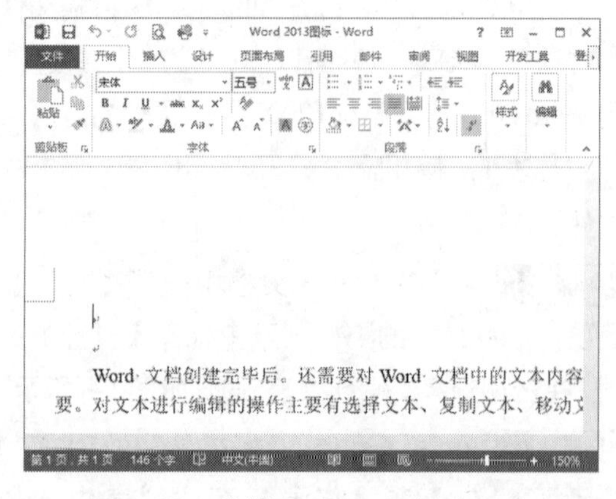

图 1-12 Office 2013 版本的文件

1.4 将Office 2013版本的文件保存为其他版本的文件

将 Office 2013 版本的文件保存为其他版本的文件的方法如下。

1.4.1 另存为 Office 2003 版本的文档

使用 Office 2013 创建好文档后，为了使其他版本的办公软件也能打开该文档，需要把该文档保存为 Office 2003 版。下面以 Word 为例，介绍将 Office 2013 版本的文档保存为 Office 2003 版本的文档的方法，具体的操作步骤如下。

步骤 1 打开一个已经保存的文档，或创建一个新文档。如打开随书光盘中的“素材\ch01\邀请函.docx”文档，如图 1-13 所示。

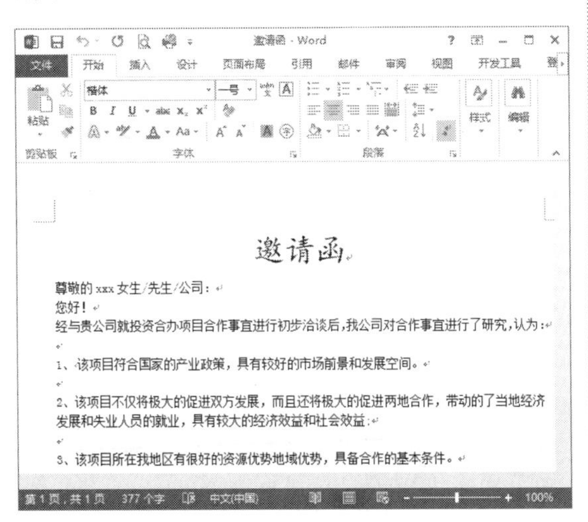

图 1-13 打开素材文档

步骤 2 选择【文件】选项卡，在打开的界面中选择【另存为】选项，在右侧选择【计算机】选项，如图 1-14 所示。

步骤 3 单击【浏览】按钮，打开【另存为】对话框，在【保存类型】下拉列表中选择【Word 97-2003 文档 (*.doc)】选项，如图 1-15 所示。

图 1-14 选择【计算机】选项

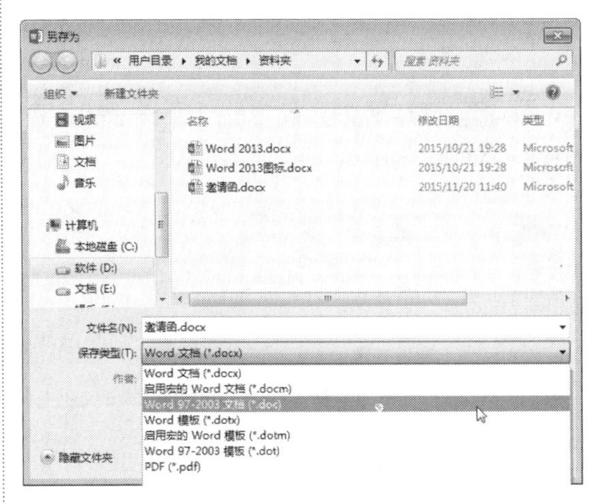

图 1-15 选择保存类型

步骤 4 单击【保存】按钮，即可将该文档保存为 Office 2003 版本的文档，可以看到该文档的后缀名为 .doc。此时，将 Word 2003 版本的文档发往装有 Office 2003 版本的计算机中，便可正常使用，如图 1-16 所示。

图 1-16 保存好的文档图标

1.4.2 另存为 Office 2010 版本的文档

使用 Office 2013 创建的文档，其默认保存的文档类型就是 Office 2013 版本的文件。下面以 Word 2013 为例，介绍将 Office 2013 文档保存为 Office 2010 版本的文档的方法，具体的操作步骤如下。

步骤 1 打开随书光盘中的“素材\ch01\邀请函 .doc”文档，如图 1-17 所示。

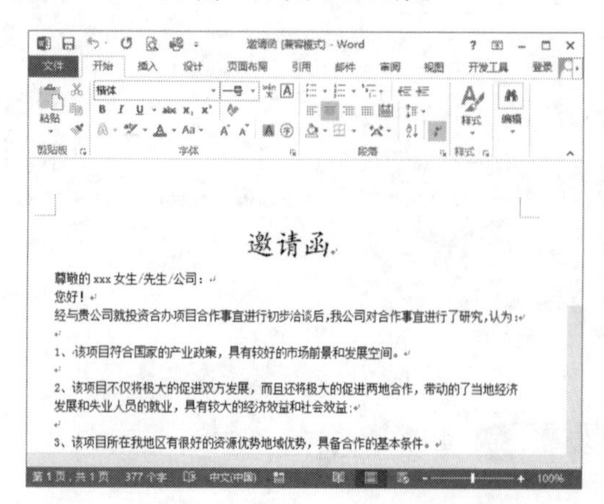
邀请函

尊敬的xxx女生/先生/公司：

您好！

经与贵公司就投资合办项目合作事直进行初步洽谈后，我公司对合作事直进行了研究，认为：

1、该项目符合国家的产业政策，具有较好的市场前景和发展空间。

2、该项目不仅将极大的促进双方发展，而且还将极大的促进两地合作，带动的了当地经济发展和失业人员的就业，具有较大的经济效益和社会效益；

3、该项目所在我地区有很好的资源优势地域优势，具备合作的基本条件。

图 1-17 打开素材文档

步骤 2 选择【文件】选项卡，在打开的界面中选择【另存为】选项，在右侧选择【计算机】选项，如图 1-18 所示。

图 1-18 选择【计算机】选项

步骤 3 单击【浏览】按钮，打开【另存为】对话框，在【保存类型】下拉列表中选择【Word 文档 (*.docx)】选项，如图 1-19 所示。

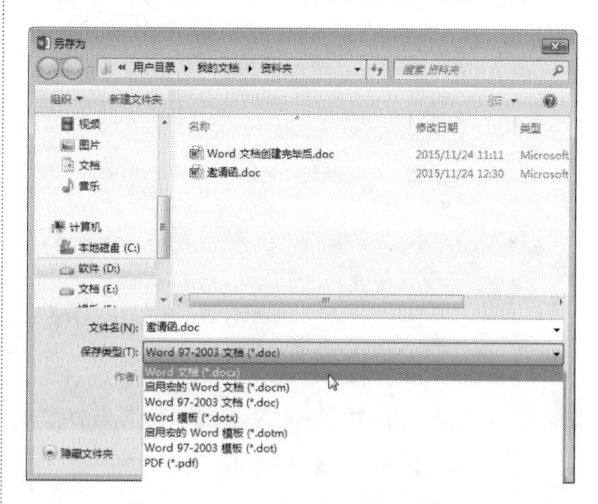

图 1-19 选择保存类型

步骤 4 单击【保存】按钮，即可将该文档保存为 Office 2010 版本的文档，可以看到该文档的后缀名为 .docx。此时，将 Word 2013 版本的文档发往装有 Office 2010 版本的计算机中，便可正常使用，如图 1-20 所示。

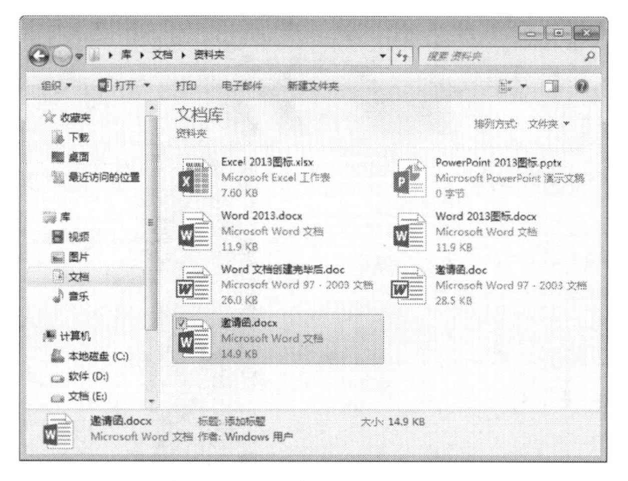

图 1-20 保存好的文档图标

1.5 高效办公技能实战

1.5.1 修复损坏的 Office 文档

下面以修复损坏的 Excel 2013 工作簿为例，介绍修复损坏的 Office 文档的方法，具体的操作步骤如下。

步骤 1 启动 Excel 2013，选择【文件】选项卡，在打开的界面中选择【打开】选项，在右侧选择【计算机】选项，如图 1-21 所示。

图 1-21 选择【计算机】选项

步骤 2 单击【浏览】按钮，打开【打开】对话框，选中需要修复的 Excel 文件，单击【打开】按钮右侧的下拉箭头，在弹出的下拉列表中选择【打开并修复】选项，如图 1-22 所示。

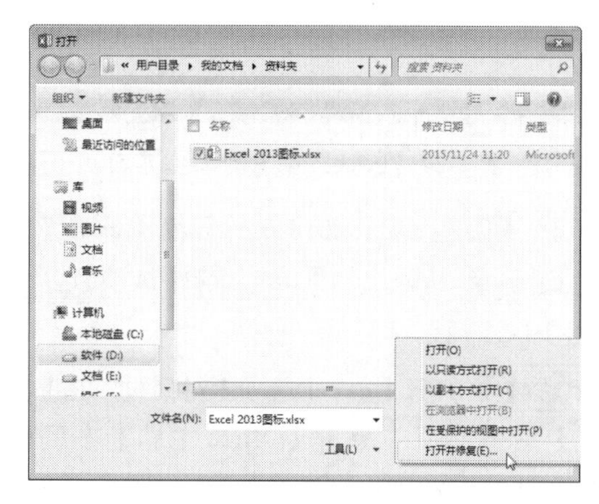

图 1-22 选择【打开并修复】选项

步骤 3 弹出 Microsoft Excel 对话框，单击【修复】按钮，Excel 将修复工作簿并打开。如果修复不能完成，则可单击【提取数据】按钮，将工作簿中的数据提取出来以防丢失，如图 1-23 所示。

图 1-23 信息提示对话框

1.5.2 设置个性化的 Office 系列外观

在使用 Office 2013 时，还可以对其应用软件的外观进行自定义设置。下面以 Excel 2013 为例，介绍设置自定义 Excel 2013 外观的方法，具体的操作步骤如下。

步骤 1 打开 Excel 2013 应用程序，进入 Excel 2013 工作界面，如图 1-24 所示。

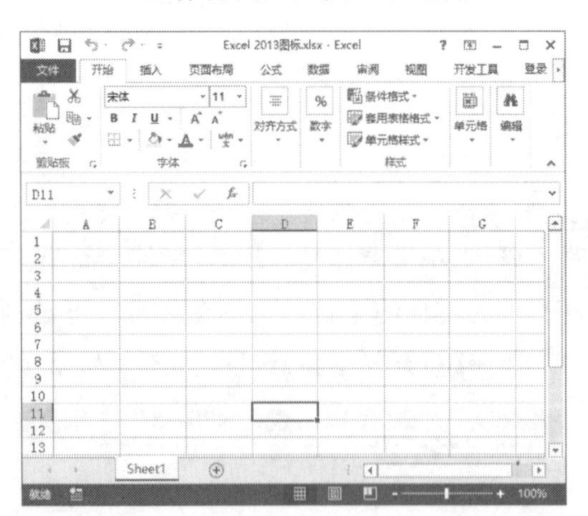

图 1-24 Excel 2013 的工作界面

步骤 2 在 Excel 2013 工作界面中选择【文件】选项卡，从弹出的列表中选择【选项】选项，如图 1-25 所示。

步骤 3 打开【Excel 选项】对话框，在【常规】设置界面中单击【Office 主题】右侧的下拉按钮，在弹出的下拉列表中选择一个主题颜色，如这里选择【浅灰色】选项，如图 1-26 所示。

图 1-25 选择【选项】选项

图 1-26 【Excel 选项】对话框

步骤 4 单击【确定】按钮，关闭【Excel 选项】对话框，可以看到 Excel 2013 的外观颜色已被自定义设置成浅灰色，如图 1-27 所示。

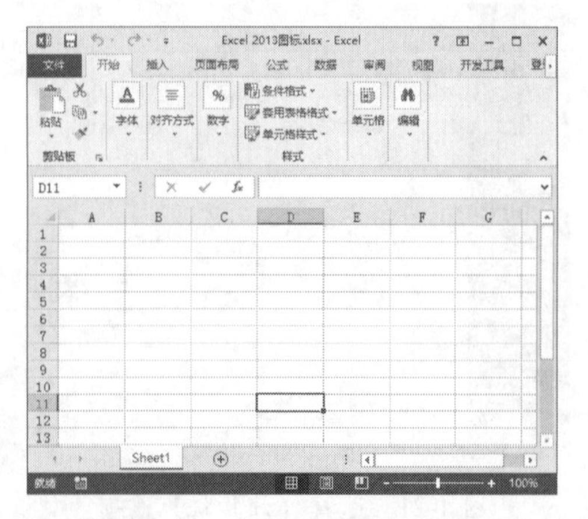

图 1-27 主题外观显示效果

> **提示** 在对 Office 2013 各个应用软件的外观进行自定义设置的同时，Office 2013 中的其他命令按钮的外观也会相应地发生改变。

1.6 课后练习与指导

1.6.1 打开 Office 2013 常用组件

☆ 练习目标

了解 Office 2013 常用组件的工作界面。

掌握 Office 2013 常用组件的主要功能。

☆ 专题练习指南

01 打开 Word 2013 办公软件。

02 打开 Excel 2013 办公软件。

03 打开 PowerPoint 2013 办公软件。

04 打开 Outlook 2013 办公软件。

1.6.2 使用 Office 2013 打开其他版本的文档

☆ 练习目标

了解 Office 2013 打开文档的过程。

掌握 Office 2013 打开其他版本文档的方法。

☆ 专题练习指南

01 使用命令打开 Office 2003 版本的文档。

02 打开已使用过的 Office 2003 版本的文档。

03 在资源管理器中打开 Office 2003 版本的文档。

Word 2013 基础入门

- **本章导读**

Word 2013 是 Office 2013 办公组件中的一个，是编辑文字文档的主要工具。本章为读者介绍 Word 2013 的工作界面和基本操作，包括新建文档、保存文档、输入文本内容、编辑文本内容等。

- **学习目标**

◎ 了解 Word 2013 的工作界面。

◎ 掌握 Word 2013 的基本操作。

◎ 掌握文本的输入方法。

◎ 掌握编辑文本的方法。

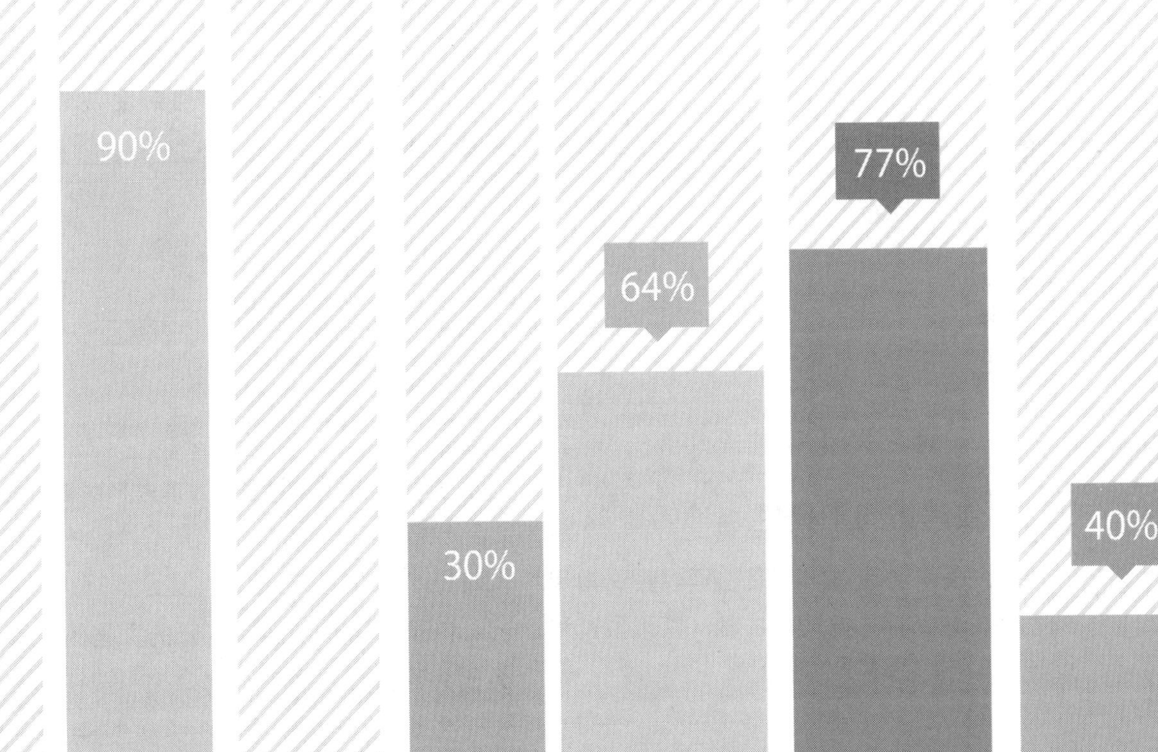

2.1 Word 2013的工作界面

启动 Word 2013 软件就可以打开 Word 文档窗口，该窗口由标题栏、功能区、快速访问工具栏、文档编辑区和状态栏等部分组成，如图 2-1 所示。

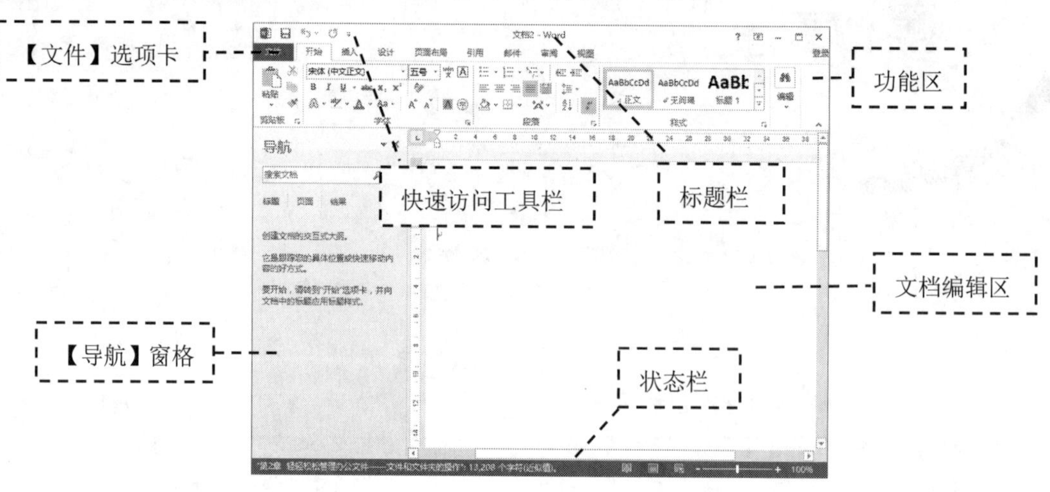

图 2-1 Word 2013 的工作界面

1.【文件】选项卡

【文件】选项卡可实现文档的打开、保存、打印、新建和关闭等功能，如图 2-2 所示。

图 2-2 【文件】界面

2. 快速访问工具栏

用户使用快速访问工具栏可以实现常用的功能，如保存、撤销、恢复、打印预览和快速打印等，如图 2-3 所示。

图 2-3 快速访问工具栏

单击右边的【自定义快速访问工具栏】按钮，在弹出的下拉列表中选择快速访问工具栏中相应的工具按钮即可自定义工具栏，如图 2-4 所示。

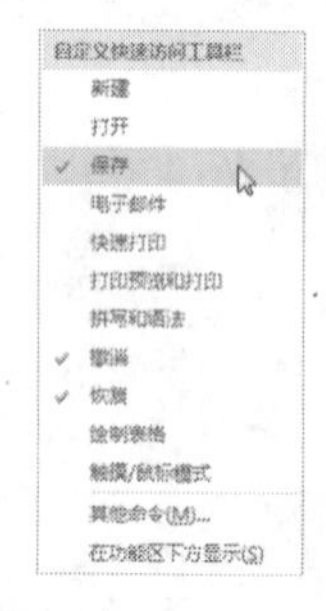

图 2-4 自定义快速访问工具栏的下拉列表

3. 标题栏

标题栏显示了当前打开的文档的名称，分别为用户提供了 3 个窗口控制按钮：最小

化按钮、最大化按钮（又称还原按钮）和关闭按钮，如图 2-5 所示。

文档2 - Word

图 2-5 标题栏中的控制按钮

4. 功能区

功能区是菜单和工具栏的主要显现区域，几乎涵盖了所有的按钮、库和对话框。功能区首先将控件对象分为多个选项卡，在选项卡中又将控件细化为不同的组，如图 2-6 所示。

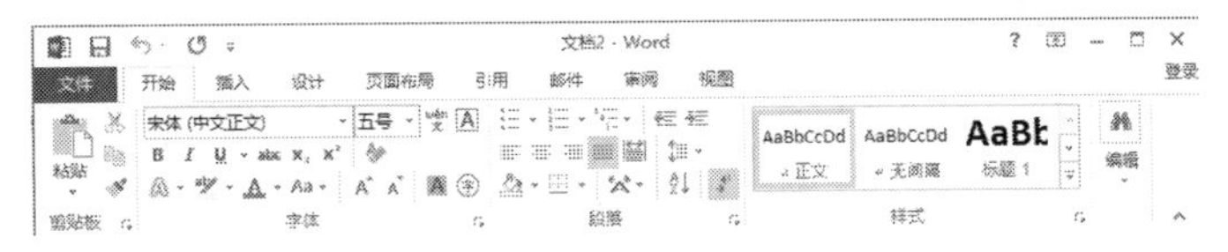

图 2-6 功能区

提示 选项卡分为固定选项卡和隐藏式选项卡。例如，当用户选择一张图片，则会显示【图片工具】→【格式】隐藏式选项卡。

5. 文档编辑区

文档编辑区是用户工作的主要区域，用来显示和编辑文档、表格、图表和演示文稿等。Word 2013 的文档编辑区除了可以进行文档的编辑之外，还有水平标尺、垂直标尺、水平滚动条和垂直滚动条等文档编辑的辅助工具，如图 2-7 所示。

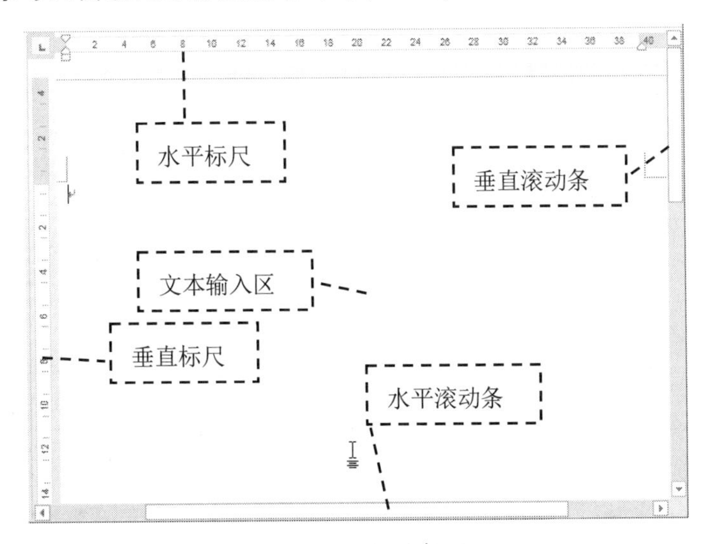

图 2-7 文档编辑区

6. 【导航】窗格

【导航】窗格中的上方是搜索框，用于搜索文档中的内容。单击下方的列表框中、和按钮，分别可以浏览文档中的标题、页面和搜索结果，如图 2-8 所示。

图 2-8 【导航】窗格

7. 状态栏

状态栏具有统计页码和字数、检查拼音和语法、改写、调整视图方式、显示比例和缩放滑块等辅助功能，如图 2-9 所示。

图 2-9 状态栏

2.2 Word 2013的基本操作

Word 2013 的基本操作主要包括新建文档、保存文档、打开文档和关闭文档等，用户可以通过多种方法完成这些基本操作。

2.2.1 新建文档

新建 Word 文档是编辑文档的前提，默认情况下，每次新建的文档都是空白文档，用户可以对文档进行各种编辑操作。新建文档的方法有以下两种。

1. 新建空白 Word 文档

步骤 1 在 Word 2013 中，选择【文件】选项卡，在【文件】界面中选择【新建】选项，然后选择可用模板设置区域中的【空白文档】选项，如图 2-10 所示。

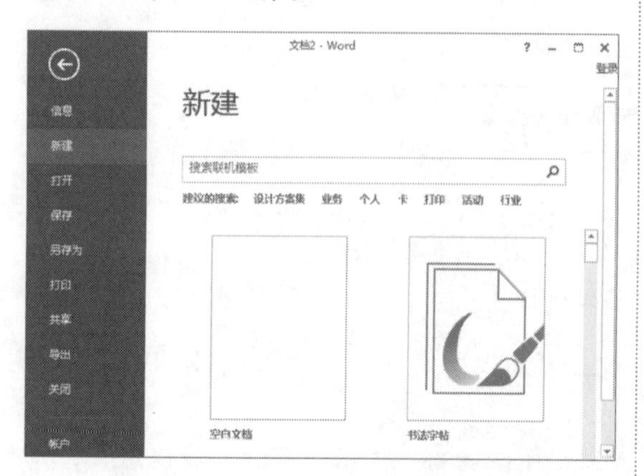

图 2-10 选择【空白文档】选项

步骤 2 随即创建一个空白文档，如图 2-11 所示。

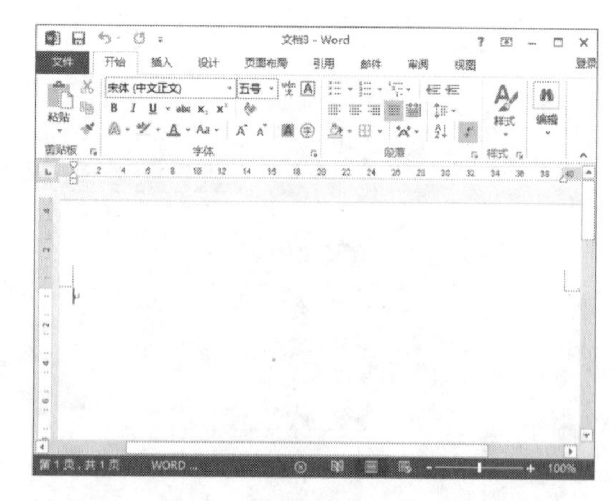

图 2-11 新建空白文档

2. 使用模板新建文档

文档模板分为两种类型，一种是系统自

带的模板，另一种是专业联机模板，使用这两种模板创建文档的步骤大致相同。下面以使用系统自带的模板为例进行讲解，具体操作步骤如下。

步骤 1 在 Word 2013 中，选择【文件】选项卡，在打开的【文件】界面中选择【新建】选项，在打开的可用模板设置区域中选择【报表设计（空白）】选项，如图 2-12 所示。

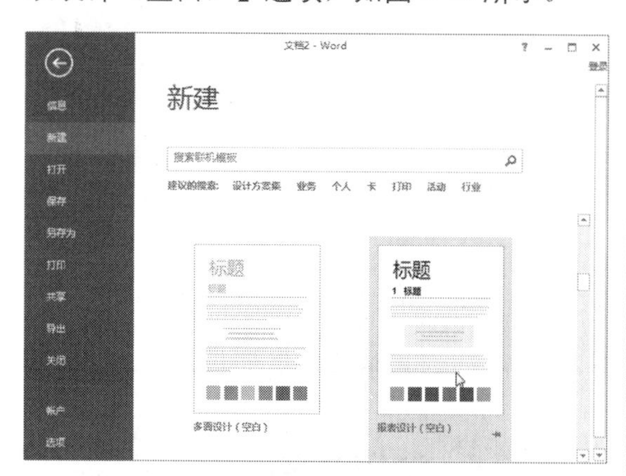

图 2-12　选择【报表设计（空白）】选项

步骤 2 随即弹出【报表设计（空白）】对话框，如图 2-13 所示。

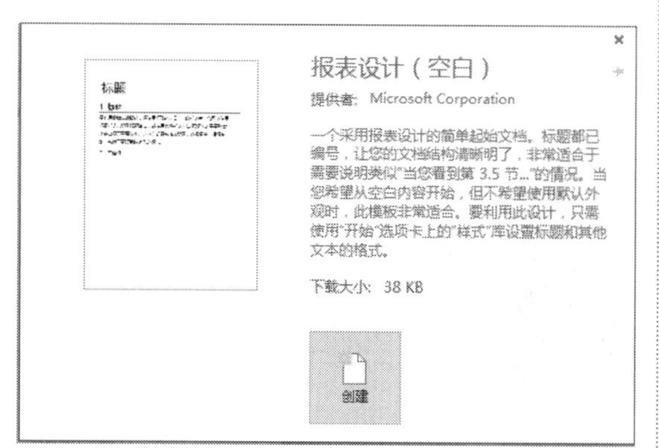

图 2-13　【报表设计（空白）】对话框

步骤 3 单击【创建】按钮，即可创建一个以报表设计为模板的文档，根据实际情况可以在其中输入文字，如图 2-14 所示。

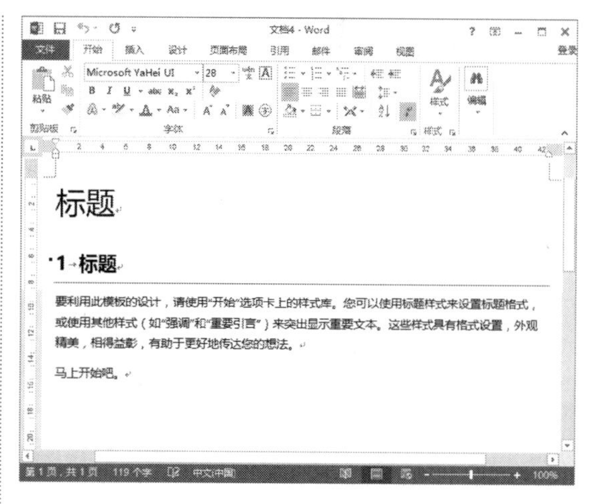

图 2-14　以模板方式创建文档

2.2.2 保存文档

要想永久地保留编辑的文档，就需要将文档进行保存，保存文档的操作步骤如下。

步骤 1 选择【文件】选项卡，在打开的【文件】界面中选择【保存】或【另存为】选项，也可以进入【另存为】界面中，如图 2-15 所示。

图 2-15　【另存为】界面

步骤 2 选择文件保存的位置，这里选择【计算机】选项，然后单击【浏览】按钮，打开【另存为】对话框，在【文件名】文本框中输入文件的名称，在【保存类型】下拉列表中选择文档的保存类型，单击【保存】按钮即可，如图 2-16 所示。

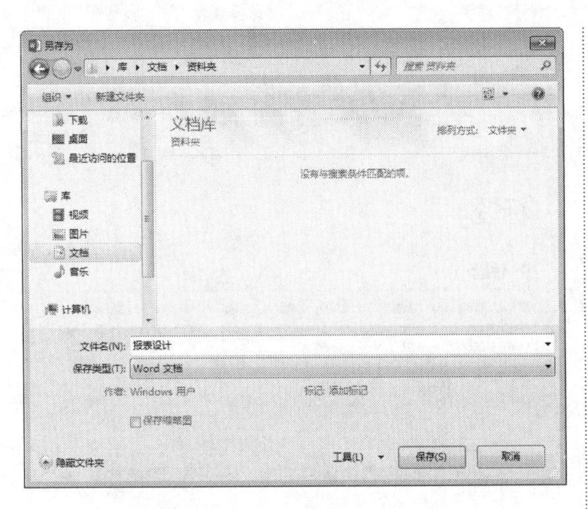

图 2-16 【另存为】对话框

2.2.3 打开文档

要想查看编辑过的文档，首先需要打开文档，具体操作步骤如下。

步骤 1 选择【文件】选项卡，在打开的界面中选择【打开】选项，然后选择【计算机】选项，如图 2-17 所示。

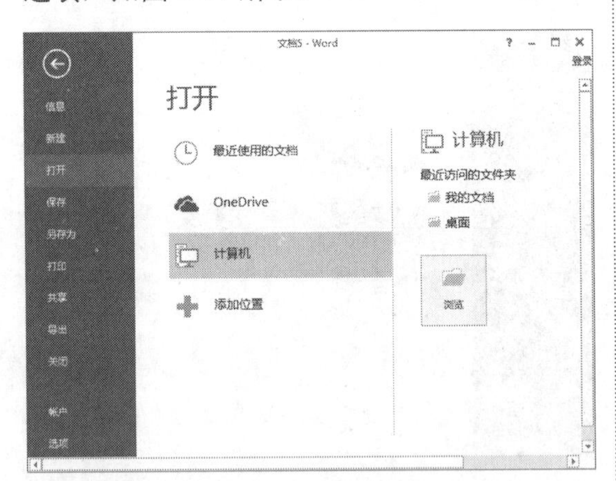

图 2-17 选择【计算机】选项

步骤 2 单击【浏览】按钮，打开【打开】对话框，定位到要打开的文档的路径下，然后选中要打开的文档，如图 2-18 所示。

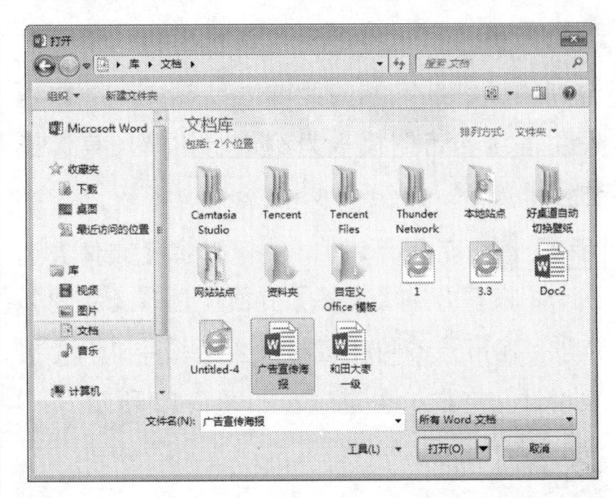

图 2-18 【打开】对话框

步骤 3 单击【打开】按钮，即可打开需要查看的文档。

提示 在步骤 2 定位到要打开的文档的路径下后，用户也可以双击 Word 文档，从而快速打开文档。

2.2.4 关闭文档

Word 文档保存之后，可以选择【文件】选项卡，在打开的界面中选择【关闭】选项，如图 2-19 所示，从而关闭 Word 文档；也可以直接单击文档右上角的 × 按钮关闭 Word 文档，如图 2-20 所示。

图 2-19 选择【关闭】选项

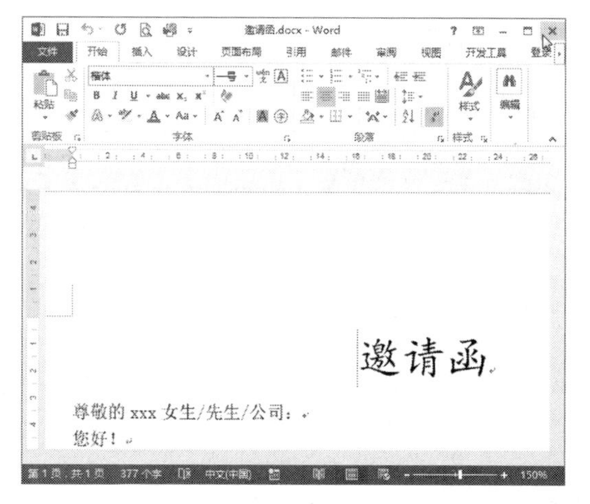

图 2-20 单击【关闭】按钮

2.2.5 将文档保存为其他格式

在 Word 2013 中，用户可以自定义文档的保存格式。下面以保存为网页格式为例进行讲解，具体操作步骤如下。

步骤 1 选择【文件】选项卡，在打开的界面中选择【另存为】选项，然后选择【计算机】选项，如图 2-21 所示。

图 2-21 选择【计算机】选项

步骤 2 单击【浏览】按钮，打开【另存为】对话框，如图 2-22 所示。

步骤 3 单击【保存类型】右侧的向下按钮，在弹出的菜单中选择【网页】选项，如图 2-23 所示。

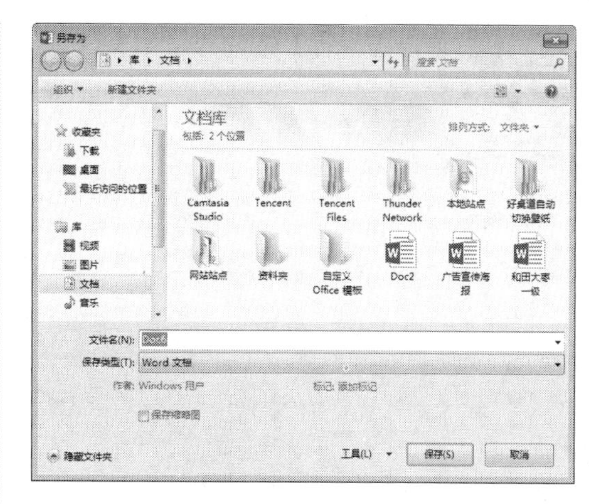

图 2-22 【另存为】对话框

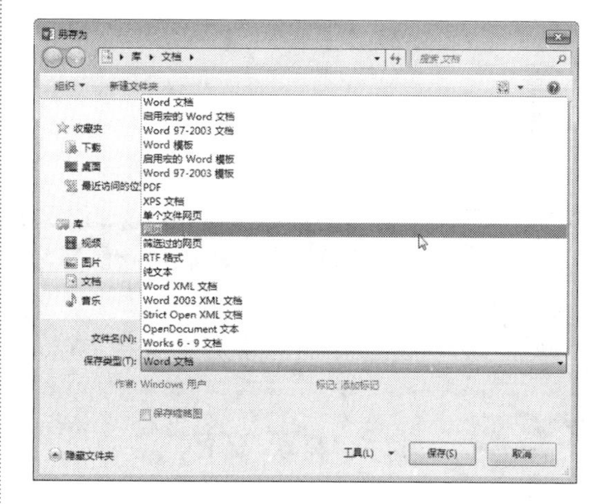

图 2-23 选择保存类型

步骤 4 选中【保存缩略图】复选框，单击【更改标题】按钮，弹出【输入文字】对话框，在“页标题”文本框输入“公司介绍”，如图 2-24 所示。

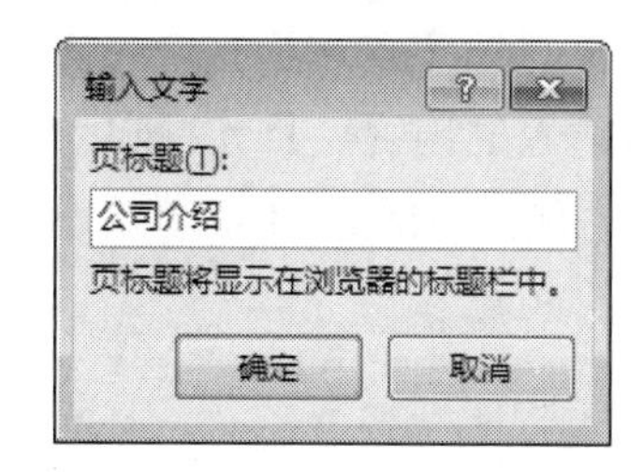

图 2-24 【输入文字】对话框

步骤 5 单击【确定】按钮，返回【另存为】对话框，在其中可以看到设置参数之后的效果，如图 2-25 所示。

步骤 6 单击【保存】按钮，找到文件的保存位置，保存效果如图 2-26 所示。

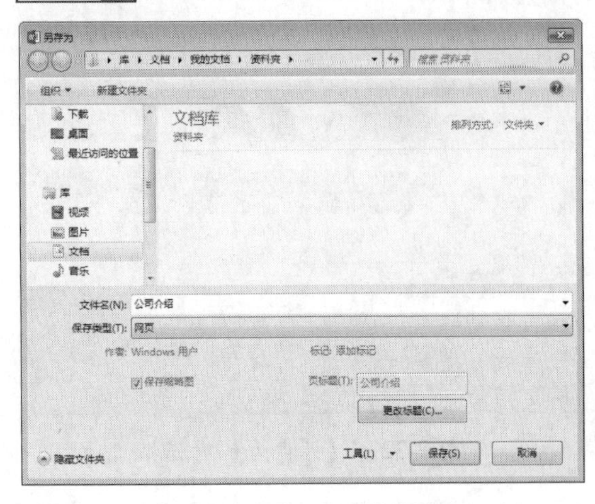

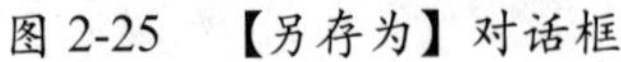

图 2-25 【另存为】对话框

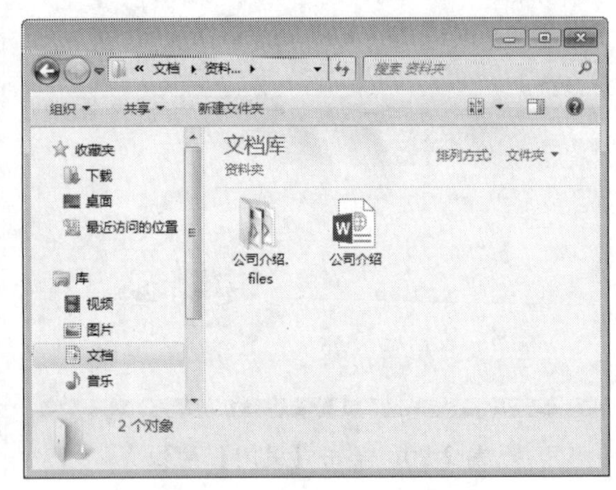

图 2-26 保存为网页文件

2.3 输入文本内容

编辑文档的第一步就是向文档中输入文本内容，主要包括中英文内容、各类符号等。

2.3.1 输入中英文内容

输入中英文内容的具体操作步骤如下。

步骤 1 启动 Word 2013，新建一个 Word 文档，此时在文档中会有一个闪烁的光标，可直接输入中英文内容，如图 2-27 所示。

步骤 2 按 Enter 键将换行，按 Ctrl+Shift 快捷键切换到中文输入法状态，即可在光标处显示所输入的内容，且光标显示在最后一个文字的右侧，如图 2-28 所示。

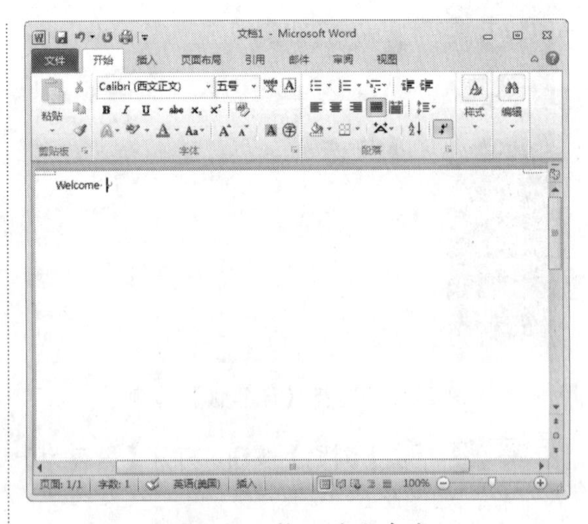

图 2-27 输入英文内容

图 2-28 输入中文内容

提示 如果系统中安装了多种输入法，则需要按 Ctrl+Shift 快捷键切换到需要的输入法。

2.3.2 输入各类符号

常见的字符都显示在键盘上，但是遇到一些含有特殊符号的文本，在输入时就需要使用 Word 2013 自带的符号库来输入，具体操作步骤如下。

步骤 1 把光标定位到需要输入符号的位置，然后选择【插入】选项卡，单击【符号】选项组中的【符号】按钮，从弹出的下拉列表中选择【其他符号】选项，如图 2-29 所示。

步骤 2 打开【符号】对话框，在【字体】下拉列表中选择需要的字体选项，并在下方选择要插入的符号，然后单击【插入】按钮。重复操作，可输入多个符号，如图 2-30 所示。

步骤 3 插入符号完成后，单击【关闭】按钮，返回到 Word 2013 文档界面，完成符号的插入，如图 2-31 所示。

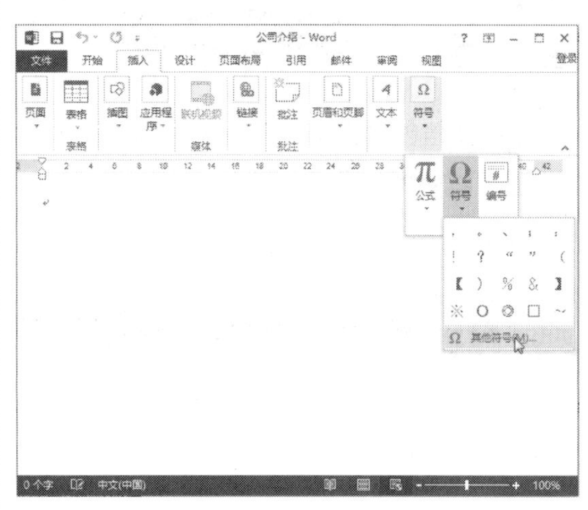

图 2-29 选择【其他符号】选项

图 2-30 【符号】对话框

图 2-31 插入符号

2.4 编辑文本

文档创建完毕后，还需要对文档中的文本内容进行编辑，以满足用户的需要。对文本进行编辑的操作主要有选中文本、复制文本、移动文本、查找与替换文本等，下面予以详细介绍。

2.4.1 选中、复制与移动文本

选中、复制与移动文本是文本编辑中不可或缺的操作，只有选中了文本，才能对文本进行复制与移动操作。

1. 选中文本

选中文本是进行文本编辑的基础，所有的文本只有被选中后才能实现各种编辑操作，不同的文本范围，其选中的方法也不尽相同，下面分别进行介绍。

如果要选中一个词组，则需要单击要选中词组的第 1 个字左侧，双击即可选中该词组，如图 2-32 所示。

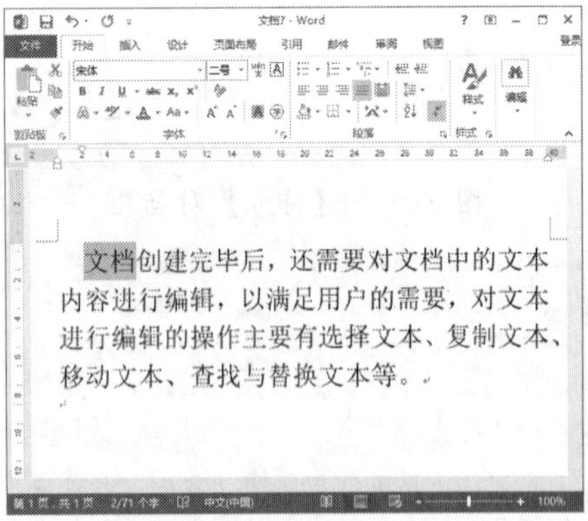

图 2-32　选中词组

如果要选中一个整句，则需要按 Ctrl 键的同时，单击需要选中句子中的位置，即可选中该句，如图 2-33 所示。

如果要选中一行文本，则需要将光标移动到要选中行的左侧，当光标变成♐时单击，即可选中光标右侧的行，如图 2-34 所示。

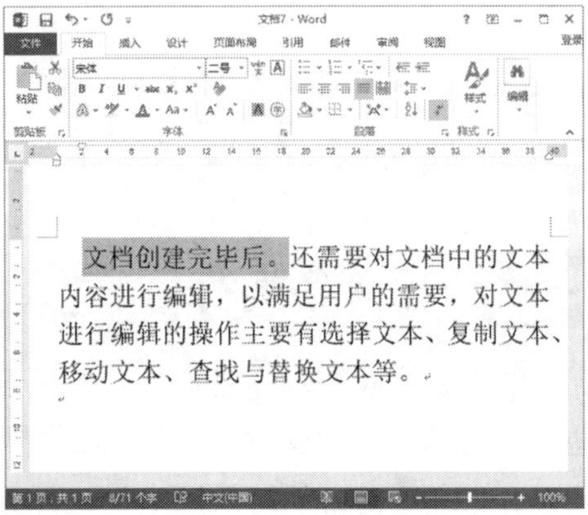

图 2-33　选中整句

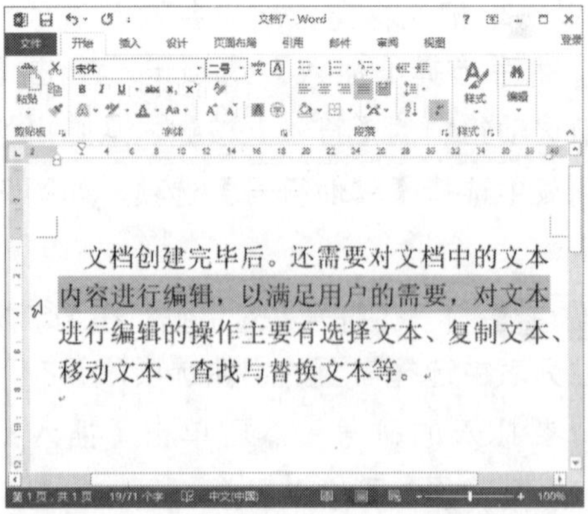

图 2-34　选中一行文本

如果要选中一段文本，则需要将光标移动到要选中行的左侧，当光标变成♐时双击，即可选中光标右侧的整段内容，如图 2-35 所示。

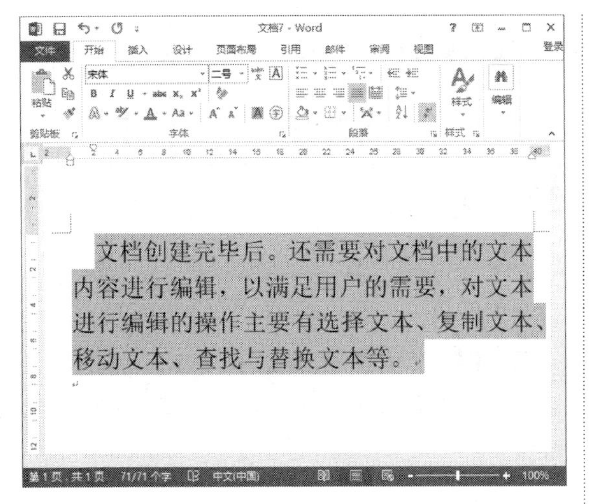

图 2-35　选中一段文字

如果要选中的文本是任意的，则只需单击要选中文本的起始位置或结束位置，然后按住鼠标左键向结束位置或起始位置拖动，即可选中鼠标经过的文本内容，如图 2-36 所示。

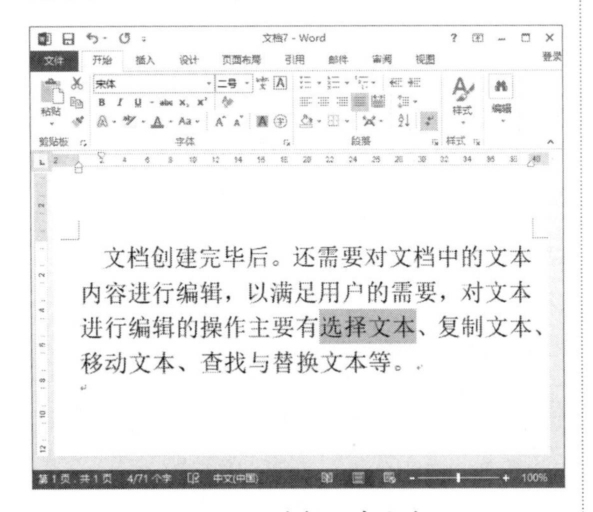

图 2-36　选择任意文本

如果选中的文本是纵向的，则只需按住 Alt 键，然后从起始位置拖动鼠标到终点位置，即可纵向选中鼠标拖动所经过的内容，如图 2-37 所示。

如果要选中文档中的整个文本，则需要将光标移动到要选中行的左侧，当光标变成 ↗ 时连续单击三下，即可选中全部内容，如图 2-38 所示。另外，选择【开始】选项卡，单击【编辑】选项组中的【选择】按钮，在弹出的下拉列表中选择【全选】选项，也可以选中文档中的全部内容，如图 2-39 所示。

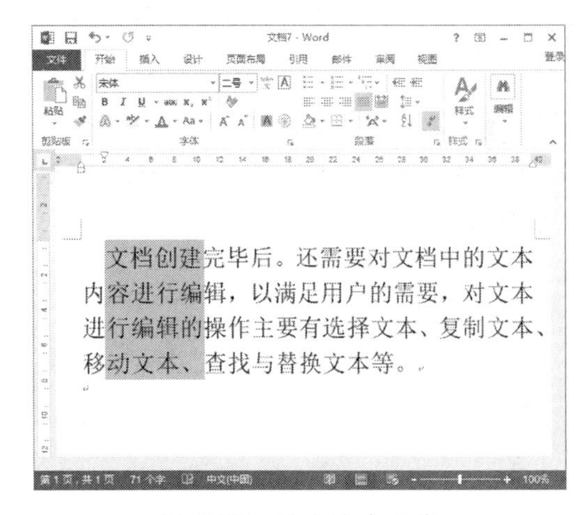

图 2-37　纵向选中文字

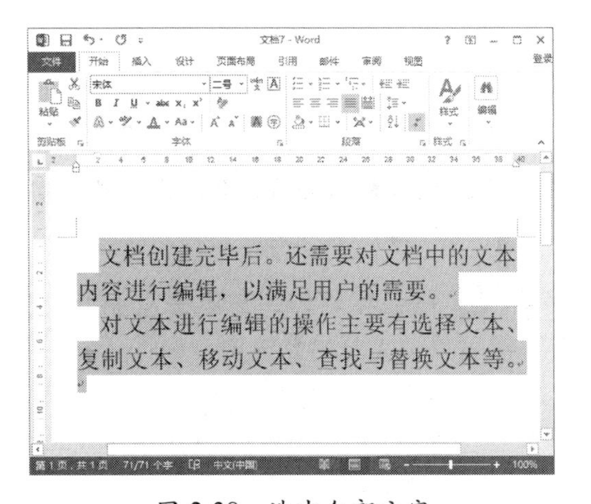

图 2-38　选中全部文字

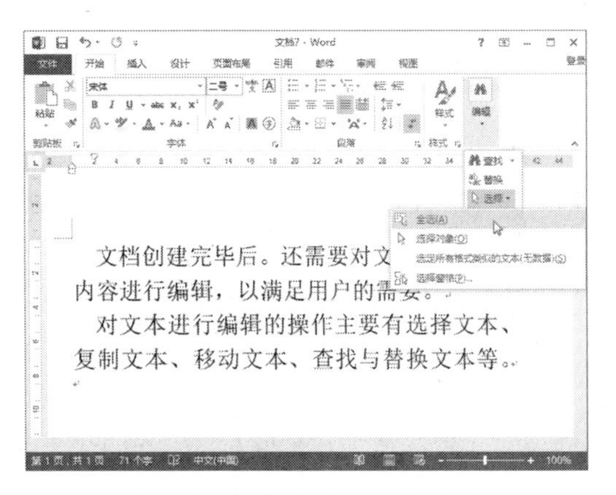

图 2-39　选择【全选】选项

2. 复制文本

在文本编辑过程中，有些文本内容需要重复使用，这时利用 Word 2013 的复制移动功能即可实现操作，不必一次次地重复输入，具体操作步骤如下。

步骤 1 选中要复制的文本内容，选择【开始】选项卡，单击【剪贴板】选项组中的【复制】按钮，如图 2-40 所示。

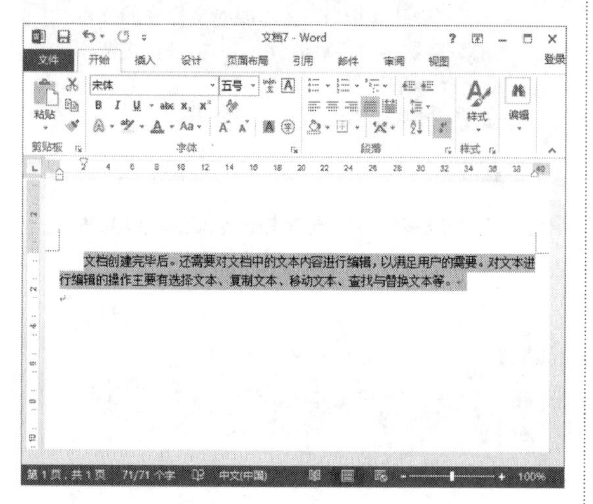

图 2-40　选中要复制的文本

步骤 2 将光标定位到文本要复制到的位置，然后单击【开始】选项卡中的【粘贴】按钮，即可将选中的文本复制到指定的位置，如图 2-41 所示。

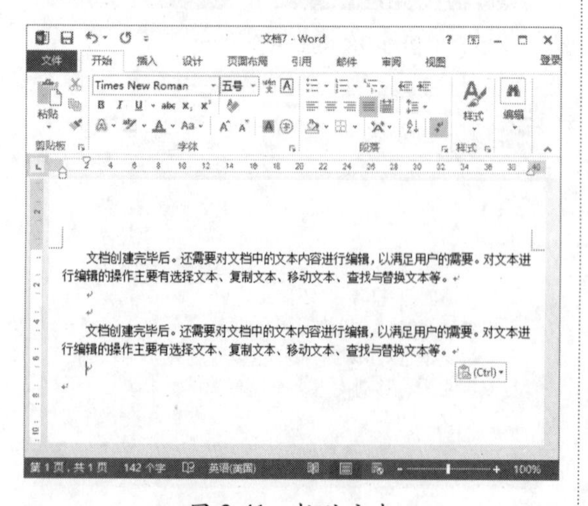

图 2-41　粘贴文本

> **提示**　使用快捷键也可以复制和粘贴文本，其中 Ctrl+C 为复制文本快捷键，Ctrl+V 为粘贴快捷键。

3. 移动文本

使用剪切方式可以移动文本，具体操作步骤如下。

步骤 1 选中需要剪切的文字，按 Ctrl+X 快捷键，选中的文字就会被剪切掉，如图 2-42 所示。

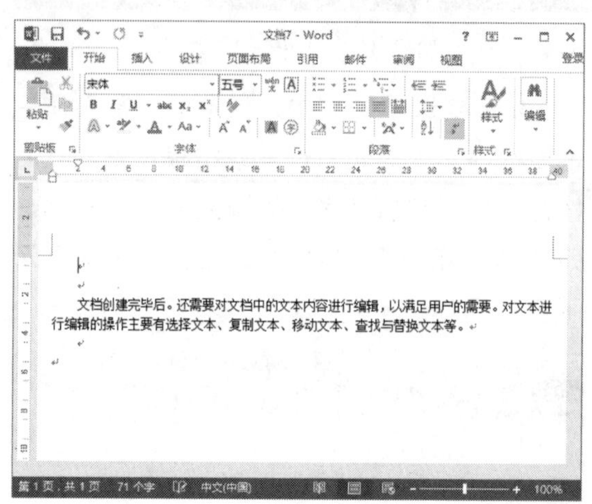

图 2-42　选中要剪切的文本

步骤 2 移动光标到需要粘贴文本的地方，然后按 Ctrl+V 快捷键就粘贴上被剪切的内容，如图 2-43 所示。

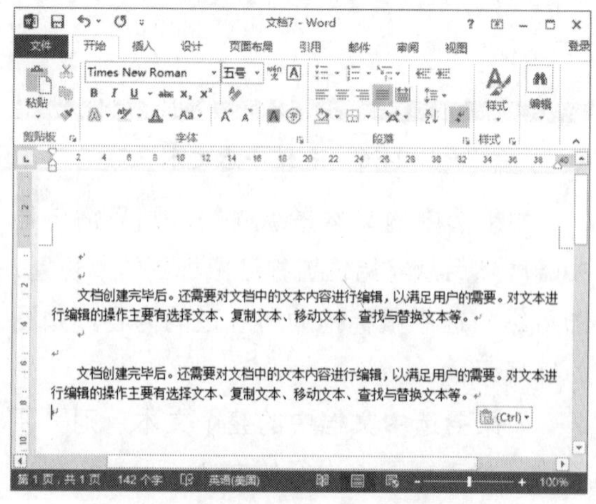

图 2-43　粘贴文本

> **提示**
> 使用鼠标也可以移动文本，首先选中需要移动的文字，单击并拖曳鼠标至目标位置，然后释放鼠标左键，文本即被移动。

2.4.2 查找与替换文本

在编辑文档的过程中，如果需要修改文档中多个相同的内容，而这个文档的内容又比较冗长的时候，就需要借助于 Word 2013 的“查找与替换”功能来实现，具体操作步骤如下。

步骤 1 打开文档，并将光标定位到文档的起始处，然后单击【开始】选项卡中的【查找】按钮，打开【导航】窗格，输入要查找的内容，例如输入“文档”，即可看到所有要查找的文本以黄色底纹显示，如图 2-44 所示。

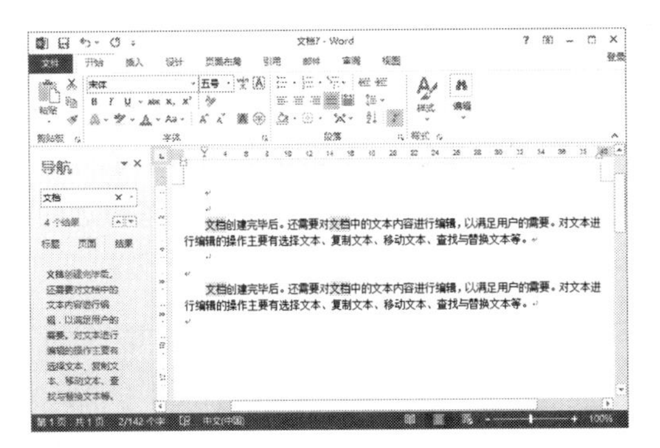

图 2-44　定位文本

步骤 2 单击【开始】选项卡中的【替换】按钮，弹出【查找和替换】对话框，在【查找内容】文本框中输入要查找的内容，在【替换为】文本框中输入要替换的内容，如图 2-45 所示。

图 2-45　【查找和替换】对话框

步骤 3 如果只希望替换当前光标的下一个“Word 文档”文字，则单击【替换】按钮 替换(R)；如果希望替换 Word 文档中的所有“Word 文档”，则单击【全部替换】按钮 全部替换(A)，替换完毕后会弹出一个提示对话框，如图 2-46 所示。

图 2-46　提示对话框

步骤 4 单击【确定】按钮关闭提示信息，返回到【查找和替换】对话框，然后单击【关闭】按钮，即可在 Word 文档中看到替换后的效果，如图 2-47 所示。

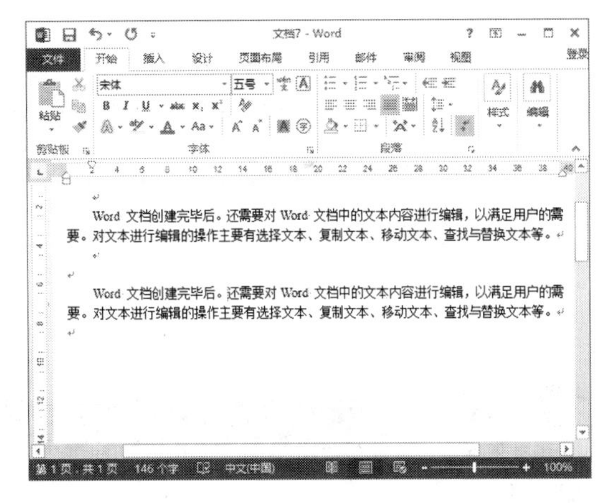

图 2-47　替换后的效果

步骤 5 另外，用户如果需要查找不同格式的文本，只需在【查找和替换】对话框中单击【更多】按钮，展开该对话框，在其中设置 Word 文档中查找的方向和其他选项，例如单击【格式】按钮，从弹出的列表中选择【字体】选项，如图 2-48 所示。

步骤 6 弹出【查找字体】对话框，选择需要查找文字的格式，单击【确定】按钮即可，如图 2-49 所示。

图 2-48　选择【字体】选项

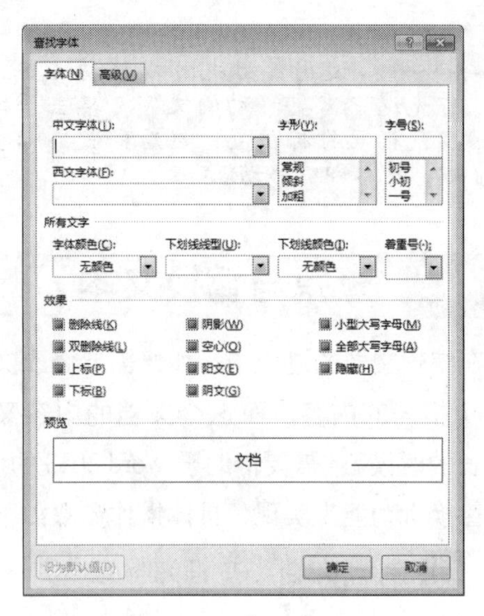

图 2-49　【查找字体】对话框

2.4.3 删除输入的文本内容

删除文本的内容是指将指定的内容从 Word 文档中删除，常见的方法有以下 3 种。

（1）将光标定位到要删除的文本内容右侧，然后按 Backspace 键即可删除左侧的文本。

（2）将光标定位到要删除的文本内容左侧，然后按 Delete 键即可删除右侧的文本。

（3）选中要删除的内容，然后单击【开始】选项卡中的【剪切】按钮，即可将所选内容删除掉。

2.5 为Word文档添加内容

将现成文档添加到正在编辑的 Word 文档中，可以节省创建文档的时间，在 Word 中插入的文档包括 Word 文件和记事本文件。

2.5.1 插入 Word 文件

在编辑文档的过程中经常会插入文本，要在文档中插入一个完整的文件时，可使用 Word 提供的“插入文件”功能来实现，具体的操作步骤如下。

步骤 1 打开需要插入 Word 文件的文档，将光标定位在插入点的位置，如图 2-50 所示。

步骤 2 单击【插入】选项卡下【文本】选项组中的【对象】按钮，在弹出的下拉列表中选择【文件中的文字】选项，如图 2-51 所示。

步骤 3 在打开的对话框中选择要插入的文件，如图 2-52 所示。

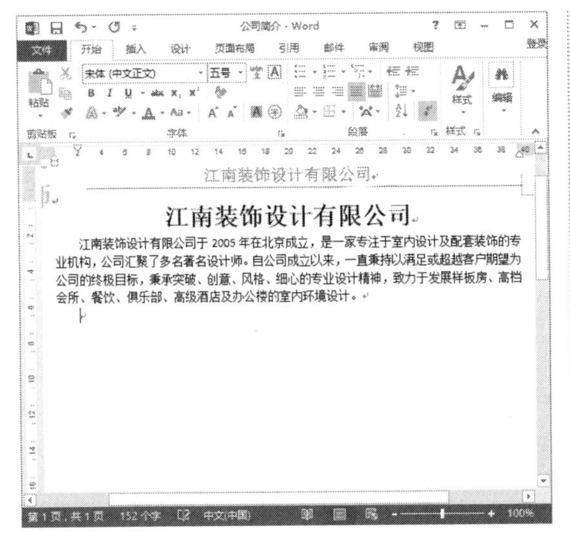

图 2-50　定位光标的位置

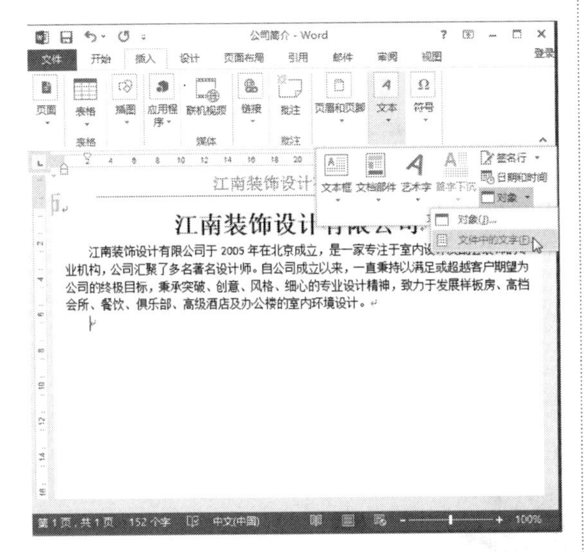

图 2-51　选择【文件中的文字】选项

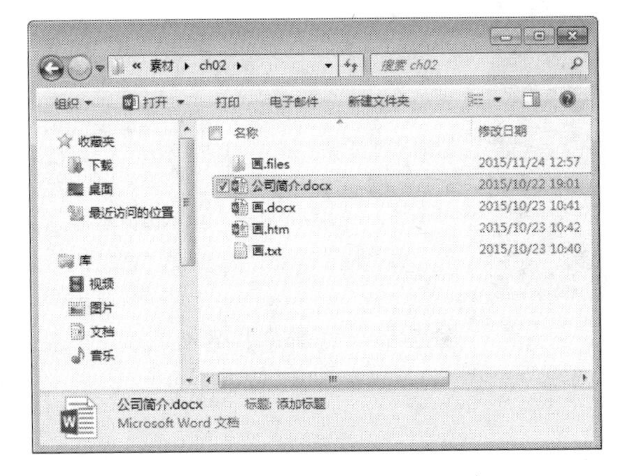

图 2-52　选中要插入的文件

步骤 4 单击【插入】按钮，即可在光标显示的位置插入选中的文件，如图 2-53 所示。

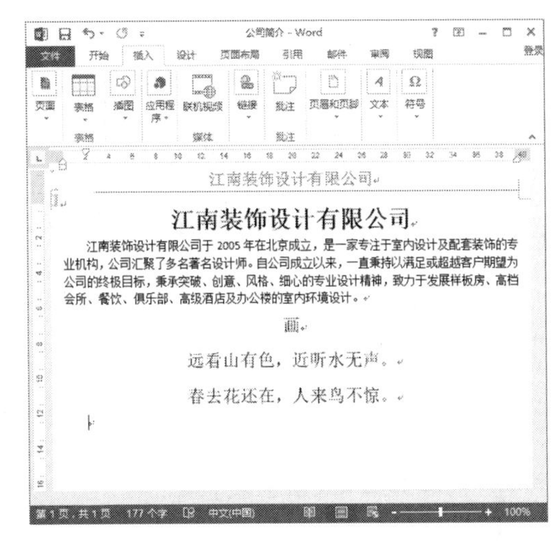

图 2-53　插入的文件效果

2.5.2 插入记事本文件

把记事本文件插入到 Word 文档中，不但便于翻页查看，而且更便于编辑，具体的操作步骤如下。

步骤 1 打开需要插入记事本文件的 Word 文档，将光标定位在插入点的位置。单击【插入】选项卡下【文字】选项组中的【对象】按钮，在弹出的下拉列表中选择【文件中的文字】选项。在打开的对话框中选中要插入的文件，如图 2-54 所示。

图 2-54　选中要插入的文件

步骤 2 单击【插入】按钮，打开【文件转换】对话框，选择文本的编码，如图 2-55 所示。

步骤 3 单击【确定】按钮，即可在光标显示的位置插入选择的记事本文件，如图 2-56 所示。

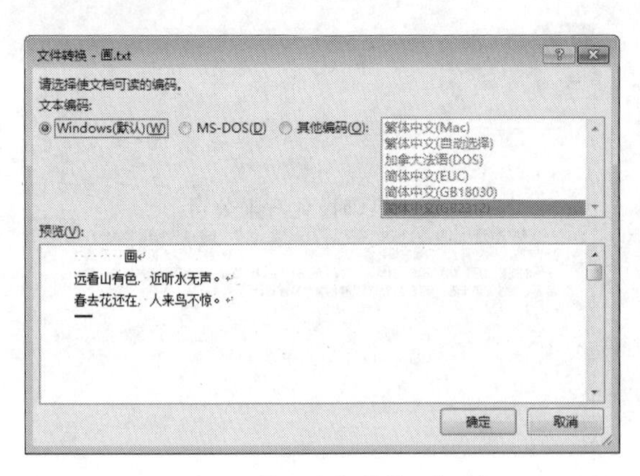

图 2-55 【文件转换】对话框

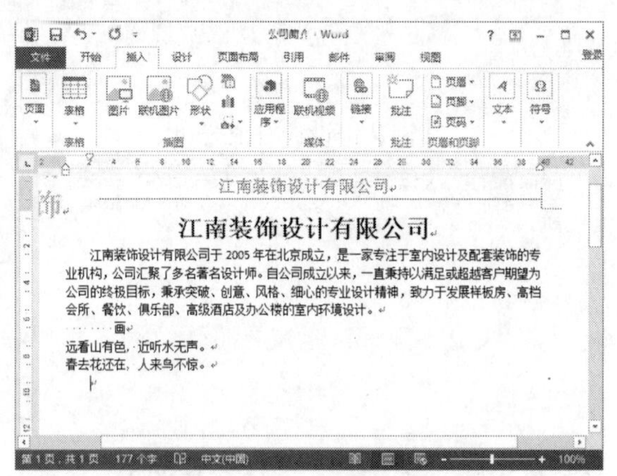

图 2-56 插入效果

2.6 高效办公技能实战

2.6.1 创建上班日历表

对于一些重要事情的安排问题，往往容易被用户遗忘，为此，用户可以建立上班日历表，提醒自己未来一段时间的日程安排。建立上班日历表的具体操作步骤如下。

步骤 1 选择【文件】选项卡，在弹出的界面中选择【新建】选项，进入【新建】界面，如图 2-57 所示。

步骤 2 在【搜索联机模板】文本框中输入文字“日历”，然后单击【开始搜索】按钮，搜索日历模板，如图 2-58 所示。

步骤 3 在搜索出来的模板中，根据实际需要选择一个模板，即可弹出该模板的创建界面，如图 2-59 所示。

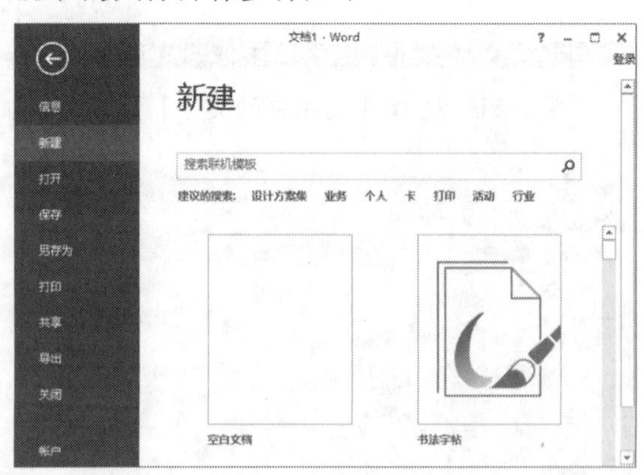

图 2-57 【新建】界面

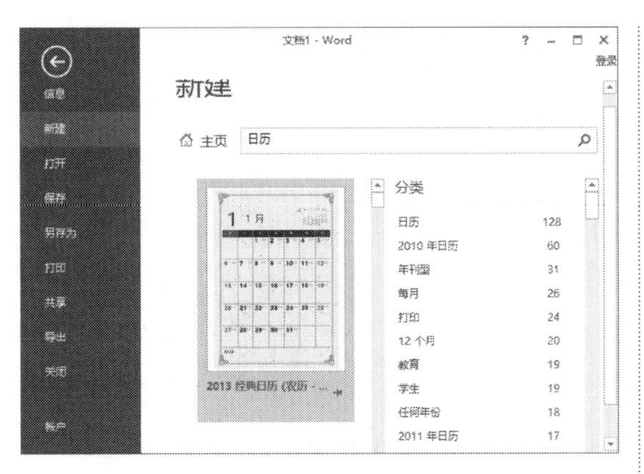

图 2-58 搜索日历模板

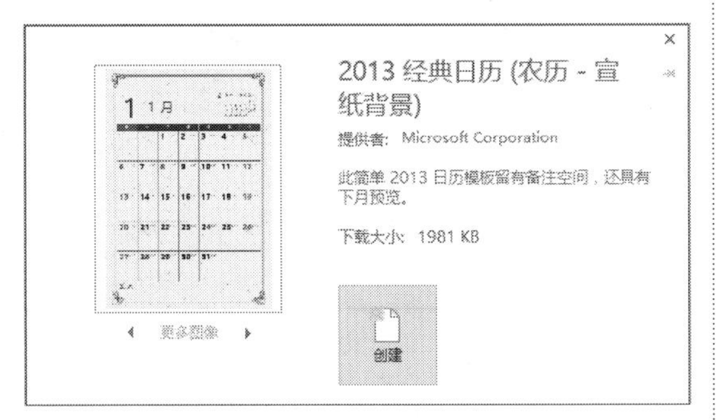

图 2-59 选择要创建的模板

步骤 4 单击【创建】按钮，即可下载该模板，下载完毕后，返回到Word文档窗口，在其中可以看到创建的日历，如图2-60所示。

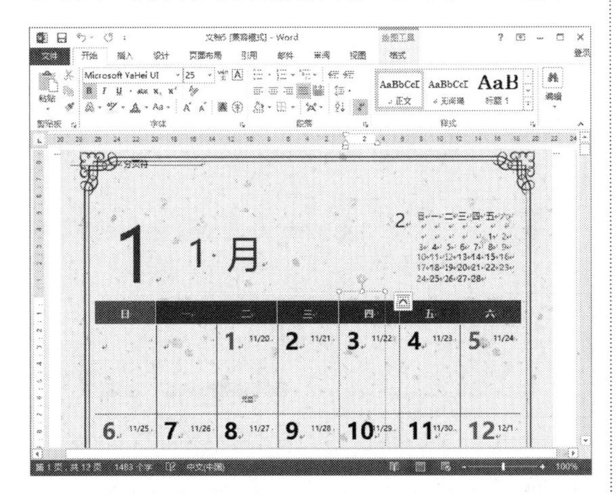

图 2-60 创建的日历效果

步骤 5 拖动右侧滑块，即可查看各个月份的日历信息，如图2-61所示。

步骤 6 用户可以根据需要修改日历中的文字，例如在月份的下方输入该月的待办事项“总部后勤部领导检查卫生”，如图2-62所示。

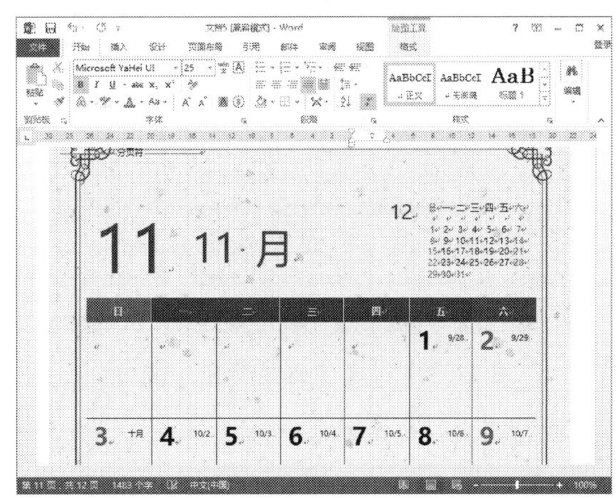

图 2-61 查看各个月份的日历信息

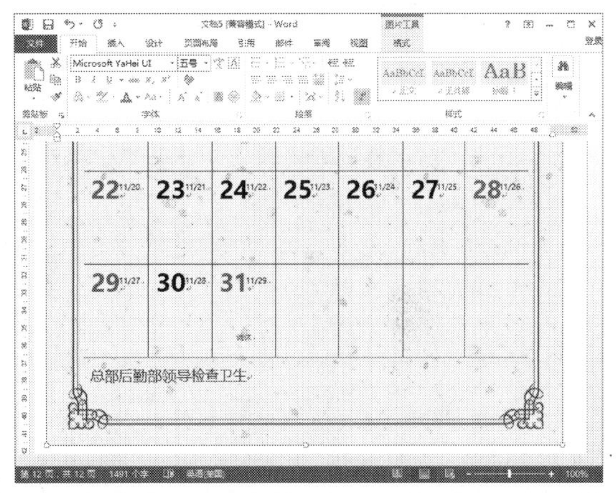

图 2-62 输入文字

2.6.2 为Word文档添加公司标识

对于公司的Word文档，可以在页眉和页脚处添加公司标识。本实例介绍的就是如何使用内置的模板插入页眉和页脚，具体操作步骤如下。

步骤 1 新建Word 2013文档，将其命名为“公司简介”，并输入相关内容，如图2-63所示。

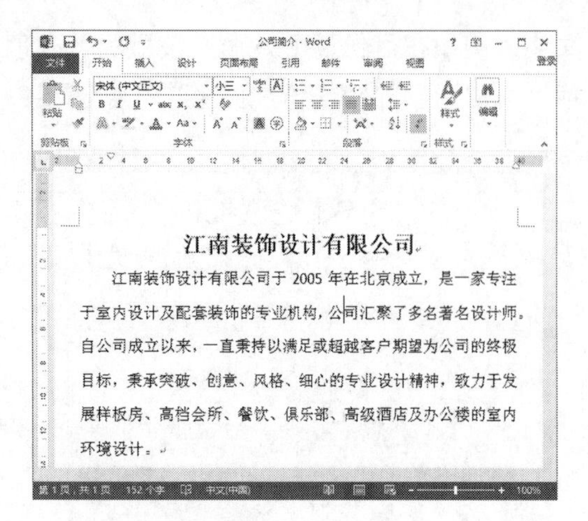

图 2-63　创建“公司简介”文件

步骤 2 单击【插入】选项卡下【页眉和页脚】选项组中的【页眉】按钮，在弹出的下拉列表中选择需要的页眉模板，本例中选择【平面（偶数页）】选项，如图 2-64 所示。

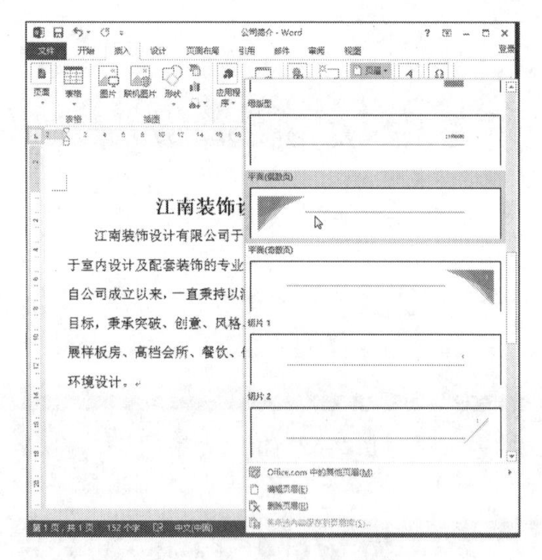

图 2-64　选择页眉模板

步骤 3 此时，在 Word 文档每一页的顶部会插入页眉，并显示两个文本域，如图 2-65 所示。

步骤 4 在页眉的位置输入公司名称，如图 2-66 所示。

步骤 5 在【设计】选项卡中单击【页眉和页脚】选项组中的【页脚】按钮，在弹出的下拉列表中选择需要的页脚模板，本例中选择【怀旧】选项，如图 2-67 所示。

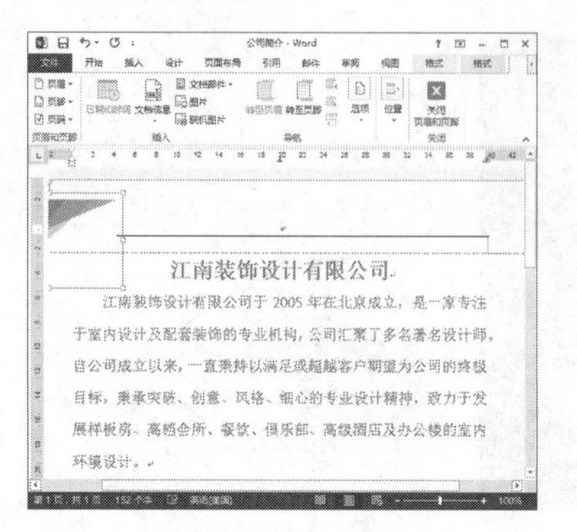

图 2-65　插入页眉

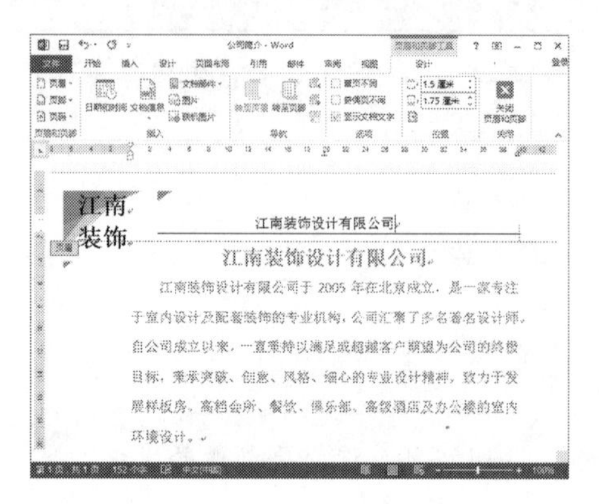

图 2-66　输入公司名称

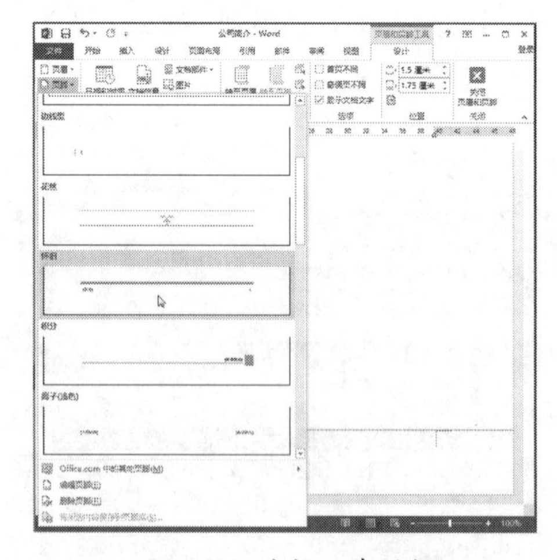

图 2-67　选择页脚模板

步骤 6 此时在 Word 文档每一页的底部会插入页脚，显示当前页的页码，在页脚文本框中输入显示文字即可。单击【关闭页眉和页脚】按钮，完成页眉和页脚的编辑。这样在文档中就添加了公司的标识，如图 2-68 所示。

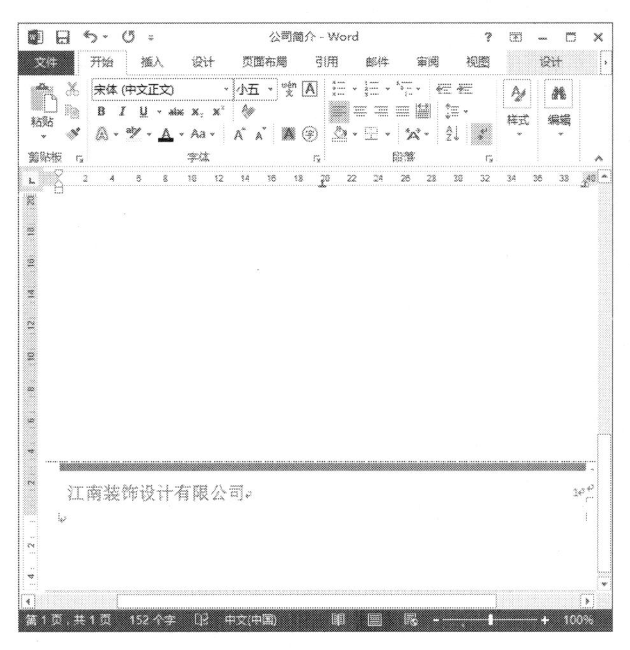

图 2-68 输入页脚内容

2.7 课后练习与指导

2.7.1 使用 Word 制作一则公司公告

☆ 练习目标

了解 Word 文档编辑软件的使用方法。

掌握 Word 文档编辑基础操作内容。

☆ 专题练习指南

01 新建一个空白 Word 文档。

02 在 Word 文档中输入公司公告内容。

03 选定一段文本，删除并修改文本内容。

2.7.2 制作公司新员工试用合同

☆ 练习目标

了解制作 Word 文档的过程。

掌握制作 Word 文档的方法。

☆ 专题练习指南

01 新建一个空白的 Word 文档。

02 输入试用合同文本内容。

03 修改 Word 文档内容。

使用图文美化文档

● 本章导读

在 Word 文档中通过设置字体样式、段落样式和添加各种艺术字、图片、图形等元素的方式，可以达到美化文档的能力，本章为读者介绍各种美化文档的方法。

● 学习目标

◎ 掌握设置字体样式的方法。

◎ 掌握设置段落样式的方法。

◎ 掌握使用艺术字的方法。

◎ 掌握使用图片为文档添彩的方法。

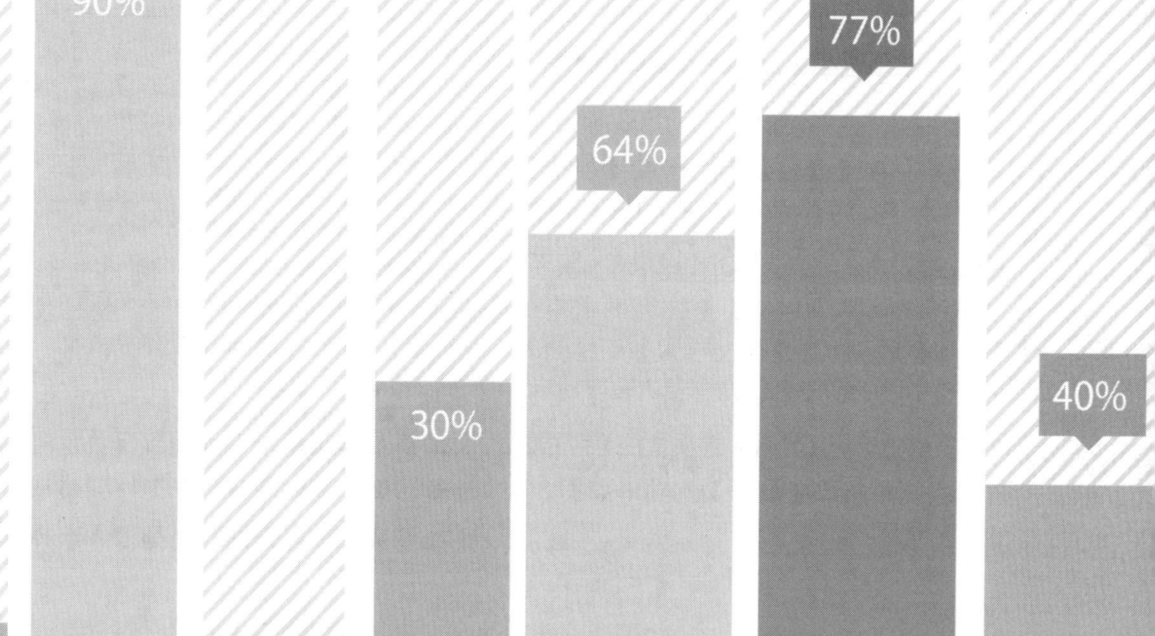

3.1 设置字体样式

字体样式主要包括字体基本格式、字符底纹、字符边框、间距和突出显示等方面。下面开始学习设置字体的样式的方法。

3.1.1 设置字体基本格式与效果

在 Word 2013 文档中，选择【开始】选项卡，在【字体】选项组中即可根据实际需要设置字体的基本格式，运用这些按钮可以设置文档中文字的一些特殊效果，具体操作步骤如下。

步骤 1 新建一个 Word 文档，在其中输入相关文字，并选中需要设置的文字，如图 3-1 所示。

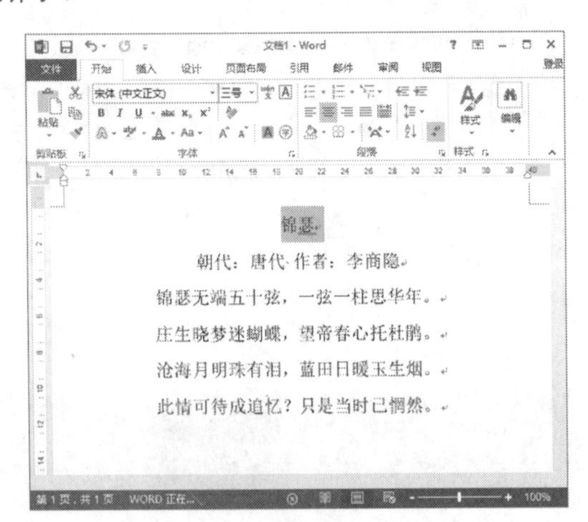

图 3-1 选中需要设置的文字

步骤 2 单击【开始】选项卡的【字体】选项组中右下角的【字体】按钮，打开【字体】对话框，选择【字体】选项卡，如图 3-2 所示。

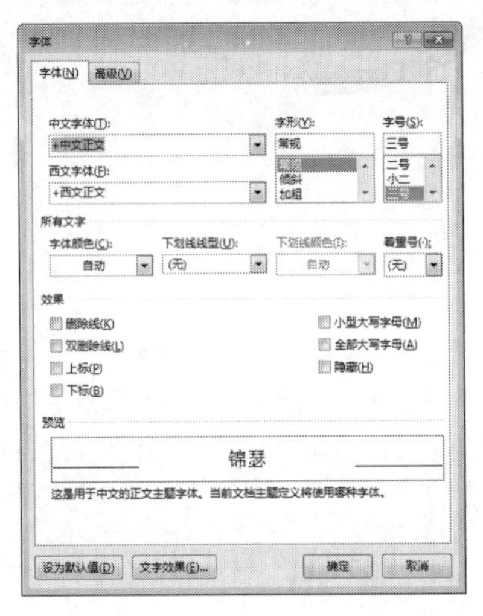

图 3-2 【字体】对话框

步骤 3 在【中文字体】下拉列表框中选择【黑体】选项，在【西文字体】下拉列表框中选择 Times New Roman 选项，在【字形】下拉列表框中选择【常规】选项，在【字号】下拉列表框中选择【二号】选项，如图 3-3 所示。

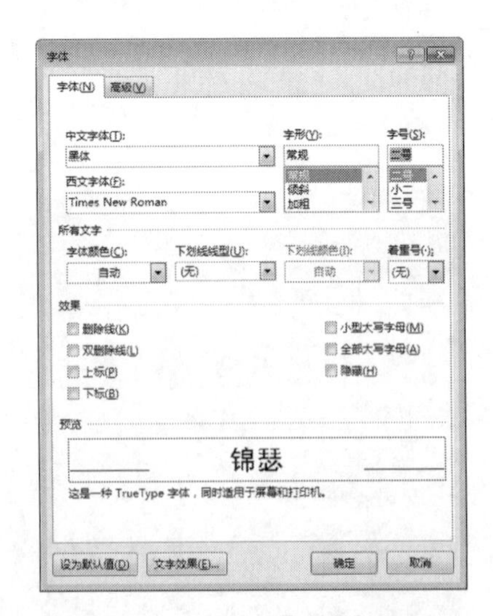

图 3-3 设置字体样式

步骤 4 在【所有文字】设置区中可以对文本的字体颜色、下划线以及着重号等进行设置。单击【字体颜色】下拉列表框右侧的下拉箭头，在打开的颜色列表中选择红色，

使用同样的方法可以选择下划线线型和着重号，如图 3-4 所示。

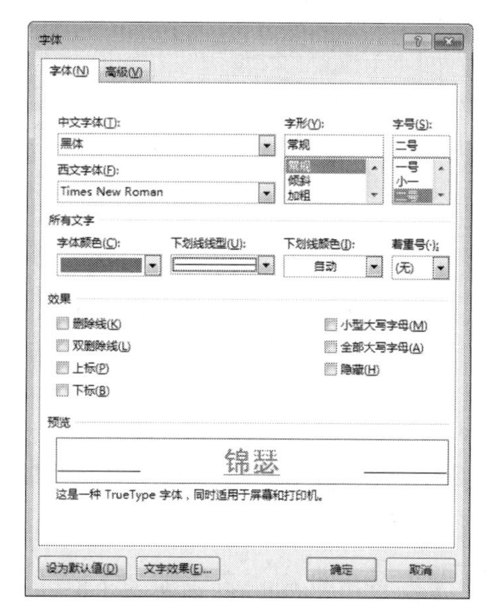

图 3-4　设置字体颜色

步骤 5 在【效果】设置区中可以选择文本的显示效果，包括删除线、双删除线、上标和下标等，如图 3-5 所示。

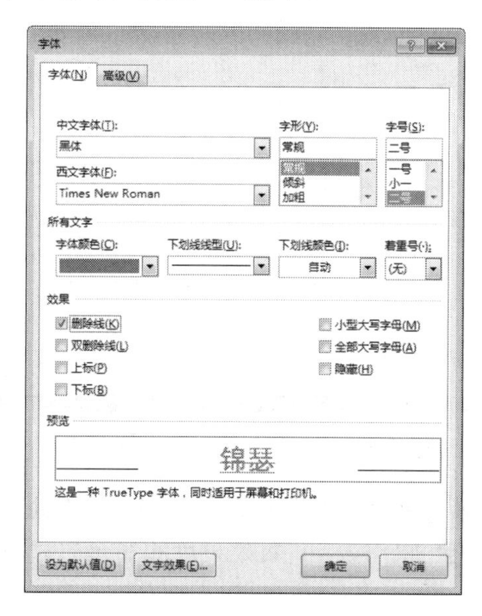

图 3-5　添加字体效果

步骤 6 单击【确定】按钮，返回到 Word 的工作界面，在其中可以看到设置之后的文字效果，如图 3-6 所示。

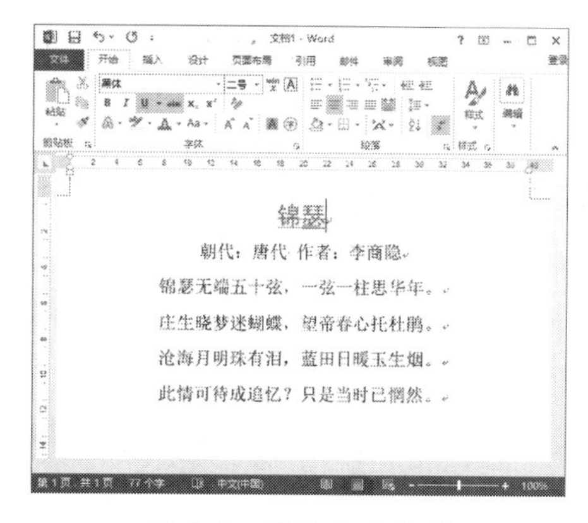

图 3-6　最终显示效果

> **提示**
>
> 对于字体效果的设置，除了使用【字体】对话框外，还可以在【开始】选项卡下的【字体】选项组中进行快速设置，如图 3–7 所示。

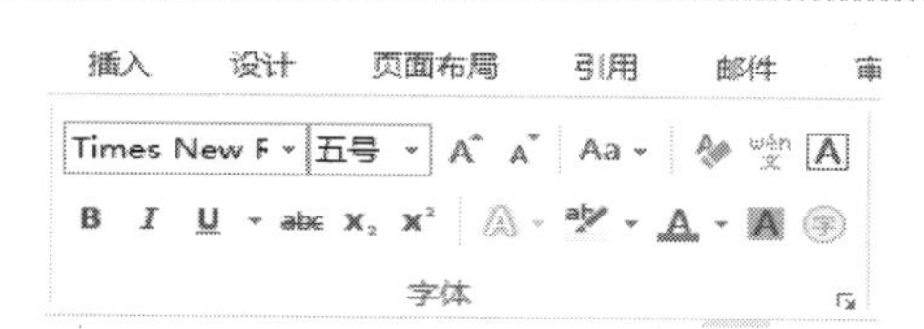

图 3-7　【字体】选项组

3.1.2　设置字符底纹和字符边框

为了更好地美化输入的文字，还可以为文本设置底纹和边框，具体的操作步骤如下。

步骤 1 选择要设置底纹和边框的文本，选择【开始】选项卡，在【字体】选项组中单击【字符底纹】按钮，即可为文本添加底纹效果，如图 3-8 所示。

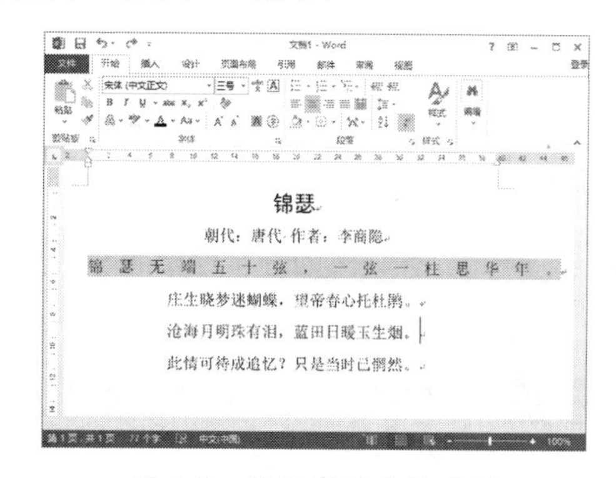

图 3-8　设置字符底纹效果

步骤 2 单击【字符边框】按钮，即可为选择的文本添加边框，如图 3-9 所示。

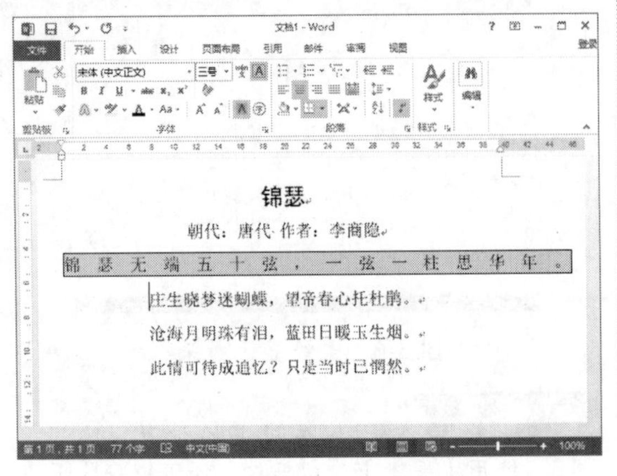

图 3-9 设置字符边框

3.1.3 设置文字的文本效果

Word 2013 提供了文本效果设置功能，用户可以通过【开始】选项卡中的【文本效果与版本】按钮进行设置，具体操作步骤如下。

步骤 1 新建一个 Word 文档，在其中输入文字，然后选中需要添加文本效果的文字，如图 3-10 所示。

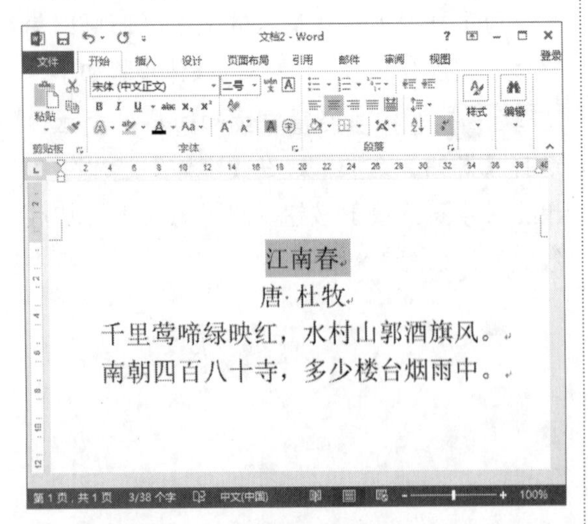

图 3-10 选择需要设置的文字

步骤 2 在【字体】选项组中单击【字体颜色】按钮，在弹出的下拉列表中选择更换字体的颜色。这里以选择红色为例，如图 3-11 所示。

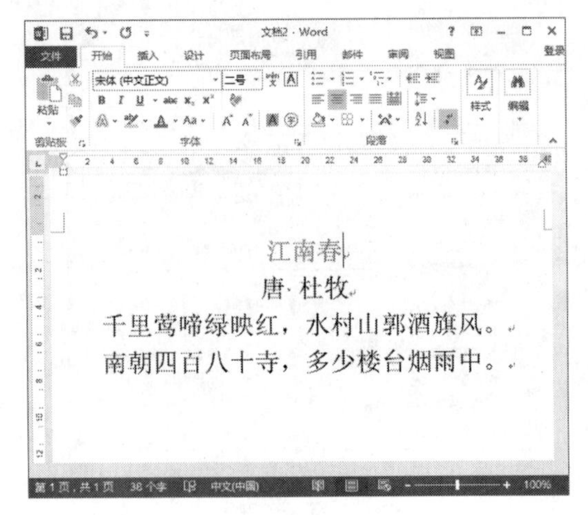

图 3-11 更换字体颜色

步骤 3 再次选中需要添加文本效果的文字，单击【开始】选项卡中【字体】选项组中的【文本效果】按钮，在弹出的下拉列表中选择需要添加的艺术效果，如图 3-12 所示。

图 3-12 为文本添加艺术字效果

步骤 4 返回到 Word 2013 的工作界面，可以看到文字应用文本效果后的显示方式，如图 3-13 所示。

步骤 5 通过【文本效果】按钮的下拉列表中的【轮廓】、【阴影】、【映像】或【发光】选项，可以更详细地设置文字的艺术效果，如图 3-14 所示。

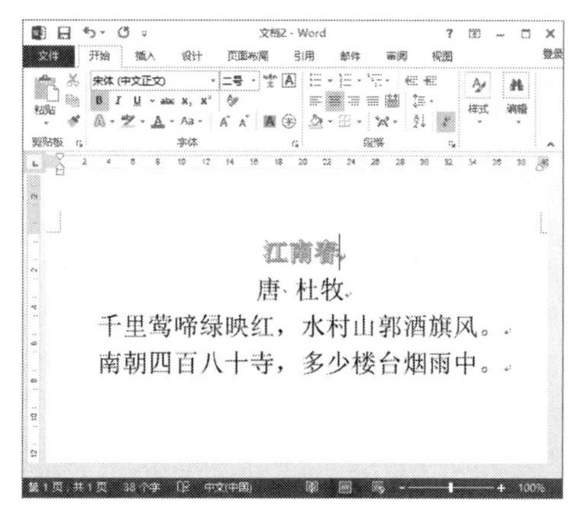

图 3-13　艺术字效果

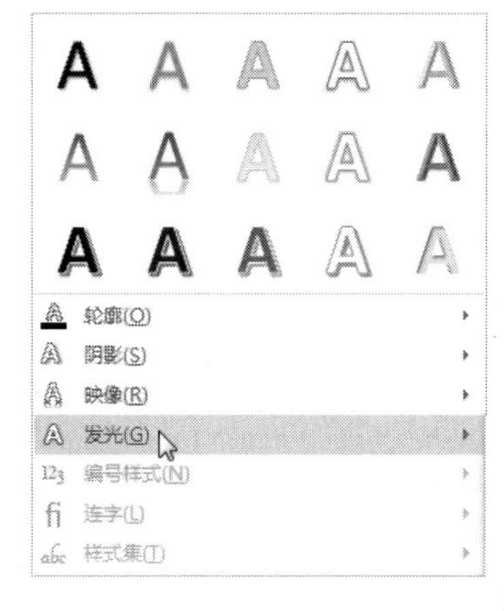

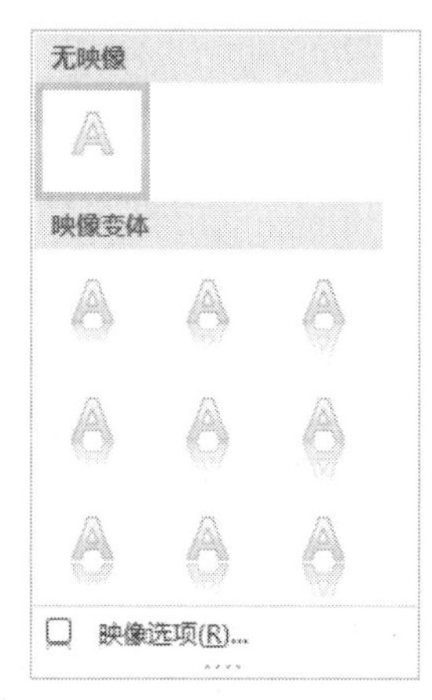

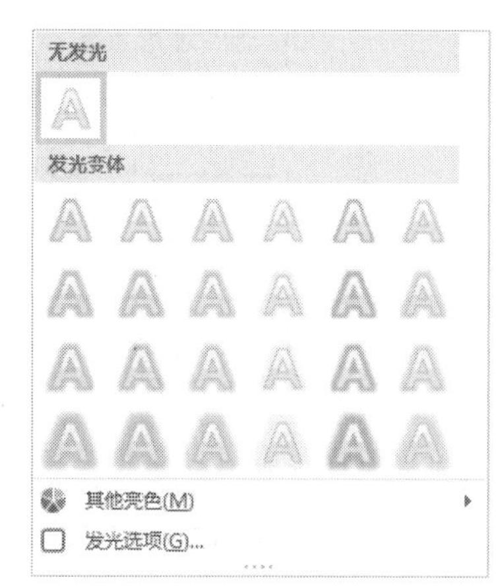

图 3-14　文本效果设置界面

3.2 设置段落样式

段落格式包括段落对齐与缩进方式、段间距与段行距、段落边框和底纹、项目符号和编号等，合理地设置段落样式可以美化文档。

3.2.1 设置段落对齐与缩进方式

整齐的排版效果可以使文本更美观，对齐方式就是段落中文本的排列方式。Word 2013 提供有常用的 5 种对齐方式，如图 3-15 所示。

图 3-15　段落对齐方式

各个按钮的含义如下。

（1）▤：使文字左对齐。

（2）▤：使文字居中对齐。

（3）▤：使文字右对齐。

（4）▤：将文字两端同时对齐，并根据需要增加字间距。

（5）▤：使段落两端同时对齐，并根据需要增加字符间距。

用户可以根据需要，在【开始】选项卡的【段落】选项组中单击相应的按钮，各个对齐方式的效果如图 3-16 所示。

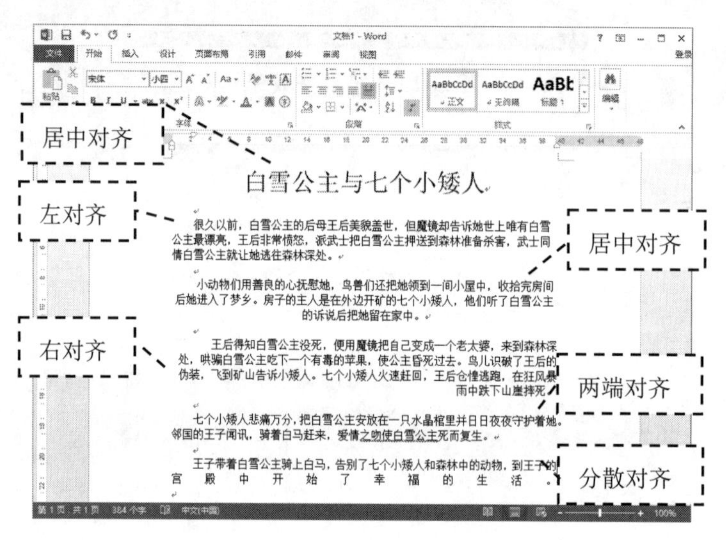

图 3-16　段落对齐方式显示效果

如果用户希望文档内容层次分明，结构合理，就需要设置段落的缩进方式。选择需要设置样式的段落，单击【开始】选项卡下【段落】选项组中的【段落】按钮，打开【段落】对话框，选择【缩进和间距】选项卡，在【缩进】设置区中可以设置缩进量，如图 3-17 所示。

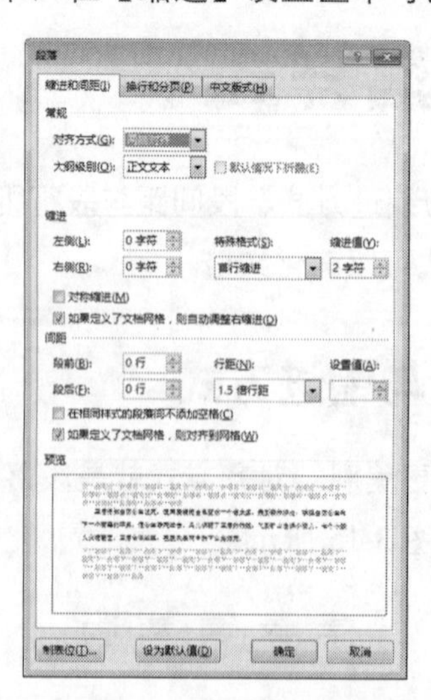

图 3-17　【段落】对话框

1. 左缩进

在【缩进】项中的【左侧】微调框中输入“15 字符”，如图 3-18 所示。单击【确定】按钮，即可实现对光标所在行左侧缩进 15 个字符，如图 3-19 所示。

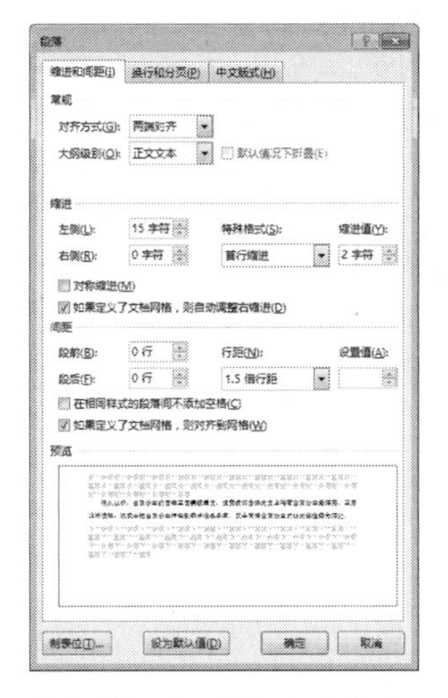

图 3-18　设置左缩进参数

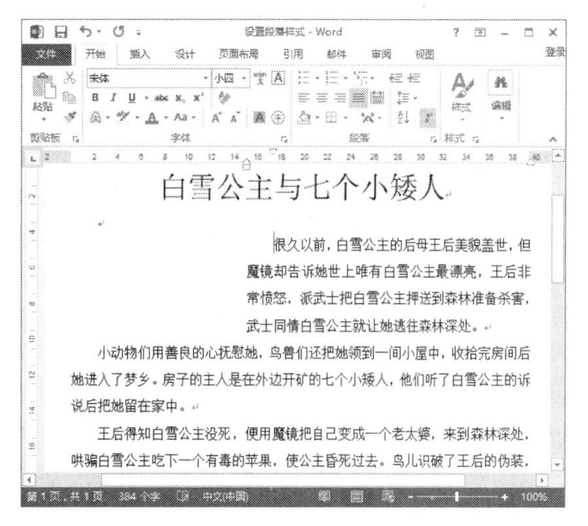

图 3-19　段落显示效果

2. 右缩进

在【缩进】项中的【右侧】微调框中输入“15 字符”，如图 3-20 所示。单击【确定】按钮，即可实现对光标所在行右侧缩进 15 个字符，如图 3-21 所示。

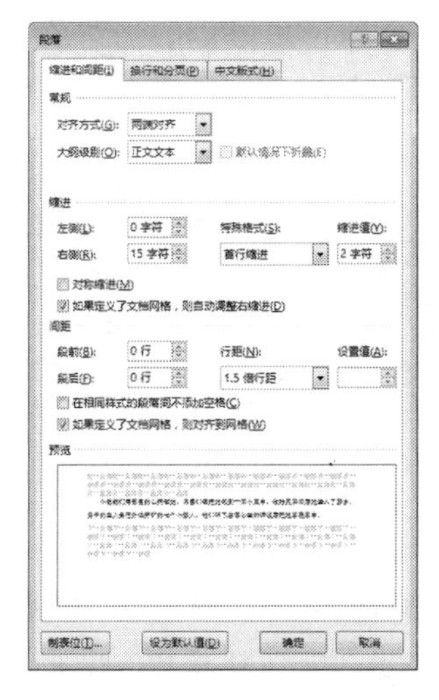

图 3-20　设置右缩进参数

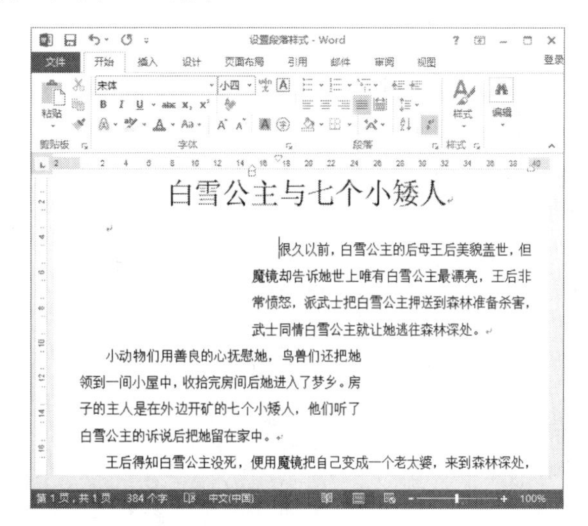

图 3-21　段落显示效果

3. 首行缩进

在【缩进】项中的【特殊格式】下拉列表中选择【首行缩进】选项，然后在右侧的【缩进值】

微调框中输入“4 字符”，如图 3-22 所示。单击【确定】按钮，即可实现段落首行缩进 4 字符，如图 3-23 所示。

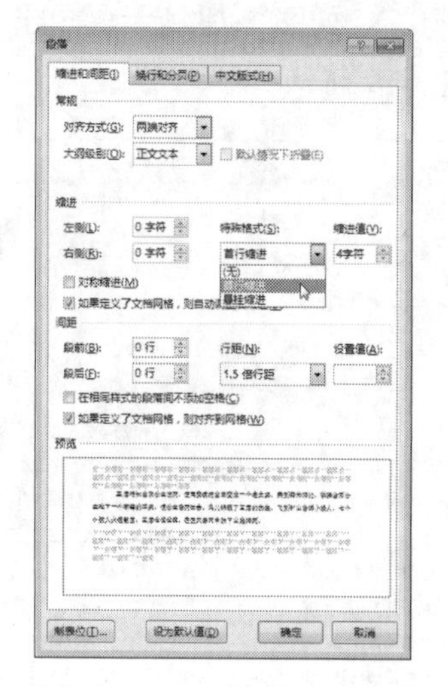

图 3-22　设置首行缩进参数

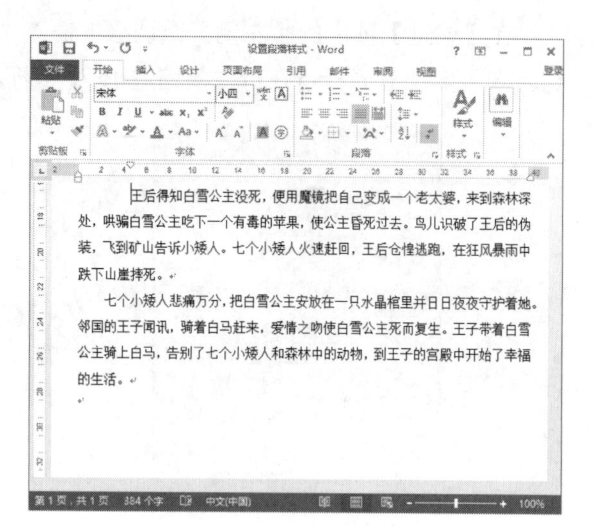

图 3-23　段落显示效果

 4. 悬挂缩进

在【缩进】项中的【特殊格式】下拉列表中选择【悬挂缩进】选项，然后在右侧的【缩进值】微调框中输入“4 字符”，如图 3-24 所示。单击【确定】按钮，即可实现段落除首行外其他各行缩进 4 字符，如图 3-25 所示。

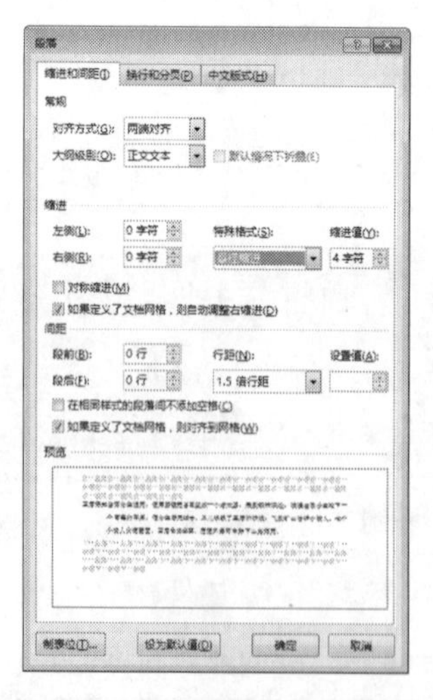

图 3-24　设置悬挂缩进参数

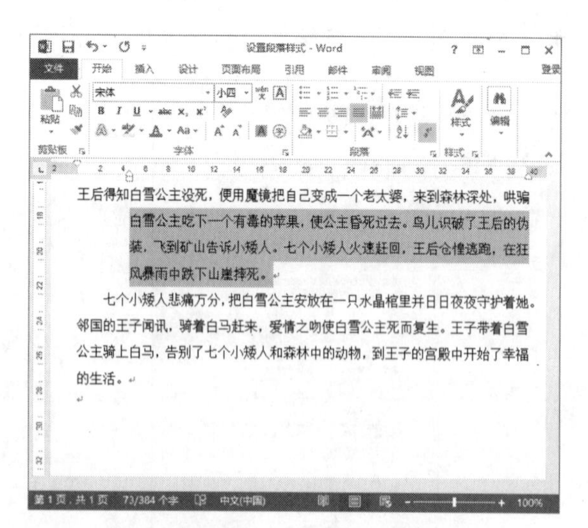

图 3-25　段落显示效果

另外，还可以单击【段落】选项组中的【减少缩进量】按钮和【增加缩进量】按钮减少或增加段落的左缩进位置，同时还可以选择【页面布局】选项卡，在【段落】选项组中可以设置段落缩进的距离，如图 3-26 所示。

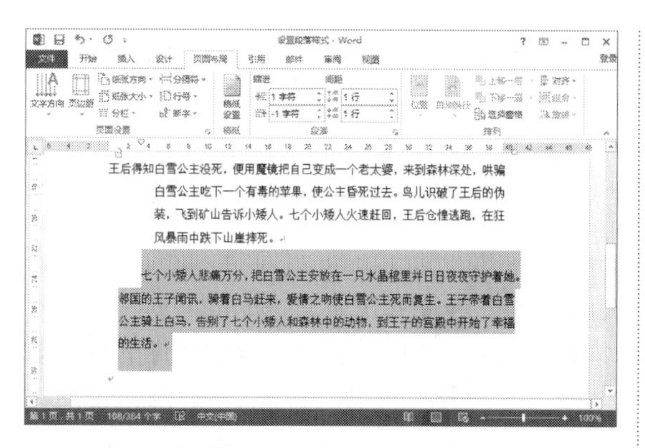

图 3-26 在【段落】选项组中设置段落样式

3.2.2 设置段间距与行间距

在设置段落时，如果希望增大或是减小各段之间的距离，就可以设置段间距，具体的操作步骤如下。

步骤 1 选择要设置段间距的段落，然后选择【开始】选项卡，在【段落】选项组中单击【行和段落间距】按钮，从弹出的下拉列表中选择【增加段前间距】或【增加段后间距】选项，即可为选择的段落设置段前间距或段后间距，如图 3-27 所示。

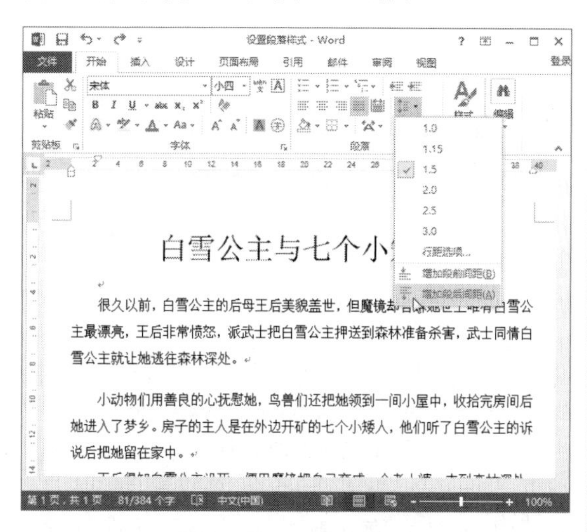

图 3-27 设置段间距

步骤 2 设置行间距的方法与设置段间距的方法相似，只需选中要设置行间距的多个段落，然后单击【行和段落间距】按钮，从弹出的下拉列表中选择段落设置的行距即可完成。例如选择 2.0，如图 3-28 所示。

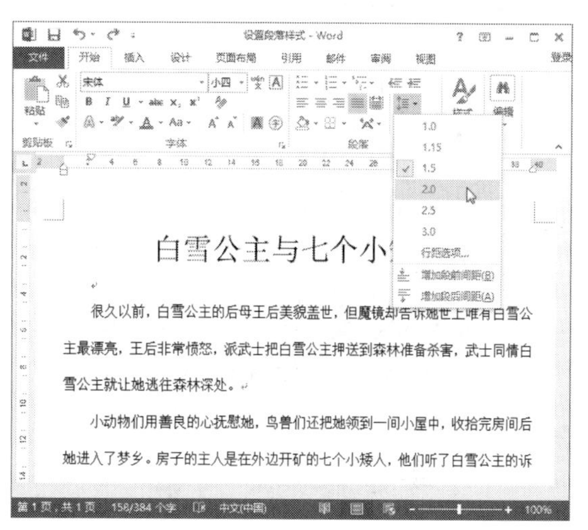

图 3-28 设置行间距

步骤 3 即可看到选择的段落将会改变行距，如图 3-29 所示。

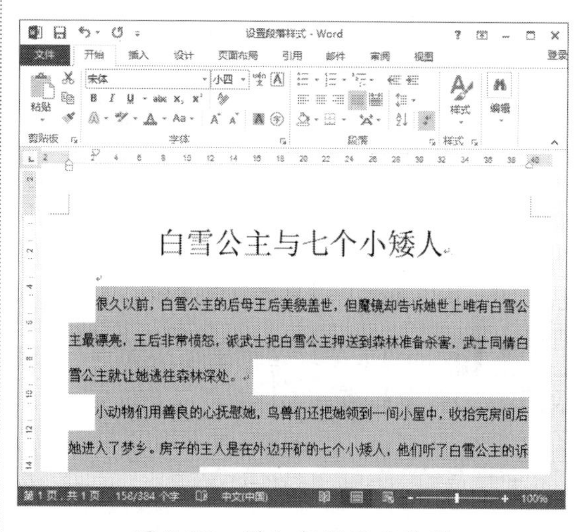

图 3-29 增加行距显示效果

步骤 4 另外，用户还可以自定义行距的大小。单击【行和段落间距】按钮，从弹出的下拉列表中选择【行距选项】选项，如图 3-30 所示。

步骤 5 弹出【段落】对话框，单击【行距】文本框右侧的下拉按钮，在弹出的下拉列表中选择【固定值】选项，然后输入行距数值为“40磅”，单击【确定】按钮，如图 3-31 所示。

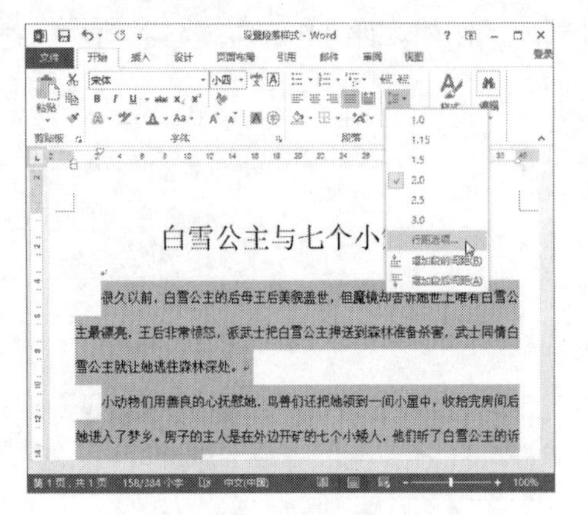

图 3-30　选择【行距选项】选项

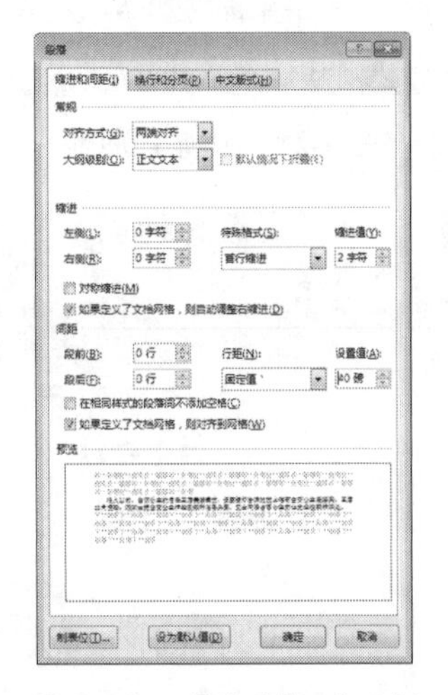

图 3-31　【段落】对话框

步骤 6 即可设置段落间的行距为 40 磅的效果，如图 3-32 所示。

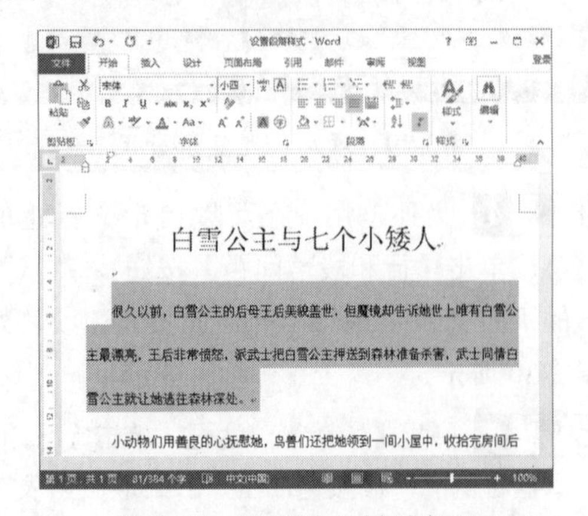

图 3-32　设置段落间的行距

3.2.3 设置段落边框和底纹

除可以为字体添加边框和底纹外，还可以为段落添加边框和底纹，具体的操作步骤如下。

步骤 1 选中要设置边框的段落，单击【开始】选项卡下【段落】选项组中的【下框线】按钮 ，在弹出的下拉列表中选择边框线的类型，这里选择【外侧框线】选项，如图 3-33 所示。

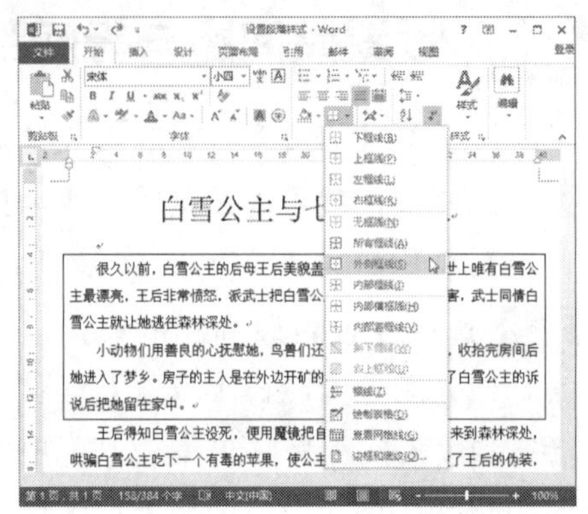

图 3-33　选择【外侧框线】选项

步骤 2 即可为该段落添加外侧边框，效果如图 3-34 所示。

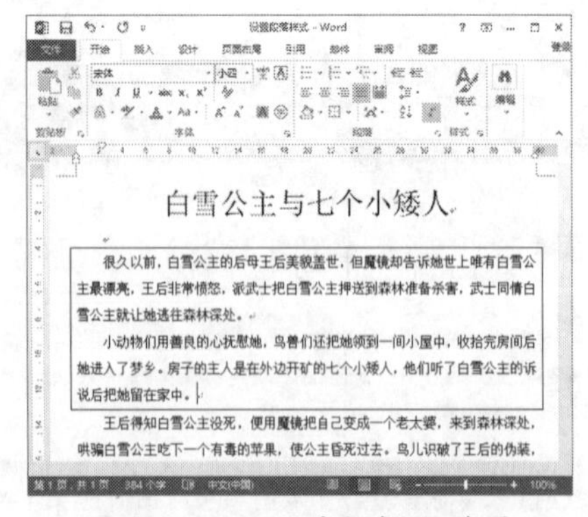

图 3-34　添加外侧框线效果

> **提示** 在选择段落时如果没有把段落标记选择在内的话，则表示为文字添加边框，具体效果如图 3-35 所示。另外，如果要清除设置的边框，则需要选择设置的边框内容，然后单击相应的边框按钮即可，如图 3-36 所示。

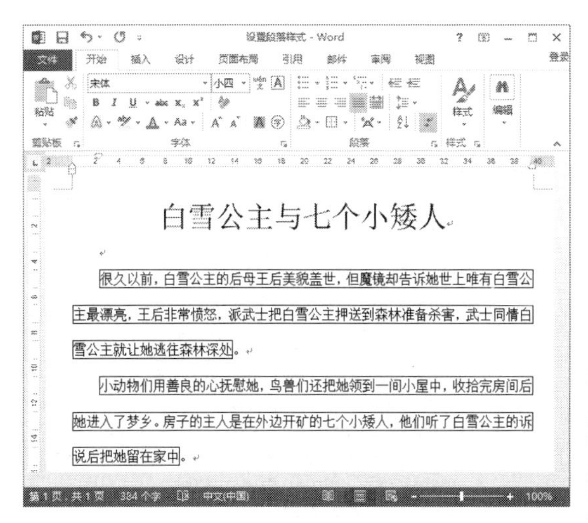

图 3-35 为文字添加边框

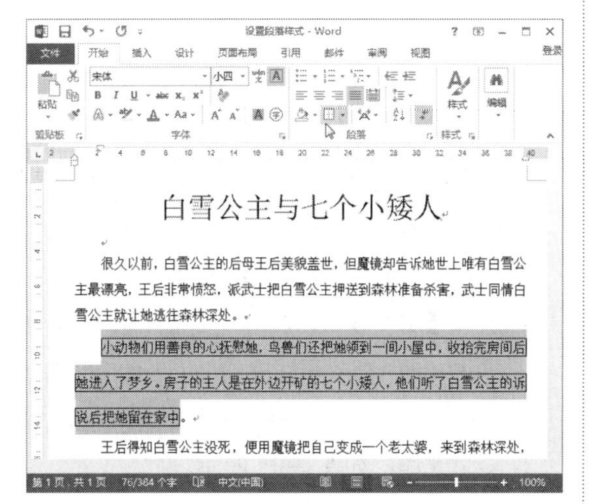

图 3-36 清除边框线

步骤 3 选中需要设置底纹的段落，单击【开始】选项卡下【段落】选项组中的【底纹】按钮，在弹出的下拉列表中选择底纹的颜色即可，例如本实例选择灰色，如图 3-37 所示。

步骤 4 如果想自定义边框和底纹的样式，可以在【段落】选项组中单击【下框线】按钮右侧的向下按钮，在弹出的下拉列表中选择【边框和底纹】选项，如图 3-38 所示。

步骤 5 弹出【边框和底纹】对话框，用户可以设置边框的样式、颜色和宽度等参数，如图 3-39 所示。

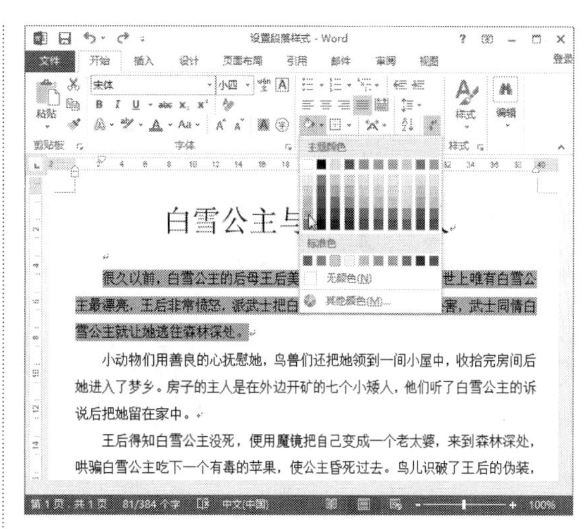

图 3-37 设置文字底纹颜色

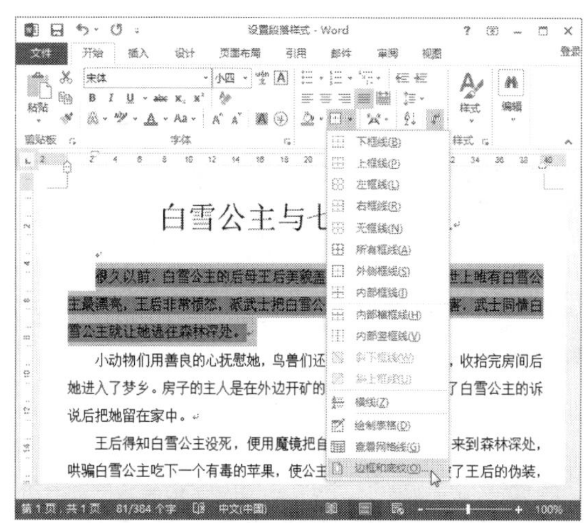

图 3-38 选择【边框和底纹】选项

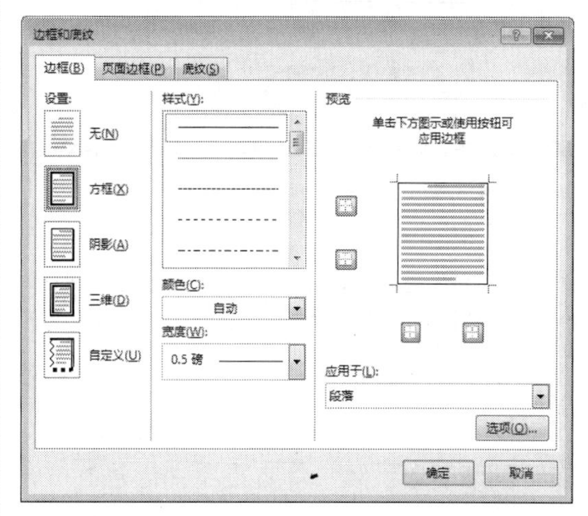

图 3-39 【边框和底纹】对话框

步骤 6 选择【底纹】选项卡，选择填充的颜色、图案的样式和颜色等参数，如图 3-40 所示。

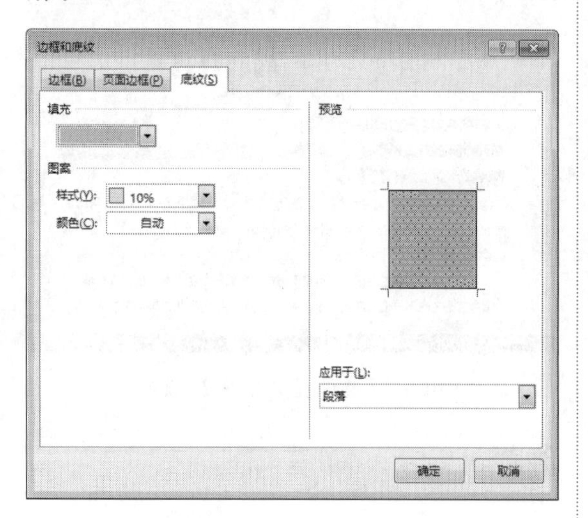

图 3-40　设置底纹颜色与图案

步骤 7 设置完成后，单击【确定】按钮，即可自定义段落的边框和底纹，如图 3-41 所示。

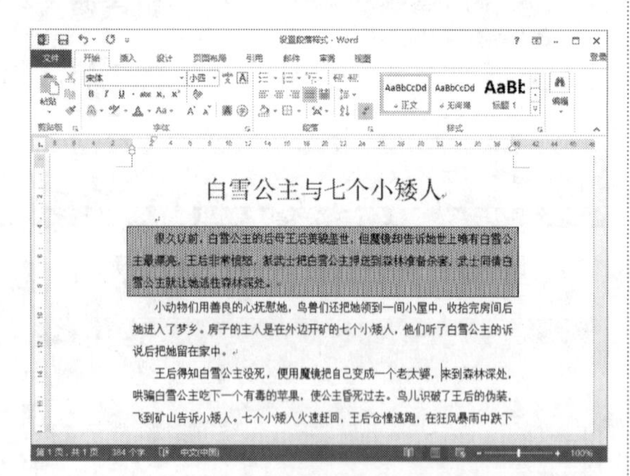

图 3-41　自定义段落的边框和底纹

3.2.4 设置项目符号和编号

如果要设置项目符号，只需选择要添加项目符号的多个段落，然后选择【开始】选项卡，在【段落】选项组中单击【项目符号】按钮 ☰ ▾，从弹出的下拉列表中选择项目符号库中的符号类型，当光标置于某个项目符号上时，可在文档窗口中预览设置结果，如图 3-42 所示。

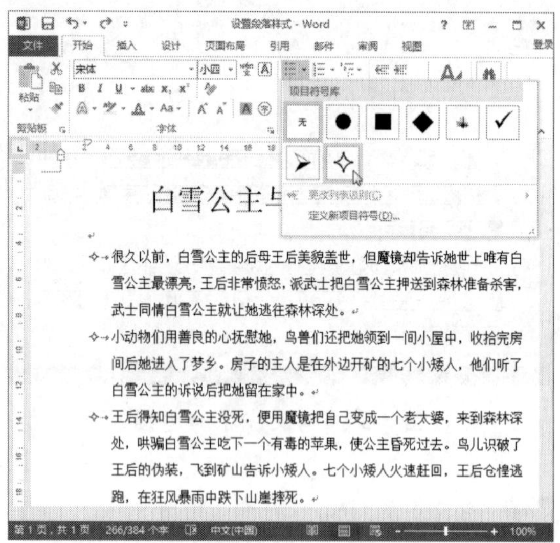

图 3-42　添加段落项目符号

在设置段落的过程中，有时候使用编号比使用项目符号更清晰，这时就需要设置这个编号。首先选中要添加编号的多个段落，然后选择【开始】选项卡，在【段落】选项组中单击【项目编号】按钮 ☰ ▾，从弹出的下拉列表中选择编号库中的编号类型，即可完成设置操作，如图 3-43 所示。

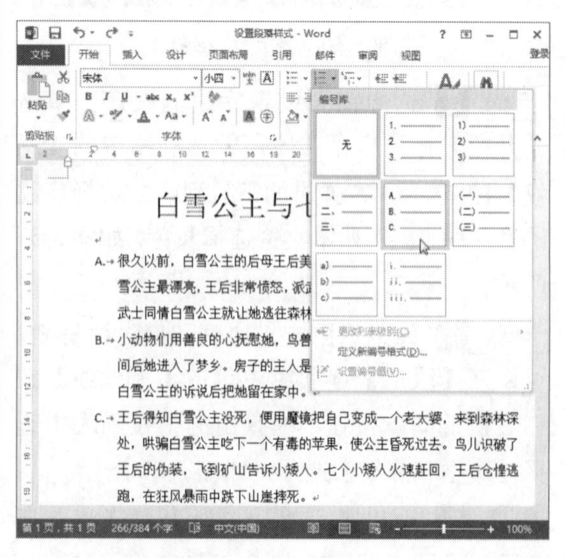

图 3-43　添加段落项目编号

3.3 使用艺术字

艺术字可以使文字更加醒目，并且艺术字的特殊效果会使文档更加美观、生动，所以学习艺术字也是美化文档不可缺少的知识点。

3.3.1 插入艺术字

艺术字可以有各种颜色和各种字体，可以带阴影、倾斜、旋转和延伸，还可以变成特殊的形状，在文档中插入艺术字的具体操作步骤如下。

步骤 1 打开 Word 2013，将光标定位到需要插入艺术字的位置，然后选择【插入】选项卡，在【文本】选项组中单击【艺术字】按钮，并在弹出的下拉列表中选择需要的样式，如图 3-44 所示。

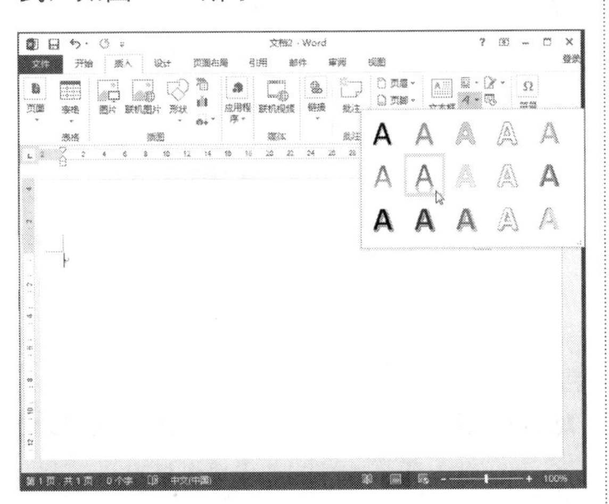

图 3-44 选择艺术字效果

步骤 2 在文档中将会出现一个带有“请在此放置您的文字”字样的文本框，如图 3-45 所示。

步骤 3 在文本框中输入需要的内容，例如输入“美丽的秋季，收获的季节”，此时在文档中就插入了艺术字，如图 3-46 所示。

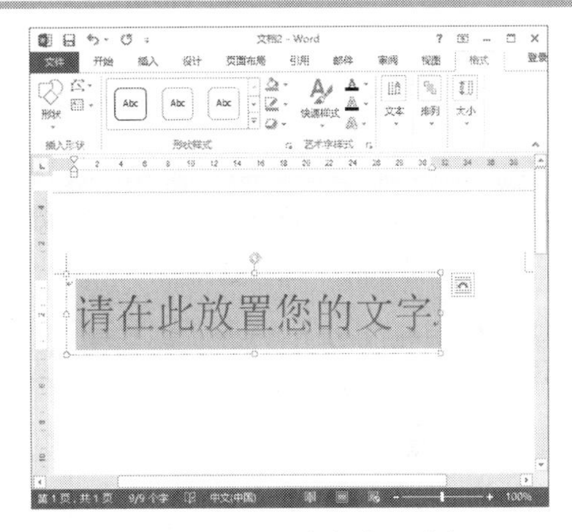

图 3-45 添加艺术字文本框

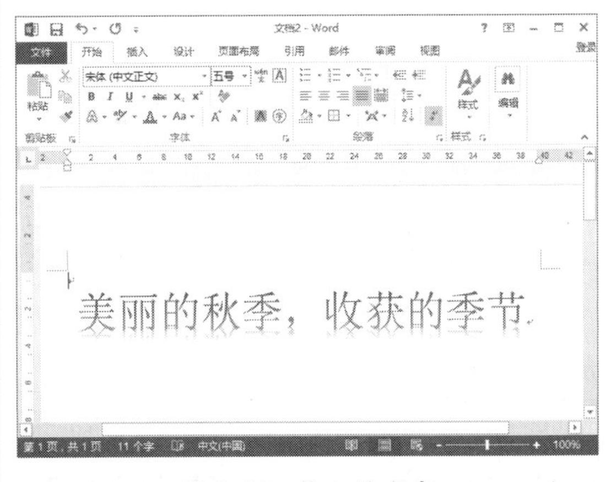

图 3-46 输入艺术字

3.3.2 编辑艺术字

在文档中插入艺术字后，用户还可以根据需要修改艺术字的风格，如修改艺术字的样式、格式、形状和旋转等，编辑艺术字的具体步骤如下。

步骤 1 新建文档，在文档中输入文字，选中要改变的艺术字，如图 3-47 所示。

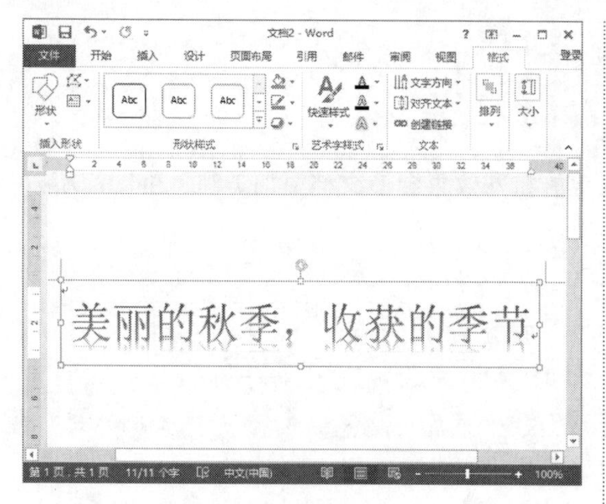

图 3-47 选择艺术字

步骤 2 单击【格式】选项卡下【艺术字样式】选项组中的【文字效果】按钮，在弹出的下拉列表中可以对艺术字添加阴影、映像、发光、棱台、三维旋转等文字效果，如图 3-48 所示。

图 3-48 选择艺术字效果

步骤 3 单击【格式】选项卡下【艺术字样式】选项组中的【文字填充】按钮，在弹出的下拉列表中可以对艺术字的文字填充效果进行设置，如选择绿色色块，则艺术字的填充效果为绿色，如图 3-49 所示。

步骤 4 单击【艺术字样式】选项组中的【文字轮廓】按钮，在弹出的下拉列表中可以对艺术字的文字轮廓进行设置，如选择橘黄色色块，则艺术字的轮廓显示为橘黄色，如图 3-50 所示。

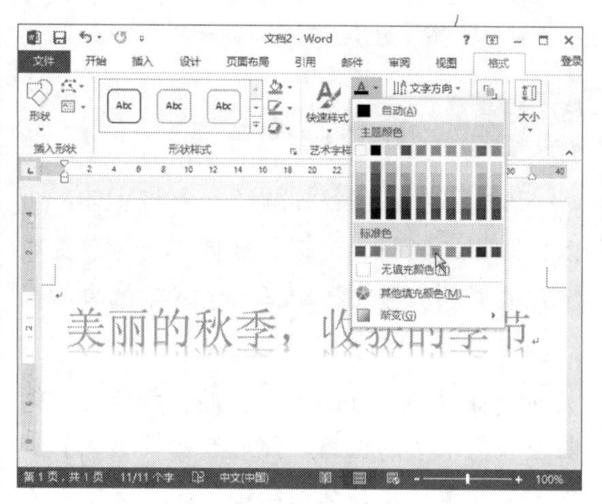

图 3-49 选择艺术字填充颜色

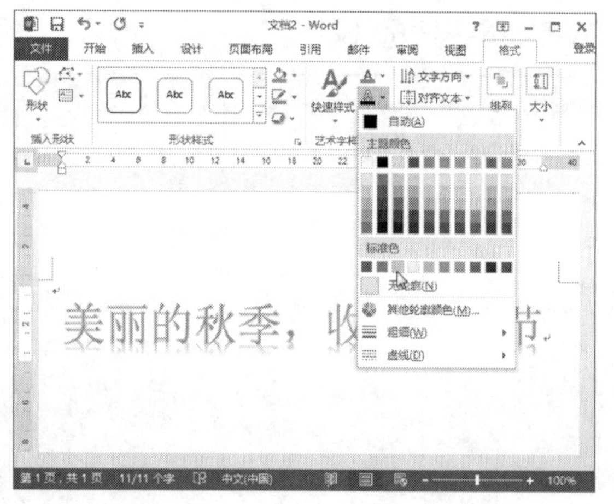

图 3-50 选择艺术字文字轮廓

步骤 5 如果想要快速设置艺术字的整体样式，可以单击【形状样式】选项组中的【其他】按钮，在弹出的下拉列表中选择形状样式，如图 3-51 所示。

步骤 6 选择完毕后，返回到 Word 文档中，可以看到应用形状样式后的艺术字效果，如图 3-52 所示。

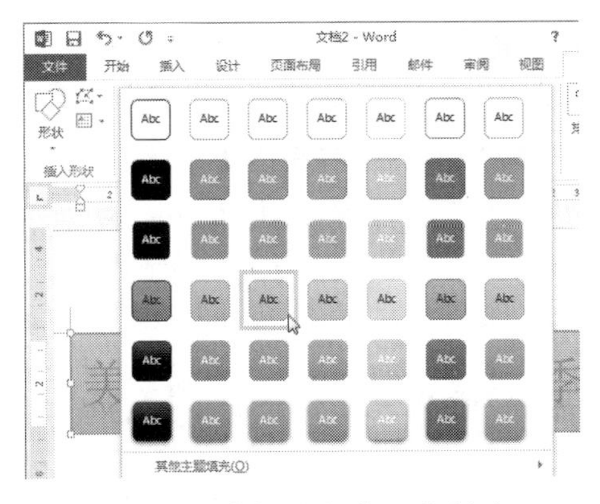

图 3-51 选择艺术字形状样式

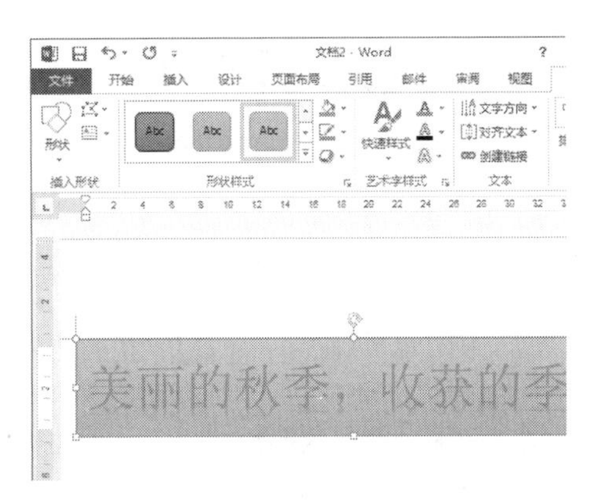

图 3-52 最终的艺术字显示效果

3.4 使用图片图形美化文档

在文档中插入一些图片可以使文档更加生动形象，从而达到美化文档的效果。插入的图片既可以是本地图片，也可以是联机图片。另外，Word 2013 还提供了图形功能，用户可以插入基本图形和 SmartArt 图形。

3.4.1 添加本地图片

通过在文档中添加图片，可以达到图文并茂的效果，添加图片的具体操作步骤如下。

步骤 1 新建一个 Word 文档，将光标定位于需要插入图片的位置，然后单击【插入】选项卡下【插图】选项组中的【图片】按钮，如图 3-53 所示。

步骤 2 在弹出的【插入图片】对话框中选择需要插入的图片，单击【插入】按钮，即可插入该图片，如图 3-54 和图 3-55 所示。

图 3-53 单击【图片】按钮

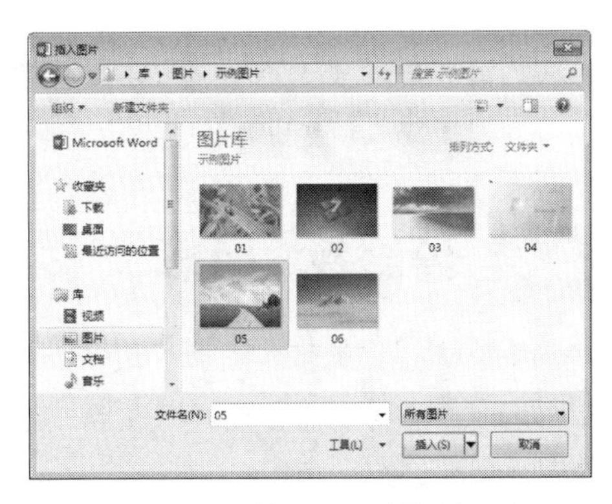

图 3-54 【插入图片】对话框

提示 直接在文件窗口中双击图片，可以快速插入图片。

图 3-55 插入的图片

步骤 3 将光标放置在图片的周围，可以扩大或缩小图片，如图 3-56 所示。

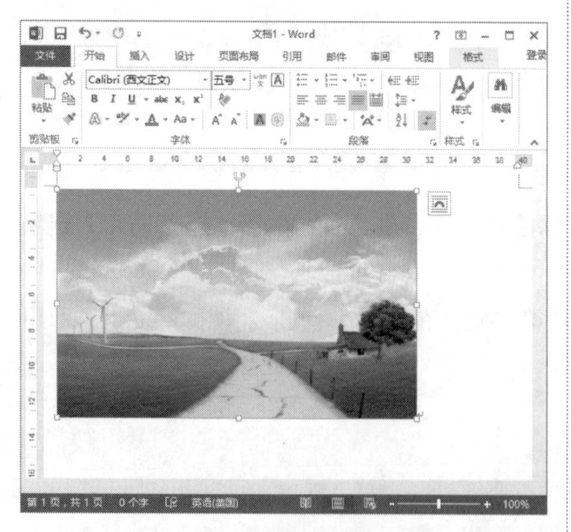

图 3-56 调整图片的大小

3.4.2 绘制基本图形

Word 2013 提供的基本图形有很多，包括线条、矩形、箭头、流程图、标注等，绘制基本图形的具体操作步骤如下。

步骤 1 新建一个 Word 文档，将光标定位于需要插入图片的位置，选择【插入】选项卡，在【插图】选项组中单击【形状】按钮，在弹出的下拉列表中选择【基本形状】组中的【笑脸】图标☺，如图 3-57 所示。

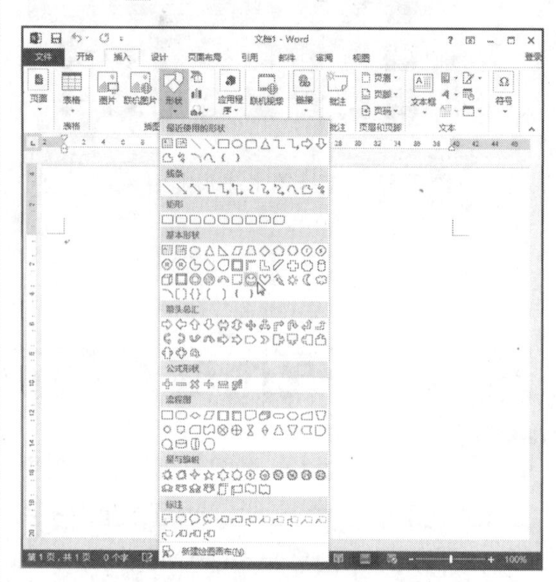

图 3-57 选择形状样式

步骤 2 此时鼠标变成黑色十字形，单击确定形状插入的位置，然后拖曳鼠标确定形状的大小，最后单击鼠标即可绘制基本图形，如图 3-58 所示。

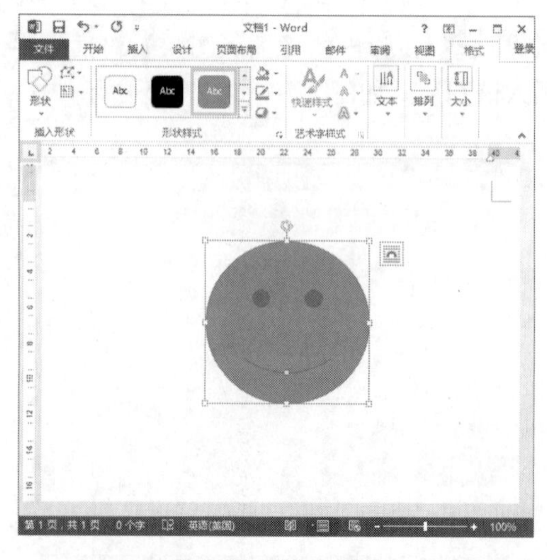

图 3-58 插入形状

步骤 3 如果对绘制图形的样式不满意，可以进行修改。选择绘制的基本图形，选择【格式】选项卡，在【形状样式】选项组中单击【形状填充】按钮，在弹出的下拉列表中选择填充颜色为黄色，如图 3-59 所示。

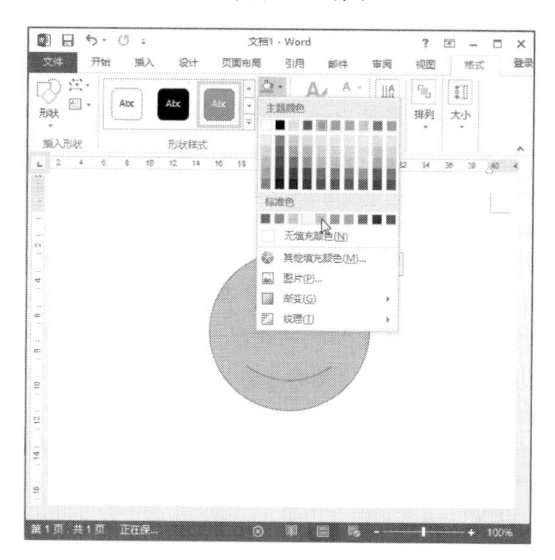

图 3-59 设置形状填充颜色

步骤 4 单击【形状轮廓】按钮，在弹出的下拉列表中选择轮廓的颜色为红色，如图 3-60 所示。

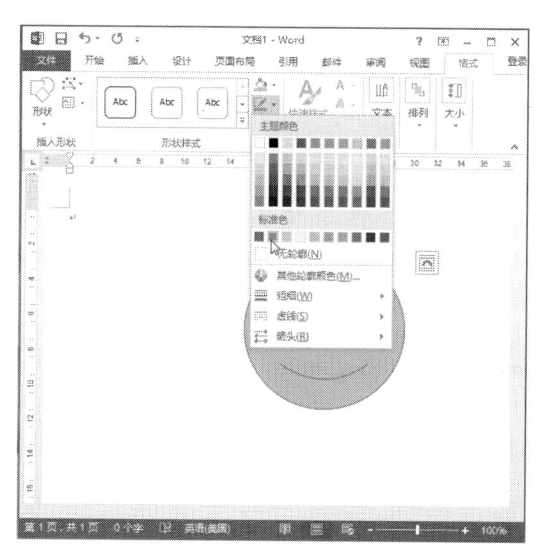

图 3-60 设置形状填充轮廓

步骤 5 单击【形状效果】按钮，在弹出的下拉列表中可以设置各种形状效果，包括预设、阴影、映像、发光、柔化边沿、棱台和三维旋转等效果。本实例选择【发光】组中的橙色、18pt 发光、着色 2 样例，如图 3-61 所示。

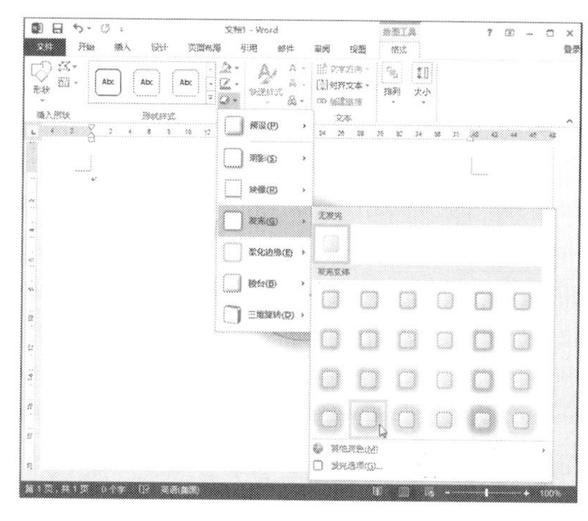

图 3-61 设置形状发光效果

步骤 6 设置完成后，效果如图 3-62 所示。

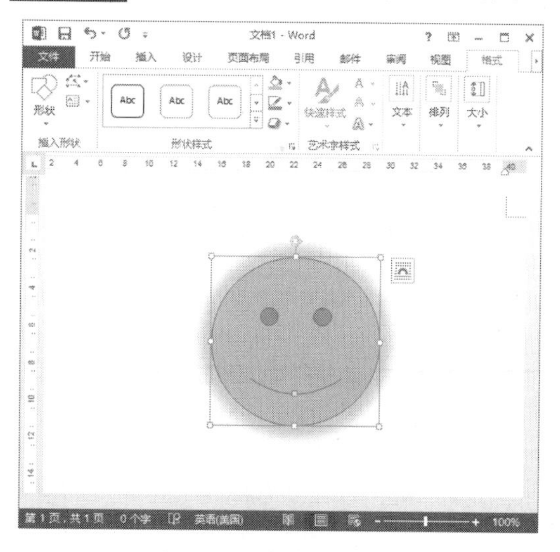

图 3-62 最终显示效果

3.4.3 绘制 SmartArt 图形

SmartArt 图形也被称为组织结构图，主要用于显示组织中的分层信息或上下级关系，在 Word 文档中绘制 SmartArt 图形的操作步骤如下。

步骤 1 新建文档，将鼠标移到需要插入组织结构图的位置，然后单击【插入】选项卡下【插图】选项组中的 SmartArt 按钮，弹出【选择 SmartArt 图形】对话框，如图 3-63 所示。

步骤 2 在【选择 SmartArt 图形】对话框的左侧列表中选择【层次结构】选项，然后选择【组织结构图】图形，如图 3-64 所示。

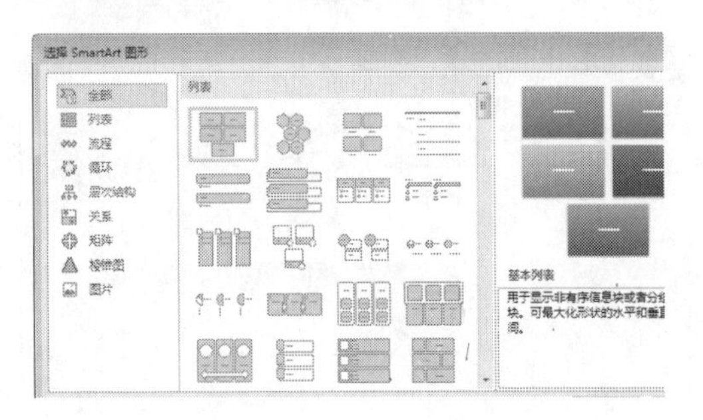

图 3-63 【插入 SmartArt 图形】对话框

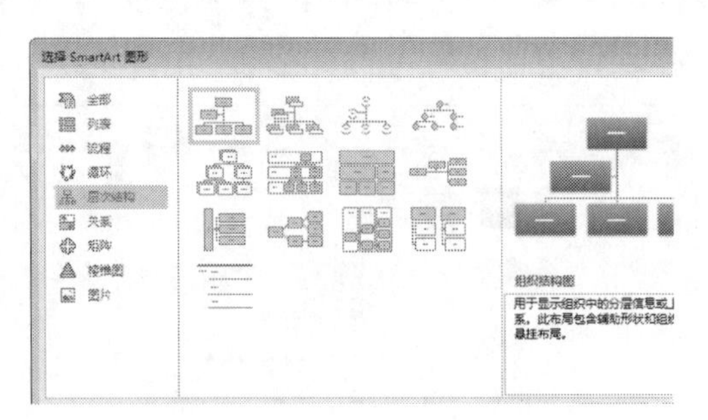

图 3-64 选择插入的图形样式

步骤 3 单击【确定】按钮即可将图形插入到文档，如图 3-65 所示。

步骤 4 在组织结构中输入相对应的文字，输入完成后单击 SmartArt 图形以外的任意位置，完成 SmartArt 图形的编辑，如图 3-66 所示。

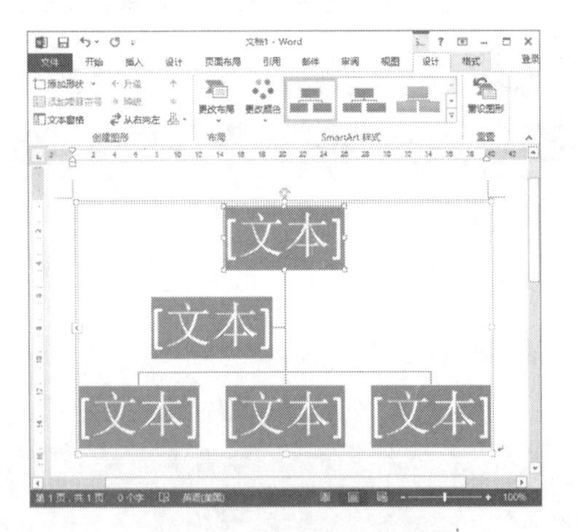

图 3-65 插入组织结构图

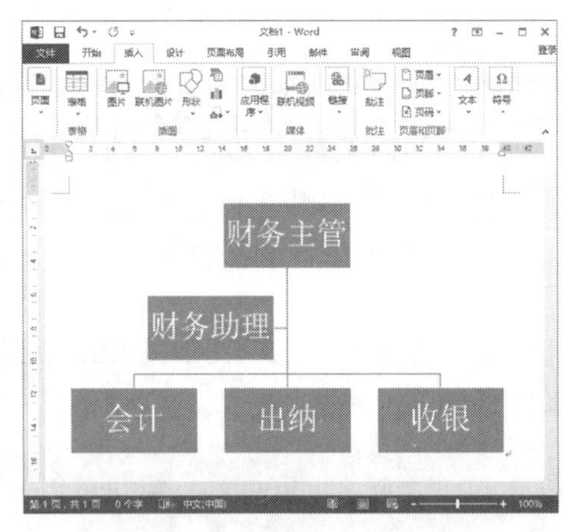

图 3-66 编辑 SmartArt 图形

3.5 高效办公技能实战

3.5.1 制作宣传海报

实现文档内容的图文混排确实给单调的文档增添不少色彩，这样用户就可以运用所学的知识制作出各种各样的图文混排文档。下面介绍使用 Word 制作公司宣传海报，具体操作步骤如下。

步骤 1 新建一个空白文档，在【设计】选项卡中单击【页面颜色】按钮，在弹出的下拉列表中选择【填充效果】选项，如图 3-67 所示。

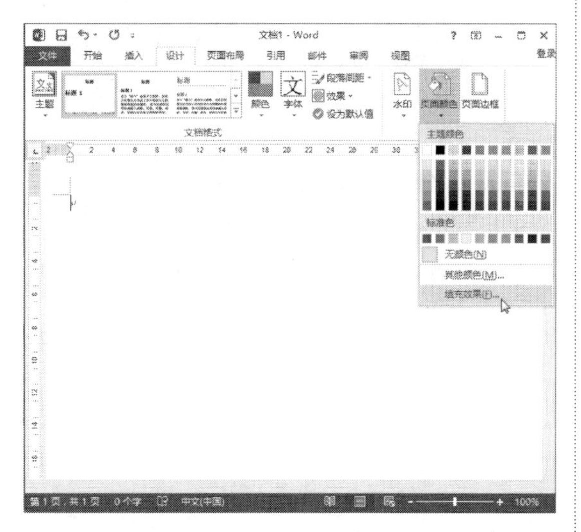

图 3-67　选择页面填充效果

步骤 2 弹出【填充效果】对话框，在【颜色】设置区中选中【双色】单选按钮，并将【颜色 1】设为浅蓝色、【颜色 2】设为深蓝色，然后在【底纹样式】设置区中选中【水平】单选按钮，如图 3-68 所示。

图 3-68　【填充效果】对话框

步骤 3 单击【确定】按钮，页面颜色的填充效果如图 3-69 所示。

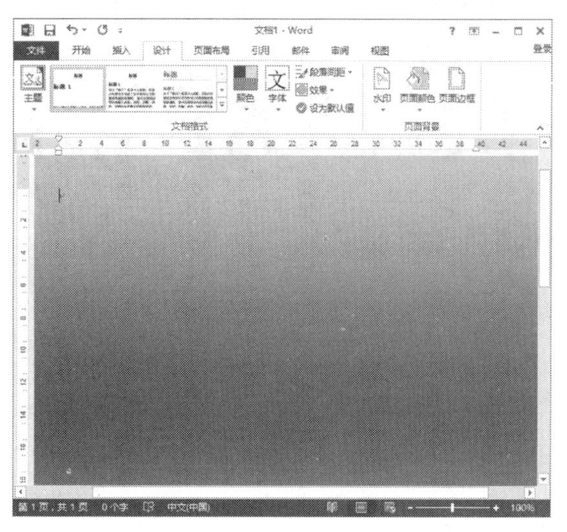

图 3-69　页面颜色的填充效果

步骤 4 在【插入】选项卡中单击【图片】按钮，打开【插入图片】对话框，选择需要插入的图片，然后单击【插入】按钮，如图 3-70 所示。

图 3-70　【插入图片】对话框

步骤 5 将选择的图片插入文档后，右击插入的图片，在弹出的快捷菜单中选择【衬于文字下方】选项，如图 3-71 所示。

步骤 6 调整图片的大小，使图片在水平方向上和文档大小一致，如图 3-72 所示。

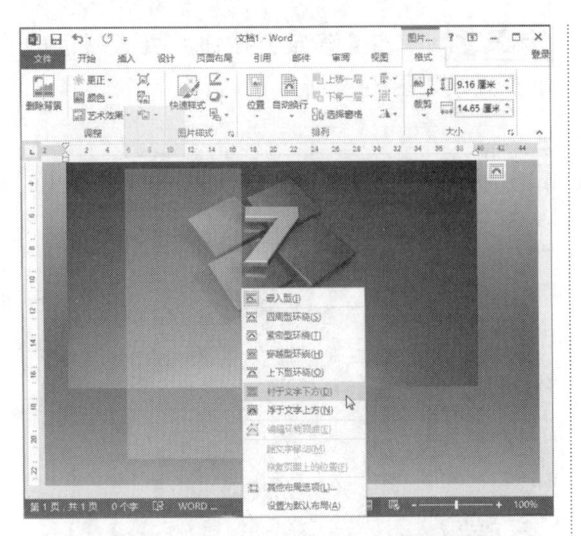

图 3-71　选择【衬于文字下方】选项

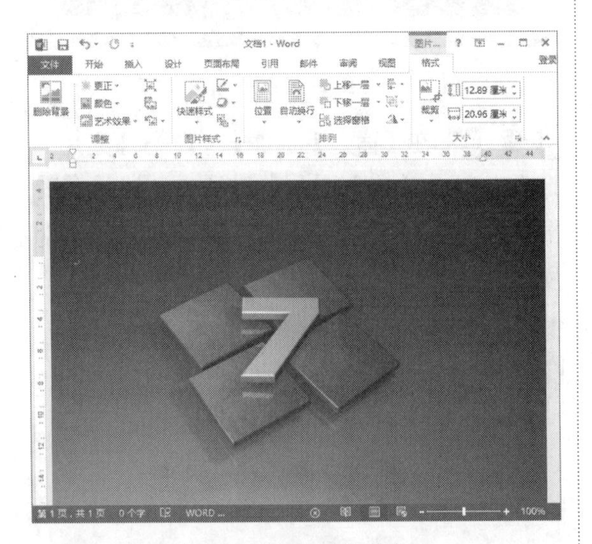

图 3-72　调整图片的大小

步骤 7 选择插入的图片，单击【格式】选项卡下【调整】选项组中的【颜色】按钮，在弹出的下拉列表中选择一种颜色的样式，如图 3-73 所示。

步骤 8 选择【插入】选项卡，然后单击【形状】按钮，在弹出的下拉列表中选择【星与旗帜】中的【波型】图标，如图 3-74 所示。

步骤 9 按下鼠标左键在页面上拖动画出图形，然后根据需要调整图形至合适的位置，如图 3-75 所示。

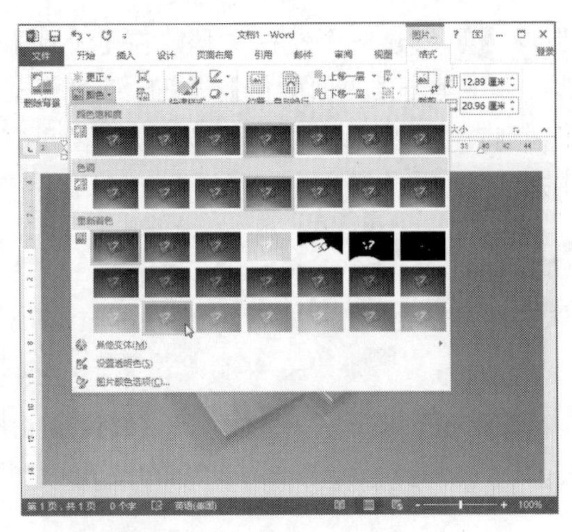

图 3-73　调整图片的颜色

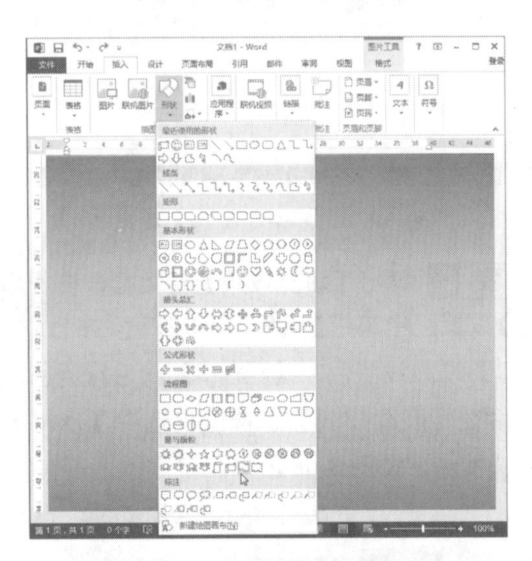

图 3-74　选择要插入的形状

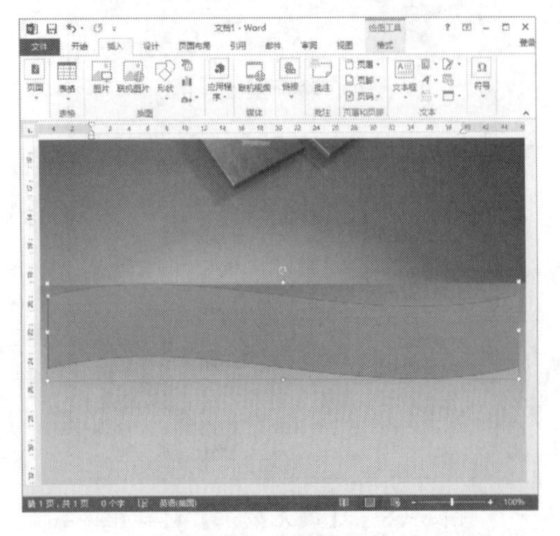

图 3-75　绘制形状

步骤 10 选中绘制的图形，然后在【格式】选项卡中单击【形状填充】按钮，在弹出的下拉列表中选择深蓝色，如图 3-76 所示。

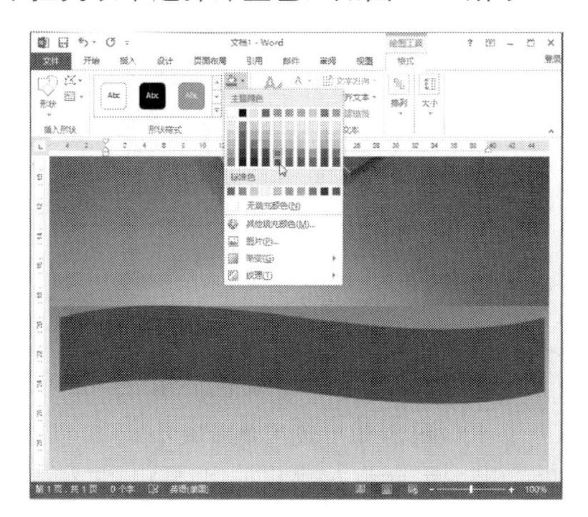

图 3-76　添加形状填充颜色

步骤 11 选中绘制的形状，右击，在弹出的快捷菜单中选择【添加文字】命令，如图 3-77 所示。

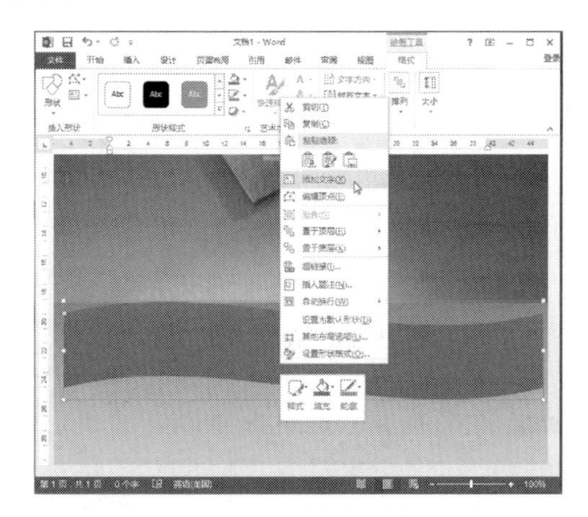

图 3-77　添加文字

步骤 12 选择【插入】选项卡，单击【艺术字】按钮，然后在弹出的下拉列表中选择艺术字的样式，如图 3-78 所示。

步骤 13 选择完样式后输入文字，并调整文字的排列和角度，效果如图 3-79 所示。

步骤 14 向下拖动窗口右侧的滑块，选择【插入】选项卡，单击【艺术字】按钮，然后在弹出的下拉列表中选择艺术字的样式，根据提示输入相应的宣传内容，并调整到合适的位置，如图 3-80 所示。

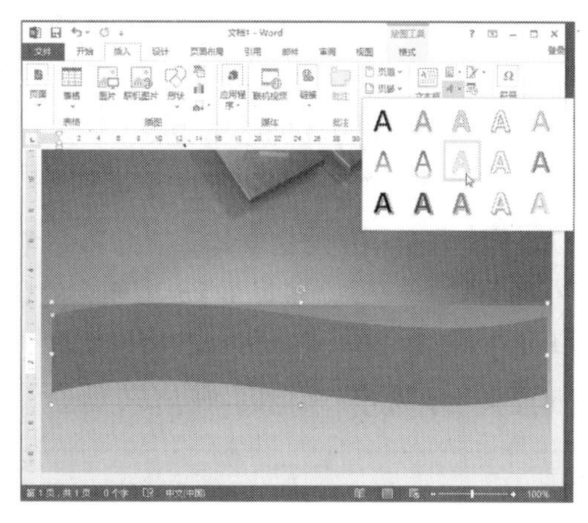

图 3-78　设置文字的艺术字样式

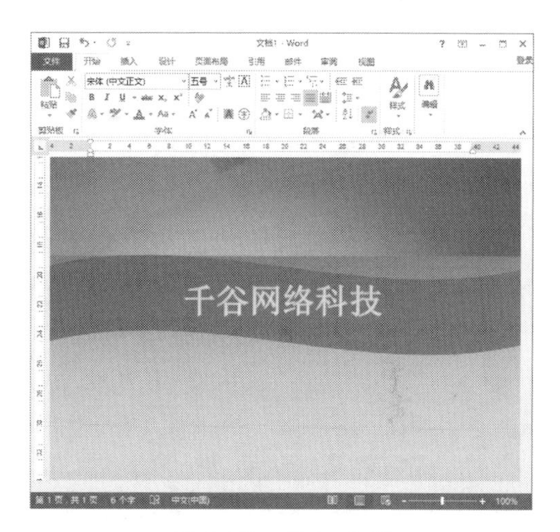

图 3-79　输入文字

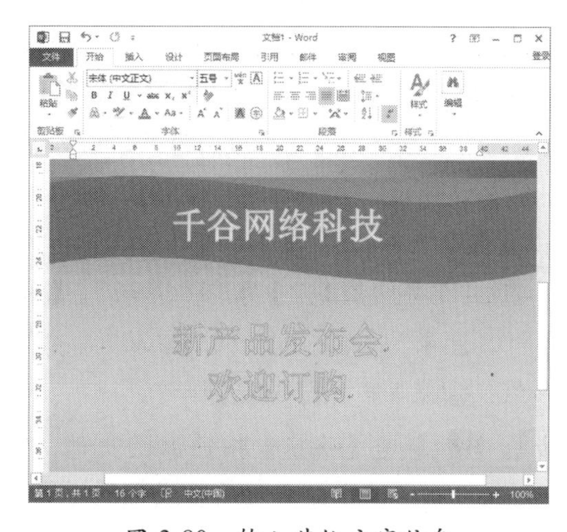

图 3-80　输入其他文字信息

3.5.2 设计公司工作证

在工作时，员工一般都要佩戴自己的工作证，这样不仅便于管理，而且便于工作中的交流。利用 Word 2013 的编辑功能，可以制作出效果不错的工作证，具体操作步骤如下。

步骤 1 新建一个空白文档，然后单击【页面布局】选项卡下【页面设置】选项组中的【纸张大小】按钮，在弹出的下拉列表中选择【其他页面大小】选项，如图 3-81 所示。

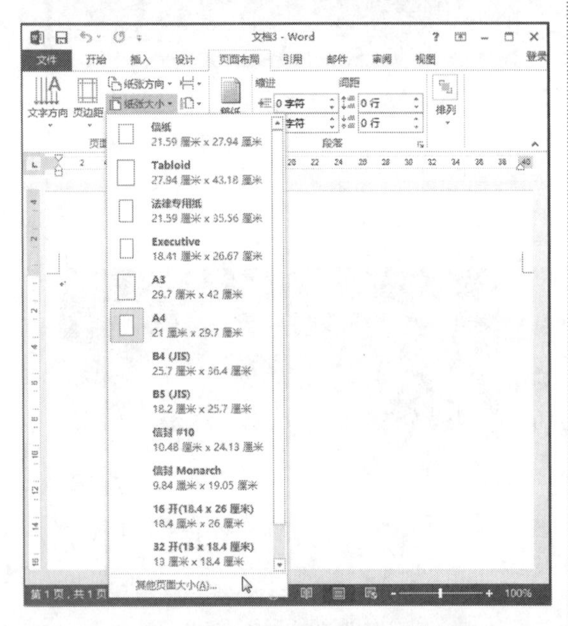

图 3-81 选择【其他页面大小】选项

步骤 2 打开【页面设置】对话框，选择【纸张】选项卡，在【纸张大小】设置区中设置【宽度】为“11 厘米”，【高度】为“8 厘米”，如图 3-82 所示。

步骤 3 选择【页边距】选项卡，在【页边距】设置区中分别设置【上】为“0.1 厘米”，【下】为“0.1 厘米”，【左】为“0.2 厘米”，【右】为“0.2 厘米”，如图 3-83 所示。

步骤 4 单击【确定】按钮返回文档，完成对文档页面的设置，之后将文档的“显示比例”设置为 150%，如图 3-84 所示。

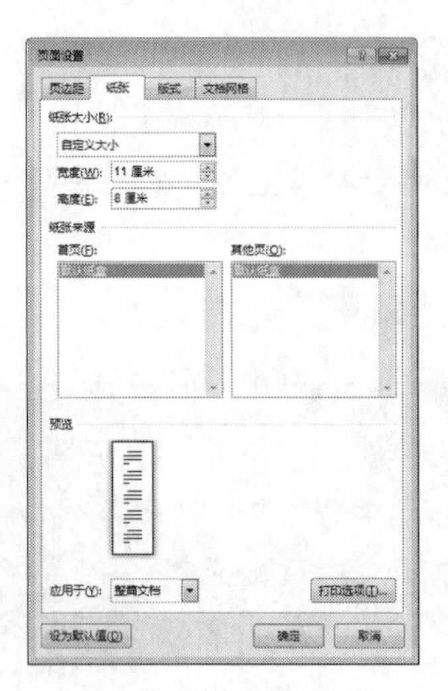

图 3-82 设置纸张大小

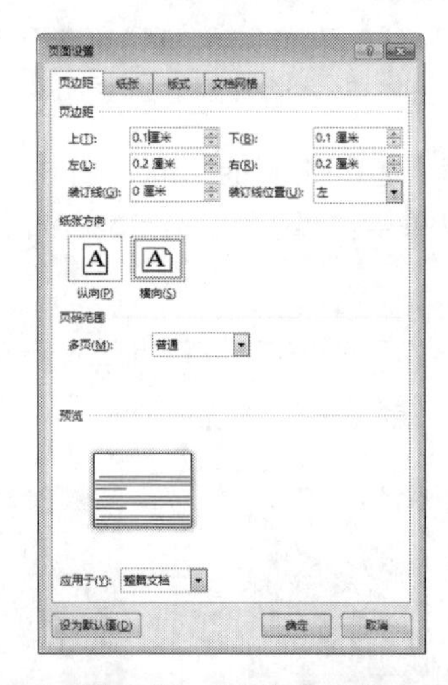

图 3-83 设置页边距

图 3-84 页面显示效果

步骤 5 单击【插入】选项卡下【插图】选项组中的【形状】按钮，在弹出的下拉列表中选择【矩形】基本形状，如图 3-85 所示。

图 3-85　选择矩形形状

步骤 6 在文档中绘制一个与页面等大小的矩形，如图 3-86 所示。

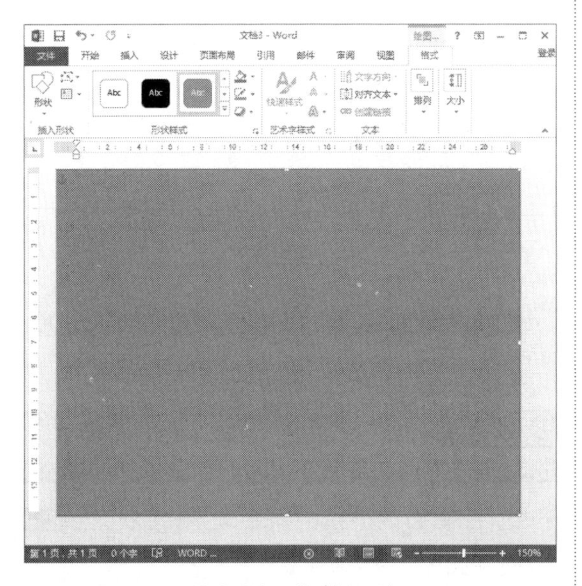

图 3-86　绘制矩形

步骤 7 单击【格式】选项卡下【形状样式】选项组中的【形状轮廓】按钮，在弹出的下拉列表中选择【无轮廓】选项，如图 3-87 所示。

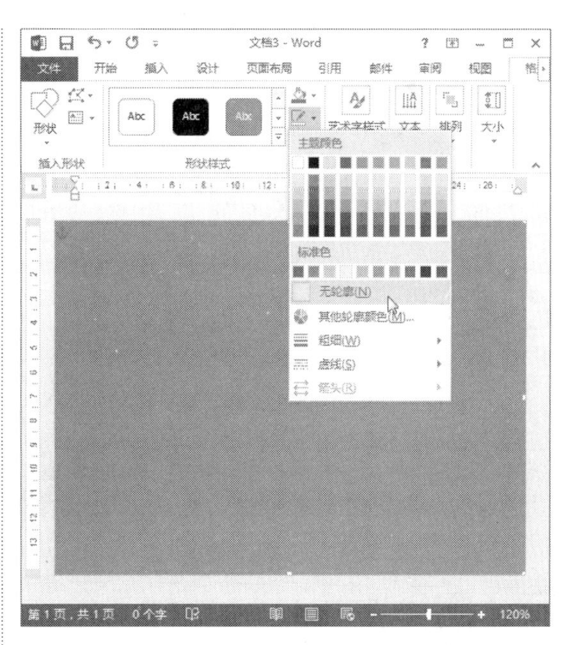

图 3-87　设置矩形的填充轮廓

步骤 8 单击【格式】选项卡下【形状样式】选项组中的【形状填充】按钮，在弹出的下拉列表中选择【纹理】选项，在打开的下拉列表中选择【其他纹理】选项，如图 3-88 所示。

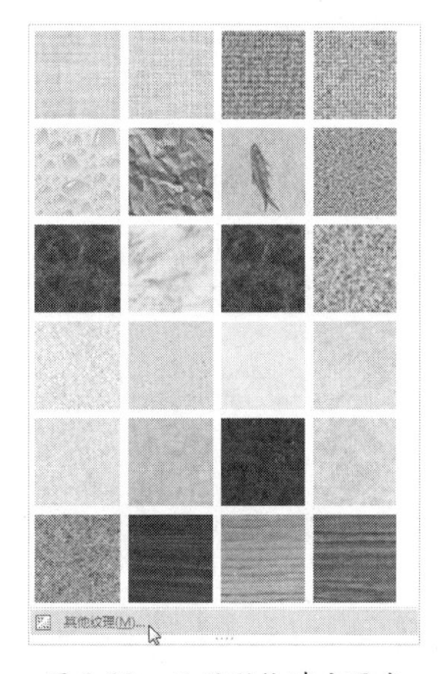

图 3-88　设置形状填充图案

步骤 9 即可在 Word 文档界面的右侧显示【设置形状格式】窗格，在【填充】设置区域中选中【图案填充】单选按钮，如图 3-89 所示。

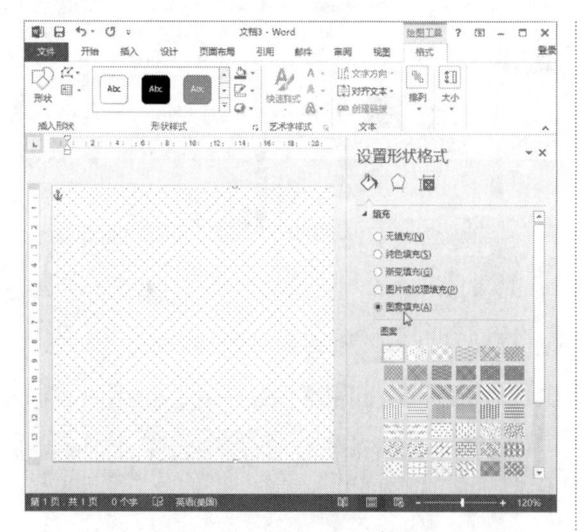

图 3-89　选择图案填充

步骤 10　在【图案】设置区中选择第 1 列的第 5 个图案，在【前景色】下拉列表中选择图案的颜色为“淡蓝”，【图案】设置区中的图案颜色也会变为淡蓝色，如图 3-90 所示。

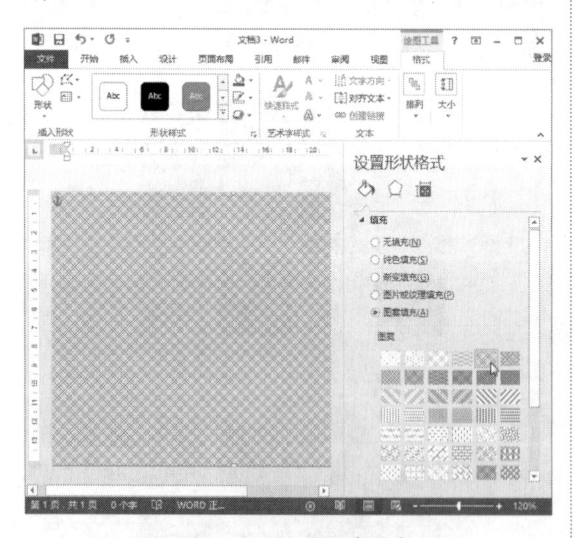

图 3-90　设置图案填充颜色

步骤 11　单击【关闭】按钮，即可将选定的填充颜色填充到文档中，如图 3-91 所示。

步骤 12　单击【插入】选项卡下【文本】选项组中的【文本框】按钮，在弹出的下拉列表中选择【绘制文本框】选项，在文档中绘制一个文本框，如图 3-92 所示。

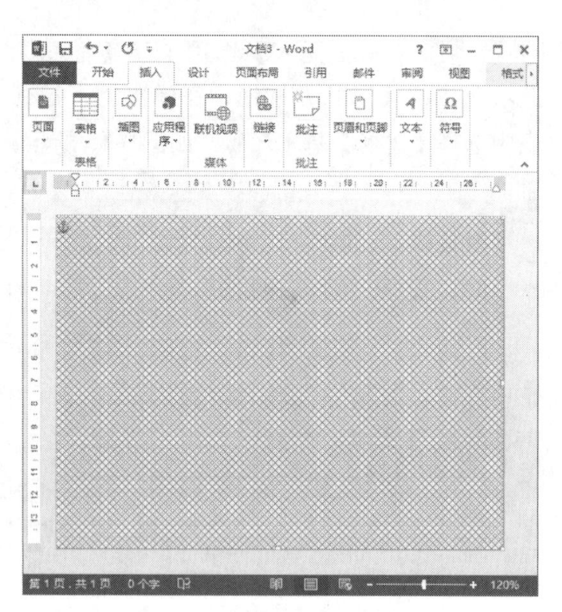

图 3-91　图案填充后的效果

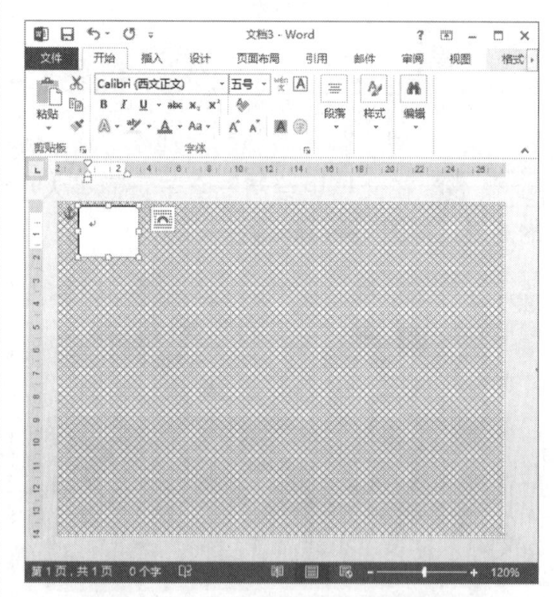

图 3-92　绘制文本框

步骤 13　选中文本框，然后单击【格式】选项卡下【形状样式】选项组中的【形状填充】按钮，在弹出的下拉列表中选择【无填充颜色】选项，如图 3-93 所示。

步骤 14　单击【格式】选项卡下【形状样式】选项组中的【形状轮廓】按钮，在弹出的下拉列表中选择【无轮廓】选项，如图 3-94 所示。

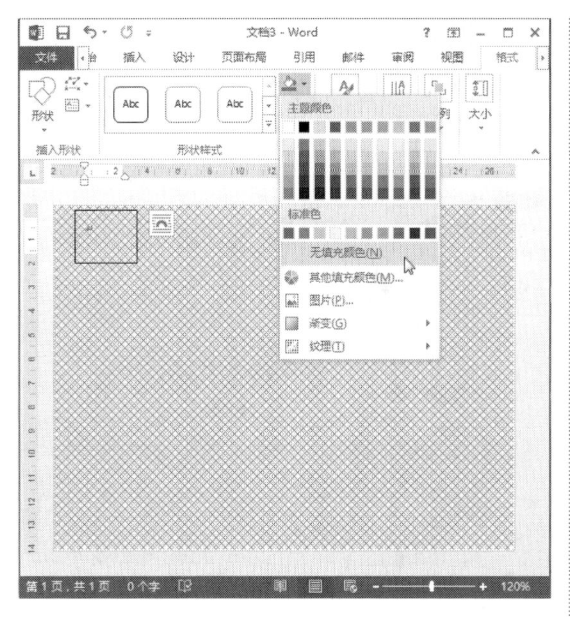

图 3-93 设置文本框的填充颜色

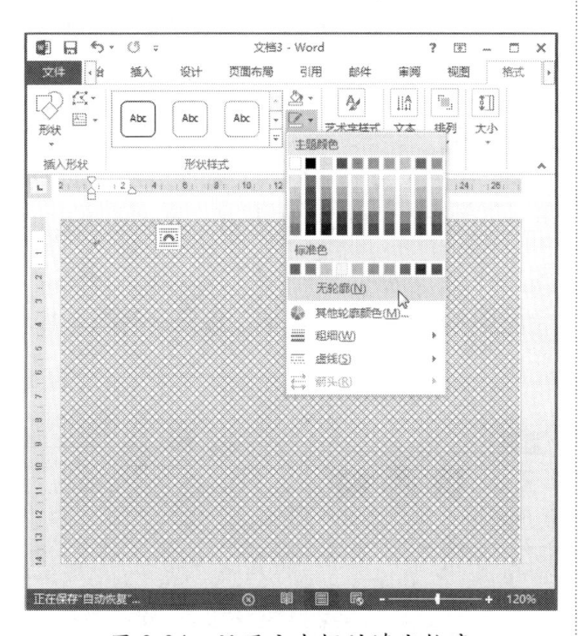

图 3-94 设置文本框的填充轮廓

步骤 15 移动文本框到文档的左上角位置，将鼠标指针移动到文本框中，然后单击【插入】选项卡下【插图】选项组中的【图片】按钮，打开【插入图片】对话框，如图 3-95 所示。

步骤 16 在【插入图片】对话框中选择需要插入的图片，单击【插入】按钮，即可将图片插入到文档左上角的文本框中，并根据需要调整图片的大小，如图 3-96 所示。

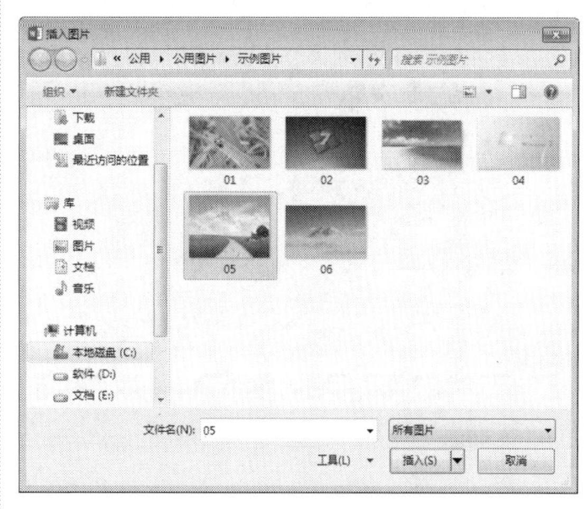

图 3-95 【插入图片】对话框

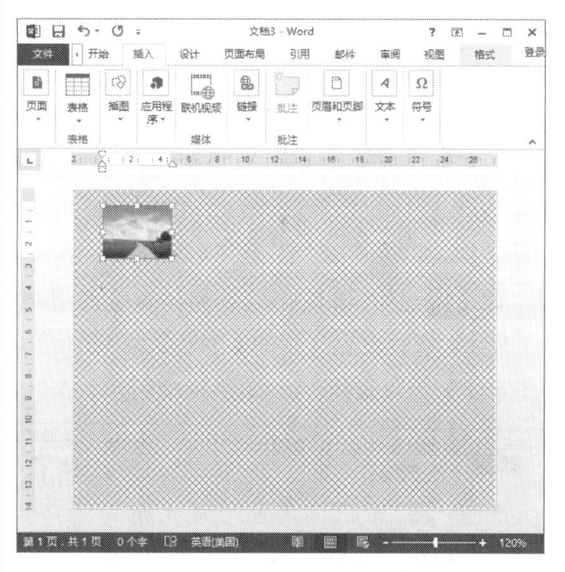

图 3-96 在文本框中插入图片

步骤 17 在文档中再次插入文本框，并且设置文本框无填充颜色和无轮廓，如图 3-97 所示。

步骤 18 单击【插入】选项卡下【文本】选项组中的【艺术字】按钮，在弹出的下拉列表中选择一种艺术字样式，如图 3-98 所示。

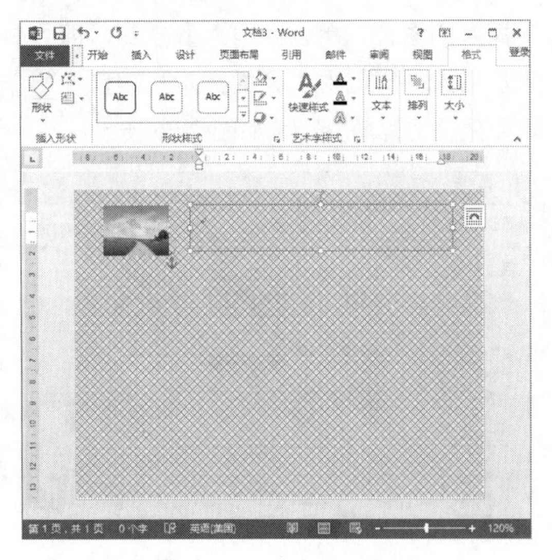

图 3-97　绘制文本框

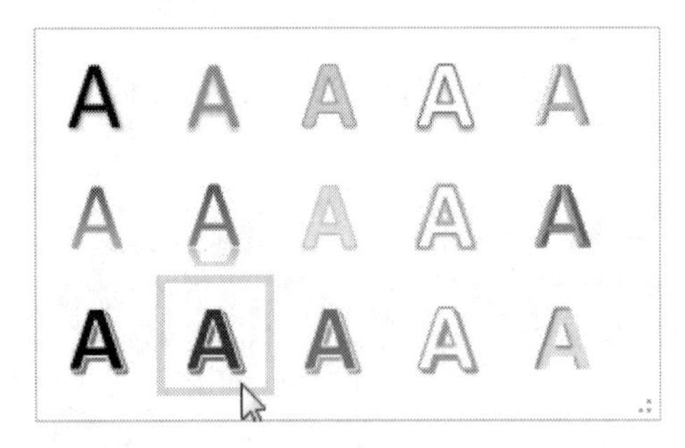

图 3-98　选择艺术字样式

步骤 19　在“请在此放置您的文字”处输入文字，然后设置文字的【字号】为“三号”，【字体】为“宋体”，如图 3-99 所示。

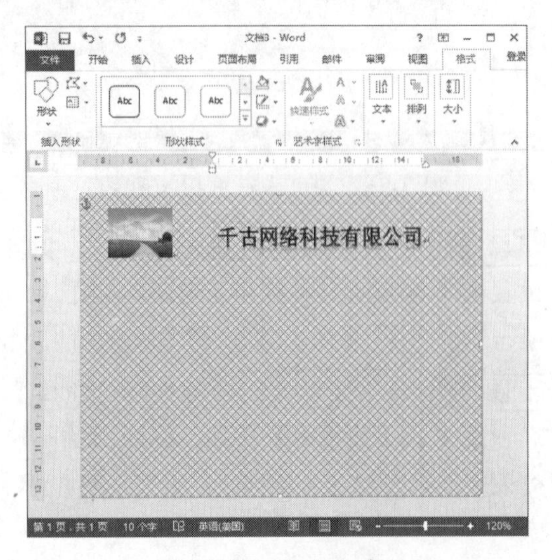

图 3-99　输入文字

步骤 20　调整艺术字的位置，然后使用同样的方法，插入艺术字文本“工作证”，如图 3-100 所示。

图 3-100　输入其他文字

步骤 21　在文档的左下角插入矩形图形文本框，并在文本框中输入文本“贴照片处”；在文档的右下角插入文本框，并在文本框中输入文本“姓名”和“工作部门”。填充完毕后调整各个文本框之间的位置，如图 3-101 所示。

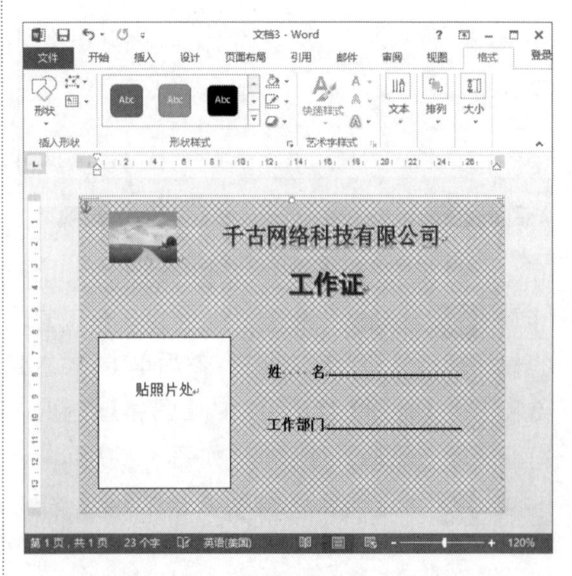

图 3-101　添加其他页面元素

步骤 22　设置完成，单击快速访问工具栏中的【保存】按钮，保存设计的工作证，如图3-102所示。

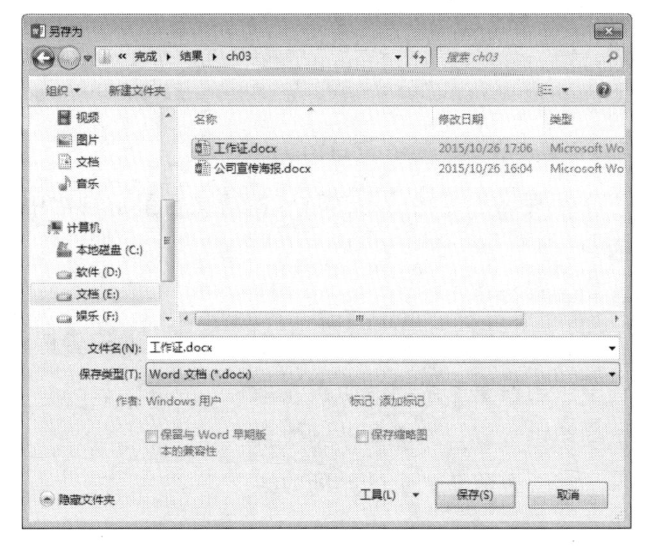

图 3-102　【另存为】对话框

3.6 课后练习与指导

3.6.1 编辑插入 Word 文档中的图片

☆　练习目标

了解在 Word 文档中插入图片的过程。

掌握编辑图片的方法。

☆　专题练习指南

01　在新建的 Word 文档中插入相应的图片。

02　设置图片的大小。选中需要调整图片大小的图片，这时图片周围会出现一个图片控制框，选中该控制框并拖曳鼠标以调整图片的大小。

03　调整图片的位置。使用鼠标拖曳、键盘上的方向键以及【设置图片格式】对话框中的【版式】选项卡调整图片的位置。

04　裁剪图片。使用【格式】选项卡的【裁剪】按钮裁剪图片。

05　设置图片的旋转角度。使用【设置图片格式】对话框中的【大小】选项卡设置图片旋转的角度。

3.6.2 修改插入的艺术字样式

☆ 练习目标

了解插入艺术字的过程。

掌握编辑艺术字的方法。

☆ 专题练习指南

01 选择输入的艺术字后，在【格式】选项卡的【文字】选项组中单击【间距】按钮，从而设置艺术字的间距。

02 设置对齐方式和等高效果。

03 在【艺术字样式】选项组中快速设置艺术字的样式，并设置形状填充和形状轮廓。

04 在【阴影】选项组中设置艺术字的阴影效果。

05 在【三维】选项组中设置艺术字的三维效果。

06 在【排列】选项组中设置艺术字的排列效果。

用好表格与图表

- **本章导读**

在 Word 2013 中，既可以使用插入对象的方法插入表格与图表，也可以创建 Word 图表，还可以将图表作为链接对象或者插入对象插入到文档中。本章为读者介绍创建与设置表格与图表的方法，以及如何管理表格中的数据。

- **学习目标**

◎ 掌握创建与设置表格的方法。
◎ 掌握管理表格数据的方法。
◎ 掌握创建与设置图表的方法。

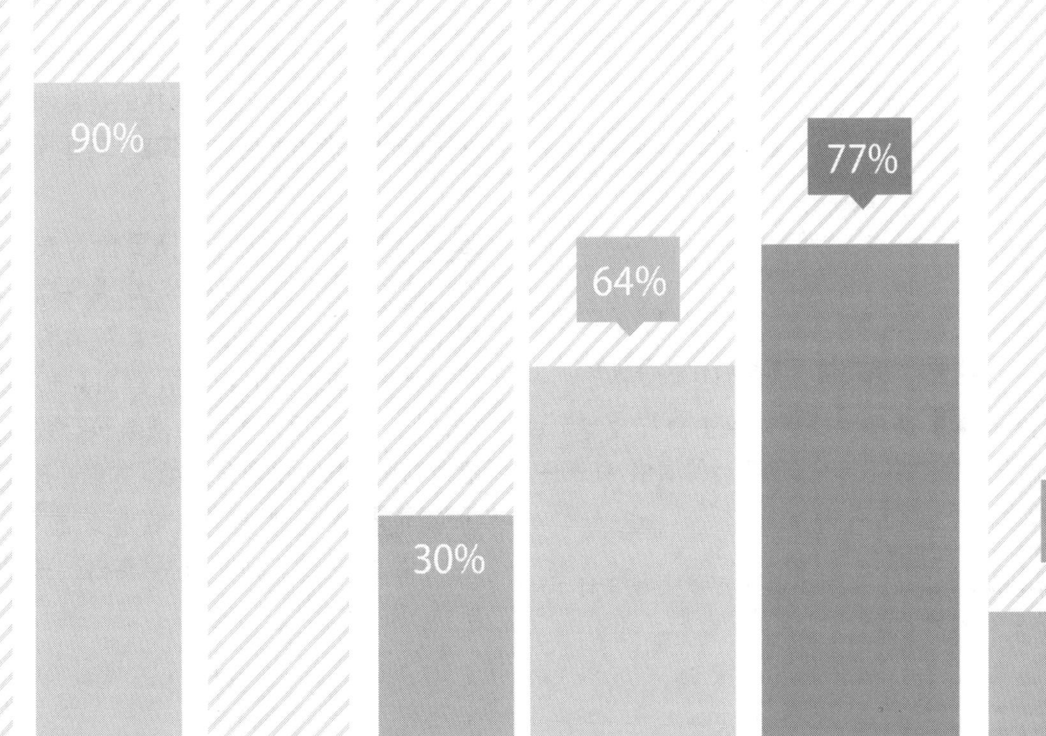

4.1 创建并设置表格

表格由多个行或列的单元格组成，在 Word 2013 中插入表格的方法比较多，常用的方法有使用表格菜单插入表格、使用【插入表格】对话框插入表格和快速插入表格。

4.1.1 创建有规则的表格

使用表格菜单插入表格的方法适合创建规则的、行数和列数较少的表格，具体操作步骤如下。

步骤 1 将光标定位至需要插入表格的位置，选择【插入】选项卡，在【表格】选项组中单击【表格】按钮，在插入表格区域内选择要插入表格的列数和行数，即可在指定的位置插入表格。选中的单元格将以橙色显示，本实例选择 6 列 5 行的表格，如图 4-1 所示。

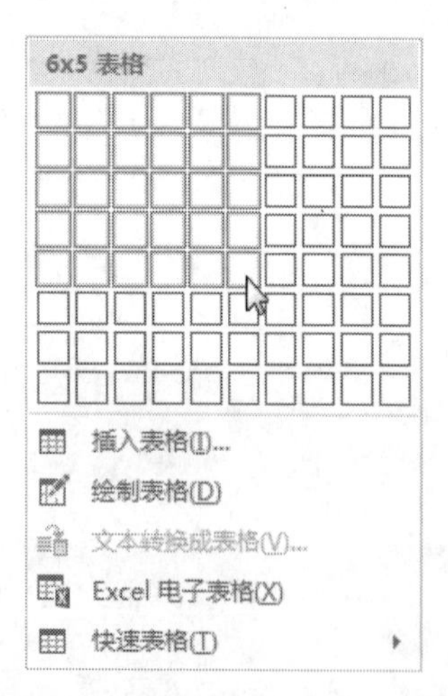

图 4-1 选择插入表格的行数和列数

步骤 2 选择完成后，单击鼠标左键，即可在文档中插入一个 6 列 5 行的表格，如图 4-2 所示。

提示 此方法最多可以创建 8 行 10 列的表格。

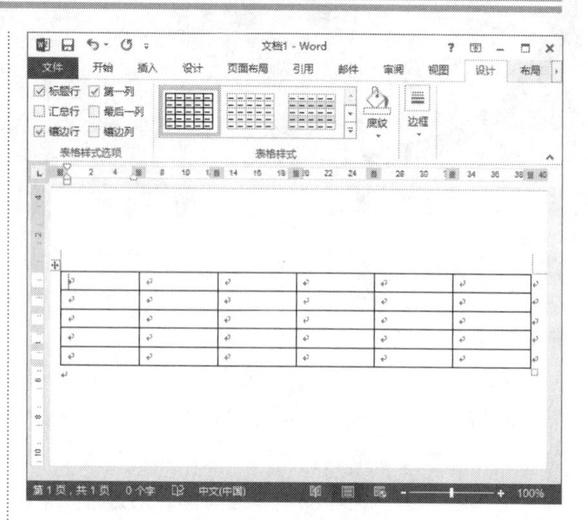

图 4-2 插入的表格

4.1.2 使用【插入表格】对话框创建表格

使用【插入表格】对话框插入表格功能比较强大，可自定义插入表格的行数和列数，并可以对表格的宽度进行调整，具体操作步骤如下。

步骤 1 将光标定位至需要插入表格的位置，选择【插入】选项卡，在【表格】选项组中单击【表格】按钮，在弹出的下拉列表中选择【插入表格】选项，弹出【插入表格】对话框。输入插入表格的列数和行数，并设置自动调整操作的具体参数，如图 4-3 所示。

步骤 2 单击【确定】按钮，即可在文档中插入一个 5 列 9 行的表格，如图 4-4 所示。

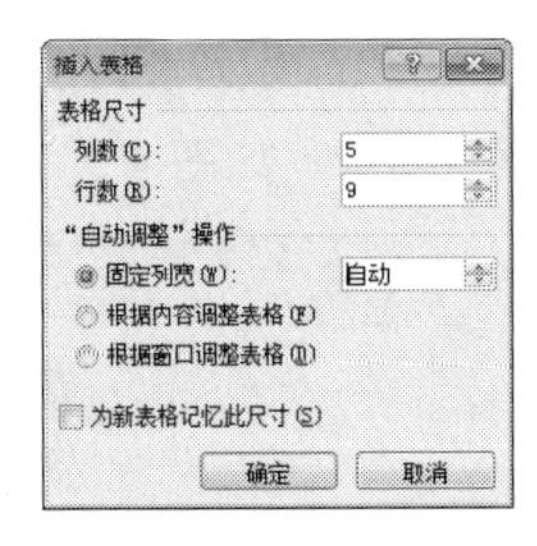

图 4-3 【插入表格】对话框

图 4-4 插入的表格

【"自动调整"操作】设置区中参数的具体含义如下。

（1）【固定列宽】：设定列宽的具体数值，单位是厘米。当选择为自动时，表示表格将自动在窗口填满整行，并平均分配各列为固定值。

（2）【根据内容调整表格】：根据单元格的内容自动调整表格的列宽和行高。

（3）【根据窗口调整表格】：根据窗口大小自动调整表格的列宽和行高。

4.1.3 快速创建表格

可以利用 Word 2013 提供的内置表格模型来快速创建表格，但提供的表格类型有限，只适用于建立特定格式的表格。

步骤 1 新建一个空白文档，将光标定位至需要插入表格的位置，然后选择【插入】选项卡，在【表格】选项组中单击【表格】按钮，在弹出的下拉列表中选择【快速表格】选项，然后在弹出的子列表中选择理想的表格类型即可。例如选择【带副标题 2】选项，如图 4-5 所示。

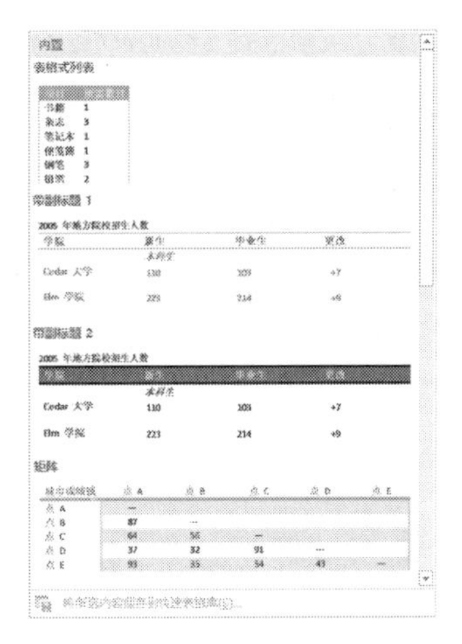

图 4-5 快速表格设置界面

步骤 2 自动按照带副标题 2 的模板创建表格，用户只需要添加相应的数据即可，如图 4-6 所示。

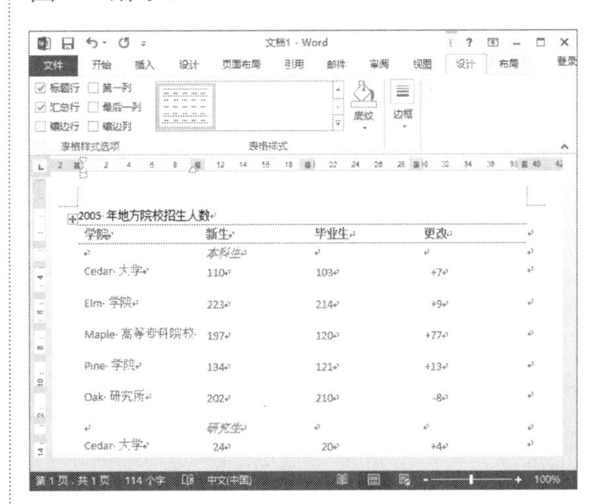

图 4-6 快速插入的表格

4.1.4 绘制表格

当用户需要创建不规则的表格时，以上方法可能就不适用了，此时可以使用表格绘制工具来创建表格，例如在表格中添加斜线等，具体操作步骤如下。

步骤 1 选择【插入】选项卡，在【表格】选项组中单击【表格】按钮，在弹出的下拉列表中选择【绘制表格】选项，鼠标指针变为铅笔形状。在需要绘制表格的位置单击并拖曳鼠标绘制出表格的外边界，形状为矩形，如图 4-7 所示。

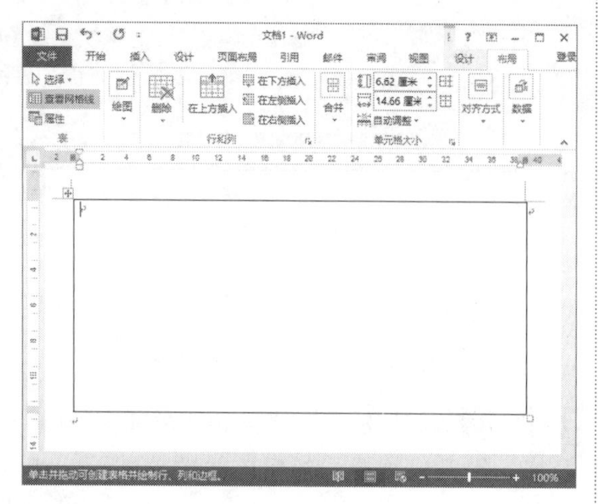

图 4-7　绘制矩形

步骤 2 在该矩形中绘制行线、列线或斜线，绘制完成后按 Esc 键退出，如图 4-8 所示。

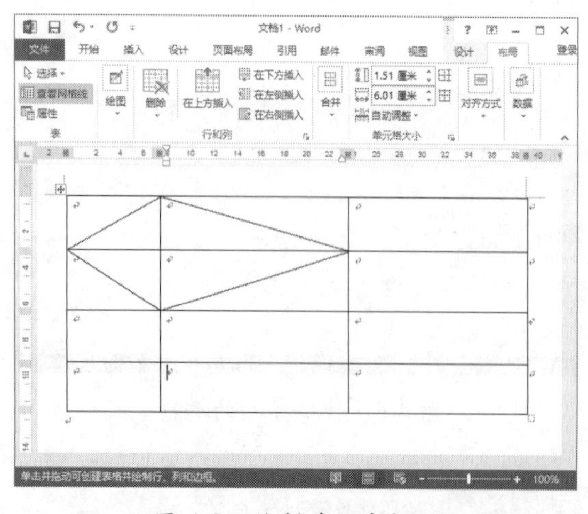

图 4-8　绘制其他表格线

步骤 3 在建立表格的过程中可能不需要部分行线或列线，此时单击【设计】选项卡【绘图边框】选项组中的【擦除】按钮，鼠标指针变为橡皮擦形状，如图 4-9 所示。

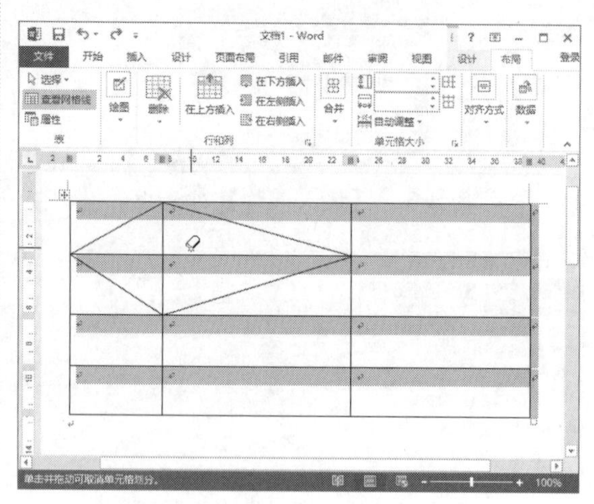

图 4-9　单击【擦除】按钮

步骤 4 在需要修改的表格内单击不需要的行线或列线，即可将多余的行线或列线擦掉，如图 4-10 所示。

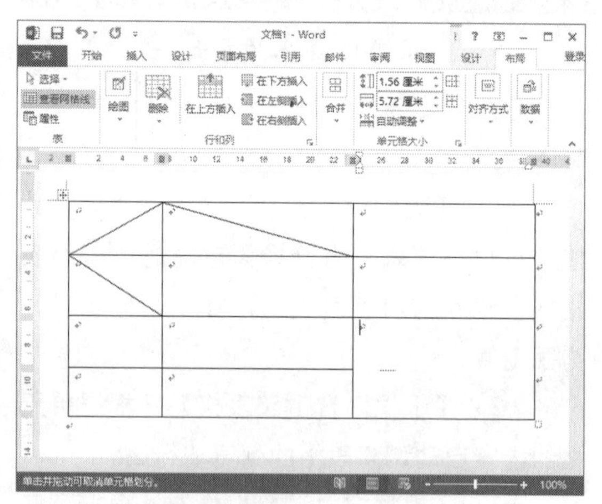

图 4-10　擦除多余的表格边线

4.1.5 设置表格样式

为了增强表格的美观效果，可以对表格设置漂亮的边框和底纹，从而美化表格，具体操作步骤如下。

步骤 1 选择需要美化的表格，选择【设计】选项卡，在【表格样式】选项组中选择相应

的样式即可，或者单击【其他】按钮 ，在弹出的下拉列表中选择所需要的样式，如图 4-11 所示。

步骤 2 选择完表格样式的效果如图 4-12 所示。

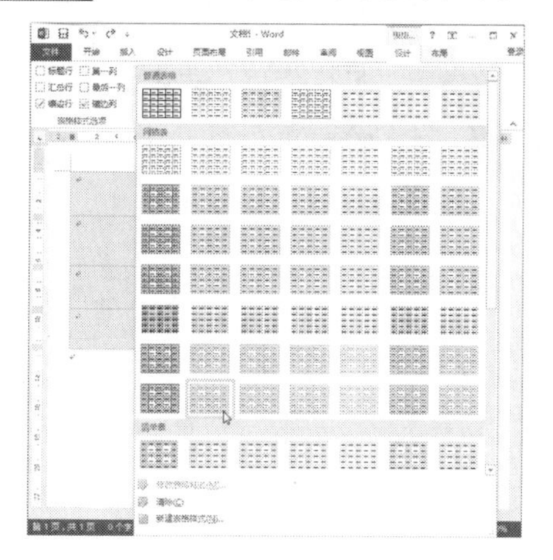

图 4-11　表格样式面板

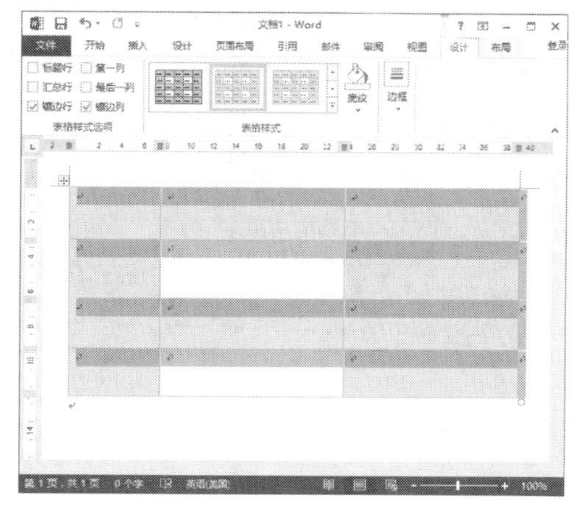

图 4-12　应用表格样式

步骤 3 如果用户对系统自带的表格样式不满意，可以修改表格样式。在【表格样式】选项组中单击【其他】按钮，在弹出的下拉列表中选择【修改表格样式】选项。弹出【修改样式】对话框，用户即可设置表格样式的属性、格式、字体、大小和颜色等参数，如图 4-13 所示。

步骤 4 设置完成后单击【确定】按钮，然后输入数据，即可看到修改后的样式，如图 4-14 所示。

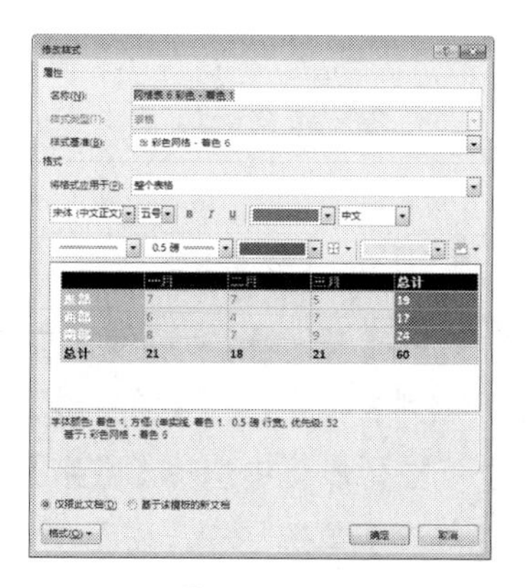

图 4-13　【修改样式】对话框

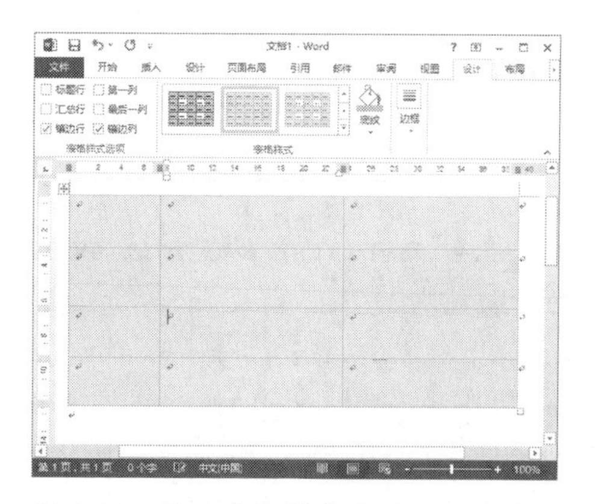

图 4-14　修改表格样式后的显示效果

4.2 管理表格数据

在 Word 文档中插入表格之后，还需要输入表格数据，然后对表格中的数据或文本进行管理，如对表格数据进行排序、设置表格数据的对齐方式等。

4.2.1 输入表格数据

在表格中输入文字，只需将光标定位到第1行第2个单元格内，直接输入相应文字即可，如图4-15所示。用户如果希望提高表格数据的输入效率，可以利用一些快捷键来完成其他表格内容的输入操作，如图4-16所示。

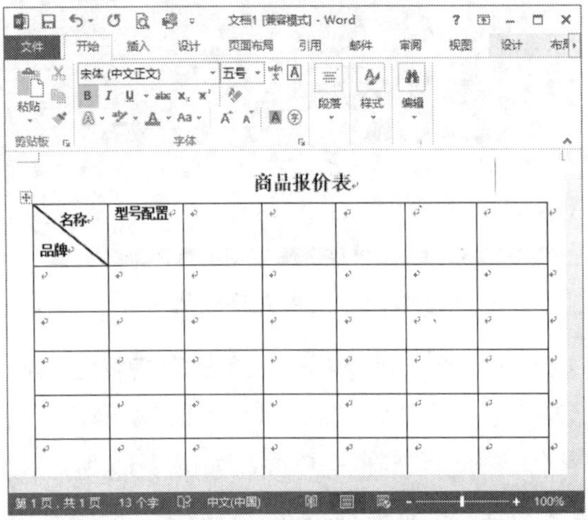

图 4-15 输入文字内容

图 4-16 完成所有文字输入

提示

常用的快捷键操作：按Tab键，光标会向下一个单元格移动；按Shift+Tab快捷键，光标会向前一个单元格移动；按方向键，光标会向上、下、左、右移动。

4.2.2 实现表格中排序

对表格数据进行排序也就是将杂乱无章的数据按照升序或降序的形式排列，便于用户查阅和使用，具体的操作步骤如下。

步骤 1 打开需要进行数据排序的表格，如图4-17所示。

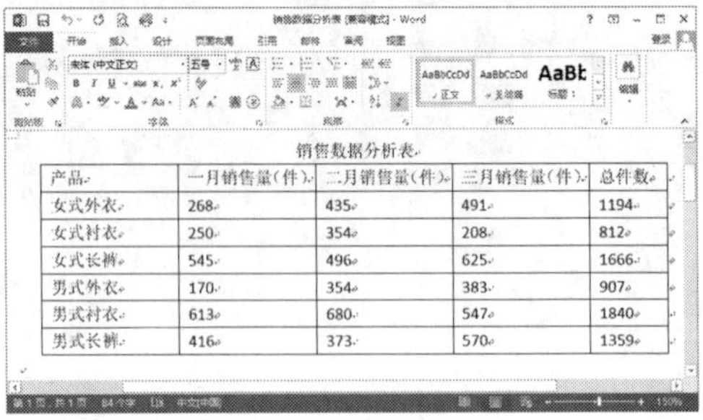

销售数据分析表

产品	一月销售量（件）	二月销售量（件）	三月销售量（件）	总件数
女式外衣	268	435	491	1194
女式衬衣	250	354	208	812
女式长裤	545	496	625	1666
男式外衣	170	354	383	907
男式衬衣	613	680	547	1840
男式长裤	416	373	570	1359

图 4-17 数据排序表格

步骤 2 将光标定位到数据所在列的任意一个单元格中，然后选择【布局】选项卡，在如图4-18所示的【数据】选项组中单击【排序】按钮。

图 4-18 【数据】选项组

步骤 3 打开【排序】对话框，在【主要关键字】下拉列表框中选择【总件数】选项，在【类型】下拉列表框中选择【数字】选项，然后选中【降序】单选按钮，如图4-19所示。

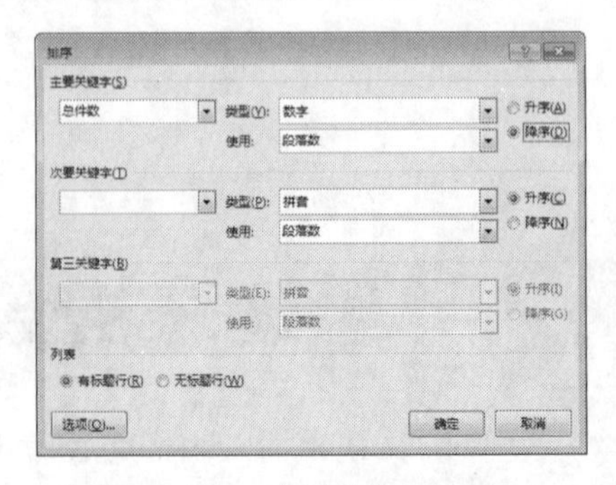

图 4-19 【排序】对话框

步骤 4 单击【确定】按钮，即可完成数据的排序操作，如图 4-20 所示。

销售数据分析表

产品	一月销售量（件）	二月销售量（件）	三月销售量（件）	总件数
男式衬衣	613	680	547	1840
女式长裤	545	496	625	1666
男式长裤	416	373	570	1359
女式外衣	268	435	491	1194
男式外衣	170	354	383	907
女式衬衣	250	354	208	812

图 4-20　排序后的表格

4.2.3 设置表格数据的对齐方式

与 Word 2007 一样，Word 2013 也提供了文字环绕表格排版的功能，可以设置左对齐环绕、居中环绕和右对齐环绕三种形式，下面以居中环绕为例进行介绍，具体的操作步骤如下。

步骤 1 将光标定位在表格中，选择【布局】选项卡，单击如图 4-21 所示的【表】选项组中的【属性】按钮，打开【表格属性】对话框。

图 4-21　【表】选项组

步骤 2 在【表格】选项卡中单击【对齐方式】设置区中的【居中】按钮，再单击【文字环绕】设置区中的【环绕】按钮，如图 4-22 所示。

步骤 3 单击【定位】按钮，打开【表格定位】对话框。在【水平】设置区的【位置】下拉列表框中选择【居中】选项，在【相对于】下拉列表框中选择【栏】选项；在【垂直】设置区的【位置】下拉列表框中输入需要的数值，在【相对于】下拉列表框中选择【段落】选项；在【距正文】设置区的【左】和【右】数字微调框中输入相应的数值，并选中【允许重叠】复选框，如图 4-23 所示。

图 4-22　【表格】选项卡

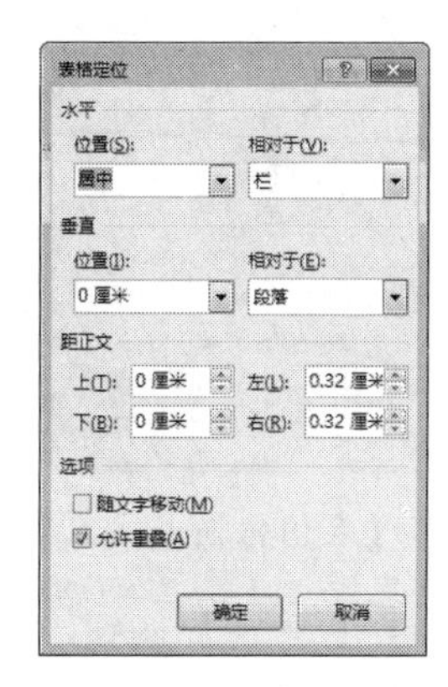

图 4-23　【表格定位】对话框

步骤 4 连续两次单击【确定】按钮，即可使设置生效，如图 4-24 所示。

商品报价表

名称 / 品牌	型号配置	屏幕尺寸	屏幕分辨率	面板类型	操作系统	参考价格
TCL	L65H8800S	65 英寸	4K（3840*2160）	液晶面板	Android 4.3, TV+OS 操作系统	￥1.9 万
	L60H8800S	60 英寸	4K（3840*2160）	液晶面板	Android 4.3, TV+OS 操作系统	￥1.7 万
	L55H8800S	55 英寸	4K（3840*2160）	液晶面板	Android 4.3, TV+OS 操作系统	￥1.3 万
乐视	S50 Air 3D 全配版	50 英寸	1080P（1920*1080）	液晶面板	Letv UI 3.0 系统 内核：Android	￥0.3 万
	S55 Air 3D 全配	55 英寸	1080P（1920*10	液晶面板	Letv UI 3.0 系统 内核	￥0.4 万

图 4-24　设置生效

4.2.4 文本和表格的转换

在 Word 2013 中，表格和文本之间可以根据使用需要进行相应的转换操作。

1. 将表格转换成文本

由表格转换成文本需要进行如下的操作步骤。

步骤 1 选定要转换成文本的表格，单击【布局】选项卡下【数据】选项组中的【转换为文本】按钮，即可打开【表格转换成文本】对话框，选中【制表符】单选按钮，如图 4-25 所示。

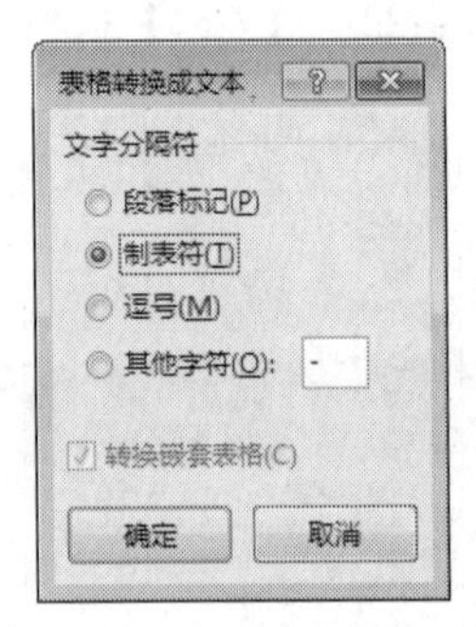

图 4-25 【表格转换成文本】对话框

步骤 2 单击【确定】按钮，即可实现文本和表格的转换操作，如图 4-26 所示。

销售数据分析表

产品	一月销售量（件）	二月销售量（件）	三月销售量（件）	总件数
男式衬衣	613	680	547	1840
女式长裤	545	496	625	1666
男式长裤	416	373	570	1359
女式外衣	268	435	491	1194
男式外衣	170	354	383	907
女式衬衣	250	354	208	812

图 4-26 表格转换成文本

2. 将文本转换成表格

任意的表格都可以转换成文本，但是并不是所有的文本都能转换成表格，只有有规律的文本才能实现表格的转换操作。所谓的有规律就是指在一个文本输入完毕后需要按 Tab 键才能输入下一个文本，标题输入完毕后按 Enter 键后输入第二行；或者利用英文输入法状态下的“逗号”作为分隔符。利用 Tab 键作为分隔符的情况下中间不能用别的分隔符号，利用英文输入法状态下的“逗号”同样可以，不过中途不能更换别的分隔符。具体的操作步骤如下。

步骤 1 打开需要将文本转换为表格的 Word 文档，在其中选择文本内容，如图 4-27 所示。

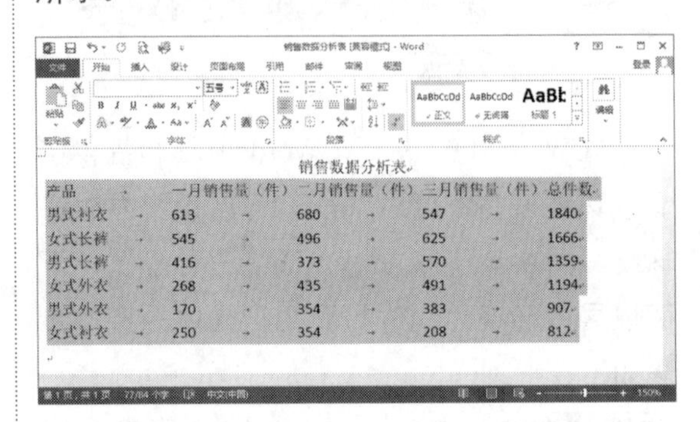

销售数据分析表

产品	一月销售量（件）	二月销售量（件）	三月销售量（件）	总件数
男式衬衣	613	680	547	1840
女式长裤	545	496	625	1666
男式长裤	416	373	570	1359
女式外衣	268	435	491	1194
男式外衣	170	354	383	907
女式衬衣	250	354	208	812

图 4-27 选择要转换为表格的文本

步骤 2 选中要转换为表格的文本，然后选择【插入】选项卡，在【表格】选项组中单击【表格】按钮，从弹出的如图 4-28 所示的下拉列表中选择【文本转换成表格】选项。

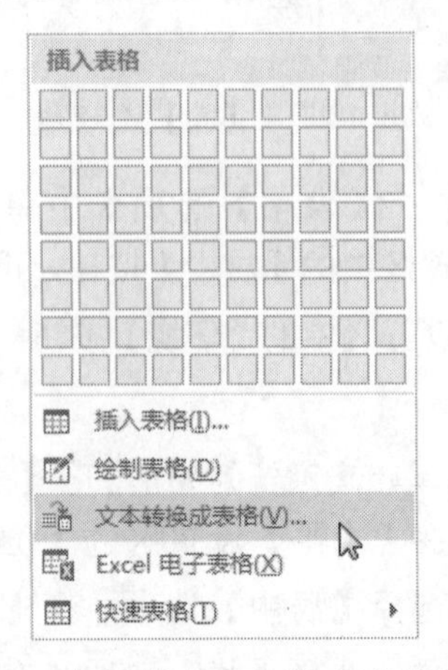

图 4-28 选择【文本转换成表格】选项

步骤 3 打开【将文字转换成表格】对话框，在【列数】数字微调框中输入列数，选中【固定列宽】和【制表符】两个单选按钮，如图 4-29 所示。

步骤 4 单击【确定】按钮，即可完成文本往表格的转换操作，如图 4-30 所示。

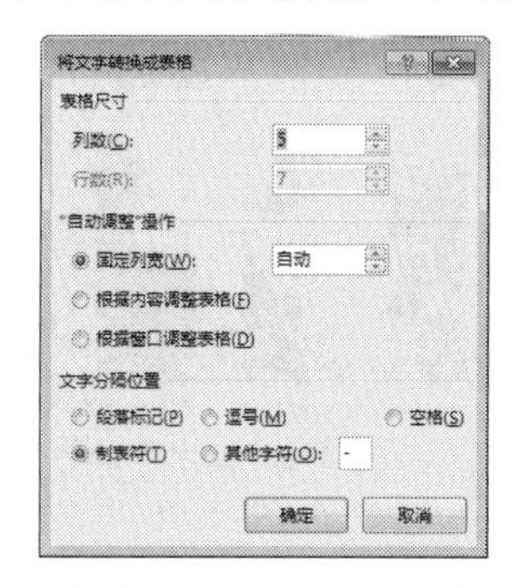

图 4-29 【将文字转换成表格】对话框

销售数据分析表

产品	一月销售量（件）	二月销售量（件）	三月销售量（件）	总件数
男式衬衣	613	680	547	1840
女式长裤	545	496	625	1666
男式长裤	416	373	570	1359
女式外衣	268	435	491	1194
男式外衣	170	354	383	907
女式衬衣	250	354	208	812

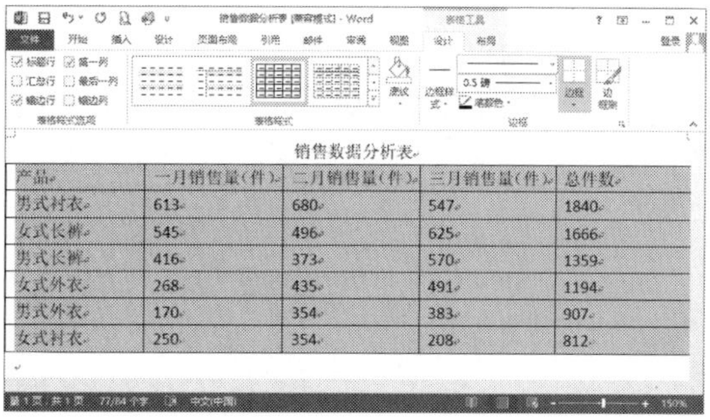

图 4-30 文本转换的表格

4.3 使用图表展示数据

通过使用 Word 2013 强大的图表功能，可以使表格中原本单调的数据信息变得生动起来，便于用户查看数据的差异和预测数据的趋势。

4.3.1 创建图表

Word 2013 为用户提供有大量预设好的图表，使用这些预设图表可以快速地创建图表，具体操作步骤如下。

步骤 1 在 Word 文档中新建表格和数据，将光标定位于插入图表的位置，单击【插入】选项卡下【插图】选项组中的【图表】按钮，如图 4-31 所示。

步骤 2 打开【插入图表】对话框，在左侧的【所有图表】列表框中选择【柱形图】选项，在右侧的图表样式中选择图表样式的图例。本实例选择【三维簇状柱形图】图例，单击【确定】按钮，如图 4-32 所示。

步骤 3 弹出标题为【Microsoft Word 中的图表】的 Word 2013 窗口，表中显示的是示例数据。如果要调整图表数据区域的大小，可以拖曳区域的右下角，如图 4-33 所示。

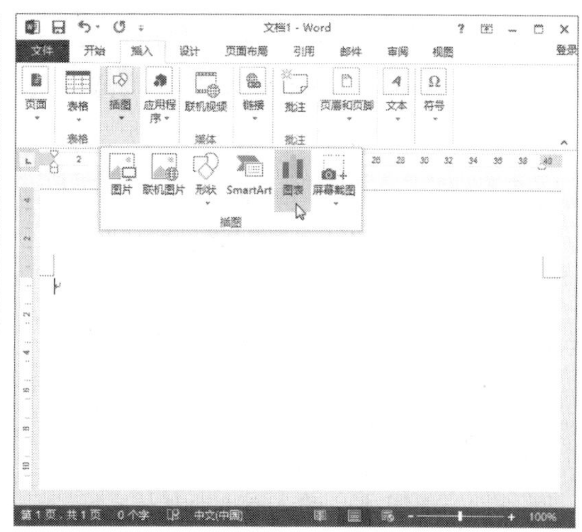

图 4-31 单击【图表】按钮

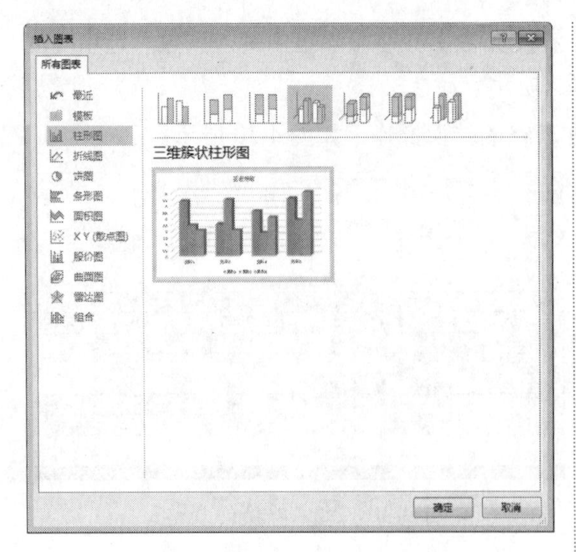

图 4-32　【插入图表】对话框

Microsoft Word 中的图表

	A	B	C	D	E
1		系列 1	系列 2	系列 3	
2	类别 1	4.3	2.4	2	
3	类别 2	2.5	4.4	2	
4	类别 3	3.5	1.8	3	
5	类别 4	4.5	2.8	5	
6					
7					
8					

图 4-33　【Microsoft Word 中的图表】窗口

步骤 4 在 Word 表中选择全部示例数据，然后按 Delete 键删除。将 Word 文档表格中的数据全部复制粘贴至 Word 表中的蓝色方框内，并拖动蓝色方框的右下角，使之和数据范围一致，单击 Word 2013 的【关闭】按钮，如图 4-34 所示。

Microsoft Word 中的图表

	A	B	C	D	E
1		冰箱	洗衣机	电视机	
2	一月份	150	600	580	
3	二月份	160	650	480	
4	三月份	300	350	650	
5	四月份	260	562	420	
6					
7					
8					
9					

图 4-34　输入图表数据

步骤 5 返回到 Word 2013 中，即可查看创建的图表，如图 4-35 所示。

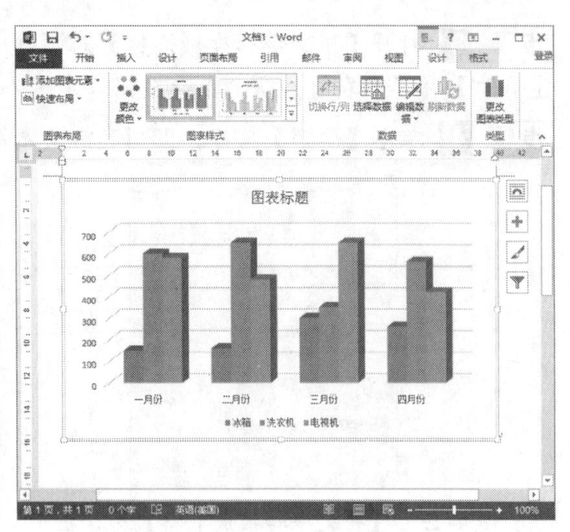

图 4-35　创建完成的图表

步骤 6 在图表中的图表标题文本框中输入图表的标题信息，如这里输入“2015 年第一季度大家电销售情况一览表”，如图 4-36 所示。

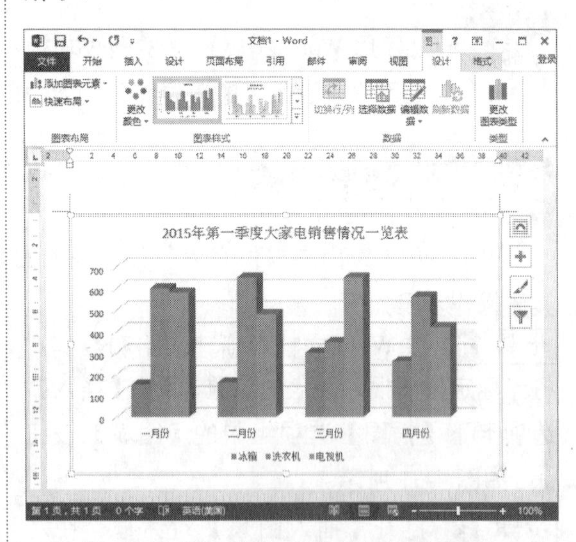

图 4-36　输入图表的标题信息

4.3.2 设置图表样式

图表创建完成，可以根据需要修改图表的样式，包括布局、图表标题、坐标轴标题、图例、数据标签、数据表、坐标轴和网络线等，通过设置图表的样式，可以使图表更直观、

更漂亮，具体操作步骤如下。

步骤 1 打开需要设置图表样式的文档，单击选中需要更改样式的图表，单击【设计】选项卡下【图表样式】选项组中的图表样式即可，或者单击【其他】按钮，便会弹出更多的图表布局，在其中选择相应的样式即可，如图 4-37 所示。

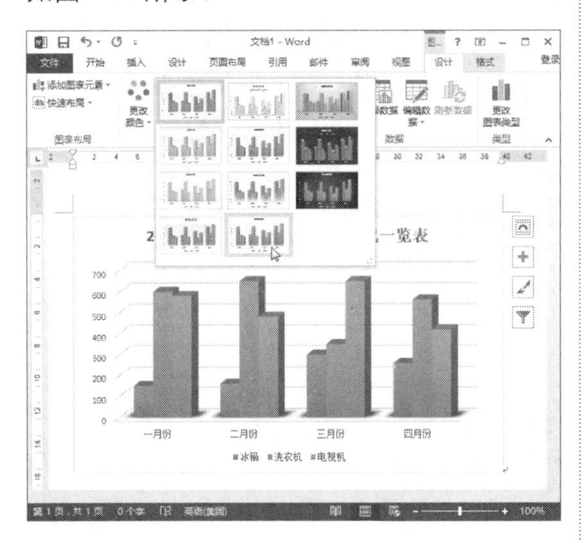

图 4-37 图表样式面板

步骤 2 选择的样式会自动应用到图表中，效果如图 4-38 所示。

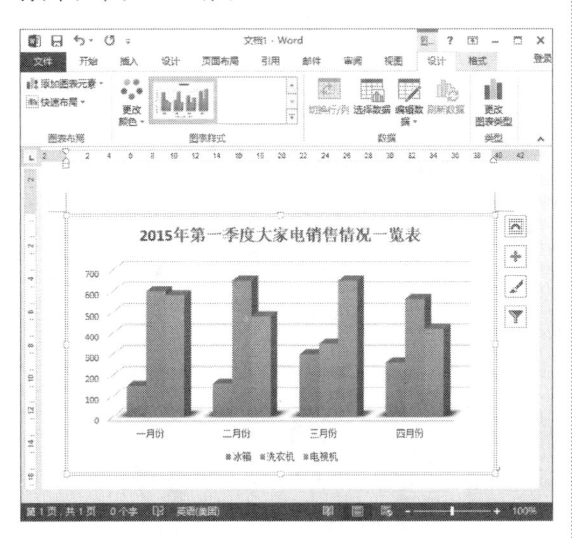

图 4-38 应用图表样式

步骤 3 如果对系统自带的效果不满意，可以继续进行修改操作。选择【格式】选项卡，在【形状样式】选项组中单击【形状轮廓】按钮，在弹出的列表中设置轮廓的颜色为红色。并设置线条的粗细和样式，如图 4-39 所示。

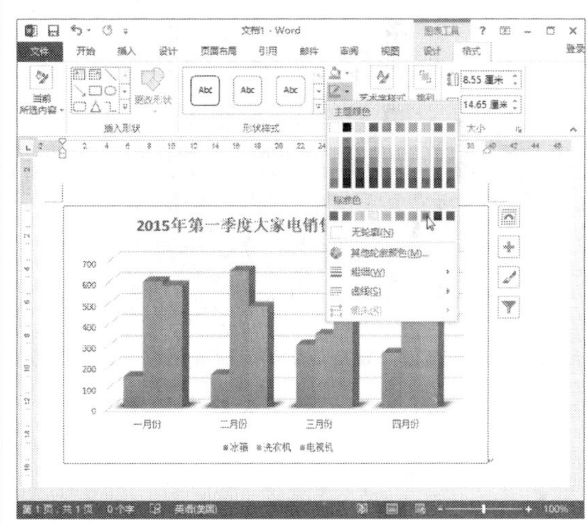

图 4-39 设置图表的填充轮廓

步骤 4 在【形状样式】选项组中单击【形状效果】按钮，在弹出的列表中可以对形状添加阴影、发光、柔化边缘等效果，如图 4-40 所示。

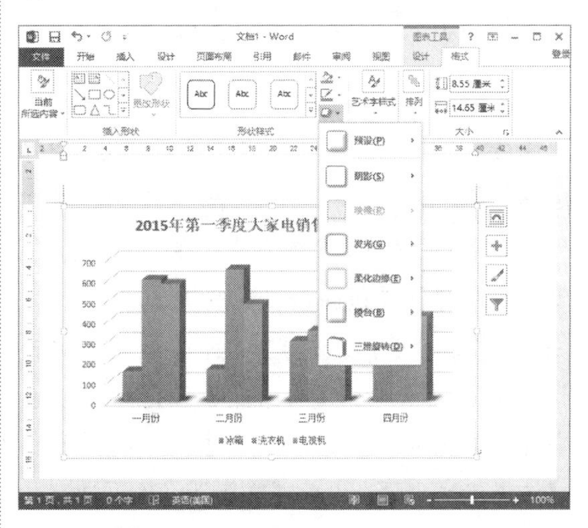

图 4-40 设置图表的形状效果

步骤 5 在【格式】选项卡下，单击【形状样式】选项组中的【其他】按钮，在弹出的下拉列表中选择任意一个形状样式，如图 4-41 所示。

步骤 6 返回到Word文档窗口中，可以看到添加形状样式后的图表效果，如图4-42所示。

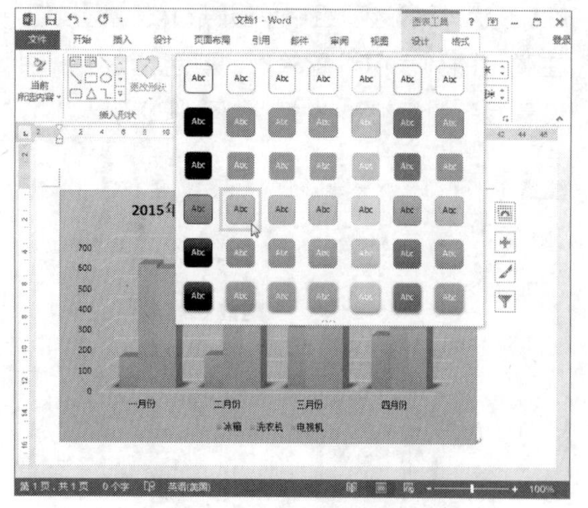

图4-41　更改图表形状样式

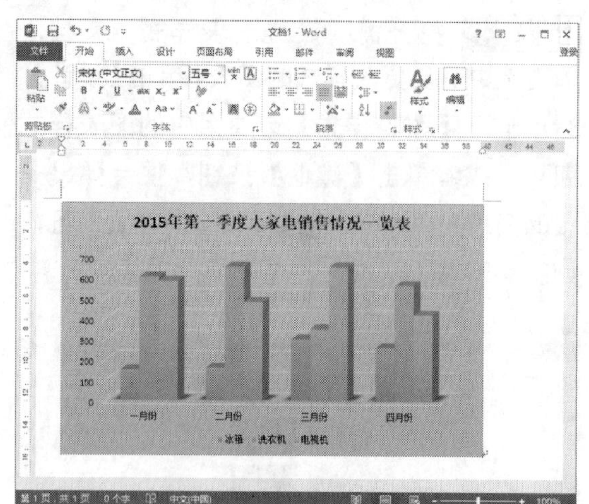

图4-42　最终显示的图表效果

4.4 高效办公技能实战

4.4.1 制作工资报表

工资报表是单位合法工资的依据，也是单位财务部门需要重点保存的档案之一，一般的工资表包括职务、姓名以及工资等内容，设计工资报表的操作步骤如下。

步骤 1 新建一个空白文档，如图4-43所示。选择【页面布局】选项卡，在【页面设置】选项组中单击【页面设置】按钮。

步骤 2 弹出【页面设置】对话框，选择【页边距】选项卡，在【页边距】设置区分别设置【上】为“2厘米”，【下】为“2厘米”，【左】为“3厘米”，【右】为“3厘米”；在【纸张方向】设置区选择【纵向】选项。然后单击【确定】按钮，即可完成页面的设置，如图4-44所示。

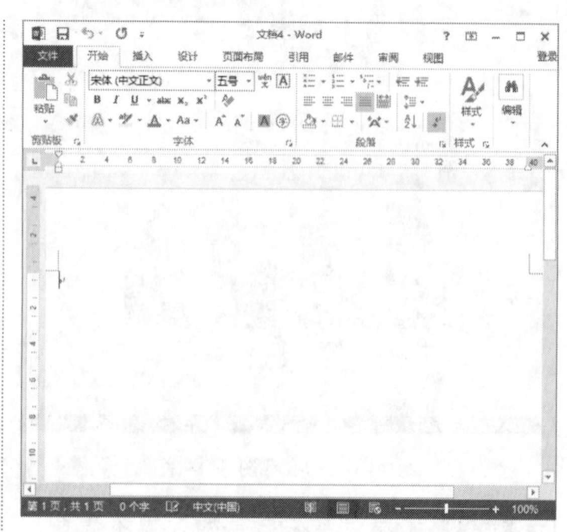

图4-43　新建空白文档

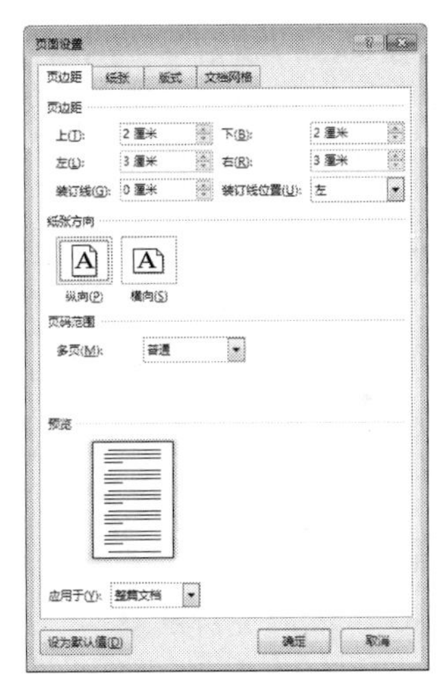

图 4-44　【页面设置】对话框

步骤 3 在文档的第 1 行输入“×××有限公司”，在第 2 行输入“工资报表”。选中第 1 行文本，选择【开始】选项卡，在【字体】下拉列表中选择“黑体”，在【字号】下拉列表中选择“小初”，然后单击【加粗】按钮和【居中】按钮完成对该行字体的设置。使用同样的方法，设置第 2 行的文本，效果如图 4-45 所示。

图 4-45　输入文字

步骤 4 移动鼠标光标到要插入表格的位置，然后选择【插入】选项卡，单击【表格】按钮，在弹出的下拉列表中选择【插入表格】选项，如图 4-46 所示。

图 4-46　选择【插入表格】选项

步骤 5 弹出【插入表格】对话框，在【表格尺寸】设置区设置【列数】为 12，【行数】为 12，如图 4-47 所示。

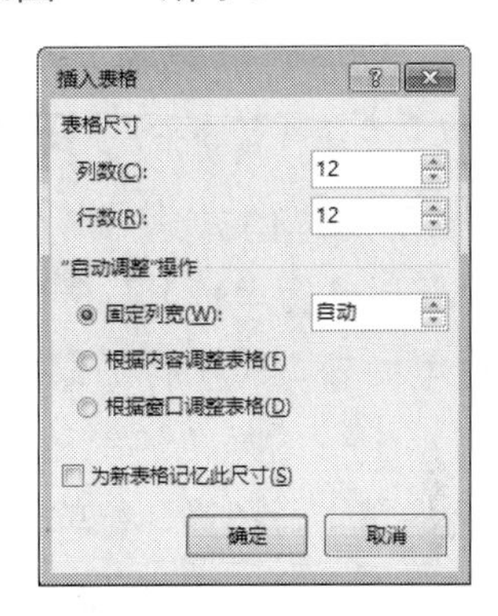

图 4-47　【插入表格】对话框

步骤 6 单击【确定】按钮，即可按照设置在文档中插入表格，如图 4-48 所示。

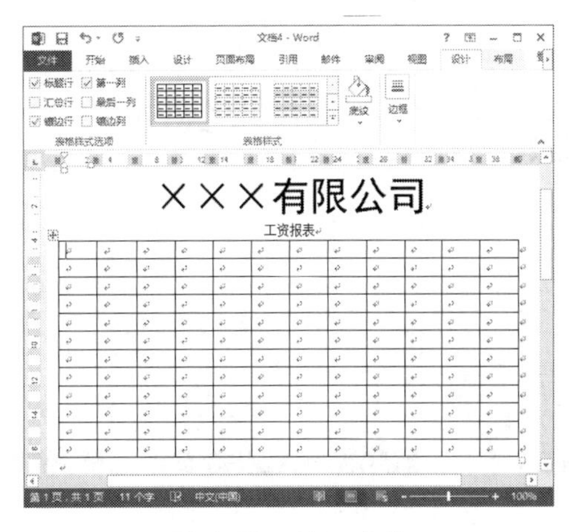

图 4-48　插入表格

步骤 7 选中第 1 列的第 1 行和第 2 行单元格，右击，然后在弹出的快捷菜单中选择【合并单元格】命令，即可将这两个单元格合并为一个单元格，如图 4-49 所示。

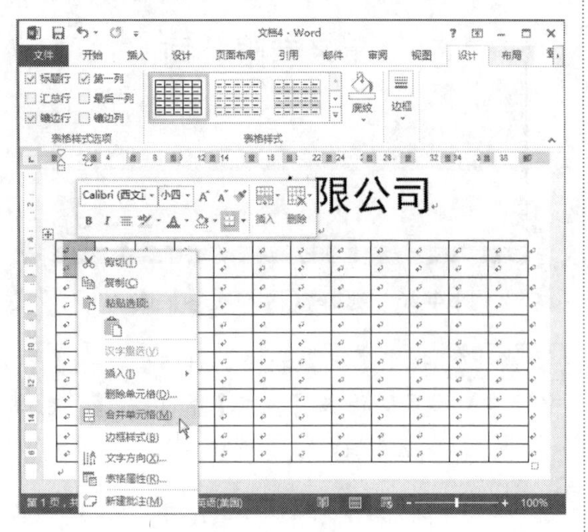

图 4-49 选择【合并单元格】命令

步骤 8 使用同样的方法，分别合并第 2 列的第 1 行和第 2 行单元格，第 3 列的第 1 行和第 2 行单元格，第 1 行的第 4 列到第 6 列单元格，第 1 行的第 7 列到第 10 列单元格，第 11 列的第 1 行和第 2 行单元格，以及第 12 列的第 1 行和第 2 行单元格，如图 4-50 所示。

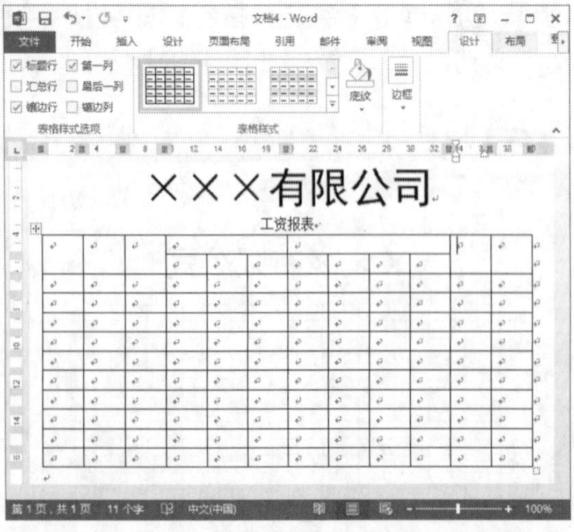

图 4-50 合并单元格后的效果

步骤 9 在第 1 行表格中分别输入“序号”、“发款日期”、“姓名”、“应发的部分”（包括基本工资、奖金以及全勤奖）、“应扣的部分”（包括房屋补贴、三险、扣款以及个人所得税）、“实发工资”以及“签字”；然后从第 1 列的第 3 行到第 12 行分别输入 1 ～ 10 的数字，如图 4-51 所示。

图 4-51 输入表格数据

步骤 10 右击选中的第 1 行第 1 列的文本“序号”，然后在弹出的快捷菜单中选择【文字方向】命令，如图 4-52 所示。

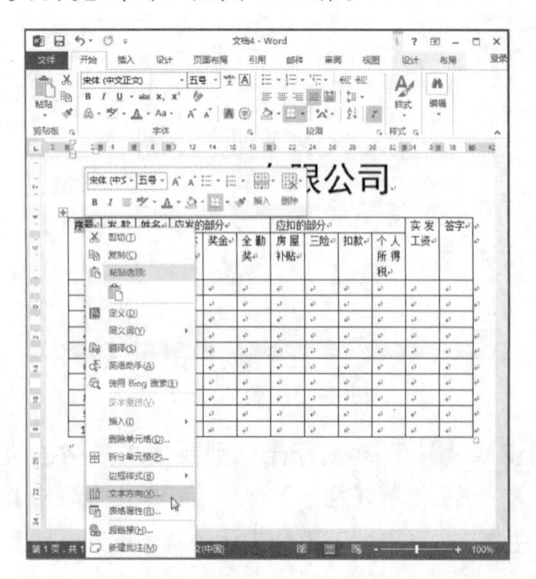

图 4-52 选择【文字方向】命令

步骤 11 弹出【文字方向 - 表格单元格】对话框，在【方向】设置区选择正中间的方向类型，如图 4-53 所示。

图 4-53　【文字方向 - 表格单元格】对话框

步骤 12 单击【确定】按钮，即可在文档中看到设置的结果，如图 4-54 所示。

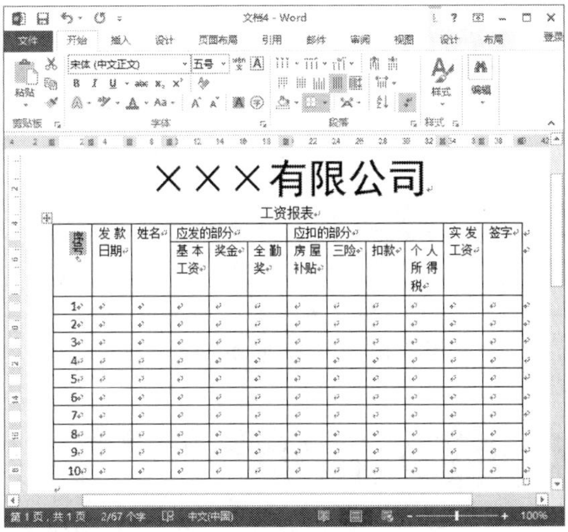

图 4-54　更改文字方向后的效果

步骤 13 右击选中整个表格，在弹出的快捷菜单中选择【表格属性】命令，如图 4-55 所示。

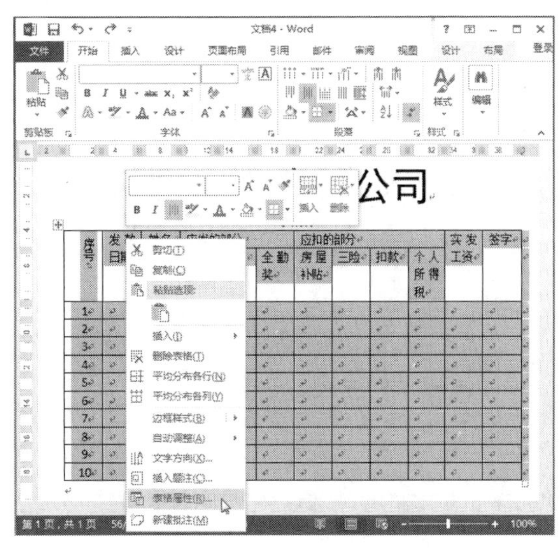

图 4-55　选择【表格属性】命令

步骤 14 打开【表格属性】对话框，选择【单元格】选项卡，在【垂直对齐方式】设置区选择【居中】选项，如图 4-56 所示。

图 4-56　【表格属性】对话框

步骤 15 单击【确定】按钮，返回到 Word 文档中，完成表格中文本对齐方式的设置，然后拖曳鼠标调节单元格的宽度，如图 4-57 所示。

图 4-57　调整文本对齐方式

步骤 16 选中第 1 列单元格，单击【设计】选项卡下【表格样式】选项组中的【底纹】按钮，在弹出的下拉列表中选择一个颜色添加底纹，如图 4-58 所示。

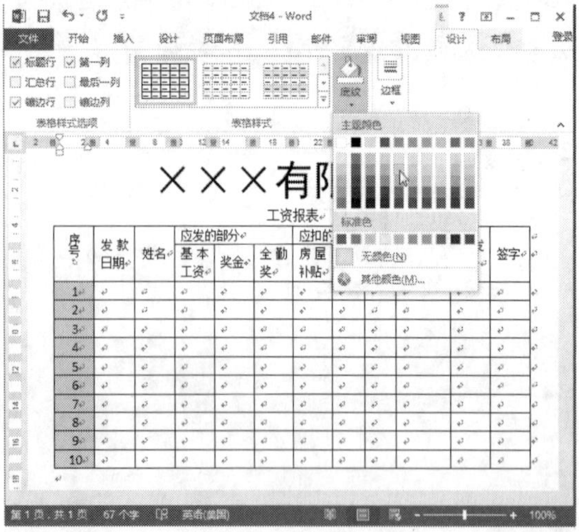

图 4-58　添加表格底纹

步骤 17 在表格下方的第 1 行输入“负责人签名”，在第 2 行输入“年　月　日”。选中输入的文本，然后调整输入文字的位置如图 4-59 所示。

步骤 18 设置完成，单击快速访问工具栏中的【保存】按钮，在【文件名】文本框中输入文档的名称为“工资报表.docx”，单击【保存】按钮，即可将文档保存到指定的位置，如图 4-60 所示。

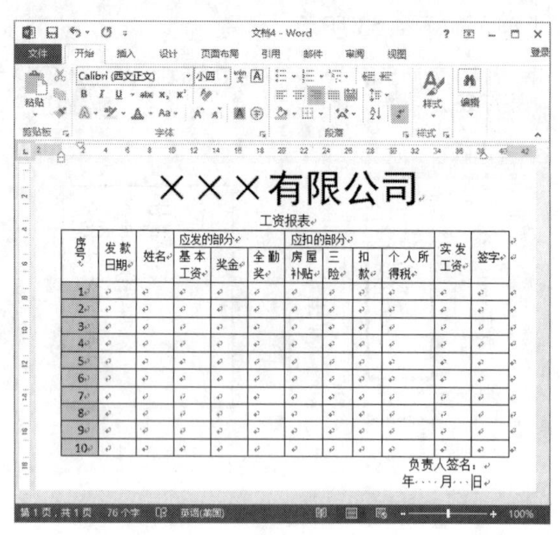

图 4-59　输入其他文字信息

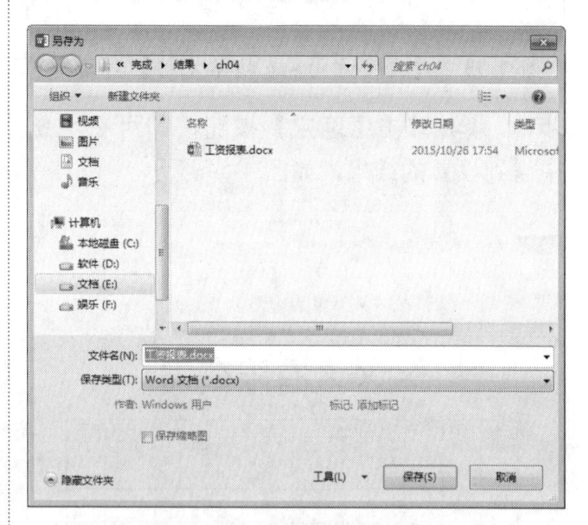

图 4-60　【另存为】对话框

4.4.2 绘制斜线表头

在表格的输入过程中，为了使用需要，用户需要用斜线表头来分隔表头文本，具体的操作步骤如下。

步骤 1 打开创建的表格，并将光标定位于要绘制斜线表头的第一个单元格内，然后选择【设计】选项卡。

步骤 2 单击【绘制表格】按钮，此时鼠标呈现✎形状，用✎在表格内绘制斜线，如图 4-61 所示。

步骤 3 根据需要输入相应的文本，至此，斜线表头即可添加成功，如图 4-62 所示。

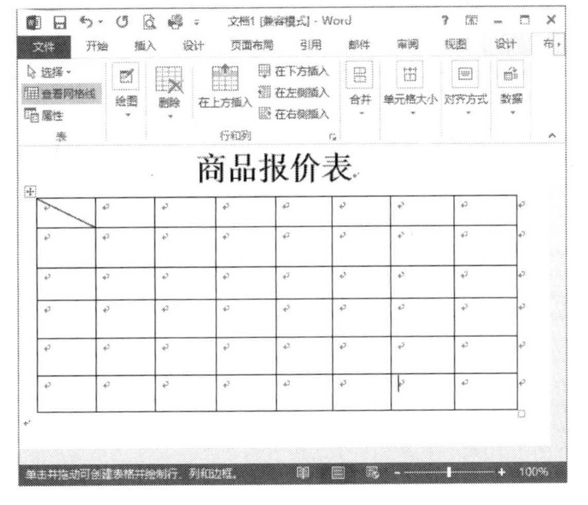

图 4-61　绘制斜线

图 4-62　输入表头文本内容

4.5 课后练习与指导

4.5.1 在 Word 中插入表格

☆ 练习目标

了解插入表格的过程。

掌握插入表格的方法。

☆ 专题练习指南

01　新建一个空白文档。

02　单击【插入】选项卡下【表格】选项组中的【表格】按钮。

03　在弹出的【表格】下拉列表中选择合适的方式创建表格。

4.5.2 在 Word 中插入图表

☆ 练习目标

了解插入图表的过程。

掌握插入图表的方法。

☆ 专题练习指南

01 新建一个空白文档。

02 单击【插入】选项卡下【插图】选项组中的【图表】按钮。

03 在弹出的【图表】下拉列表中选择合适的方式创建图表。

高效率地检查并打印文档

- **本章导读**

Word 2013 具有检查拼写、校对语法、修订等功能，“查找”功能在较大的文档内搜索文本非常实用，修订功能主要用于检查别人的文档。本章为读者介绍如何检查并修订文档，最后又介绍了如何将正确无误的文档打印出来。

- **学习目标**

◎ 掌握使用格式刷的方法。
◎ 掌握批阅文档的方法。
◎ 掌握处理错误文档的方法。
◎ 了解各种视图模式下查看文档的方法。
◎ 掌握打印文档的方法。

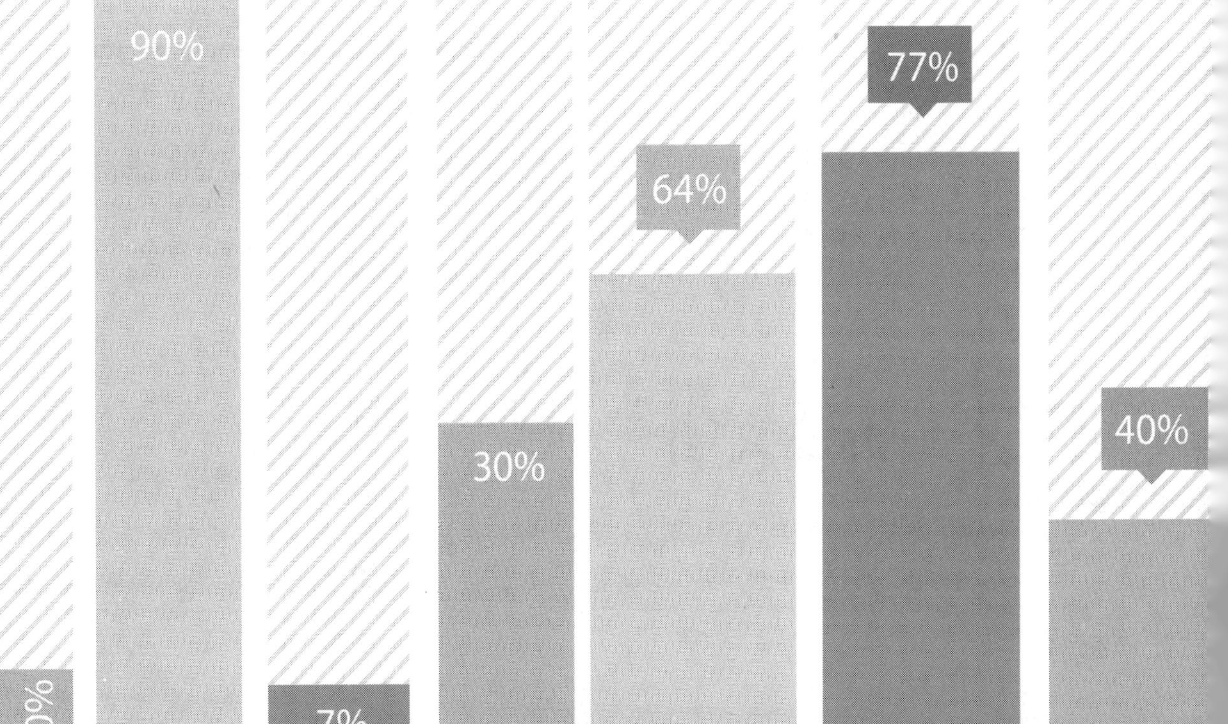

5.1 快速统一文档格式

使用格式刷可以快速地将指定段落或文本的格式沿用到其他段落或文本上，具体操作步骤如下。

步骤 1 打开一个 Word 文档，选中要引用格式的文本，单击【开始】选项卡下【剪贴板】选项组中的【格式刷】按钮，如图 5-1 所示。

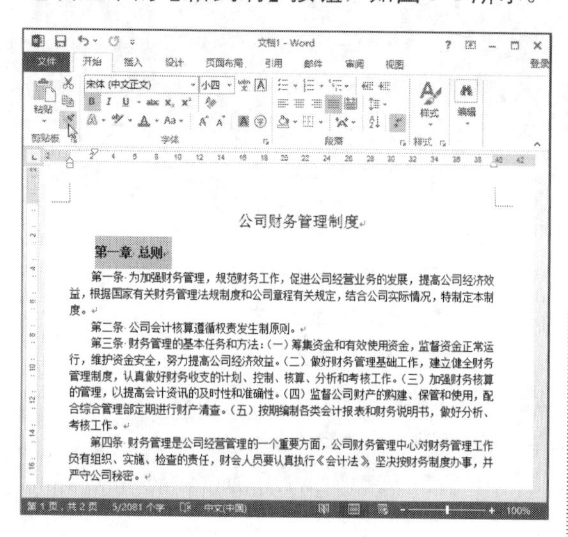

图 5-1 单击【格式刷】按钮

步骤 2 当鼠标指针变为 形状时，单击或者选择需要应用新格式的文本或段落，如图 5-2 所示。

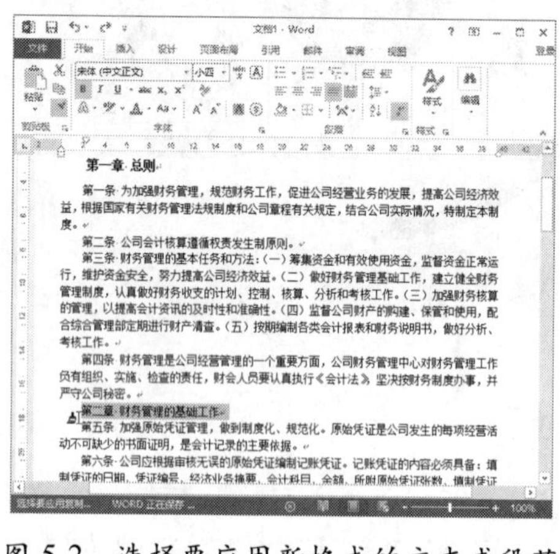

图 5-2 选择要应用新格式的文本或段落

步骤 3 选择的文字将被应用引用的格式，如图 5-3 所示。

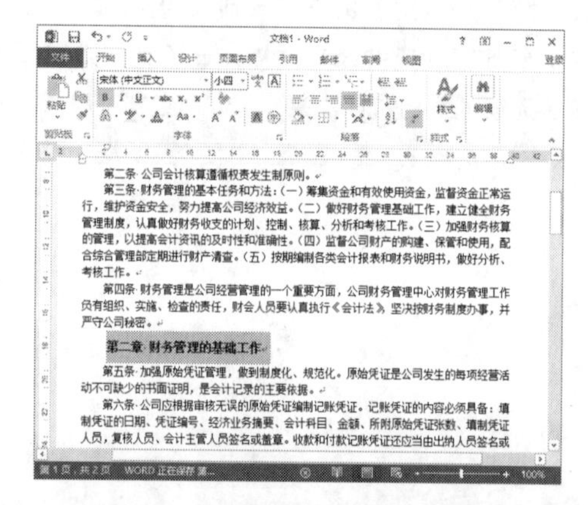

图 5-3 应用之后的显示效果

提示 当需要多次应用同一个格式的时候，双击格式刷，然后单击或者拖选需要应用新格式的文本或段落即可。使用完毕再次单击【格式刷】按钮 或按 Esc 键，即可恢复编辑状态。用户还可以选中复制格式原文后，按 Ctrl+Shift+C 组合键复制格式，然后选择需要应用新格式的文本，按 Ctrl+Shift+V 组合键应用新格式。

5.2 批注文档

当需要对文档中的内容添加某些注释或修改意见时，就需要添加一些批注。批注不影响文档的内容，而且文字是隐藏的，同时，系统还会为批注自动赋予不重复的编号和名称。

5.2.1 插入批注

对批注的操作主要有插入、查看、快速查看、修改批注格式与批注者以及删除文档中的批注等。在文档中插入批注的具体操作步骤如下。

步骤 1 打开一个需要审阅的文档，选中需要添加批注的文本，选择【审阅】选项卡，在【批注】选项组中单击【新建批准】按钮，如图 5-4 所示。

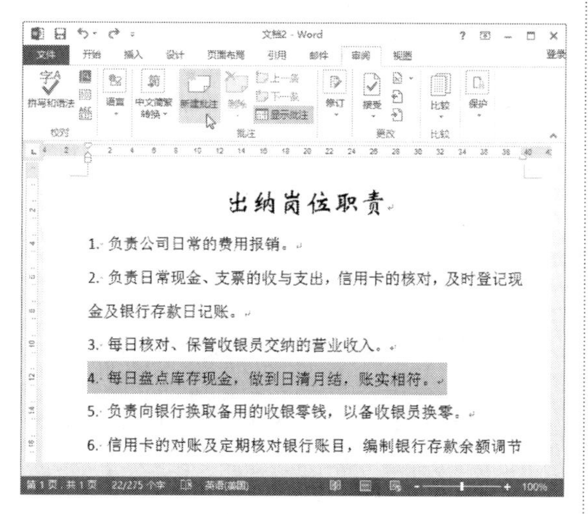

图 5-4 单击【新建批注】按钮

步骤 2 选中的文本上会添加一个批注的编辑框，如图 5-5 所示。

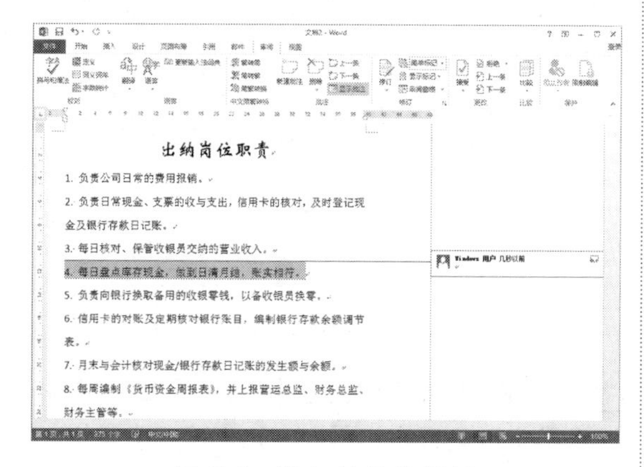

图 5-5 添加批注编辑框

步骤 3 在编辑框中可以输入需要批注的内容，如图 5-6 所示。

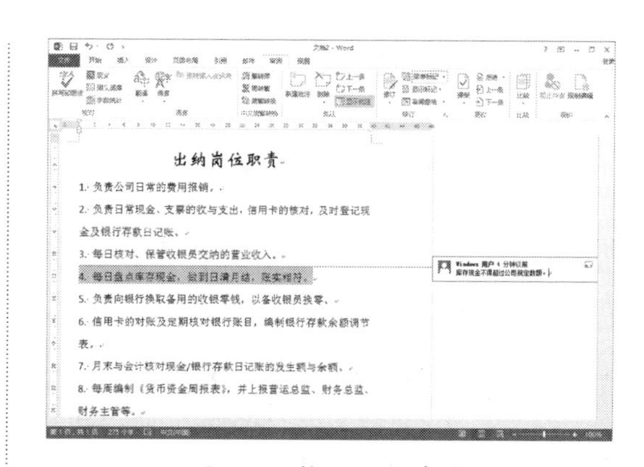

图 5-6 输入批注内容

步骤 4 若要继续修订其他内容，只需在【批注】选项组中单击【新建批准】按钮即可。按照相同的方法对文档中的其他内容添加批注，如图 5-7 所示。

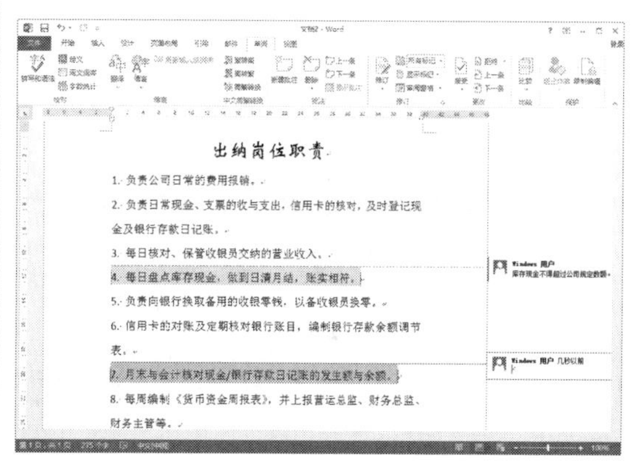

图 5-7 添加其他相关批注内容

5.2.2 隐藏批注

插入 Word 批注如果不需要显示，可以隐藏批注，具体操作步骤如下。

步骤 1 打开任意一篇插入批注的文档。选择【审阅】选项卡，在【修订】选项组中单击【显示标记】下拉按钮，在弹出的下拉列表中取消选择【批注】选项，如图 5-8 所示。

步骤 2 文档中的批注即可被隐藏，如图 5-9 所示。如果想显示批准，重新选择【批注】选项即可。

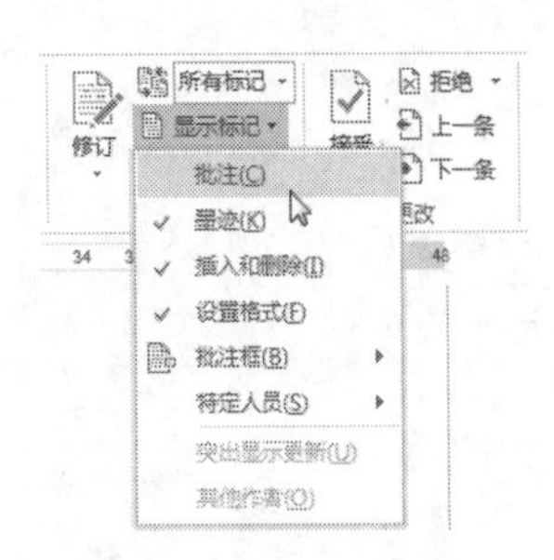

图 5-8　取消选择【批注】选项

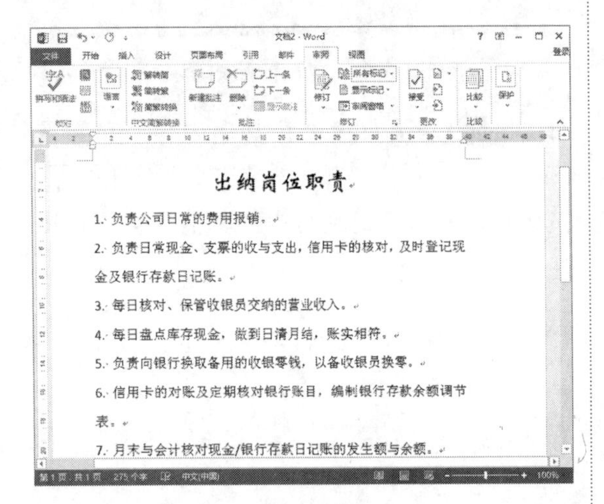

图 5-9　隐藏批注

5.2.3 修改批注格式和批注者

除了可以在文档中添加批注外，用户还可以对批注框、批注连接线以及被选中文本的突显颜色等进行设置，具体操作步骤如下。

步骤 1 如果要修改批注格式，则需要单击【修订】选项组中的【修订选项】按钮，如图 5-10 所示。

图 5-10　单击【修订选项】按钮

步骤 2 打开【修订选项】对话框，在其中单击【高级选项】按钮，如图 5-11 所示。

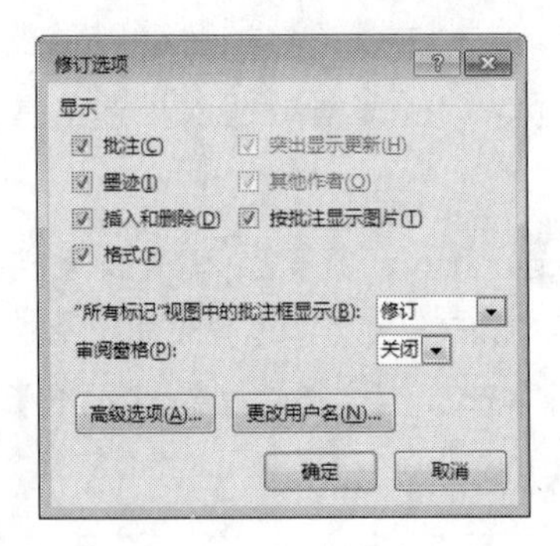

图 5-11　【修订选项】对话框

步骤 3 打开【高级修订选项】对话框，在【标记】设置区中可以对批注的颜色进行设置，在【批注】下拉列表中选择批注的颜色，这里选择【蓝色】选项，如图 5-12 所示。

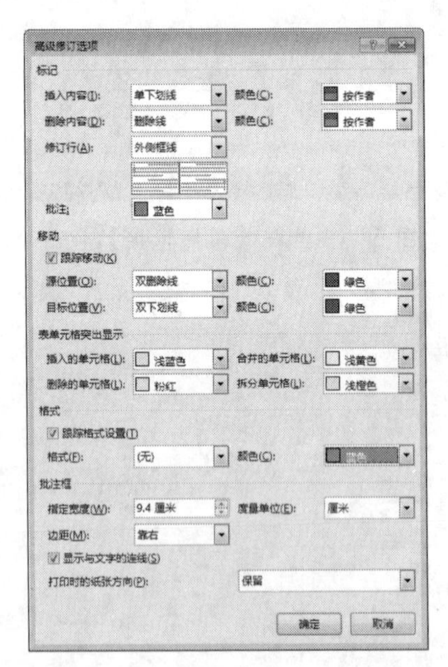

图 5-12　【高级修订选项】对话框

步骤 4 单击【确定】按钮，返回到【修订选项】对话框中，再次单击【确定】按钮，返回到 Word 文档中，即可看到设置的批注颜色效果，如图 5-13 所示。

步骤 5　如果想要修改批注者名称，则需要单击【修订选项】对话框中的【更改用户名】按钮，打开【Word 选项】对话框，在【用户名】文本框中输入用户名称，单击【确定】按钮，即可更改批注者的名称，如图 5-14 所示。

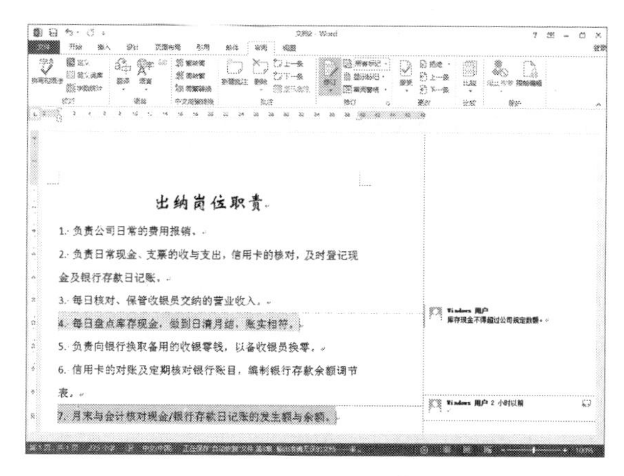

图 5-13　设置批注颜色

图 5-14　【Word 选项】对话框

5.2.4 删除文档中的批注

对文档中的内容修改完毕后，可以对有些批注内容进行删除，具体操作步骤如下。

打开一个插入批注的文档，选择需要删除的批注，右击，在弹出的快捷菜单中选择【删除批注】命令，如图 5-15 所示，删除批注后的文档如图 5-16 所示。

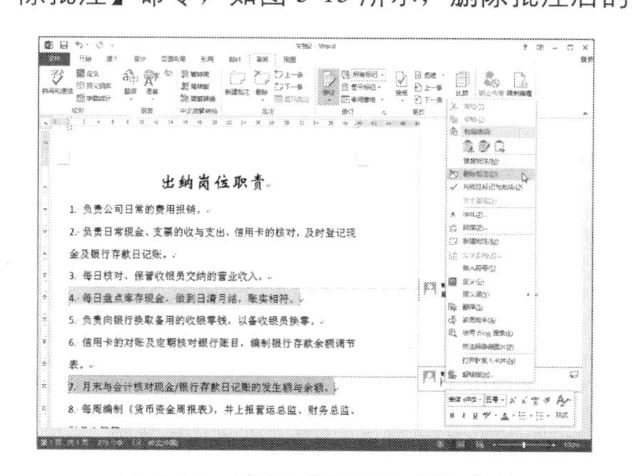

图 5-15　选择【删除批注】命令

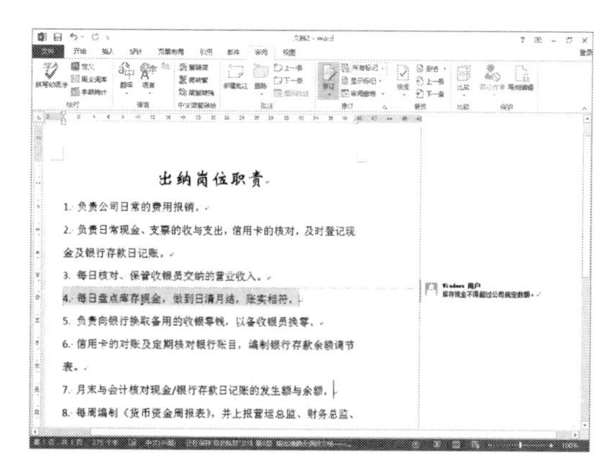

图 5-16　删除批注

5.3 修订文档

修订能够让作者跟踪多位审阅者对文档所做的修改，这样作者可以一个接一个地复审这些修改，并用约定的原则来接受或者拒绝所做的修订。

5.3.1 使用修订标记

使用修订标记，即是对文档进行插入、删除、替换以及移动等编辑操作时，使用一种特殊的标记来记录所做的修改，以便于其他用户或者原作者知道文档所做的修改，这样作者还可以根据实际情况决定是否接受这些修订，使用修订标记修订文档的具体操作步骤如下。

步骤 1 打开一个需要修订的文档，选择【审阅】选项卡，在【修订】选项组中单击【修订】按钮，如图 5-17 所示。

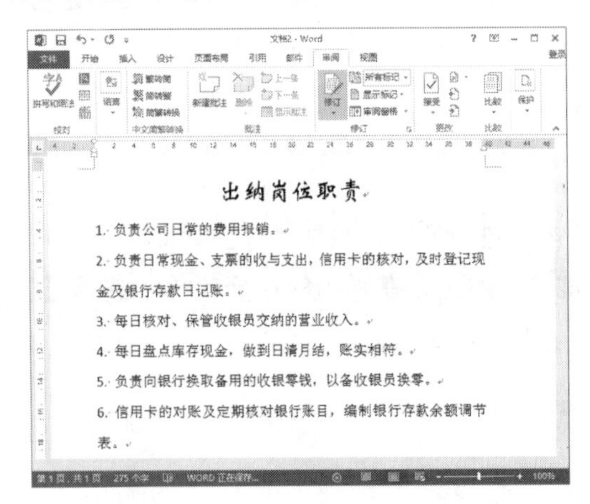

图 5-17 单击【修订】按钮

步骤 2 在文档中开始修订文档，文档会自动将修订的过程显示出来，如图 5-18 所示。

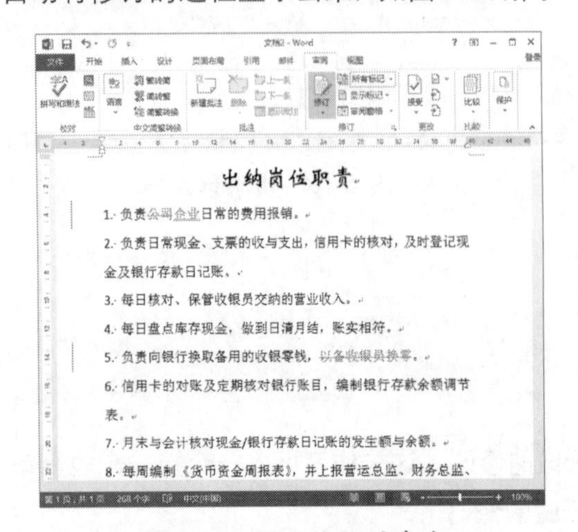

图 5-18 显示修订的内容

5.3.2 接受或者拒绝修订

对文档修订后，用户可以决定是否接受这些修订，具体的操作步骤如下。

步骤 1 选择需要接受修订的地方，右击，在弹出的快捷菜单中选择【接受插入】命令，如图 5-19 所示。

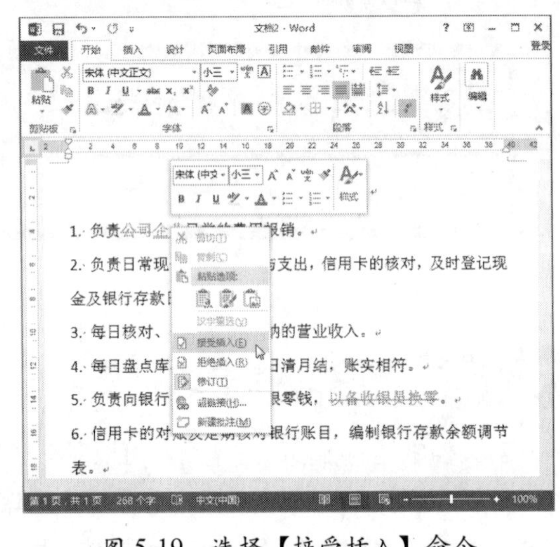

图 5-19 选择【接受插入】命令

步骤 2 如果拒绝修订，选择需要拒绝的修订，右击，在弹出的快捷菜单中选择【拒绝插入】命令，如图 5-20 所示。

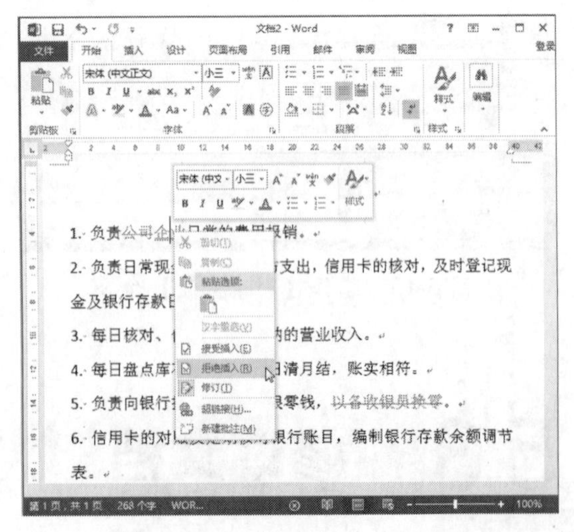

图 5-20 选择【拒绝插入】命令

步骤 3 如果要接受文档中所有的修订，

则可单击【接受】按钮，在弹出的下拉列表中选择【接受所有修订】选项，如图 5-21 所示。

步骤 4 如果要删除当前的修订，则可单击【拒绝】按钮，在弹出的下拉列表中选择【拒绝所有修订】选项，如图 5-22 所示。

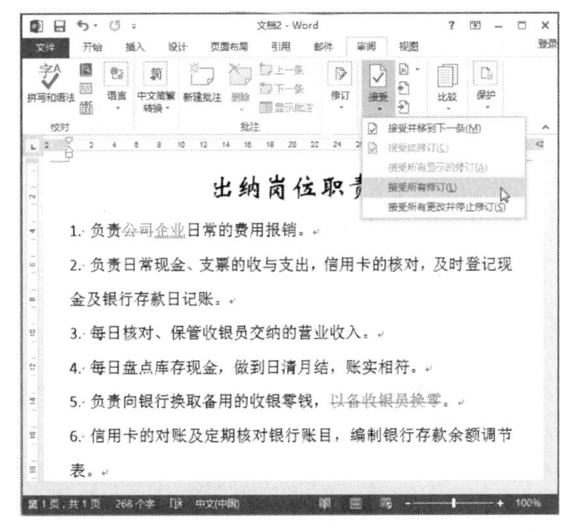

图 5-21 选择【接受所有修订】选项

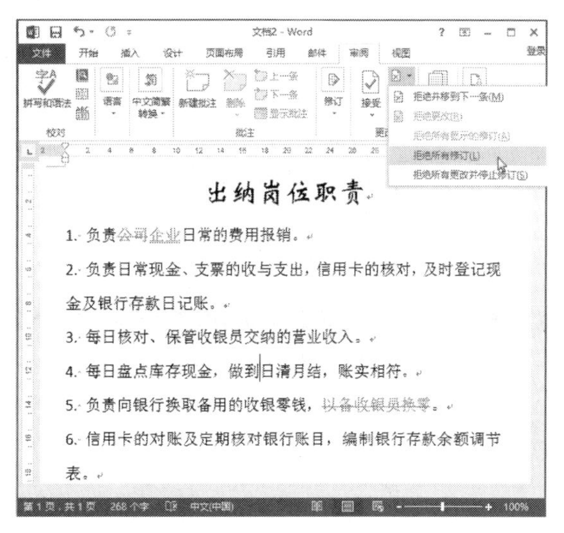

图 5-22 选择【拒绝所有修订】选项

5.4 文档的错误处理

Word 2013 中提供有处理错误的功能，用于发现文档中的错误并给予修正。Word 2013 提供的错误处理功能包括拼写和语法检查、自动更正错误，下面分别进行介绍。

5.4.1 拼写和语法检查

在输入文本时，如果无意中输入了错误的或者不可识别的单词，Word 2013 就会在该单词下用红色波浪线进行标记；如果是语法错误，在出现错误的部分就会用绿色波浪线进行标记。

设置自动拼写与语法检查的具体操作步骤如下。

步骤 1 新建一个文档，在文档中输入一些语法和拼写不正确的内容，选择【审阅】选项卡，单击【校对】选项组中的【拼写和语法】按钮，如图 5-23 所示。

步骤 2 打开【拼写检查】窗格，在其中显示了检查的结果，如图 5-24 所示。

步骤 3 在检查结果中用户可以选择正确的输入语句，然后单击【更改】按钮，对输入错误的语句进行更改，更改完毕后，会弹出一个信息提示框，提示用户拼写和语法检查完成，如图 5-25 所示。

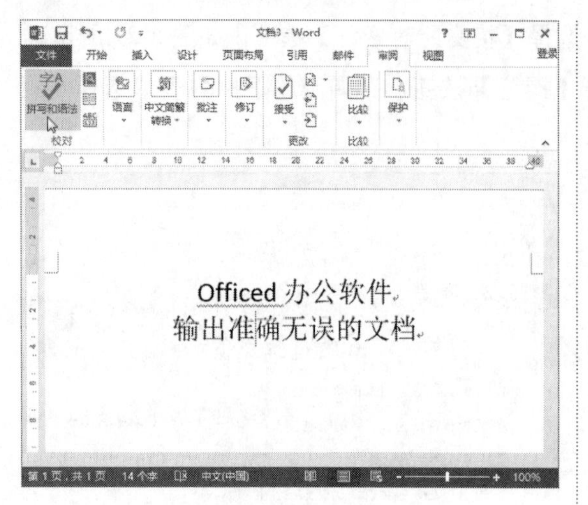

图 5-23　单击【拼写和语法】按钮

图 5-24　【拼写检查】窗格

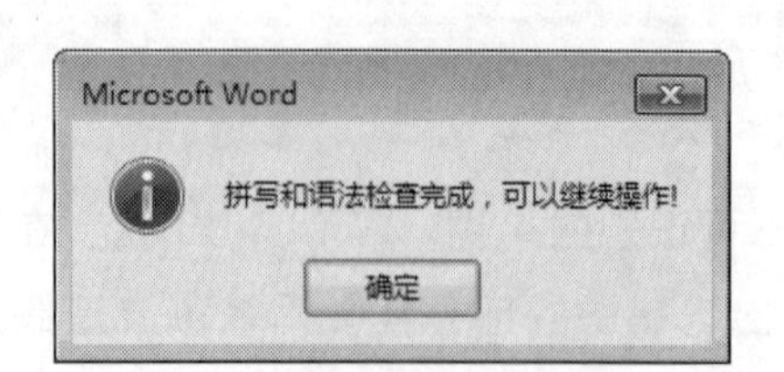

图 5-25　信息提示对话框

步骤 4 单击【确定】按钮，返回到 Word 文档中，可以看到文档中的红色线消失，表示拼写更改完成，如图 5-26 所示。

如果输入了一段有语法错误的文字，在出错的单词下面就会出现绿色波浪线，选中出错的单词，右击，在弹出的快捷菜单中选择【全部忽略】命令，如图 5-27 所示。Word 2013 就会忽略这个错误，此时错误语句下方的绿色波浪线就会消失，如图 5-28 所示。

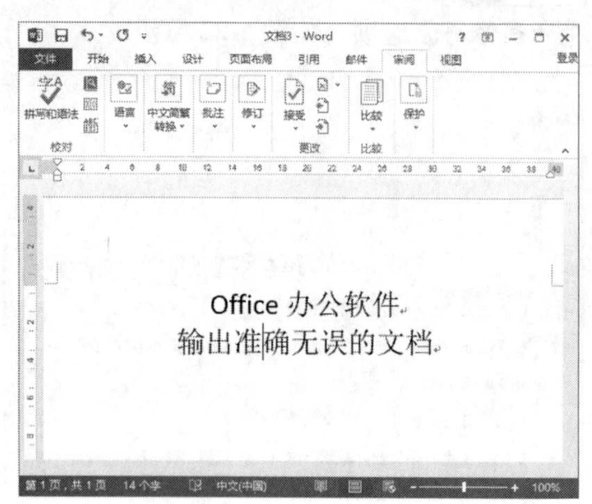

图 5-26　更改拼写

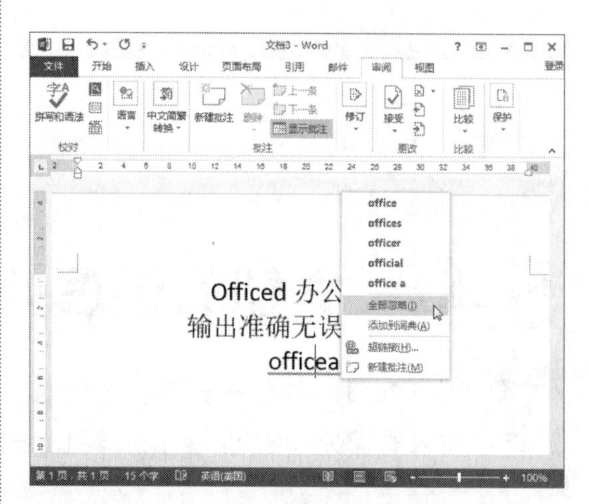

图 5-27　选择【全部忽略】命令

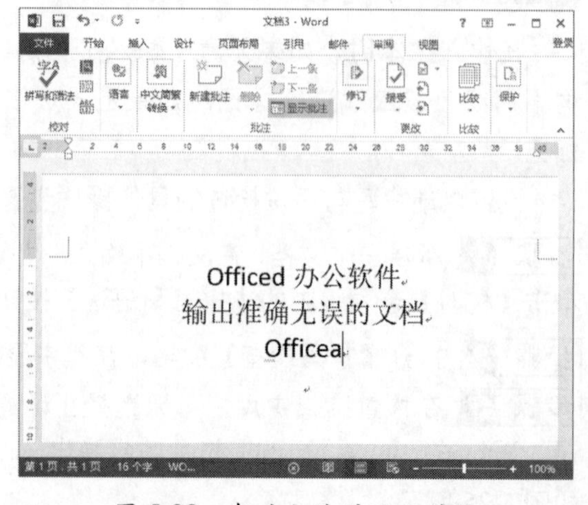

图 5-28　忽略之后的显示效果

5.4.2 使用自动更正功能

在 Word 2013 中，除了使用拼写和语法检查功能之外，还可以使用自动更正功能来检查和更正错误的输入。例如输入“seh”和一个空格，则会自动更正为“she”。使用自动更正功能的具体操作步骤如下。

步骤 1 在 Word 文档窗口中选择【文件】选项卡，在打开的界面中选择【选项】选项，如图 5-29 所示。

图 5-29　选择【选项】选项

步骤 2 弹出【Word 选项】对话框，在左侧的列表中选择【校对】选项，然后在右侧的窗口中单击【自动更正选项】按钮，如图 5-30 所示。

图 5-30　【Word 选项】对话框

步骤 3 弹出【自动更正：英语（美国）】对话框，在【替换】文本框中输入“Officea”，在【替换为】文本框中输入“Office”，如图 5-31 所示。

图 5-31　【自动更正】选项卡

步骤 4 单击【确定】按钮，返回文档编辑模式，以后再编辑时，就会按照用户所设置的内容自动更正错误，如图 5-32 所示。

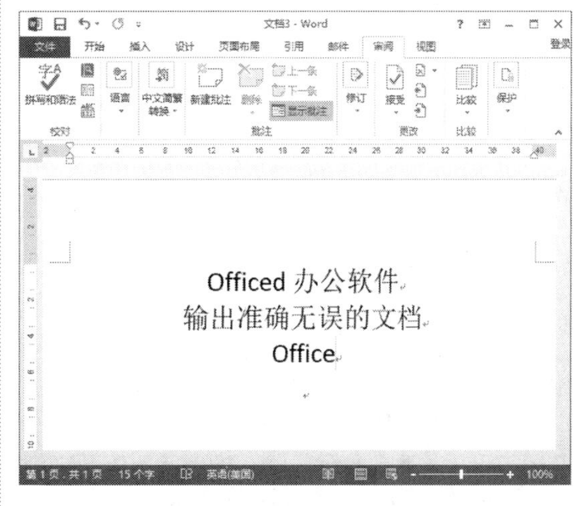

图 5-32　自动更正后的显示效果

5.5 使用各种视图模式查看文档

Word 提供有几种不同的文档显示方式，称为“视图”。Word 2013 为用户提供有 5 种视图方式：页面视图、阅读视图、Web 版式视图、大纲视图和草图。选择【视图】选项卡，在【视图】选项组中单击一种视图模式按钮，文档就会被更改为相应的视图，如图 5-33 所示。

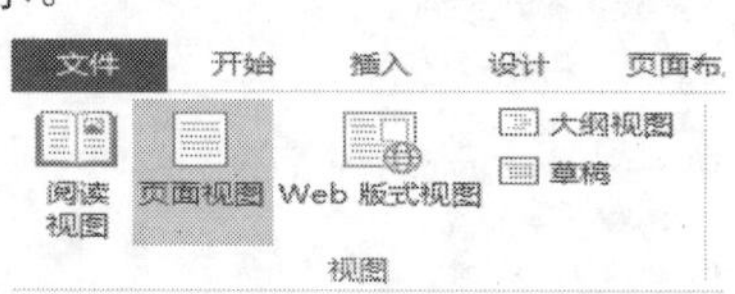

图 5-33 【视图】选项组

5.5.1 页面视图

页面视图是 Word 2013 默认的视图方式，在此方式下，页眉、页脚、图片、分栏排版等格式化操作的结果都会出现在相应的位置上，且屏幕显示的效果与实际打印效果基本一致，能真正做到“所见即所得”，因而它是排版时的首选视图方式。

如果当前不是页面视图，选择【视图】选项卡，在【视图】选项组中单击【页面视图】按钮，即可调整为“页面视图”模式，如图 5-34 所示。

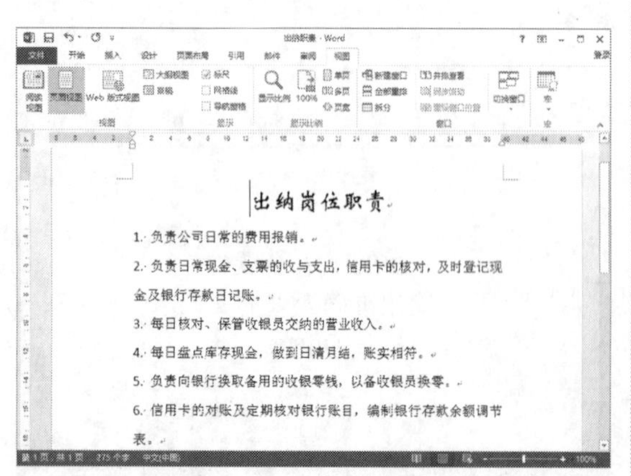

图 5-34 “页面视图”模式

5.5.2 阅读视图

在阅读视图中，文档中的字号变大，文档窗口被纵向分为左右两个小窗口，看起来像是一本打开的书，显示左右两页。这样每一行变得短些，阅读起来比较贴近于自然习惯。不过在阅读视图下，所有的排版格式都会被打乱，并且不显示页眉和页脚。

选择【视图】选项卡，在【视图】选项组中单击【阅读视图】按钮，即可将当前打开的文档调整为“阅读视图”模式，如图 5-35 所示。

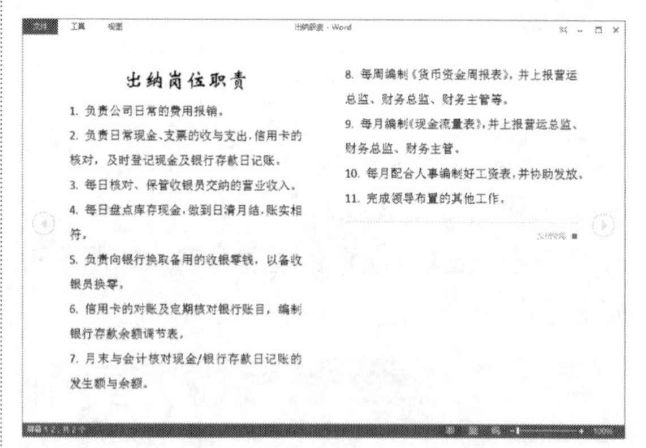

图 5-35 “阅读视图”模式

5.5.3 Web 版式视图

Web 版式视图用于显示文档在 Web 浏览器中的外观。在此方式下，可以创建能在屏幕上显示的 Web 页或文档。除此之外，Web

版式视图还能显示文档下面文字的背景和图形对象。

选择【视图】选项卡，在【视图】选项组中单击【Web 版式视图】按钮，即可切换为“Web 版式视图”模式，如图 5-36 所示。

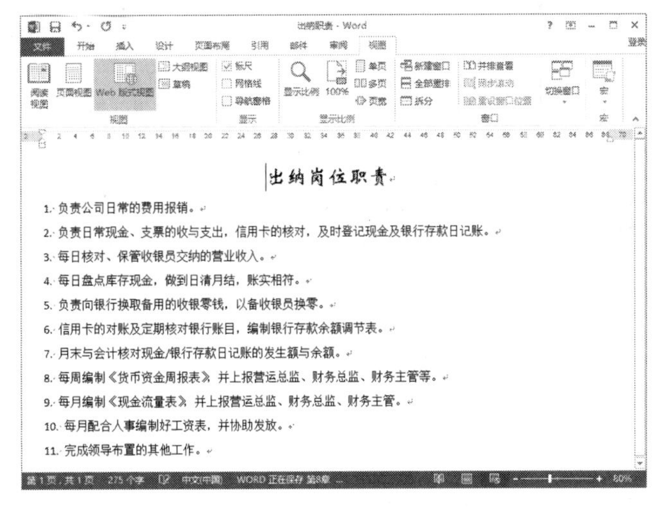

图 5-36 “Web 版式视图”模式

5.5.4 大纲视图

通常在编辑一个较长的文档时，首先需要建立大纲或标题，组织好文档的逻辑结构，然后再在每个标题下插入具体的内容。不过，大纲视图中不显示页边距、页眉和页脚、图片和背景等。

选择【视图】选项卡，在【视图】选项组中单击【大纲视图】按钮，即可切换为“大纲视图”模式，如图 5-37 所示。

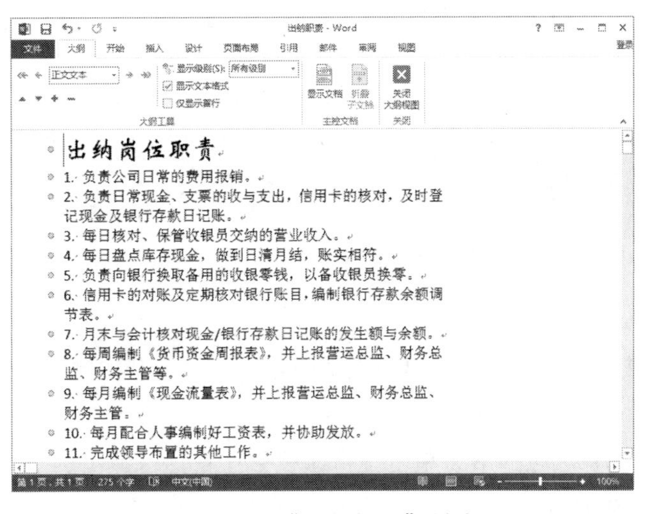

图 5-37 “大纲视图”模式

5.5.5 草图

在草图下浏览速度较快，适于文字录入、编辑、格式编排等操作。在此视图中不会显示文档的某些元素，如页眉与页脚等。草图可以连续地显示文档内容，使阅读更为连贯，适合于查看简单格式的文档。

选择【视图】选项卡，在【视图】选项组中单击【草图】按钮，就可以切换到“草图”模式，如图 5-38 所示。

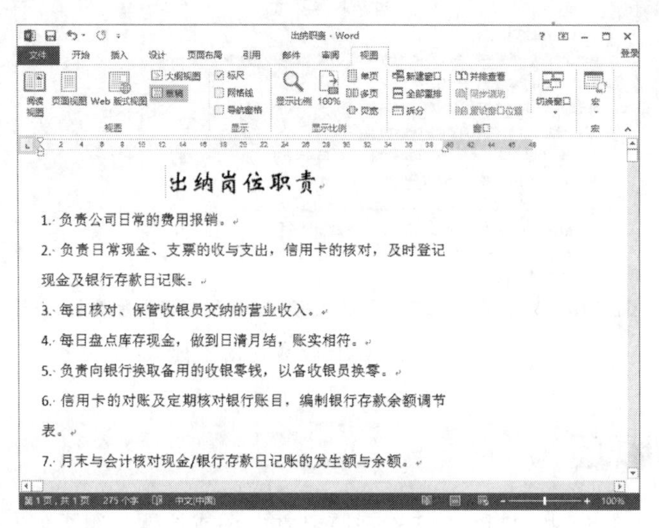

图 5-38 “草图”模式

5.6 打印文档

文档创建后常需要打印出来，以便能够进行保存或传阅，本节主要介绍打印文档的方法。

5.6.1 选择打印机

在进行文件打印时，如果用户的计算机中连接了多个打印机，则需要在打印文档之前进行打印机的选择。

步骤 1 打开需要打印的文档，选择【文件】选项卡，在打开的界面中选择【打印】选项，显示出【打印】界面，如图 5-39 所示。

步骤 2 在【打印机】区域的下方单击【打印机】按钮，在弹出的下拉列表中选择相关的打印机即可，如图 5-40 所示。

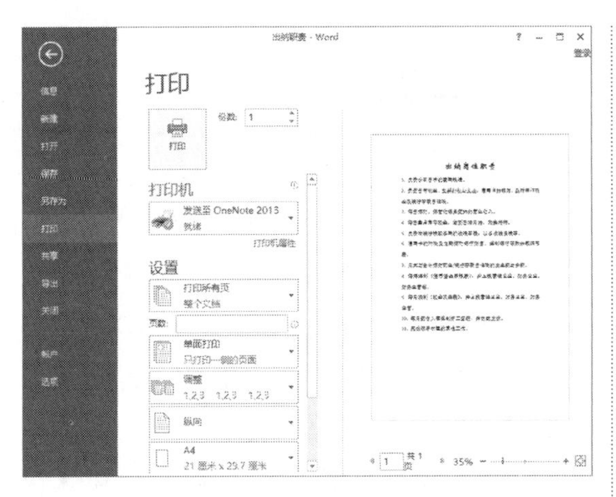

图 5-39　【打印】界面

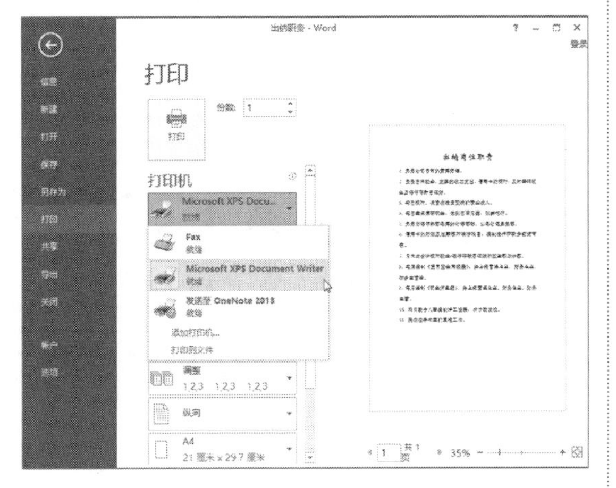

图 5-40　选择打印机

5.6.2 预览文档

在进行文档打印之前，最好先使用打印预览功能查看即将打印文档的效果，避免出现错误，造成纸张的浪费。打印预览的具体操作步骤如下。

步骤 1 单击快速访问工具栏右侧的箭头，在弹出的【自定义快速访问工具栏】下拉列表中选择【打印预览和打印】选项，如图 5-41 所示。

步骤 2 即可将【打印预览和打印】按钮添加到快速访问工具栏中，如图 5-42 所示。

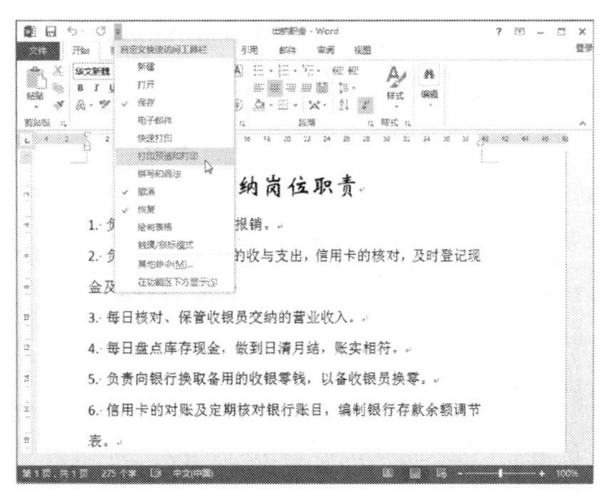

图 5-41　选择【打印预览和打印】选项

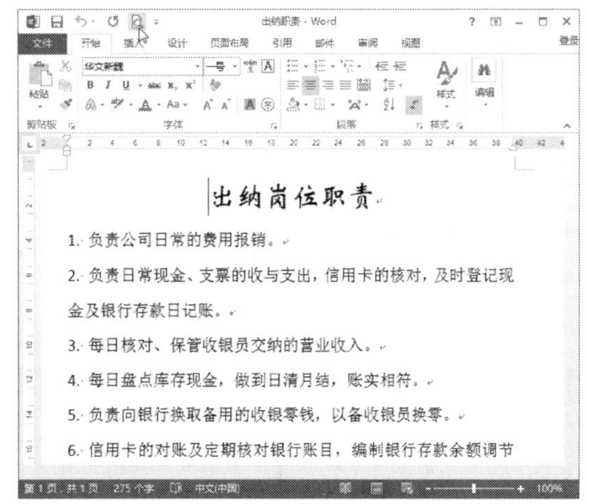

图 5-42　添加【打印预览和打印】按钮

步骤 3 在快速访问工具栏中直接单击【打印预览和打印】按钮，显示出【打印】界面，如图 5-43 所示。

图 5-43　【打印】界面

步骤 4 根据需要单击【缩小】按钮或【放大】按钮，可对文档预览窗口进行调整查看。当用户需要关闭打印预览时，只需单击其他选项卡即可返回文档编辑模式，如图 5-44 所示。

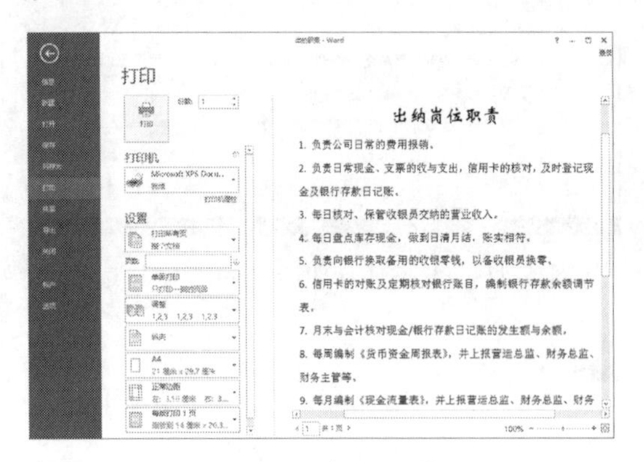

图 5-44 打印预览

5.6.3 打印文档

当用户在打印预览中对所打印文档的效果感到满意时，就可以对文档进行打印。其方法很简单，只要单击快速访问工具栏中的【快速打印】按钮即可，如图 5-45 所示。

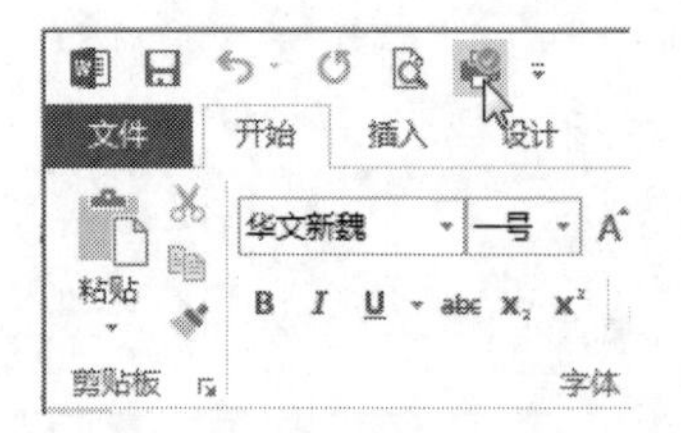

图 5-45 单击【快速打印】按钮

如果快速访问工具栏中没有【快速打印】按钮，可以单击快速访问工具栏右侧的箭头，在弹出的【自定义快速访问工具栏】下拉列表中选择【快速打印】选项，即可将【快速打印】按钮添加到快速访问工具栏中，如图 5-46 所示。

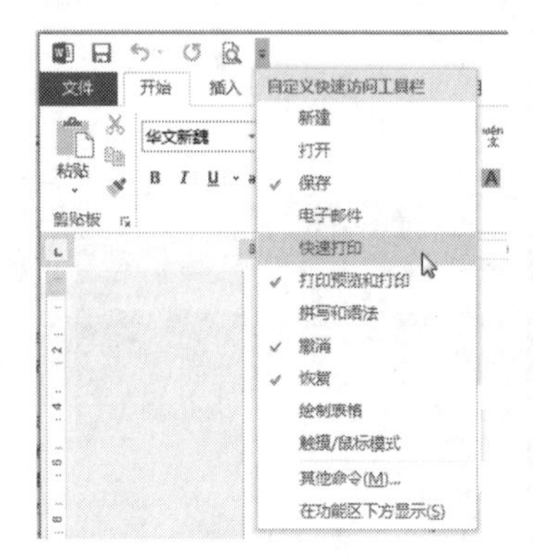

图 5-46 选择【快速打印】选项

5.7 高效办公技能实战

5.7.1 批阅公司的年度报告

年度报告是公司在年末总结本年公司运营情况而作出的报告，下面介绍批阅公司年度报告的具体操作步骤。

步骤 1 新建 Word 文档，输入公司年度报告内容，如图 5-47 所示。

步骤 2 选择第 1 行的文本内容，在【字体】选项组中设置字体的格式为华文新魏、小一和加粗。选择第 2 行的文本内容，设置格式为加粗和四号，如图 5-48 所示。

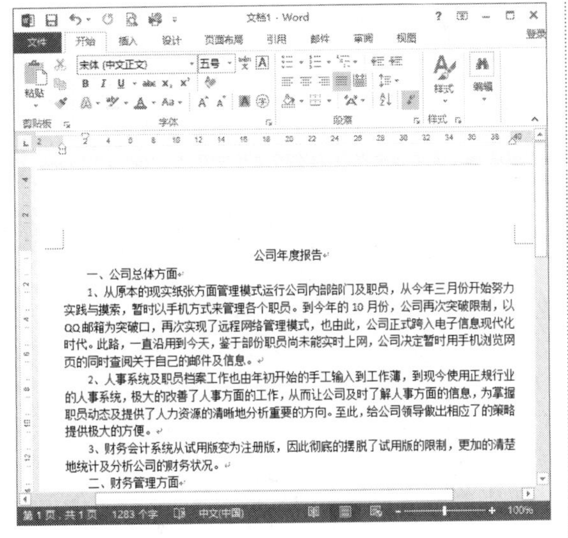

图 5-47　输入公司年报内容

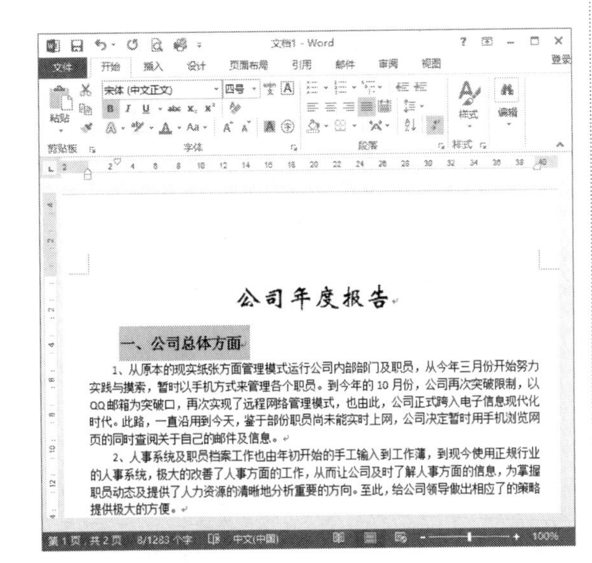

图 5-48　设置字体格式

步骤 3 设置第 2 行格式后，使用格式刷引用第 2 行的格式进行复制格式操作，效果如图 5-49 所示。

步骤 4 选中需要添加批注的文本，选择【审阅】选项卡，在【批注】选项组中单击【新建批注】按钮，选中的文本上会添加一个批注的编辑框，在编辑框中可以输入需要批注的内容，如图 5-50 所示。

步骤 5 在【修订】选项组中单击【修订】按钮，在文档中开始修订文档，文档将自动将修订的过程显示出来，如图 5-51 所示。

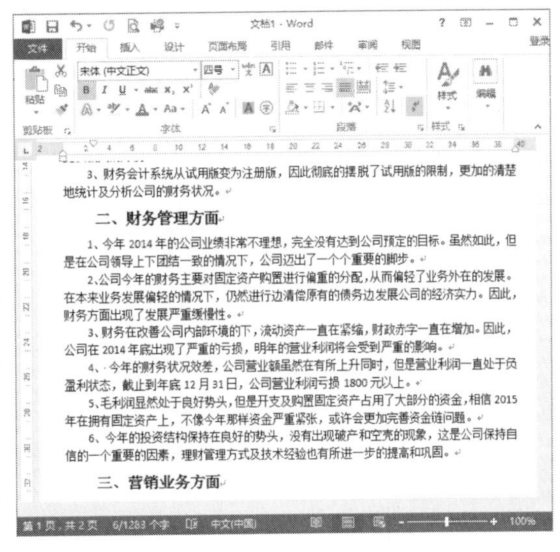

图 5-49　使用格式刷复制格式

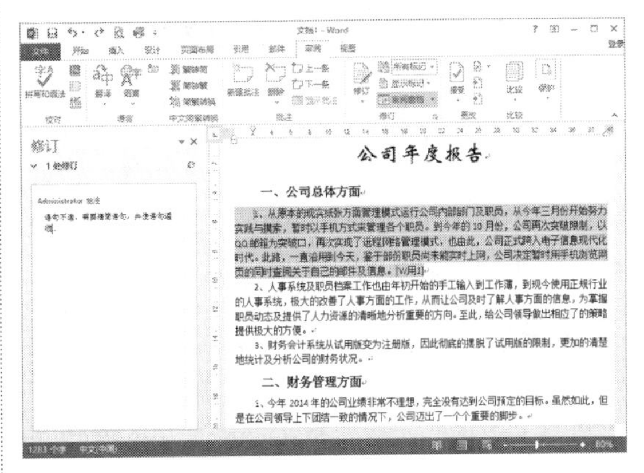

图 5-50　选中要添加批注的文本

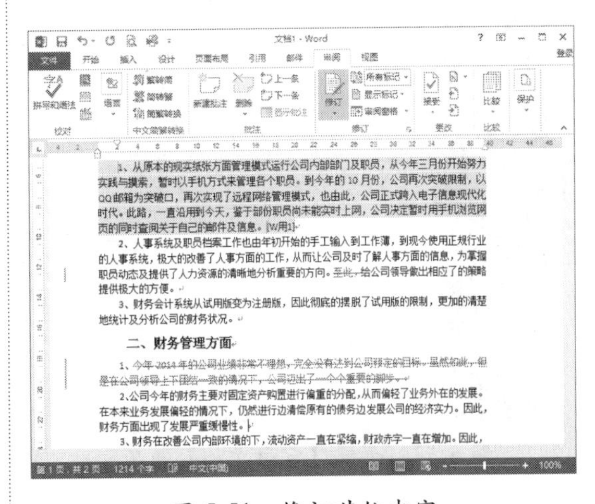

图 5-51　修订其他内容

步骤 6 单击快速访问工具栏中的【保存】按钮，打开【另存为】对话框，在其中选择文件保存的位置并输入保存的名称，最后单击【保存】按钮即可，如图 5-52 所示。

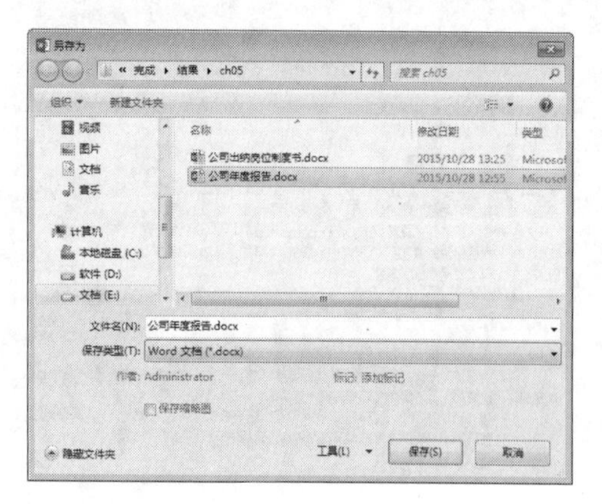

图 5-52 保存文档

5.7.2 打印公司岗位责任书

岗位职责说明书在现代商务办公中经常使用，每一个岗位都有它自己的职责，因此制作一个规范的岗位职责说明书对于公司办公来说非常重要，具体操作步骤如下。

步骤 1 启动 Word 2013，进入程序主界面，选择【文件】选项卡，在打开的界面中选择【新建】选项，然后选择【空白文档】选项，如图 5-53 所示。

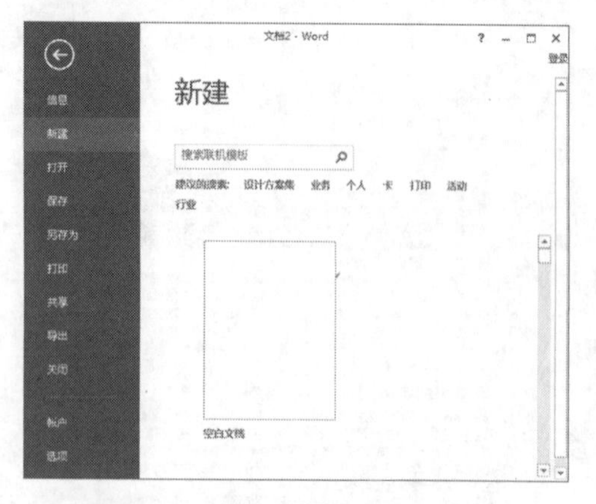

图 5-53 选择【空白文档】选项

步骤 2 随即新建一个空白文档，并在工作区内输入有关公司岗位的文本，如图 5-54 所示。

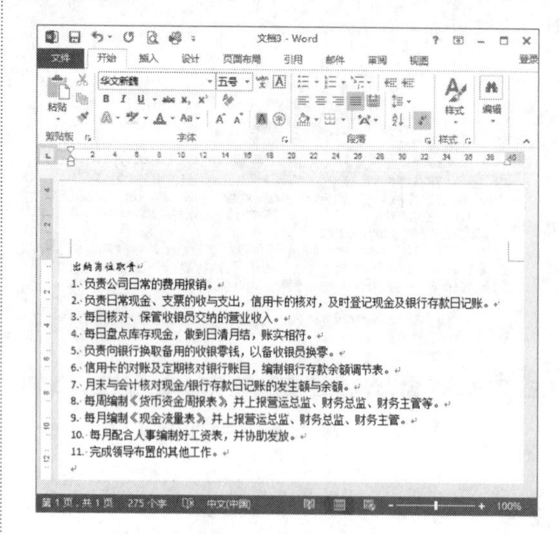

图 5-54 输入文字

步骤 3 选中第 1 行文字，单击【字体】选项组和【段落】选项组中的相关按钮，分别设置文字的格式为二号、加粗和居中对齐，使第 1 行文字加粗并居中，如图 5-55 所示。

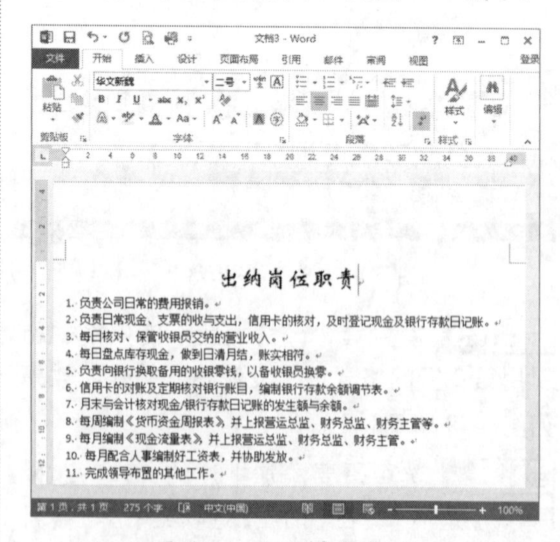

图 5-55 设置字体格式

步骤 4 选中第 2 行到最后一行文字，在【字体】选项组中设置段落的字号为四号，如图 5-56 所示。

步骤 5 单击快速访问工具栏中的【保存】按钮，在弹出的【另存为】对话框中设置文件名为“公司出纳岗位制度书 .docx”，然后单击【保存】按钮保存文件，如图 5-57 所示。

步骤 6 选择【文件】选项卡，在打开的界面中选择【打印】选项，进行打印前的预览，并设置打印的份数为 5 份，方向为纵向、纸张大小为 A4，设置完成后再次查看效果，如果满意，单击【打印】按钮即可打印公司出纳岗位责任书，如图 5-58 所示。

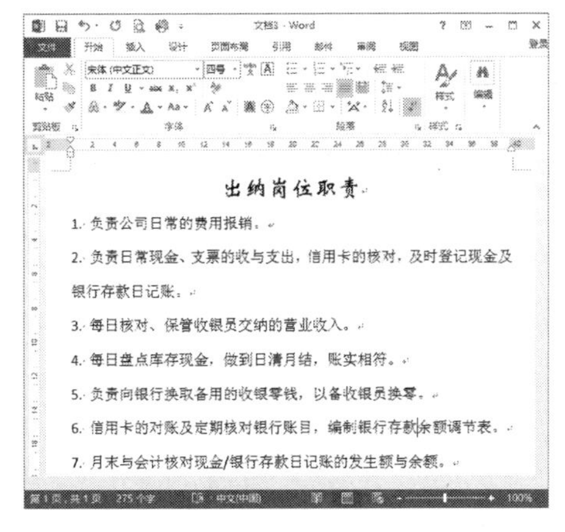

图 5-56 设置文字大小

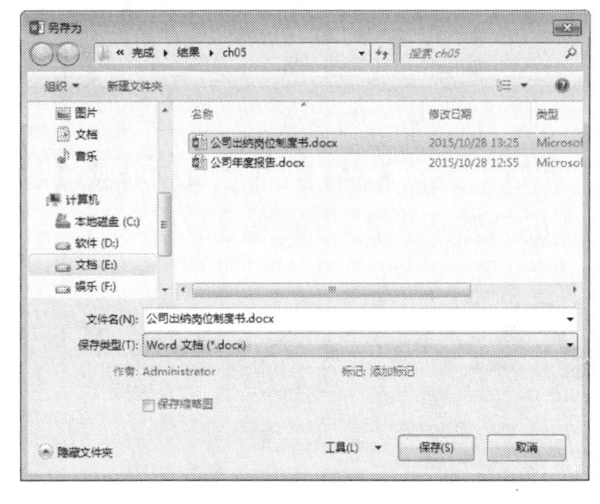

图 5-57 【另存为】对话框

图 5-58 打印预览

5.8 课后练习与指导

5.8.1 修改文秘起草的项目投标书

☆ 练习目标

了解修改文档的过程。

掌握修改文档的方法与技巧。

☆ 专题练习指南

01 打开需要修改的项目投标书。

02 选择【插入】→【批注】菜单项，打开【审阅】工具栏。

03 通读项目投标书，在需要添加标注的地方插入批注，并给出批注的内容。

04 利用拼写与语法检查功能检查整篇文本的拼写错误与语法错误。

05 使用查找与替换功能将项目投标书中需要替换的文本替换掉。

06 插入索引与目录。

07 设置文档的打印格式并保存整篇文档。

08 发给文秘人员打印项目投标书。

5.8.2 自定义打印的内容

☆ 练习目标

了解打印的过程。

掌握自定义打印的方法与技巧。

☆ 专题练习指南

01 打开要打印的文档，选择所需打印的文档内容。

02 选择【文件】选项卡，在弹出的列表中选择【打印】选项，显示打印设置界面。

03 在【设置】区域单击【打印所有页】按钮，在弹出的下拉列表中选择【打印所选内容】选项即可。

Word 2013 的高级应用

- **本章导读**

使用 Word 2013 不仅可以制作简单的文档，还可以制作复杂的文档，例如使用 Word 2013 排版、定义文档页面效果和创建文档目录索引等。本章为读者介绍 Word 2013 的高级应用。

- **学习目标**

◎ 掌握分栏排版的方法。

◎ 掌握设置页面效果的方法。

◎ 掌握创建目录和索引的方法。

◎ 掌握文档安全设置的方法。

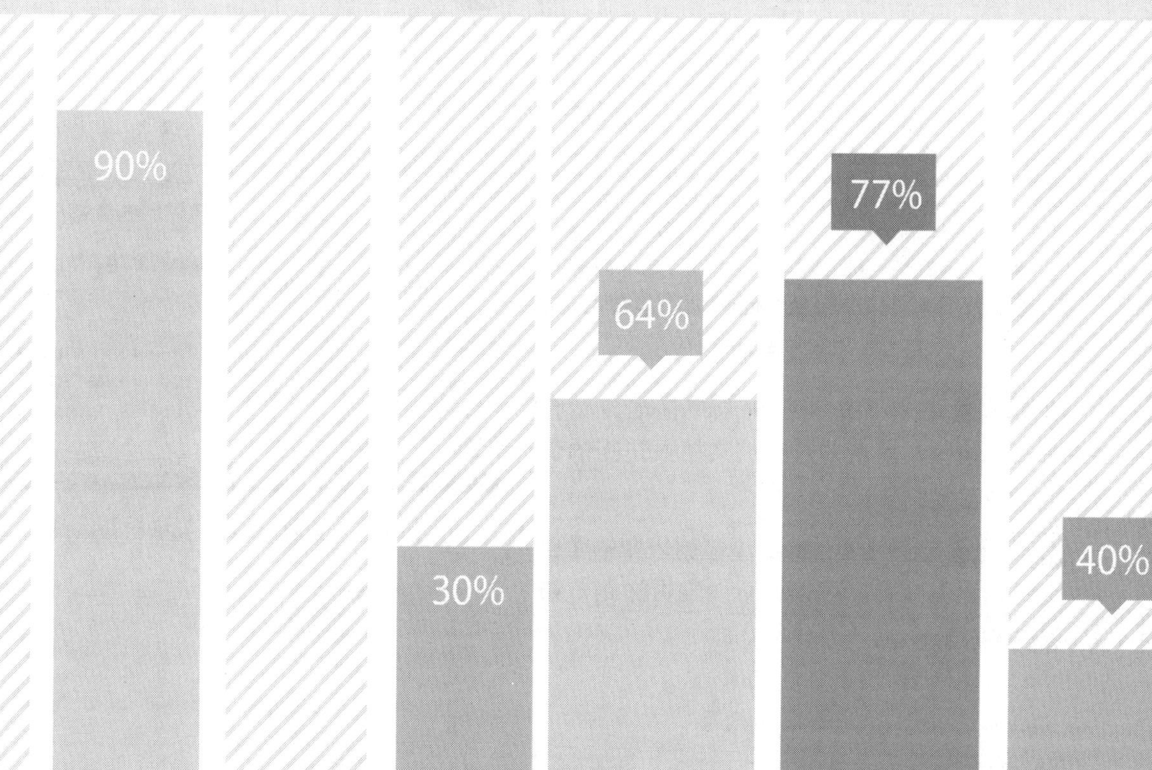

6.1 页面排版设置

通过对文档进行排版设计，可以使版面更加生动活泼，便于阅读，文档的页面排版设置包括页边距、纸张方向、页面版面和文档网格等。

6.1.1 设置文档的页边距

设置页边距，包括调整上、下、左、右边距以及页眉和页脚距页边界的距离，使用这种方法设置的页边距十分精确。具体的操作步骤如下。

步骤 1 打开随书光盘中的“素材\ch06\童话故事.docx”文档，然后单击【页面布局】选项卡下【页面设置】选项组中的【页边距】按钮，如图 6-1 所示。

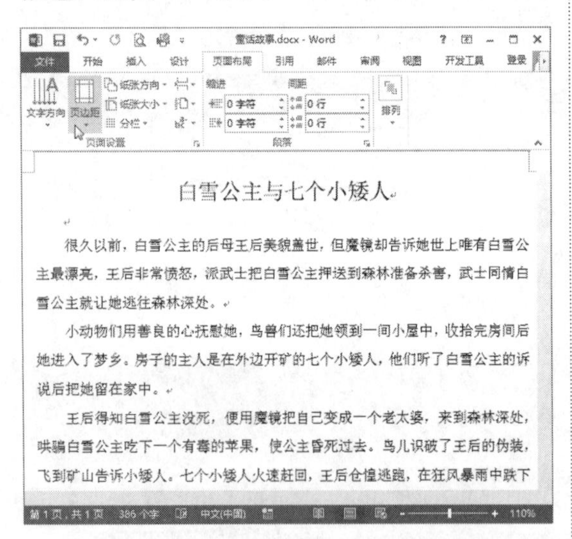

图 6-1 打开素材文件

步骤 2 在弹出的下拉列表中拖动鼠标合适的页边距，单击即可完成文档页边距的调整，如图 6-2 所示。

步骤 3 选择【页边距】下拉列表中的【自定义边距】选项，可以重新设定页边距，如图 6-3 所示。

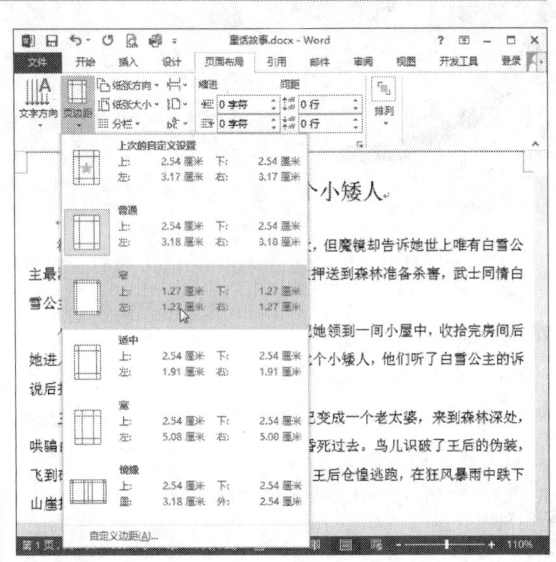

图 6-2 选择【页边距】选项

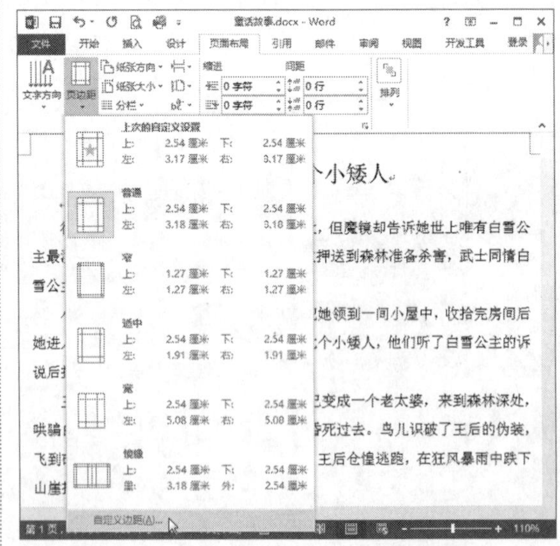

图 6-3 选择【自定义边距】选项

注意 页边距太窄会影响文档的装订，而太宽不仅影响美观还浪费纸张。一般情况下，如果使用 A4 纸，可以采用 Word 提供的默认值；如果使用 B5 或 16 开纸，上、下边距设置为 2.4 厘米左右为宜，左、右边距一般设置在 2 厘米左右为宜。

步骤 4 选择【自定义边距】选项后弹出【页面设置】对话框，在【页码范围】设置区的【多页】下拉列表框中可以选择一种处理多页的方式。例如选择【普通】选项，这是 Word 的默认设置，一般情况下都选择此选项，如图 6-4 所示。

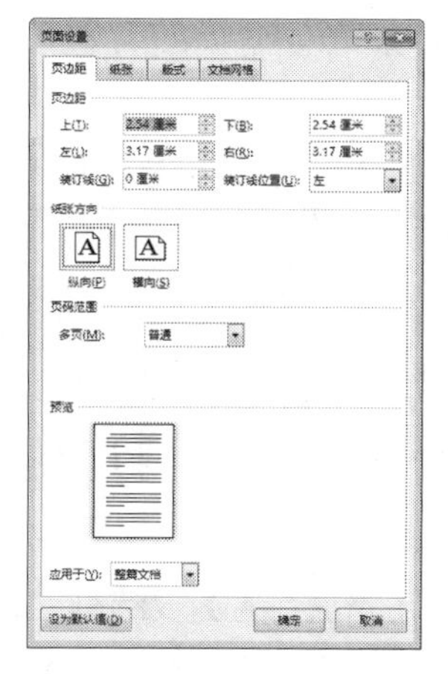

图 6-4 【页面设置】对话框

步骤 5 在【预览】设置区中的【应用于】下拉列表框中可以选择页面设置后的应用范围。例如选择【整篇文档】选项，如图 6-5 所示。

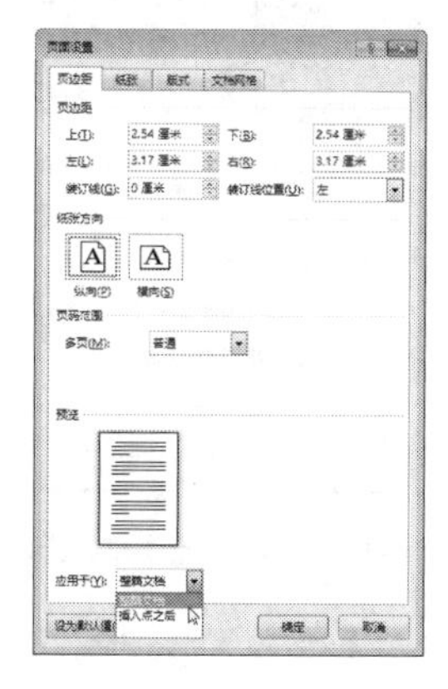

图 6-5 选择【整篇文档】选项

提示 选择【整篇文档】选项，表示设置的效果将应用于整篇文档；选择【插入点之后】选项，表示设置后将在当前光标所在位置插入一个分节符，并将当前设置应用于分节符之后的内容中。

步骤 6 单击【确定】按钮，完成页边距的设置，如图 6-6 所示。

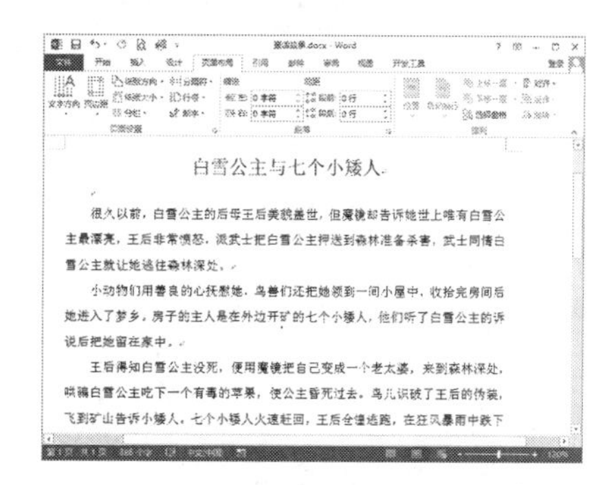

图 6-6 页边距设置后的显示效果

6.1.2 设置纸张方向

默认情况下，Word 创建的文档是纵向排列的，用户可以根据需要调整纸张的大小和方向，具体的操作步骤如下。

步骤 1 打开随书光盘中的“素材\ch06\童话故事.docx”文档，然后单击【页面布局】选项卡【页面设置】选项组中的【纸张方向】按钮，在弹出的下拉列表中选择【纵向】选项，如图 6-7 所示。

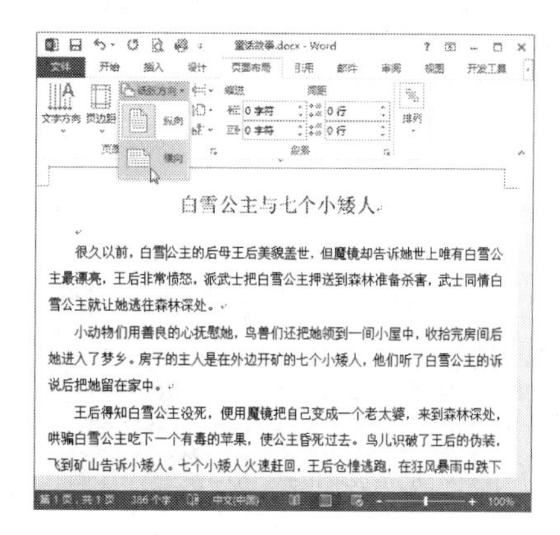

图 6-7 选择【纵向】选项

步骤 2 随即可以看到页面以纵向方式显示，如图 6-8 所示。

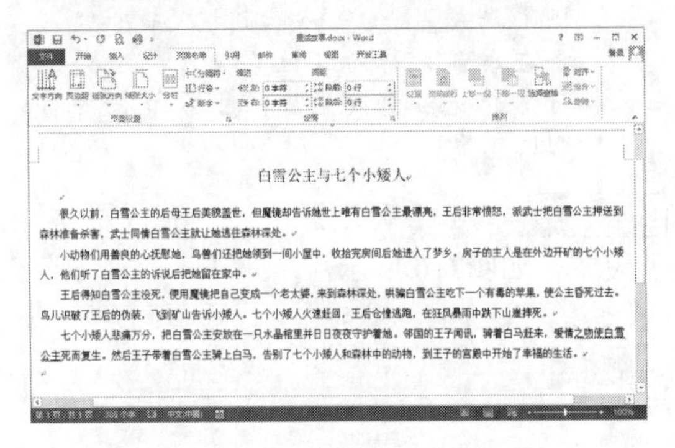

图 6-8　页面纵向的显示效果

提示　单击【纵向】选项，Word 可将文本行排版为平行于纸张短边的形式；单击【横向】选项，Word 可将文本行排版为平行于纸张长边的形式，一般系统默认为纵向排列。

6.1.3 设置页面版式

版式即版面格式，具体是指文档的开本、版心和周围空白的尺寸等项的排法，设置页面版式的具体步骤如下。

步骤 1 打开随书光盘中的“素材\ch06\童话故事.docx”文档，单击【页面布局】选项卡下【页面设置】选项组中的【页面设置】按钮，如图 6-9 所示。

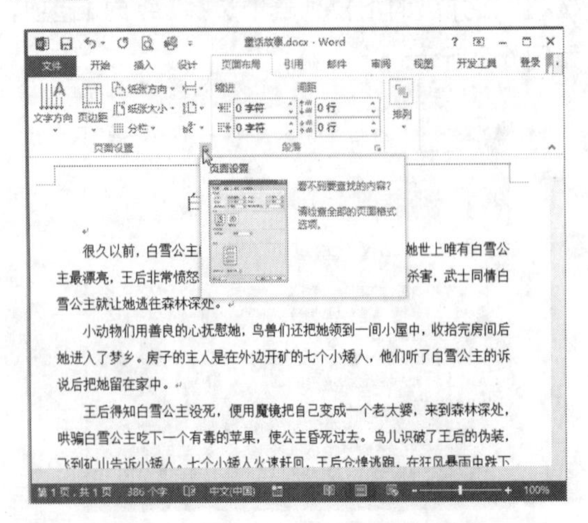

图 6-9　单击【页面设置】按钮

步骤 2 在弹出的【页面设置】对话框中选择【版式】选项卡，在【节】设置区中的【节的起始位置】下拉列表框中选择【新建页】选项，在【页眉和页脚】设置区中选中【奇偶页不同】复选框，在【页面】设置区中的【垂直对齐方式】下拉列表框中选择【居中】选项，如图 6-10 所示。

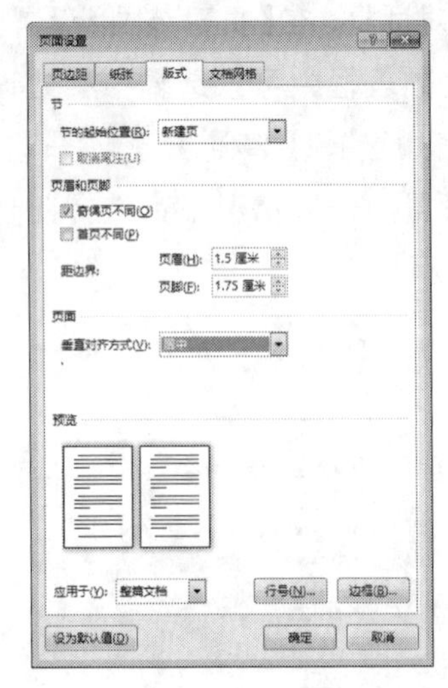

图 6-10　【页面设置】对话框

步骤 3 单击【行号】按钮打开【行号】对话框，选中【添加行号】复选框，设置【起始编号】为 1，设置【距正文】为【自动】，设置【行号间隔】为 1，在【编号】设置区中选中【每页重新编号】单选按钮，如图 6-11 所示。

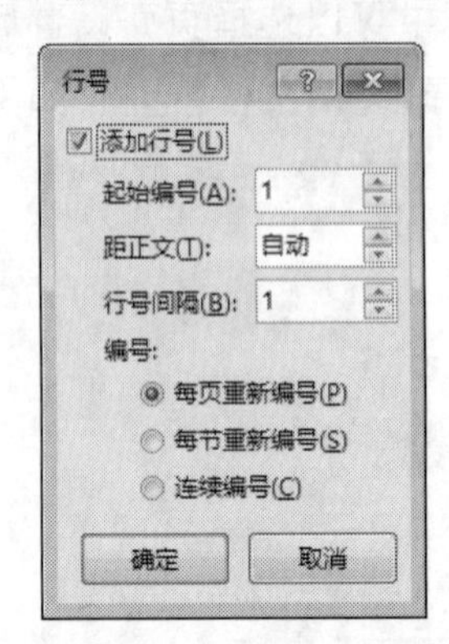

图 6-11　【行号】对话框

步骤 4 单击【确定】按钮返回【页面设置】对话框，用户可以在【预览】设置区中查看

设置的效果。单击【确定】按钮即可完成对文档版式的设置，如图 6-12 所示。

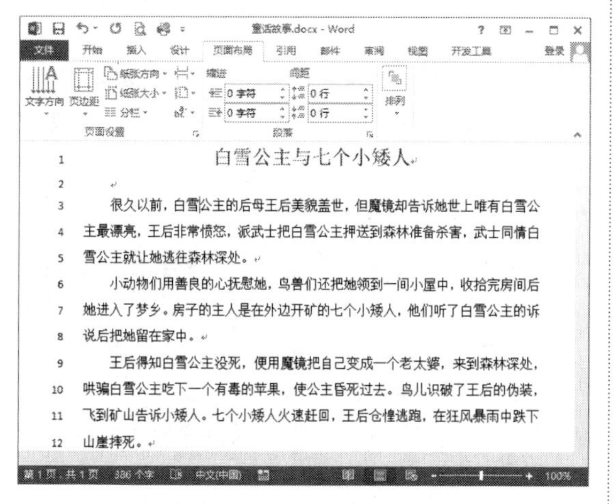

图 6-12　添加行号后的效果

6.1.4 添加文档网格

在页面上设置网格，可以给用户一种在方格纸上写字的感觉，同时还可以利用网格对齐文档，具体的操作步骤如下。

步骤 1 打开随书光盘中的“素材 \ch06\ 童话故事 .docx”文档，单击【页面布局】选项卡下【页面设置】选项组中的【页面设置】按钮，弹出【页面设置】对话框，选择【文档网格】选项卡，如图 6-13 所示。

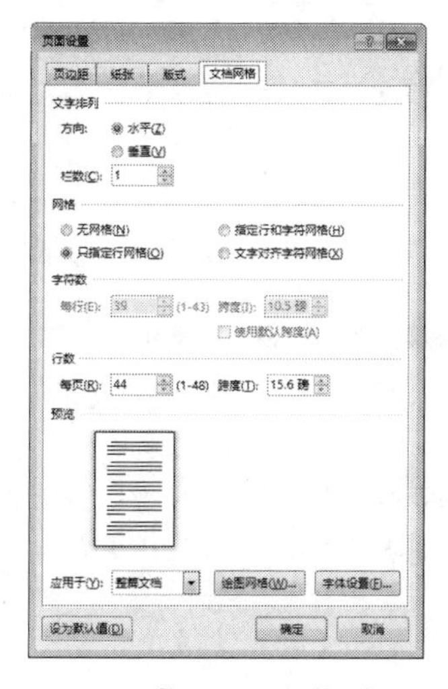

图 6-13　【文档网格】选项卡

步骤 2 单击【绘图网格】按钮，弹出【网格线和参考线】对话框，在【显示网格】设置区中选中【在屏幕上显示网格线】复选框，然后选中【垂直间隔】复选框，在其微调框中设置垂直显示的网格线的间距，例如将其值设置为 4，如图 6-14 所示。

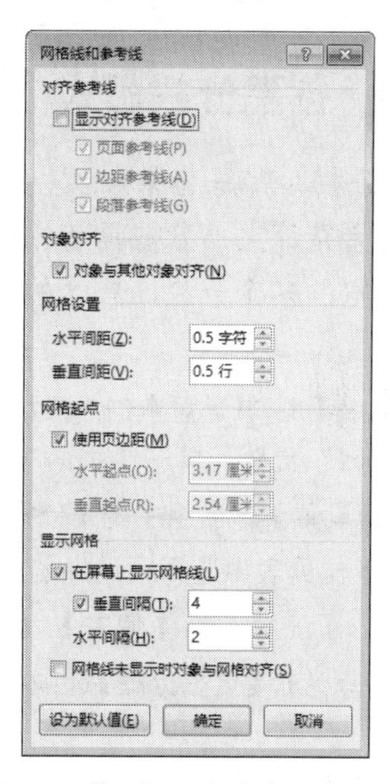

图 6-14　【网格线和参考线】对话框

步骤 3 单击【确定】按钮返回【页面设置】对话框，然后单击【确定】按钮即可完成对文档网格的设置，如图 6-15 所示。

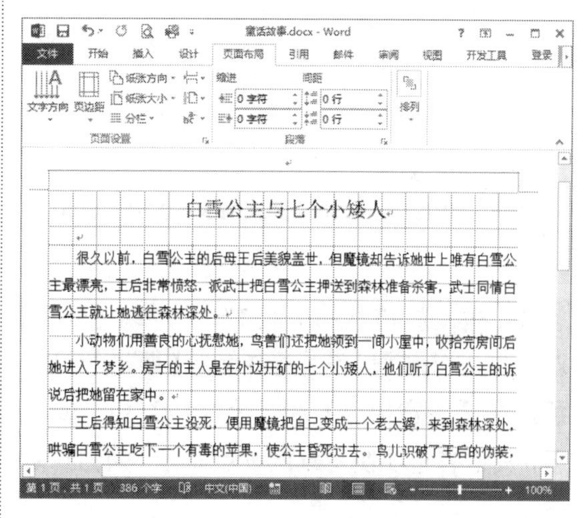

图 6-15　应用网格后的效果

6.2 分栏排版文档

Word 的分栏排版功能，可以使文本版面显得生动活泼，便于阅读。在分栏的外观设置上 Word 具有很大的灵活性，可以控制栏数、栏宽以及栏间距，还可以很方便地设置分栏长度。

6.2.1 创建分栏版式

设置分栏，就是将某一页、某一部分的文档或者整篇文档分成具有相同栏宽或者不同栏宽的多个分栏，具体的操作步骤如下。

步骤 1 打开随书光盘中的“素材\ch06\招聘流程.docx”文档，单击【页面布局】选项卡下【页面设置】选项组中的【分栏】按钮，在弹出的下拉列表中选择预设好的【一栏】、【两栏】、【三栏】、【偏左】和【偏右】选项，也可以选择【更多分栏】选项，如图 6-16 所示。

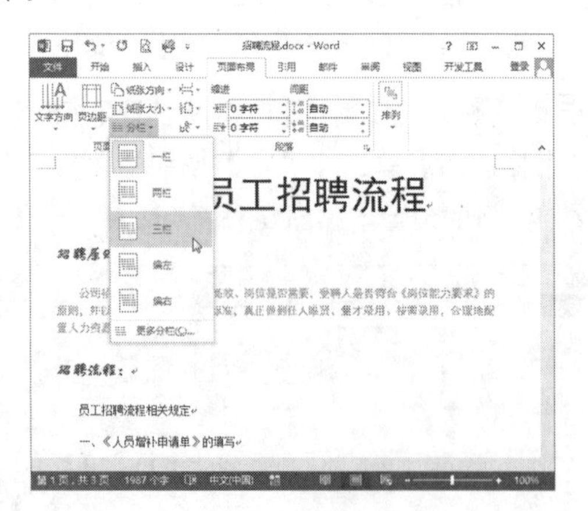

图 6-16 选择分栏

步骤 2 选择【更多分栏】选项，弹出【分栏】对话框，在【预设】设置区中选择【两栏】选项，再选中【栏宽相等】和【分隔线】两个复选框，其他各选项使用默认设置即可，如图 6-17 所示。

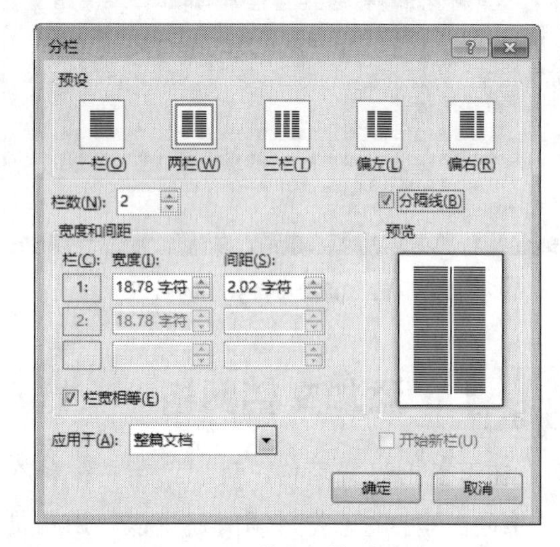

图 6-17 【分栏】对话框

步骤 3 单击【确定】按钮即可将整篇文档分为两栏，如图 6-18 所示。

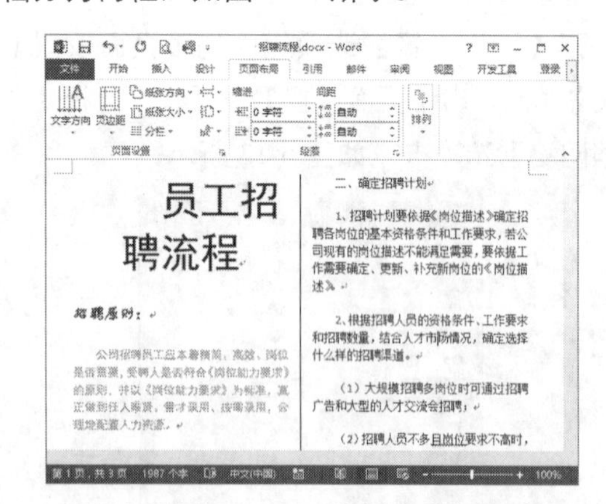

图 6-18 分栏显示效果

> **提示**
> 要设置不等宽的分栏版式时，应先取消选中【分栏】对话框中的【栏宽相等】复选框，然后在【宽度和间距】设置区中逐栏输入栏宽和间距。

6.2.2 调整栏宽和栏数

用户设置好分栏版式后，如果对栏宽和栏数不满意，既可通过拖曳鼠标调整栏宽，也可以通过设置【分栏】对话框调整栏宽和栏数。

1. 拖曳鼠标调整栏宽

移动鼠标指针到要改变栏宽的栏的左边界或右边界标尺上，待鼠标指针变成一个水平的黑箭头形状时单击，然后拖曳栏的边界即可调整栏宽，如图 6-19 所示。

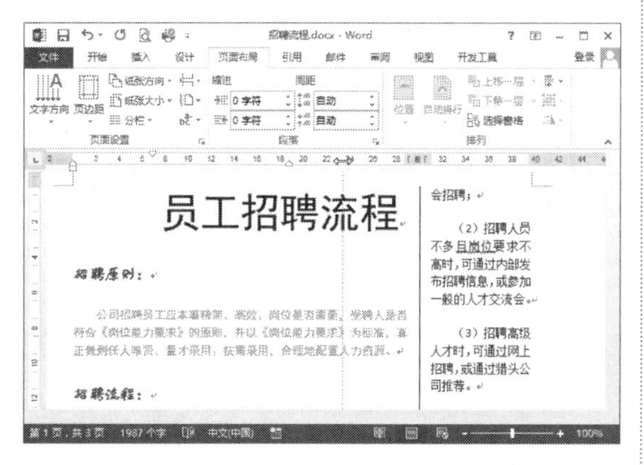

图 6-19　通过拖曳鼠标调整栏宽

2. 精准调整栏宽

拖曳鼠标调整栏宽的方法虽然简单，但是不够精确，精确地调整栏宽的操作步骤如下。

步骤 1 单击【页面布局】选项卡下【页面设置】选项组中的【分栏】按钮，在弹出的下拉列表中选择【更多分栏】选项，弹出【分栏】对话框，在【宽度和间距】设置区中设置所需的栏宽，如图 6-20 所示。

步骤 2 单击【确定】按钮即可完成对分栏宽度的设置，如图 6-21 所示。

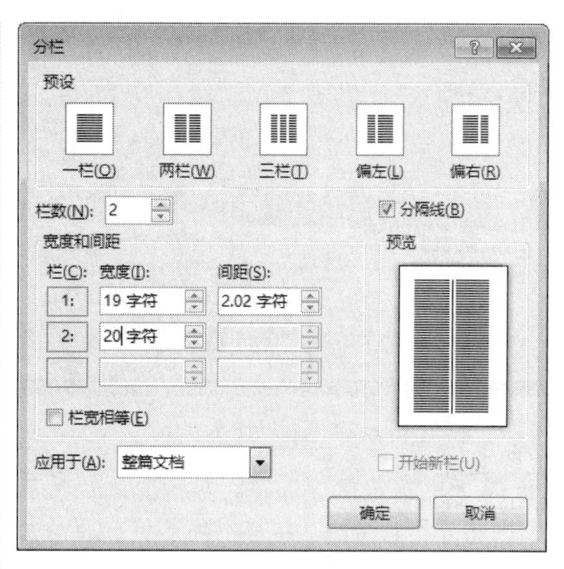

图 6-20　【分栏】对话框

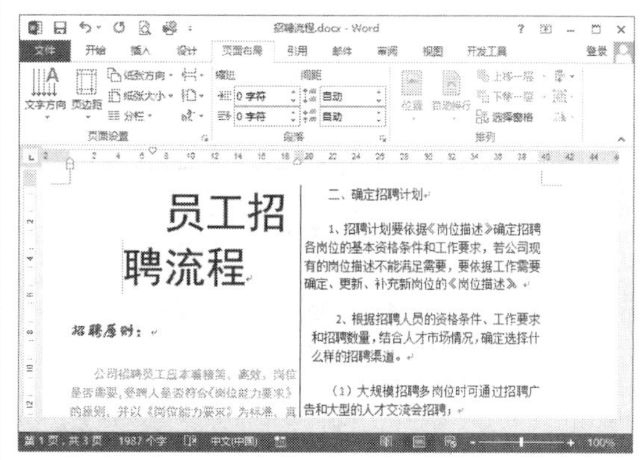

图 6-21　调整分栏的宽度

3. 调整栏数

需要调整分栏的栏数时，只需要在【分栏】对话框的【栏数】微调框中输入栏数值。另外，使用工具栏按钮也可以调整栏数，具体的操作步骤如下。

步骤 1 打开随书光盘中的“素材\ch06\招聘流程.docx”文档，单击【页面布局】选项卡下【页面设置】选项组中的【分栏】按钮，在弹出的下拉列表中选择【三栏】选项。此时文档被分为了三栏，如图 6-22 所示。

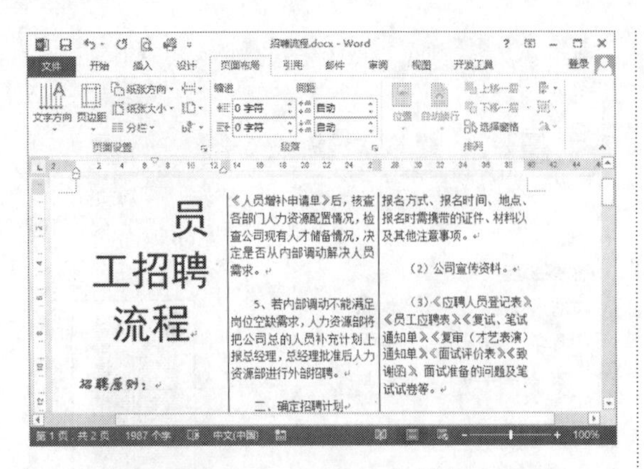

图 6-22　三栏版本样式

步骤 2　选定需要调整栏数的文本，然后单击【分栏】按钮，在弹出的下拉列表中选择【两栏】选项，如图 6-23 所示。

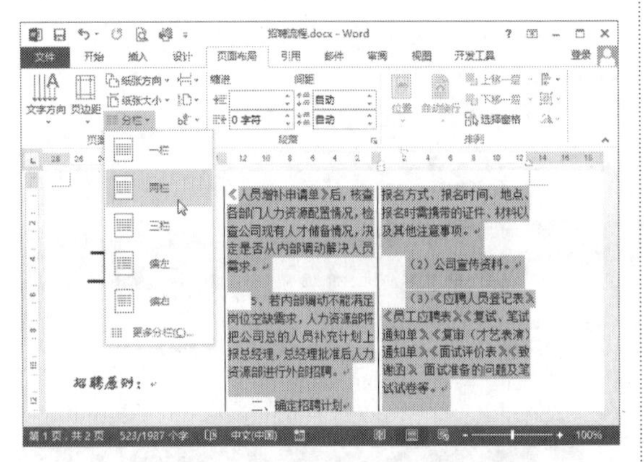

图 6-23　选择【两栏】选项

步骤 3　单击即可将选中的文本分为两栏，而未选中的文本仍以三栏显示，如图 6-24 所示。

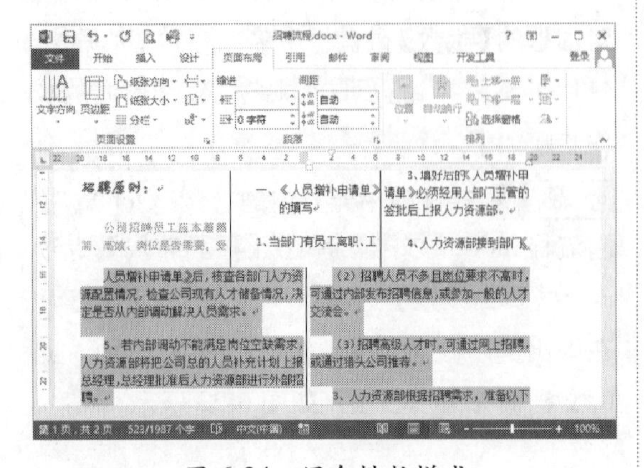

图 6-24　混合排版样式

6.2.3 设置分栏的位置

有时用户可能需要将文档中的段落分排在不同的栏中，这时就需要控制栏中的中断位置。控制栏中中断的方法有以下两种。

 通过【段落】对话框控制栏中断

当一个标题段落正好排在某一栏中的最底部，需要将其放置到下一栏的开始位置时，可以通过菜单命令对其进行设置。具体的操作步骤如下。

步骤 1　打开随书光盘中的“素材 \ch06\ 童话故事 .docx”文档，将鼠标指针放置在需要设置栏中断的标题段落前，如图 6-25 所示。

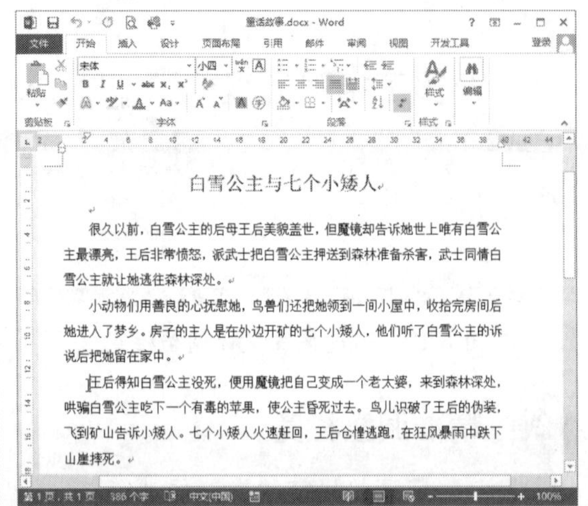

图 6-25　打开素材文件

步骤 2　单击【开始】选项卡下【段落】选项组中的【段落】按钮，弹出【段落】对话框，如图 6-26 所示。

步骤 3　在【段落】对话框中选择【换行和分页】选项卡，然后在【分页】设置区中选中【与下段同页】复选框，如图 6-27 所示。

步骤 4　单击【确定】按钮即可完成控制栏中断的操作，如图 6-28 所示。

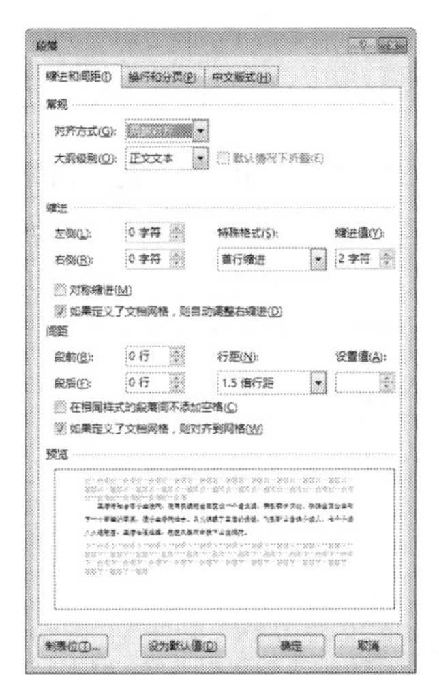

图 6-26 【段落】对话框

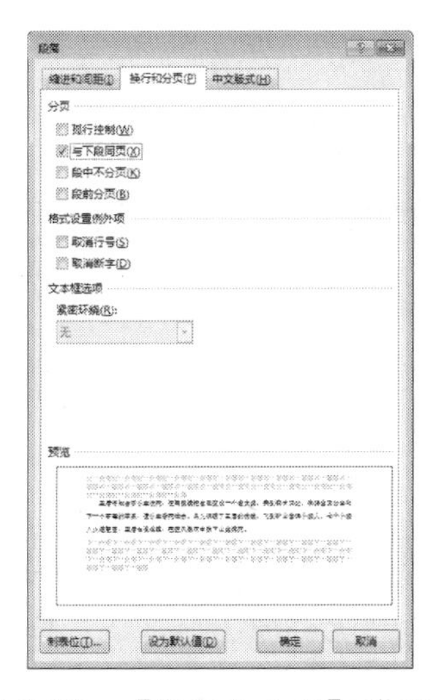

图 6-27 【换行和分页】选项卡

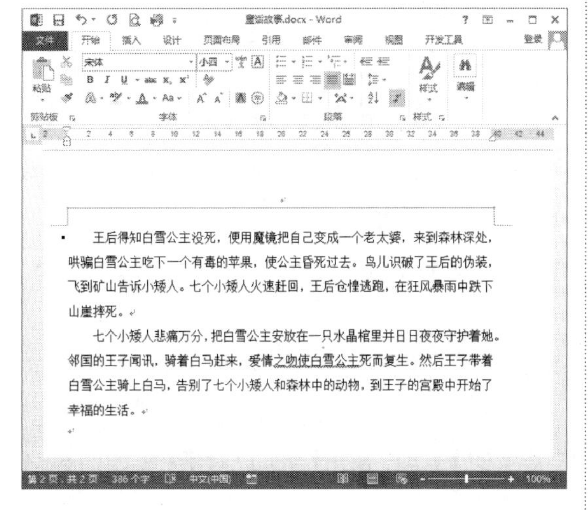

图 6-28 控制栏中断后的显示效果

2. 通过插入分栏符控制栏中断

采用这种方法可对选定的段落或者文本强制分栏，具体的操作步骤如下。

步骤 1 打开随书光盘中的“素材\ch06\童话故事.docx”文档，将光标定位在需要插入栏中断的文本处。单击【页面布局】选项卡下【页面设置】选项组中的【分隔符】按钮，在弹出的下拉列表中选择【分栏符】选项，如图 6-29 所示。

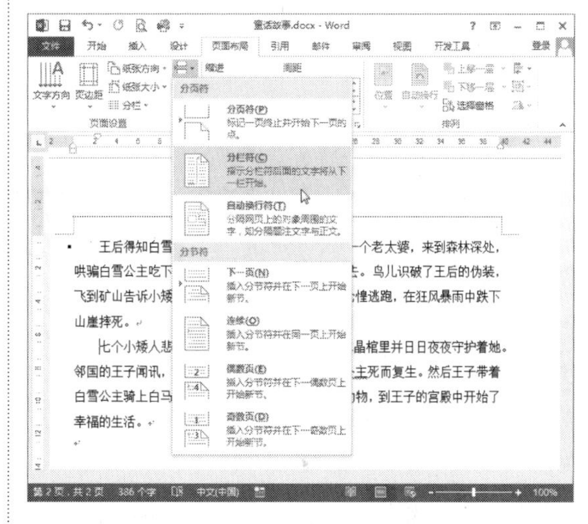

图 6-29 选择【分栏符】选项

步骤 2 此时可以看到分栏符后面的文字将从下一栏开始，如图 6-30 所示。

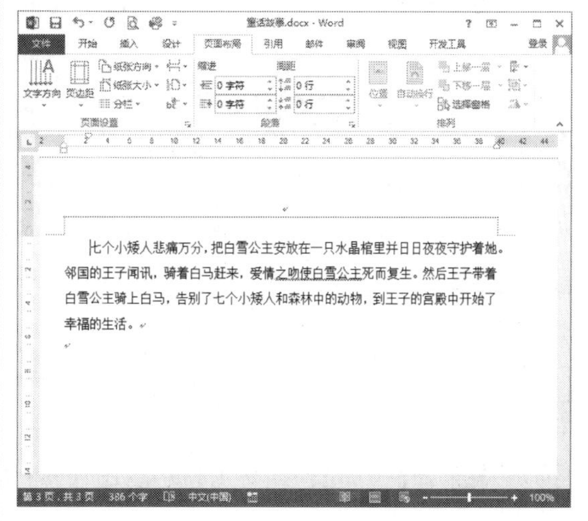

图 6-30 分栏后的显示效果

6.2.4 单栏、多栏混合排版

混合排版就是对文档的一部分进行多栏排版，另一部分进行单栏排版。进行混合排版时，需要对多栏排版的文本进行单独选定，然后单击【分栏】按钮，设置选中文本的分栏栏数即可，如图 6-31 所示。

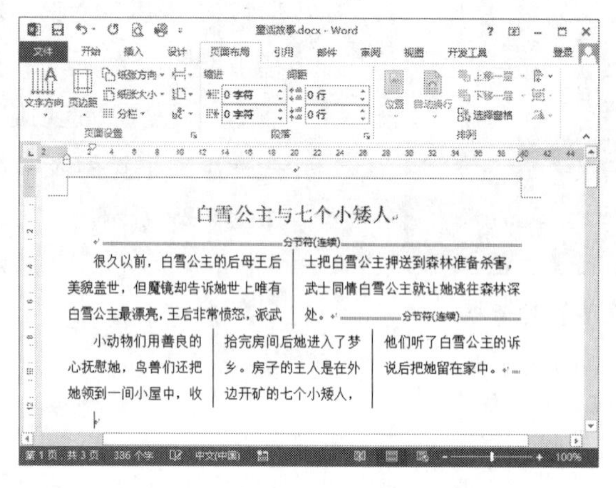

图 6-31　单栏双栏混合排版样式

从根本上说，混合排版只不过是在进行多栏排版的文本前后分别插入了一个分节符，然后再对它们进行单独处理而已。

6.3 文档页面效果

通过对文档页面效果的设置，可以进一步完善和美化文档。文档页面效果的设置主要包括添加文档页面水印、设置页面背景颜色和添加页面的边框等。

6.3.1 添加水印

水印是一种特殊的背景，可以在页面中的任何位置进行设置。在 Word 2013 中，均可为图片和文字设置水印，在文档中设置水印效果的具体操作步骤如下。

步骤 1 新建一个空白文档，在其中输入文字，然后单击【设计】选项卡下【页面背景】选项组中的【水印】按钮，如图 6-32 所示。

步骤 2 在弹出的下拉列表中选择需要添加的水印样式，即可在文档中显示添加水印后的效果，如图 6-33 所示。

步骤 3 在【水印】按钮的下拉列表中选择【自定义水印】选项，弹出【水印】对话框，如图 6-34 所示。

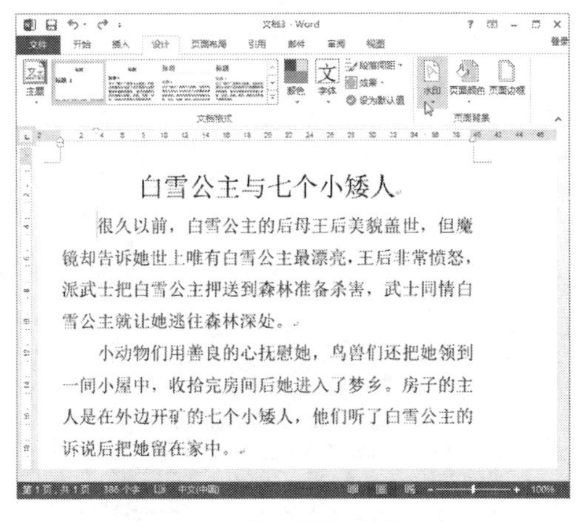

图 6-32　单击【水印】按钮

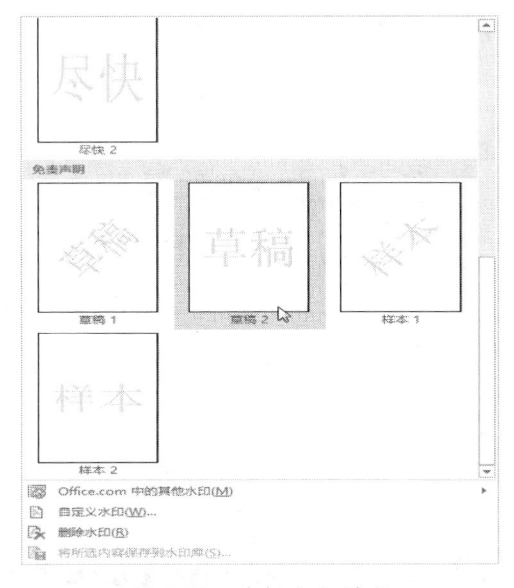

图 6-33　选择水印样式

图 6-34　【水印】对话框

步骤 4 选中【图片水印】单选按钮，其相关内容将会高亮显示，单击【选择图片】按钮，打开【插入图片】面板，如图 6-35 所示。

图 6-35　【插入图片】面板

步骤 5 单击【浏览】按钮，打开【插入图片】对话框，在其中选择要插入的图片，如图 6-36 所示。

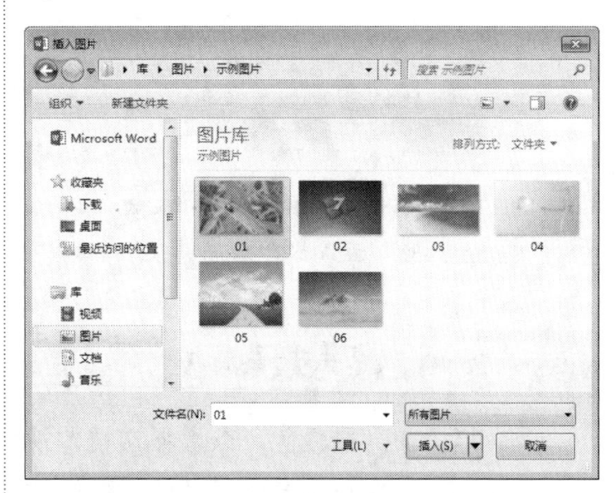

图 6-36　【插入图片】对话框

步骤 6 单击【插入】按钮，返回到【水印】对话框中，这时【图片水印】单选按钮下方显示的是插入图片的路径和缩放比例。单击【缩放】下拉列表框右边的向下箭头按钮，调整图片的显示比例，如图 6-37 所示。

步骤 7 单击【确定】按钮，所选图片将以水印样式插入到文档中，如图 6-38 所示。

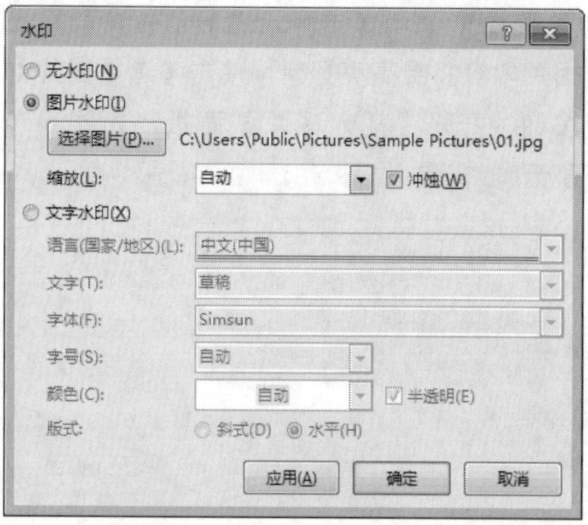

图 6-37 【水印】对话框

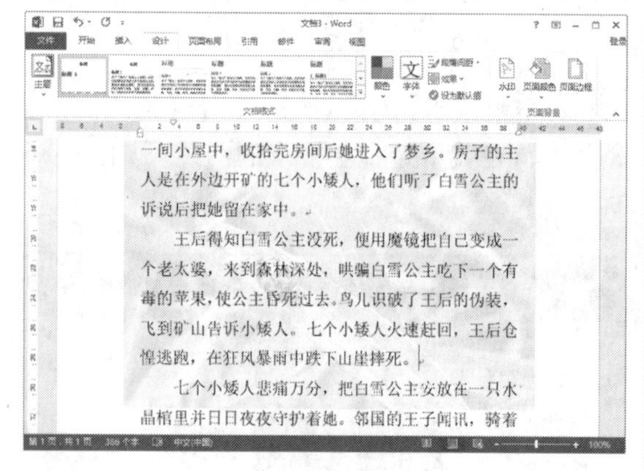

图 6-38 添加水印后的效果

6.3.2 设置背景颜色

为文档添加背景颜色可以增强文档的视觉效果。在文档中设置背景颜色的具体操作步骤如下。

步骤 1 打开随书光盘中的“素材 \ch06\ 童话故事 .docx”文档，单击【设计】选项卡下【页面背景】选项组中的【页面颜色】按钮，在弹出的颜色列表中选中需要的背景颜色，如图 6-39 所示。

步骤 2 这样 Word 2013 就会自动地将选择的颜色作为背景应用到文档的所有页面上，如图 6-40 所示。

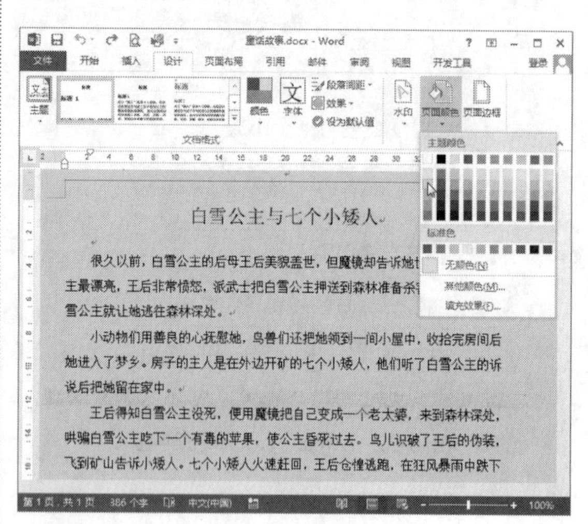

图 6-39 设置页面颜色

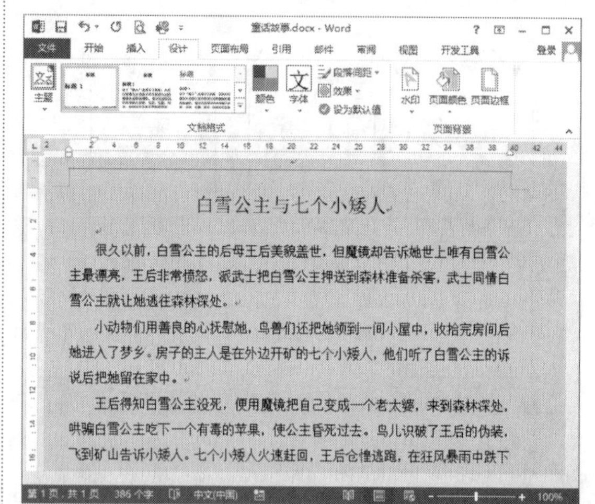

图 6-40 设置页面颜色后的显示效果

步骤 3 如果列表中没有需要的颜色，则可选择【其他颜色】选项，弹出【颜色】对话框，在【标准】选项卡中的【颜色】设置区中选择合适的颜色，如图 6-41 所示。另外，用户还可以通过【自定义】选项卡设置颜色模式，即 RGB 和 HSL 颜色模式。例如选择 RGB 模式，然后拖曳三角滑块◀调节颜色的色相、亮度和饱和度，调节的颜色可以在【新增】预览框中进行预览，如图 6-42 所示。

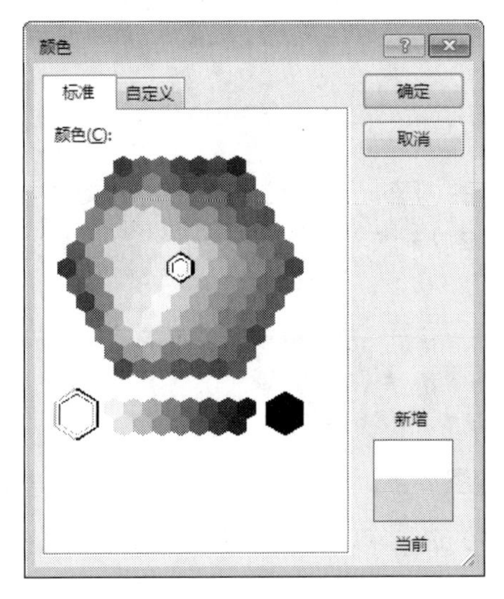

图 6-41 选择标准颜色

图 6-42 选择自定义颜色

6.3.3 设置页面边框

设置页面边框可以为打印出的文档增加美观的效果。设置页面边框的操作步骤如下。

步骤 1 单击【设计】选项卡下【页面背景】选项组中的【页面边框】按钮，打开【边框和底纹】对话框，在【页面边框】选项卡下【设置】设置区中选择边框的类型，在【样式】列表框中选择边框的线型，在【应用于】下拉列表框中选择【整篇文档】选项，如图 6-43 所示。

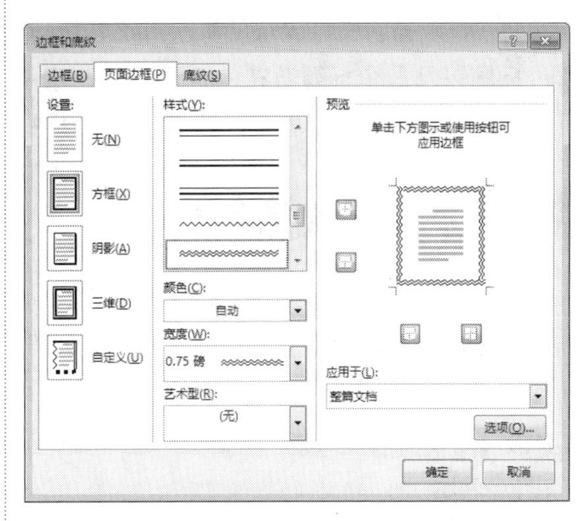

图 6-43 【边框和底纹】对话框

步骤 2 单击【确定】按钮完成设置，为了方便查看页面边框的效果，可以在页面视图下修改页面的显示比例，本例中将显示比例修改为 50%，如图 6-44 所示。

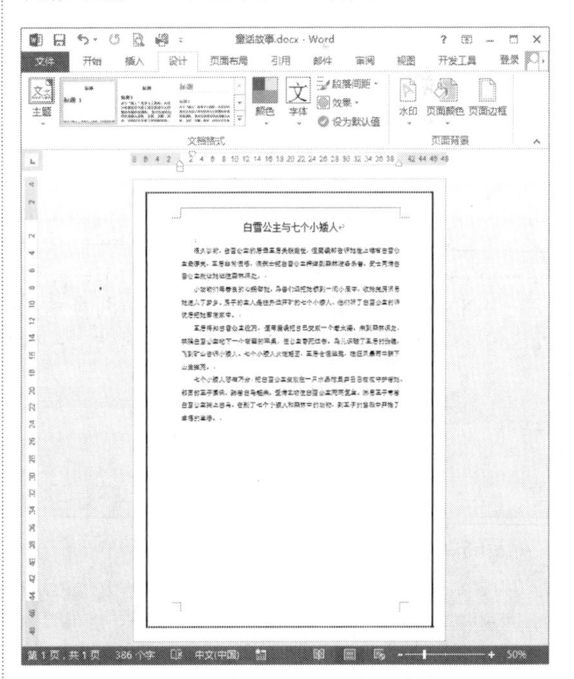

图 6-44 设置页面边框后的效果

6.4 目录和索引

目录和索引可以帮助用户方便、快捷地查阅有关内容。编制目录是指列出文档中各级标题以及每个标题所在的页码。编制索引是指根据某种需要，将文档中的一些单词、词组或者短语单词列出来，并标明它们所在的页码。

6.4.1 创建文档目录

使用 Word 预定义标题样式创建目录的具体操作步骤如下。

步骤 1 将光标定位到文章的开始位置，单击【引用】选项卡下【目录】选项组中的【目录】按钮，即可弹出【目录】下拉列表，如图 6-45 所示。

步骤 2 从该下拉列表中选择需要的一种目录样式，即可将生成的目录以选择的样式插入，如图 6-46 所示。

图 6-45 【目录】下拉列表

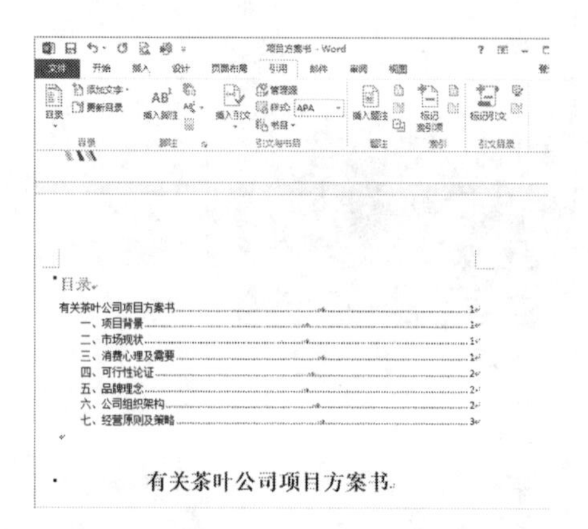

图 6-46 创建目录

提示

目录中的页码是由 Word 自动确定的。在建立目录后，还可以利用目录快速查找文档中的内容。将鼠标指针移动到目录的页码上，按 Ctrl 键，鼠标指针就会变为☝形状，如图 6-47 所示。单击鼠标即可跳转到文档中的相应标题处，如图 6-48 所示。

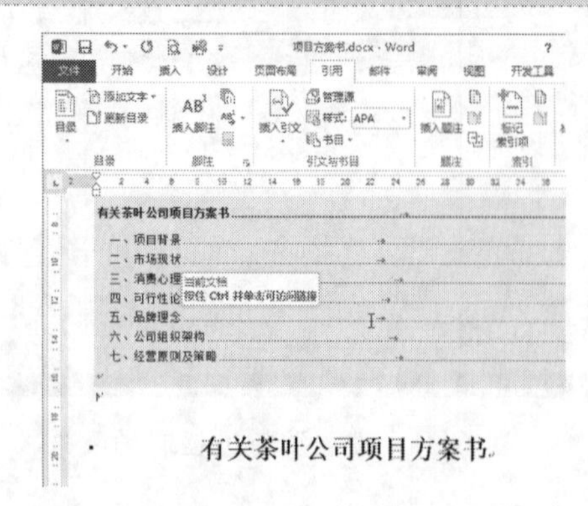

图 6-47 快速查找文档内容

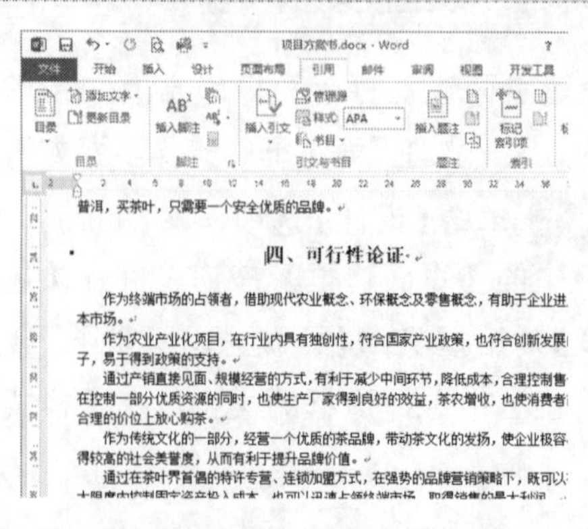

图 6-48 跳转到相应的标题

6.4.2 修改文档目录

如果用户对 Word 提供的目录样式不满意，则还可以自定义目录样式，具体操作步骤如下。

步骤 1 将光标定位到目录中，单击【引用】选项卡下【目录】选项组中的【目录】按钮，从弹出的下拉列表中选择【自定义目录】选项，打开【目录】对话框，在其中设置相关的目录参数，如图 6-49 所示。

图 6-49 【目录】对话框

步骤 2 单击【确定】按钮，即可弹出是否替换目录的提示框，如图 6-50 所示，单击【是】按钮，即可应用新目录。

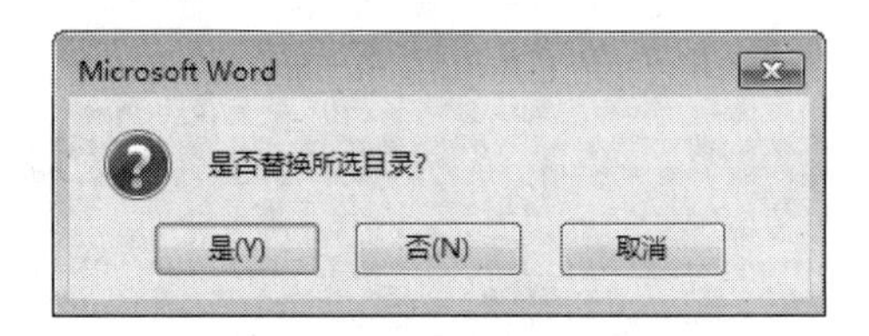

图 6-50 信息提示框

6.4.3 更新文档目录

编制目录后，如果在文档中进行了增加或删除文本的操作而使页码发生了变化，或者在文档中标记了新的目录项，则需要对编制的目录进行更新，具体的操作步骤如下。

步骤 1 打开随书光盘中的“素材\ch06\项目方案书.docx”文档，然后在文档中添加内容，如图 6-51 所示。

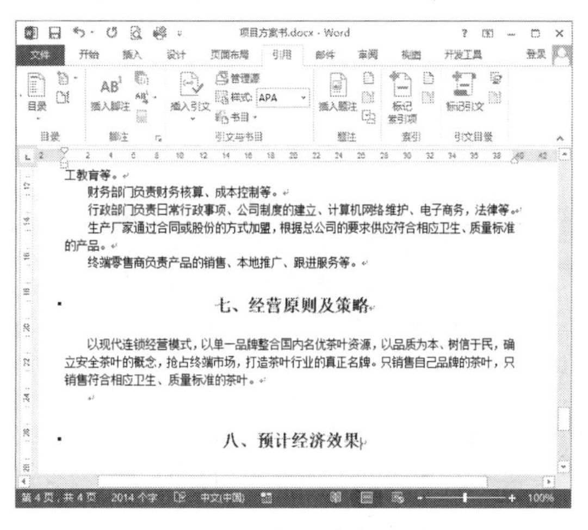

图 6-51 打开素材文件

步骤 2 右击选中的目录，在弹出的快捷菜单中选择【更新域】命令，或单击目录左上角的【更新目录】按钮，如图 6-52 所示。

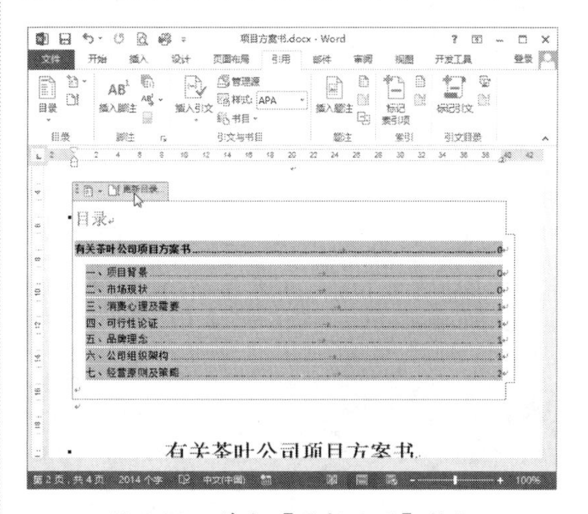

图 6-52 单击【更新目录】按钮

步骤 3 弹出【更新目录】对话框，选中【更新整个目录】单选按钮，如图 6-53 所示。

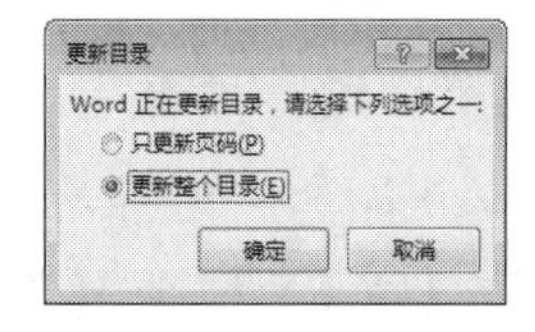

图 6-53 【更新目录】对话框

步骤 4 单击【确定】按钮即可完成对文档目录的更新，如图 6-54 所示。

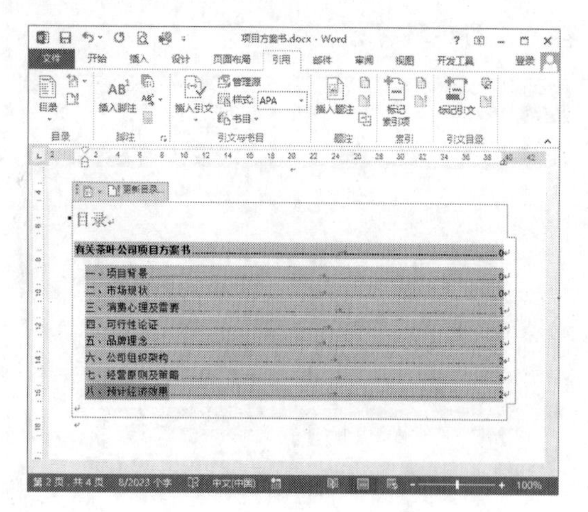

图 6-54　更新后的目录

6.4.4 标记索引项

编制索引首先要标记索引项，索引项可以是来自文档中的文本，也可以只与文档中的文本有特定的关系。标记索引项的具体操作步骤如下。

步骤 1 打开随书光盘中的“素材 \ch06\ 项目方案书 .docx”文档，移动光标到要添加索引的位置，单击【引用】选项卡下【索引】选项组中的【标记索引项】按钮，如图 6-55 所示。

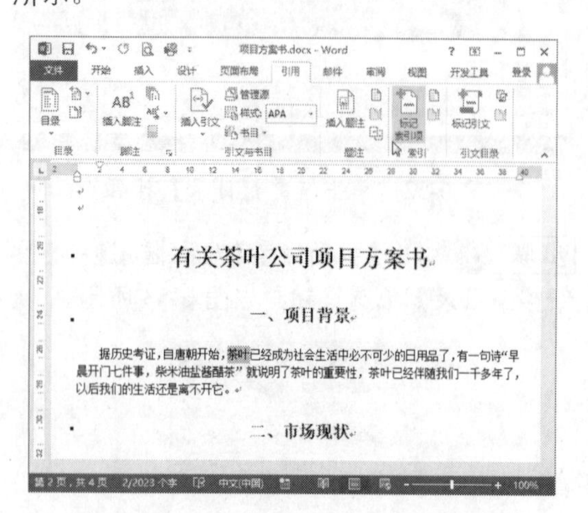

图 6-55　单击【标记索引项】按钮

步骤 2 弹出【标记索引项】对话框，在【索引】设置区中的【主索引项】文本框中输入要作为索引的内容，例如输入“茶叶”，然后根据实际需要设置其他参数，如图 6-56 所示。

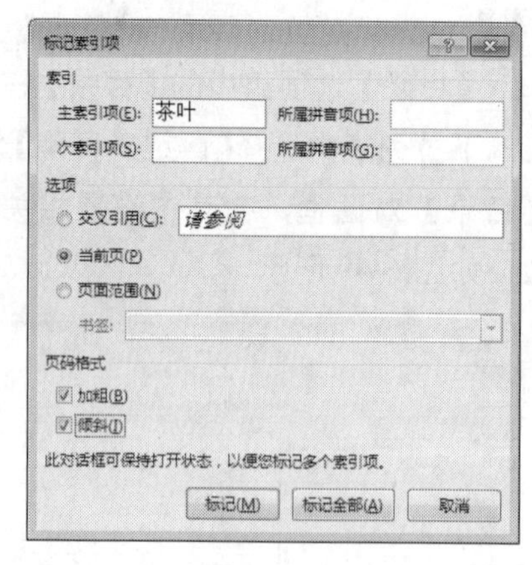

图 6-56　【标记索引项】对话框

步骤 3 单击【标记】按钮即可在文档中选定的位置插入一个索引区域 {XE}，如图 6-57 所示。

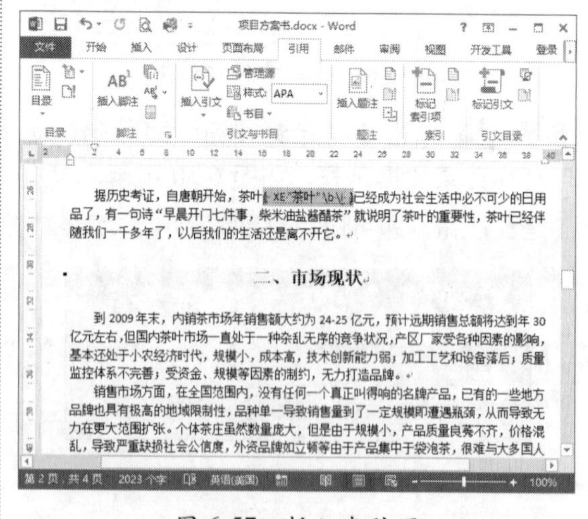

图 6-57　插入索引项

步骤 4 移动光标指针到文档中插入索引的位置 { XE “茶叶” \b }，然后直接修改索引区域中的文字为 { XE “茶叶到茶叶制品” \b }，这样即修改了插入的索引项，如图 6-58 所示。

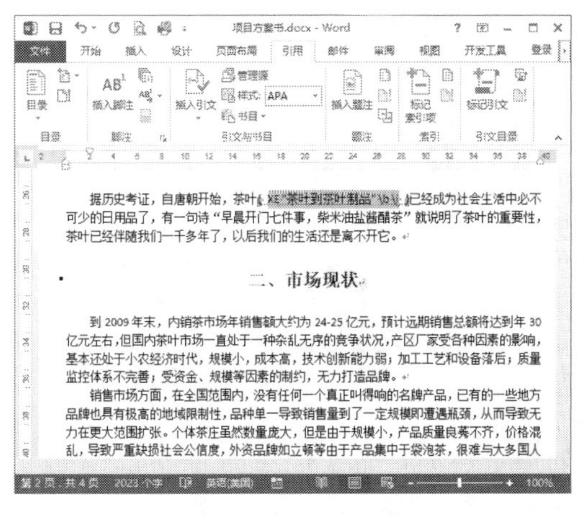

图 6-58 修改索引项

提示 如果想要删除索引项，则可以选中整个 { XE "茶叶到茶叶制品" \b } 区域，然后按 Delete 键或者 Backspace 键即可删除。

6.4.5 创建索引

通常情况下，索引项中可以包含各章的主题、文档中的标题或子标题、专用术语、缩写和简称、同义词及相关短语等，在标记了索引项后就可以创建索引目录了，创建索引目录的具体步骤如下。

步骤 1 打开随书光盘中的“素材\ch06\索引.docx”文档，移动光标到文档中要插入索引的位置。这里选择在文档的末尾，单击【引用】选项卡下【索引】选项组中的【插入索引】按钮，如图 6-59 所示。

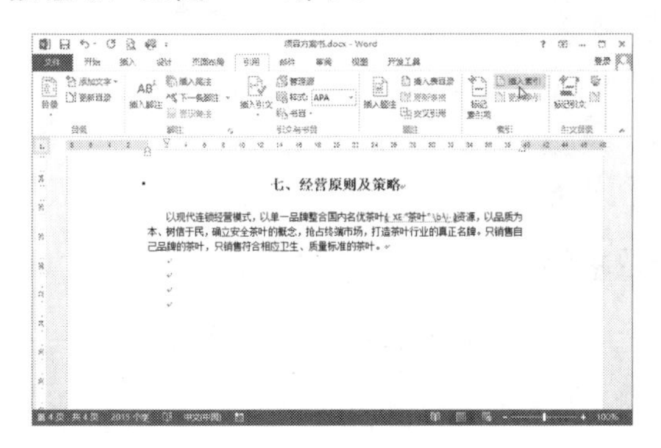

图 6-59 单击【插入索引】按钮

步骤 2 弹出【索引】对话框，在其中根据自己的实际需要设置相关参数，如图 6-60 所示。

图 6-60 【索引】对话框

步骤 3 单击【确定】按钮即可在文档中插入设置的索引，如图 6-61 所示。

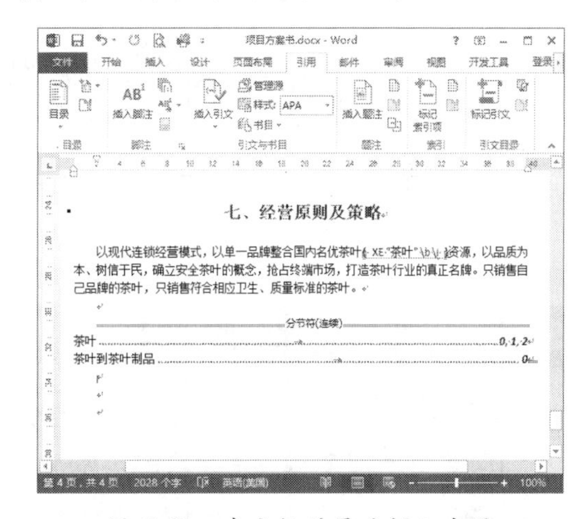

图 6-61 在文档的最后插入索引

步骤 4 编制索引完成后，如果在文档中又标记了新的索引项，或者由于在文档中增加或删除了文本，使分页的情况发生了改变，就必须更新索引。移动光标到索引中的任意位置，单击选中整个索引，右击，在弹出的快捷菜单中选择【更新域】命令即可更新索引，如图 6-62 所示。

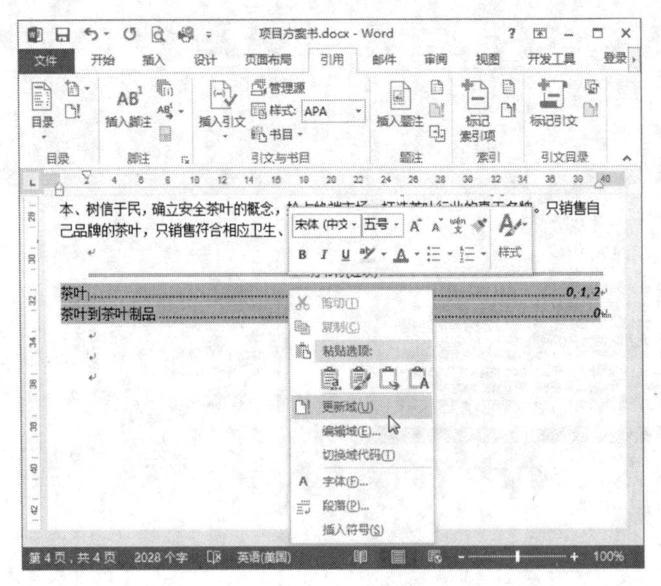

图 6-62 选择【更新域】命令

提示 选中整个索引后，用户还可以直接按 F9 键更新索引。

6.5 文档安全性的设置

文档创建完毕后，在保存文档的过程中，可以对文档的安全性进行设置，例如给文档加密。

6.5.1 保存为加密文档

保存文档的方法很简单，但是如果要保存为加密文档，就需要对文档进行以下操作。

步骤 1 在 Word 文档中，选择【文件】选项卡，进入到【文件】设置界面，选择【另存为】选项，如图 6-63 所示。

步骤 2 单击【浏览】按钮，打开【另存为】对话框，如图 6-64 所示。

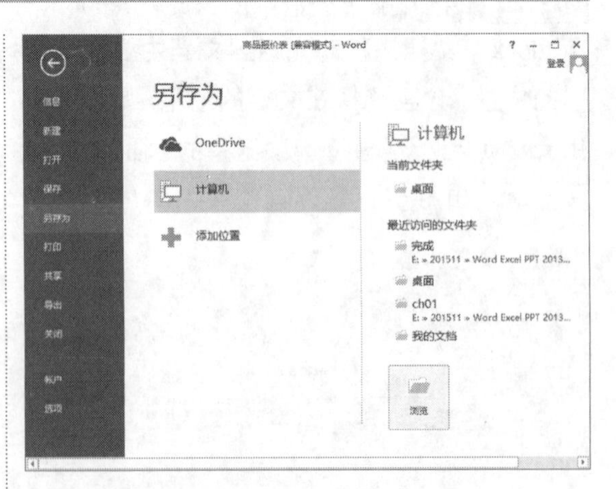

图 6-63 选择【另存为】选项

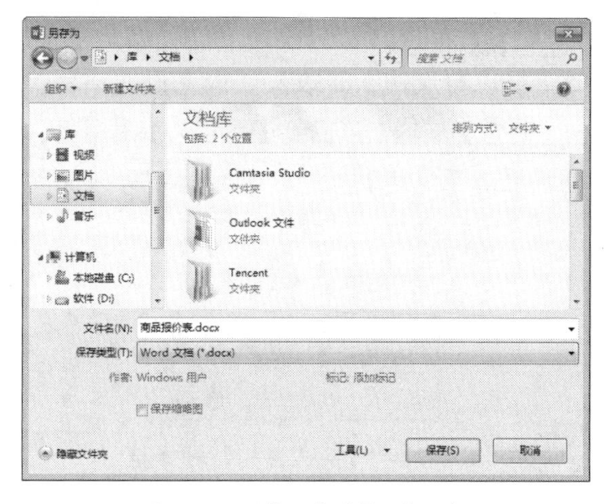

图 6-64　【另存为】对话框

步骤 3 单击【工具】按钮，在弹出的下拉列表中选择【常规选项】选项，如图 6-65 所示。

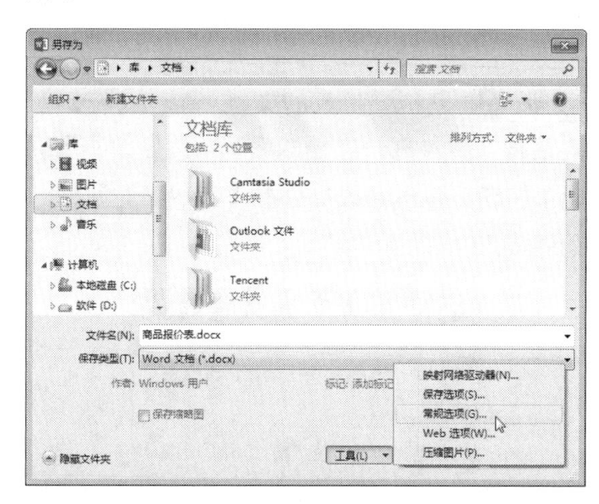

图 6-65　选择【常规选项】选项

步骤 4 打开【常规选项】对话框，并在【此文档的文件加密选项】设置区中的【打开文件时的密码】文本框中输入要给文档加密的密码，如图 6-66 所示。

步骤 5 单击【确定】按钮，打开【确认密码】对话框，在【请再次键入打开文件时的密码】文本框中再次输入密码，如图 6-67 所示。

步骤 6 单击【确定】按钮，返回到【另存为】对话框，在【文件名】文本框中输入要保存文件的名称，选择相应的保存路径和保存类型，然后单击【保存】按钮，即可完成文档的保存操作。

图 6-66　【常规选项】对话框

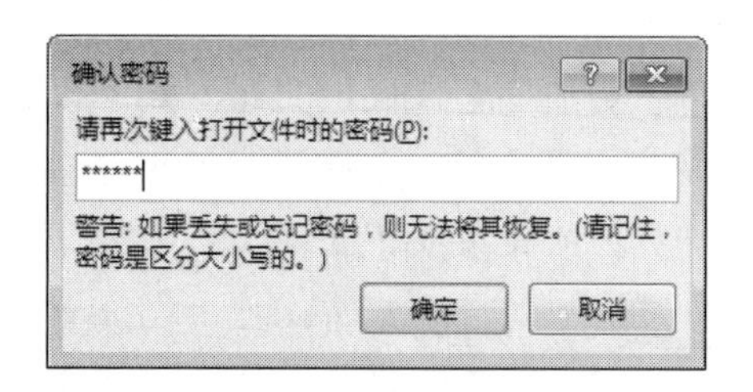

图 6-67　【确认密码】对话框

> **提示**
> 如果想要低版本的 Word 也能打开使用 Word 2013 创建的文本，在保存文档时需要将保存类型设置为【Word 97-2003 文档】类型，如图 6-68 所示。

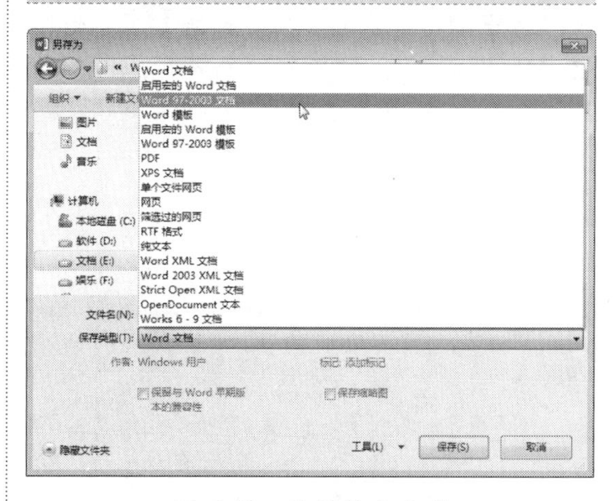

图 6-68　选择保存类型

6.5.2 打开加密文件

对于加密过的文件，不能直接被打开。要想打开加密过的文件，需要双击文档，打开【密码】对话框，在文本框中输入相应的文档密码，如图 6-69 所示，然后单击【确定】按钮，才能打开该文档。

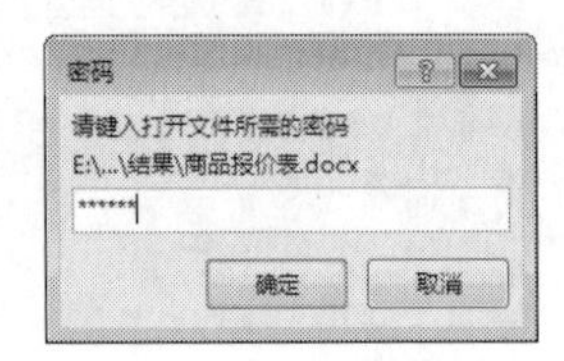

图 6-69 【密码】对话框

6.5.3 添加修改文档的密码

为了更加安全地保护文档，除了设置文档为加密文档之外，还需要添加修改文档的密码，具体的操作步骤如下。

步骤 1 打开需要添加修改密码的文档，然后选择【文件】选项卡，进入到【文件】设置界面，选择【另存为】选项。

步骤 2 单击【浏览】按钮，打开【另存为】对话框，然后单击【工具】按钮，在弹出的下拉列表中选择【常规选项】选项，打开【常规选项】对话框，在【此文档的文件共享选项】设置区中的【修改文件时的密码】文本框中输入加密的密码，如图 6-70 所示。

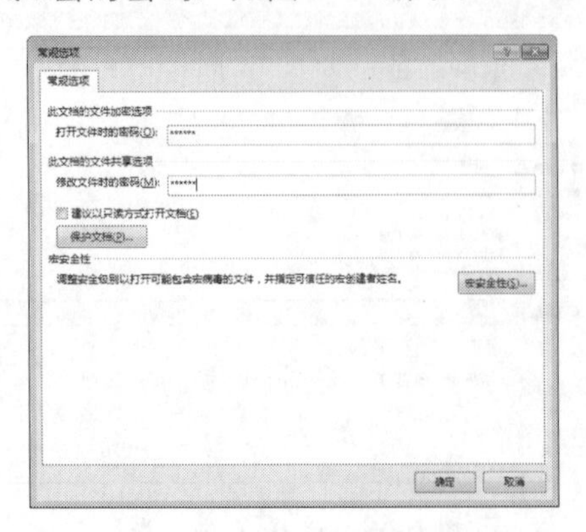

图 6-70 设置修改文件时的密码

步骤 3 单击【确定】按钮，弹出【确认密码】对话框，再次输入修改文件的密码，然后单击【确定】按钮，返回到【另存为】对话框，最后单击【保存】按钮，即可实现修改文件密码的添加操作，如图 6-71 所示。

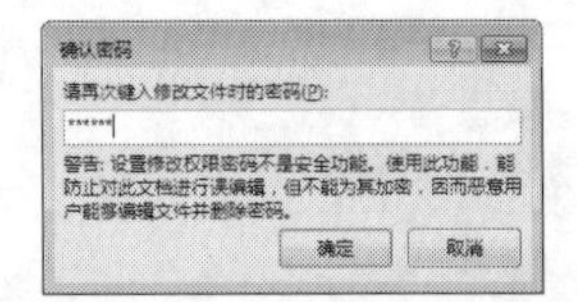

图 6-71 【确认密码】对话框

6.5.4 修改加密文档

用户如果要修改加密的文档，必须知道加密文档的密码才能实现，具体的操作步骤如下。

步骤 1 双击要打开的文档，弹出【密码】对话框，输入打开文档的密码，然后单击【确定】按钮，弹出修改文件的【密码】对话框，如图 6-72 所示。

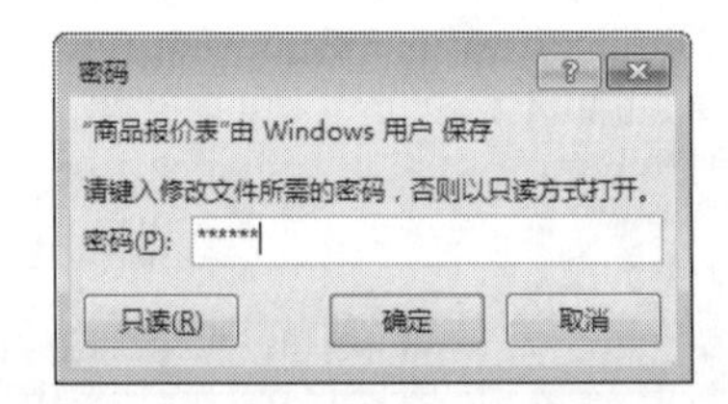

图 6-72 输入修改文档的密码

步骤 2 在文本框中输入正确的密码，然后单击【确定】按钮，即可打开该文件并进行编辑或修改操作。

6.5.5 以只读方式打开文档

如果用户只是想查看文档而不对文档进行修改，那么 打开文档的方法就很简单，只需双击要打开的文档，在弹出的打开文件所需的【密码】对话框中输入正确的密码，并单击【确定】按钮，接着弹出修改文件所需

的【密码】对话框，单击【只读】按钮即可打开文档，文档的标题后面会显示“只读”文字信息，如图 6-73 所示。

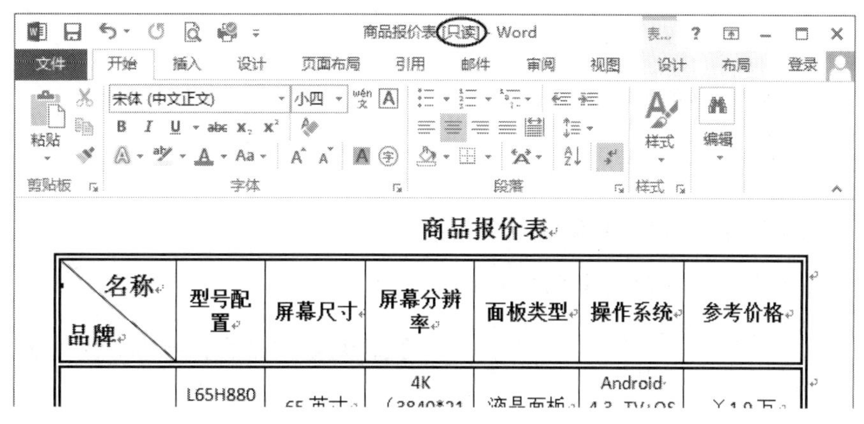

图 6-73 以只读方式打开的文档

6.5.6 更改和删除密码

加密过的文档并不是一成不变的，用户可以根据需要对添加的文档进行更改和删除操作。如果要更改密码，只需在【常规选项】对话框的【打开文件时的密码】和【修改文件时的密码】文本框中重新输入相应的密码即可。如果要删除密码，只需在【常规选项】对话框的【打开文件时的密码】和【修改文件时的密码】文本框中删除设置的密码即可。

6.6 高效办公技能实战

6.6.1 统计文档字数与页数

在创建了一篇文档并输入完文本内容以后常常需要统计字数，Word 2013 中文版提供了方便的字数统计功能，统计字数的方法有以下几种。

1. 使用选项卡实现统计字数

使用选项卡实现统计字数的具体操作步骤如下。

步骤 1 打开需要统计字数的文档，单击【审阅】选项卡下【校对】选项组中的【字数统计】按钮，如图 6-74 所示。

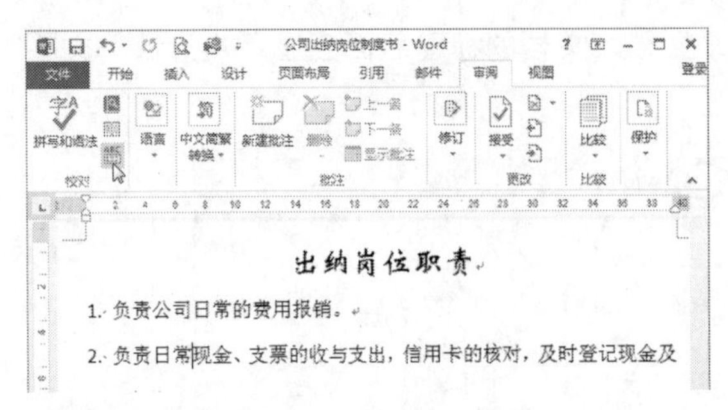

图 6-74　单击【字数统计】按钮

步骤 2 在弹出的【字数统计】对话框中将显示“页数”“字数”“字符数（不计空格）”“字符数（计空格）”“段落数”“行数”“非中文单词”和“中文字符和朝鲜语单词”等统计信息，如图 6-75 所示。

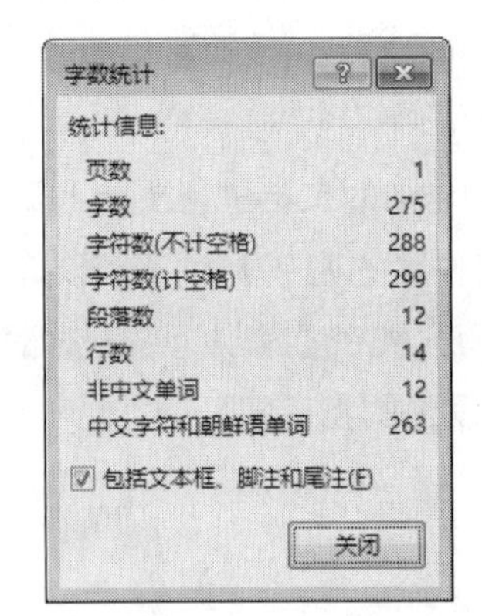

图 6-75　【字数统计】对话框

2. 在状态栏里查看字数

在文档中输入内容时，Word 将自动统计文档中的页数和字数，并将其显示在工作区底部的状态栏中，如图 6-76 所示。

> **提示** 如果在状态栏中看不到字数统计，可以右击状态栏，在弹出的快捷菜单中选择【字数统计】命令，工作区底部的状态栏中即可显示文档的页数和字数。

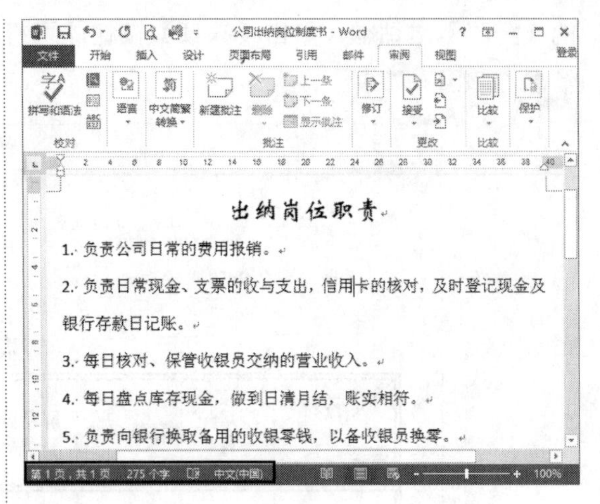

图 6-76　在状态栏中查看字数统计

3. 统计一个或多个区域的字数

用户可以统计一个或多个选择区域中的字数，而不是文档中的总字数。对其进行字数统计的各选择区域无须彼此相邻。在文档中选择要统计字数的文本后，在工作区底部的状态栏中将显示所选文本的页数和字数，如图 6-77 所示。

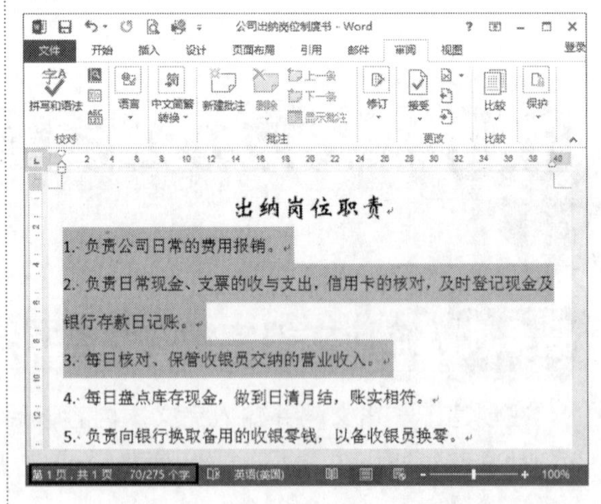

图 6-77　查看选中文本的字数统计

6.6.2 设置 Word 文档的自动保存功能

在使用 Word 文档进行办公的过程中，有时会出现文件未保存，而计算机死机或突然停电的情况，这就会造成丢失数据，而 Word 自带的自动保存功能可以挽救一些数据。设置自动保存文件的具体操作步骤如下。

步骤 1 打开 Word 2013 编辑窗口，选择【文件】选项卡，在打开的界面中选择【选项】选项，如图 6-78 所示。

步骤 2 打开【Word 选项】对话框，在其中选择【保存】选项，选中【保存自动恢复信息时间间隔】复选框，并将自动保存的时间设置为 5 分钟，单击【确定】按钮，如图 6-79 所示。

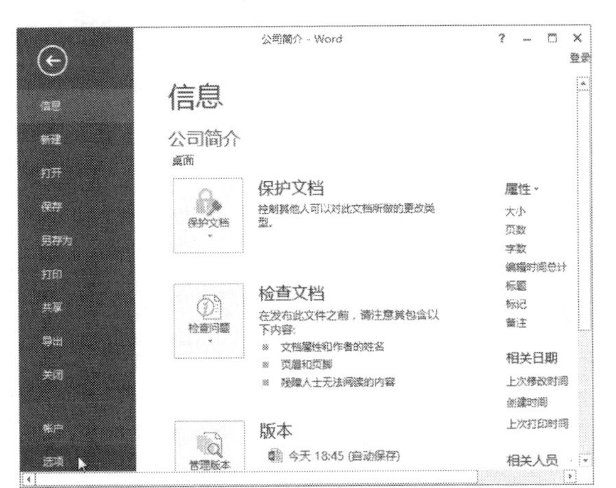

图 6-78 选择【选项】选项

图 6-79 【Word 选项】对话框

6.7 课后练习与指导

6.7.1 设置 Word 文档的页面排版效果

☆ 练习目标

了解使用 Word 进行页面排版设置的方法。

掌握使用 Word 进行页面排版的方法。

☆ 专题练习指南

01 新建一个空白文档，在其中输入相关内容。

02 设置文档的页边距。

03　设置文档的纸张方向和大小。

04　设置页面的版式。

05　为页面添加文档网格效果。

06　为文档添加页眉效果，包括水印、背景颜色和页面边框等。

6.7.2 创建文档的目录与索引

☆ 练习目标

了解使用 Word 创建目录与索引的过程。

掌握使用 Word 创建目录与索引的方法。

☆ 专题练习指南

01　新建一个空白文档，在其中输入相关内容。

02　选择【引用】选项卡，在【目录】选项组中创建文档的目录。

03　选择【引用】选项卡，在【索引】选项组中创建文档的索引。

04　更新文档，然后更新目录与索引。

第2篇

Excel 高效办公

Excel 2013具有强大的电子表格制作与数据处理功能，它能够快速计算和分析数据信息，提高工作效率和准确率，是目前使用最为广泛的软件之一。本篇主要介绍Excel 2013对表格的编辑和美化、管理数据、透视表、公式和函数等知识。

Excel 报表的制作与美化

● **本章导读**

Excel 2013 是微软公司推出的 Office 2013 办公系列软件的一个重要组成部分，主要用于电子表格处理。它可以高效地完成各种表格和图的设计，进行复杂的数据计算和分析。本章为读者介绍如何使用 Excel 制作与美化报表。

● **学习目标**

◎ 了解 Excel 2013 的工作界面。

◎ 掌握创建工作簿与工作表的方法。

◎ 掌握向工作表中输入数据的方法。

◎ 掌握设置、调整、修改单元格的方法。

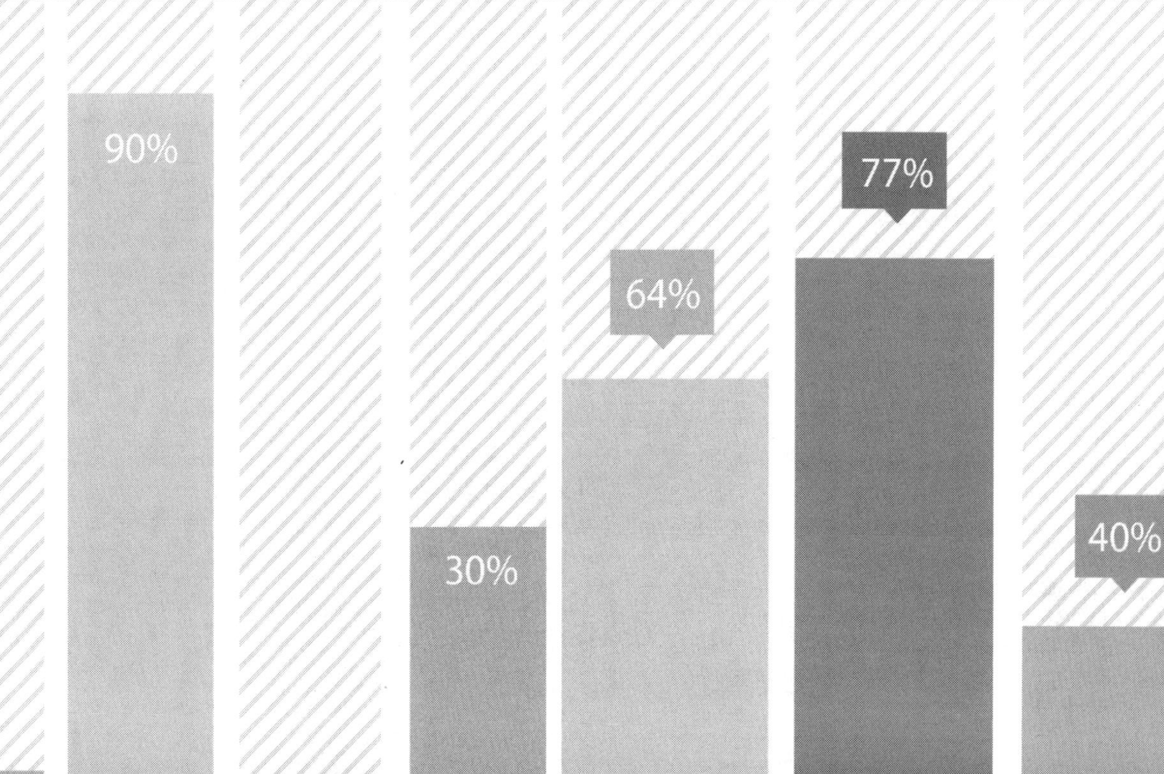

7.1 Excel 2013工作界面

每个 Windows 应用程序都有其独立的窗口，Excel 2013 也不例外。Excel 2013 的窗口主要由工作区、文件菜单、标题栏、功能区、编辑栏、快速访问工具栏和状态栏七部分组成，如图 7-1 所示。

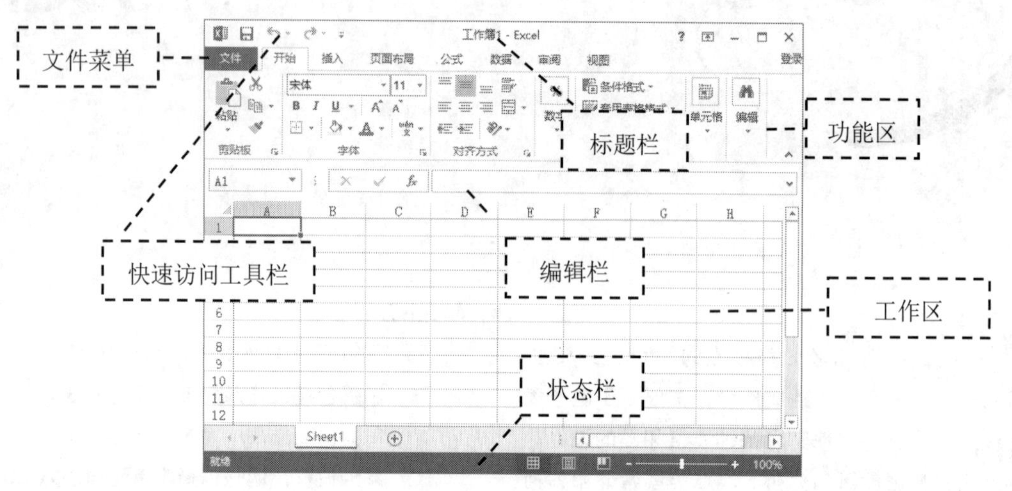

图 7-1 Excel 2013 工作界面

1. 工作区

工作区是在 Excel 2013 操作界面中用于输入数据的区域，由单元格组成，用于输入和编辑不同的数据类型，如图 7-2 所示。

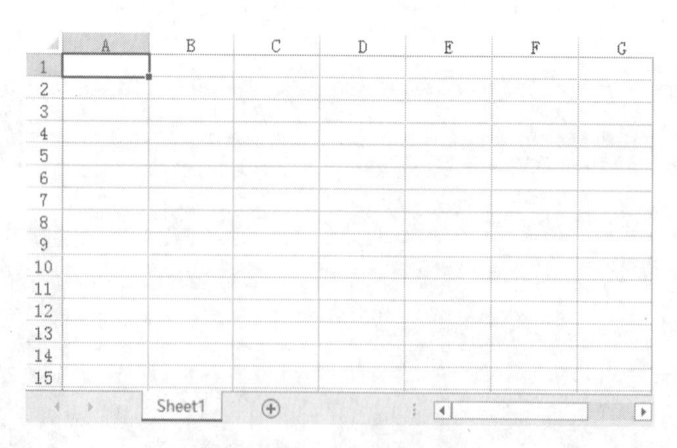

图 7-2 Excel 2013 工作区

2. 文件菜单

选择【文件】选项卡，会显示一些基本命令，包括【新建】、【打开】、【保存】、【打印】、【选项】以及其他一些命令，如图 7-3 所示。

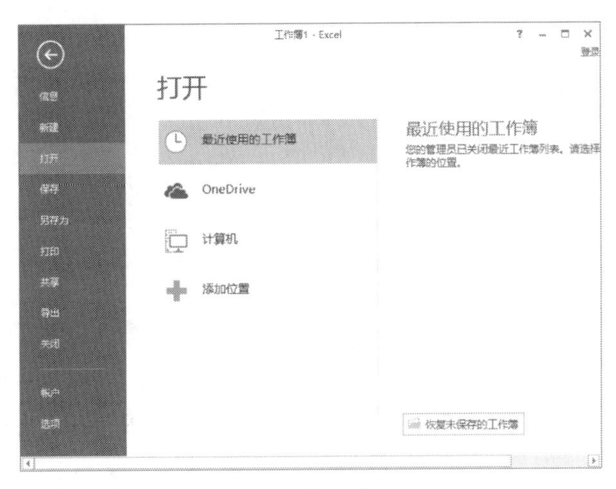

图 7-3　【打开】界面

3. 标题栏

默认状态下，标题栏左侧显示快速访问工具栏，标题栏中间显示当前编辑表格的文件名称，启动 Excel 时，默认的文件名为“工作簿 1”，如图 7-4 所示。

图 7-4　标题栏

4. 功能区

Excel 2013 的功能区由各种选项卡和包含在选项卡中的各种命令按钮组成，利用它可以轻松地查找以前隐藏在复杂菜单和工具栏中的命令和功能，如图 7-5 所示。

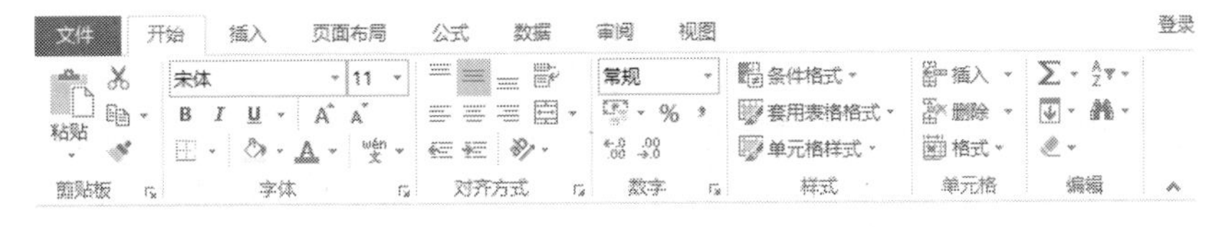

图 7-5　功能区

每个选项卡中包括多个选项组，例如，【插入】选项卡包括【表格】、【插图】和【图表】等选项组，每个选项组中又包含若干个相关的命令按钮，如图 7-6 所示。

图 7-6　【插入】选项卡

某些选项组的右下角有 ◲ 图标，单击此图标，可以打开相关的对话框，例如单击【剪贴板】右下角的 ◲ 按钮，就会打开剪贴板窗格，如图 7-7 所示。

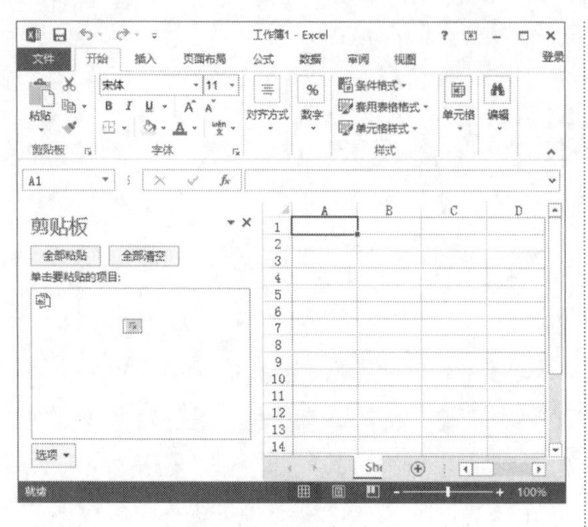

图 7-7　剪贴板窗格

某些选项卡只在需要使用时才显示出来，例如选择图表时，选项卡中添加了【设计】和【格式】选项卡，这些选项卡为操作图表提供了更多适合的命令。当没有选定这些对象时，与之相关的这些选项卡则会被隐藏起来，如图 7-8 所示。

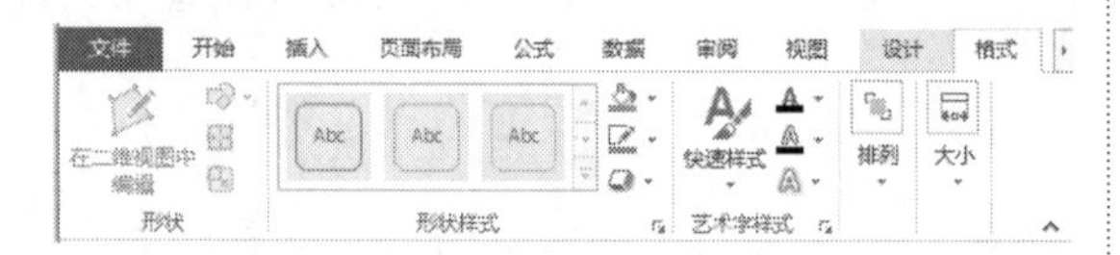

图 7-8　【格式】选项卡

5. 编辑栏

编辑栏位于功能区的下方，工作区的上方，用于显示和编辑当前活动单元格的名称、数据或公式，如图 7-9 所示。

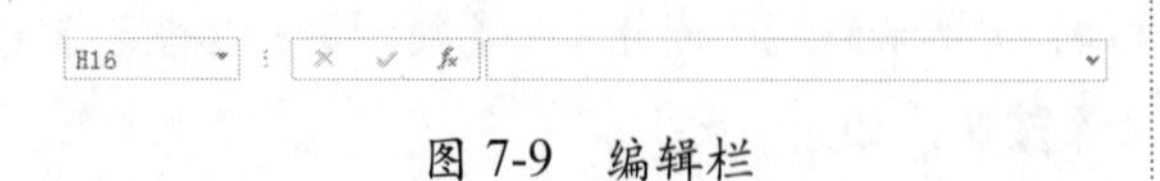

图 7-9　编辑栏

名称框用于显示当前单元格的地址和名称，当选择单元格或区域时，名称框中将出现相应的地址名称。使用名称框可以快速转到目标单元格中，例如在名称框中输入“D15”，按 Enter 键即可将活动单元格定位为第 D 列第 15 行，如图 7-10 所示。

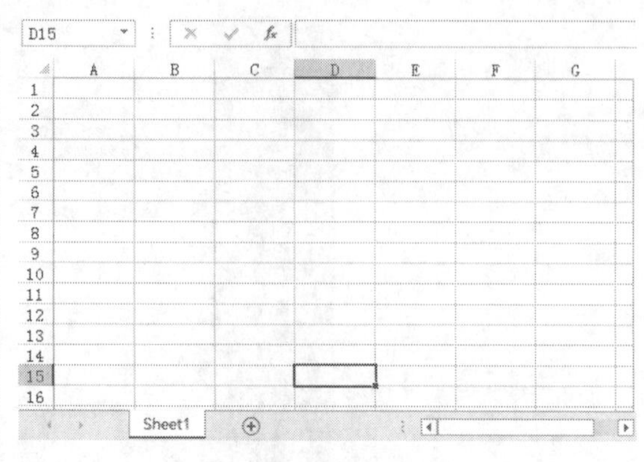

图 7-10　定位单元格

公式框主要用于向活动单元格中输入、修改数据或公式。当向单元格中输入数据或公式时，在名称框和公式框之间会出现两个按钮，单击【确定】按钮✔，可以确定输入或修改该单元格的内容，同时退出编辑状态；单击【取消】按钮✕，则可取消对该单元格的编辑，如图 7-11 所示。

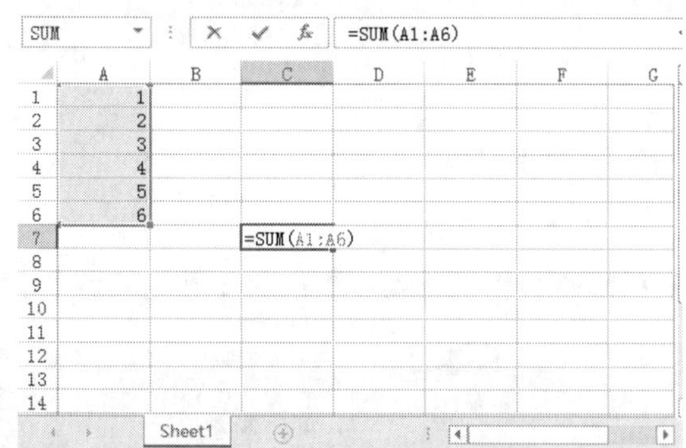

图 7-11　编辑栏的公式框

6. 快速访问工具栏

快速访问工具栏位于标题栏的左侧，它包含一组独立的选项卡命令按钮，例如【保存】、【撤销】和【恢复】等命令按钮，如图 7-12 所示。

图 7-12　快速访问工具栏

单击快速访问工具栏右边的下拉箭头，在弹出的菜单中可以自定义快速访问工具栏中的命令按钮，如图 7-13 所示。

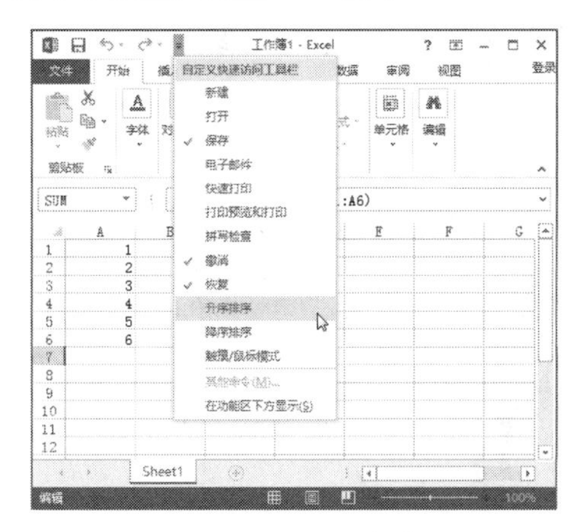

图 7-13　下拉菜单

7. 状态栏

状态栏用于显示当前数据的编辑状态、选定数据统计区、页面显示方式以及调整页面显示比例等，如图 7-14 所示。

图 7-14　状态栏

在 Excel 2013 的状态栏中显示的 3 种状态如下。

（1）对单元格进行任何操作，状态栏会显示“就绪”字样，如图 7-15 所示。

图 7-15　“就绪”字样

（2）向单元格中输入数据时，状态栏会显示“输入”字样，如图 7-16 所示。

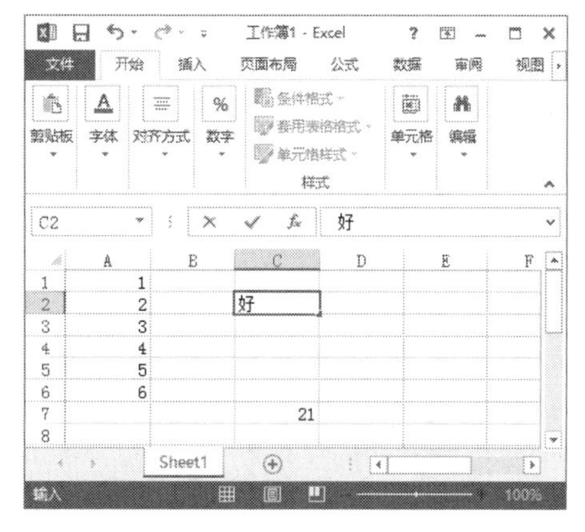

图 7-16　“输入”字样

（3）对单元格中的数据进行编辑时，状态栏会显示“编辑”字样，如图 7-17 所示。

图 7-17　“编辑”字样

7.2 使用工作簿

与 Word 2013 中对文档的操作一样，Excel 2013 对工作簿的操作主要有新建、保存、打开、切换及关闭等。

7.2.1 什么是工作簿

工作簿是 Excel 2013 中处理和存储数据的文件，它是 Excel 2013 存储在磁盘上的最小单位。工作簿由工作表组成，在 Excel 2013 中，工作簿包括的工作表个数不受限制，在内存足够的前提下，可以添加任意多个工作表，如图 7-18 所示。

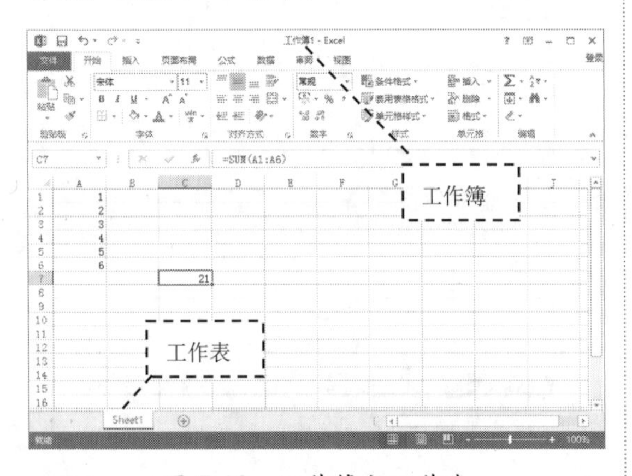

图 7-18　工作簿与工作表

7.2.2 新建工作簿

通常情况下，在启动 Excel 2013 后，系统会自动创建一个默认名称为“Book1.xls”的空白工作簿，这是一种创建工作簿的方法。本节介绍一些其他创建工作簿的方法。

 新建空白工作簿

步骤 1 选择【文件】选项卡，在打开的界面中选择【新建】选项，在右侧窗口中选择【空白工作簿】选项，如图 7-19 所示。

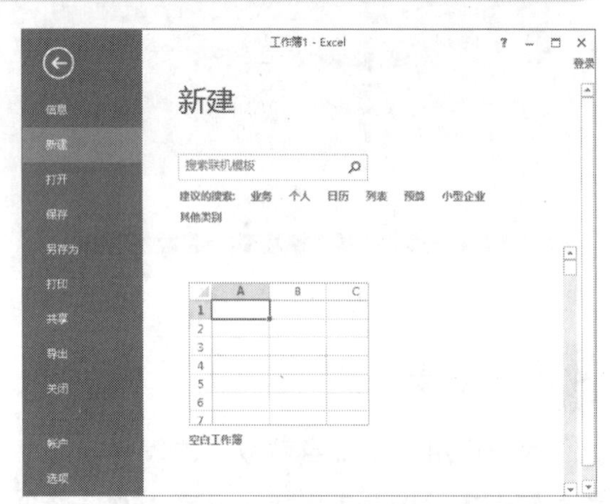

图 7-19　【新建】界面

步骤 2 随即创建一个新的空白工作簿，如图 7-20 所示。

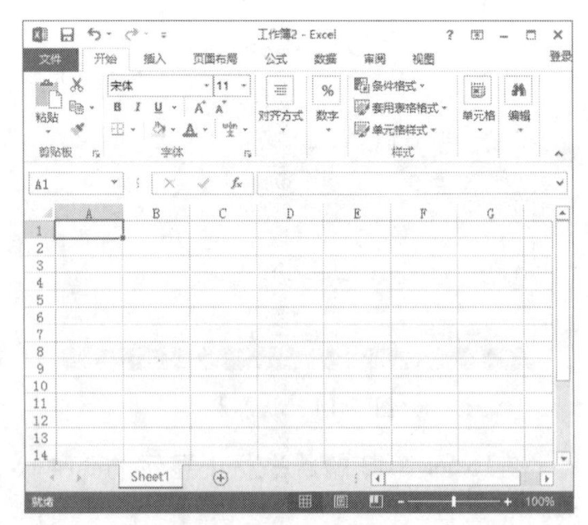

图 7-20　空白工作簿

> **提示** 按 Ctrl + N 快捷键，即可创建一个工作簿，单击快速访问工具栏中的【新建】按钮，也可以新建一个工作簿。

2. 使用模板快速创建工作簿

Excel 2013 提供有很多默认的工作簿模板，使用模板可以快速地创建同类别的工作簿，具体操作步骤如下。

步骤 1 选择【文件】选项卡，在打开的界面中选择【新建】选项，进入【新建】界面，在打开的界面中选择【资产负债表】选项，随即打开【资产负债表】界面，如图 7-21 所示。

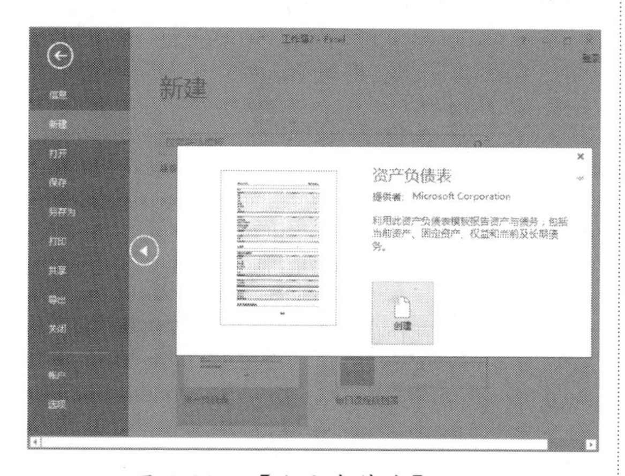

图 7-21　【资产负债表】界面

步骤 2 单击【创建】按钮，即可根据选择的模板新建一个工作簿，如图 7-22 所示。

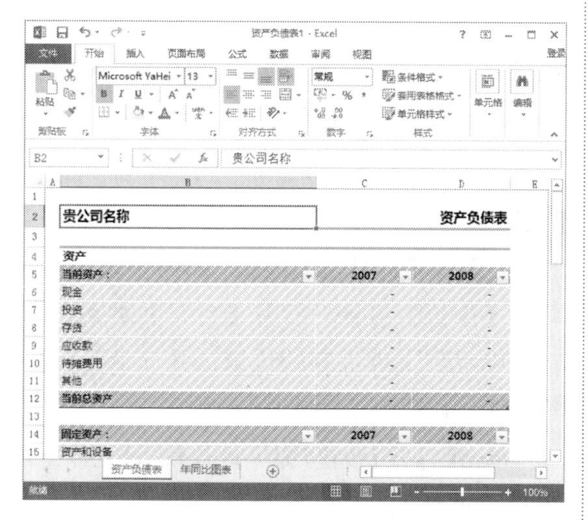

图 7-22　使用模板创建工作簿

7.2.3 保存工作簿

保存工作簿的方法有多种，常见的有初次保存工作簿、保存已有的工作簿等方法，下面分别进行介绍。

1. 初次保存工作簿

工作簿创建完毕之后，就要将其进行保存以备今后查看和使用。初次保存工作簿时需要指定工作簿的保存路径和保存名称，具体操作如下。

步骤 1 在新创建的 Excel 工作界面中，选择【文件】选项卡，在打开的界面中选择【保存】选项，或按 Ctrl+S 快捷键，也可以单击快速访问工具栏中的【保存】按钮，如图 7-23 所示。

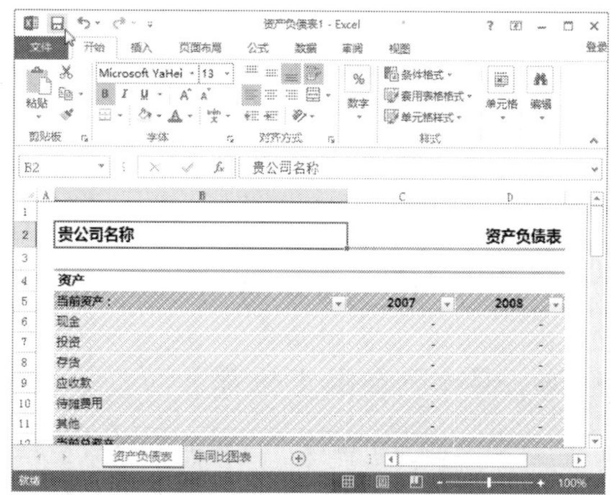

图 7-23　单击【保存】按钮

步骤 2 进入【另存为】界面，在其中选择工作簿保存的位置，这里选择【计算机】选项，如图 7-24 所示。

步骤 3 单击【浏览】按钮，打开【另存为】对话框，在【文件名】文本框中输入工作簿的保存名称，在【保存类型】下拉列表中选择文件保存的类型，设置完毕后，单击【保存】按钮即可，如图 7-25 所示。

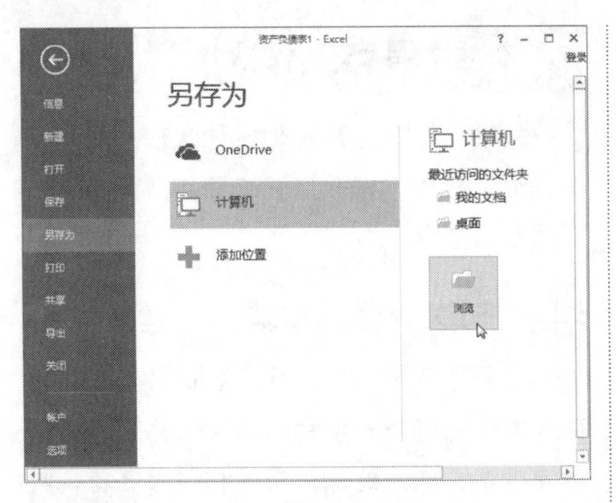

图 7-24　【另存为】界面

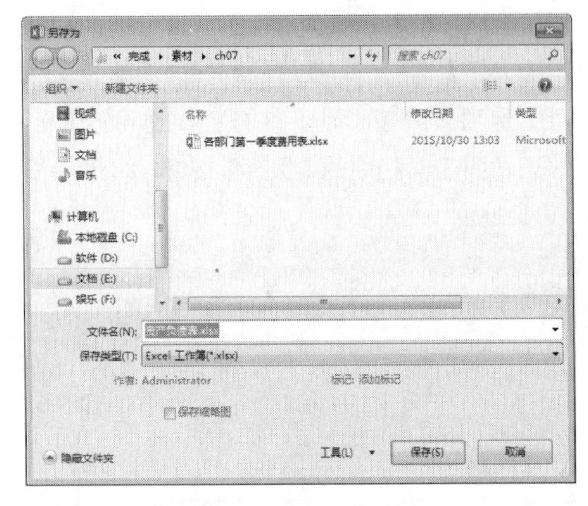

图 7-25　【另存为】对话框

2. 保存已有的工作簿

对于已有的工作簿，当打开并修改完毕后，只需单击【常用】工具栏上的【保存】按钮，就可以保存已经修改的内容。或者选择【文件】选项卡，在打开的界面中选择【另存为】选项，然后选择【计算机】保存位置，最后单击【浏览】按钮，打开【另存为】对话框，以其他名称保存或保存到其他位置。

7.2.4 打开和关闭工作簿

当需要使用 Excel 文件时，用户需要打开工作簿，而当用户不需要时，则需要关闭工作簿。

1. 打开工作簿

打开工作簿的方法如下。

方法 1：在文件上双击，如图 7-26 所示，即可使用 Excel 2013 打开此文件，如图 7-27 所示。

图 7-26　工作簿图标

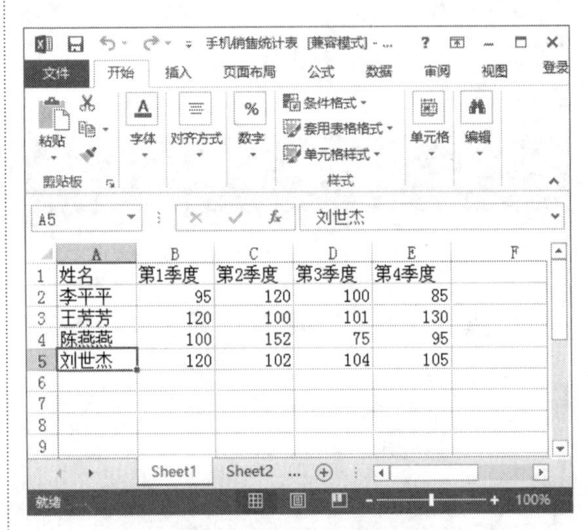

图 7-27　打开 Excel 工作簿

方法 2：在 Excel 2013 操作界面中选择【文件】选项卡，在打开的界面中选择【打开】选项，选择【计算机】选项，如图 7-28 所示。单击【浏览】按钮，打开【打开】对话框，在其中找到文件保存的位置，并选中要打开的文件，如图 7-29 所示。

单击【打开】按钮，即可打开 Excel 工作簿，如图 7-30 所示。

图 7-28 【打开】界面

图 7-29 【打开】对话框

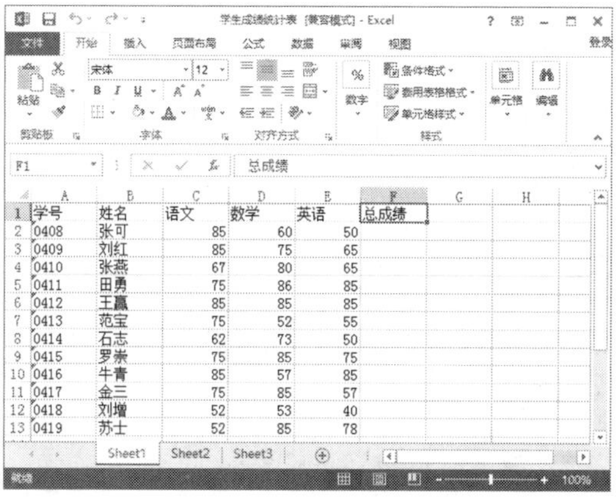

图 7-30 打开工作簿

提示 使用快捷键 Ctrl + O 或单击快速访问工具栏中的下三角按钮，在打开的下拉列表中选择【打开】选项，打开【打开】对话框，在其中选择要打开文件，也可以打开需要的工作簿，如图 7-31 所示。

图 7-31 选择【打开】选项

2. 关闭工作簿

关闭工作簿的方式有以下两种。

方法 1：单击窗口右上角的【关闭】按钮，如图 7-32 所示。

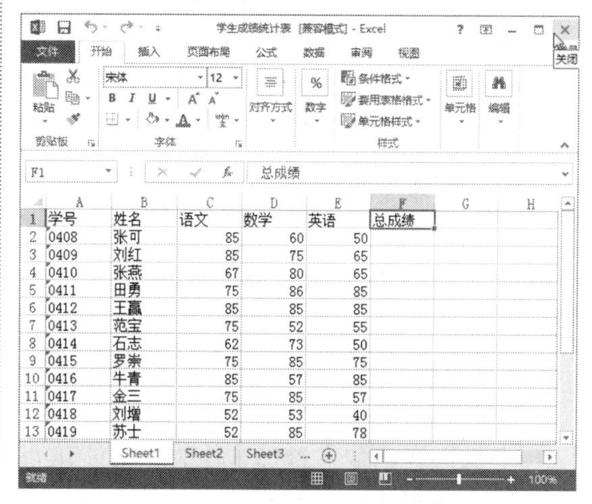

图 7-32 单击【关闭】按钮

方法 2：选择【文件】选项卡，在打开的界面中选择【关闭】选项，如图 7-33 所示。

在关闭 Excel 2013 文件之前，如果所编辑的表格没有保存，系统会弹出保存提示对话框，如图 7-34 所示。

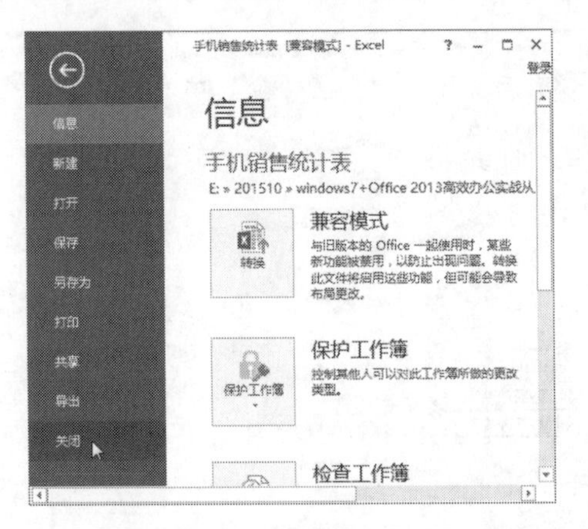

图 7-33 选择【关闭】选项

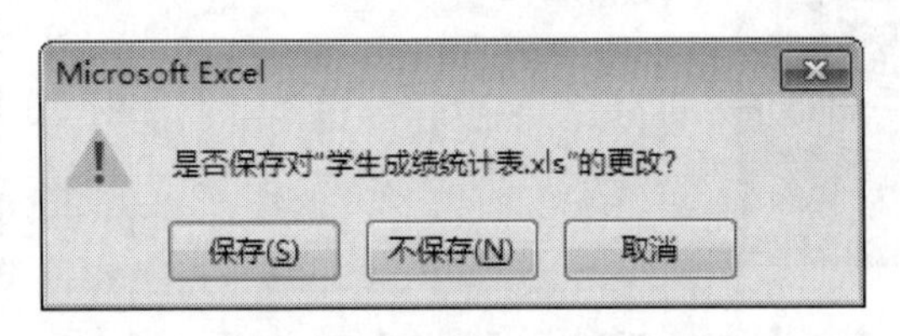

图 7-34 信息提示对话框

单击【保存】按钮，将保存对表格所做的修改，并关闭 Excel 2013 文件；单击【不保存】按钮，则不保存表格的修改，并关闭 Excel 2013 文件；单击【取消】按钮，则不关闭 Excel 2013 文件，系统将返回 Excel 2013 界面继续编辑表格。

7.3 使用工作表

工作表是工作簿的组成部分，默认情况下，每个工作簿都包含 3 个工作表，分别为 Sheet1、Sheet2 和 Sheet3。使用工作表可以组织和分析数据，用户可以对工作表进行重命名、插入、删除、隐藏或显示等操作。

7.3.1 重命名工作表

每个工作表都有自己的名称，默认情况下以 Sheetl，Sheet2，Sheet3……命名工作表。这种命名方式不便于管理工作表，为此用户可以对工作表进行重命名操作，以便更好地管理工作表。重命名工作表的方法有两种，分别是直接在标签上重命名和使用快捷菜单重命名。

 在标签上直接重命名

步骤 1 新建一个工作簿，双击要重命名的工作表的标签 Sheetl（此时该标签以高亮状态显示），进入编辑状态，如图 7-35 所示。

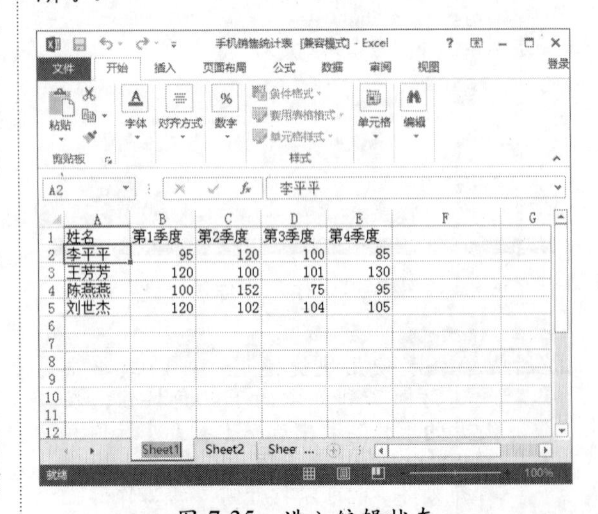

图 7-35 进入编辑状态

步骤 2 输入新的标签名，即可完成对该工作表重命名操作，如图 7-36 所示。

图 7-36　重命名工作表

2. 使用快捷菜单重命名

步骤 1 在要重命名的工作表标签上右击，在弹出的快捷菜单中选择【重命名】命令，如图 7-37 所示。

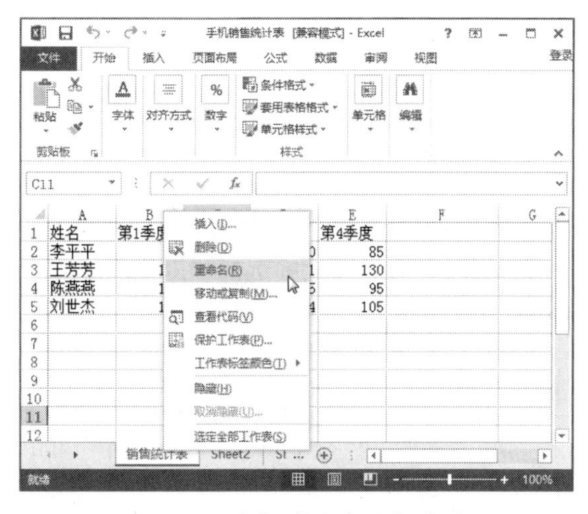

图 7-37　选择【重命名】命令

步骤 2 此时工作表标签以高亮状态显示，然后在标签上输入新的标签名，即可完成工作表的重命名，如图 7-38 所示。

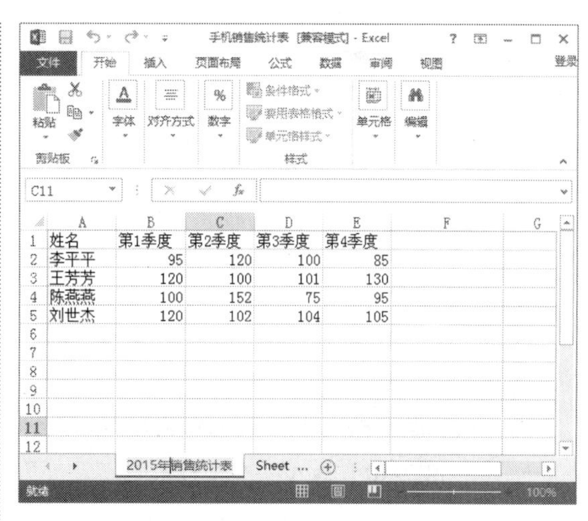

图 7-38　重命名工作表

7.3.2 插入工作表

在 Excel 2013 新建的工作簿中只有一个工作表，如果该工作簿需要保存多个不同类型的工作表，就需要在工作簿中插入新的工作表，具体操作步骤如下。

方法 1：打开需要插入工作簿的文件，在文档窗口中单击工作表 Sheet1 的标签，然后单击【开始】选项卡下【单元格】选项组中的【插入】按钮，在弹出的下拉列表中选择【插入工作表】选项，如图 7-39 所示，即可插入新的工作表，如图 7-40 所示。

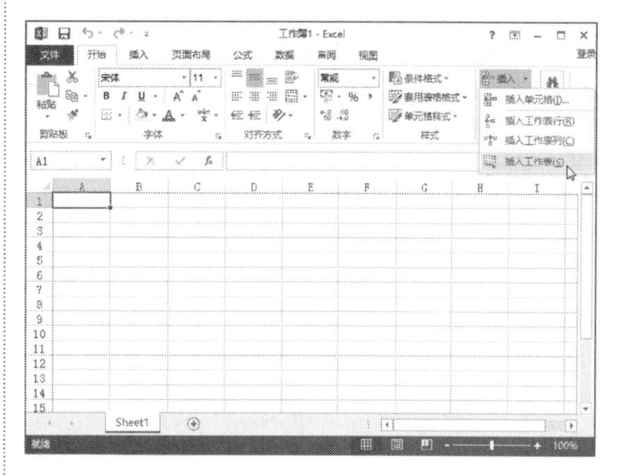

图 7-39　选择【插入工作表】选项

图 7-40　插入一个工作表

方法 2：使用快捷菜单插入工作表。

步骤 1 在工作表 Sheet1 的标签上右击，在弹出的快捷菜单中选择【插入】命令，如图 7-41 所示。

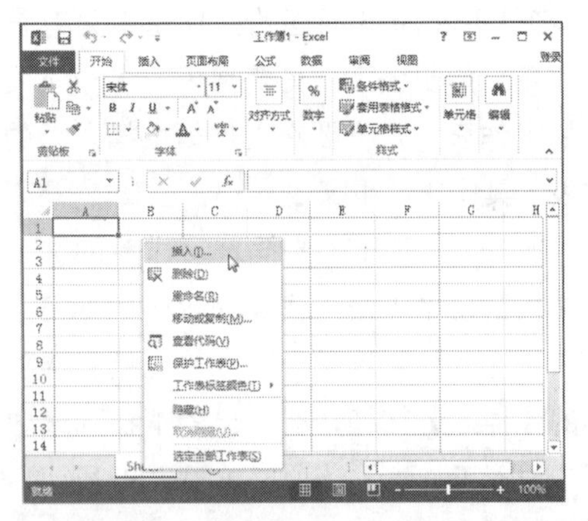

图 7-41　选择【插入】命令

步骤 2 在弹出的【插入】对话框中单击【常用】选项卡中的【工作表】图标，如图 7-42 所示。

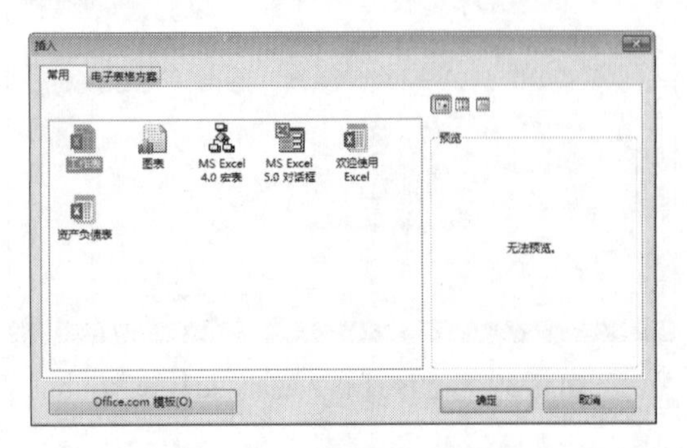

图 7-42　【插入】对话框

步骤 3 单击【确定】按钮，即可插入新的工作表，如图 7-43 所示。

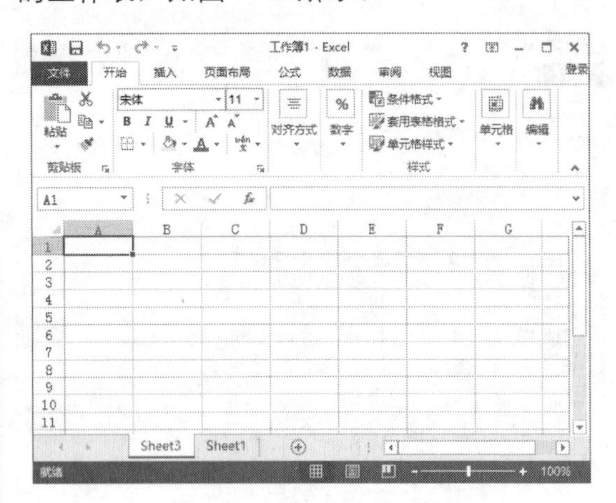

图 7-43　插入新的工作表

注意 在实际操作中，插入工作表的个数要受所使用的计算机内存的限制。

7.3.3 删除工作表

为了便于管理 Excel 表格，对于无用的 Excel 表格应将其删除，以节省存储空间。删除 Excel 表格的方法有以下两种。

方法 1：选择要删除的工作表，然后单击【开始】选项卡下【单元格】选项组中的【删除】按钮，在弹出的下拉列表中选择【删除工作表】选项，即可将选择的工作表删除，如图 7-44 所示。

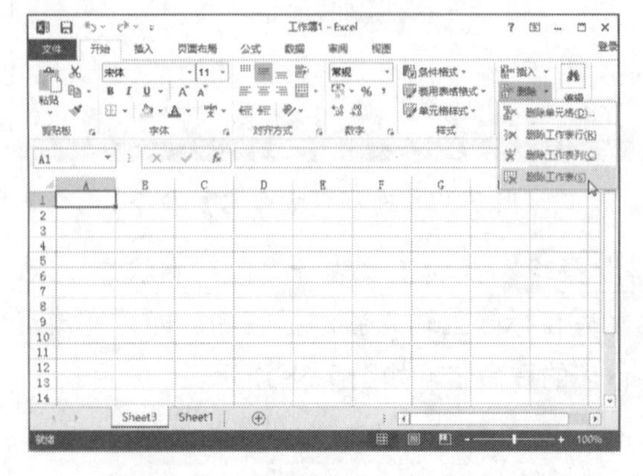

图 7-44　选择【删除工作表】选项

方法 2：在要删除的工作表标签上右击，在弹出的快捷菜单中选择【删除】命令，即可将工作表删除。该删除操作不能撤销，即工作表将被永久删除，如图 7-45 所示。

图 7-45 选择【删除】命令

7.3.4 隐藏或显示工作表

为了防止他人查看工作表中的数据，可以设置工作表的隐藏功能，将包含非常重要的数据的工作表隐藏起来。当想要再查看隐藏后的工作表时，只需取消工作表的隐藏状态。

隐藏或显示工作表的具体操作步骤如下。

步骤 1 选择要隐藏的工作表，单击【开始】选项卡下【单元格】选项组中的【格式】按钮，在弹出的下拉列表中选择【隐藏和取消隐藏】选项，在弹出的子列表中选择【隐藏工作表】选项，如图 7-46 所示。

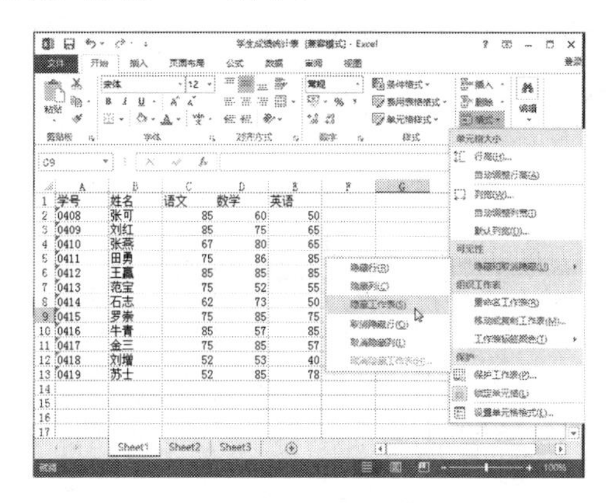

图 7-46 选择【隐藏工作表】选项

注意 Excel 不允许隐藏一个工作簿中的所有工作表。

步骤 2 选择的工作表即可隐藏，如图 7-47 所示。

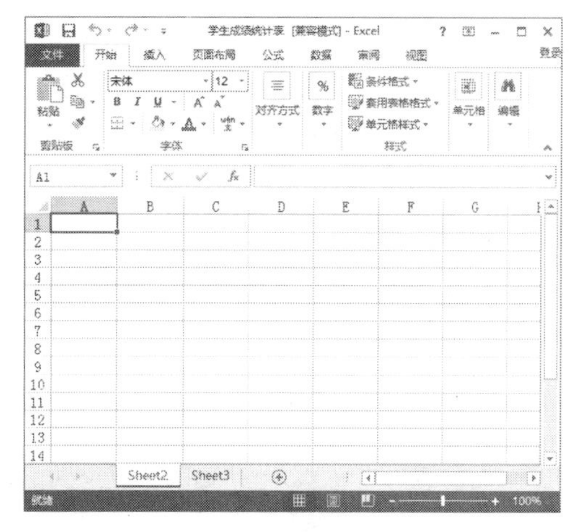

图 7-47 隐藏选择的工作表

步骤 3 单击【开始】选项卡下【单元格】选项组中的【格式】按钮，在弹出的列表中选择【隐藏和取消隐藏】选项，在弹出的子列表中选择【取消隐藏工作表】选项，如图 7-48 所示。

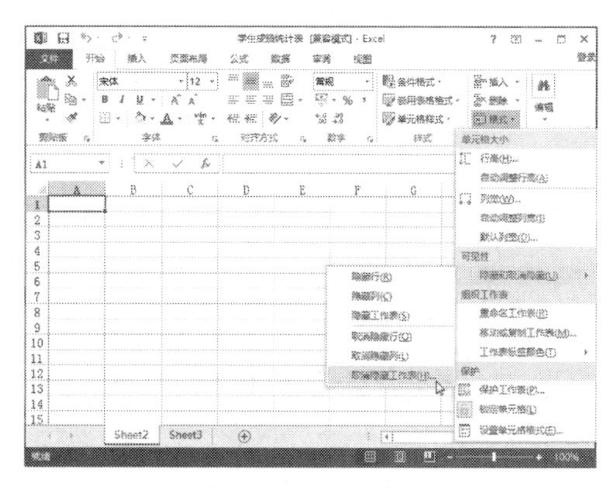

图 7-48 选择【取消隐藏工作表】选项

步骤 4 打开【取消隐藏】对话框，在其中选择要显示的工作表，如图 7-49 所示。

步骤 5 单击【确定】按钮，即可取消工作表的隐藏状态，如图 7-50 所示。

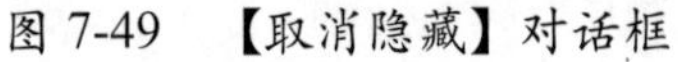
图 7-49 【取消隐藏】对话框

学号	姓名	语文	数学	英语
0408	张可	85	60	50
0409	刘红	85	75	65
0410	张燕	67	80	65
0411	田勇	75	86	85
0412	王赢	85	85	85
0413	范宝	75	52	55
0414	石志	62	73	50
0415	罗崇	75	85	75
0416	牛青	85	57	85
0417	金三	75	85	57
0418	刘增	52	53	40
0419	苏士	52	85	78

图 7-50 取消工作表的隐藏状态

7.4 输入并编辑数据

向工作表中输入数据是创建工作表的第一步，工作表中可以输入的数据类型有多种，主要包括文本、数值、小数和分数等。由于数值类型不同，其采用的输入方法也不尽相同。

7.4.1 输入数据

在单元格中输入的数值主要有 4 种，分别是文本、数字、逻辑值和出错值。下面分别介绍其输入的方法。

 1. 文本

单元格中的文本包括任何字母、数字和键盘符号的组合，每个单元格最多可包含 32000 个字符。输入文本信息的操作很简单，只需选中需要输入文本信息的单元格，然后输入即可，如图 7-51 所示。如果单元格的列宽容不下文本字符串，则可占用相邻的单元格或换行显示，此时单元格的列高均被加长。如果相邻的单元格中已有数据，就截断显示，如图 7-52 所示。

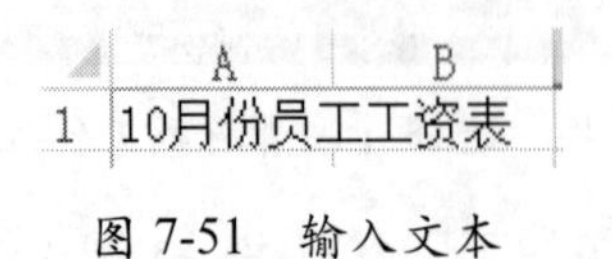

图 7-51 输入文本

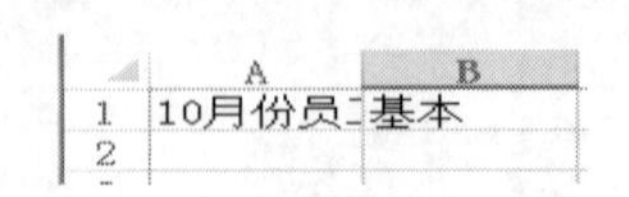

图 7-52 文本截断显示效果

 2. 数字

在 Excel 中输入数字是最常见的操作，而且进行数字计算也是 Excel 最基本的功能。在 Excel 2013 的单元格中，数字可用逗号、科学计数法等表示，即当单元格容不下一个格式化

的数字时，可用科学计数法显示该数据，如图 7-53 所示。

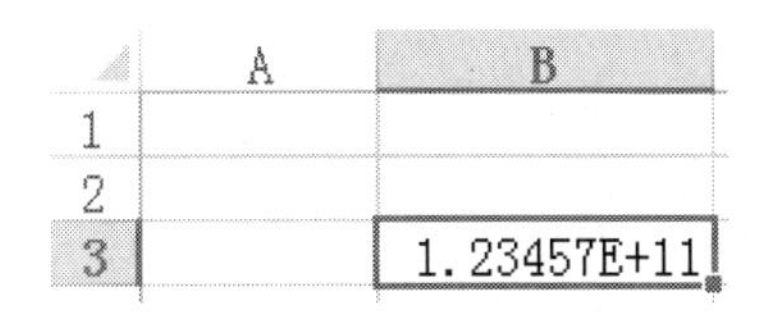

图 7-53 输入数字

3. 逻辑值

在单元格中可以输入逻辑值 TRUE 和 FALSE。逻辑值常用于书写条件公式，一些公式也返回逻辑值，如图 7-54 所示。

	A	B
1	FALSE	TRUE
2		

图 7-54 输入逻辑值

4. 出错值

在使用公式时，单元格中可显示出错的结果。例如，在公式中让一个数除以 0，单元格中就会显示出错值“#DIV/0!”，如图 7-55 所示。

	A	B	C	D
1	5	0	#DIV/0!	
2				
3				

图 7-55 输入出错值

7.4.2 自动填充数据

在 Excel 表格中使用自动填充的方法可以输入不同的数据，如果手动输入 1001、1002、1003……是比较麻烦的，用户可以在多个单元格中填充相同的数据，也可以根据已有的数据按照一定的序列自动填充其他数据，从而加快输入数据的速度。

自动填充数据的具体的操作步骤如下。

步骤 1 新建一个空白 Excel 工作簿，在 A1、A2 单元格中分别输入“1010”和“1011”，如图 7-56 所示。

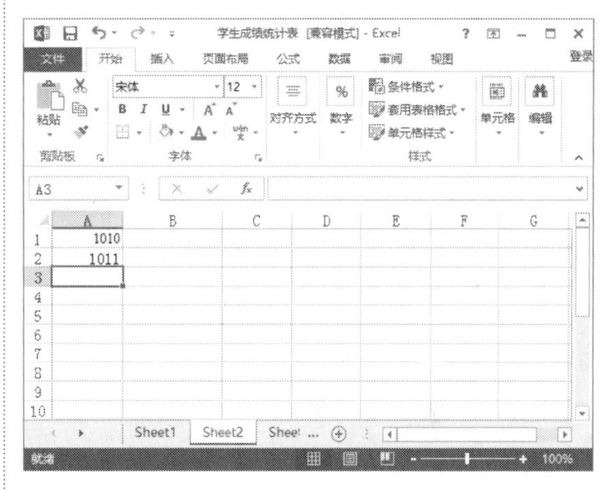

图 7-56 输入数字

步骤 2 选择单元格 A1、A2，将鼠标移至右下角的填充句柄（即为黑点）上，此时箭头变成黑十字状+，如图 7-57 所示。

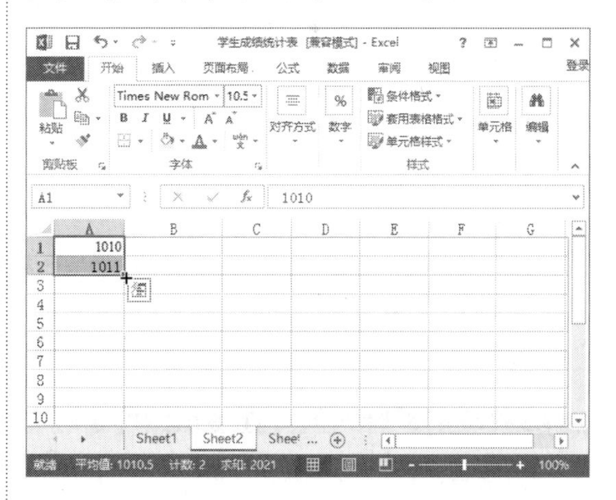

图 7-57 选择单元格

步骤 3 向下拖动黑十字至目标单元格，释放鼠标即可根据已有的数据按照一定的序列自动填充其他数据，如图 7-58 所示。

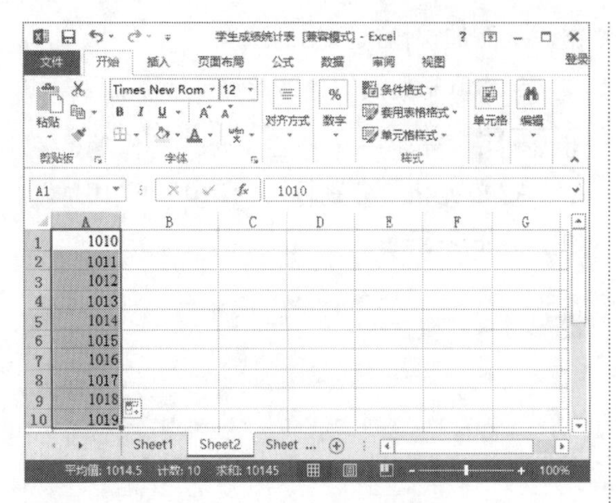

图 7-58　自动填充其他数据

如果数字以 0 开头，那么还可以使用自动填充数据功能吗？答案是肯定的，例如在工作表中输入 0001、0002……启动填充数据的操作步骤如下。

步骤 1 在新建的工作簿中的 Sheet1 工作表中的 B1 单元格中输入“0001”，如图 7-59 所示。

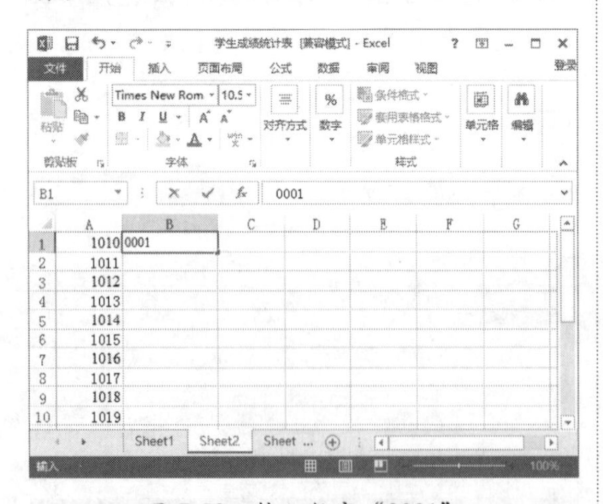

图 7-59　输入数字“0001”

步骤 2 按 Enter 键确认输入，此时可以看到，“0001”变成了“1”，如图 7-60 所示。

步骤 3 选择 B1 单元格，右击，在弹出的快捷菜单中选择【设置单元格格式】命令，如图 7-61 所示。

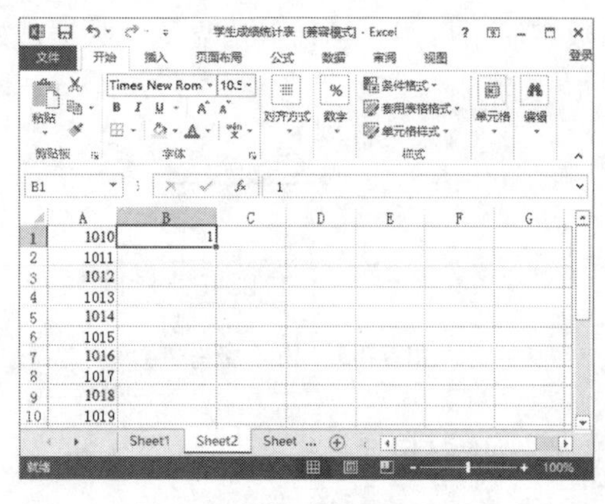

图 7-60　确认后的显示效果

图 7-61　选择【设置单元格格式】命令

步骤 4 在弹出的【设置单元格格式】对话框中选择【数字】选项卡，在【分类】列表框中选择【文本】选项，如图 7-62 所示。

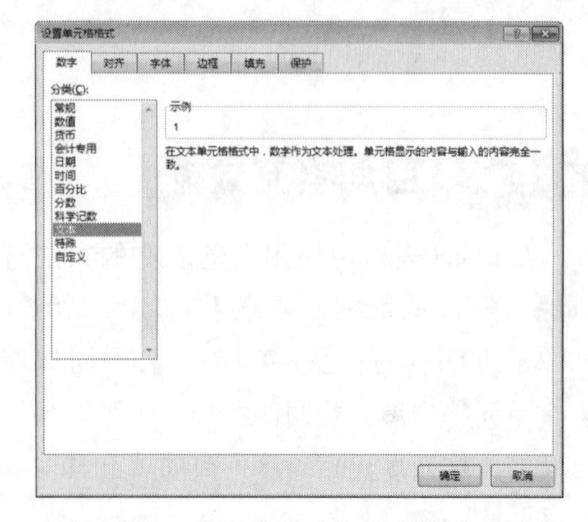

图 7-62　【设置单元格格式】对话框

步骤 5 单击【确定】按钮，在 B1 单元格中再次输入“0001”，然后按 Enter 键，即可实现预想的效果，如图 7-63 所示。

图 7-63 数字显示效果

步骤 6 采用上述同样的操作自动填充数据，如图 7-64 所示。

图 7-64 填充其他数据

7.4.3 填充相同数据

在 Excel 2013 中，使用自动填充方法可以在多个单元格中输入相同的数据。例如，在 C1 单元格中输入数据“序号”，将鼠标移至该单元格右下角的填充句柄(即黑点)上，此时箭头变成黑十字状✚，直接向下拖动黑十字状✚至目标单元格（C10）后释放鼠标，即可输入相同的数据，如图 7-65 所示。

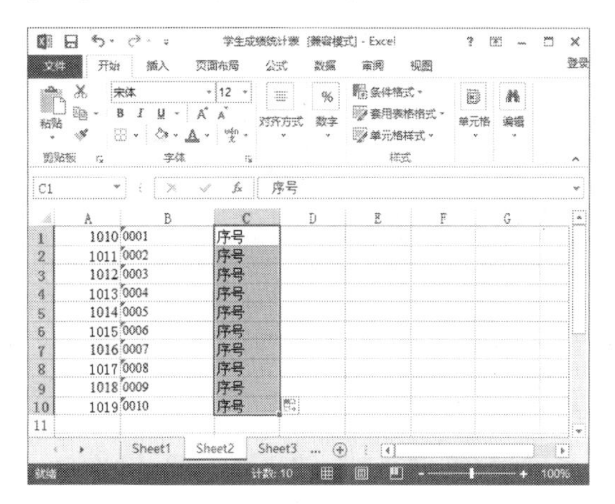

图 7-65 填充相同数据

7.4.4 删除数据

若只是想清除某个（或某些）单元格中的内容，只需选中要清除内容的单元格，然后按 Delete 键即可；若想删除单元格，可使用菜单选项删除。删除单元格数据的具体操作步骤如下。

步骤 1 打开需要删除数据的文件，选择要删除的单元格，如图 7-66 所示。

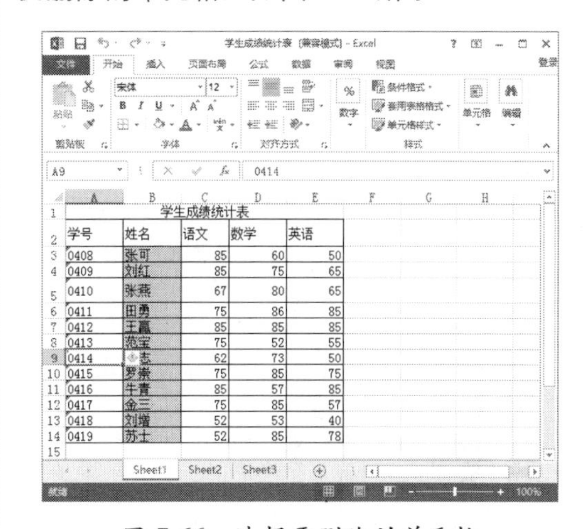

图 7-66 选择要删除的单元格

步骤 2 在【开始】选项卡的【单元格】

选项组中单击【删除】按钮，在弹出的下拉列表中选择【删除单元格】选项，如图 7-67 所示。

图 7-67　选择【删除单元格】选项

步骤 3 弹出【删除】对话框，选中【右侧单元格左移】单选按钮，如图 7-68 所示。

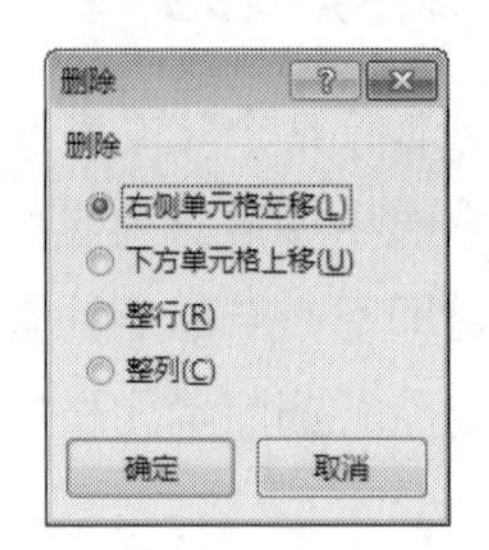

图 7-68　【删除】对话框

步骤 4 单击【确定】按钮，即可将右侧单元格中的数据向左移动一列，如图 7-69 所示。

图 7-69　删除后的效果

步骤 5 将光标移至 D 处，当光标变成⬇形状时右击，在弹出的快捷菜单中选择【删除】命令，如图 7-70 所示，即可删除 D 列中的数据。

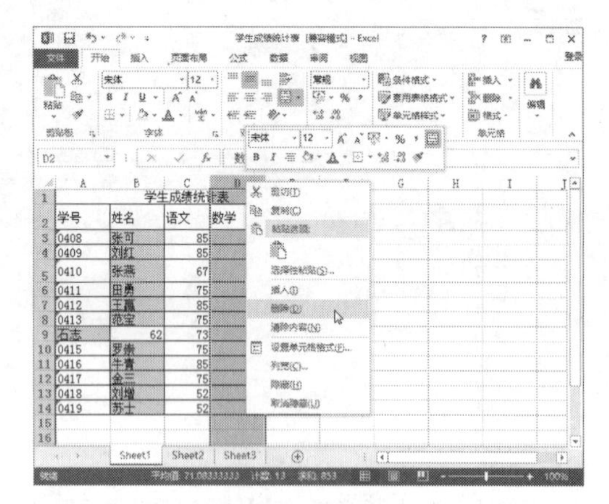

图 7-70　选择【删除】命令

步骤 6 此时右侧单元格中的数据也会向左移动一列，如图 7-71 所示。

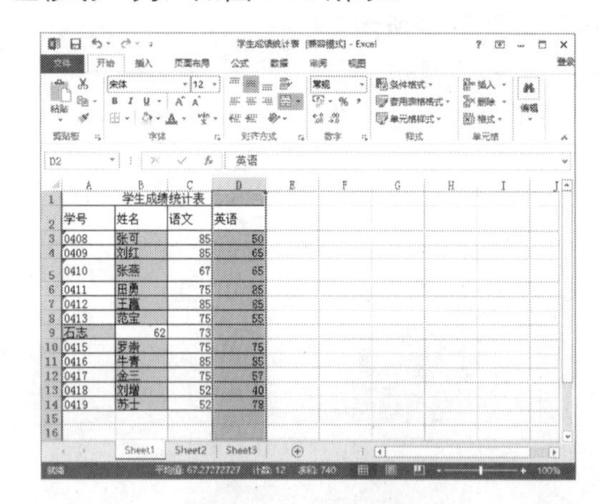

图 7-71　删除数据

7.4.5 编辑数据

在工作表中输入数据，需要修改时，可以通过编辑栏修改数据或者在单元格中直接修改。

 1. 通过编辑栏修改

选择需要修改的单元格，编辑栏中即显

示该单元格的信息，如图 7-72 所示。单击编辑栏后即可修改，例如将 C9 单元格中的“员工聚餐”改为“外出旅游”，如图 7-73 所示。

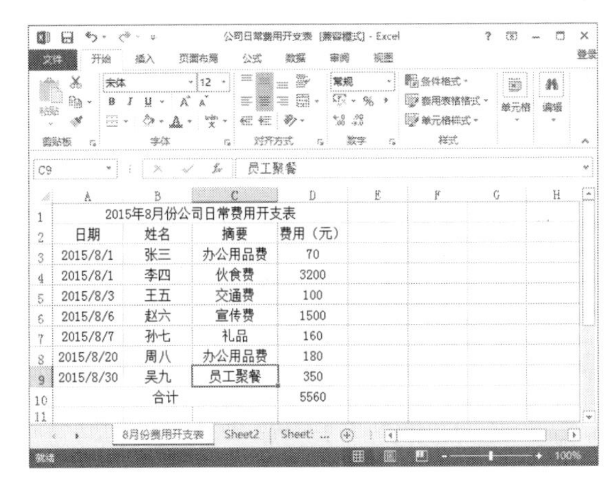

图 7-72　选择要修改的单元格数据

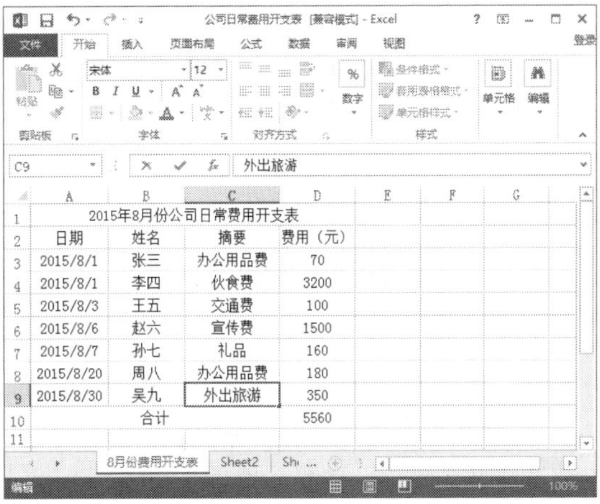

图 7-73　修改单元格数据

2. 在单元格中直接修改

选择需要修改的单元格，然后直接输入数据，原单元格中的数据将被覆盖，也可以双击单元格或者按 F2 键，单元格中的数据将被激活，然后就可以直接修改了。

7.5 设置单元格格式

单元格是工作表的基本组成单位，也是用户进行操作的最小单位。在 Excel 2013 中，用户可以根据需要设置各个单元格的格式，包括字体格式、对齐方式以及边框和底纹等。

7.5.1 设置数字格式

在 Excel 中设置数字格式的方法主要包括利用快捷菜单、格式刷、复制粘贴以及条件格式等。

设置数字格式的具体操作步骤如下。

步骤 1 打开一个需要设置数字格式的文件，选中需要设置格式的数字，如图 7-74 所示。

步骤 2 右击，在弹出的快捷菜单中选择【设置单元格格式】命令，打开【设置单元格格式】对话框，如图 7-75 所示。

步骤 3 在【分类】列表框中选择【数值】选项，设置【小数位数】为 0，如图 7-76 所示。

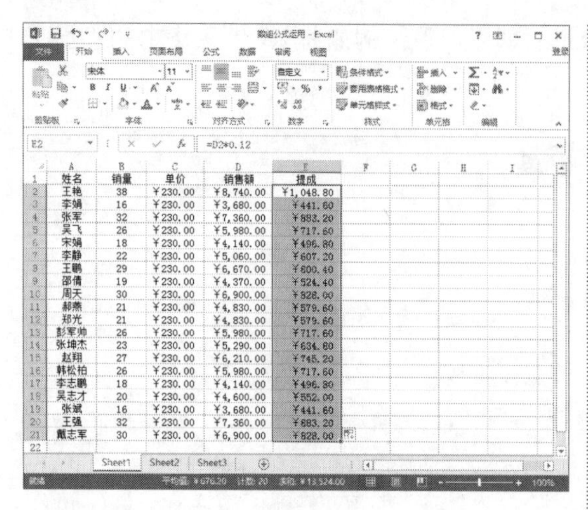

图 7-74 选中要设置格式的数据

图 7-75 【设置单元格格式】对话框

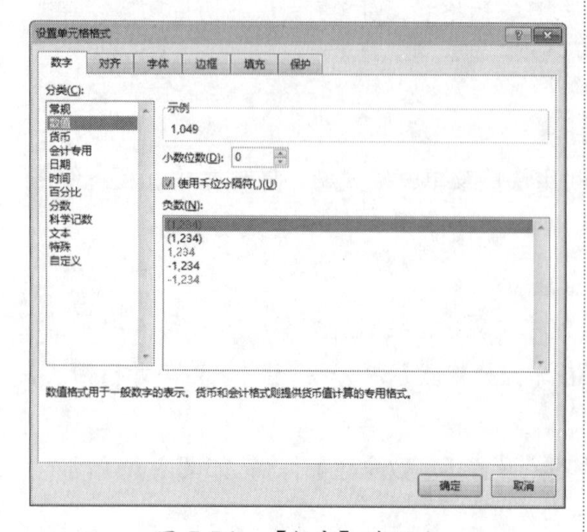

图 7-76 【数字】选项卡

步骤 4 单击【确定】按钮，即可完成数字格式的设置，此时数据的小数位数已精确到了个位，如图 7-77 所示。

图 7-77 完成数字格式设置的效果

7.5.2 设置对齐方式

默认情况下单元格中的文字是左对齐，数字是右对齐。为了使工作表美观，用户可以设置文字的对齐方式，具体操作步骤如下。

步骤 1 打开需要设置文字对齐方式的文件，如图 7-78 所示。

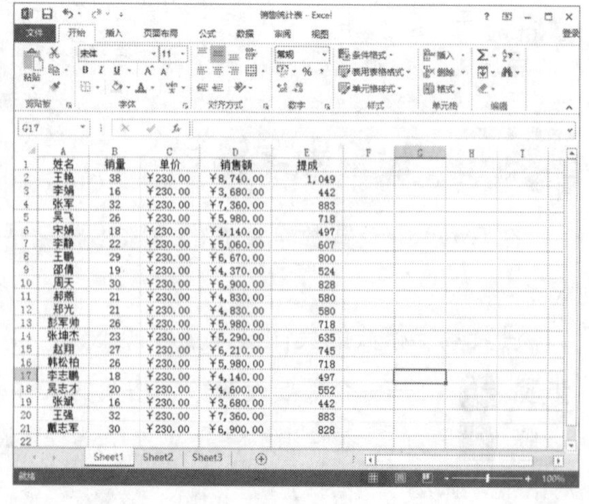

图 7-78 打开文件

步骤 2 选中要设置格式的单元格区域，

右击，在弹出的快捷菜单中选择【设置单元格格式】命令，如图 7-79 所示。

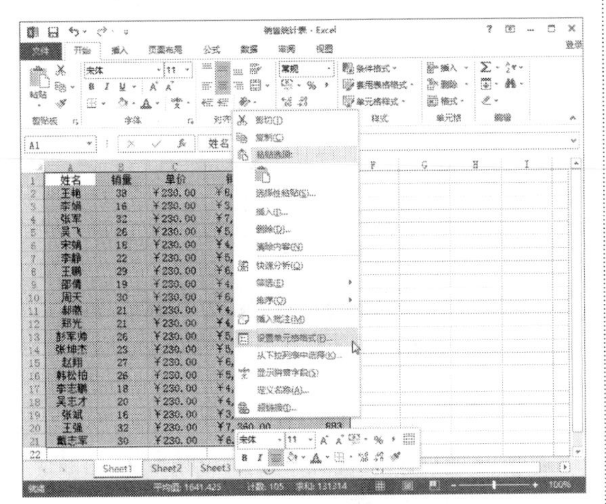

图 7-79　选择【设置单元格格式】命令

步骤 3 打开【设置单元格格式】对话框，在其中选择【对齐】选项卡，设置【水平对齐】为【居中】，【垂直对齐】为【居中】，如图 7-80 所示。

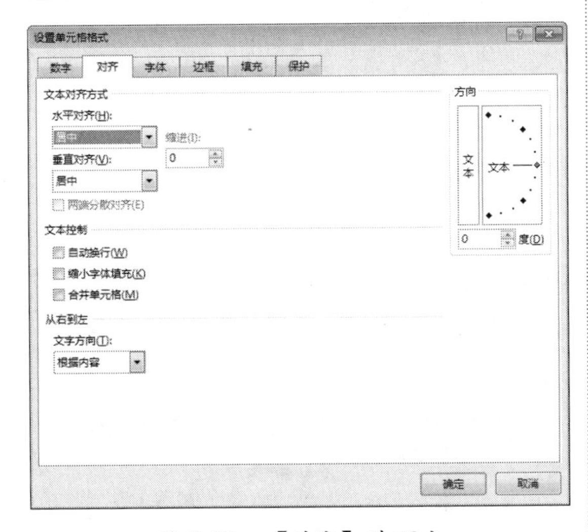

图 7-80　【对齐】选项卡

步骤 4 单击【确定】按钮，即可查看设置后的效果，即每个单元格的数据都居中显示，如图 7-81 所示。

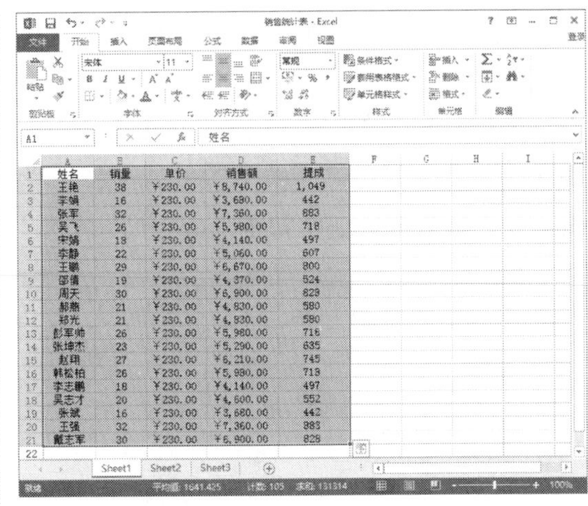

图 7-81　居中显示的单元格数据

> **提示**　在【对齐方式】选项组中提供有常用的对齐按钮，用户通过单击相应的按钮也可以设置单元格的对齐方式。

7.5.3　设置边框和底纹

工作表中显示的灰色网格线不是实际的表格线，打印时是不显示的。为了使工作表看起来更清晰，重点更突出，结构更分明，可以为表格设置边框和底纹。

步骤 1 打开需要设置边框和底纹的文件，选中要设置的单元格区域，如图 7-82 所示。

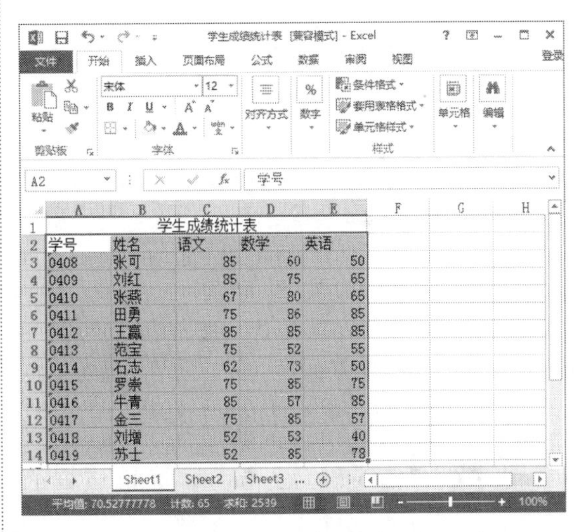

图 7-82　选中要设置的单元格区域

步骤 2 右击，在弹出的快捷菜单中选择【设置单元格格式】命令，在打开的【设置单元格格式】对话框中选择【边框】选项卡，在【样式】列表中选择线条的样式，然后单击【外边框】按钮，如图 7-83 所示。

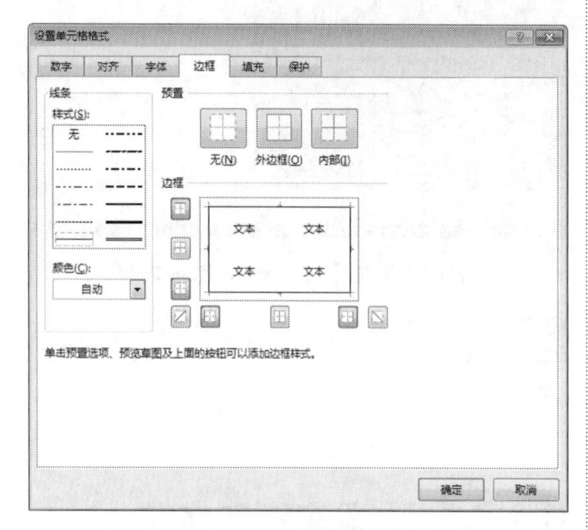

图 7-83 【边框】选项卡

步骤 3 在【样式】列表中再次选择线条的样式，然后单击【内部】按钮，如图 7-84 所示。

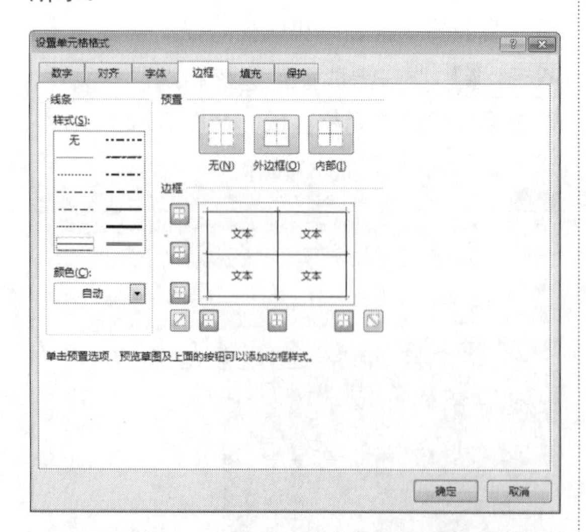

图 7-84 单击【内部】按钮

步骤 4 单击【确定】按钮，完成边框的添加，如图 7-85 所示。

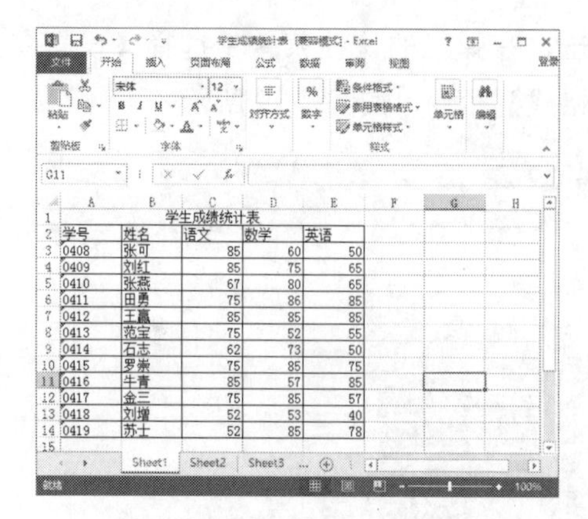

学生成绩统计表

学号	姓名	语文	数学	英语
0408	张可	85	60	50
0409	刘红	85	75	65
0410	张燕	67	80	65
0411	田勇	75	86	85
0412	王赢	85	85	85
0413	范宝	75	52	55
0414	石志	62	73	50
0415	罗崇	75	85	75
0416	牛青	85	57	85
0417	金三	75	85	57
0418	刘增	52	53	40
0419	苏士	52	85	78

图 7-85 为单元格区域添加边框

步骤 5 选中要设置底纹的单元格，右击，在弹出的快捷菜单中选择【设置单元格格式】命令，如图 7-86 所示。

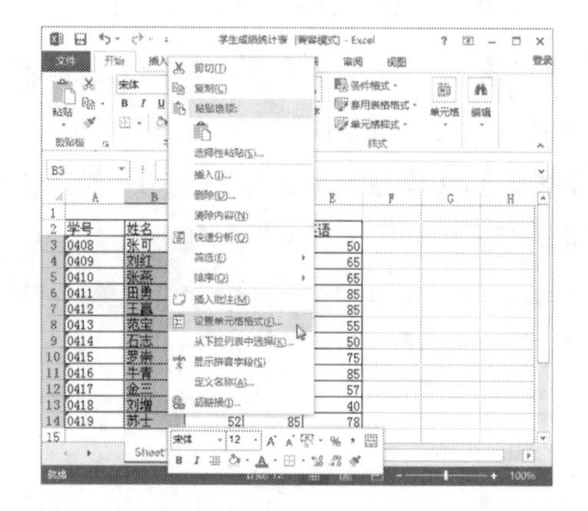

图 7-86 选择【设置单元格格式】命令

步骤 6 打开【设置单元格格式】对话框，选择【填充】选项卡，在【背景色】色块下选择颜色，如图 7-87 所示。

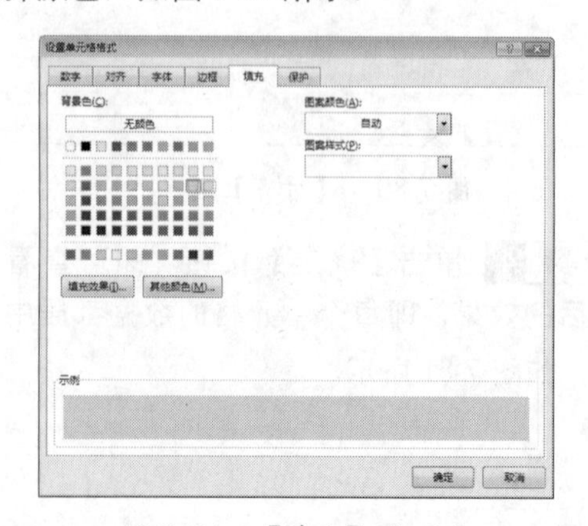

图 7-87 【填充】选项卡

步骤 7 在【图案样式】下拉列表中选择图案的样式，如图 7-88 所示。

步骤 8 单击【确定】按钮，即可完成单元格底纹的设置，如图 7-89 所示。

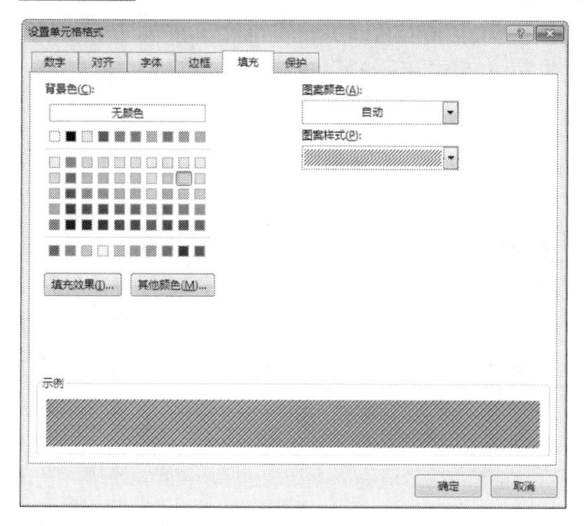

图 7-88　设置填充图案

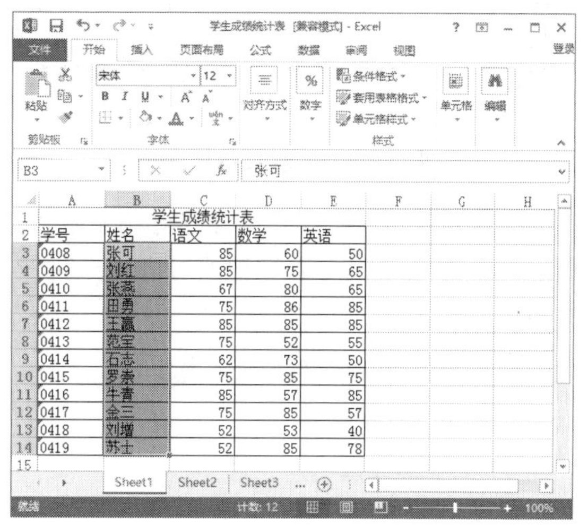

图 7-89　添加底纹后的单元格

7.6 快速设置表格样式

使用 Excel 2013 内置的表格样式可以快速地美化表格。

7.6.1 套用浅色样式美化表格

Excel 预置有 60 种常用的格式，用户可以自动地套用这些预先定义好的格式，以提高工作的效率，具体的操作步骤如下。

步骤 1 打开随书光盘中的“素材 \ch07\ 员工工资统计表”文件，选中要套用表格样式的区域，如图 7-90 所示。

步骤 2 在【开始】选项卡中单击【样式】选项组中的【套用表格格式】按钮 套用表格格式，在弹出的下拉列表中选择【浅色】面板中的一种，如图 7-91 所示。

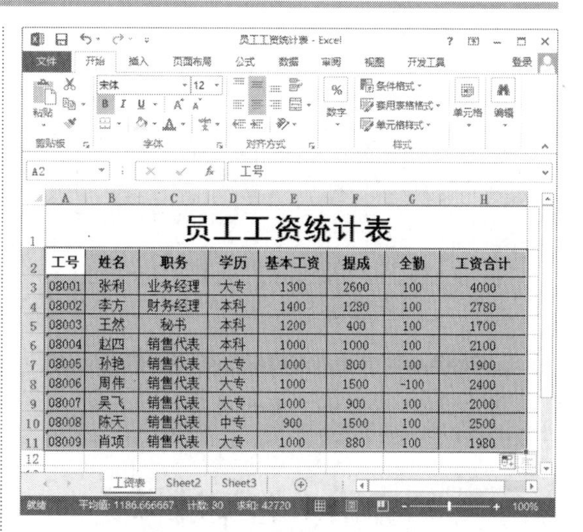

图 7-90　打开素材文件

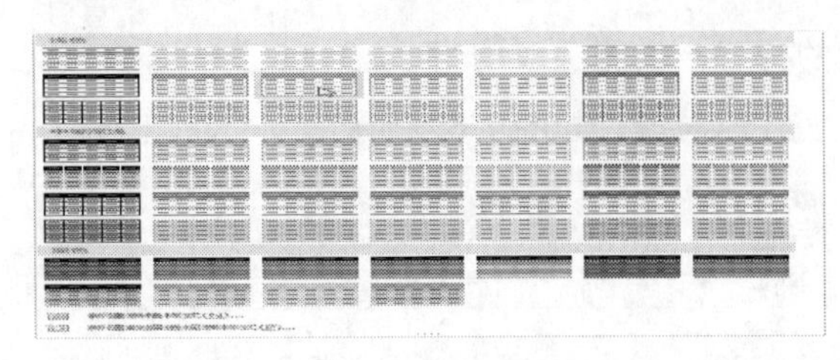

图 7-91　浅色表格样式

步骤 3 单击样式，则会弹出【套用表格式】对话框，单击【确定】按钮即可套用一种浅色样式，如图 7-92 所示。

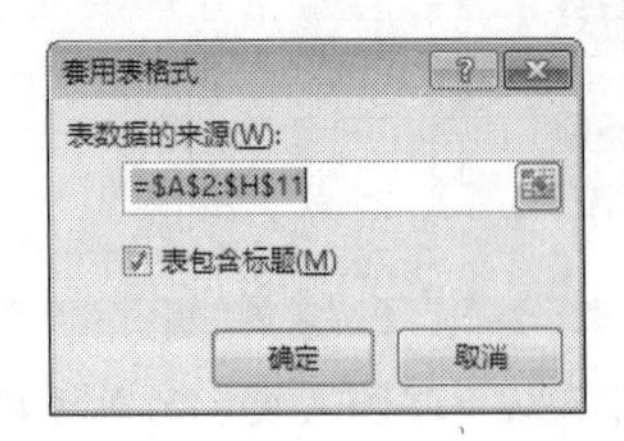

图 7-92　【套用表格式】对话框

步骤 4 在此样式中单击任一单元格，功能区则会出现【设计】选项卡，然后单击【表格样式】组中的任一样式，即可更改样式，如图 7-93 所示。

图 7-93　显示效果

7.6.2 套用中等深浅样式美化表格

套用中等深浅样式更适合内容较复杂的表格，具体的操作步骤如下。

步骤 1 打开随书光盘中的“素材 \ch07\ 员工工资统计表”文件，选中要套用格式的区域，然后单击【开始】选项卡下【样式】选项组中的【套用表格格式】按钮 套用表格格式，在弹出的下拉列表中选择【中等深浅】设置区中的一种，如图 7-94 所示。

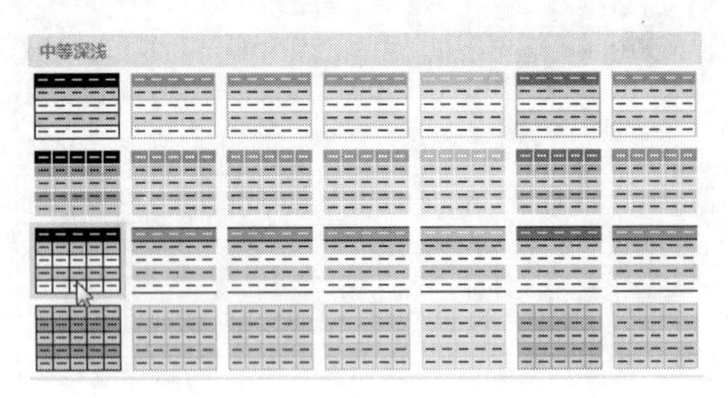

图 7-94　中等深浅表格格式

步骤 2 单击即可套用一种中等深浅样式，如图 7-95 所示。

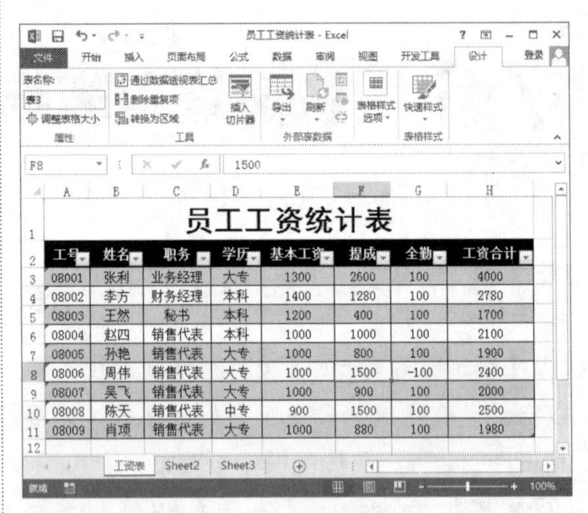

员工工资统计表

工号	姓名	职务	学历	基本工资	提成	全勤	工资合计
08001	张利	业务经理	大专	1300	2600	100	4000
08002	李方	财务经理	本科	1400	1280	100	2780
08003	王然	秘书	本科	1200	400	100	1700
08004	赵四	销售代表	本科	1000	1000	100	2100
08005	孙艳	销售代表	大专	1000	800	100	1900
08006	周伟	销售代表	大专	1000	1500	-100	2400
08007	吴飞	销售代表	大专	1000	900	100	2000
08008	陈天	销售代表	中专	900	1500	100	2500
08009	肖项	销售代表	大专	1000	880	100	1980

图 7-95　显示效果

7.6.3 套用深色样式美化表格

套用深色样式美化表格时，为了将字体显示得更加清楚，可以对字体添加“加粗”效果，具体的操作步骤如下。

步骤 1 打开随书光盘中的“素材 \ch07\ 员工工资统计表”文件，选择要套用格式的区域，

然后单击【开始】选项卡下【样式】选项组中的【套用表格格式】按钮套用表格格式▾，在弹出的下拉列表中选择【深色】设置区中的一种，如图 7-96 所示。

步骤 2 单击即可套用一种深色样式，效果如图 7-97 所示。

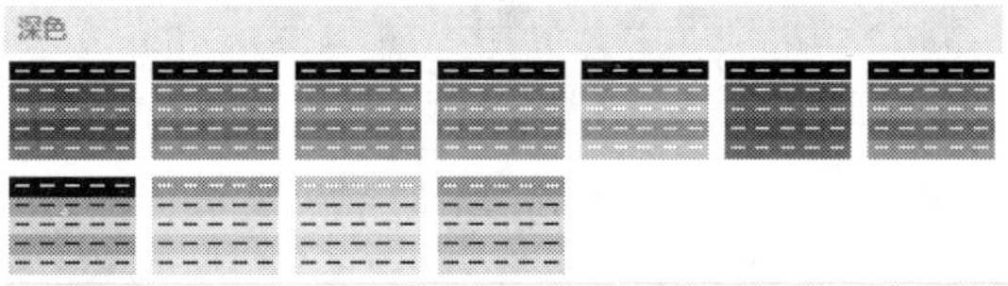

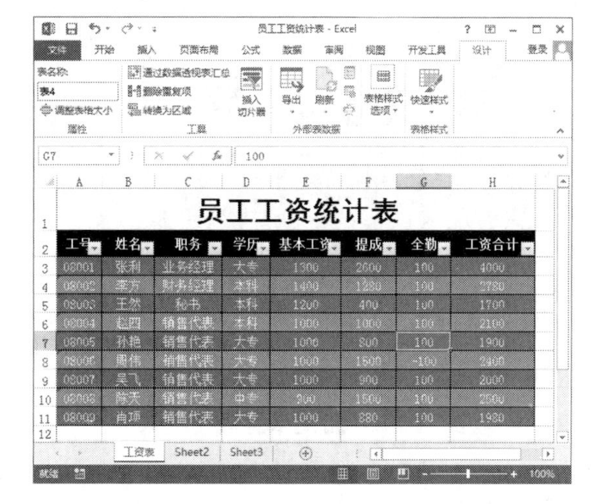

深色

图 7-96　深色表格格式

图 7-97　显示效果

7.7 自动套用单元格样式

单元格样式是一组已定义好的格式特征，在 Excel 2013 的内置单元格样式中还可以创建自定义单元格样式。若要在一个表格中应用多种样式，可使用自动套用单元格样式功能。

7.7.1 套用单元格文本样式

在创建的默认工作表中，单元格文本的字体为“宋体”，字号为“11”。如果要快速改变文本样式，可以套用单元格文本样式，具体的操作步骤如下。

步骤 1 打开随书光盘中的“素材\ch07\学生成绩统计表”文件，选中数据区域，然后单击【开始】选项卡下【样式】选项组中的【单元格样式】按钮单元格样式▾，在弹出的下拉列表的【数据和模型】面板中选择一种样式，如图 7-98 所示。

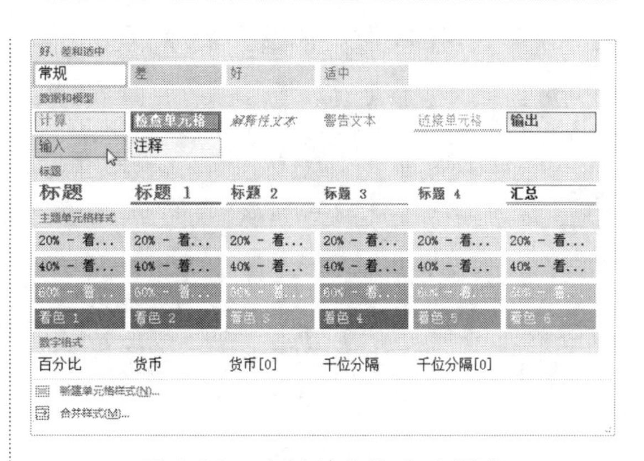

图 7-98　选择单元格文本样式

步骤 2 改变后的单元格中文本的样式的显示效果如图 7-99 所示。

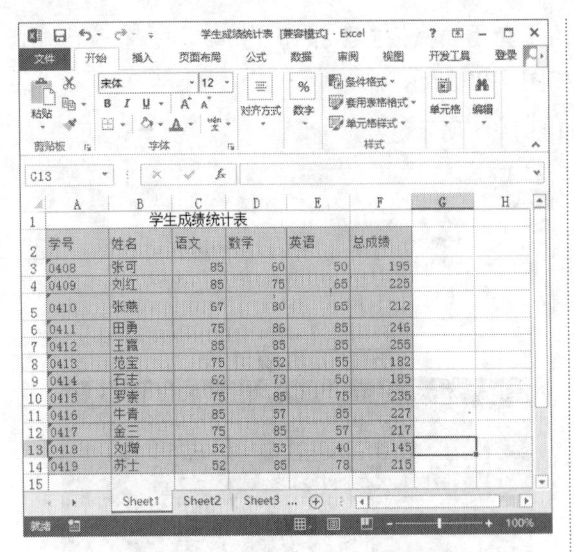

图 7-99　应用文本样式的效果

7.7.2 套用单元格背景样式

在创建的默认工作表中，单元格的背景是白色的。如果要快速改变背景颜色，可以套用单元格背景样式，具体的操作步骤如下。

步骤 1 打开随书光盘中的“素材 \ch07\ 学生成绩统计表”文件。选择“语文”成绩的单元格，在【开始】选项卡中，单击【样式】选项组中的【单元格样式】按钮 单元格样式，在弹出的下拉列表中选择“好”样式，即可改变单元格的背景，如图 7-100 所示。

好、差和适中
常规 差 好 适中
数据和模型
计算 检查单元格 解释性文本 警告文本 链接单元格 输出
输入 注释
标题
标题 标题 1 标题 2 标题 3 标题 4 汇总
主题单元格样式
20% - 着... 20% - 着... 20% - 着... 20% - 着... 20% - 着... 20% - 着...
40% - 着... 40% - 着... 40% - 着... 40% - 着... 40% - 着... 40% - 着...
60% - 着... 60% - 着... 60% - 着... 60% - 着... 60% - 着... 60% - 着...
着色 1 着色 2 着色 3 着色 4 着色 5 着色 6
数字格式
百分比 货币 货币[0] 千位分隔 千位分隔[0]
新建单元格样式(N)...
合并样式(M)...

图 7-100　选择单元格背景样式

步骤 2 选择“数学”成绩下面的单元格，设置为“适中”样式，即可改变单元格的背景。按照相同的方法改变其他单元格的背景，最终效果如图 7-101 所示。

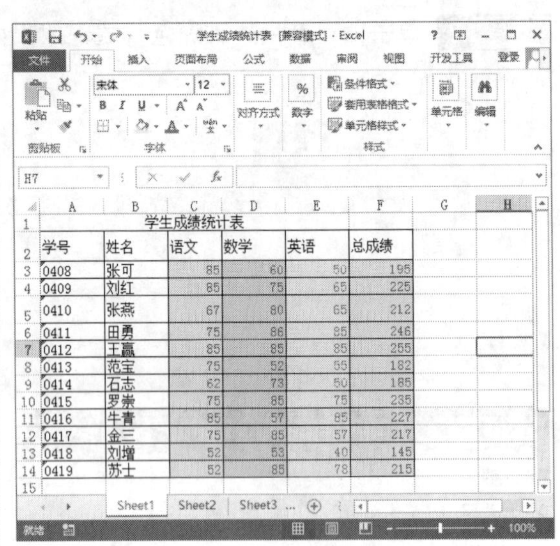

图 7-101　应用背景样式的效果

7.7.3 套用单元格标题样式

自动套用单元格中标题样式的具体步骤如下。

步骤 1 打开随书光盘中的“素材 \ch07\ 学生成绩统计表”文件，选中需要套用样式的标题区域。在【开始】选项卡中，单击【样式】选项组中的【单元格样式】按钮 单元格样式，在弹出的下拉列表中选择【标题】设置区中的一种样式即可，如图 7-102 所示。

好、差和适中
常规 差 好 适中
数据和模型
计算 检查单元格 解释性文本 警告文本 链接单元格 输出
输入 注释
标题
标题 标题 1 标题 2 标题 3 标题 4 汇总
主题单元格样式
20% - 着... 20% - 着... 20% - 着... 20% - 着... 20% - 着... 20% - 着...
40% - 着... 40% - 着... 40% - 着... 40% - 着... 40% - 着... 40% - 着...
60% - 着... 60% - 着... 60% - 着... 60% - 着... 60% - 着... 60% - 着...
着色 1 着色 2 着色 3 着色 4 着色 5 着色 6
数字格式
百分比 货币 货币[0] 千位分隔 千位分隔[0]
新建单元格样式(N)...
合并样式(M)...

图 7-102　选择单元格标题样式

步骤 2 最终改变的标题的样式，效果如图 7-103 所示。

学生成绩统计表					
学号	姓名	语文	数学	英语	总成绩
0408	张可	85	60	50	195
0409	刘红	85	75	65	225
0410	张燕	67	80	65	212
0411	田勇	75	86	85	246
0412	王赢	85	85	85	255
0413	范宝	75	52	55	182
0414	石志	62	73	50	185
0415	罗崇	75	85	75	235
0416	牛青	85	57	85	227
0417	金三	75	85	57	217
0418	刘增	52	53	40	145
0419	苏士	52	85	78	215

图 7-103 应用标题样式后的效果

7.7.4 套用单元格数字样式

在 Excel 2013 中输入的数据格式，在单元格中默认是右对齐，小数点保留 0 位。如果要快速改变数字样式，可以套用单元格数字样式，具体的操作步骤如下。

步骤 1 打开随书光盘中的“素材\ch07\员工工资统计表”文件，选中需要套用样式的数据区域。在【开始】选项卡中，单击【样式】选项组中的【单元格样式】按钮 单元格样式 ，在弹出的下拉列表中选择【数字格式】下的【货币】选项即可，如图 7-104 所示。

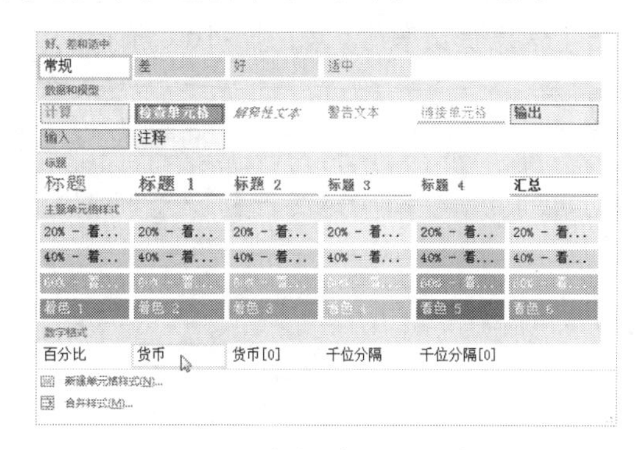

图 7-104 选择单元格数字样式

步骤 2 改变单元格中数字的样式后的最终效果如图 7-105 所示。

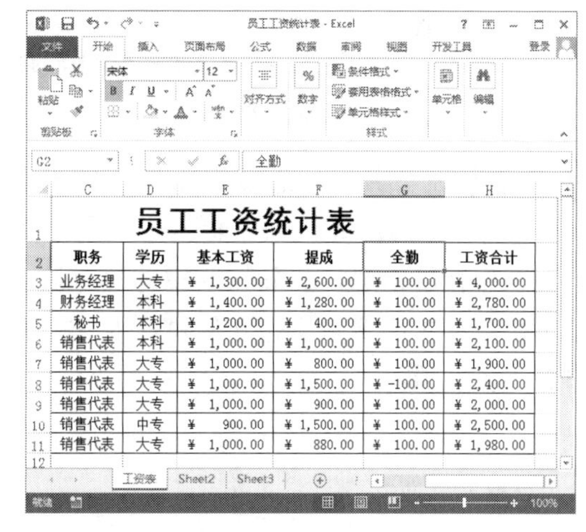

员工工资统计表					
职务	学历	基本工资	提成	全勤	工资合计
业务经理	大专	¥ 1,300.00	¥ 2,600.00	¥ 100.00	¥ 4,000.00
财务经理	本科	¥ 1,400.00	¥ 1,280.00	¥ 100.00	¥ 2,780.00
秘书	本科	¥ 1,200.00	¥ 400.00	¥ 100.00	¥ 1,700.00
销售代表	本科	¥ 1,000.00	¥ 1,000.00	¥ 100.00	¥ 2,100.00
销售代表	大专	¥ 1,000.00	¥ 800.00	¥ 100.00	¥ 1,900.00
销售代表	大专	¥ 1,000.00	¥ 1,500.00	¥ -100.00	¥ 2,400.00
销售代表	大专	¥ 1,000.00	¥ 900.00	¥ 100.00	¥ 2,000.00
销售代表	中专	¥ 900.00	¥ 1,500.00	¥ 100.00	¥ 2,500.00
销售代表	大专	¥ 1,000.00	¥ 880.00	¥ 100.00	¥ 1,980.00

图 7-105 应用数字样式后的效果

7.8 高效办公技能实战

7.8.1 制作员工信息登记表

通常情况下，员工信息登记表中的内容会根据企业的不同要求来添加相应的内容。创建员工信息登记表的具体操作步骤如下。

步骤 1 创建一个空白工作簿，同时对Sheet1进行重命名，然后将该工作簿保存为“员工信息登记表”，如图7-106所示。

图 7-106　新建空白文档

步骤 2 在“员工信息登记表”工作表中选中A1单元格，并在其中输入“员工信息登记表”标题信息，然后按照相同的方法，在表格的相应位置根据企业的具体要求输入相应的文字信息，如图7-107所示。

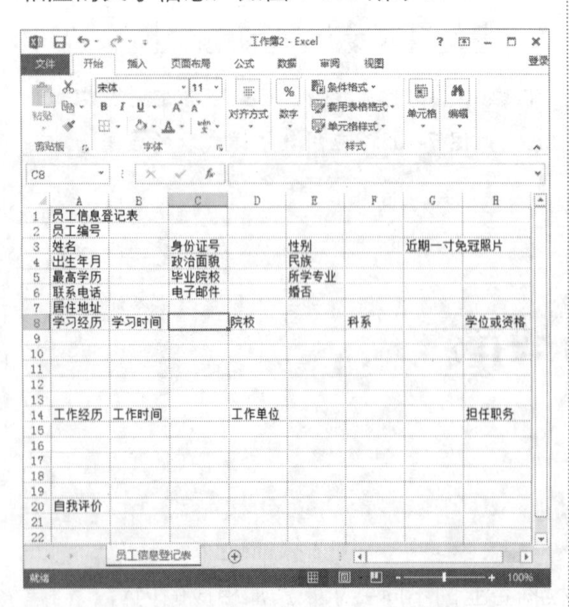

图 7-107　输入表格中的文本信息

步骤 3 在“员工信息登记表”工作表中选中A3:H24单元格区域，按Ctrl+1快捷键，打开【设置单元格格式】对话框，在其中选择【边框】选项卡，然后单击【内部】按钮和【外边框】按钮，如图7-108所示。

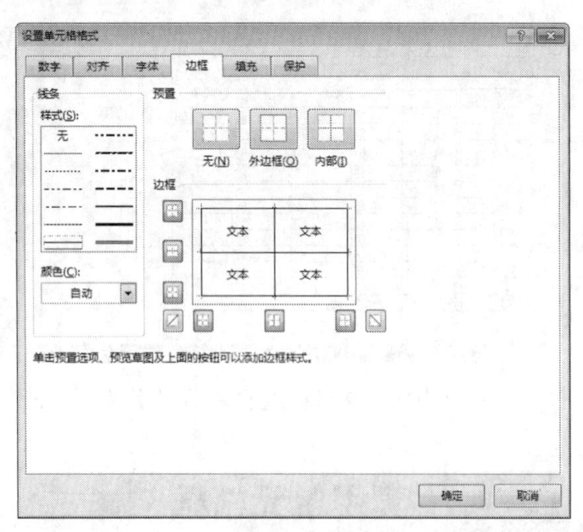

图 7-108　【边框】选项卡

步骤 4 设置完毕后，单击【确定】按钮，即可添加边框效果，如图7-109所示。

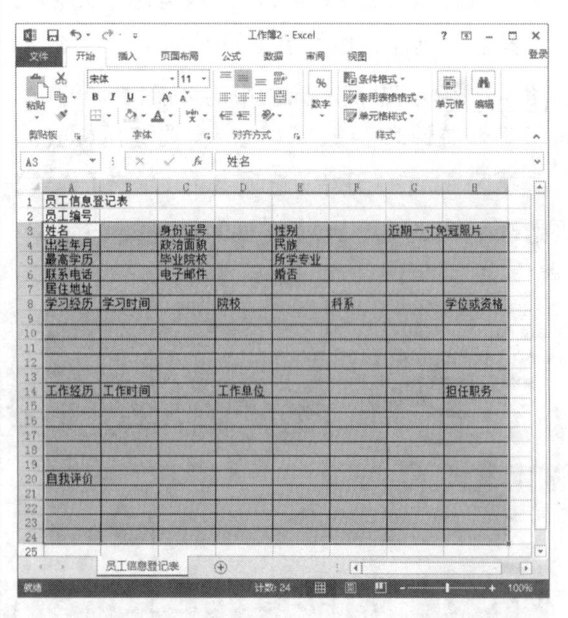

图 7-109　添加表格边框效果

步骤 5 在“员工信息登记表”工作表中

选中 A1:H1 单元格区域，右击，在弹出的快捷菜单中选择【设置单元格格式】命令，打开【设置单元格格式】对话框，在其中选择【对齐】选项卡，并选中【合并单元格】复选框，如图 7-110 所示。

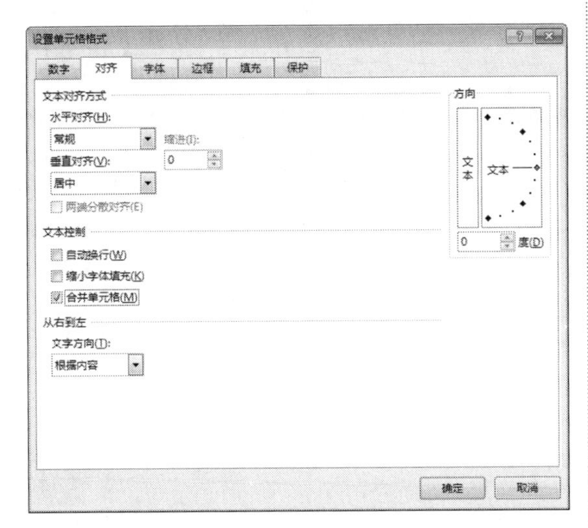

图 7-110 【对齐】选项卡

步骤 6 单击【确定】按钮，即可合并选中的单元格区域为一个单元格，然后按照相同的方式将表格中的其他单元格区域合并为一个单元格，最终的显示效果如图 7-111 所示。

图 7-111 合并单元格

步骤 7 在“员工信息登记表”工作表中选中 A1 单元格，在【字体】选项组中将标题的字体设置为“华文新魏”，字号设置为 20，然后将“近期一寸免冠照片”文字的字号设置为 10，如图 7-112 所示。

图 7-112 设置字体和字号

步骤 8 设置文本的对齐方式。在“员工信息登记表”工作表中选中 A1 和 A2 单元格，在【字体】选项卡中单击【居中】按钮，即可将表格的标题文字居中显示。参照同样的方式，将 A3:A7 单元格区域中的文本以“靠左（缩进）”的方式显示；将 A8:D19 单元格区域的文本以“居中”的方式显示；将 A20、H3、H8 和 H14 单元格的文本以“居中”的方式显示，设置完毕后的显示效果如图 7-113 所示。

图 7-113 设置文本对齐方式

步骤 9 设置文字自动换行。在“员工信息登记表”工作表中选中 H3、A8、A14 和 A20 单元格，然后按 Ctrl+1 快捷键打开【设置单元格格式】对话框，在其中选择【对齐】选项卡，并选中【自动换行】复选框，如图 7-114 所示。

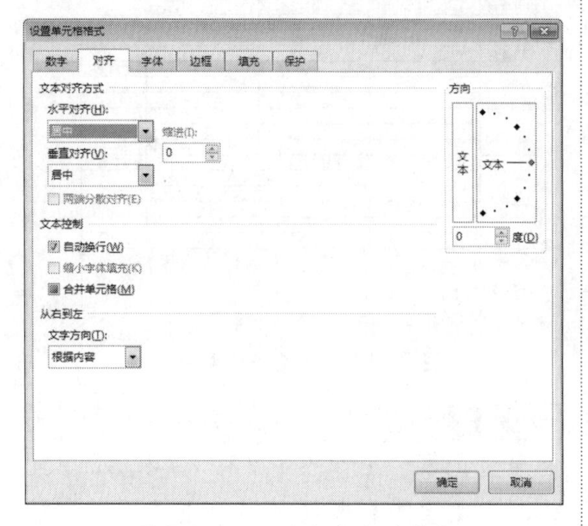

图 7-114　设置文字自动换行

步骤 10 设置完毕后，单击【确定】按钮，即可将 H3、A8、A14 和 A20 单元格中的文本自动换行显示，如图 7-115 所示。

图 7-115　最终的显示效果

7.8.2 制作公司值班表

一般来说，为保证公司的正常运作，人事部需要做好值班安排。制作值班表的具体操作步骤如下。

步骤 1 打开 Excel 工作簿，在 C1 单元格中输入“**** 公司值班表”，选择 C1:F2 单元格区域，单击【开始】选项卡下【对齐方式】组中的【合并后居中】按钮，在弹出的下拉列表中选择【合并单元格】选项，合并 C1:F2 单元格区域，如图 7-116 所示。

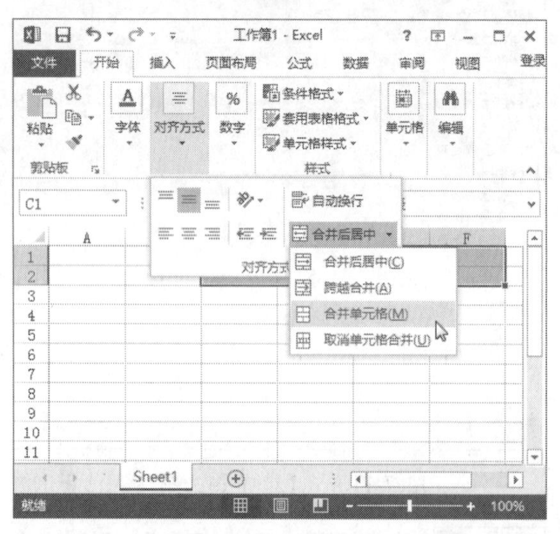

图 7-116　合并单元格

步骤 2 设置 C1 单元格的对齐方式为【居中对齐】，内容加粗，字号为 20 号，如图 7-117 所示。

图 7-117　居中对齐

步骤 3 在 F3 单元格中输入“日期：”，

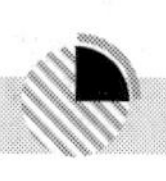

对齐方式为【右对齐】，在 G3 单元格中输入“20__ 年第 __ 周”，合并 G3 与 H3 单元格，对齐方式为【左对齐】，如图 7-118 所示。

图 7-118　输入日期信息

步骤 4 在 A4 单元格中输入“星期　姓名”，设置 A4 单元格自动换行，添加边框时选择右下角边框，调整单元格至合适的列宽，如图 7-119 所示。

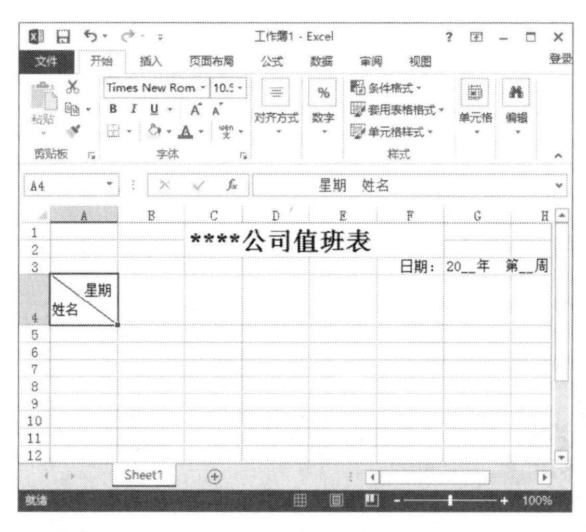

图 7-119　调整单元格列宽

步骤 5 在 B4 单元格中输入“星期一”，使用鼠标拖曳填充至 H3 单元格，如图 7-120 所示。

图 7-120　输入信息

步骤 6 合并 A5:A17 单元格区域，如图 7-121 所示。

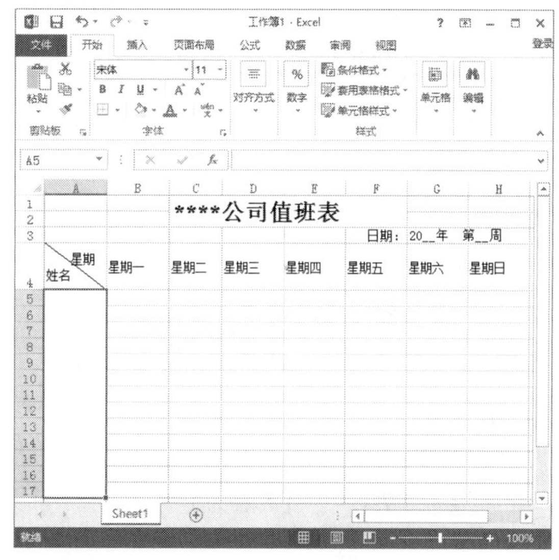

图 7-121　合并单元格

步骤 7 选择 A4:H17 单元格区域，按 Ctrl+1 快捷键，打开【设置单元格格式】对话框，选择【边框】选项卡，设置外边框为粗实线，内边框为细实线，如图 7-122 所示。

步骤 8 单击【确定】按钮为单元格区域添加边框，在 G18 单元格中输入“第 __ 页”，如图 7-123 所示。

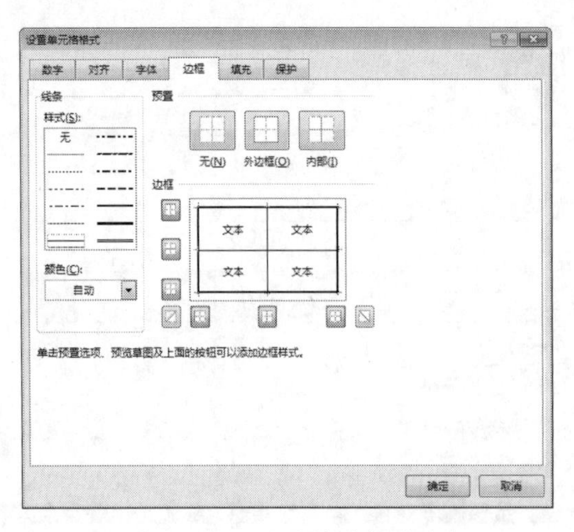

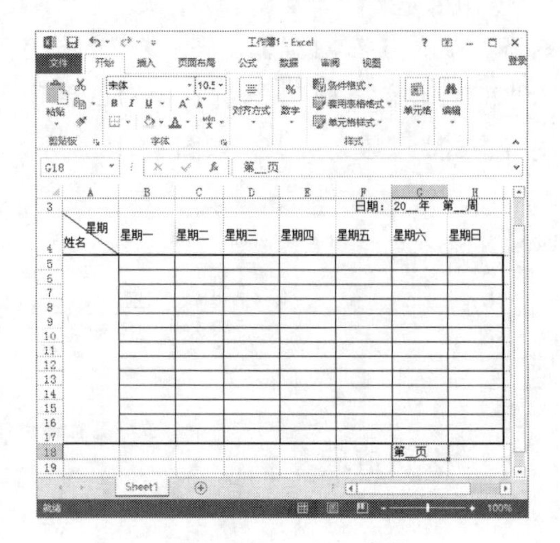

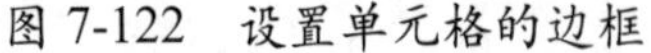
图 7-122 设置单元格的边框

图 7-123 显示效果

步骤 9 选择【文件】选项卡，在打开的界面中选择【另存为】选项，然后选择【计算机】选项，如图 7-124 所示。

步骤 10 单击【浏览】按钮，打开【另存为】对话框，在【文件名】文本框中输入“公司值班表 .xlsx”，然后单击【保存】按钮，即可将创建的值班表保存起来，如图 7-125 所示。

图 7-124 【另存为】界面

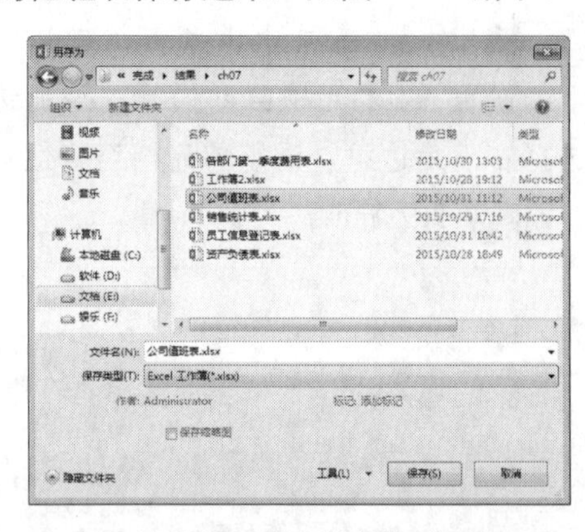

图 7-125 【另存为】对话框

7.9 课后练习与指导

7.9.1 在 Excel 中输入并编辑数据

☆ 练习目标

了解在 Excel 中输入数据的过程。

掌握在 Excel 中输入并编辑数据的方法。

☆　专题练习指南

01　新建一个空白文档。

02　在单元格中输入数值、文字等。

03　编辑单元格中数值。

04　设置单元格的格式。

7.9.2　使用预设功能美化单元格

☆　练习目标

了解美化单元格的方法与过程。

掌握使用 Excel 的预设表格样式美化单元格。

☆　专题练习指南

01　新建一个空白文档。

02　在单元格中输入数值、文字等。

03　选中需要美化的单元格或单元格区域。

04　选择【开始】选项卡，在【样式】选项组中单击【套用表格格式】按钮，在弹出的下拉列表中根据自己的需要为表格添加预设样式。

05　在【样式】选项组中单击【其他】按钮，在弹出的下拉列表中根据自己的需要为表格中单元格数据添加预设样式。

使用公式和函数自动计算数据

● **本章导读**

公式和函数是 Excel 2013 的重要组成部分，有着非常强大的计算功能，为用户分析和处理工作表中的数据提供了很大的方便。本章为读者介绍如何使用公式和函数自动计算数据。

● **学习目标**

◎ 了解 Excel 2013 的公式。

◎ 掌握 Excel 2013 公式的使用方法。

◎ 掌握函数输入与修改的方法。

◎ 掌握 Excel 2013 预设函数的使用方法。

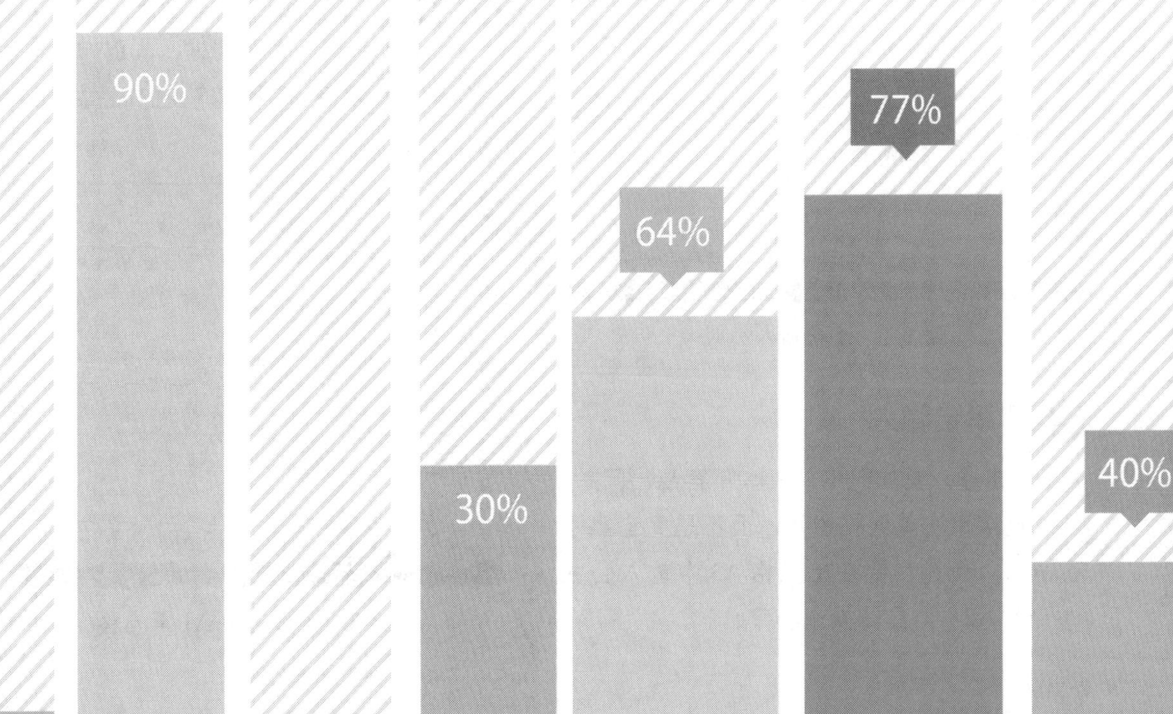

8.1 使用公式

在 Excel 2013 中，应用公式可以帮助分析工作表中的数据，如对数值进行加、减、乘、除等运算。其实，公式就是一个等式，由一组数据和运算符组成，使用公式时必须以“=”开头，后面紧接数据和运算符。

8.1.1 输入公式

使用公式计算数据的首要条件是在 Excel 表格中输入公式，常见的输入公式的方法有手动输入和单击输入两种，下面分别进行介绍。

1. 手动输入

手动输入公式是指用手动来输入公式。在选定的单元格中输入等号（=），后面输入公式。输入时，字符会同时出现在单元格和编辑栏中。当输入一个公式时，用户可以使用常用编辑键，如图 8-1 所示。

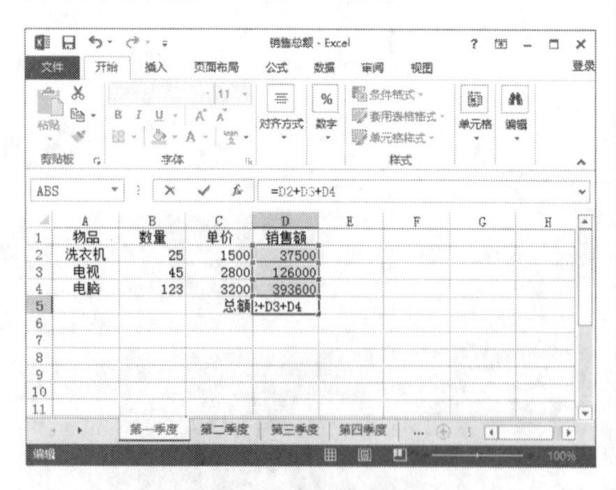

图 8-1　手动输入公式

2. 单击输入

单击输入更加简单、快速，不容易出问题。可以直接单击单元格引用，而不是完全靠手动输入。例如，要在单元格 A3 中输入公式“=A1+A2”，具体操作步骤如下。

步骤 1 在 Excel 2013 中新建一个空白工作簿，在 A1 中输入“23”，在 A2 中输入“15”，并选择 A3 单元格，输入“=”，此时状态栏里会显示“输入”字样，如图 8-2 所示。

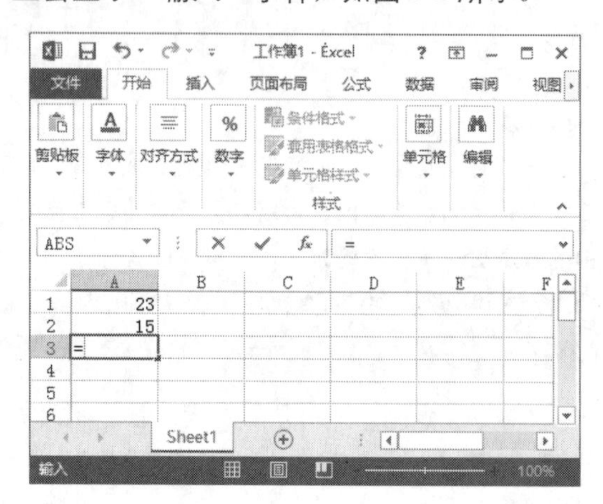

图 8-2　输入“=”符号

步骤 2 单击单元格 A1，此时 A1 单元格的周围会显示一个活动虚框，同时单元格引用出现在单元格 A3 和编辑栏中，如图 8-3 所示。

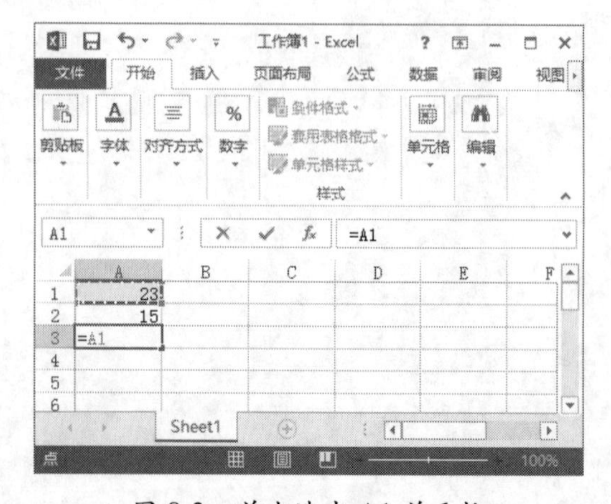

图 8-3　单击选中 A1 单元格

步骤 3 输入“+”，实线边框会代替虚线边框，状态栏里会再次出现“输入”字样，如图 8-4 所示。

图 8-4　输入“+”符号

步骤 4 再单击单元格 A2，将单元格 A2 添加到公式中，如图 8-5 所示。

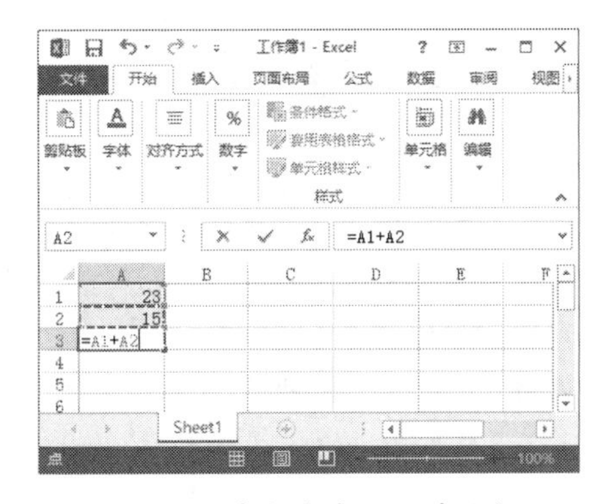

图 8-5　单击选中 A2 单元格

步骤 5 单击编辑栏中的✓按钮，或按 Enter 键结束公式的输入，在 A3 单元格中即可计算出 A1 和 A2 单元格中值的和，如图 8-6 所示。

图 8-6　计算单元格的和

8.1.2 编辑公式

单元格中的公式和其他数据一样，可以对其进行编辑。要编辑公式中的内容，需要先转换到公式编辑状态下，如果发现输入的公式有错误，可以修改公式，具体操作步骤如下。

步骤 1 新建一个空白工作簿，在其中输入数据，并将其保存为“员工工资统计表”，在 H3 单元格中输入“=E3+F3”，如图 8-7 所示。

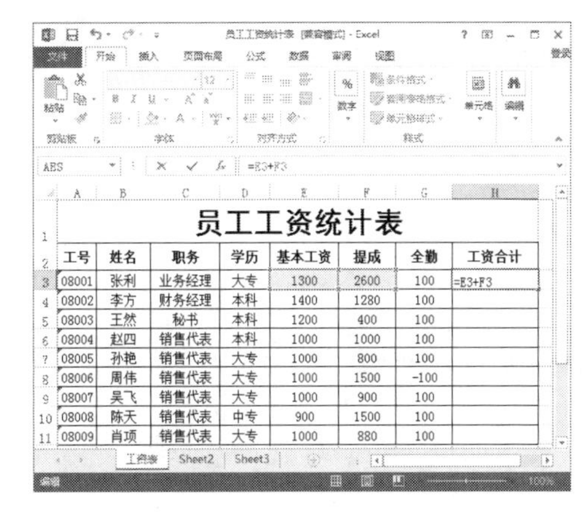

图 8-7　输入公式

步骤 2 按 Enter 键，即可计算出工资的合计值，如图 8-8 所示。

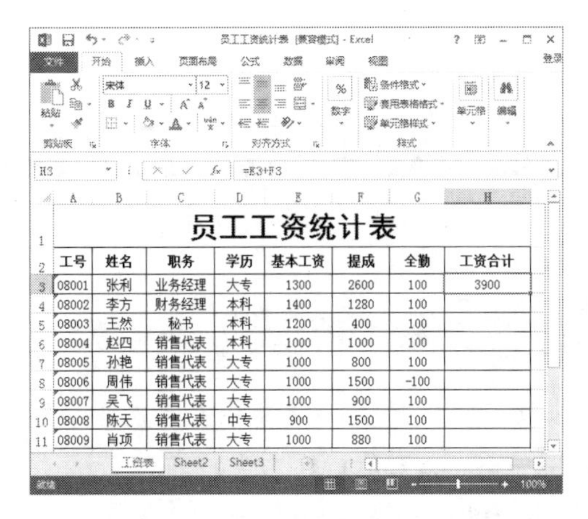

图 8-8　计算工资合计值

步骤 3 输入完成，发现未加上“全勤”项，即可选中 H3 单元格，在编辑栏中对该公式进行修改，如图 8-9 所示。

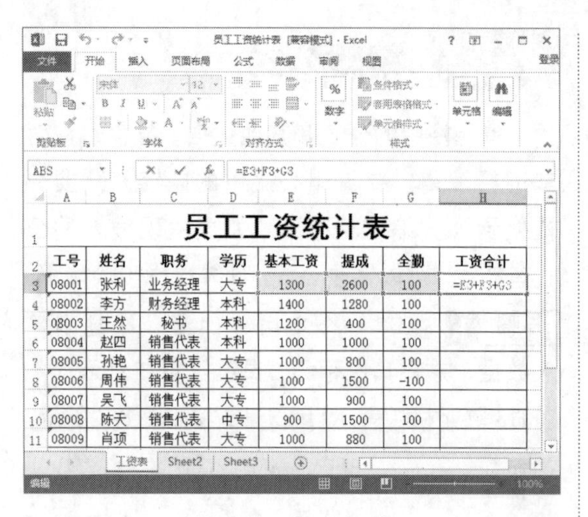

员工工资统计表

工号	姓名	职务	学历	基本工资	提成	全勤	工资合计
08001	张利	业务经理	大专	1300	2600	100	=E3+F3+G3
08002	李方	财务经理	本科	1400	1280	100	
08003	王然	秘书	本科	1200	400	100	
08004	赵四	销售代表	本科	1000	1000	100	
08005	孙艳	销售代表	大专	1000	800	100	
08006	周伟	销售代表	大专	1000	1500	-100	
08007	吴飞	销售代表	大专	1000	900	100	
08008	陈天	销售代表	中专	900	1500	100	
08009	肖项	销售代表	大专	1000	880	100	

图 8-9 修改公式

步骤 4 按 Enter 键确认公式的修改，单元格内的数值则会发生相应的变化，如图 8-10 所示。

员工工资统计表

工号	姓名	职务	学历	基本工资	提成	全勤	工资合计
08001	张利	业务经理	大专	1300	2600	100	4000
08002	李方	财务经理	本科	1400	1280	100	
08003	王然	秘书	本科	1200	400	100	
08004	赵四	销售代表	本科	1000	1000	100	
08005	孙艳	销售代表	大专	1000	800	100	
08006	周伟	销售代表	大专	1000	1500	-100	
08007	吴飞	销售代表	大专	1000	900	100	
08008	陈天	销售代表	中专	900	1500	100	
08009	肖项	销售代表	大专	1000	880	100	

图 8-10 计算出合计值

8.1.3 移动公式

移动公式是指将创建好的公式移动到其他单元格中，具体操作步骤如下。

步骤 1 打开“员工工资统计表”文件，如图 8-11 所示。

步骤 2 在单元格 H3 中输入公式“=SUM(E3:G3)”，按 Enter 键即可求出“工资合计”，如图 8-12 所示。

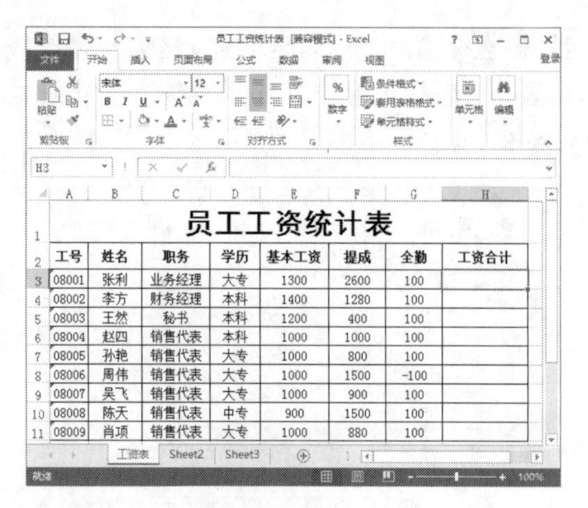

员工工资统计表

工号	姓名	职务	学历	基本工资	提成	全勤	工资合计
08001	张利	业务经理	大专	1300	2600	100	
08002	李方	财务经理	本科	1400	1280	100	
08003	王然	秘书	本科	1200	400	100	
08004	赵四	销售代表	本科	1000	1000	100	
08005	孙艳	销售代表	大专	1000	800	100	
08006	周伟	销售代表	大专	1000	1500	-100	
08007	吴飞	销售代表	大专	1000	900	100	
08008	陈天	销售代表	中专	900	1500	100	
08009	肖项	销售代表	大专	1000	880	100	

图 8-11 打开文件

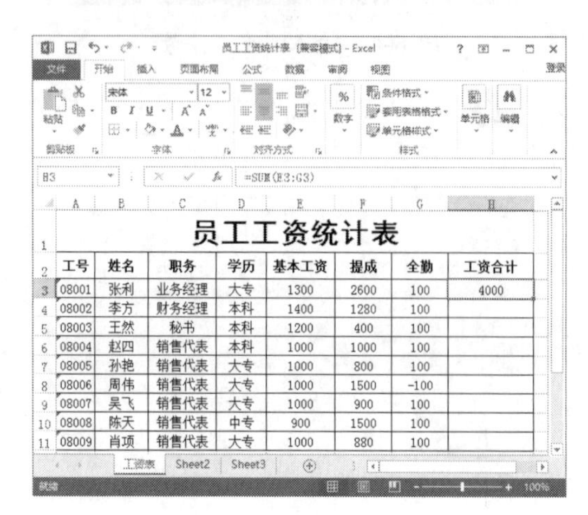

员工工资统计表

工号	姓名	职务	学历	基本工资	提成	全勤	工资合计
08001	张利	业务经理	大专	1300	2600	100	4000
08002	李方	财务经理	本科	1400	1280	100	
08003	王然	秘书	本科	1200	400	100	
08004	赵四	销售代表	本科	1000	1000	100	
08005	孙艳	销售代表	大专	1000	800	100	
08006	周伟	销售代表	大专	1000	1500	-100	
08007	吴飞	销售代表	大专	1000	900	100	
08008	陈天	销售代表	中专	900	1500	100	
08009	肖项	销售代表	大专	1000	880	100	

图 8-12 输入求和公式

步骤 3 选择单元格 H3，在该单元格的边框上按住鼠标左键，将其拖曳到其他单元格，如图 8-13 所示。

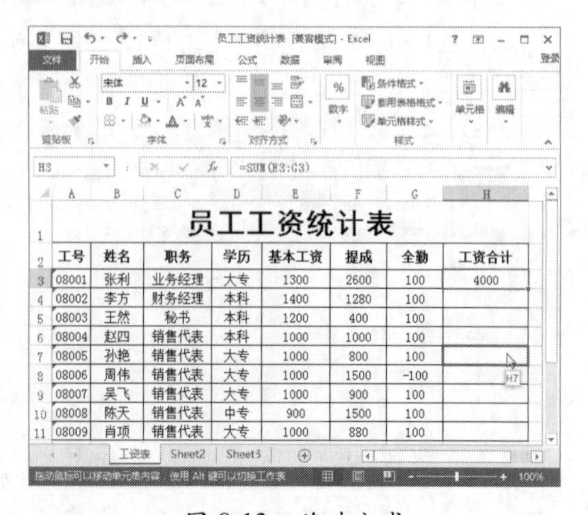

员工工资统计表

工号	姓名	职务	学历	基本工资	提成	全勤	工资合计
08001	张利	业务经理	大专	1300	2600	100	4000
08002	李方	财务经理	本科	1400	1280	100	
08003	王然	秘书	本科	1200	400	100	
08004	赵四	销售代表	本科	1000	1000	100	
08005	孙艳	销售代表	大专	1000	800	100	
08006	周伟	销售代表	大专	1000	1500	-100	
08007	吴飞	销售代表	大专	1000	900	100	
08008	陈天	销售代表	中专	900	1500	100	
08009	肖项	销售代表	大专	1000	880	100	

图 8-13 移动公式

步骤 4 释放鼠标后即可移动公式，移动后，值不发生变化，仍为“4000”，如图 8-14 所示。

H7　=SUM(E3:G3)

员工工资统计表

工号	姓名	职务	学历	基本工资	提成	全勤	工资合计
08001	张利	业务经理	大专	1300	2600	100	
08002	李方	财务经理	本科	1400	1280	100	
08003	王然	秘书	本科	1200	400	100	
08004	赵四	销售代表	本科	1000	1000	100	
08005	孙艳	销售代表	大专	1000	800	100	4000
08006	周伟	销售代表	大专	1000	1500	-100	
08007	吴飞	销售代表	大专	1000	900	100	
08008	陈天	销售代表	中专	900	1500	100	
08009	肖项	销售代表	大专	1000	880	100	

图 8-14　移动公式后的值不变

提示

在 Excel 2013 中移动公式时，无论使用哪一种单元格引用，公式内的单元格引用不会更改，即还保持原始的公式内容。

8.1.4 复制公式

复制公式就是把创建好的公式复制到其他单元格中，具体操作步骤如下。

步骤 1 打开“员工工资统计表”文件，在 H3 单元格中输入公式“=SUM(E3:G3)”，按 Enter 键计算出“工资合计”，如图 8-15 所示。

H3　=SUM(E3:G3)

员工工资统计表

工号	姓名	职务	学历	基本工资	提成	全勤	工资合计
08001	张利	业务经理	大专	1300	2600	100	4000
08002	李方	财务经理	本科	1400	1280	100	
08003	王然	秘书	本科	1200	400	100	
08004	赵四	销售代表	本科	1000	1000	100	
08005	孙艳	销售代表	大专	1000	800	100	
08006	周伟	销售代表	大专	1000	1500	-100	
08007	吴飞	销售代表	大专	1000	900	100	
08008	陈天	销售代表	中专	900	1500	100	
08009	肖项	销售代表	大专	1000	880	100	

图 8-15　计算工资合计

步骤 2 选择 H3 单元格，在【开始】选项卡中，单击【剪贴板】选项组中的【复制】按钮，该单元格的边框显示为虚线，如图 8-16 所示。

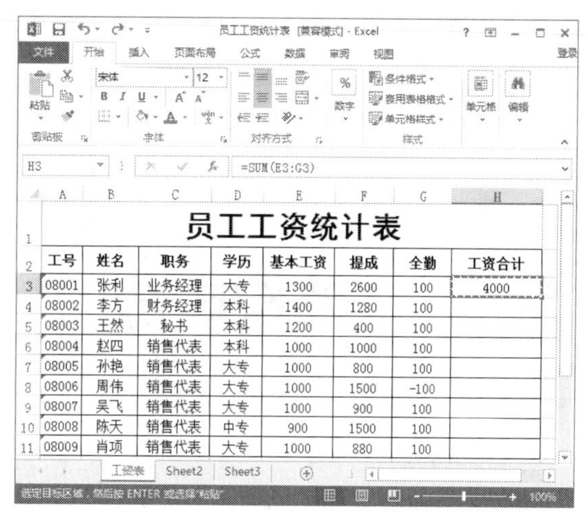

H3　=SUM(E3:G3)

员工工资统计表

工号	姓名	职务	学历	基本工资	提成	全勤	工资合计
08001	张利	业务经理	大专	1300	2600	100	4000
08002	李方	财务经理	本科	1400	1280	100	
08003	王然	秘书	本科	1200	400	100	
08004	赵四	销售代表	本科	1000	1000	100	
08005	孙艳	销售代表	大专	1000	800	100	
08006	周伟	销售代表	大专	1000	1500	-100	
08007	吴飞	销售代表	大专	1000	900	100	
08008	陈天	销售代表	中专	900	1500	100	
08009	肖项	销售代表	大专	1000	880	100	

图 8-16　复制公式

步骤 3 选择 H6 单元格，单击【剪贴板】选项组中的【粘贴】按钮，即可将公式粘贴到该单元格中。可以看到和移动公式不同的是，值发生了变化，E6 单元格中显示的公式为“=SUM(E6:G6)”，即复制公式时，公式会根据单元格的引用情况发生变化，如图 8-17 所示。

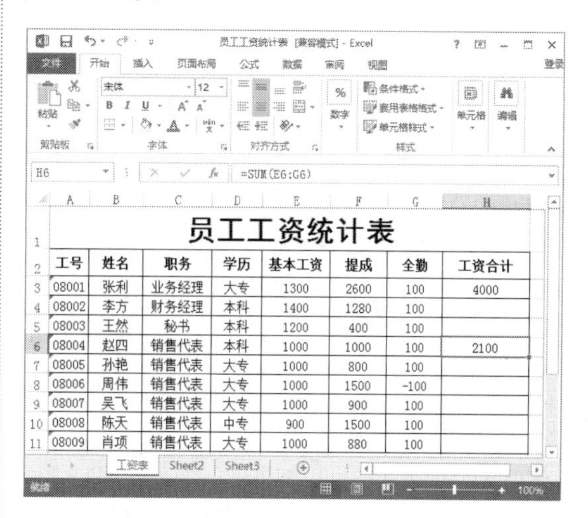

H6　=SUM(E6:G6)

员工工资统计表

工号	姓名	职务	学历	基本工资	提成	全勤	工资合计
08001	张利	业务经理	大专	1300	2600	100	4000
08002	李方	财务经理	本科	1400	1280	100	
08003	王然	秘书	本科	1200	400	100	
08004	赵四	销售代表	本科	1000	1000	100	2100
08005	孙艳	销售代表	大专	1000	800	100	
08006	周伟	销售代表	大专	1000	1500	-100	
08007	吴飞	销售代表	大专	1000	900	100	
08008	陈天	销售代表	中专	900	1500	100	
08009	肖项	销售代表	大专	1000	880	100	

图 8-17　粘贴公式

步骤 4 按 Ctrl 键或单击右侧的 (Ctrl) 按

钮，在弹出的下拉列表中单击相应的按钮，即可应用粘贴格式、数值、公式、源格式、链接、图片等。若单击按钮，则表示只粘贴数值，粘贴后H6单元格中的值仍为“4000”，如图 8-18 所示。

图 8-18 【粘贴】列表

8.2 使用函数

Excel 函数是一些已经定义好的公式，通过参数接收数据并返回结果，大多数情况下函数返回的是计算的结果，也可以返回文本、引用、逻辑值、数组或者工作表的信息。

8.2.1 输入函数

在 Excel 2013 中，输入函数的方法有手动输入和使用函数向导输入两种方法，其中手动输入函数与输入普通的公式一样，这里不再重述。下面介绍使用函数向导输入函数的步骤。

步骤 1 启动 Excel 2013，新建一个空白文档，在 A1 单元格中输入“-100”，如图 8-19 所示。

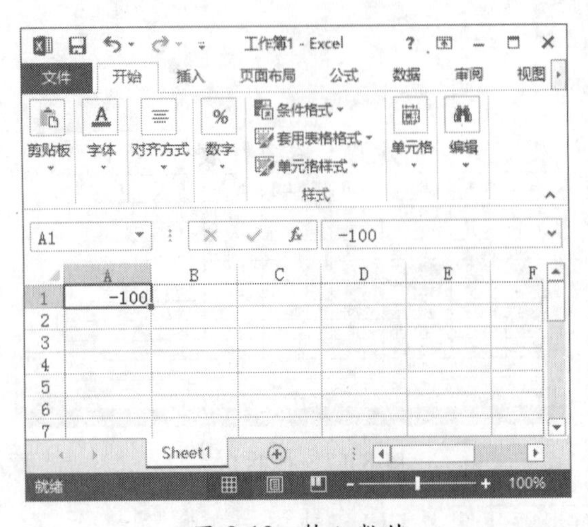

图 8-19 输入数值

步骤 2 选定 A2 单元格，在【公式】选项卡中，单击【函数库】选项组中的【插入函数】按钮，或者单击编辑栏上的【插入函数】按钮，弹出【插入函数】对话框，如图 8-20 所示。

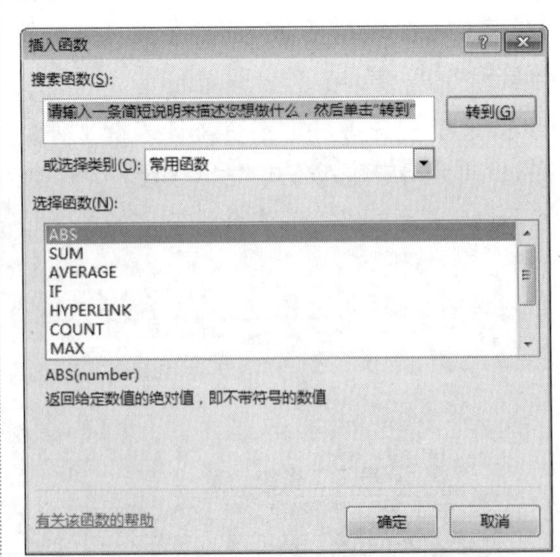

图 8-20 【插入函数】对话框

步骤 3 在【或选择类别】下拉列表中选择【数学与三角函数】选项，在【选择函数】列表框中选择 ABS 选项（绝对值函数），列

表框的下方会出现关于该函数功能的简单提示，如图 8-21 所示。

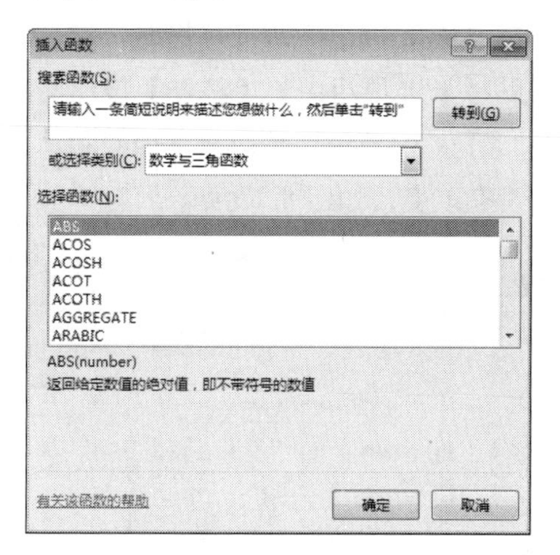

图 8-21　选择要插入的函数类型

步骤 4 单击【确定】按钮，弹出【函数参数】对话框，在 Number 文本框中输入“A1”，或先单击 Number 文本框，再单击 A1 单元格，如图 8-22 所示。

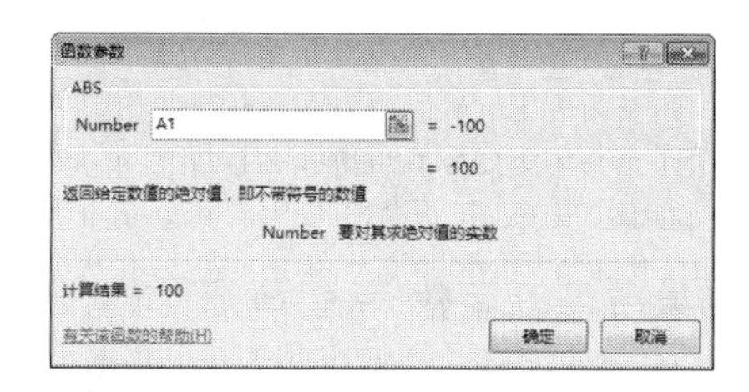

图 8-22　【函数参数】对话框

步骤 5 单击【确定】按钮，即可将 A1 单元格中数值的绝对值求出，显示在 A2 单元格中，如图 8-23 所示。

图 8-23　计算出数值

> **提示**　对于函数参数，可以直接输入数值、单元格或单元格区域引用，也可以使用鼠标在工作表中选定单元格或单元格区域。

8.2.2 复制函数

函数的复制通常有两种情况，即相对复制和绝对复制。

1. 相对复制

所谓相对复制，就是将单元格中的函数表达式复制到一个新单元格中后，原来函数表达式中相对引用的单元格区域，随新单元格的位置变化而做相应的调整。进行相对复制的具体操作步骤如下。

步骤 1 新建一个空白工作簿，在其中输入数据，将其保存为“学生成绩统计表”文件，在 F2 单元格中输入“=SUM(C2:E2)”并按 Enter 键，计算“总成绩”，如图 8-24 所示。

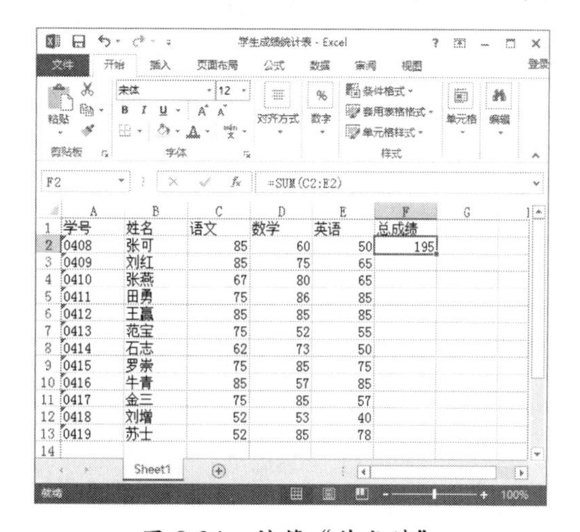

图 8-24　计算“总成绩”

步骤 2 选中 F2 单元格，然后选择【开始】选项卡，单击【剪贴板】选项组中的【复制】按钮，或者按 Ctrl+C 快捷键，选择 F3:F13 单元格区域，然后单击【剪贴板】选项组中

的【粘贴】按钮，或者按 Ctrl+V 快捷键，即可将函数复制到目标单元格，计算出其他学生的“总成绩”，如图 8-25 所示。

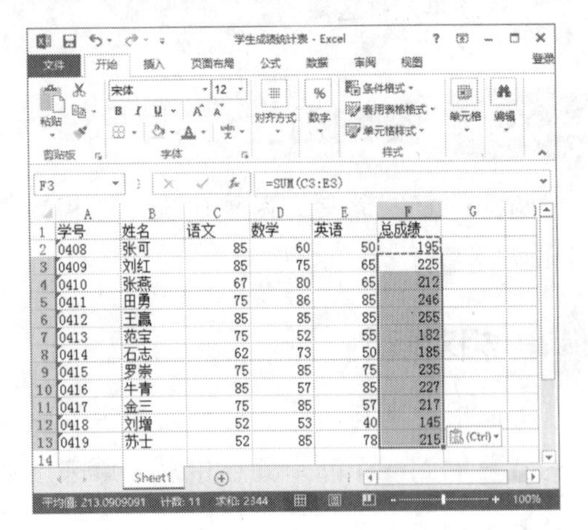

图 8-25　相对复制函数计算其他人员的“总成绩”

2. 绝对复制

所谓绝对复制，就是将单元格中的函数表达式复制到一个新单元格中后，原来函数表达式中绝对引用的单元格区域，不随新单元格的位置变化而做相应的调整。进行绝对复制的具体操作步骤如下。

步骤 1 打开“学生成绩统计表”文件，在 F2 单元格中输入“=SUM($C$2:$E$2)”，并按 Enter 键，如图 8-26 所示。

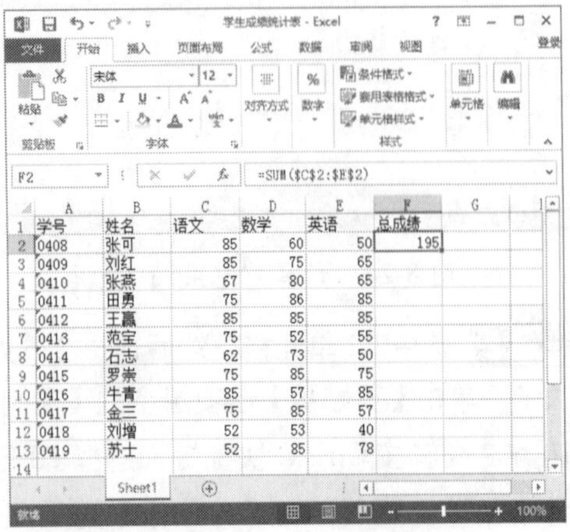

图 8-26　计算“总成绩”

步骤 2 在【开始】选项卡中，单击【剪贴板】选项组中的【复制】按钮，或者按 Ctrl+C 快捷键，选择 F3:F13 单元格区域，然后单击【剪贴板】选项组中的【粘贴】按钮，或者按 Ctrl+V 快捷键，可以看到函数和计算结果并没有改变，如图 8-27 所示。

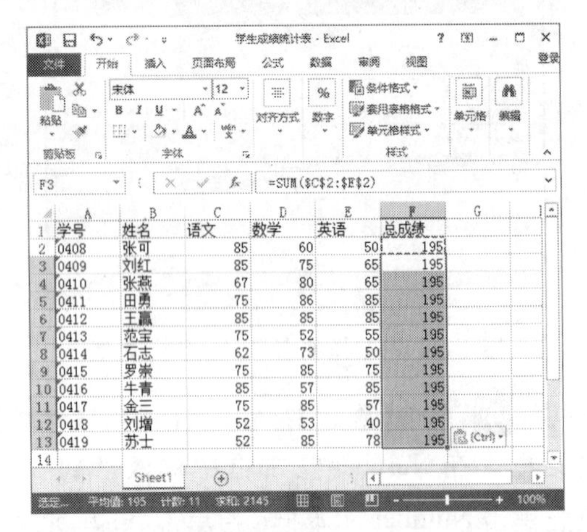

图 8-27　绝对复制函数计算其他人员的“总成绩”

8.2.3 修改函数

如果要修改函数表达式，可以选定修改函数所在的单元格，将光标定位在编辑栏中的错误处，利用 Delete 键或 Backspace 键删除错误内容，然后输入正确内容即可。

例如 8.2.2 节中绝对复制的表达式如果输入错误，将“$E$2”误输入为“$E#2”，具体操作步骤如下。

步骤 1 选定需要修改的单元格，将鼠标定位在编辑栏中的错误处，如图 8-28 所示。

步骤 2 按 Delete 键或 Backspace 键删除错误内容，如图 8-29 所示。

步骤 3 输入正确内容，如图 8-30 所示。

步骤 4 按 Enter 键，即可输入计算出学生的“总成绩”，如图 8-31 所示。

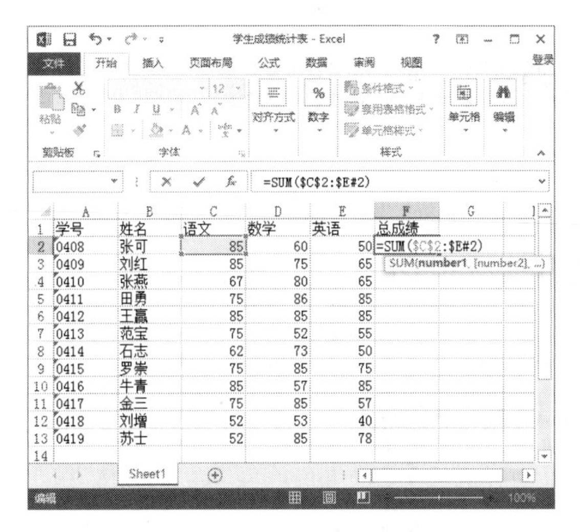

图 8-28　找到错误信息

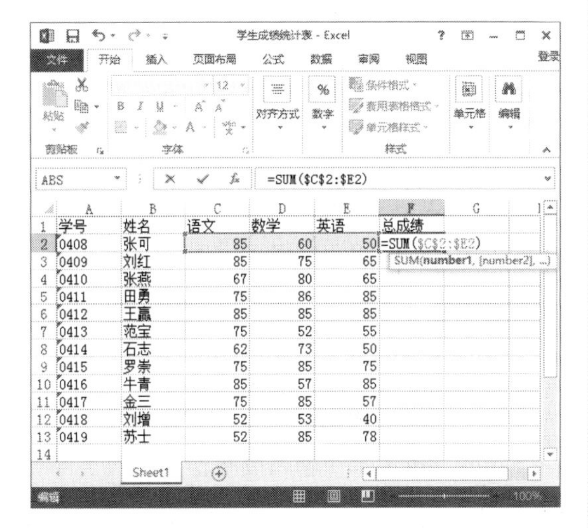

图 8-29　删除错误信息

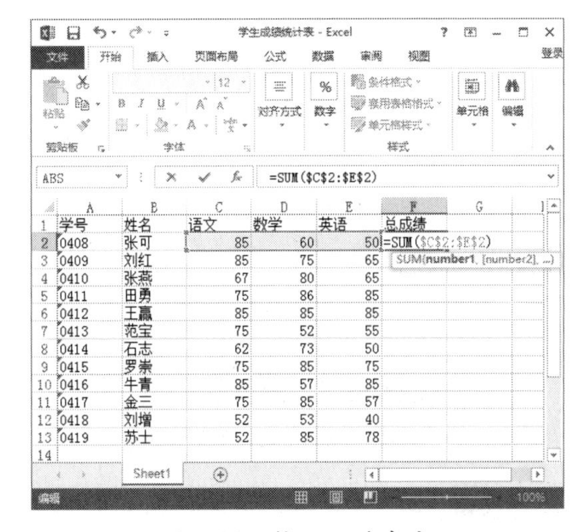

图 8-30　输入正确内容

图 8-31　计算数值

如果是函数的参数输入有误，可选定函数所在的单元格，单击编辑栏中的【插入函数】按钮，再次打开【函数参数】对话框，然后重新输入正确的函数参数即可。如将 8.2.2 节绝对复制中“张可”的“总成绩”参数输入错误，具体的修改步骤如下。

步骤 1　选定函数所在的单元格，单击编辑栏中的【插入函数】按钮，打开【函数参数】对话框，如图 8-32 所示。

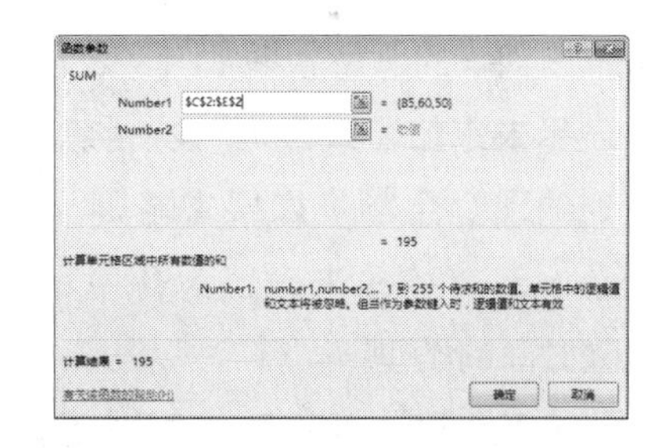

图 8-32　【函数参数】对话框

步骤 2　单击 Number 1 文本框右边的选择区域按钮，然后选择正确的参数即可，如图 8-33 所示。

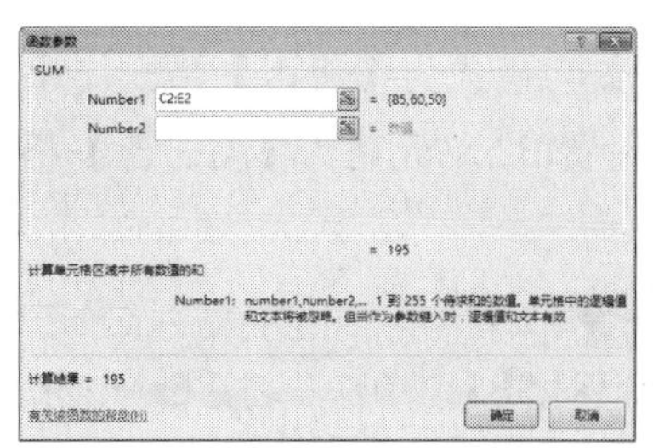

图 8-33　选择正确的参数

8.3 使用系统自带函数计算数据

Excel 中所提到的函数其实是一些预定义的公式，它们使用一些被称为参数的特定数值，按特定的顺序或结构进行计算。每个函数描述都包括一个语法行，它是一种特殊的公式，所有的函数必须以“=”开始，它是预定义的内置公式，必须按语法的特定顺序进行计算。

8.3.1 利用财务函数计算贷款的每期还款额

张三在 2014 年年底向银行贷款 20 万元购房，月利率 1.2%，要求月末还款，一年内还清贷款，试计算张三每月的总还款额，这里需使用财务函数中的 PMT 函数。有关 PMT 函数的介绍如下。

☆ 功能：计算为拥有存储的未来金额，每次必须存储的金额；或为在特定期间内偿清贷款，每次必须存储的金额。

☆ 格式：PMT(rate,nper,pv,fv,type)。

☆ 参数：rate 表示期间内的利润率；nper 表示该贷款的总付款期数；pv 表示现值；fv 表示未来值，或最后一次付款后希望得到的现金余额，如果省略则为 0，也就是一笔贷款的未来值为 0；type 表示付款时间的类型。

利用财务函数计算贷款的每期还款额的具体的操作步骤如下。

步骤 1 新建一个空白文档，在其中输入“贷款金额”“月利率”“支付次数”“支付时间”等。设置 B1 单元格 B7:B18 单元格区域的数字格式为【货币】格式，小数位数为 0；设置 B2 单元格为【百分比】格式，如图 8-34 所示。

步骤 2 在 B7 单元格中输入公式“=PMT($B$2,$B$3,$B$1,0,0)”，按 Enter 键，即可计算出 1 月份的“还款金额”，如图 8-35 所示。

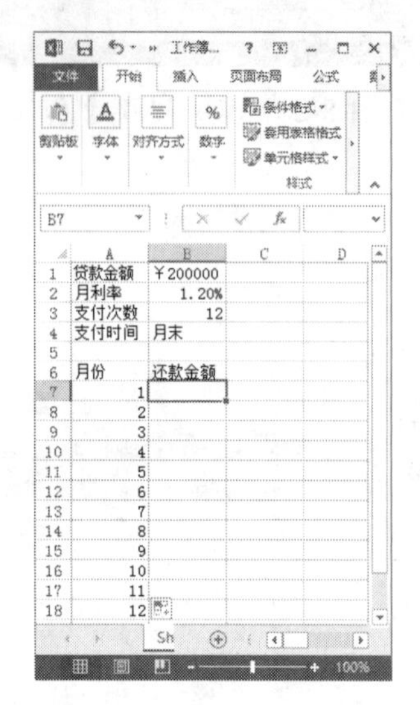

图 8-34 输入数据信息

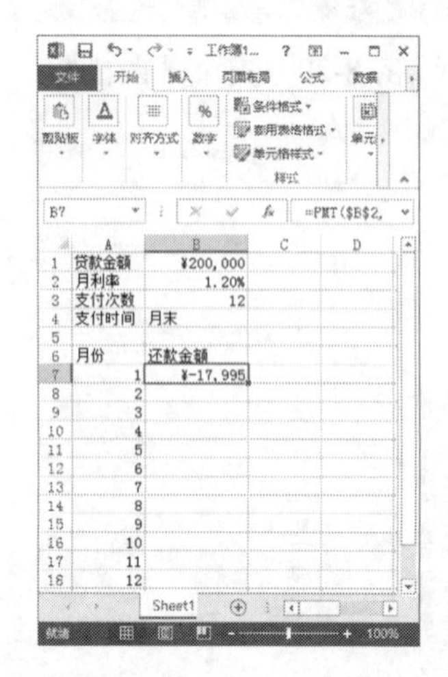

图 8-35 输入公式计算数据

步骤 3 利用快速填充功能，得到其他月份的“还款金额”，如图 8-36 所示。

图 8-36 复制公式到其他单元格

8.3.2 利用逻辑函数判断员工是否完成工作量

每个人4个月销售计算机的数量均大于100台为完成工作量，否则没有完成工作量。这里使用AND函数判断员工是否完成工作量，有关AND函数的介绍如下。

☆ 功能：返回逻辑值。如果所有的参数值均为逻辑“真”(TRUE)，则返回逻辑“真”(TRUE)，反之返回逻辑“假”(FALSE)。

☆ 格式：AND(logical1,logical2,…)。

☆ 参数：logical1,logical2,…表示待测试的条件值或表达式，最多为255个。

利用逻辑函数判断员工是否完成工作量的具体的操作步骤如下。

步骤 1 新建一个空白文档，在其中输入相关数据，如图8-37所示。

步骤 2 在F2单元格中输入公式“=AND(B2> 100,C2>100,D2>100,E2> 100)”，如图8-38所示。

图 8-37 输入数据

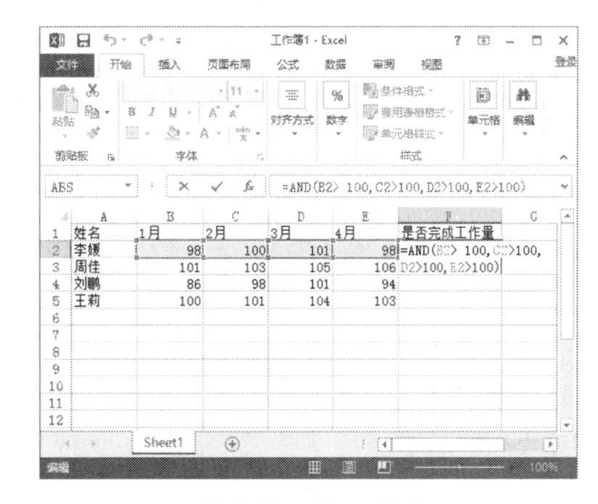

图 8-38 输入公式

步骤 3 按Enter键，即可显示完成工作量的信息，如图8-39所示。

图 8-39 计算出数据

步骤 4 利用快速填充功能，判断其他员工工作量的完成情况，如图8-40所示。

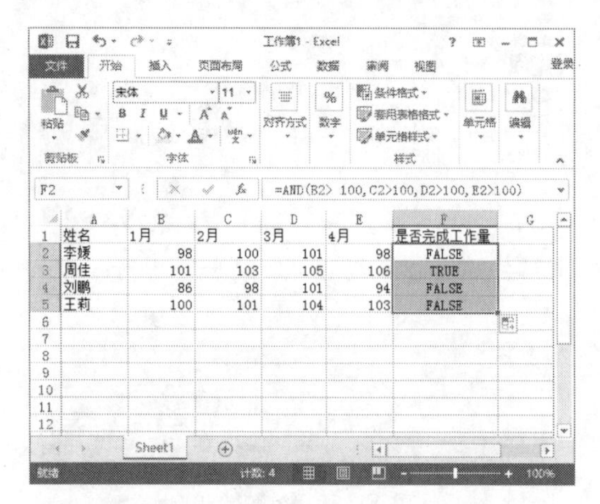

图 8-40　复制公式到其他单元格

8.3.3 利用文本函数从身份证号码中提取出生日期

18 位身份证号码的第 7 ～ 14 位，15 位身份证号码的第 7 ～ 12 位，代表的是出生日期，为了节省时间，登记出生年月时可以用 MID 函数将出生日期提取出来。有关 MID 函数的介绍如下。

☆ 功能：返回文本字符串中从指定位置开始的特定个数的字符函数，该个数由用户指定。

☆ 格式：MID(text,start_num,num_chars)。

☆ 参数：text 指包含要提取的字符的文本字符串，也可以是单元格引用；start_num 表示字符串中要提取字符的起始位置；num_chars 表示从文本中返回字符的个数。

利用文本函数从身份证号码中提取出生日期的具体的操作步骤如下。

步骤 1 新建一个空白文档，在其中输入相关数据，如图 8-41 所示。

步骤 2 用 LEN 函数计算号码长度，15 位数提取第 7 ～ 12 位，18 位数提取第 7 ～ 14 位。选择 D2 单元格，在其中输入公式“=IF(LEN(C2)= 15,"19"&MID(C2,7,6),MID(C2,7,8))”，如图 8-42 所示。

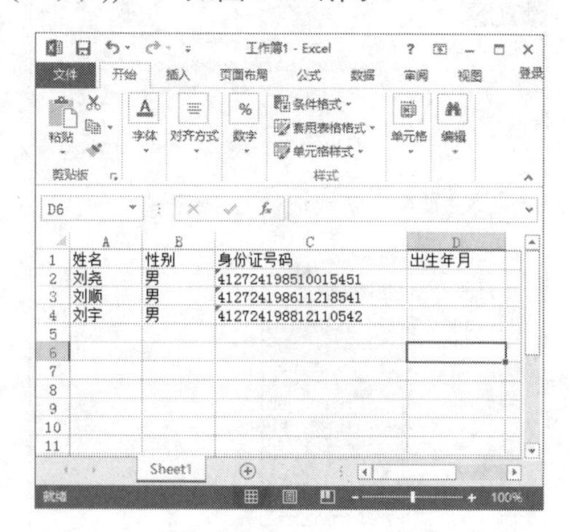

图 8-41　输入相关数据

图 8-42　输入公式

步骤 3 按 Enter 键，即可得到该居民的出生日期，如图 8-43 所示。

图 8-43　计算出数据

步骤 4 利用快速填充功能，完成其他单元格的操作，如图 8-44 所示。

图 8-44　复制公式到其他单元格

8.3.4 利用日期和时间函数统计员工上岗的年份

公司每年都有新来的员工和离开的员工，可以利用 YEAR 函数统计员工上岗的年份。有关 YEAR 函数的介绍如下。

☆ 功能：返回某日对应的年份函数。显示日期值或日期文本的年份，返回值的范围为 1900 ～ 9999 的整数。

☆ 格式：YEAR(serial_number)。

☆ 参数：serial_number 为一个日期值，其中包含需要查找年份的日期。可以使用 DATE 函数输入日期，或者将函数作为其他公式或函数的结果输入。如果参数以非日期形式输入，则返回错误值“#VALUE！”。

利用日期和时间函数统计员工上岗的年份的具体的操作步骤如下。

步骤 1 新建一个空白文件，在其中输入相关数据，如图 8-45 所示。

步骤 2 选择 D3 单元格，在其中输入公式“=YEAR(C3)”，如图 8-46 所示。

图 8-45　输入相关数据

图 8-46　输入公式

步骤 3 按 Enter 键，即可计算出“上岗年份”，如图 8-47 所示。

图 8-47　计算出数据

步骤 4 利用快速填充功能，完成其他单元格的操作，如图 8-48 所示。

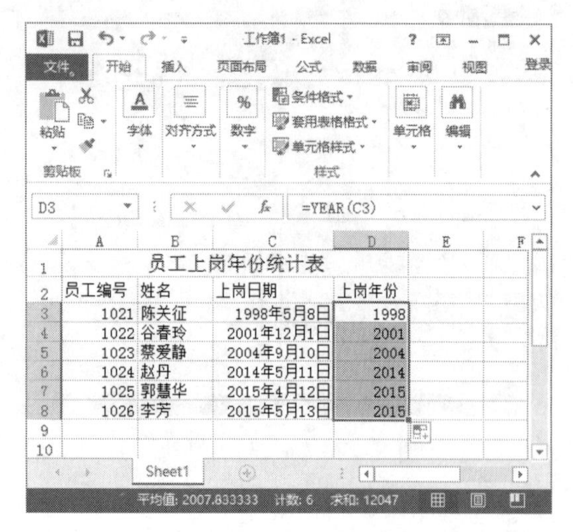

D3 =YEAR(C3)

	A	B	C	D
1	员工上岗年份统计表			
2	员工编号	姓名	上岗日期	上岗年份
3	1021	陈关征	1998年5月8日	1998
4	1022	谷春玲	2001年12月1日	2001
5	1023	蔡爱静	2004年9月10日	2004
6	1024	赵丹	2014年5月11日	2014
7	1025	郭慧华	2015年4月12日	2015
8	1026	李芳	2015年5月13日	2015

图 8-48　复制公式到其他单元格

提示 可以利用 MONTH 函数求出指定日期或引用单元格中的日期月份，利用 DAY 函数求出指定日期或引用单元格中的日期天数。

8.3.5 利用查找与引用函数制作打折商品标签

超市在星期日推出打折商品，将其放到特价区，用标签标出商品的原价、折扣和现价等。在所有打折商品统计表中，根据商品的名称查询其原价、折扣和现价等信息，这里使用 INDEX 函数。有关 INDEX 函数的介绍如下。

☆ 功能：返回指定单元格或单元格数组的值函数。返回列表或数组中的元素值，此元素由行序号和列序号的索引值进行确定（数组形式）。

☆ 格式：INDEX(array,row_num,column_num)。

☆ 参数：array 代表单元格区域或数组常量；row_num 表示指定的行序号（如果省略 row_num，则必须有 column_num）；column_num 表示指定的列序号（如果省略 column_num，则必须有 row_num）。

利用查找与引用函数制作打折商品标签的具体的操作步骤如下。

步骤 1 新建一个空白文档，在其中输入相关数据，如图 8-49 所示。

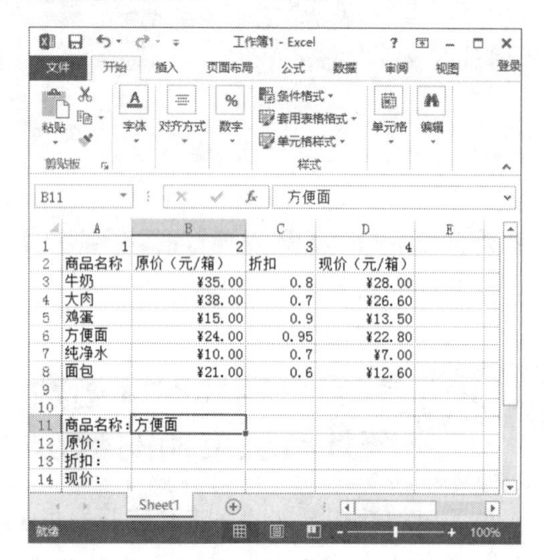

B11 方便面

	A	B	C	D
1	1	2	3	4
2	商品名称	原价（元/箱）	折扣	现价（元/箱）
3	牛奶	¥35.00	0.8	¥28.00
4	大肉	¥38.00	0.7	¥26.60
5	鸡蛋	¥15.00	0.9	¥13.50
6	方便面	¥24.00	0.95	¥22.80
7	纯净水	¥10.00	0.7	¥7.00
8	面包	¥21.00	0.6	¥12.60
11	商品名称：	方便面		
12	原价：			
13	折扣：			
14	现价：			

图 8-49　输入相关数据

步骤 2 在商品价格查询表中查询方便面的原价、折扣和现价等信息。在 B12 单元格中输入“=INDEX(A2:D8,MATCH(B11,A2:A8,0),B1)”，按 Enter 键，即可显示方便面的原价，如图 8-50 所示。

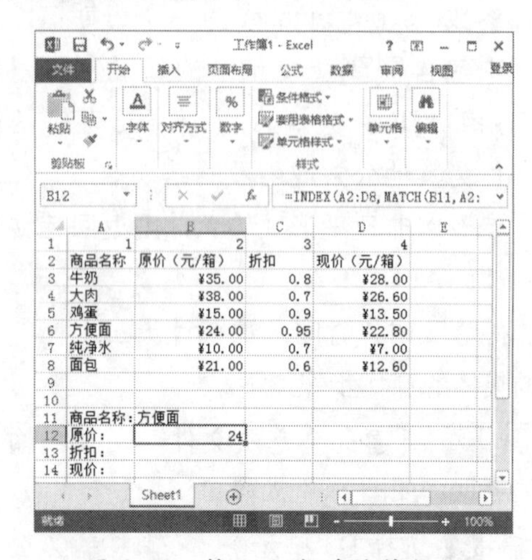

B12 =INDEX(A2:D8,MATCH(B11,A2:

	A	B	C	D
1	1	2	3	4
2	商品名称	原价（元/箱）	折扣	现价（元/箱）
3	牛奶	¥35.00	0.8	¥28.00
4	大肉	¥38.00	0.7	¥26.60
5	鸡蛋	¥15.00	0.9	¥13.50
6	方便面	¥24.00	0.95	¥22.80
7	纯净水	¥10.00	0.7	¥7.00
8	面包	¥21.00	0.6	¥12.60
11	商品名称：	方便面		
12	原价：	24		
13	折扣：			
14	现价：			

图 8-50　输入公式并计算数据

步骤 3　在 B13 单元格中输入“=INDEX(A2:D8, MATCH(B11,A2:A8, 0),C1)”，按 Enter 键，即可显示方便面的折扣，如图 8-51 所示。

	A	B	C	D	E
1	1	2	3	4	
2	商品名称	原价（元/箱）	折扣	现价（元/箱）	
3	牛奶	¥35.00	0.8	¥28.00	
4	大肉	¥38.00	0.7	¥26.60	
5	鸡蛋	¥15.00	0.9	¥13.50	
6	方便面	¥24.00	0.95	¥22.80	
7	纯净水	¥10.00	0.7	¥7.00	
8	面包	¥21.00	0.6	¥12.60	
9					
10					
11	商品名称：方便面				
12	原价：	24			
13	折扣：	0.95			
14	现价：				

图 8-51　输入公式计算数据

步骤 4　在 B14 单元格中输入“=INDEX(A2:D8, MATCH(B11,A2:A8, 0),D1)”，按 Enter 键，即可显示方便面的现价，如图 8-52 所示。

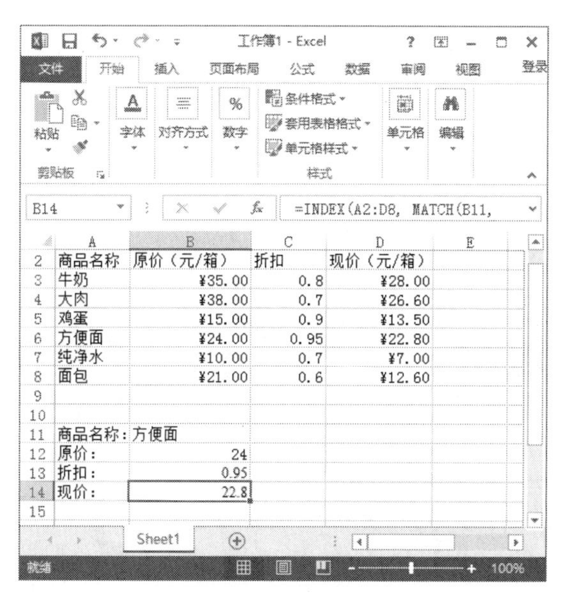

	A	B	C	D	E
2	商品名称	原价（元/箱）	折扣	现价（元/箱）	
3	牛奶	¥35.00	0.8	¥28.00	
4	大肉	¥38.00	0.7	¥26.60	
5	鸡蛋	¥15.00	0.9	¥13.50	
6	方便面	¥24.00	0.95	¥22.80	
7	纯净水	¥10.00	0.7	¥7.00	
8	面包	¥21.00	0.6	¥12.60	
9					
10					
11	商品名称：方便面				
12	原价：	24			
13	折扣：	0.95			
14	现价：	22.8			
15					

图 8-52　输入公式计算数据

步骤 5　将 B12、B14 的单元格类型设置为【货币】，小数位数为 1，如图 8-53 所示。

图 8-53　设置单元格格式

步骤 6　单击【确定】按钮，商品标签制作完成后，将表格中选中的局域打印出来即可，如图 8-54 所示。

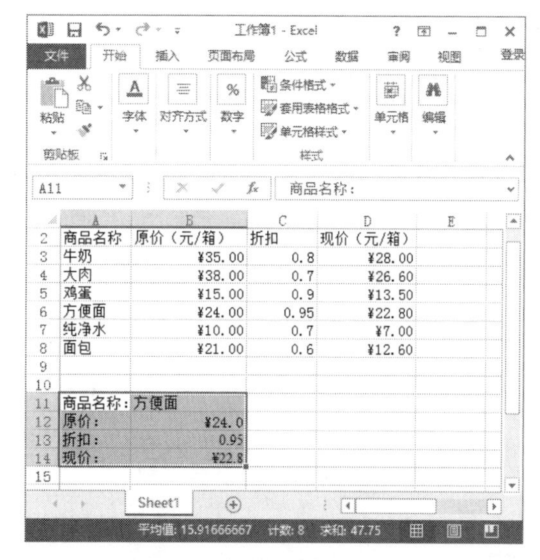

	A	B	C	D	E
2	商品名称	原价（元/箱）	折扣	现价（元/箱）	
3	牛奶	¥35.00	0.8	¥28.00	
4	大肉	¥38.00	0.7	¥26.60	
5	鸡蛋	¥15.00	0.9	¥13.50	
6	方便面	¥24.00	0.95	¥22.80	
7	纯净水	¥10.00	0.7	¥7.00	
8	面包	¥21.00	0.6	¥12.60	
9					
10					
11	商品名称：方便面				
12	原价：	¥24.0			
13	折扣：	0.95			
14	现价：	¥22.8			
15					

图 8-54　最终的显示效果

8.3.6　利用统计函数进行考勤统计

公司考勤表中记录了员工是否缺勤，现在需要统计缺勤的总人数，需使用 COUNT 函数。有关 COUNT 函数的介绍如下。

☆　功能：统计参数列表中含有数值数据的

单元格个数。

☆ 格式：COUNT(value1,value2,…)。

☆ 参数：value1,value2,…表示可以包含或引用各种类型数据的 1 ～ 255 个参数，但只有数值型的数据才被计算。

利用统计函数进行考勤统计的具体的操作步骤如下。

步骤 1 新建一个空白文档，在其中输入相关数据，如图 8-55 所示。

步骤 2 在 C2 单元格中输入公式“=COUNT (B2:B10)”，按 Enter 键，即可得到“缺勤总人数”，如图 8-56 所示。

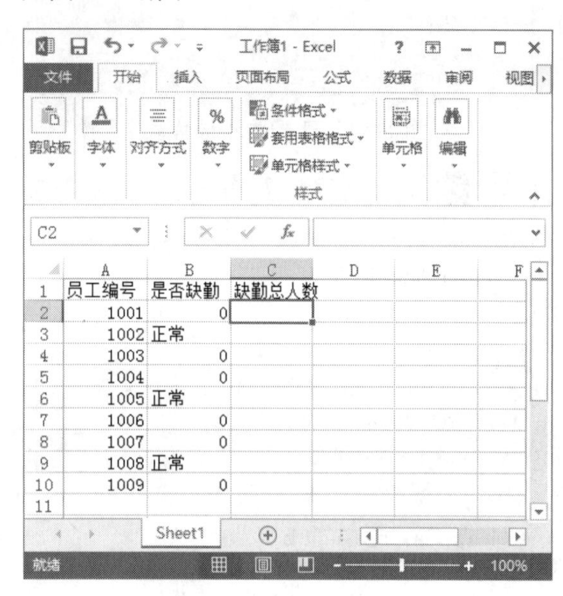

图 8-55　输入相关数据

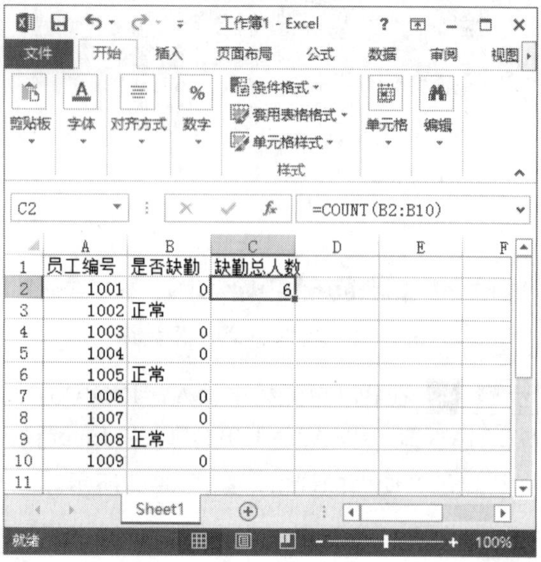

图 8-56　输入公式计算数据

提示 表格中的“正常”表示不缺勤，“0”表示缺勤。

8.4 高效办公技能实战

8.4.1 制作贷款分析表

本实例介绍贷款分析表的制作方法，具体的操作步骤如下。

步骤 1 新建一个空白文件，在其中输入相关数据，如图 8-57 所示。

图 8-57　输入相关数据

步骤 2　在 B5 单元格中输入公式“=SYD($B$2, $B$2*$H$2,$F$2,A5)”，按 Enter 键，即可计算出该项设备第一年的折旧额，如图 8-58 所示。

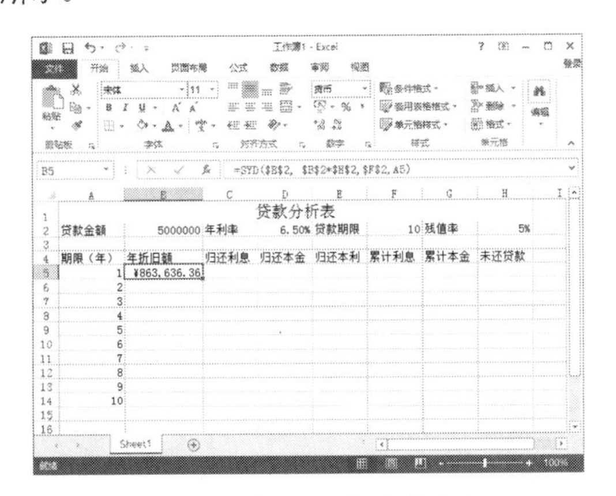

图 8-58　输入公式计算数据

步骤 3　利用快速填充功能，计算该项每年的折旧额，如图 8-59 所示。

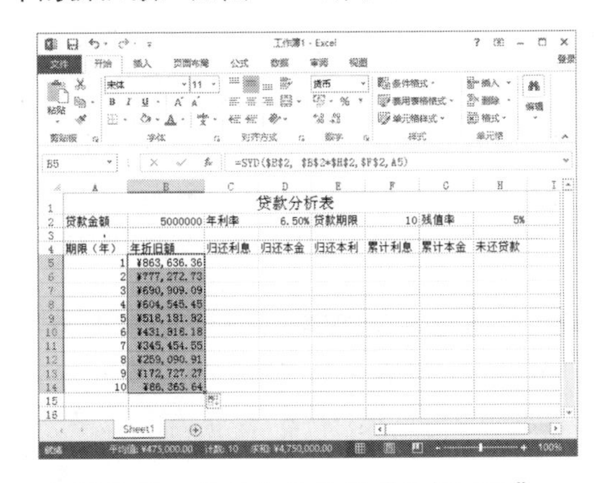

图 8-59　复制公式计算“年折旧额”

步骤 4　选择 C5 单元格，输入公式“=IPMT($D$2,A5,$F$2,$B$2)”，按 Enter 键，即可计算出该项第一年的“归还利息”，然后利用快速填充功能，计算每年的“归还利息”，如图 8-60 所示。

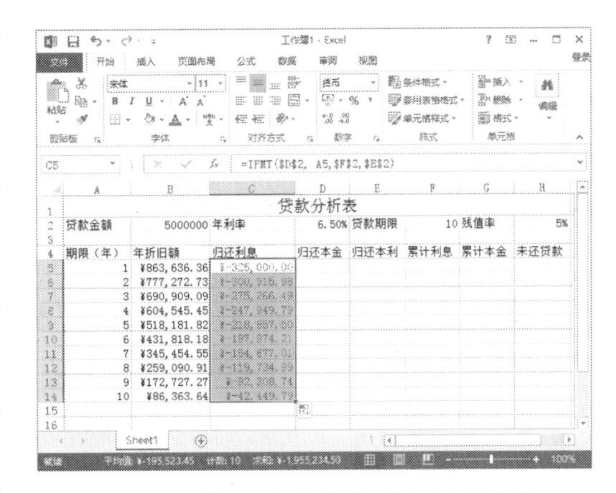

图 8-60　输入公式计算“归还利息”

步骤 5　选择 D5 单元格，输入公式“=PPMT($D$2, A5,$F$2,$B$2)”，按 Enter 键，即可计算出该项第一年的“归还本金”，然后利用快速填充功能，计算每年的“归还本金”，如图 8-61 所示。

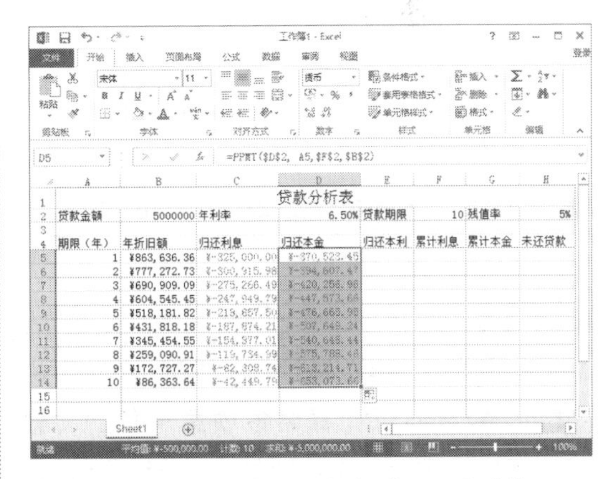

图 8-61　输入公式计算“归还本金”

步骤 6　选择 E5 单元格，输入公式“=PMT($D$2, $F$2,$B$2)”，按 Enter 键，即可计算出该项第一年的“归还本利”，然后利用快速填充功能，计算每年的“归还本利”，如图 8-62 所示。

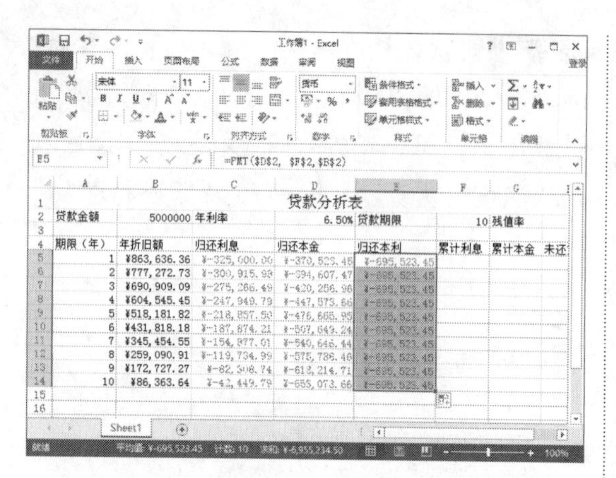

图 8-62　输入公式计算“归还本利”

步骤 7 选择 F5 单元格，输入公式“=CUMIPMT ($D$2,$F$2,$B$2,1,A5,0)”，按 Enter 键，即可计算出该项第一年的“累计利息”，然后利用快速填充功能，计算每年的“累计利息”，如图 8-63 所示。

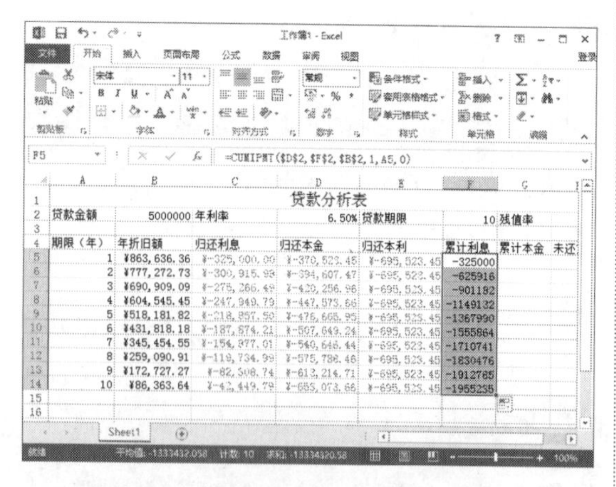

图 8-63　输入公式计算“累计利息”

步骤 8 选择 G5 单元格，输入公式“=CUMPRINC($D$2,$F$2, $B$2,1,A5,0)”，按 Enter 键，即可计算出该项第一年的“累计本金”，然后利用快速填充功能，计算每年的“累计本金”，如图 8-64 所示。

步骤 9 选择 H5 单元格，输入公式“=$B$2+G5”，按 Enter 键，即可计算出该项第一年的“未还贷款”，如图 8-65 所示。

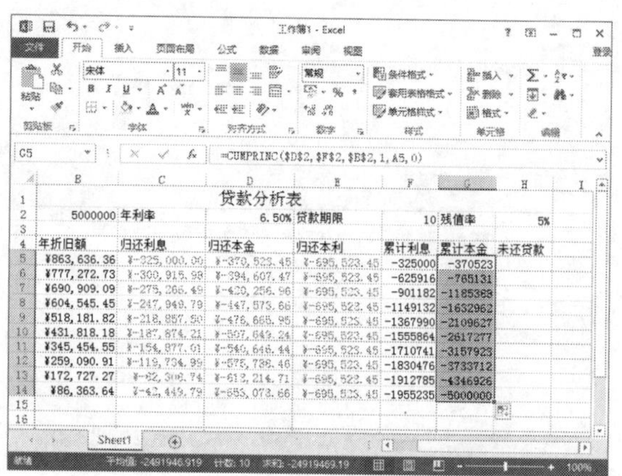

图 8-64　输入公式计算“累计本金”

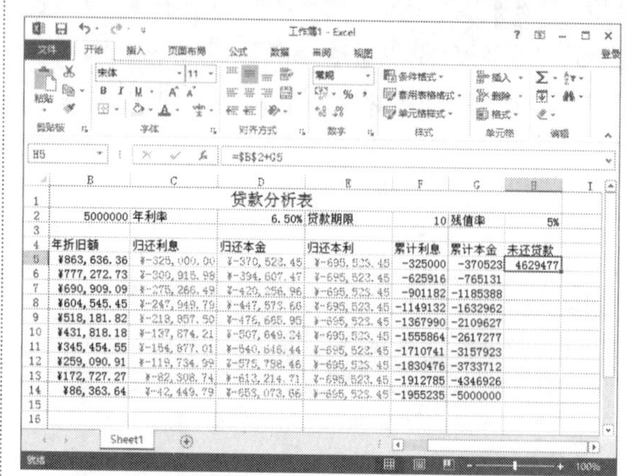

图 8-65　输入公式计算“未还贷款”

步骤 10 利用快速填充功能，计算每年的“未还贷款”，如图 8-66 所示。

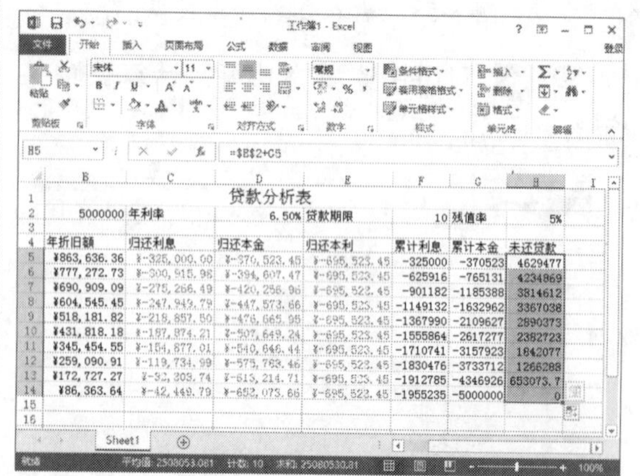

图 8-66　计算其他年份的“未还贷款”

8.4.2　制作员工加班统计表

员工加班统计表的数据主要利用公式和函数进行计算。本实例加班费用的计算标准为：工作日期间晚上6点以后每小时15元，星期六和星期日加班每小时20元，严格执行打卡制度。如果加班时间在30分钟以上计1小时，30分钟以下计0.5小时。

步骤 1 新建一个空白文档，在其中输入相关数据信息，如图8-67所示。

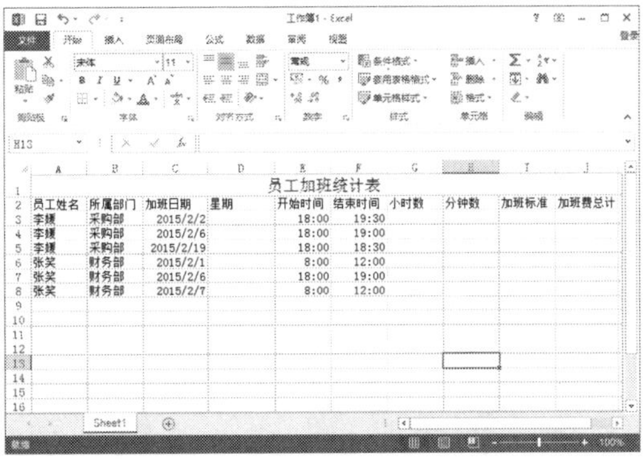

图8-67　输入数据信息

步骤 2 单击行号2，选择第2行整行，在【开始】选项卡中，单击【样式】选项组中的【单元格样式】按钮 单元格样式，在弹出的下列列表中选择一种样式，如图8-68所示。

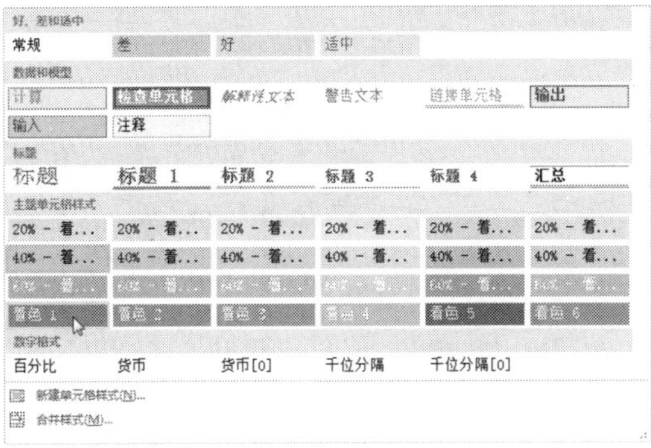

图8-68　选择单元格样式

步骤 3 即可为标题行添加一种样式，如图8-69所示。

图8-69　为标题行添加样式

步骤 4 选择D3单元格，在编辑栏中输入公式“=WEEKDAY(C3,1)”，按Enter键，显示返回值为2，如图8-70所示。

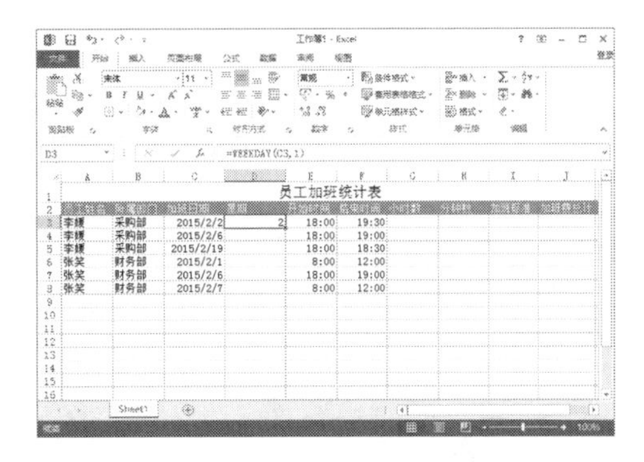

图8-70　输入公式计算数据

步骤 5 选择D3:D8单元格区域，右击，在弹出的快捷菜单中选择【设置单元格格式】命令，打开【设置单元格格式】对话框，在其中选择【数字】选项卡，更改“星期”列单元格格式的【分类】为“日期”，设置【类型】为“星期三”，如图8-71所示。

图8-71　【设置单元格格式】对话框

步骤 6 单击【确定】按钮，D3 单元格即显示为“星期一”，如图 8-72 所示。

图 8-72　以星期类型显示数据

步骤 7 利用快速填充功能，复制 D3 单元格的公式到其他单元格中，计算其他时间对应的星期数，如图 8-73 所示。

图 8-73　复制公式计算数据

步骤 8 选择 H3 单元格，在其中输入公式“=HOUR(F3 − E3)”，按 Enter 键，即可显示加班的“小时数”，然后利用快速填充功能，计算其他时间的“小时数”，如图 8-74 所示。

步骤 9 选择 H3 单元格，在其中输入公式“=MINUTE(F3 − E3)”，按 Enter 键，即可显示加班的“分钟数”，然后利用快速填充功能，计算其他时间的“分钟数”，如图 8-75 所示。

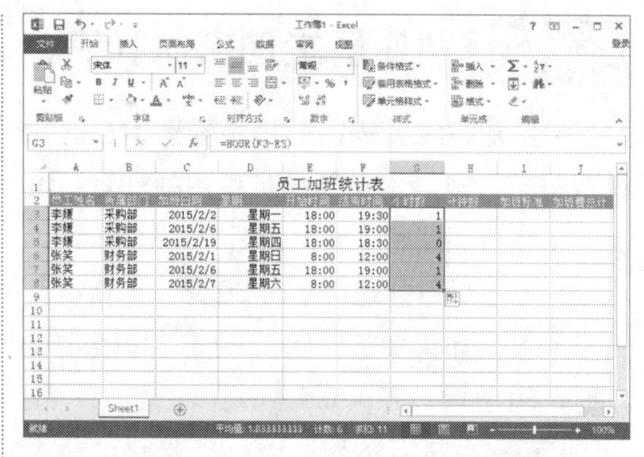

图 8-74　输入公式计算数据 1

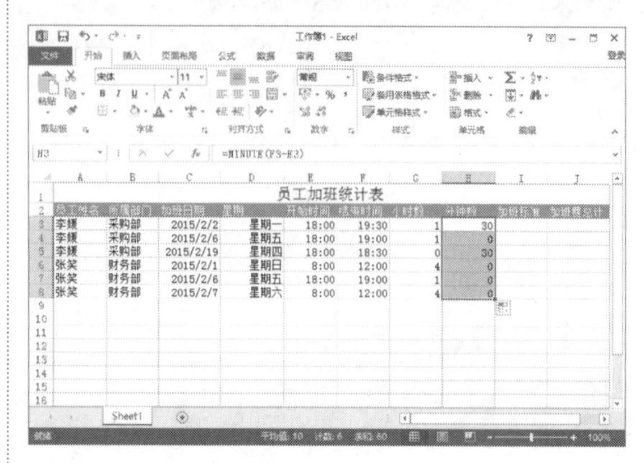

图 8-75　输入公式计算数据 2

步骤 10 选择 I3 单元格，在其中输入公式“=IF(OR(D3=7,D3=1),"20","15")”，按 Enter 键，即可显示“加班标准”，利用快速填充功能，填上其他时间的“加班标准”，如图 8-76 所示。

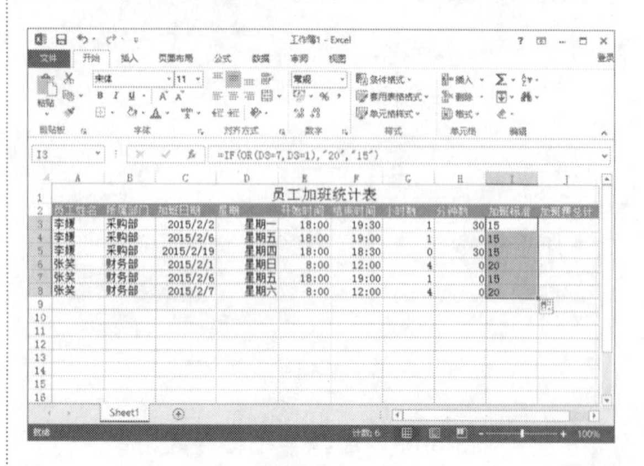

图 8-76　输入公式计算数据 3

步骤 11 加班费等于加班的总小时乘以加班标准。选择 J3 单元格，在其中输入公式

"=(G3+IF(H3=0,0,IF(H3>30,1,0.5)))*J3"，按 Enter 键，即可显示"加班费总计"，如图 8-77 所示。

步骤 12 利用快速填充功能，计算其他时间的"加班费总计"，如图 8-78 所示。

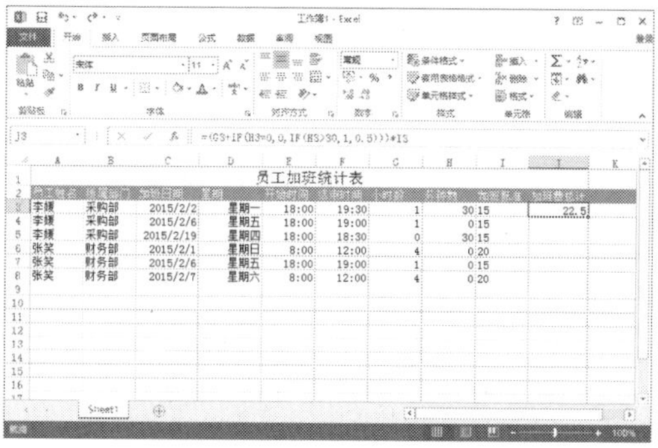

=(G3+IF(H3=0,0,IF(H3>30,1,0.5)))*I3

员工加班统计表

李娥	采购部	2015/2/2	星期一	18:00	19:30	1	30	15	22.5
李娥	采购部	2015/2/6	星期五	18:00	19:00	1	0	15	
李娥	采购部	2015/2/19	星期四	18:00	18:30	0	30	15	
张笑	财务部	2015/2/1	星期日	8:00	12:00	4	0	20	
张笑	财务部	2015/2/6	星期五	18:00	19:00	1	0	15	
张笑	财务部	2015/2/7	星期六	8:00	12:00	4	0	20	

图 8-77　输入公式计算数据 4

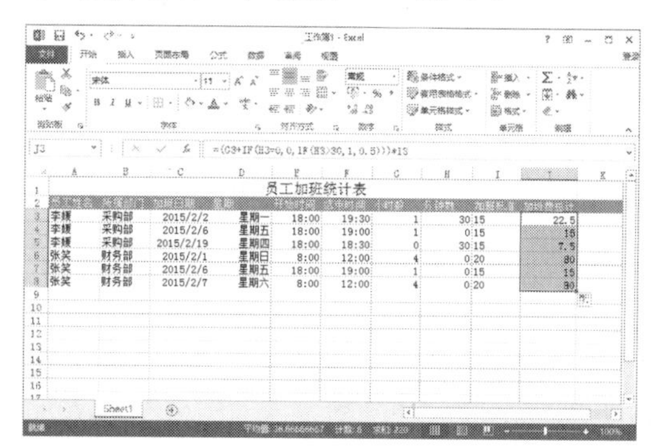

图 8-78　复制公式计算数据

8.5 课后练习与指导

8.5.1 使用公式计算数据

☆ 练习目标

了解 Excel 的公式类型与输入方式。

掌握使用 Excel 的公式计算数据。

☆ 专题练习指南

01　新建一个空白工作簿。

02　在工作表中输入相关数据。

03　根据需要在单元格中输入公式并计算数据。

04　编辑单元格中的公式并计算数据。

05　移动单元格中的公式并计算数据。

06　复制单元格中的公式并计算数据。

8.5.2 使用函数计算公式

☆ 练习目标

了解 Excel 的函数类型与输入方式。

掌握使用 Excel 的函数计算数据。

☆ 专题练习指南

01　新建一个空白工作簿。

02　在工作表中输入相关数据。

03　根据需要在单元格中输入函数并计算数据。

04　编辑单元格中的函数并计算数据。

05　移动单元格中的函数并计算数据。

06　复制单元格中的函数并计算数据。

数据报表的分析

● **本章导读**

Excel 对数据具有分析和管理功能，不仅可以对数据进行排序、筛选，而且也可以进行分类汇总，同时还可以对数据进行科学分析，可以达到轻松管理和分析数据的能力。本章为读者介绍如何使用 Excel 2013 分析报表数据。

● **学习目标**

◎ 掌握在 Excel 中对数据排序的方法。
◎ 掌握在 Excel 中对数据筛选的方法。
◎ 了解数据的合并计算。

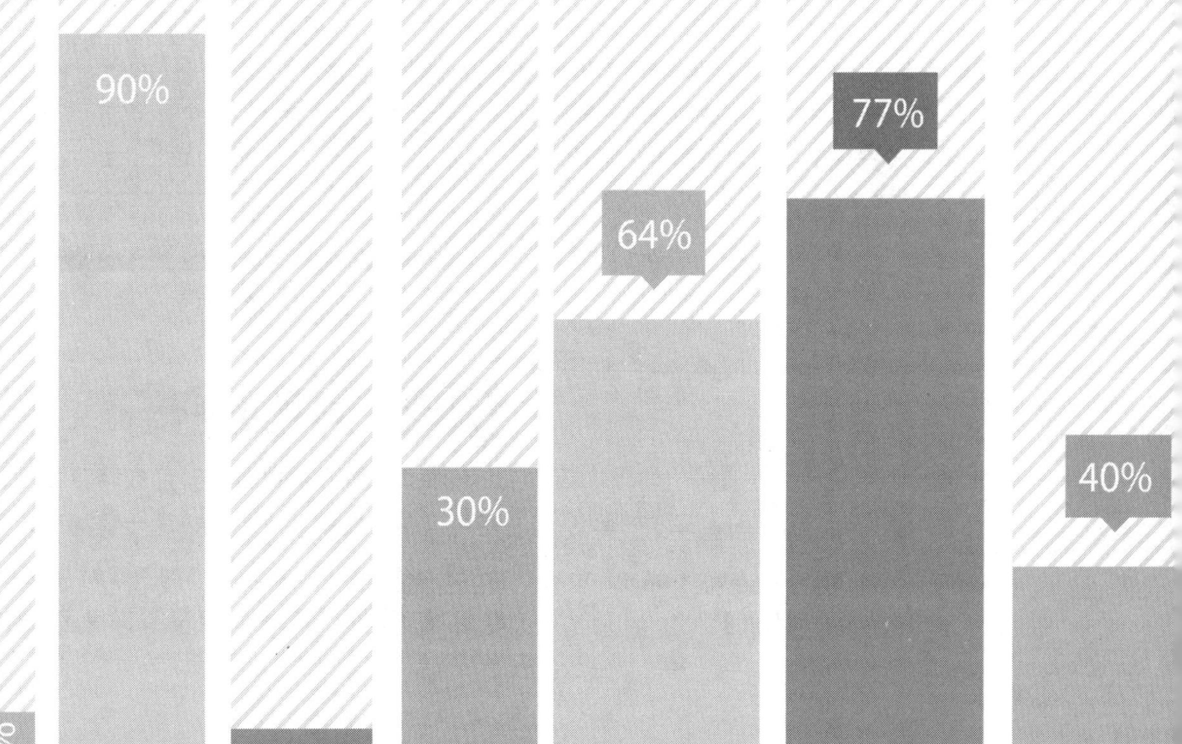

9.1 数据的排序

Excel 2013 不仅可以计算数据，还可以对工作表中的数据进行排序，排序的类型主要包括升序、降序等。

9.1.1 升序与降序

按照一列进行升序或降序排列是最常用的排序方法，下面介绍对数据进行升序或降序排列的具体操作步骤。

步骤 1 新建一个空白文件，在其中输入相关数据，如图 9-1 所示。

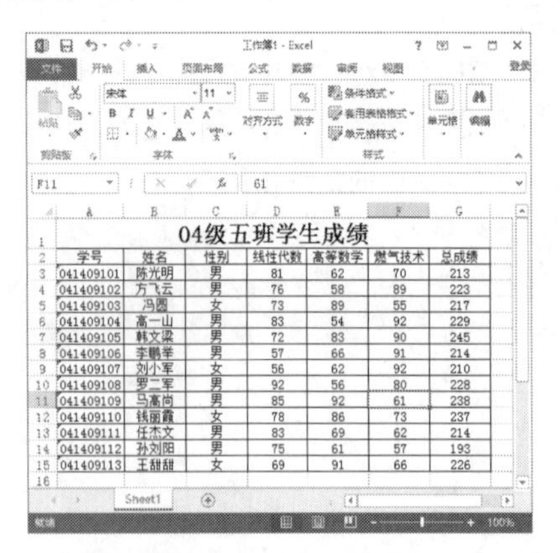

04级五班学生成绩						
学号	姓名	性别	线性代数	高等数学	燃气技术	总成绩
041409101	陈光明	男	81	62	70	213
041409102	方飞云	男	76	58	89	223
041409103	冯圆	女	73	89	55	217
041409104	高一山	男	83	54	92	229
041409105	韩文梁	男	72	83	90	245
041409106	李鹏举	男	57	66	91	214
041409107	刘小军	女	56	62	92	210
041409108	罗二军	男	92	56	80	228
041409109	马高尚	男	85	92	61	238
041409110	钱丽霞	女	78	86	73	237
041409111	任杰文	男	83	69	62	214
041409112	孙刘阳	男	75	61	57	193
041409113	王甜甜	女	69	91	66	226

图 9-1 输入相关数据

步骤 2 单击数据区域中的任意一个单元格，然后选择【数据】选项卡，在【排序和筛选】选项组中单击【排序】按钮，如图 9-2 所示。

图 9-2 单击【排序】按钮

步骤 3 弹出【排序】对话框，在其中的【主要关键字】下拉列表中选择【总成绩】选项，并选择【降序】选项，如图 9-3 所示。

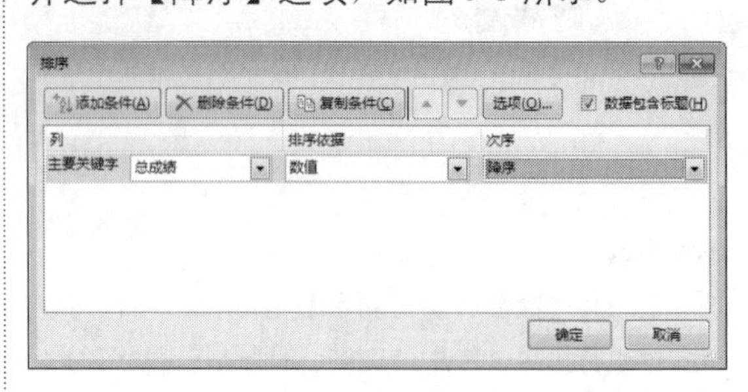

图 9-3 【排序】对话框

步骤 4 单击【确定】按钮，即可看到“总成绩”从高到低进行排序，如图 9-4 所示。

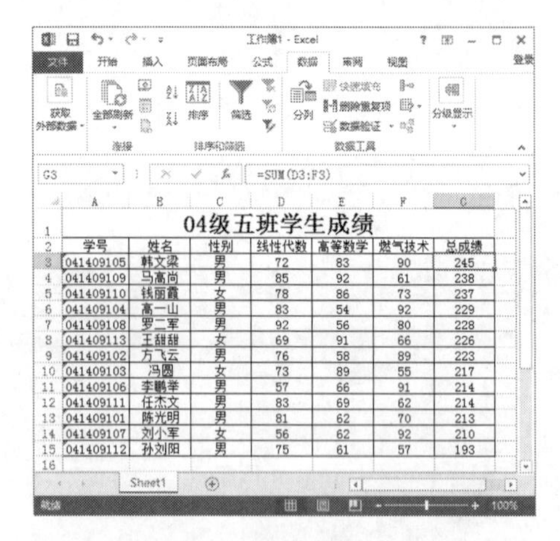

04级五班学生成绩						
学号	姓名	性别	线性代数	高等数学	燃气技术	总成绩
041409105	韩文梁	男	72	83	90	245
041409109	马高尚	男	85	92	61	238
041409110	钱丽霞	女	78	86	73	237
041409104	高一山	男	83	54	92	229
041409108	罗二军	男	92	56	80	228
041409113	王甜甜	女	69	91	66	226
041409102	方飞云	男	76	58	89	223
041409103	冯圆	女	73	89	55	217
041409106	李鹏举	男	57	66	91	214
041409111	任杰文	男	83	69	62	214
041409101	陈光明	男	81	62	70	213
041409107	刘小军	女	56	62	92	210
041409112	孙刘阳	男	75	61	57	193

图 9-4 排序结果显示

9.1.2 自定义排序

除了可以对数据进行升序或降序排列外，还可以自定义排序，具体操作步骤如下。

步骤 1 打开随书光盘中的“素材 \ch09\ 学生成绩统计表”文件，选中需要自定义排序

单元格区域的一个单元格，单击【数据】选项卡下【排序和筛选】选项组中的【排序】按钮，弹出【排序】对话框，在【次序】下拉列表中选择【自定义序列】选项，如图 9-5 所示。

图 9-5　选择【自定义序列】选项

步骤 2 打开【自定义序列】对话框，在【输入序列】列表框中输入自定义序列“男”“女”。单击【添加】按钮，即可将输入的序列添加到【自定义序列】列表框之中，然后单击【确定】按钮即可，如图 9-6 所示。

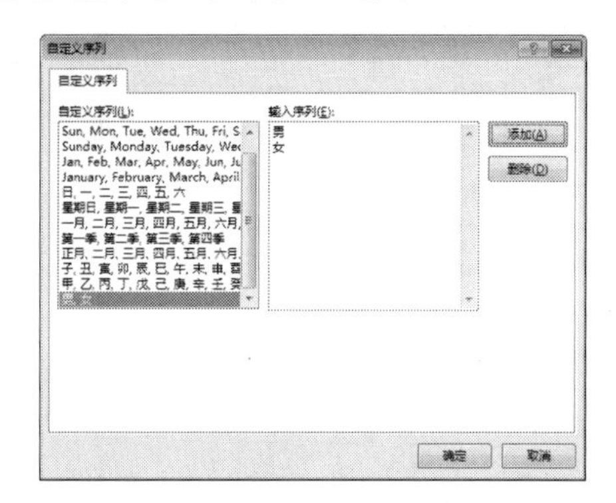

图 9-6　【自定义序列】对话框

步骤 3 返回【排序】对话框，在【主要关键字】下拉列表中选择【（列 C）】选项，如图 9-7 所示。

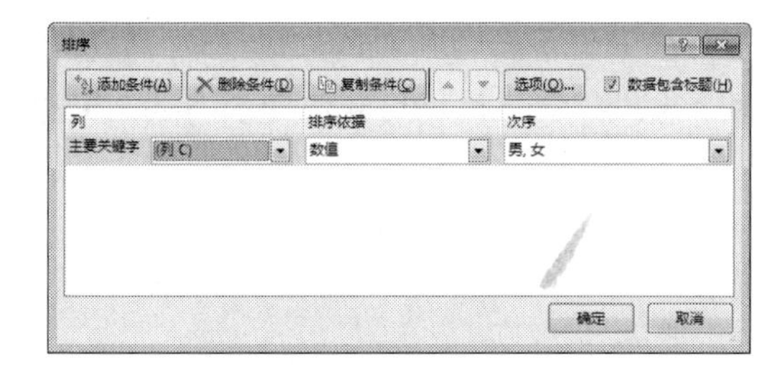

图 9-7　【排序】对话框

步骤 4 单击【确定】按钮，即可看到排序后的效果，如图 9-8 所示。

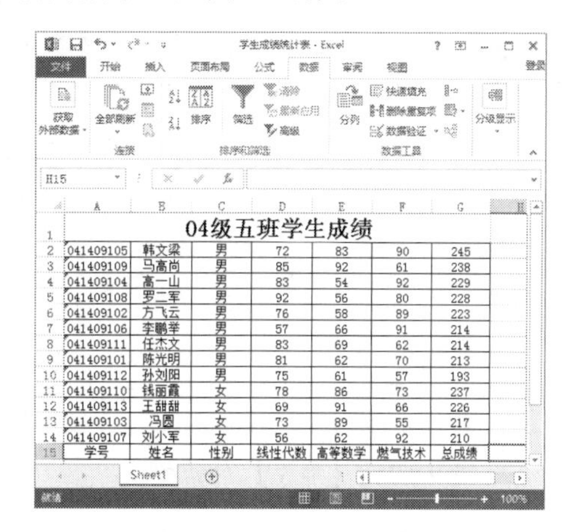

04级五班学生成绩

041409105	韩文梁	男	72	83	90	245
041409109	马高尚	男	85	92	61	238
041409104	高一山	男	83	54	92	229
041409108	罗二军	男	92	56	80	228
041409102	方飞云	男	76	58	89	223
041409106	李鹏举	男	57	66	91	214
041409111	任杰文	男	83	69	62	214
041409101	陈光明	男	81	62	70	213
041409112	孙刘阳	男	75	61	57	193
041409110	钱丽霞	女	78	86	73	237
041409113	王甜甜	女	69	91	66	226
041409103	冯圆	女	73	89	55	217
041409107	刘小军	女	56	62	92	210
学号	姓名	性别	线性代数	高等数学	燃气技术	总成绩

图 9-8　排序后的效果

9.1.3 其他排序方式

按一列排序时，经常会遇到同一列中有多条数据相同的情况，若想进一步排序，就可以按多列进行排序，Excel 可以对不超过 3 列的数据进行多列排序，具体的操作步骤如下。

步骤 1 打开随书光盘中的“素材 \ch09\ 成绩统计表”文件，单击数据区域中的任意一个单元格。然后选择【数据】选项卡，在【排序和筛选】选项组中单击【排序】按钮，如图 9-9 所示。

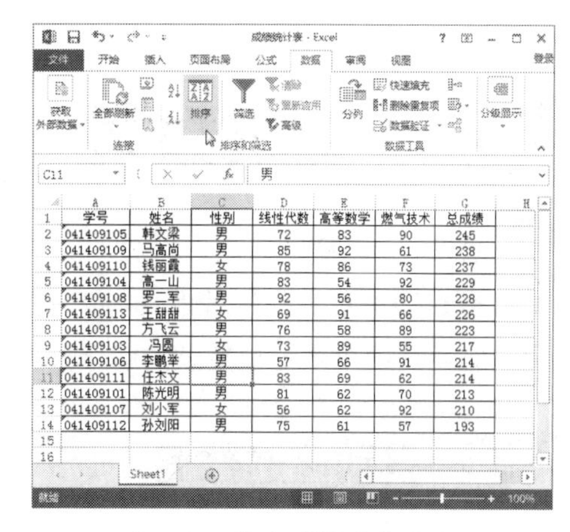

学号	姓名	性别	线性代数	高等数学	燃气技术	总成绩
041409105	韩文梁	男	72	83	90	245
041409109	马高尚	男	85	92	61	238
041409110	钱丽霞	女	78	86	73	237
041409104	高一山	男	83	54	92	229
041409108	罗二军	男	92	56	80	228
041409113	王甜甜	女	69	91	66	226
041409102	方飞云	男	76	58	89	223
041409103	冯圆	女	73	89	55	217
041409106	李鹏举	男	57	66	91	214
041409111	任杰文	男	83	69	62	214
041409101	陈光明	男	81	62	70	213
041409107	刘小军	女	56	62	92	210
041409112	孙刘阳	男	75	61	57	193

图 9-9　单击【排序】按钮

步骤 2 在弹出的【排序】对话框中的【主要关键字】下拉列表中选择【总成绩】选项，在【次序】下拉列表中选择【降序】选项，如图 9-10 所示。

步骤 3 单击【添加条件】按钮，在【次要关键字】下拉列表中选择【线性代数】选项，在【次序】下拉列表中选择【降序】选项，如图 9-11 所示。

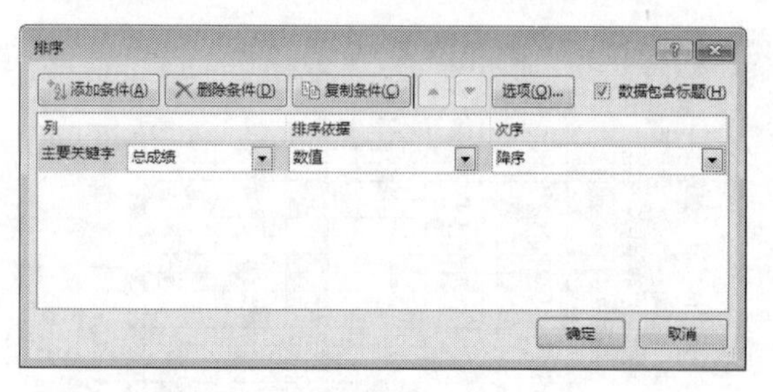

图 9-10 【排序】对话框 1

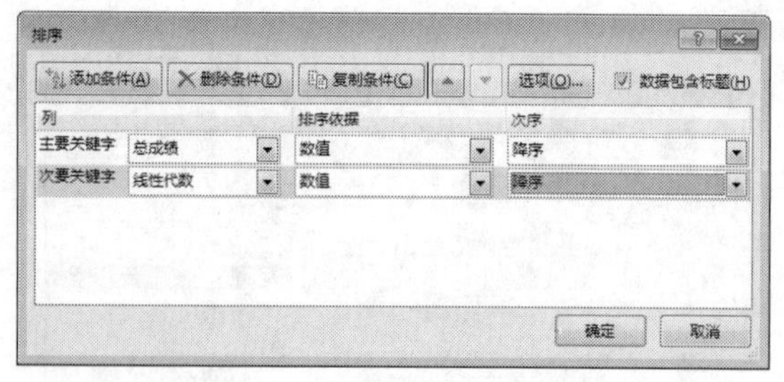

图 9-11 【排序】对话框 2

步骤 4 单击【确定】按钮，即可看到排序后的效果，如图 9-12 所示。

学号	姓名	性别	线性代数	高等数学	燃气技术	总成绩
041409109	马高尚	男	92	92	61	245
041409105	韩文梁	男	72	83	90	245
041409110	钱丽霞	女	85	86	73	244
041409113	王甜甜	女	81	91	66	238
041409106	李鹏举	男	73	66	91	230
041409104	高一山	男	83	54	92	229
041409102	方飞云	男	78	58	89	225
041409103	冯圆	女	76	89	55	220
041409108	罗二军	男	83	56	80	219
041409107	刘小军	女	57	62	92	211
041409111	任杰文	男	75	69	62	206
041409101	陈光明	男	69	62	70	201
041409112	孙刘阳	男	56	61	57	174

图 9-12 排序后的效果

9.2 筛选数据

通过 Excel 提供的数据筛选功能，可以使工作表只显示符合条件的数据记录。数据的筛选有自动筛选和高级筛选两种方式，使用自动筛选是筛选数据极其简便的方法，而使用高级筛选则可规定很复杂的筛选条件。

9.2.1 自动筛选数据

通过自动筛选，用户能够筛选出不想看到或者不想打印的数据，具体的操作步骤如下。

步骤 1 打开随书光盘中的“素材\ch09\员工信息表”文件，单击任意一个单元格，如图 9-13 所示。

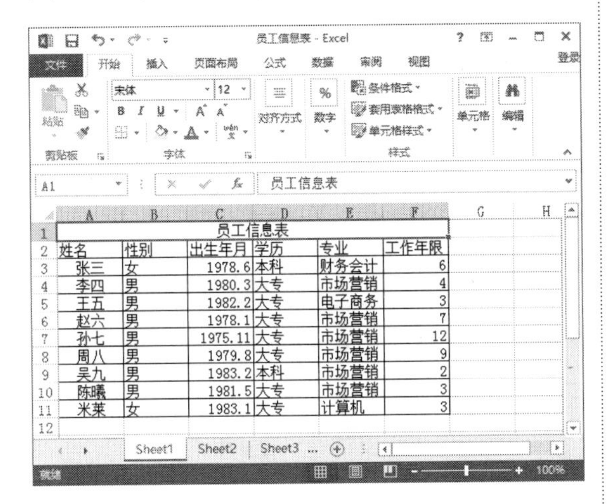

员工信息表					
姓名	性别	出生年月	学历	专业	工作年限
张三	女	1978.6	本科	财务会计	6
李四	男	1980.3	大专	市场营销	4
王五	男	1982.2	大专	电子商务	3
赵六	男	1978.1	大专	市场营销	7
孙七	男	1975.11	大专	市场营销	12
周八	男	1979.8	大专	市场营销	9
吴九	男	1983.2	本科	市场营销	2
陈曦	男	1981.5	大专	市场营销	3
米莱	女	1983.1	大专	计算机	3

图 9-13　打开素材文件

步骤 2 选择【数据】选项卡，在【排序和筛选】选项组中单击【筛选】按钮，此时在每个字段名的右侧都会有一个下箭头，如图 9-14 所示。

员工信息表					
姓名	性别	出生年月	学历	专业	工作年限
张三	女	1978.6	本科	财务会计	6
李四	男	1980.3	大专	市场营销	4
王五	男	1982.2	大专	电子商务	3
赵六	男	1978.1	大专	市场营销	7
孙七	男	1975.11	大专	市场营销	12
周八	男	1979.8	大专	市场营销	9
吴九	男	1983.2	本科	市场营销	2
陈曦	男	1981.5	大专	市场营销	3
米莱	女	1983.1	大专	计算机	3

图 9-14　单击【筛选】按钮

步骤 3 单击【学历】右侧的下箭头，在弹出的下拉列表中取消选中【（全选）】复选框，然后选中【本科】复选框，如图 9-15 所示。

步骤 4 筛选后的工作表如图 9-16 所示，只显示了学历为本科的数据信息，其他的数据都被隐藏起来了。

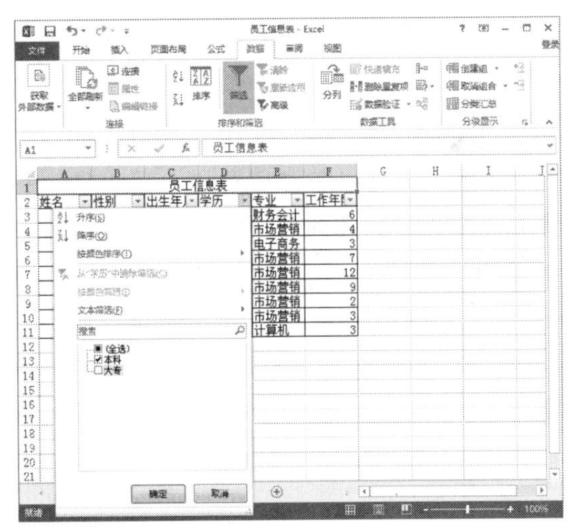

图 9-15　选中【本科】复选框

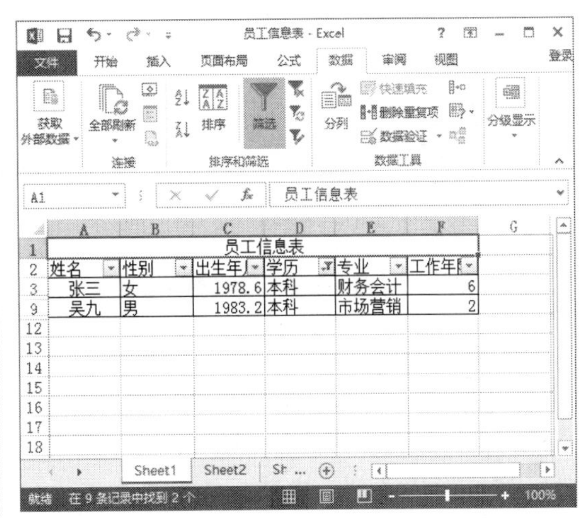

员工信息表					
姓名	性别	出生年月	学历	专业	工作年限
张三	女	1978.6	本科	财务会计	6
吴九	男	1983.2	本科	市场营销	2

图 9-16　筛选后的结果

提示

使用自动筛选的字段，其字段名右边的下箭头会变为蓝色。如果单击【学历】右侧的下箭头，在弹出的下拉列表中选中【（全选）】复选框，则可以取消对学历的自动筛选。

9.2.2 按所选单元格的值进行筛选

除了可以自动筛选数据外，用户还可以按照所选单元格的值进行筛选，如筛选出员工工作年限在 6 年以上的数据信息，采用自动筛选就无法实现，此时可以通过自动筛选

中的自定义筛选条件来实现，具体操作步骤如下。

步骤 1 打开随书光盘中的“素材\ch09\员工信息表”文件，单击任意一个单元格，然后选择【数据】选项卡，在【排序和筛选】选项组中单击【筛选】按钮，此时在每个字段名的右侧都会有一个下箭头，如图 9-17 所示。

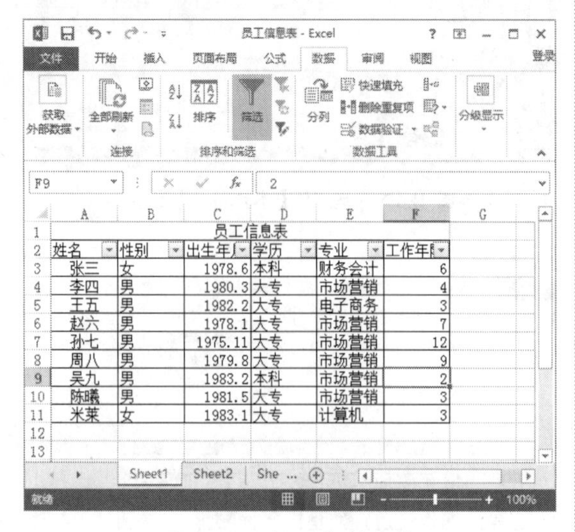

图 9-17 打开素材文件

步骤 2 单击【工作年限】右侧的下箭头，在弹出的下拉列表中选择【数字筛选】选项，然后在弹出的子列表中选择【大于】选项，如图 9-18 所示。

图 9-18 设置筛选条件

步骤 3 弹出【自定义自动筛选方式】对话框，在第 1 行的条件选项中选择【大于】选项，在其右侧输入“6”，如图 9-19 所示。

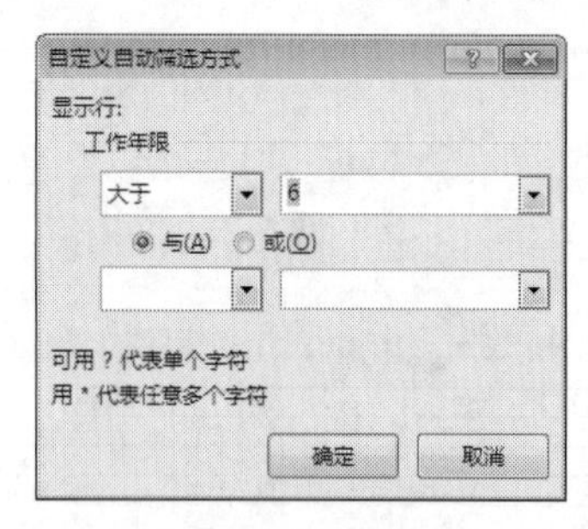

图 9-19 【自定义自动筛选方式】对话框

步骤 4 单击【确定】按钮，即可筛选出工作年限大于 6 的信息，如图 9-20 所示。

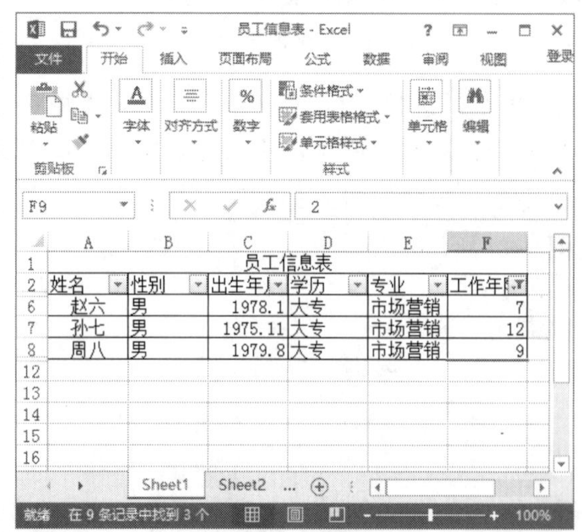

图 9-20 筛选后的结果

9.2.3 高级筛选

如果用户想要筛选出条件更为复杂的信息，则可以使用 Excel 的高级筛选功能。例如，在销售代表中筛选出大专生，其合计工资超过 2000 元并包含 2000 元的信息，具体的操作步骤如下。

步骤 1 打开随书光盘中的“素材\ch09\员工工资统计表”文件，在第 1 行之前插入 3 行，在 C1、D1、E1 单元格中分别输入“职务”“学

历”“工资合计”，在 C2、D2、E2 单元格中输入筛选条件分别为“销售代表”“大专”“>=2000”，如图 9-21 所示。

职务	学历	工资合计
销售代表	大专	>=2000

员工工资统计表

工号	姓名	职务	学历	基本工资	提成	全勤	工资合计
08001	张利	业务经理	大专	1300	2600	100	4000
08002	李方	财务经理	本科	1400	1280	100	2780
08003	王然	秘书	本科	1200	400	100	1700
08004	赵四	销售代表	本科	1000	1000	100	2100
08005	孙艳	销售代表	大专	1000	800	100	1900
08006	周伟	销售代表	大专	1000	1500	-100	2400
08007	吴飞	销售代表	大专	1000	900	100	2000
08008	陈天	销售代表	中专	900	1500	100	2500
08009	肖项	销售代表	大专	1000	880	100	1980

图 9-21　打开素材文件

注意 使用高级筛选之前应先建立一个条件区域，条件区域至少有 3 个空白行，首行中包含的字段名必须拼写正确，只要包含有作为筛选条件的字段名即可，条件区域的字段名下面一行用来输入筛选条件，另一行作为空行，用来把条件区域和数据区域分开。

步骤 2 单击任意一个单元格，但不能单击条件区域与数据区域之间的空行，然后选择【数据】选项卡，在【排序和筛选】选项组中单击【高级】按钮，如图 9-22 所示。

职务	学历	工资合计
销售代表	大专	>=2000

员工工资统计表

工号	姓名	职务	学历	基本工资	提成	全勤	工资合计
08001	张利	业务经理	大专	1300	2600	100	4000
08002	李方	财务经理	本科	1400	1280	100	2780
08003	王然	秘书	本科	1200	400	100	1700
08004	赵四	销售代表	本科	1000	1000	100	2100
08005	孙艳	销售代表	大专	1000	800	100	1900
08006	周伟	销售代表	大专	1000	1500	-100	2400
08007	吴飞	销售代表	大专	1000	900	100	2000
08008	陈天	销售代表	中专	900	1500	100	2500
08009	肖项	销售代表	大专	1000	880	100	1980

图 9-22　单击【高级】按钮

步骤 3 弹出【高级筛选】对话框，单击【列表区域】文本框右侧的按钮，用鼠标在工作表中选择要筛选的列表区域范围（如 A5:H14），如图 9-23 所示。

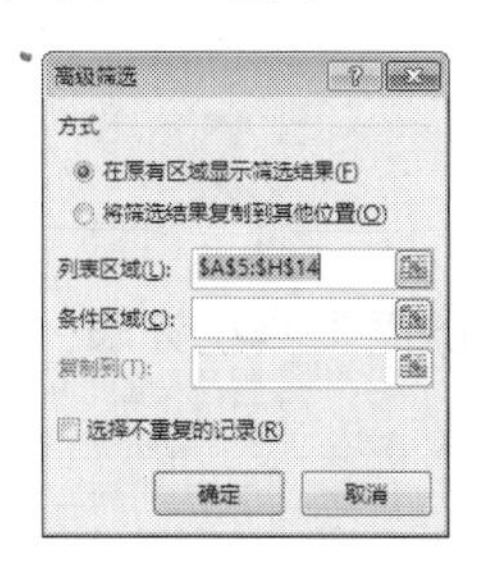

图 9-23　【高级筛选】对话框

步骤 4 单击【条件区域】文本框右侧的按钮，弹出【高级筛选 - 条件区域】对话框，用鼠标在工作表中选择要筛选的条件区域范围（如 C1:E2），如图 9-24 所示。

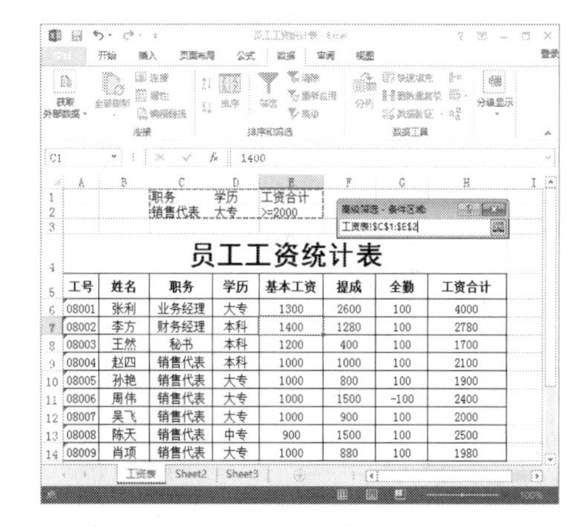

图 9-24　选择筛选条件范围

步骤 5 单击其右侧的按钮，返回【高级筛选】对话框，单击【确定】按钮，如图 9-25 所示。

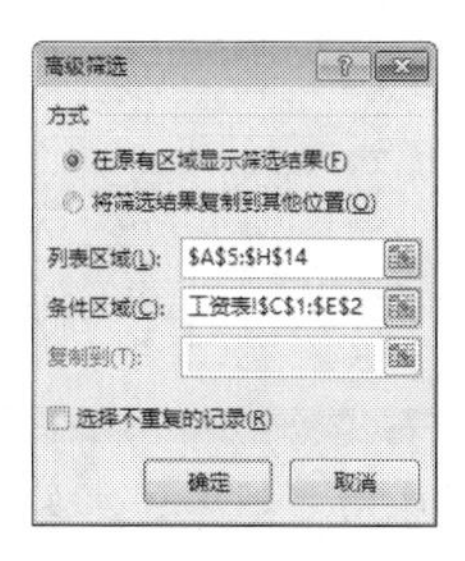

图 9-25　【高级筛选】对话框

步骤 6 即可筛选出符合预设条件的信息，如图 9-26 所示。

图 9-26 筛选后的结果

> **注意** 在选择条件区域时一定要包含条件区域的字段名。

在高级筛选中还可以将筛选结果复制到工作表的其他位置，这样在工作表中既可以显示原始数据，又可以显示筛选后的结果，具体操作步骤如下。

步骤 1 建立条件区域，然后在条件区域中设置筛选条件，如图 9-27 所示。

职务	学历	工资合计
销售代表	大专	>=2000

员工工资统计表

工号	姓名	职务	学历	基本工资	提成	全勤	工资合计
08001	张利	业务经理	大专	1300	2600	100	4000
08002	李方	财务经理	本科	1400	1280	100	2780
08003	王然	秘书	本科	1200	400	100	1700
08004	赵四	销售代表	本科	1000	1000	100	2100
08005	孙艳	销售代表	大专	1000	800	100	1900
08006	周伟	销售代表	大专	1000	1500	-100	2400
08007	吴飞	销售代表	大专	1000	900	100	2000
08008	陈天	销售代表	中专	900	1500	100	2500
08009	肖项	销售代表	大专	1000	880	100	1980

图 9-27 设置筛选条件

步骤 2 利用上面的方法打开【高级筛选】对话框，选中【将筛选结果复制到其他位置】单选按钮，单击【复制到】文本框右侧的按钮，如图 9-28 所示。

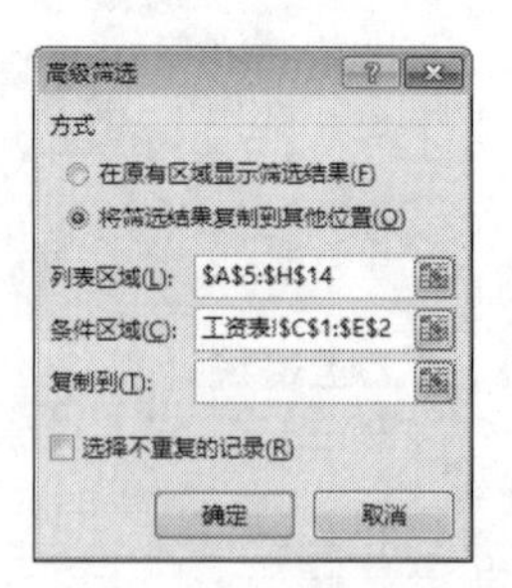

图 9-28 【高级筛选】对话框

步骤 3 在数据区域外单击任意一个单元格（如 A16），再单击按钮返回【高级筛选】对话框，如图 9-29 所示。

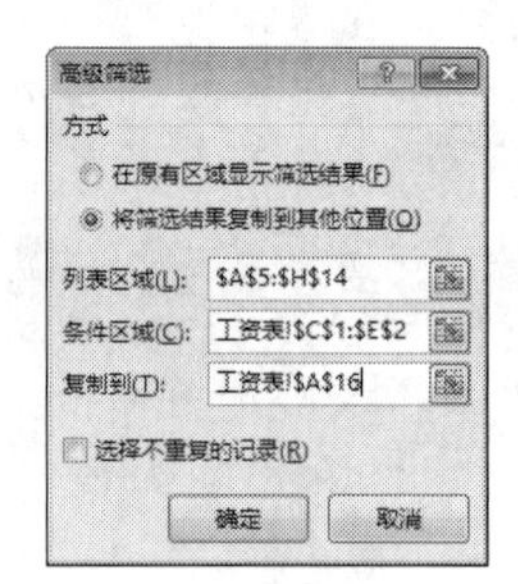

图 9-29 设置高级筛选条件

步骤 4 单击【确定】按钮，即可复制筛选的信息，如图 9-30 所示。

工号	姓名	职务	学历	基本工资	提成	全勤	工资合计
08001	张利	业务经理	大专	1300	2600	100	4000
08002	李方	财务经理	本科	1400	1280	100	2780
08003	王然	秘书	本科	1200	400	100	1700
08004	赵四	销售代表	本科	1000	1000	100	2100
08005	孙艳	销售代表	大专	1000	800	100	1900
08006	周伟	销售代表	大专	1000	1500	-100	2400
08007	吴飞	销售代表	大专	1000	900	100	2000
08008	陈天	销售代表	中专	900	1500	100	2500
08009	肖项	销售代表	大专	1000	880	100	1980

工号	姓名	职务	学历	基本工资	提成	全勤	工资合计
08006	周伟	销售代表	大专	1000	1500	-100	2400
08007	吴飞	销售代表	大专	1000	900	100	2000

图 9-30 筛选后的结果

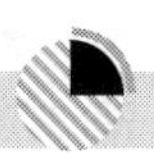

9.3 数据的合并计算

通过数据的合并运算，可以将多个单独的工作表合并到一个主工作表中，本节主要讲述数据的合并运算。

9.3.1 合并计算数据的一般方法

合并计算数据的具体操作步骤如下。

步骤 1 打开随书光盘中的“素材 \ch09\ 员工工资统计表”文件，如图 9-31 所示。

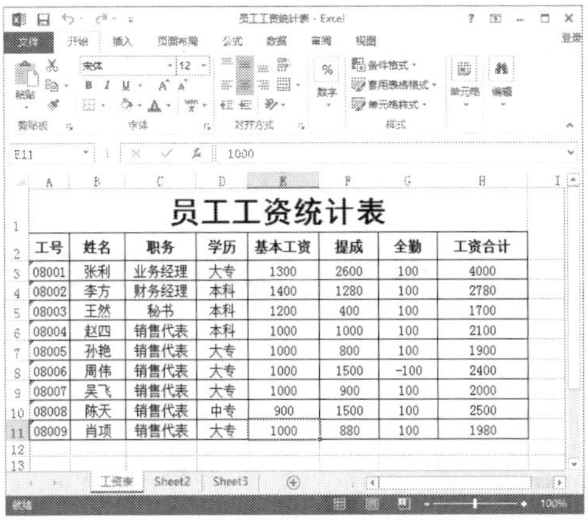

员工工资统计表
工号 姓名 职务 学历 基本工资 提成 全勤 工资合计
08001 张利 业务经理 大专 1300 2600 100 4000
08002 李方 财务经理 本科 1400 1280 100 2780
08003 王然 秘书 本科 1200 400 100 1700
08004 赵四 销售代表 本科 1000 1000 100 2100
08005 孙艳 销售代表 大专 1000 800 100 1900
08006 周伟 销售代表 大专 1000 1500 -100 2400
08007 吴飞 销售代表 大专 1000 900 100 2000
08008 陈天 销售代表 中专 900 1500 100 2500
08009 肖项 销售代表 大专 1000 880 100 1980

图 9-31 打开素材文件

步骤 2 首先为每个区域命名，选中“工号”列中的数据区域，在【公式】选项卡中的【定义的名称】选项组中单击【定义名称】按钮，如图 9-32 所示。

定义名称
员工工资统计表

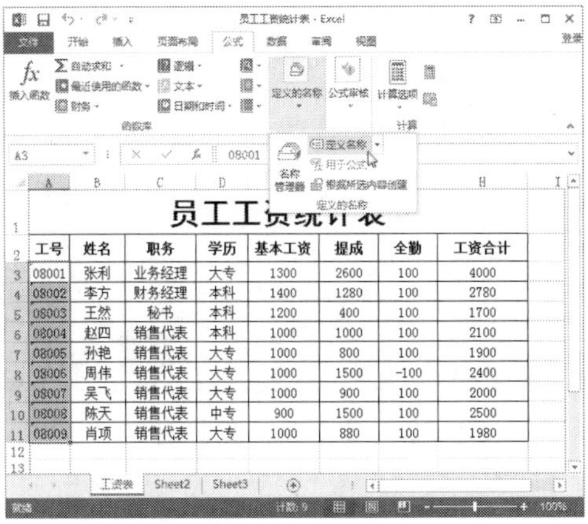

图 9-32 单击【定义名称】按钮

步骤 3 在弹出的【新建名称】对话框中设置【名称】为“学号”，【引用位置】为“=工资表!$A$3:$A$11”，然后单击【确定】按钮，如图 9-33 所示。

新建名称
名称(N): 学号
范围(S): 工作簿
备注(O):
引用位置(R): =工资表!$A$3:$A$11
确定
取消

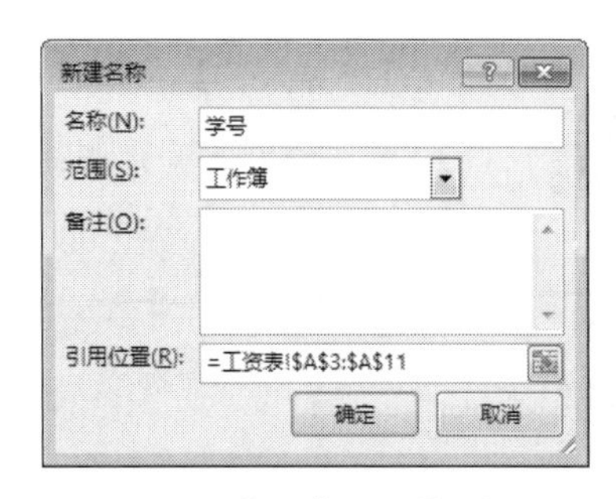

图 9-33 【新建名称】对话框

步骤 4 使用上述方法，为“基本工资”“全勤”和“提成”创建名称。在要显示合并数据的区域中，选择其左上方的单元格，此处选择 A13 单元格，然后在【数据】选项卡的【数据工具】选项组中单击【合并计算】按钮，如图 9-34 所示。

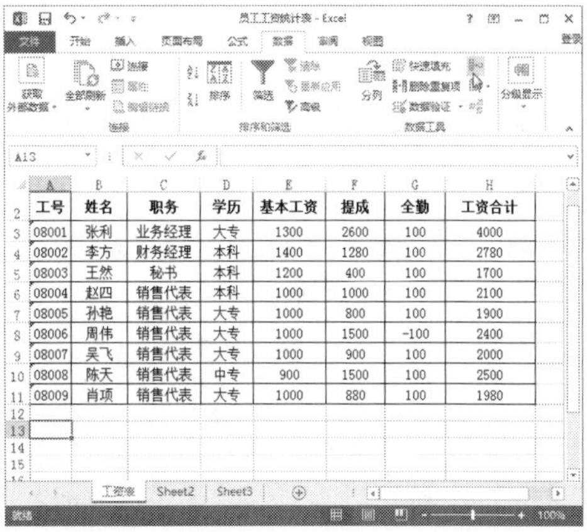

图 9-34 单击【合并计算】按钮

步骤 5 打开【合并计算】对话框，从【函数】下拉列表中选择需要用来对数据进行合并的汇总函数，本实例选择【求和】选项，如图 9-35 所示。

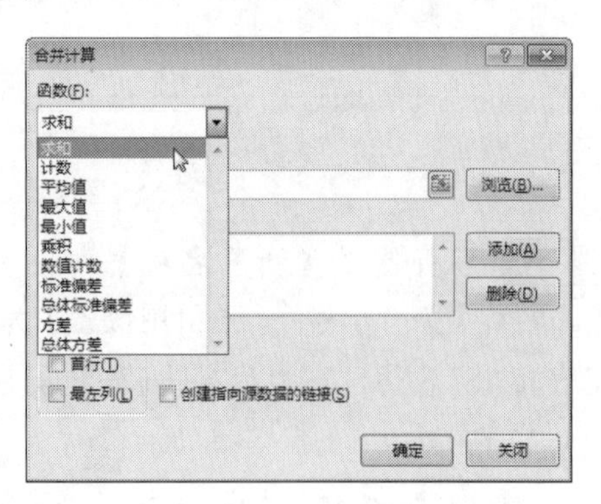

图 9-35 【合并计算】对话框

步骤 6 在【引用位置】文本框中输入“基本工资”，然后单击【添加】按钮，如图 9-36 所示。

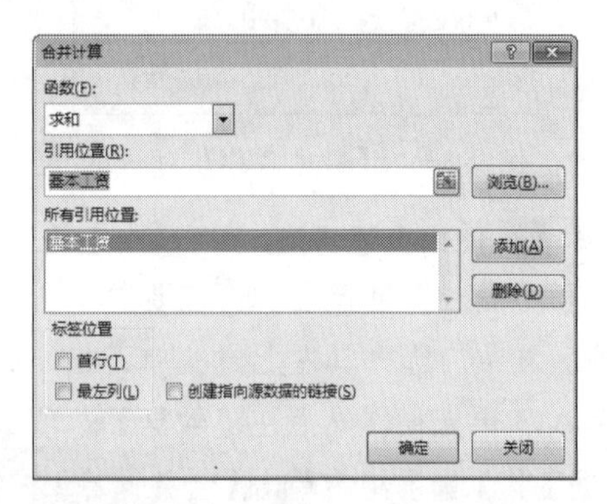

图 9-36 设置合并计算条件

步骤 7 使用上述方法，添加“全勤”和“提成”，如图 9-37 所示。

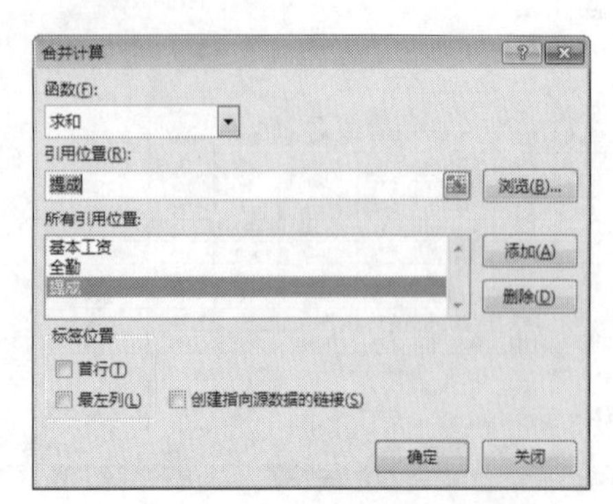

图 9-37 添加其他合并条件

步骤 8 单击【确定】按钮，效果如图 9-38 所示。

	A	B	C	D	E	F	G	H
8	08006	周伟	销售代表	大专	1000	1500	-100	2400
9	08007	吴飞	销售代表	大专	1000	900	100	2000
10	08008	陈天	销售代表	中专	900	1500	100	2500
11	08009	肖项	销售代表	大专	1000	880	100	1980
12								
13	1300							
14	4100							
15	2580							
16	1500							
17	2100							
18	1900							
19	2400							
20	1900							
21	2600							
22	980							

图 9-38 合并计算后的结果

9.3.2 合并计算的自动更新

在合并计算中，利用链接功能可以实现合并数据的自动更新。如果希望当源数据改变时，合并结果也会自动更新，则应在【合并计算】对话框中选中【创建指向源数据的链接】复选框。这样，当每次用户更新源数据时，合并运算结果会自动进行更新操作，如图 9-39 所示。

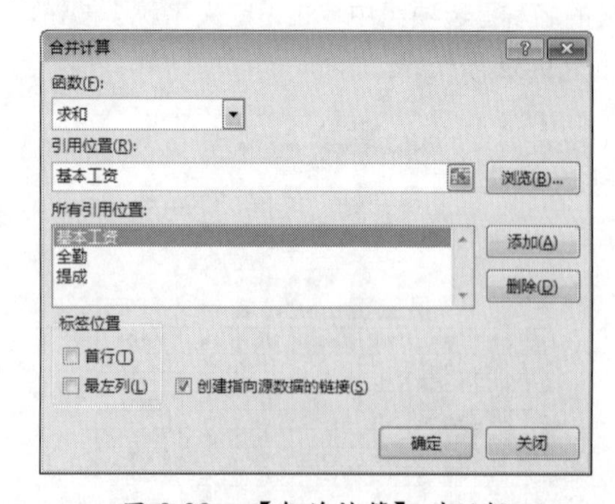

图 9-39 【合并计算】对话框

9.4 分类汇总数据

通常情况下，面对大量的数据，用户可以先对数据进行分类操作，然后再对不同类型的数据进行汇总。对于需要进行分类汇总的数据库，要求该数据库的每个字段都有字段名，也就是数据库的每列都有列标题。Excel 2013 是根据字段名来创建数据组，进行分类汇总的。

下面以求公司中所有部门的工资平均值分类汇总为例进行讲解，具体操作步骤如下。

步骤 1 新建一个空白工作表，在其中输入数据，然后选择【数据】选项卡，在【分级显示】选项组中单击【分类汇总】按钮，如图 9-40 所示。

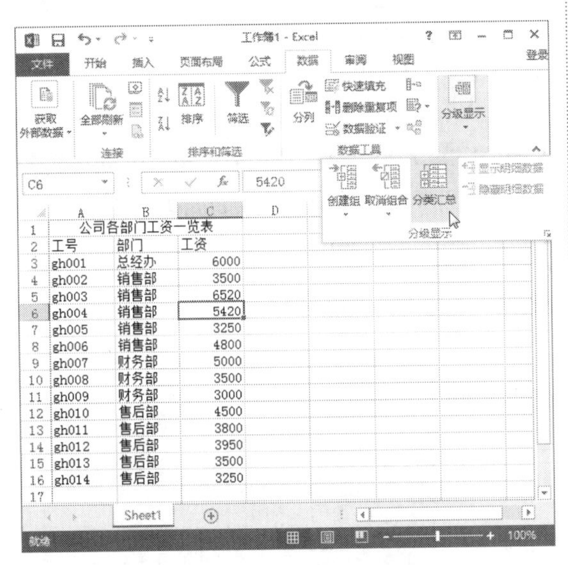

图 9-40 单击【分类汇总】按钮

步骤 2 打开【分类汇总】对话框，在【分类字段】下拉列表中选择【部门】选项，在【汇总方式】下拉列表中选择【平均值】选项，并在【选定汇总项】列表框中选中【工资】复选框，并选中【替换当前分类汇总】和【汇总结果显示在数据下方】复选框，如图 9-41 所示。

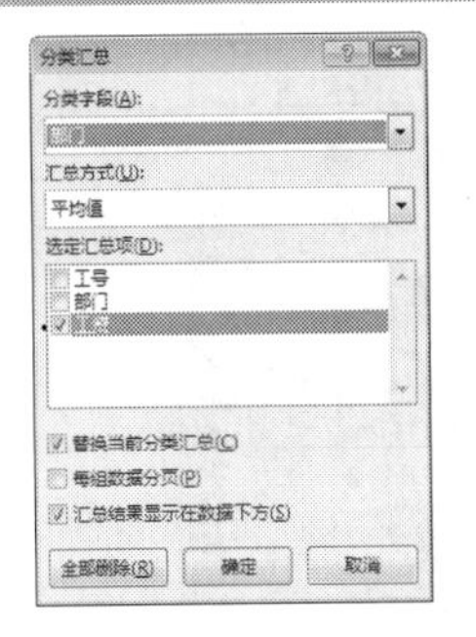

图 9-41 【分类汇总】对话框

步骤 3 单击【确定】按钮，即可完成此项的设置，最终的分类汇总结果如图 9-42 所示。

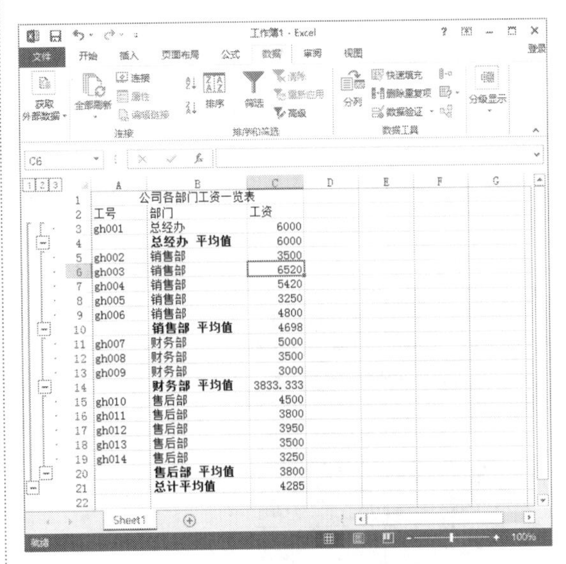

图 9-42 分类汇总后的显示结果

另外，在对某一列进行分类汇总时，应该先对该列进行排序，这样对该列进行的分类汇总，就会按一定的次序给出排列结果，否则会出现偏离预期的结果。例如，首先选择“工资”列，然后在【数据】选项卡【排序和筛选】选项组中单击【升序】按钮，如图 9-43 所示。

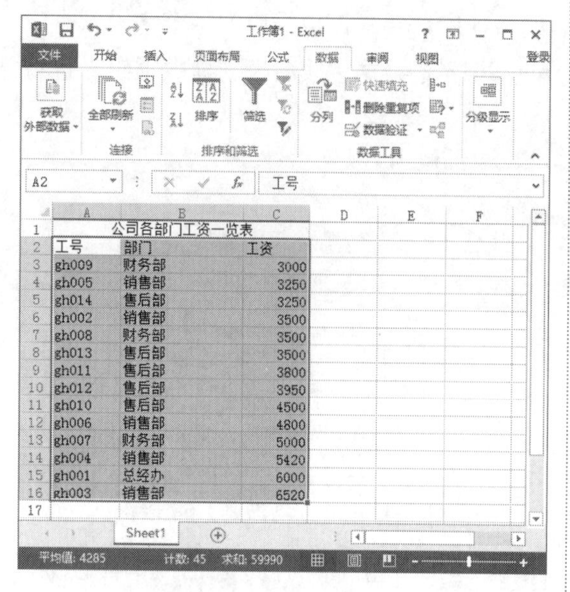

图 9-43　升序排序

重新分类汇总的数据效果如图 9-44 所示，可以看出经过排序后的汇总更符合用户的需求。

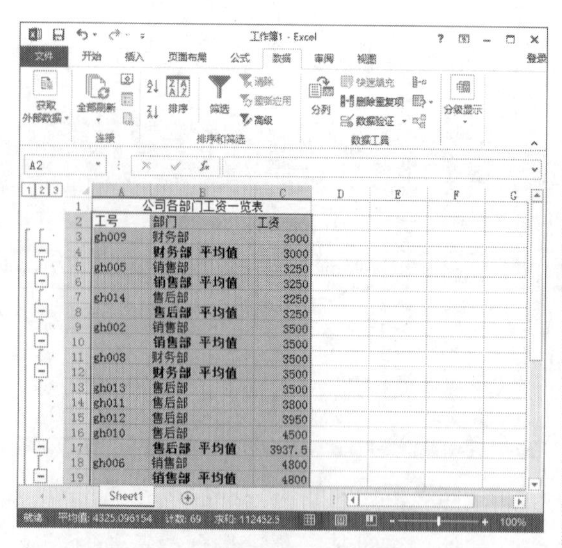

图 9-44　重新分类汇总后的结果

如果需要恢复原有的数据库和格式，清除分类汇总的结果，可按照如下步骤进行操作。

步骤 1 在 Excel 2013 主窗口打开的工作表中，单击分类汇总数据库中任意一个单元格。选择【数据】选项卡，在【分级显示】选项组中单击【分类汇总】按钮，如图 9-45 所示。

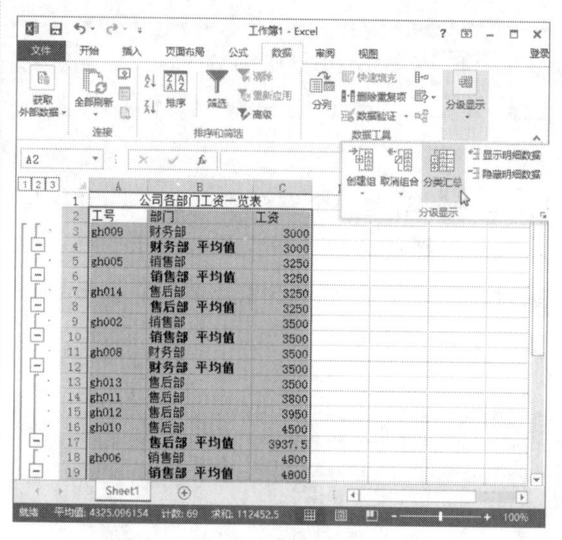

图 9-45　单击【分类汇总】按钮

步骤 2 弹出【分类汇总】对话框，单击【全部删除】按钮，如图 9-46 所示。

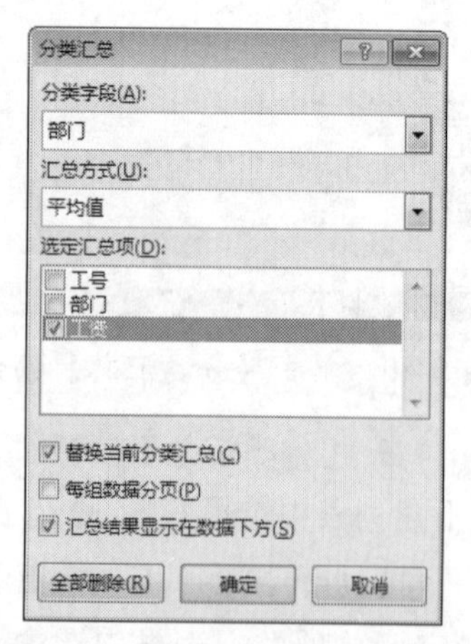

图 9-46　【分类汇总】对话框

步骤 3 即可清除分类汇总的结果，如图 9-47 所示。

图 9-47　清除分类汇总的结果

9.5 高效办公技能实战

9.5.1 制作分类汇总销售记录表

下面制作汇总销售记录表，汇总要求：对每天的销售和客户所在地进行汇总，将结果复制到 Sheet 2 工作表中。

制作分类汇总销售记录表具体操作步骤如下。

步骤 1 打开随书光盘中的“素材 \ch09\ 销售记录表”文件，选择数据区域内的任意一个单元格，然后单击【数据】选项卡下【分级显示】选项组中的【分类汇总】按钮，如图 9-48 所示。

步骤 2 打开【分类汇总】对话框，在【分类字段】下拉列表中选择【日期】选项，在【汇总方式】下拉列表中默认选择【计数】选项，在【选定汇总项】下拉列表中选中【客户选在地】复选框，取消选中【替换当前分类汇总】复选框，选中【汇总结果显示在数据下方】复选框，如图 9-49 所示。

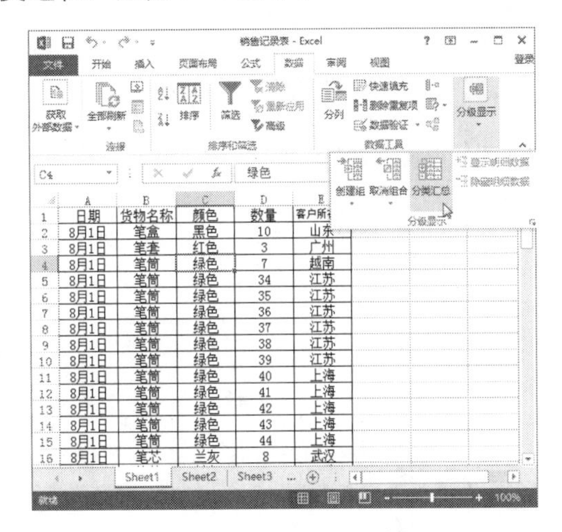

图 9-48　单击【分类汇总】按钮

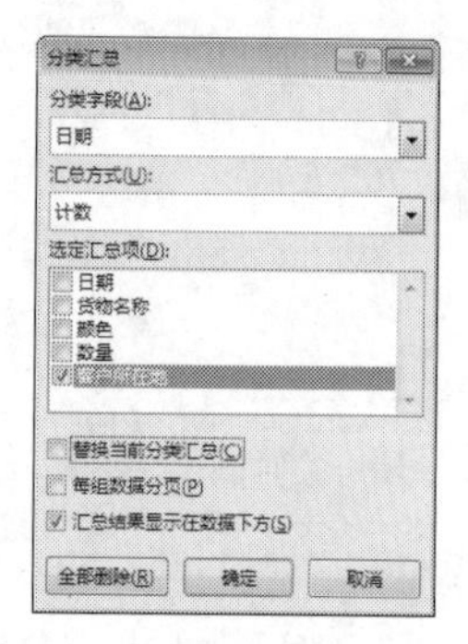

图 9-49 【分类汇总】对话框

步骤 3 单击【确定】按钮，数据分类汇总完成，如图 9-50 所示。

	日期	货物名称	颜色	数量	客户所在地
2	8月1日	笔盒	黑色	10	山东
3	8月1日	笔套	红色	3	广州
4	8月1日	笔筒	绿色	7	越南
5	8月1日	笔筒	绿色	34	江苏
6	8月1日	笔筒	绿色	35	江苏
7	8月1日	笔筒	绿色	36	江苏
8	8月1日	笔筒	绿色	37	江苏
9	8月1日	笔筒	绿色	38	江苏
10	8月1日	笔筒	绿色	39	江苏
11	8月1日	笔筒	绿色	40	上海
12	8月1日	笔筒	绿色	41	上海
13	8月1日	笔筒	绿色	42	上海
14	8月1日	笔筒	绿色	43	上海
15	8月1日	笔筒	绿色	44	上海
16	8月1日	笔芯	兰灰	8	武汉

图 9-50 分类汇总后的结果

步骤 4 单击分类汇总的列号“2”，可以查看二级分类汇总的数据，如图 9-51 所示。

	日期	货物名称	颜色	数量	客户所在地
22	8月1日 计数				20
44	8月2日 计数				21
65	8月3日 计数				20
83	8月4日 计数				17
93	8月5日 计数				9
94	总计数				87

图 9-51 分级查看汇总后的数据

9.5.2 制作工资发放零钞备用表

目前，有一些企业在发放当月工资的时候，仍以现金的方式来发放。如果员工比较多，每月事先准备好这些零钞就显得比较重要。在计算零钞数量的过程中用到了 INT 函数、ROUNDUP 函数，这两个函数的相关说明信息如下。

（1）INT 函数

①函数功能：对目标数字进行四舍五入处理，处理的结果是得到小于目标数的最大值。

②函数格式：INT (number)。

③参数说明：number 为需要处理的目标数字，也可以是含数字的单元格引用。

（2）ROUNDUP 函数

①函数功能：对目标数字按照指定的条件进行相应的四舍五入处理。

②函数格式：ROUNDUP (number,num_digits)。

③参数说明：number 为需要处理的目标数字；num_digits 为指定的条件，将决定目标数字处理后的结果位数。

制作工资发放零钞备用表的具体操作步骤如下。

步骤 1 创建工作簿并将其命名为“工资发放零钞备用表”，然后删除多余的工作表 Sheet2 和 Sheet3，最后单击【保存】按钮，即可将该工作簿保存到计算机磁盘中，如图 9-52 所示。

步骤 2 在 Sheet1 工作表中选中 A1 单元格，在其中输入“2015 年 09 月份工资发放零钞备用表”，然后使用相同的方法在表格中的其他单元格中输入相应的数据信息，如图 9-53 所示。

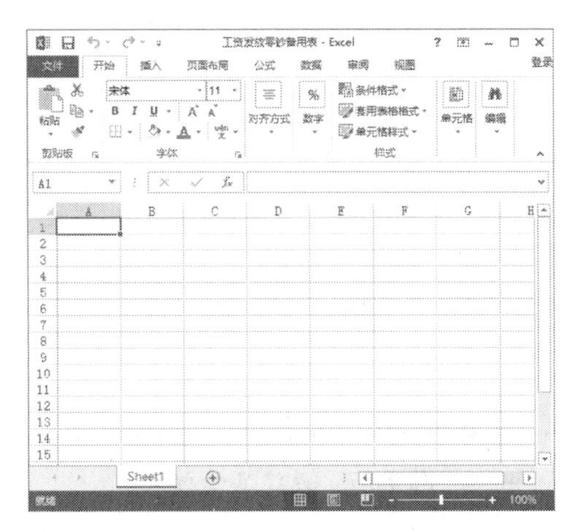

图 9-52　新建空白工作簿

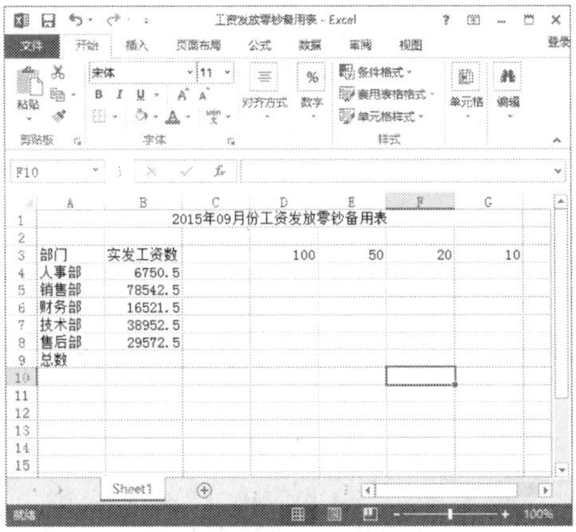

图 9-53　输入相关数据

步骤 3 在表中选择 D4 单元格，并在其中输入公式“= INT(ROUNDUP(($B4-SUM($C$3:C$3*$C4:C4)),4)/D$3)”，然后按 Ctrl+Shift+Enter 组合键，即可在 D4 单元格中显示输入的结果“67”，如图 9-54 所示。

步骤 4 在 Sheet1 工作表中选中 D4 单元格并移动光标到该单元格的右下角，当光标变成十字形状时，按住鼠标左键不放向右拖曳至 K4 单元格，即可计算出“人事部”工资总额各个面值的数量，然后再用拖曳的方式复制公式到 E4:K8 单元格区域中，至此企业中各个部门工资总额的面值数量就计算出来了，如图 9-55 所示。

图 9-54　输入公式计算数据

图 9-55　复制公式计算数据

步骤 5 在 Sheet1 工作表中选中 B9 单元格，在其中输入公式“=SUM(B4:B8）”，然后按 Enter 键，即可在 B9 单元格中显示出计算的结果，如图 9-56 所示。

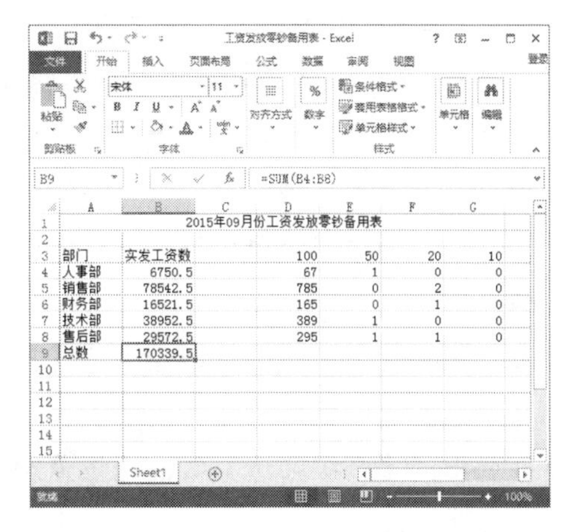

图 9-56　输入公式计算数据

步骤 6 复制公式。在 Sheet1 工作表中选中 B9 单元格并移动光标到该单元格的右下角，当光标变成十字形状时按住鼠标左键不放向右拖曳至 K9 单元格，然后释放鼠标，即可得到各个面值数量的总和，最后使用调整表格小数位数的方法将 C9:K9 单元格区域中的数值调整为整数，最终的显示效果如图 9-57 所示。

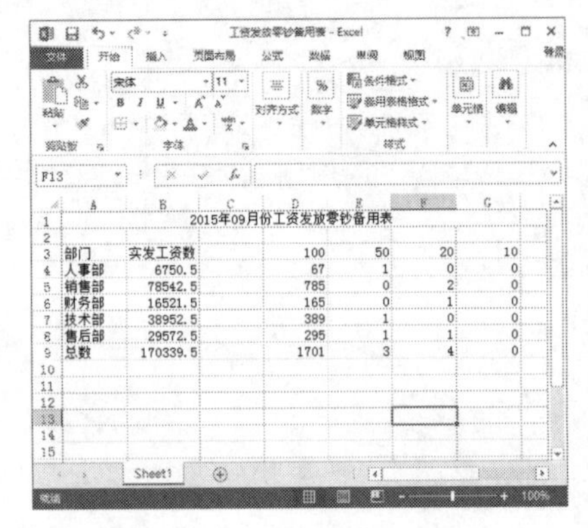

图 9-57　最终显示效果

9.6 课后练习与指导

9.6.1 筛选 Excel 表中的数据

☆　练习目标

了解筛选数据的相关知识。

掌握筛选 Excel 表中数据的方法与技巧。

☆　专题练习指南

01　打开需要筛选数据的工作表。

02　选择【数据】选择卡，在【排序和筛选】选项组中单击【筛选】按钮，此时在每个字段名的右侧都会有一个下箭头。

03　单击任意一个字段名右侧的下箭头，在弹出的下拉列表中选择一个筛选的条件。

04　随即表中即可显示符合条件的数据信息。

05　如果想要高级筛选数据，在【排序和筛选】选项组中单击【高级】按钮，在弹出的【高级筛选】对话框设置相关的筛选参数。

06　最后单击【确定】按钮，表中即可显示符合条件的数据信息。

9.6.2 复制分类汇总结果

☆　练习目标

了解分类汇总的概念与作用。

掌握对分类汇总的数据操作技巧与方法。

☆　专题练习指南

01　选中汇总后想要复制的级别视图中的数据区域，按 F5 键，弹出【定位】对话框。

02　单击【定位条件】按钮，在弹出的【定位条件】对话框中选中【可见单元格】单选按钮。

03　单击【确定】按钮，即仅选中当前可见的区域。

04　按 Ctrl+C 快捷键复制，在目标区域中按 Ctrl+V 快捷键粘贴，只粘贴了汇总数据。

使用图表与图形

- **本章导读**

图表和图形在一定程度上可以使表格中的数据更加直观且吸引人，具有较好的视觉效果。通过插入图表和图形，用户可以更加容易地分析数据的走向和差异，便于预测事物的发展趋势。本章为读者介绍 Excel 图表与图形的使用。

- **学习目标**

◎ 掌握图表的插入与设置。
◎ 掌握图形的插入与设置。
◎ 掌握数据透视表的使用。
◎ 掌握数据透视图的使用。

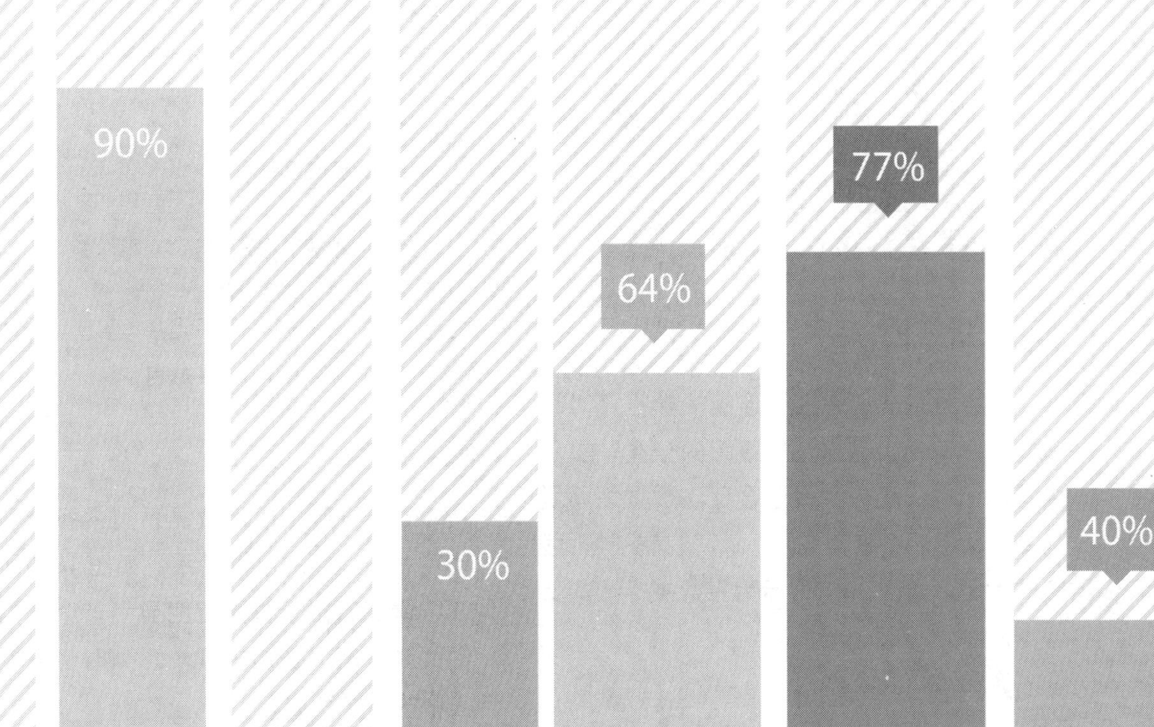

10.1 图表的插入与设置

Excel 2013 提供有多种内部的图表类型，每一种图表类型又含有多种子类型。另外，用户还可以自定义图表，所以图表类型是十分丰富的。

10.1.1 常用的标准图表类型

Excel 2013 预设有多种标准的图表类型，如柱形图、折线图、条形图等。在创建图表的过程中，用户可以根据自己的需要选择不同图表类型。

柱形图

柱形图通常用来描绘系列中的项目，或多个系列间的项目。Excel 2013 提供有多种柱形图子类型，如图 10-1 所示为三维簇状柱形图。

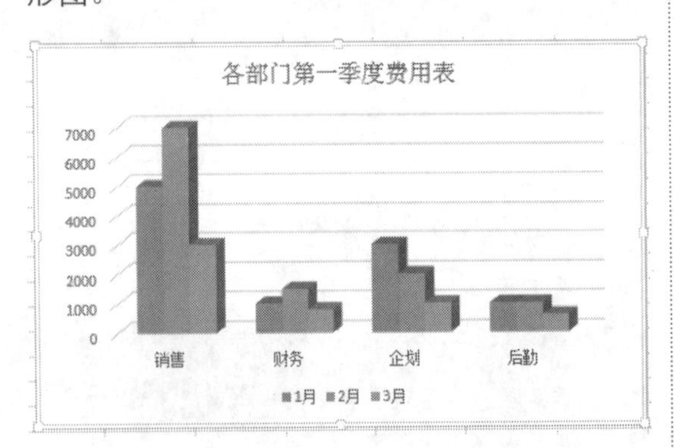

图 10-1　柱形图

折线图

折线图通常用来描绘连续的数据，对标识趋势很有用。通常，折线图的分类轴显示相等的间隔，是一种最适合反映数据之间量的变化快慢的图表类型。Excel 支持多种折线图子类型，如图 10-2 所示为带数据标记的折线图。

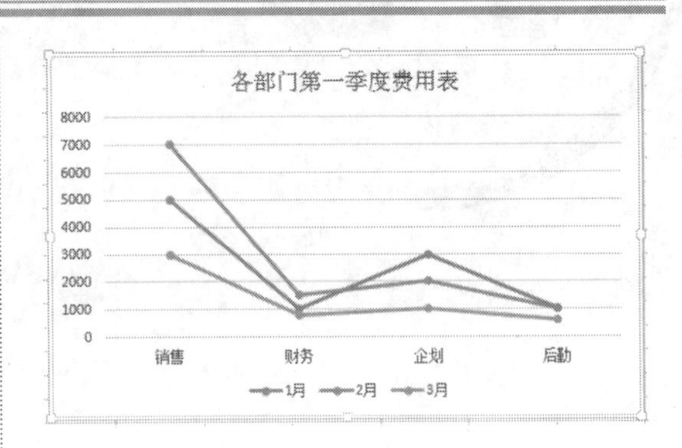

图 10-2　折线图

条形图

条形图实际上是顺时针旋转 90° 的柱形图。条形图的优点是图中的分类标签更便于阅读，在这里分类项垂直的、数据值是水平的。Excel 支持多种条形图子类型，如图 10-3 所示为堆积条形图。

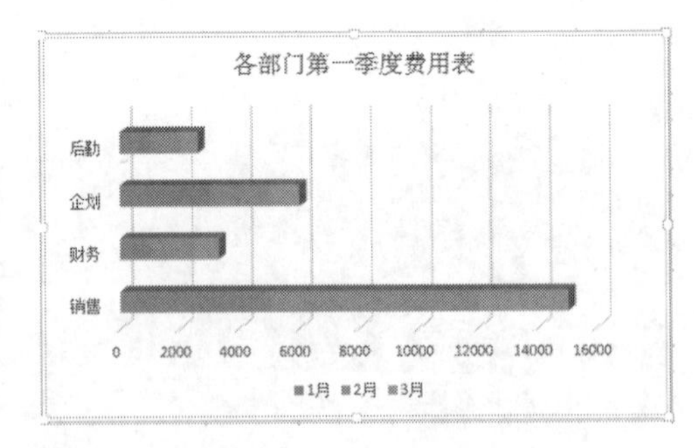

图 10-3　条形图

饼图

饼图主要用于显示数据系列中各个项目与项目总和之间的比例关系。如图 10-4 所示为三维饼图。由于饼图智能显示一个系列的比例关系，所以当选中多个系列时也只能显示其中的一个系列。

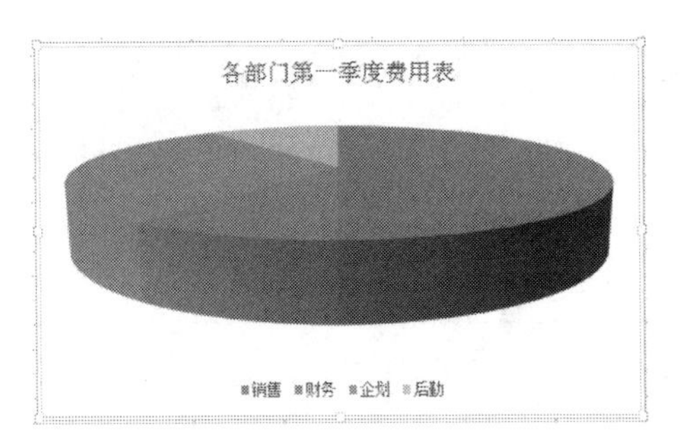

图 10-4　饼图

5. XY 散点图

XY 散点图也称作散布图或散开图，它不同于大多数其他图表类型的地方就是所有的轴线都显示数值（在 XY 散点图中没有分类轴线）。XY 散点图通常用来显示两个变量之间的关系，如图 10-5 所示。

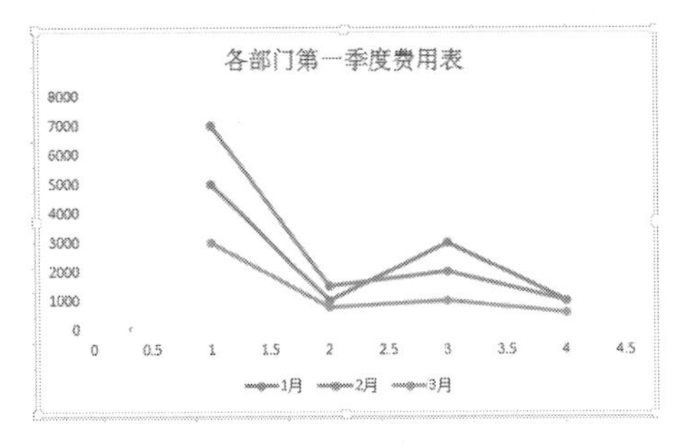

图 10-5　XY 散点图

6. 面积图

面积图主要用来显示每个数据的变化量，它强调的是数据随时间变化的幅度，通过显示数据的总和直观地表达出整体和部分的关系，如图 10-6 所示。

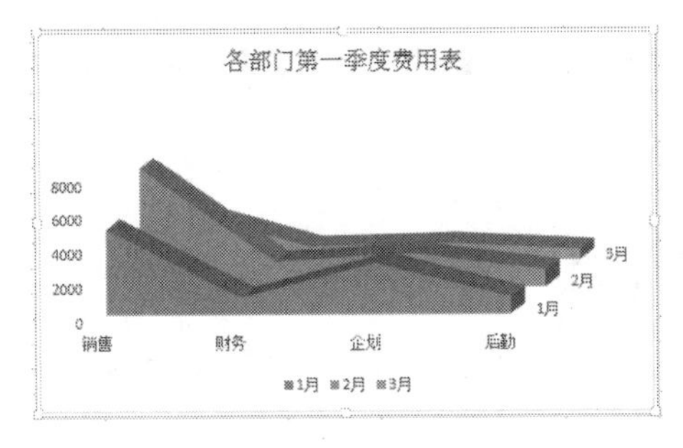

图 10-6　面积图

7. 雷达图

雷达图主要用于显示数据系列相对于中心点以及相对于彼此数据类别间的变化，其中每一个分类都有自己的坐标轴，这些坐标轴由中心向外辐射，并用折线将同一系列中的数据值连接起来，如图 10-7 所示。

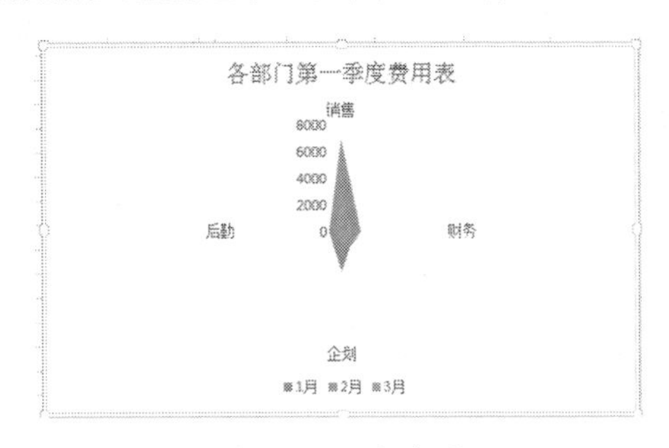

图 10-7　雷达图

8. 组合图

在一张图表中既包含柱形图，还包含折线图等其他类型的图表，这样的图表称为组合图。使用组合图可以更直观、多角度地展示数据，如图 10-8 所示。

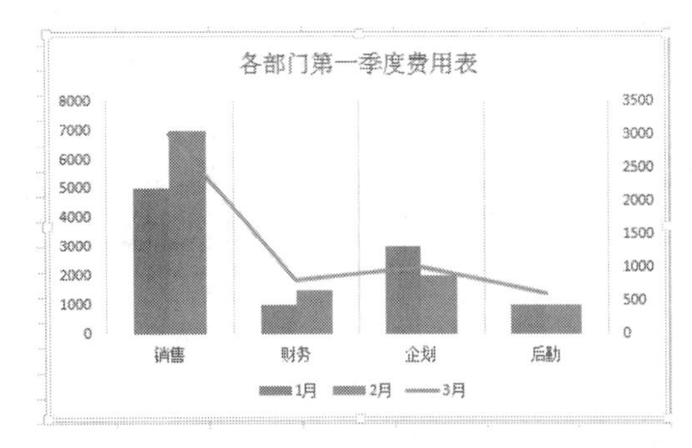

图 10-8　组合图

10.1.2 在表格中插入图表

图表是将表格中的数据用图形来表示的一种结构。使用图表可以非常直观地反映工作表中数据之间的关系，可以方便地对比和分析数据，为使用数据提供便利。

在 Excel 中创建图表的操作步骤如下。

步骤 1 创建一个空白工作簿文件，然后输入数据并选择数据区域，这里选择 A2:D6 单元格区域，如图 10-9 所示。

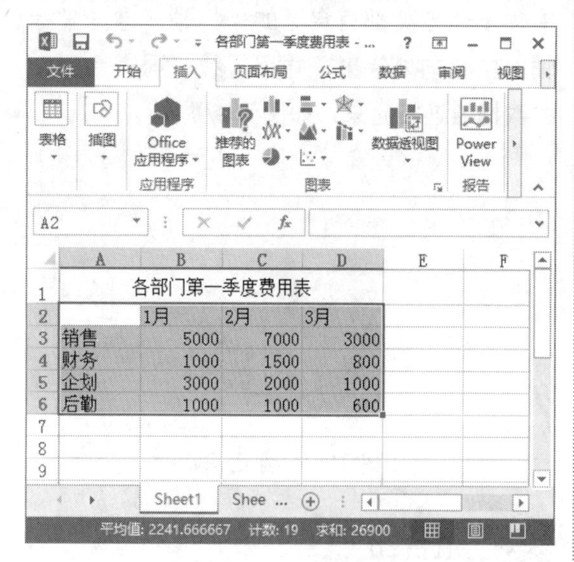

图 10-9 打开素材文件

步骤 2 选择【插入】选项卡，在【图表】选项组中单击【柱形图】按钮，在弹出的列表中选择【三维柱形图】设置区中的簇状柱形图，如图 10-10 所示即可根据选择的数据快速插入图表。

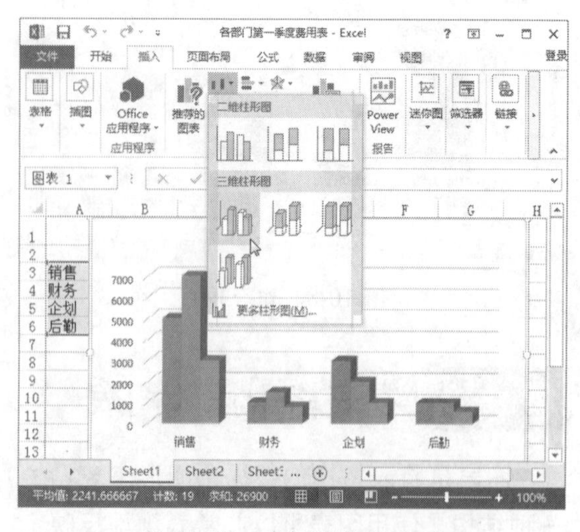

图 10-10 选择簇状柱形图

步骤 3 插入后的效果，如图 10-11 所示。

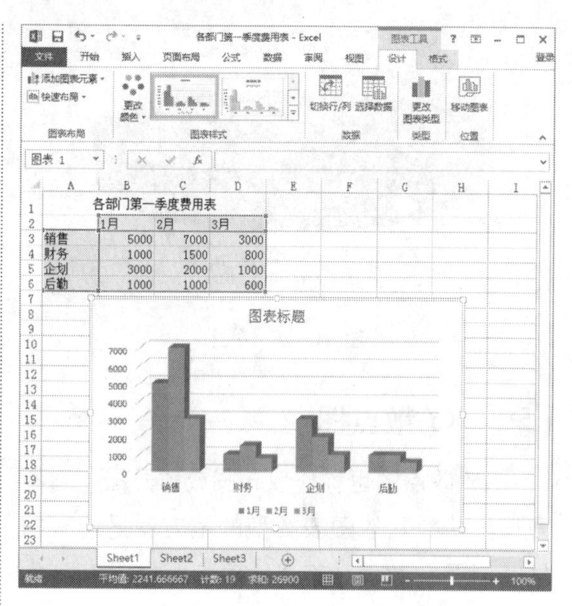

图 10-11 插入效果

步骤 4 在图表标题文本框中输入图表标题，例如“各部门第一季度费用表”，如图 10-12 所示，即可完成图表的创建。

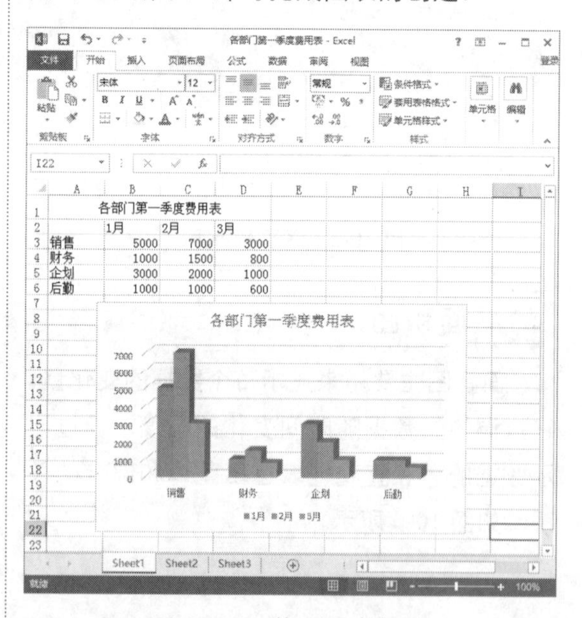

图 10-12 输入图表标题

10.1.3 更改图表类型

在建立图表时如果用户觉得创建后的图表不能直观地表达工作表中的数据，还可以

更改图表类型。

步骤 1 打开需要更改图表的文件，选择需要更改类型的图表，然后选择【设计】选项卡，在【类型】选项组中单击【更改图表类型】按钮，如图 10-13 所示。

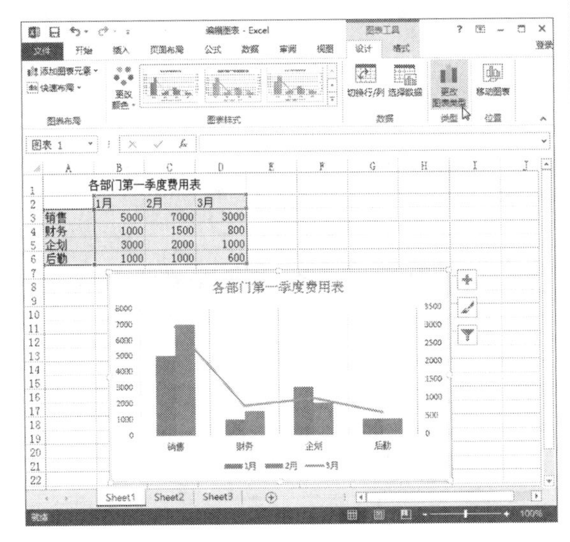

图 10-13　单击【更改图表类型】按钮

步骤 2 打开【更改图表类型】对话框，选择【柱形图】选项，然后在对话框右侧选择【簇状柱形图】选项，如图 10-14 所示。

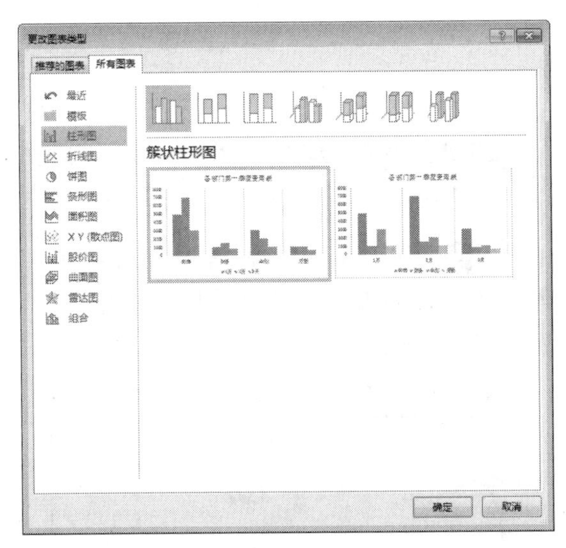

图 10-14　【更改图表类型】对话框

步骤 3 单击【确定】按钮，即可更改图表的类型，如图 10-15 所示。

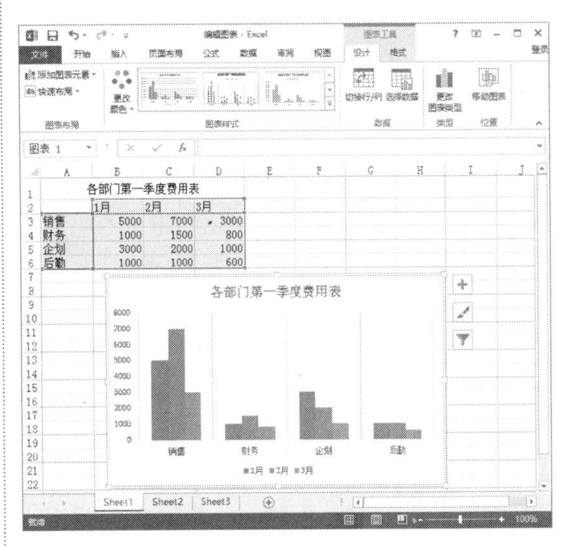

图 10-15　更改图表的类型

步骤 4 选择图表，然后将鼠标放到图表的边或角上，会出现方向箭头，用鼠标拖曳箭头即可改变图表大小，如图 10-16 所示。

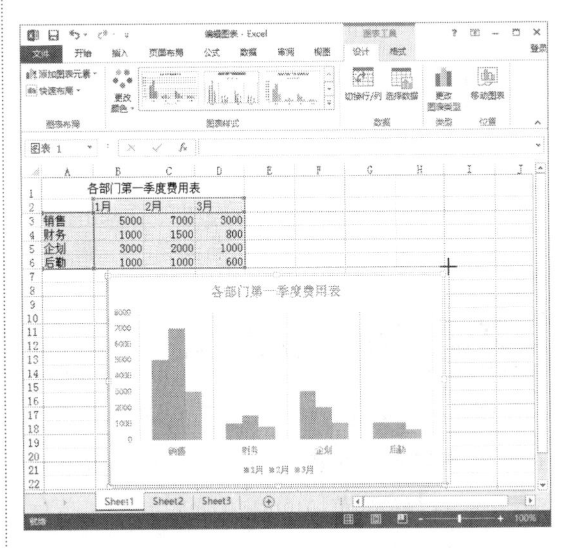

图 10-16　更改图表的大小

步骤 5 选中要移动的图表，按住左键将图表拖曳至满意的位置，如图 10-17 所示。

步骤 6 释放鼠标，即可完成图表的移动，如图 10-18 所示。

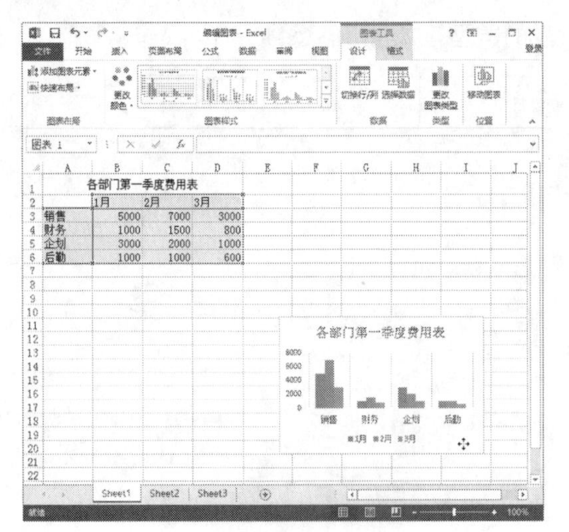

图 10-17 移动图表

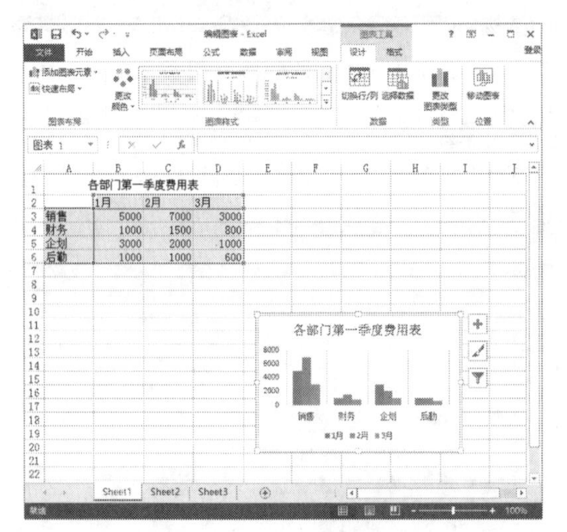

图 10-18 移动后的效果

10.1.4 增加图表功能

若用户已经创建了图表工作表，又需要添加一些数据，使其在图表工作表中显示出来，则可以使用增加图表功能来完成，具体操作步骤如下。

步骤 1 打开需要编辑图表的文件，在工作表中添加名称为“4 月”的数据系列，如图 10-19 所示。

步骤 2 选择要添加数据的图表，单击【设计】选项卡下【数据】选项组中的【选择数据】按钮，如图 10-20 所示。

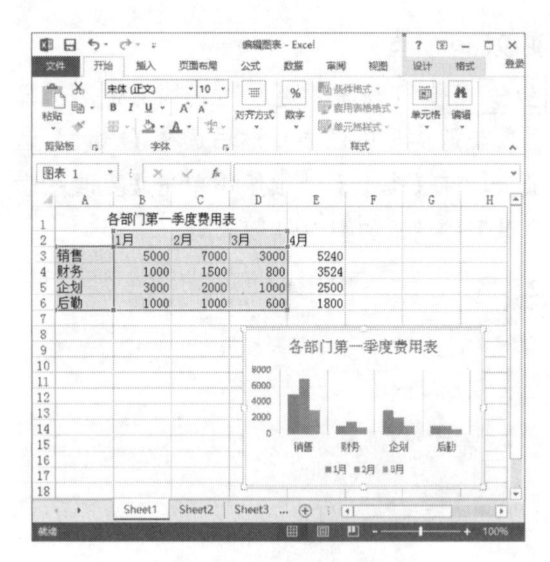

图 10-19 添加图表数据

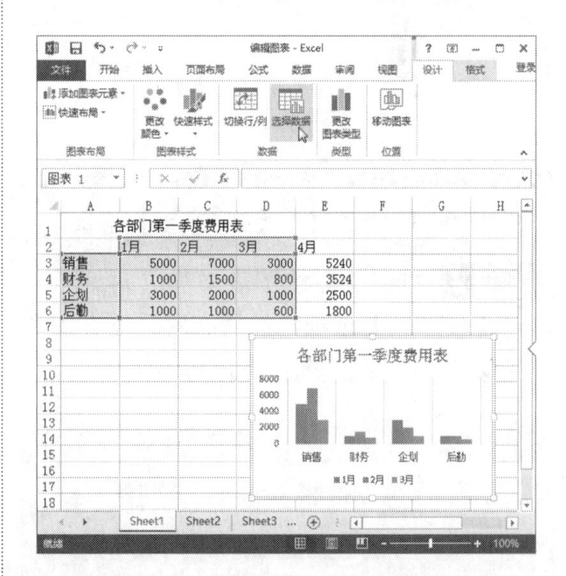

图 10-20 单击【选择数据】按钮

步骤 3 打开【选择数据源】对话框，单击【图表数据区域】右侧的按钮，如图 10-21 所示。

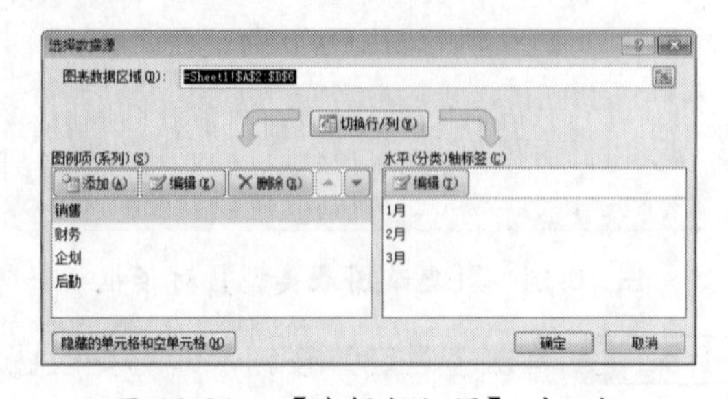

图 10-21 【选择数据源】对话框

步骤 4 在视图中选择包括 4 月在内的单元格，如图 10-22 所示。

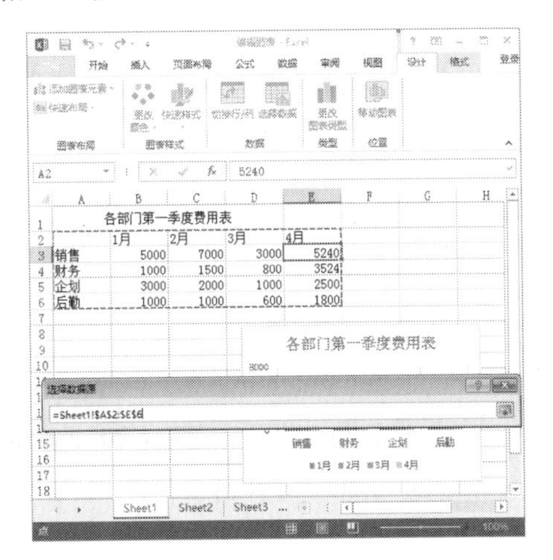

图 10-22 选择数据源

步骤 5 单击按钮，返回【选择数据源】对话框，如图 10-23 所示。

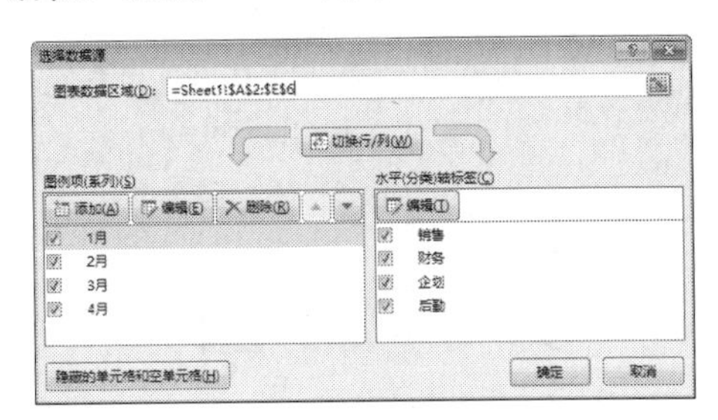

图 10-23 【选择数据源】对话框

步骤 6 单击【确定】按钮，即可将数据添加到图表中，如图 10-24 所示。

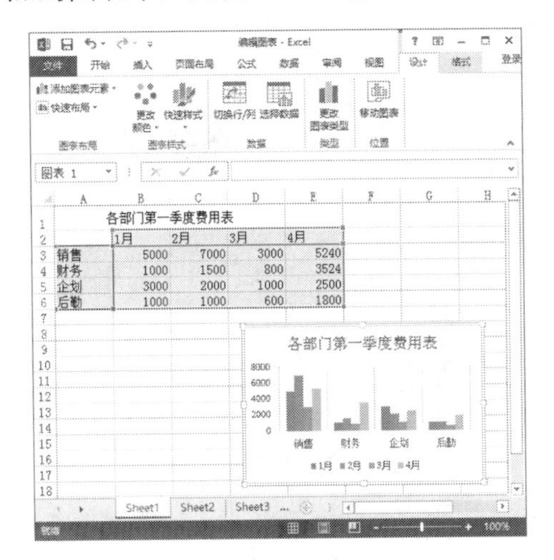

图 10-24 添加数据到图表中

步骤 7 如果要删除图表中的数据系列，则只需选中图表中要删除的数据系列，如图 10-25 所示，然后按 Delete 键即可。删除数据后的效果，如图 10-26 所示。

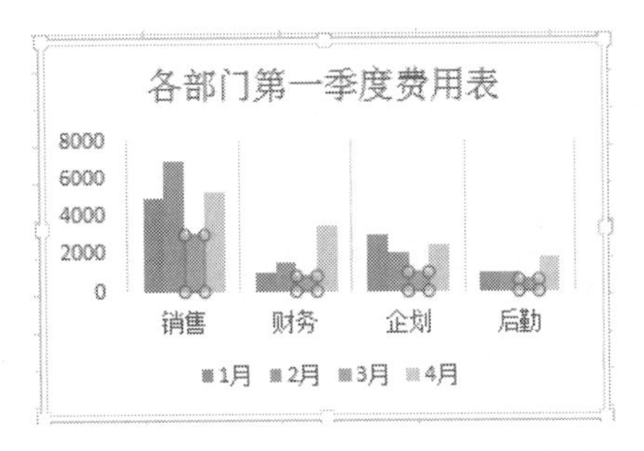

图 10-25 选择要删除的数据系列

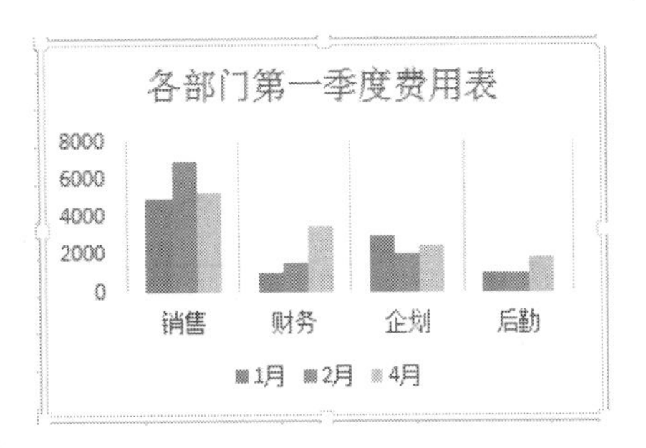

图 10-26 删除数据后的效果

步骤 8 如果希望将工作表中的某个数据系列与图表中的数据系列一起删除，则需要选中工作表中的数据系列所在的单元格区域，如图 10-27 所示，然后按 Delete 键即可。删除数据后的效果，如图 10-28 所示。

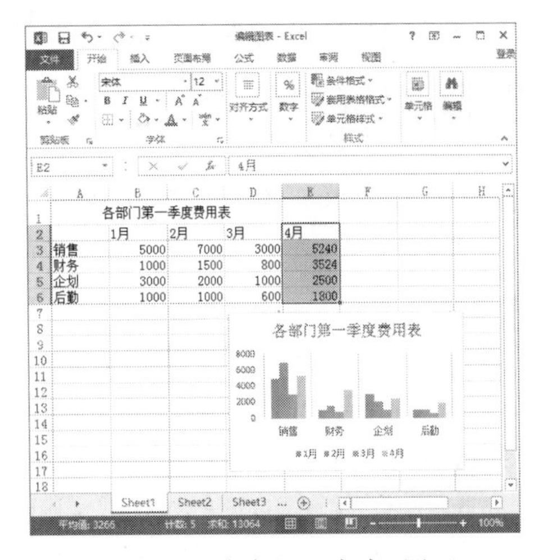

图 10-27 选中数据表中的数据

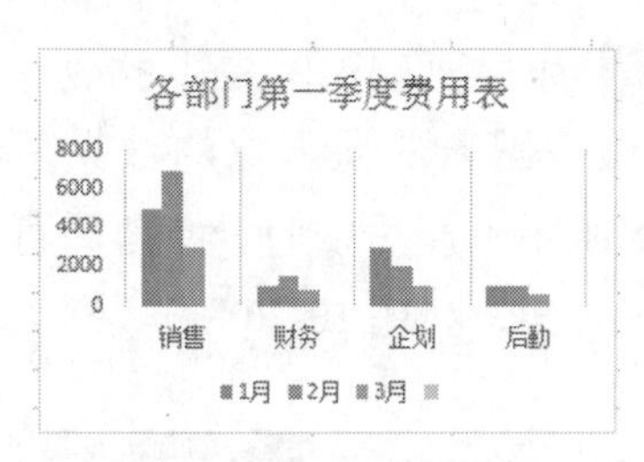

图 10-28　删除数据后的效果

10.1.5　美化图表

为了使图表更加漂亮、直观，可以在图表中添加横排或竖排文本框，使图表含有更多的信息，具体操作步骤如下。

步骤 1 打开需要美化的 Excel 文件，选中需要美化的图表，如图 10-29 所示。

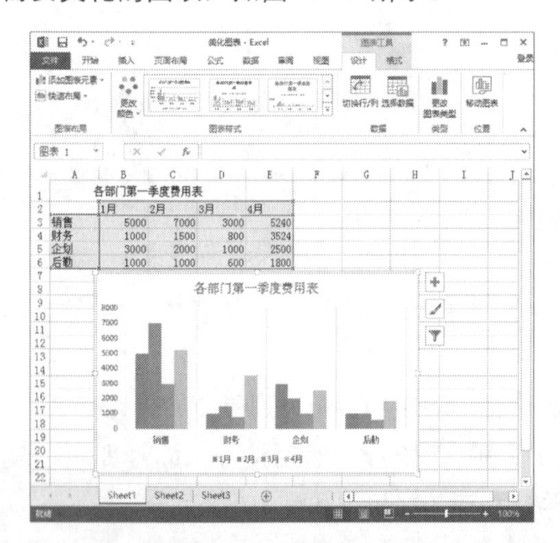

图 10-29　选中需要美化的图表

步骤 2 选择【布局】选项卡，在【图表样式】选项组中单击【更改颜色】按钮，在弹出的颜色列表中选择需要更改的颜色块，如图 10-30 所示。

步骤 3 返回到 Excel 工作界面中，可以看到更改颜色后的图表显示效果，如图 10-31 所示。

步骤 4 单击【图表样式】选项组中的【其他】按钮，打开【图表样式】列表，在其中选择需要的图表样式，如图 10-32 所示。

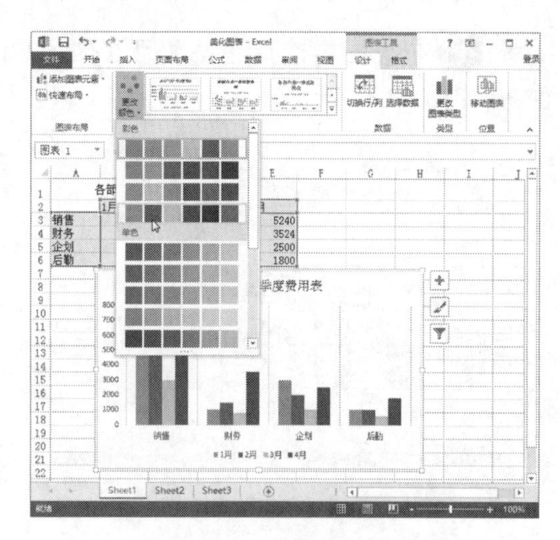

图 10-30　选择图表样式

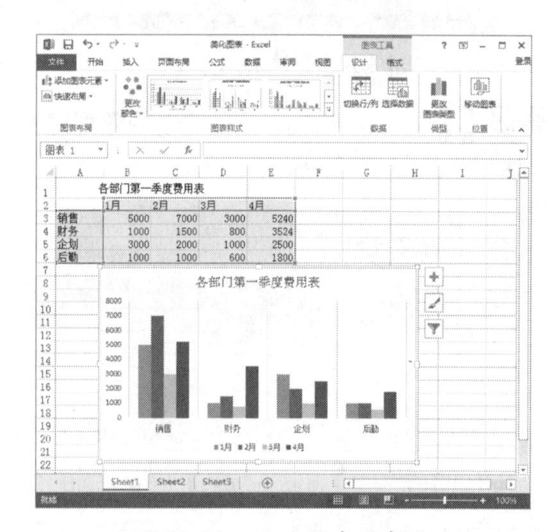

图 10-31　更改图表的颜色

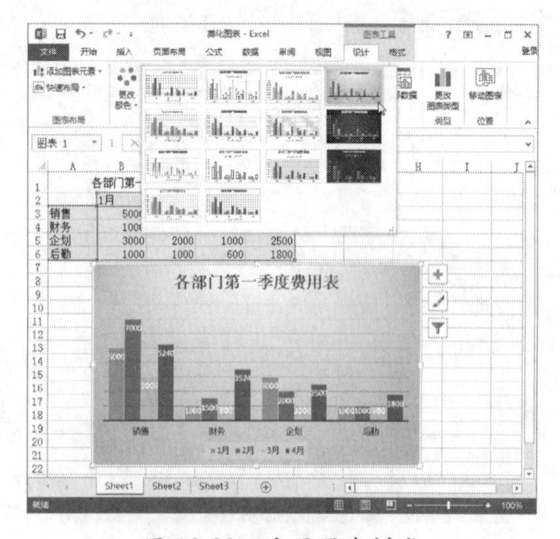

图 10-32　应用图表样式

10.1.6 显示和打印图表

图表创建好之后，用户可以在打印预览下查看最终效果图，然后对满意的图表进行打印。

步骤 1 打开一个创建好的图表文件，然后选中需要打印的图表，如图 10-33 所示。

步骤 2 选择【文件】选项卡，在打开的界面中选择【打印】选项，即可查看打印效果，如果符合要求，单击【打印】按钮，即可开始打印图表，如图 10-34 所示。

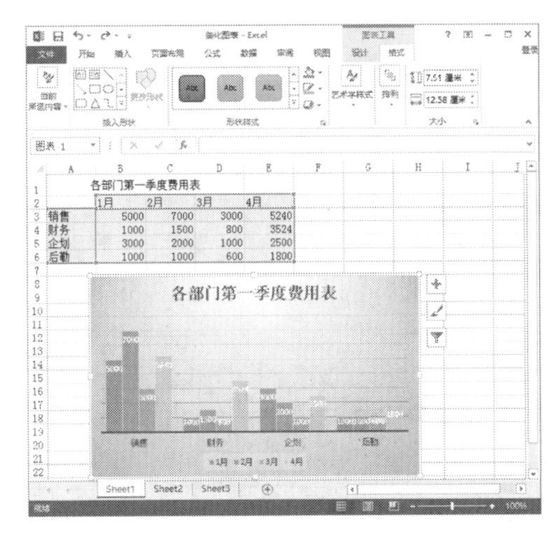

图 10-33　选中需要打印的图表

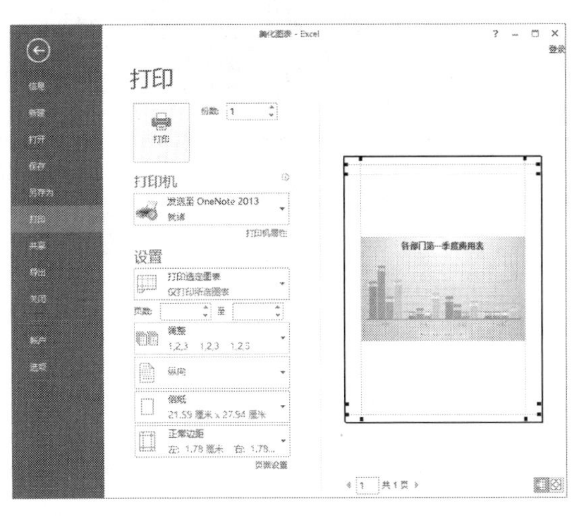

图 10-34　打印预览

10.2 图形的插入与设置

Excel 具有十分强大的绘图功能。除了可以在工作表中绘制图表外，还可以在工作表中绘制各种漂亮的图形，添加图片、艺术字等。

10.2.1 插入图片

若需要使用图片美化工作表，可以将计算机磁盘中存储的图片插入到工作表中，具体操作步骤如下。

步骤 1 新建一个空白 Excel 工作簿，选择图片插入位置，然后选择【插入】选项卡，在【插图】选项组中单击【图片】按钮，在弹出的【插入图片】对话框中找到所需图片的路径，然后选中图片，如图 10-35 所示。

图 10-35　【插入图片】对话框

步骤 2 单击【插入】按钮，即可将选择的图片插入到Excel表格中，如图10-36所示。

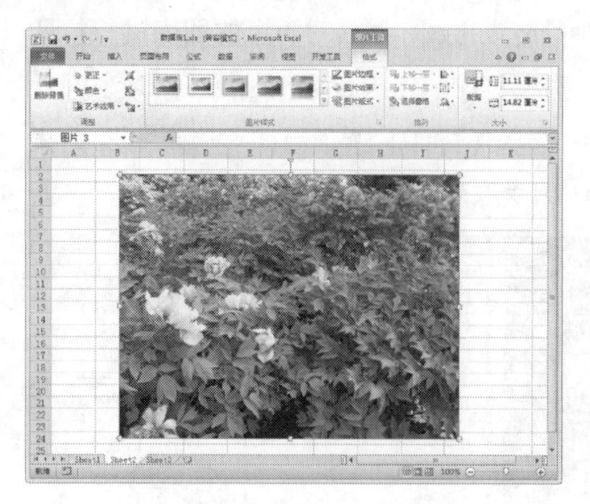

图 10-36 图片插入后的效果

10.2.2 插入自选图形

在【绘图】工具栏的【自选图形】菜单中有各种图形，用户可以根据需要将自选图形插入到Excel表格中，具体操作步骤如下。

步骤 1 选择【插入】选项卡，在【插图】选项组中单击【形状】按钮，在弹出的列表中选择需要的图形（这里选择【基本形状】设置区中的"笑脸"图形），如图10-37所示。

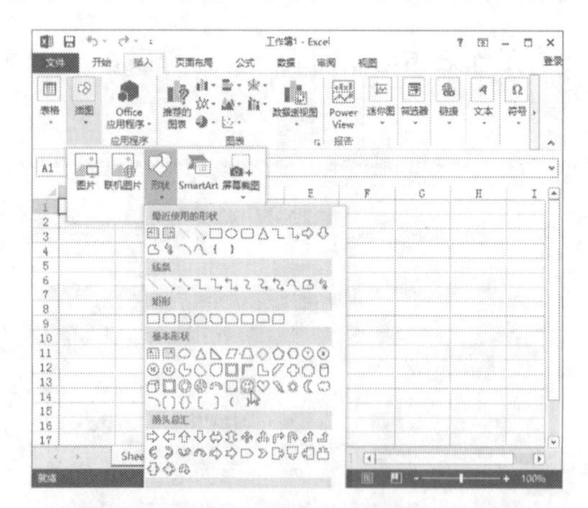

图 10-37 选择要插入的图形类型

步骤 2 当鼠标变为＋形状时，在Excel表格中按住鼠标左键拖曳，如图10-38所示。

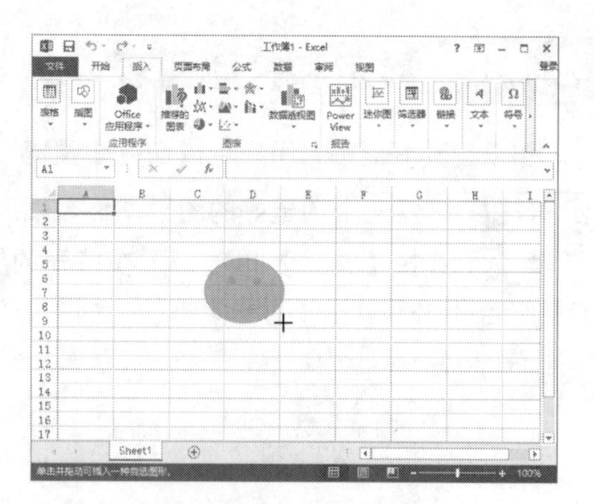

图 10-38 绘制形状

步骤 3 拖曳到合适的位置后释放鼠标，即可绘制出选择的图形，如图10-39所示。

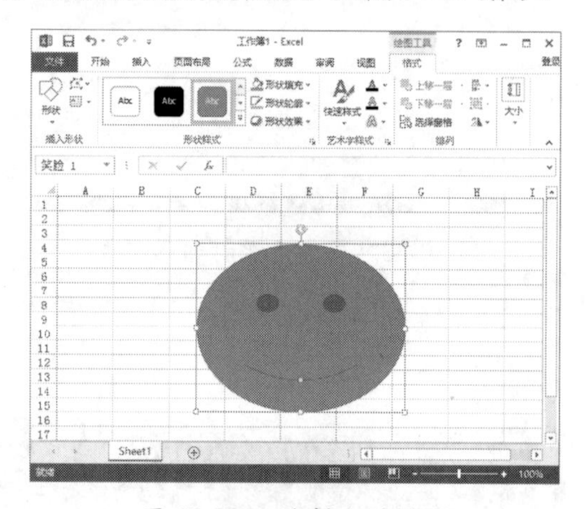

图 10-39 绘制出的图形

步骤 4 选中绘制的图形，在【格式】选项卡中可以对图形的形状样式、形状轮廓进行修改，如图10-40所示。

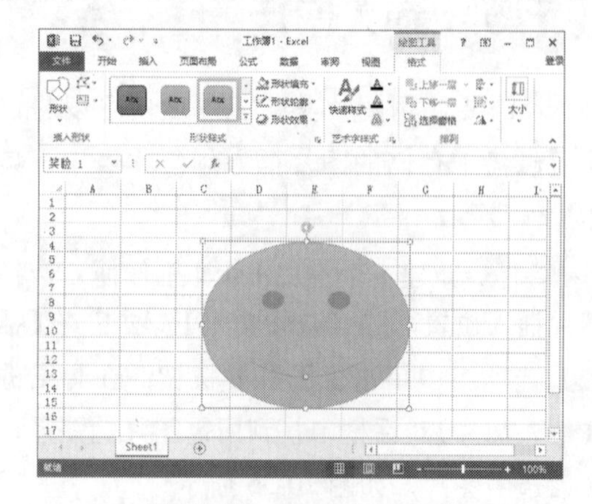

图 10-40 更改形状样式

10.2.3 插入艺术字图形

在 Word 中可以插入艺术字，同样在 Excel 中也可以插入艺术字，具体操作步骤如下。

步骤 1 选择【插入】选项卡，在【文本】选项组中单击【艺术字】按钮，在弹出的列表中选择需要的艺术字类型，如图 10-41 所示。

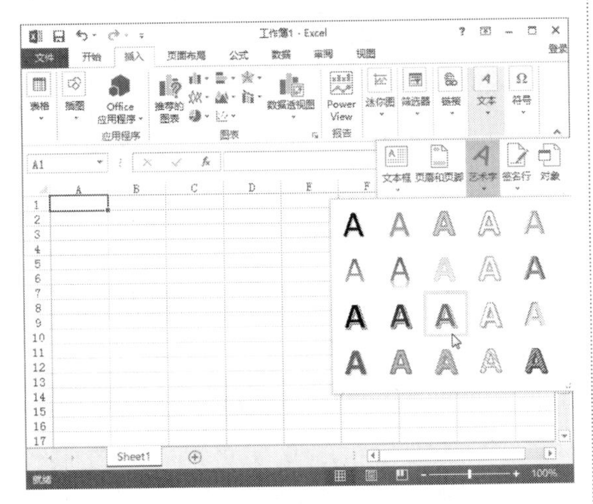

图 10-41　选择艺术字类型

步骤 2 插入艺术字后，会提示用户输入文字的位置，如图 10-42 所示。

图 10-42　插入艺术字文本框

步骤 3 在艺术字文本框中输入“插入艺术字效果”，即可插入艺术字，如图 10-43 所示。

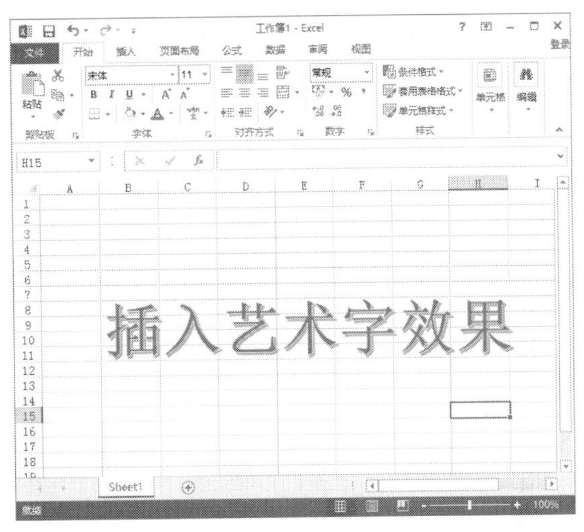

图 10-43　输入艺术字

步骤 4 选中插入的艺术字，在【格式】选项卡中设置艺术字的样式、颜色等属性，如图 10-44 所示。

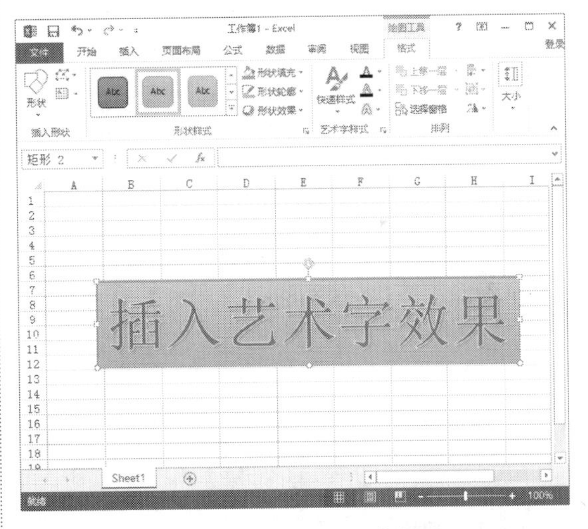

图 10-44　更改艺术字样式

10.2.4 插入 SmartArt 图形

SmartArt 图形是指结构上有一定从属关系的图形，组织结构图关系清晰、一目了然，在日常工作中经常被使用。插入 SmartArt 图的具体操作步骤如下。

步骤 1 选择需要插入 SmartArt 图的单元格，然后选择【插入】选项卡，在【插图】

选项组中单击SmartArt按钮，如图10-45所示。

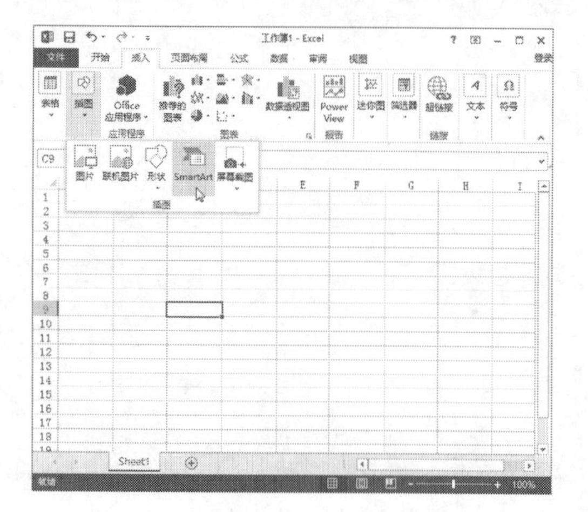

图 10-45　单击 SmartArt 按钮

步骤 2 打开【选择SmartArt图形】对话框，选择需要的组织图样式，如图10-46所示。

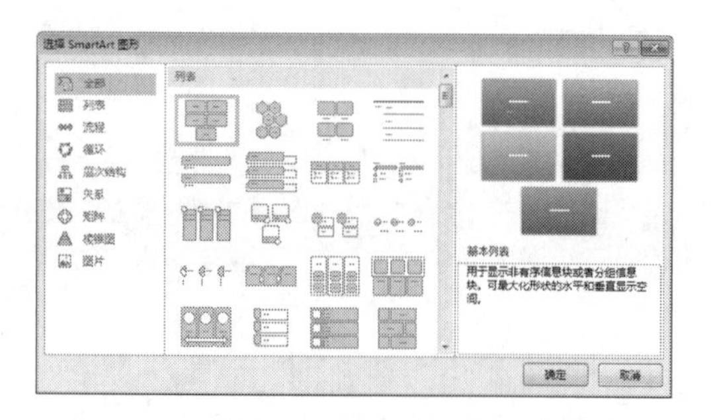

图 10-46　【选择 SmartArt 图形】对话框

步骤 3 单击【确定】按钮，即可插入SmartArt图形，如图10-47所示。

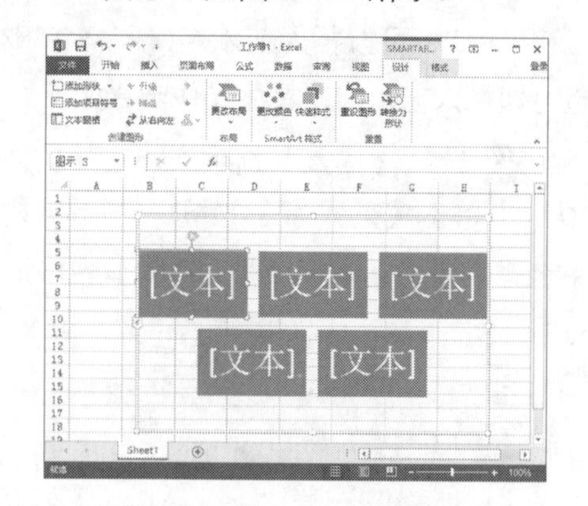

图 10-47　插入 SmartArt 图形

步骤 4 根据提示，将“文本”字样替换为要输入的文字即可，如图10-48所示。

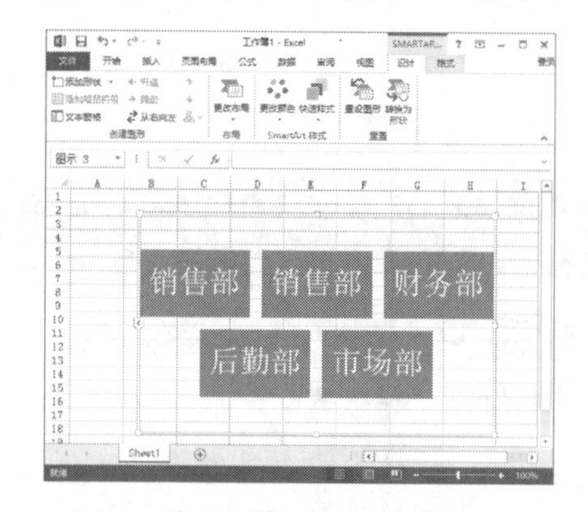

图 10-48　输入文字

10.3 使用数据透视表和数据透视图

使用数据透视表可以汇总、分析、查询和提供需要的数据；使用数据透视图可以在数据透视表中可视化此需要的数据，方便用户查看比较数据。

10.3.1 使用数据透视表

数据透视表是一种可以快速汇总大量数据的交互式方法；使用数据透视表可以深入分析数值数据。使用数据透视表的具体操作步骤如下。

步骤 1 打开随书光盘中的“素材 \ch10\ 公司销售表”文件，单击工作表中的任意一个单元格，如图 10-49 所示。

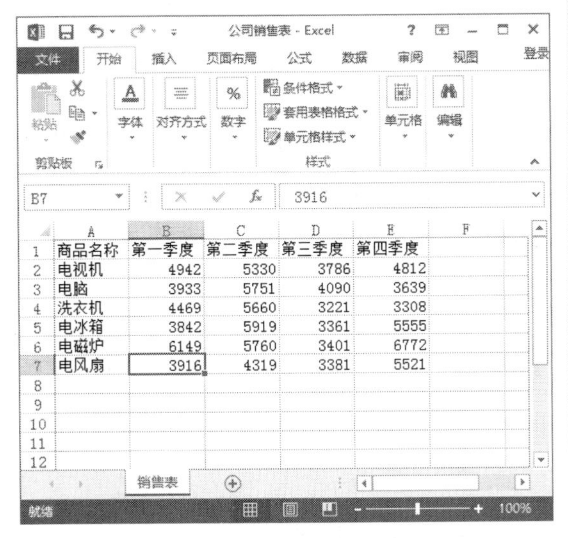

图 10-49　打开素材文件

步骤 2 单击【插入】选项卡下【表格】选项组中的【数据透视表】按钮，如图 10-50 所示。

图 10-50　单击【数据透视表】按钮

步骤 3 打开【创建数据透视表】对话框，在【请选择要分析的数据】设置区中的【选择一个表或区域】的【表 / 区域】文本框中设置数据透视表的数据源，用鼠标拖曳选中 A1:E7 单元格区域即可，在【选择放置数据透视表的位置】设置区中选中【新工作表】单选按钮，如图 10-51 所示。

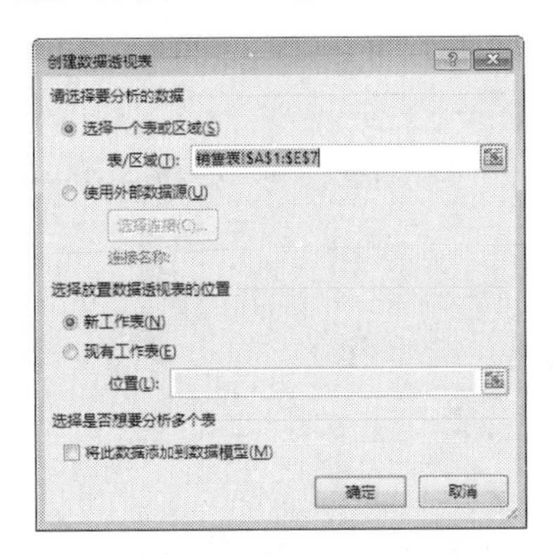

图 10-51　【创建数据透视表】对话框

步骤 4 单击【确定】按钮，在窗口的右侧弹出【数据透视表字段】窗格。在【数据透视表字段】窗格中选择要添加到报表的字段，即可完成数据透视表的创建，如图 10-52 所示。

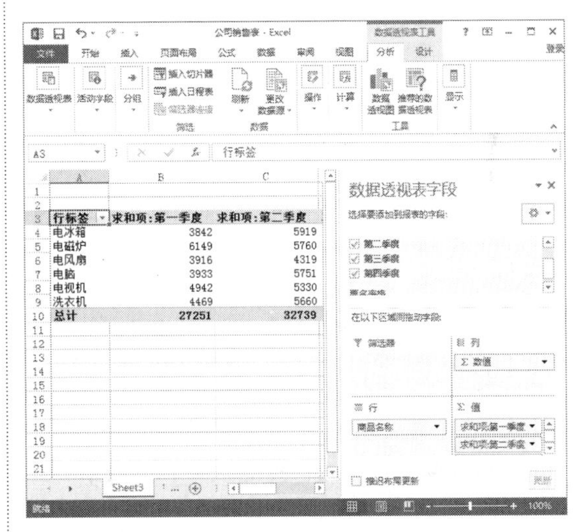

图 10-52　数据透视表编辑状态

步骤 5 选择数据透视表后，在功能区将自动激活【数据透视表工具】的【选项】选项卡，然后单击【选项】选项卡中的【数据透视表】按钮的下三角按钮，从弹出的下拉列表中选择【选项】选项，如图 10-53 所示。

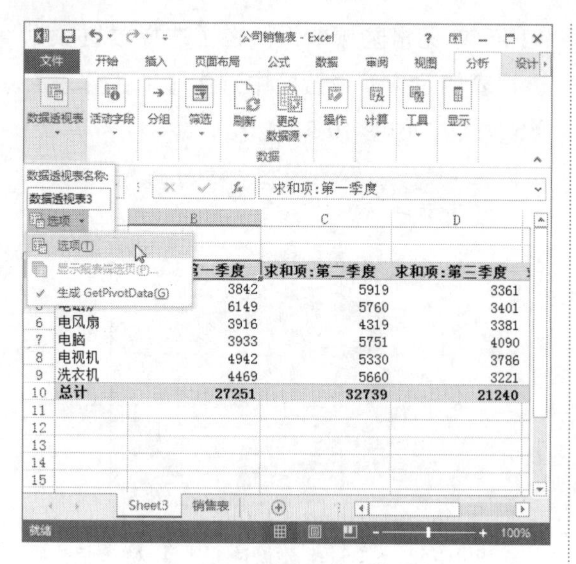

图 10-53　选择【选项】选项

步骤 6　打开【数据透视表选项】对话框，在该对话框中根据需要设置数据透视表的布局和格式、汇总和筛选、显示、打印、可选文字和数据等内容。设置完成后，单击【确定】按钮即可，如图 10-54 所示。

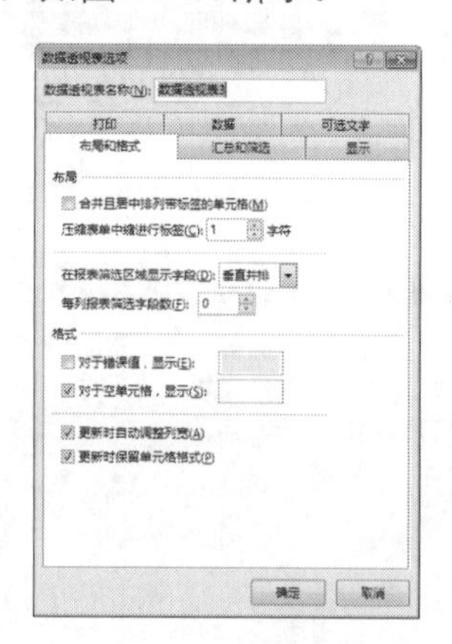

图 10-54　【数据透视表选项】对话框

10.3.2 使用数据透视图

数据透视图是以图表的形式表示数据透视表的数据，通常与其相关联的是数据透视表。两个报表中的字段相互对立，如果更改了某一报表的某个字段位置，则另一报表中的相应字段位置也会改变。

1. 利用数据创建透视图

利用选择的数据创建透视图的具体操作步骤如下。

步骤 1　打开随书光盘中的“素材 \ch10\ 公司销售表”文件，单击工作表中的任意一个单元格。在【插入】选项卡的【图表】选项组中单击【数据透视图】按钮，在弹出的下拉列表中选择【数据透视图】选项，如图 10-55 所示。

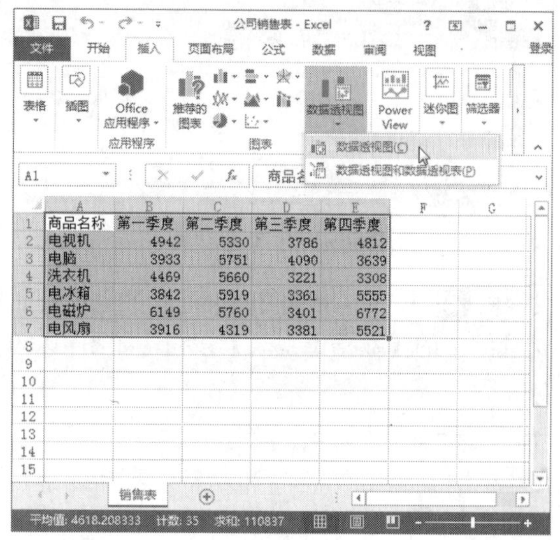

图 10-55　选择【数据透视图】选项

步骤 2　打开【创建数据透视图】对话框，从中选择要分析的数据区域，单击【确定】按钮，如图 10-56 所示。

图 10-56　【创建数据透视图】对话框

步骤 3　在窗口右侧弹出的【数据透视表字段列表】窗格中添加报表的字段，即可创建一个数据透视图，效果如图 10-57 所示。

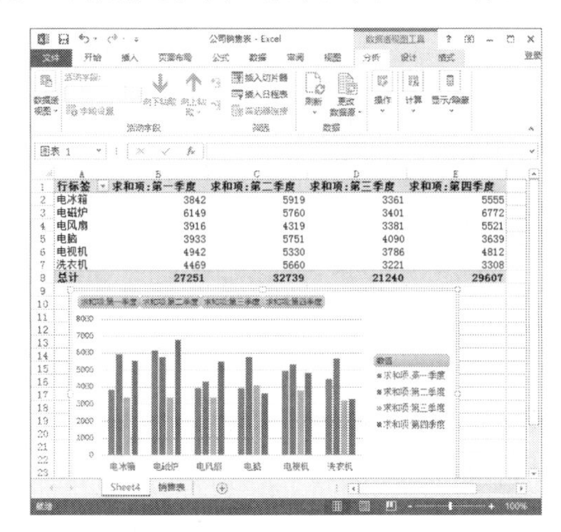

图 10-57　数据透视图

2. 利用数据透视表创建透视图

利用数据透视表创建透视图的具体操作步骤如下。

步骤 1　在创建完数据透视表后，单击【分析】选项卡下【工具】选项组中的【数据透视图】按钮，如图 10-58 所示。

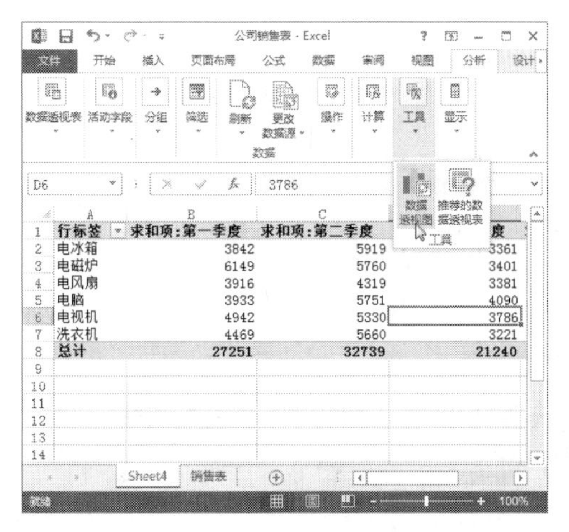

图 10-58　单击【数据透视图】按钮

步骤 2　打开【插入图表】对话框，选择一种需要的图表样式，然后单击【确定】按钮，如图 10-59 所示，即可完成通过数据透视表创建数据透视图。

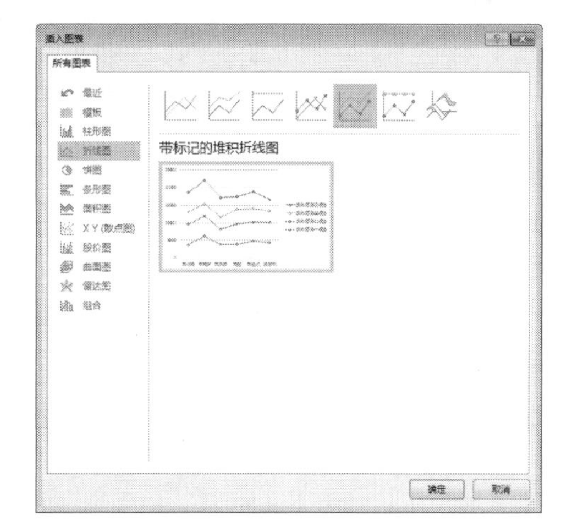

图 10-59　【插入图表】对话框

步骤 3　创建完成后的效果，如图 10-60 所示。

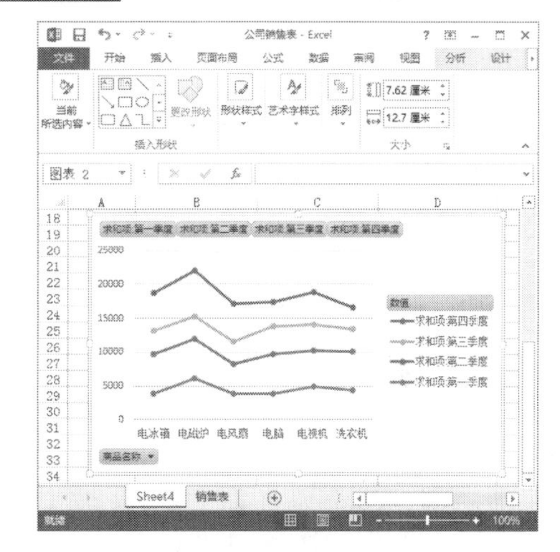

图 10-60　数据透视图

10.3.3 编辑数据透视图

如果创建的数据透视图效果不太好，用户可以对数据透视图进行编辑，以使其达到满意的效果。例如上述创建的数据透视图中的文字太小，看不清楚，为此可将文字调大，具体的操作步骤如下。

步骤 1　在图表区右击，在弹出的快捷菜单中选择【设置图表区域格式】命令，如图 10-61 所示。

步骤 2 打开【设置图表区格式】窗格，在其中选择【填充】选项，在【填充】类别中选中【渐变填充】单选按钮，然后设置喜欢的颜色即可，如图 10-62 所示。

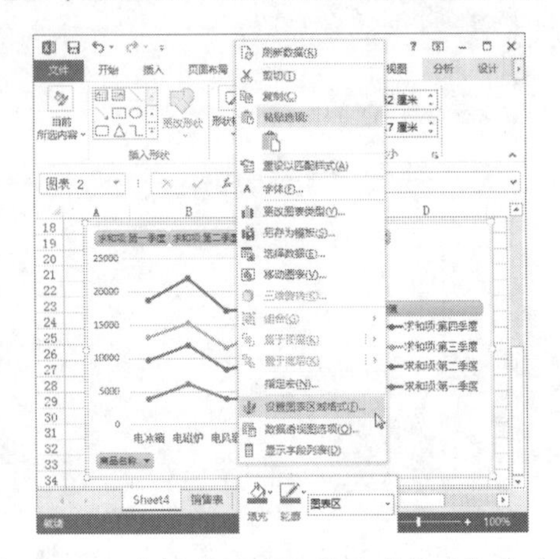

图 10-61　选择【设置图表区域格式】命令

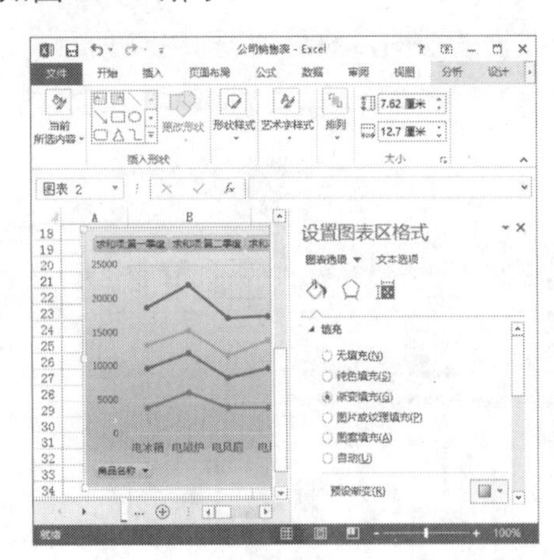

图 10-62　【设置图表区格式】窗格

步骤 3 选择【边框】选项，设置边框颜色为红色，选中【实线】单选按钮，设置完成后，单击【关闭】按钮，如图 10-63 所示，即可修改数据透视图的外观。

步骤 4 修改后的外观效果，如图 10-64 所示。

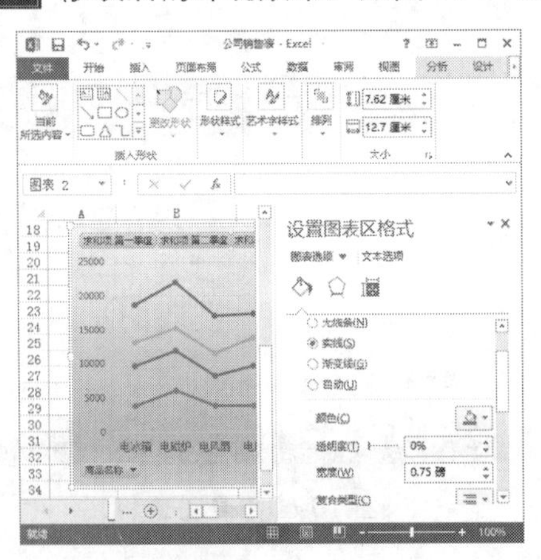

图 10-63　设置边框颜色

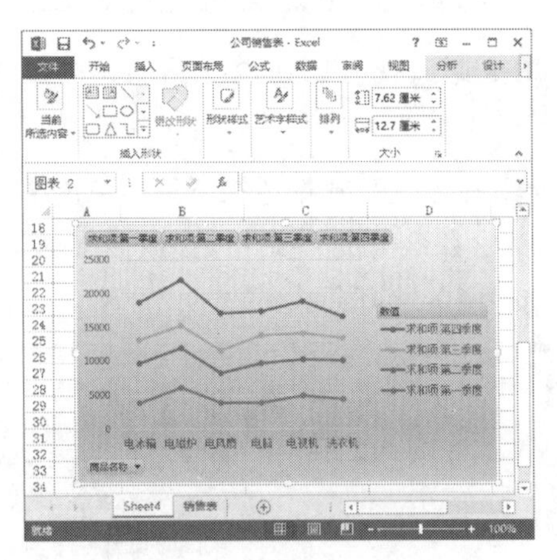

图 10-64　修改后的外观效果

10.4 高效办公技能实战

10.4.1 将图表变为图片

将图表变为图片或图形，在某些情况下会有一定的作用，比如发布到网页上或者粘贴到

PPT 中，具体操作步骤如下。

步骤 1 打开随书光盘中的“素材 \ch10\ 学生成绩统计表”文件，选中整个表格，按 Ctrl+C 快捷键复制图表，如图 10-65 所示。

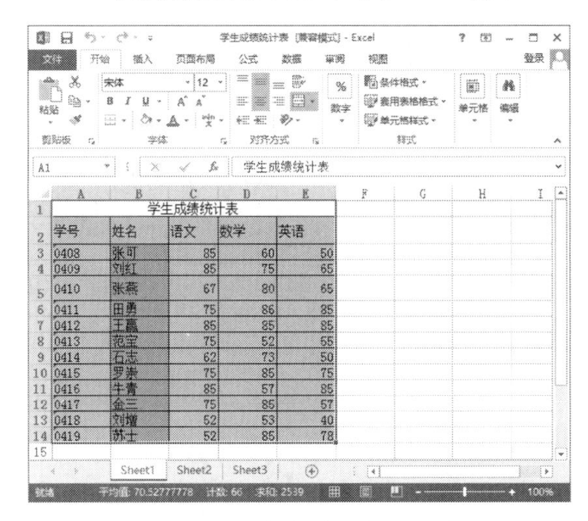

图 10-65　选中并复制数据表

步骤 2 选择【开始】选项卡，在【剪贴板】选项组中单击【粘贴】按钮下方的箭头，在弹出的列表中单击【图片】按钮，如图 10-66 所示，即可将图表以图片的形式粘贴到工作表中。

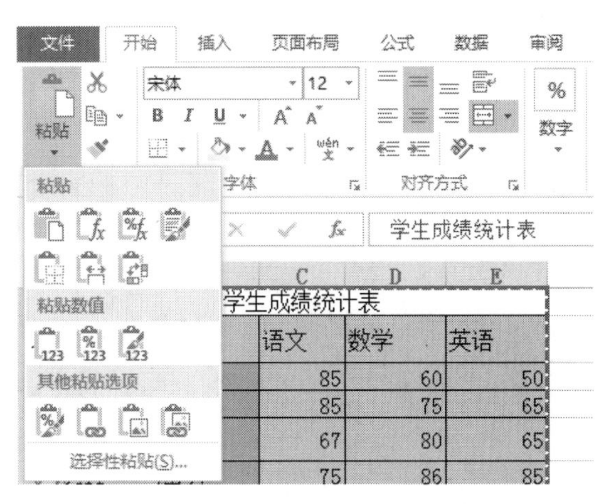

图 10-66　选择粘贴类型

步骤 3 粘贴后的效果，如图 10-67 所示。

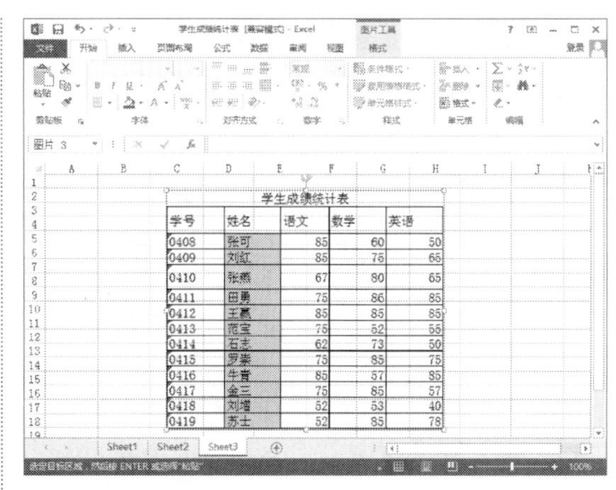

图 10-67　以图片的形式粘贴的数据表

10.4.2 创建迷你数据图表

在 Excel 2013 中新添加了“迷你图”功能，可以在单元格中创建迷你图，具体操作步骤如下。

步骤 1 打开随书光盘中的“素材 \ch10\ 学生成绩统计表”文件，选择想要创建迷你图的单元格，此处选择 F3 单元格，如图 10-68 所示。

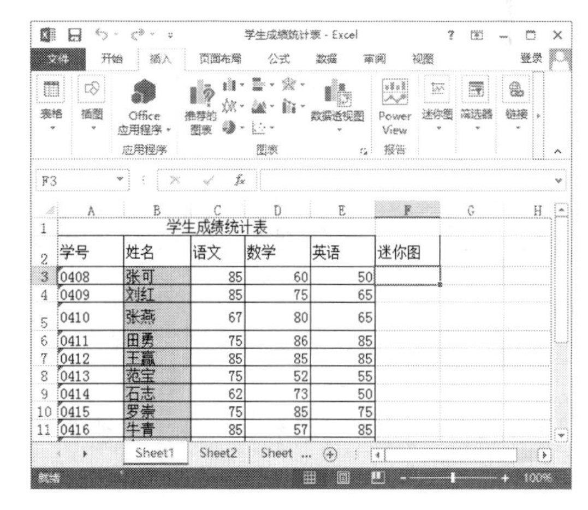

图 10-68　打开素材文件

步骤 2 在【插入】选项卡中单击【迷你图】选项组中的【折线图】按钮，打开【创建迷你图】对话框，如图 10-69 所示。

步骤 3 单击【数据范围】文本框右侧的按钮，返回 Excel 工作界面，在其中选择要创建迷你折线图的数据源，这里选择 C3:E3 单元格区域，如图 10-70 所示。

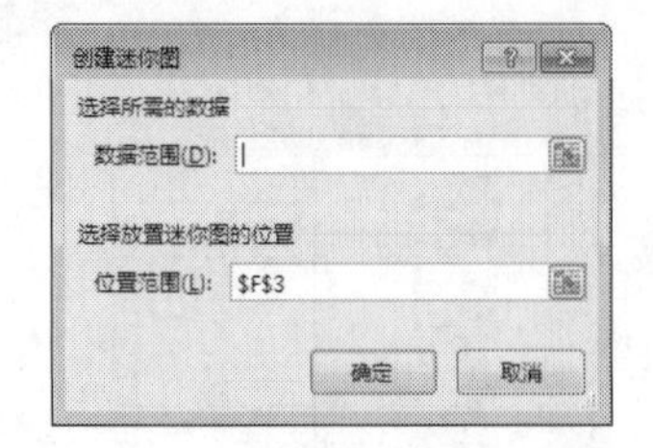

图 10-69 【创建迷你图】对话框

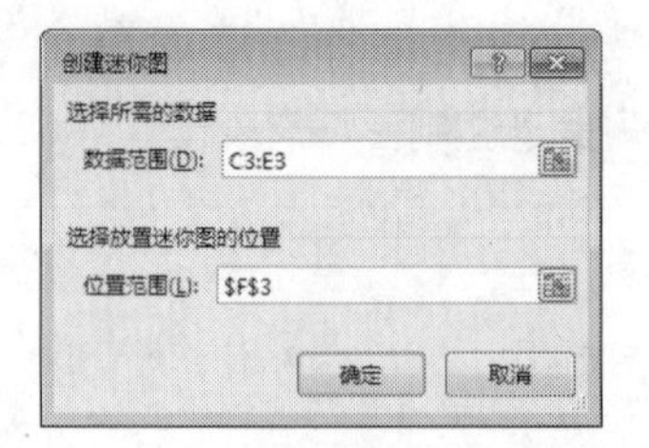

图 10-70 选择所需的数据范围

步骤 4 单击【确定】按钮，即可在 F3 单元格中创建迷你折线图，如图 10-71 所示。

步骤 5 使用上述步骤，还可以在“迷你图”下方的单元格中创建其他类型的迷你图，如迷你柱形图和盈亏图等，如图 10-72 所示。

图 10-71 创建迷你图

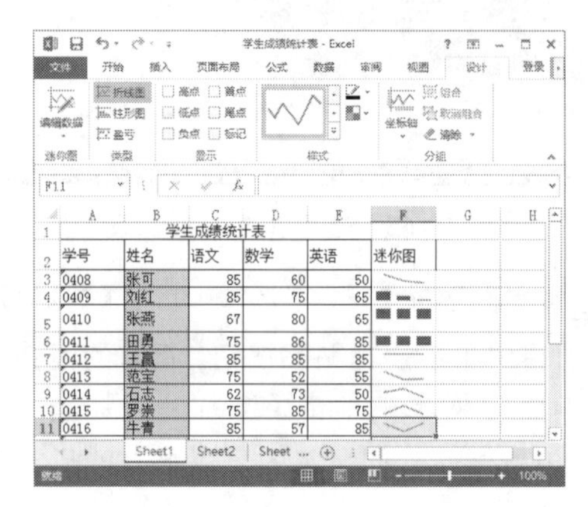

图 10-72 创建其他类型的迷你图

10.5 课后练习与指导

10.5.1 插入 SmartArt 图形

☆ 练习目标

了解 SmartArt 图形的作用。

掌握在工作表中插入 SmartArt 图形的方法。

☆ 专题练习指南

01 选择需要插入 SmartArt 图的单元格，然后选择【插入】选项卡，在【插图】选项组中单击 SmartArt 按钮。

02　打开【选择 SmartArt 图形】对话框，选择需要的组织图样式。

03　单击【确定】按钮，即可插入 SmartArt 图形。

04　根据提示，将文本进行替换即可。

10.5.2 创建公司销售业绩透视表

☆ 练习目标

了解创建销售业绩透视表的制作方法。

掌握数据透视表、数据透视图以及图表样式的设置方法。

☆ 专题练习指南

01　创建销售业绩透视表。

02　设置销售业绩透视表表格。

03　设置销售业绩透视表中的数据。

04　创建销售业绩透视图。

使用宏自动化处理数据

● **本章导读**

宏是可以执行任意次数的一个操作或一组操作，它的最大优点是：如果需要在 Excel 中重复执行多个任务，那么通过录制一个宏就可以自动执行这些任务。本章为读者介绍使用宏自动化处理数据的方法。

● **学习目标**

◎ 了解宏的基本概念。
◎ 掌握宏的基本操作。
◎ 掌握管理宏的方法。

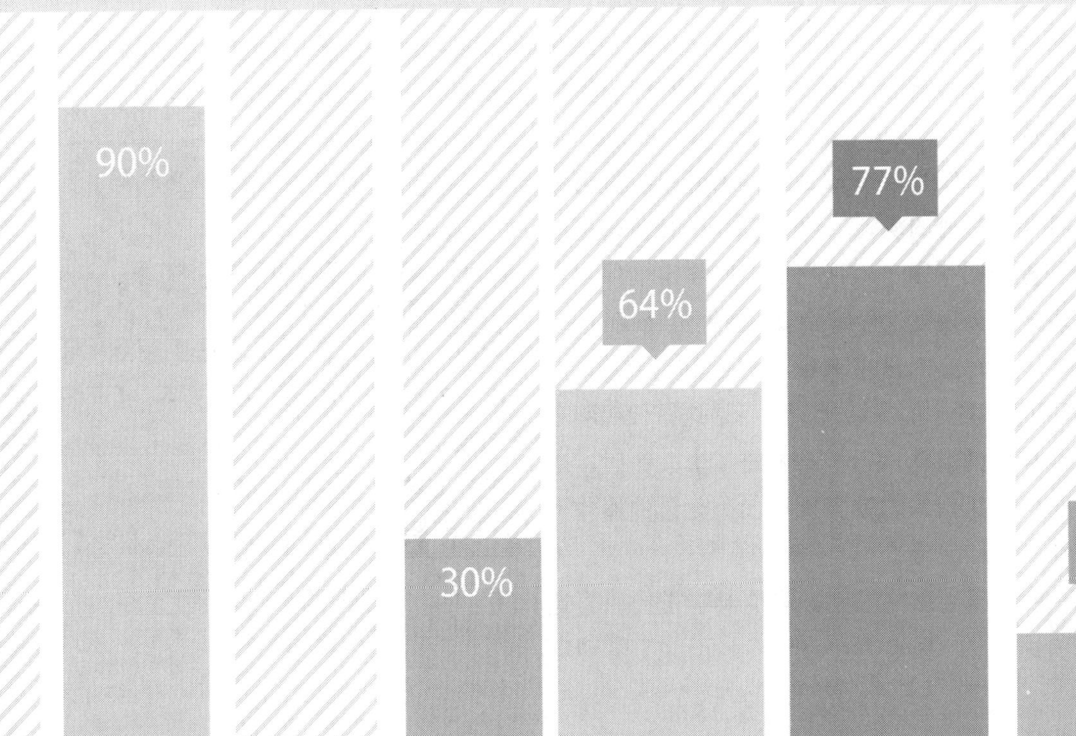

11.1 宏的基本概念

宏是通过一次单击就可以应用的命令集，它几乎可以自动完成用户在程序中执行的任何操作。

11.1.1 什么是宏

在 Excel 的【视图】选项卡中单击【宏】按钮，在弹出的下拉列表中就可以看见常用的宏操作，如图 11-1 所示。

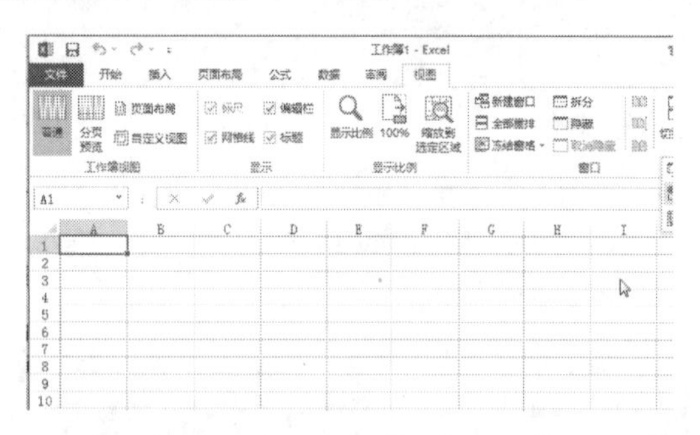

图 11-1　单击【宏】按钮

由于工作需要，每天都在使用 Excel 进行表格的编制、数据的统计等，在操作过程中，经常需要进行很多重复性操作，如何能让这些操作自动重复执行呢？ Excel 中的宏恰好解决了这个问题。

宏不仅可以节省时间，还可以扩展日常使用的程序的功能。VBA 高手们使用宏可以创建包括模板、对话框在内的自定义外接程序，甚至还可以存储信息以便重复使用。

从专业的角度来说，宏是保存在 Visual Basic 模块中的一组代码，正是这些代码驱动着操作的自动执行。当单击某个按钮时，这些代码组成的宏就会执行代码记录的操作，如图 11-2 所示。

单击【开发工具】选项卡中【代码】选项组中的 Visual Basic 按钮，即可打开 VBA 的代码窗口，用户可以看到宏的具体代码，如图 11-3 所示。

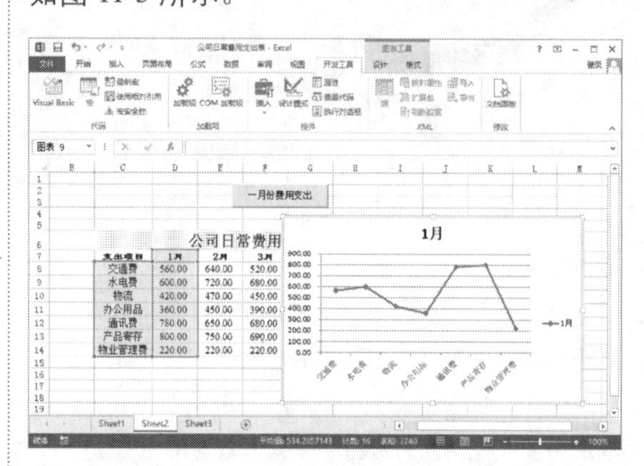

图 11-2　单击按钮执行宏操作

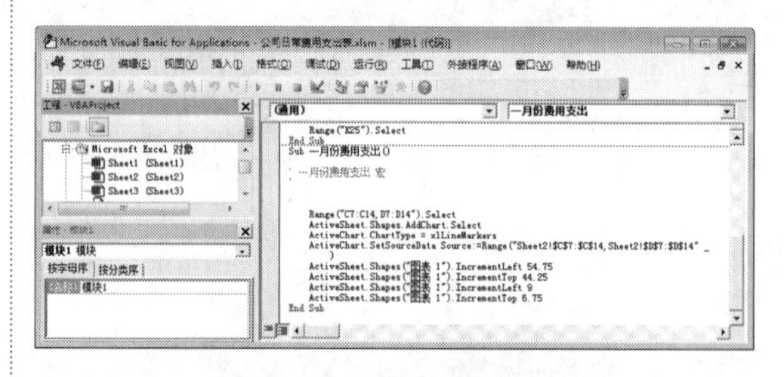

图 11-3　宏的具体代码

11.1.2 宏的开发工具

创建宏的过程中，需要用到 Excel 2013 提供的开发工具。默认情况下，【开发工具】选项卡中的开发工具并不显示。添加【开发工具】选项卡的具体操作步骤如下。

步骤 1 启动 Excel 2013，选择【文件】选项卡下的【选项】菜单项，即可打开如图 11-4 所示的界面。

图 11-4　【文件】界面

图 11-5　【Excel 选项】对话框

步骤 2 弹出【Excel 选项】对话框，在左侧列表中选择【自定义功能区】选项，在右侧的【自定义功能区】设置区中选中【开发工具】复选框，单击【确定】按钮，如图 11-5 所示。

步骤 3 此时在 Excel 工作界面中已成功添加【开发工具】选项卡，如图 11-6 所示。

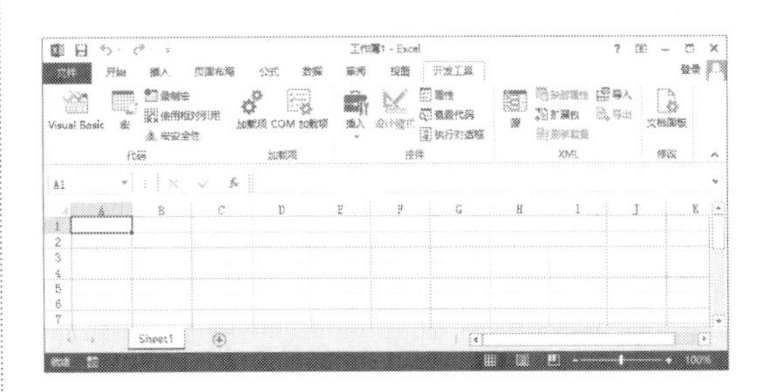

图 11-6　【开发工具】选项卡

11.2 宏的基本操作

对于宏的基本操作主要包括录制宏、编辑宏和运行宏等，本节介绍宏的基本操作。

11.2.1 录制宏

在 Excel 中制作宏的方法有两种，一种是利用宏录入器录制的宏，另一种是在 VBA 程序编辑窗口中直接手动输入代码编写的宏。录制的宏和编写的宏有以下两点区别。

（1）录制的宏使用录制的方法形成自动执行的宏，而编写的宏是在 VBA 编辑器中手工输入 VBA 代码。

（2）录制的宏只能执行和原来完全相同的操作，而编写的宏可以识别不同情况以执行不同的操作。编写的宏要比录制的宏在处理复杂操作时更加灵活。

1. 利用宏录入器录制宏

下面以录制一个修改单元格底纹的实例进行讲解，具体操作步骤如下。

步骤 1 新建空白工作簿，选择 A1 单元格，选择【开发工具】选项卡，在【代码】选项组中单击【录制宏】按钮，如图 11-7 所示。

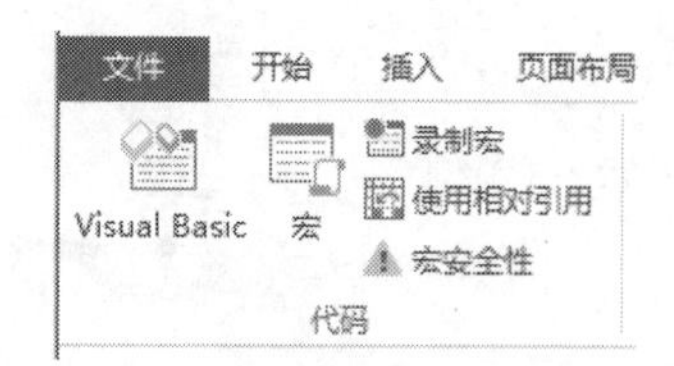

图 11-7 单击【录制宏】按钮

步骤 2 弹出【录制宏】对话框，在【宏名】文本框中输入“修改底纹”，单击【确定】按钮，如图 11-8 所示。

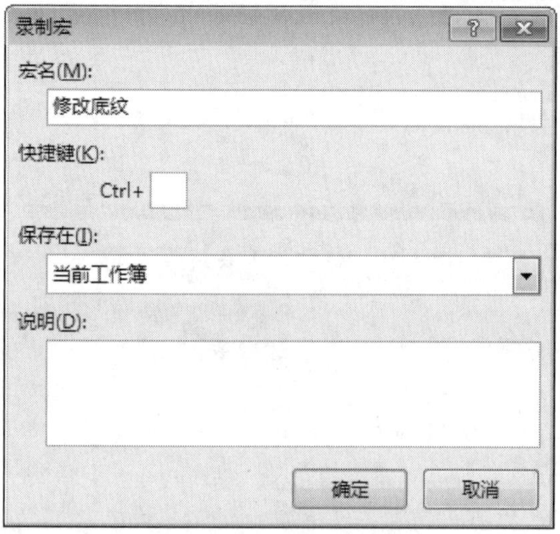

录制宏
宏名(M):
修改底纹
快捷键(K):
Ctrl+
保存在(I):
当前工作簿
说明(D):
确定 取消

图 11-8 【录制宏】对话框

> **提示**
> 在【保存在】下拉列表框中共有 3 个选项，各个选项的含义如下。
> 【当前工作簿】选项：表示只有当该工作簿打开时，录制的宏才可以使用。
> 【新工作簿】选项：表示录制的宏只能在新工作簿中使用。
> 【个人宏工作簿】选项：表示录制的宏可以在多个工作簿中使用。

步骤 3 右击 A1 单元格，在弹出快捷菜单中选择【设置单元格格式】命令，如图 11-9 所示。

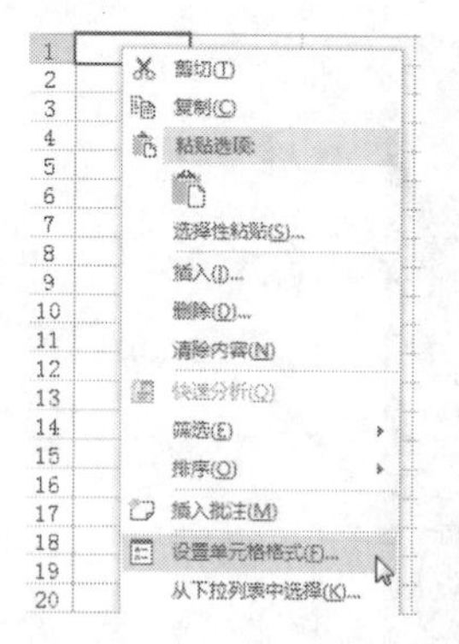

图 11-9 选择【设置单元格格式】命令

步骤 4 弹出【设置单元格格式】对话框，选择【填充】选项卡，然后设置背景颜色为红色、图案颜色为绿色，单击【确定】按钮，如图 11-10 所示。

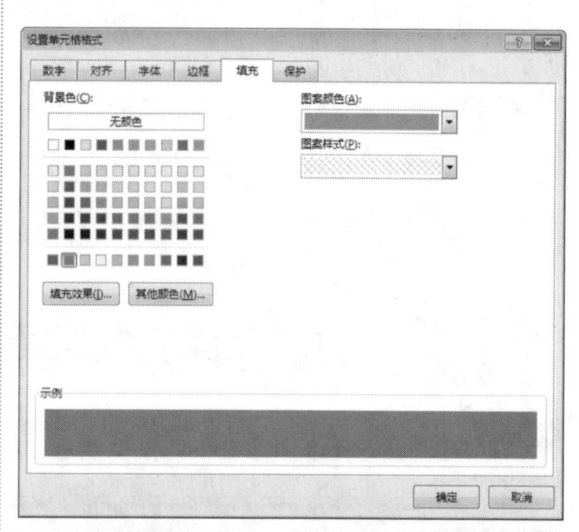

图 11-10 【设置单元格格式】对话框

步骤 5 此时可看到 A1 单元格的底纹颜色发生了变化，单击【代码】选项组中【停止录制】按钮，即可完成宏的录制，如图 11-11 所示。

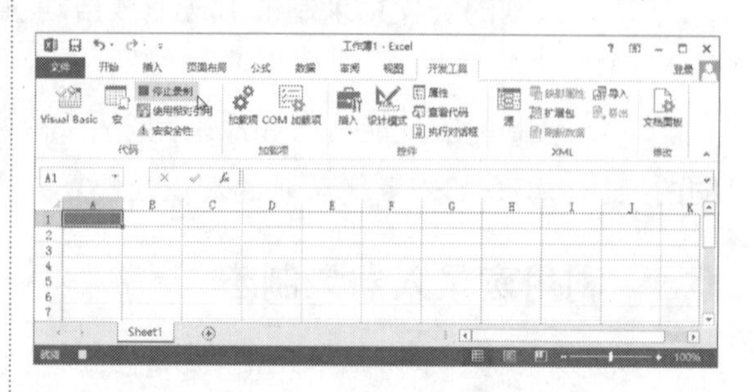

图 11-11 停止录制宏

> **注意** 如果用户忘记停止宏的录制，系统将会继续录制用户接下来的所有操作，直到关闭工作簿或退出 Excel 应用程序为止。

2. 直接在 VBE 环境中输入代码

用户可以直接在 VBE 环境中输入宏代码，具体操作步骤如下。

步骤 1 选择【开发工具】选项卡，在【代码】选项组中单击 Visual Basic 按钮，如图 11-12 所示。

图 11-12 单击 Visual Basic 按钮

步骤 2 进入 VBE 环境界面，用户即可快速输入相关宏代码，如图 11-13 所示。

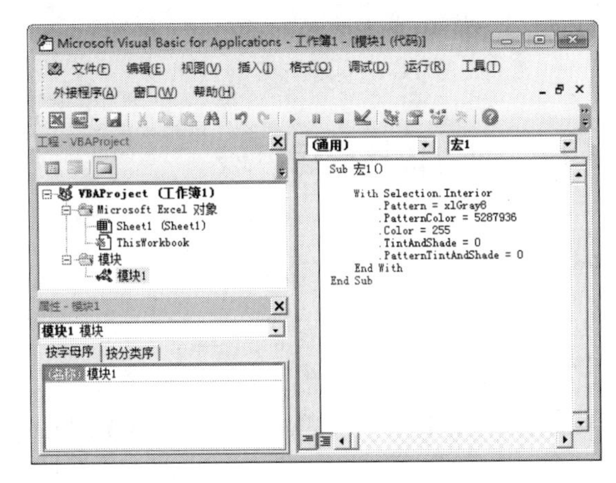

图 11-13 VBE 环境界面

> **提示** 录制的宏只能执行和原来完全相同的操作，而编写的宏可以识别不同的情况以执行不同的操作。可见编写的宏要比录制的宏更能灵活地处理复杂的操作。

11.2.2 编辑宏

在创建好一个宏之后，要想对其进行修改，可以进入 VBE 编辑环境中查看其相应的代码信息。

查看录制的宏代码的具体操作步骤如下。

步骤 1 打开含有录制宏的工作簿，选择【开发工具】选项卡，在【代码】选项组中单击【宏】按钮，如图 11-14 所示。

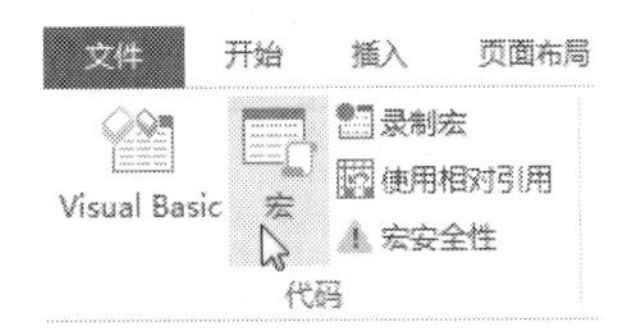

图 11-14 单击【宏】按钮

步骤 2 弹出【宏】对话框，选择需要查看代码的宏，单击【编辑】按钮，如图 11-15 所示。

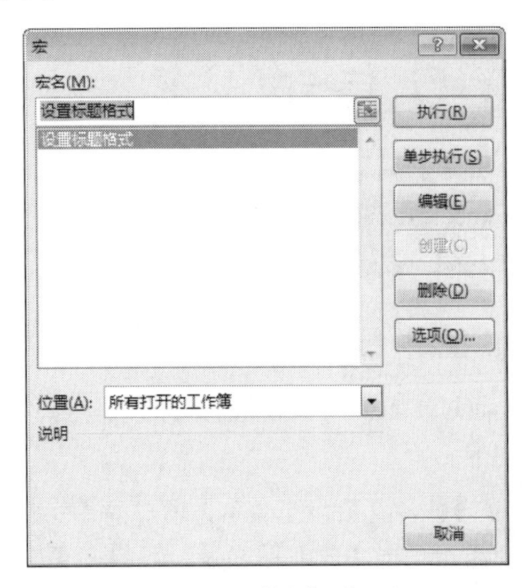

图 11-15 【宏】对话框

步骤 3 进入 VBE 编辑环境界面，即可查看宏的相关代码，如图 11-16 所示。

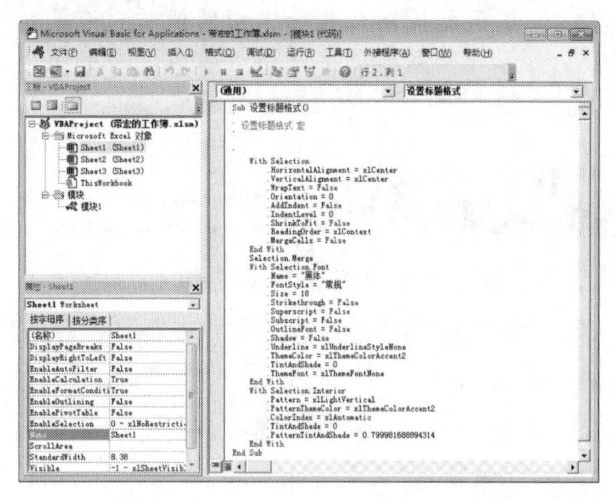

图 11-16 VBE 编辑环境界面

步骤 4 如果想删除宏，用户可以在步骤 2 中单击【删除】按钮，在弹出警告对话框后单击【是】按钮，即可删除不需要的宏，如图 11-17 所示。

图 11-17 警告对话框

11.2.3 运行宏

宏录制成功后，需要验证宏的正确性。在 Excel 2013 中，用户可以采用多种方法快捷运行宏，以达到验证的目的。

1. 使用【宏】对话框运行宏

通过【宏】对话框执行宏的具体操作步骤如下。

步骤 1 在【开发工具】选项卡的【代码】选项组中单击【宏】按钮，即可打开【宏】对话框，选择需要运行的宏，单击【执行】按钮，如图 11-18 所示。

图 11-18 【宏】对话框

步骤 2 此时可看到执行宏后的效果，该宏的目的是设置表格的标题格式，如图 11-19 所示。

图 11-19 运行宏的效果

2. 使用快捷键运行宏

在 Excel 2013 中，用户可以为每一个宏指定一个快捷键，从而提高执行宏的效率，具体操作步骤如下。

步骤 1 打开包含宏的工作簿，在【开发工具】选项卡的【代码】选项组中单击【宏】按钮，即可打开【宏】对话框，选择需要添加快捷键的宏，单击【选项】按钮，如图 11-20 所示。

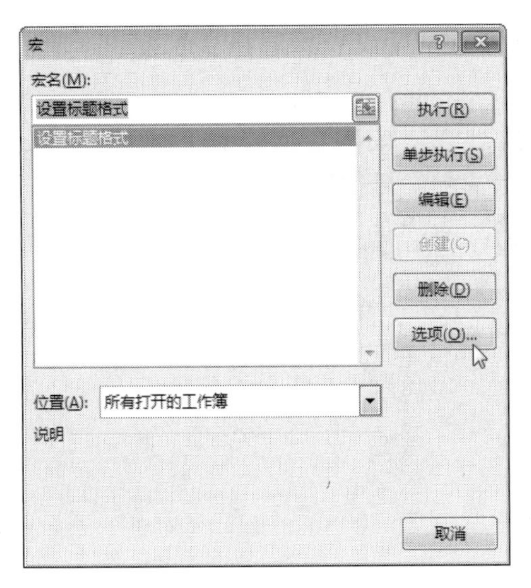

图 11-20 【宏】对话框

步骤 2 弹出【宏选项】对话框，在【快捷键】文本框中输入设置快捷键的字母，单击【确定】按钮，如图 11-21 所示。

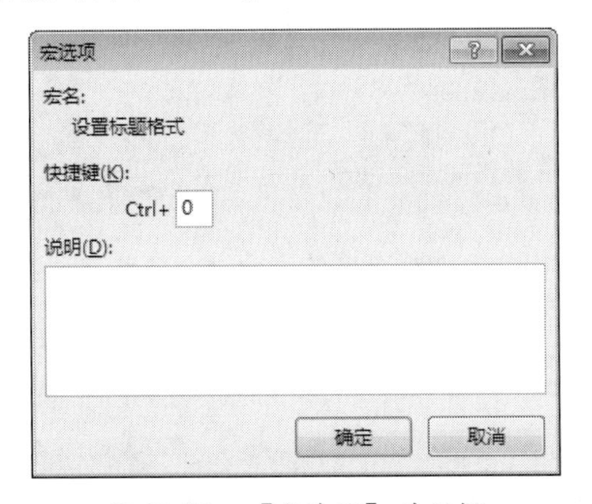

图 11-21 【宏选项】对话框

3. 使用快速访问工具栏运行宏

对于经常使用的宏，用户可以将其放在快速访问工具栏中，这样可以提高工作效率。具体操作步骤如下。

步骤 1 打开包含宏的工作簿，选择【文件】→【选项】菜单项，如图 11-22 所示。

步骤 2 弹出【Excel 选项】对话框，在【从下列位置选择命令】下拉列表中选择【宏】命令，如图 11-23 所示。

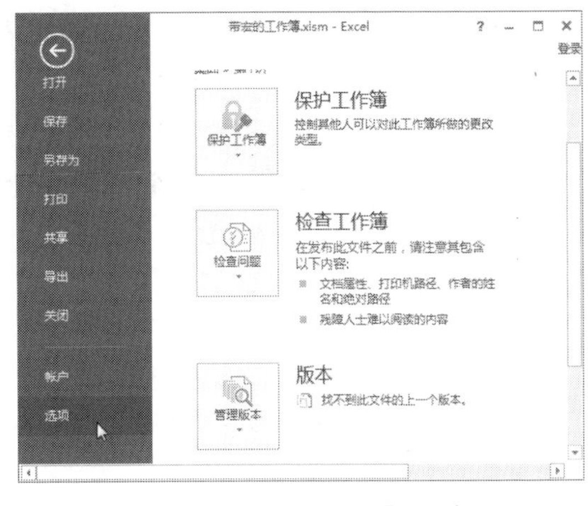

图 11-22 选择【选项】菜单项

图 11-23 选择【宏】命令

步骤 3 选择需要添加宏的名称，例如本实例选择【设置标题格式】，单击【添加】按钮，然后单击【确定】按钮，如图 11-24 所示。

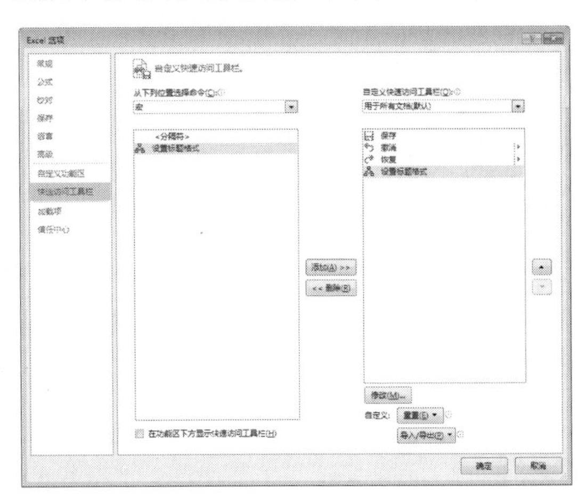

图 11-24 添加宏

步骤 4 此时在快速访问工具栏中即可看到新添加的【设置标题格式】按钮，单击此按钮即可运行宏，如图 11-25 所示。

图 11-25 将宏添加到工具栏

11.3 管理宏

在宏创建完毕后，还需要对宏进行相关管理操作，如提高宏的安全性、自动启动宏和宏出现错误时的处理方法等。

11.3.1 提高宏的安全性

包含宏的工作簿更容易感染病毒，所以用户需要提高宏的安全性。提高宏的安全性的具体操作步骤如下。

步骤 1 打开包含宏的工作簿，选择【文件】→【选项】菜单项，打开【Excel 选项】对话框，选择【信任中心】选项，然后单击【信任中心设置】按钮，如图 11-26 所示。

步骤 2 在弹出的【信任中心】对话框左侧的列表中选择【宏设置】选项，然后在【宏设置】设置区中选中【禁用无数字签署的所有宏】单选按钮，单击【确定】按钮，如图 11-27 所示。

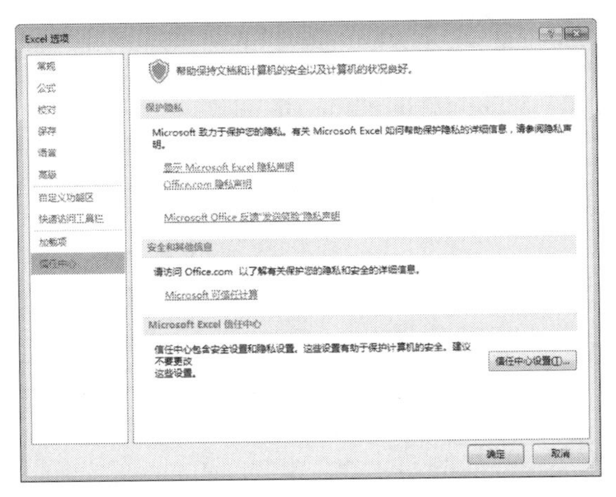

图 11-26　【Excel 选项】对话框

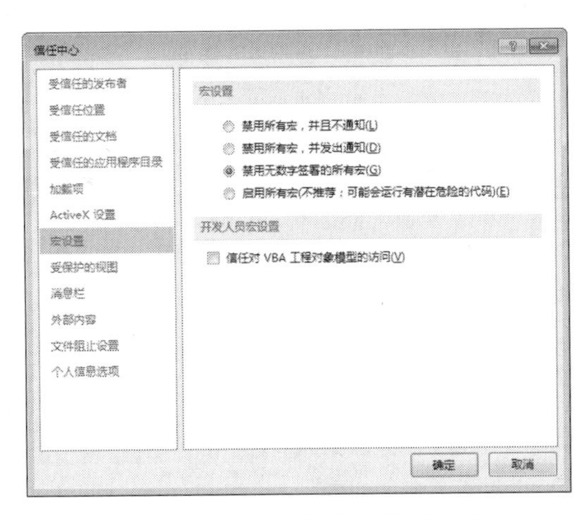

图 11-27　【信息中心】对话框

11.3.2 自动启动宏

默认情况下，宏需要用户手动启动。录制宏时，在【录制宏】对话框中可将宏名称命名为 Auto_Open，即在工作簿运行时可自动启动宏，如图 11-28 所示。另外，对于创建好的宏，在 VBE 环境中可以直接将宏名称修改为 Auto_Open，如图 11-29 所示。

图 11-28　【录制宏】对话框

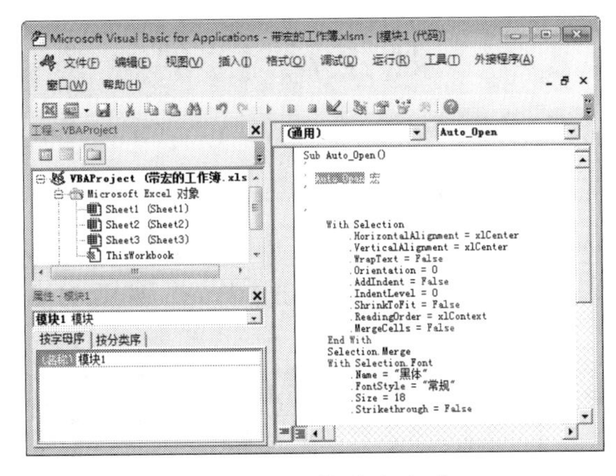

图 11-29　修改宏名称

11.3.3 宏出现错误时的处理方法

当正在运行中的宏出现错误，指定的方法不能用于指定的对象时，其原因很多，包括参数包含无效值、方法不能在实际环境中应用、外部链接文件发生错误和安全设置问题等。

其中前三种问题，用户根据提示检查代码和文件即可；对于比较常见的安全设置问题，需要用户单击【开发工具】选项卡【宏】选项组中的【宏安全性】按钮，在弹出的【信任中心】对话框中选中【信任对 VBA 工程对象模型的访问】复选框，然后单击【确定】按钮即可，如图 11-30 所示。

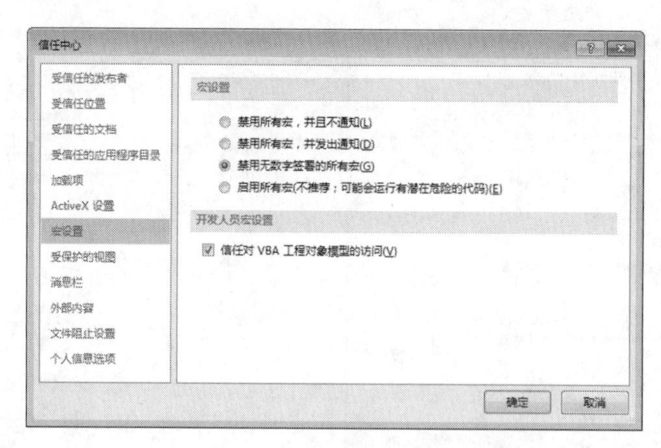

图 11-30 【信任中心】对话框

11.4 高效办公技能实战

11.4.1 录制自动排序的宏

在实际工作中，只需把在 Excel 工作表内的操作过程录制下来，就可以解决一些重复性的工作，大大提高工作效率。录制自动排序的宏的具体操作步骤如下。

步骤 1 新建一个空白表格，在其中输入相关数据，然后选择【开发工具】选项卡，在【代码】选项组中单击【录制宏】按钮，如图 11-31 所示。

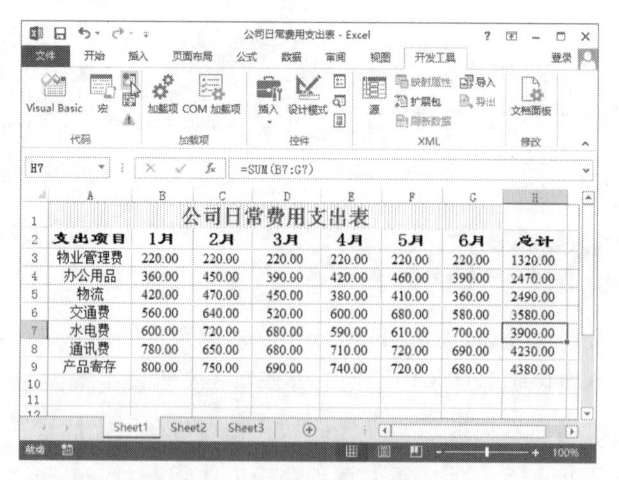

支出项目	1月	2月	3月	4月	5月	6月	总计
物业管理费	220.00	220.00	220.00	220.00	220.00	220.00	1320.00
办公用品	360.00	450.00	390.00	420.00	460.00	390.00	2470.00
物流	420.00	470.00	450.00	380.00	410.00	360.00	2490.00
交通费	560.00	640.00	520.00	600.00	680.00	580.00	3580.00
水电费	600.00	720.00	680.00	590.00	610.00	700.00	3900.00
通讯费	780.00	650.00	680.00	710.00	720.00	690.00	4230.00
产品寄存	800.00	750.00	690.00	740.00	720.00	680.00	4380.00

图 11-31 单击【录制宏】按钮

步骤 2 弹出【录制宏】对话框，在【宏名】文本框中输入“数据排序”，单击【确定】按钮，如图 11-32 所示。

图 11-32　【录制宏】对话框

步骤 3 选择 A2:H9 单元格区域，然后选择【数据】选项卡，在【排序和筛选】选项组中单击【排序】按钮，如图 11-33 所示。

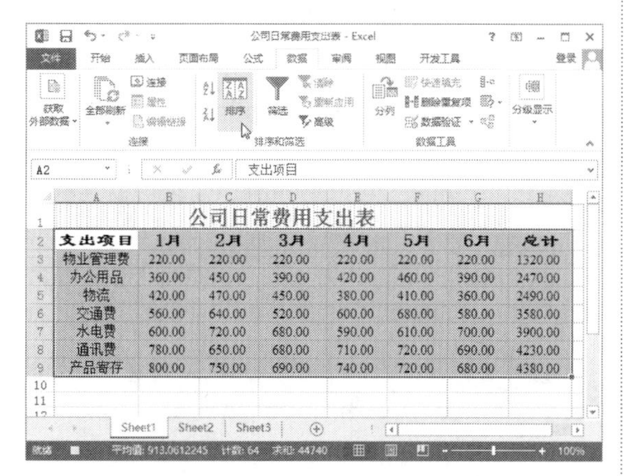

图 11-33　单击【排序】按钮

步骤 4 弹出【排序】对话框，选择【主要关键字】为【总计】选项，然后单击【添加条件】按钮，选择【次要关键字】为【1 月】，单击【确定】按钮，如图 11-34 所示。

步骤 5 单击【代码】选项组中的【停止录制】按钮，即可完成数据排序宏的录制，如图 11-35 所示。

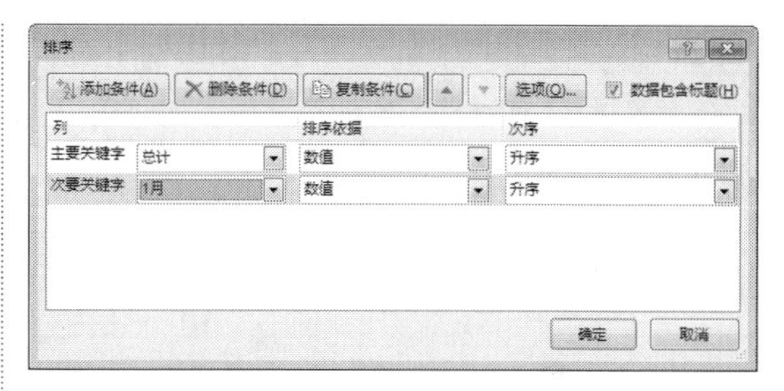

图 11-34　【排序】对话框

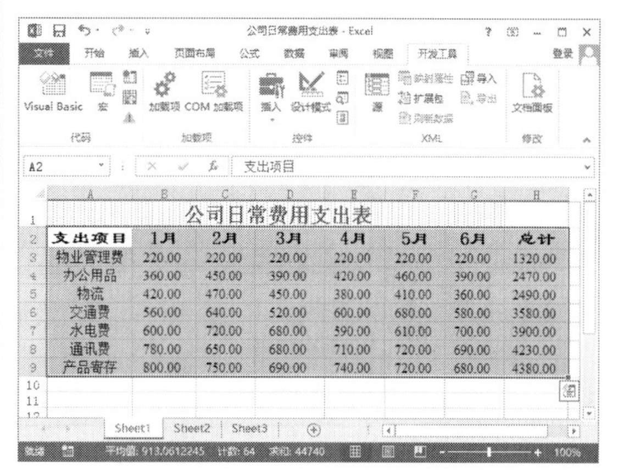

图 11-35　完成宏的录制

11.4.2 保存带宏的工作簿

默认情况下，带有宏的工作簿不能保存，此时需要用户自定义加载宏的方法来解决，具体的操作步骤如下。

步骤 1 打开含有宏的工作簿，选择【文件】→【另存为】菜单项，如图 11-36 所示。

图 11-36　选择【另存为】菜单项

步骤 2 在打开的【另存为】对话框中选择保存路径，如图 11-37 所示。在【保存类型】下拉列表框中选择【Excel 加载宏（*.xlam）】选项，单击【保存】按钮即可，即可加载自定义加载宏文件的过程。

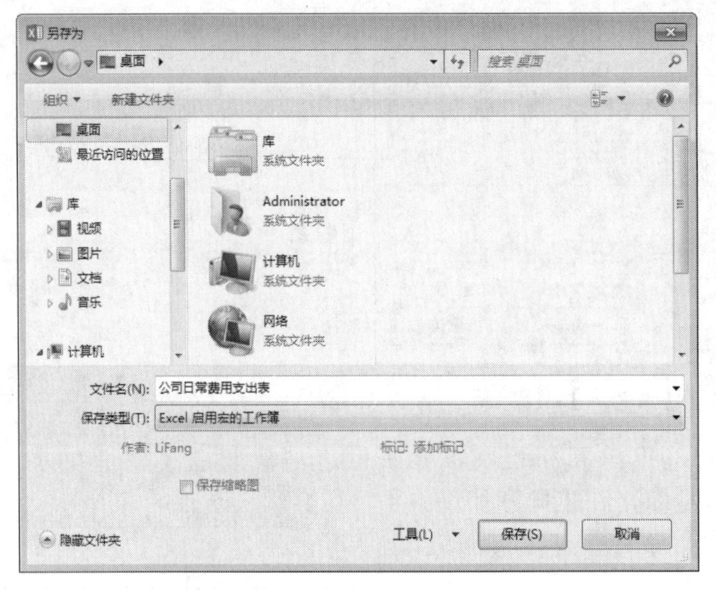

图 11-37 【另存为】对话框

11.5 课后练习与指导

11.5.1 在 Excel 工作表中使用宏

☆ 练习目标

了解宏的作用。

掌握在 Excel 工作表中使用宏的方法。

☆ 专题练习指南

01 新建一个空白工作簿，并在其中输入数据。

02 选择【开发工具】选项卡，在【宏】选项组单击【录制宏】按钮，开始录制宏。

03 单击【宏】按钮，进行查看并编辑宏。

04 单击【宏】按钮，在打开的对话框中单击【执行】按钮执行选择宏操作。

11.5.2 在 Excel 工作表中管理宏

☆ 练习目标

了解宏的安全性。

掌握在 Excel 工作表中管理宏的方法。

☆ 专题练习指南

01　提高宏的安全性。

02　设置自定启用宏。

03　宏出错时的处理。

第3篇

PowerPoint 高效办公

日常办公中经常用到产品演示、技能培训、业务报告。一个好的PPT能使公司的会议、报告、产品销售更加高效、清晰和容易。本篇主要介绍PPT幻灯片的制作和演示方法。

PowerPoint 2013 基础入门

● **本章导读**

通过学习本章内容，读者可以快速了解PowerPoint 2013的基础知识，包括演示文稿的新建与保存基本操作、幻灯片的基本操作以及如何提高演示文稿的效果应用。

● **学习目标**

◎ 了解演示文稿的创建与保存。
◎ 了解演示文稿的打开与关闭。
◎ 了解幻灯片的基本操作。
◎ 掌握演示文稿的加密操作。
◎ 掌握演示文稿效果的提升技巧。

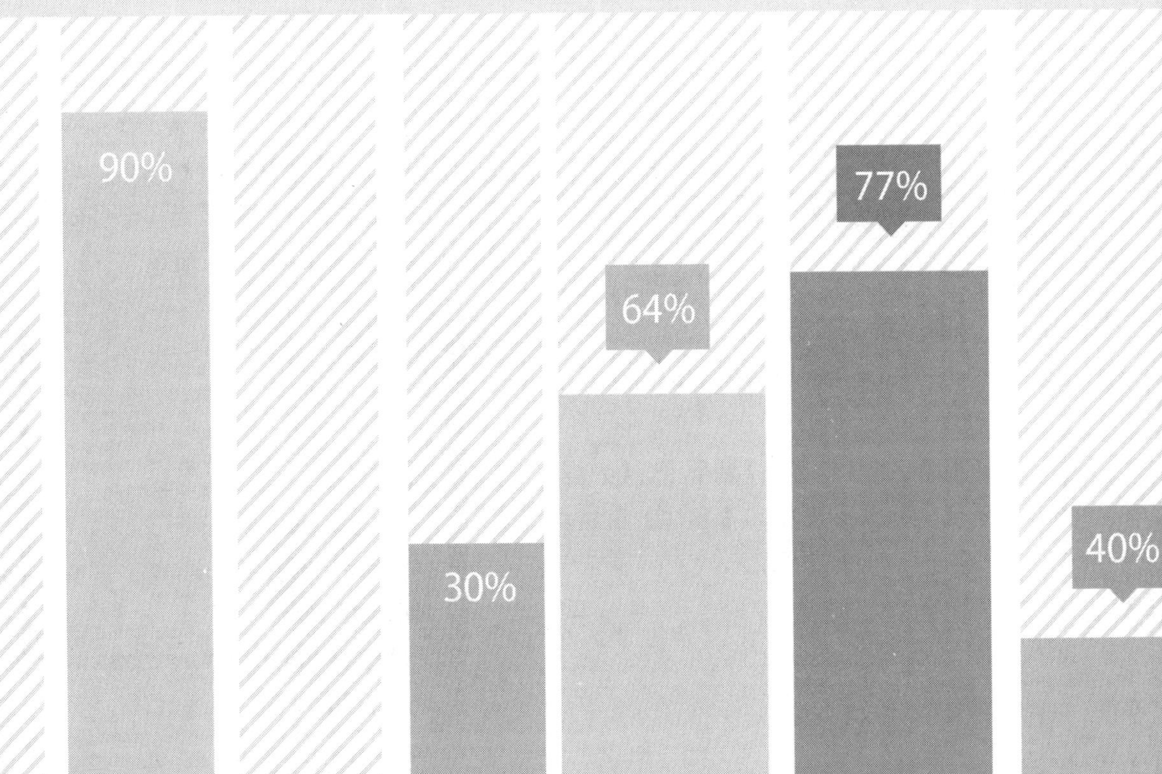

12.1 PowerPoint 2013视图方式

PowerPoint 2013 中用于编辑、打印和放映演示文稿的视图包括普通视图、阅读视图、幻灯片浏览视图、备注页视图、幻灯片放映视图和母版视图。

在 PowerPoint 2013 工作界面中用于设置和选择演示文稿视图的方法有以下两种。

（1）在【视图】选项卡上的【演示文稿视图】选项组和【母版视图】选项组中进行选择或切换，如图 12-1 所示。

图 12-1 【视图】选项卡

（2）在状态栏上的【视图】区域进行选择或切换，包括普通视图、幻灯片浏览视图、阅读视图和幻灯片放映视图，如图 12-2 所示。

图 12-2 视图区域

12.1.1 普通视图

普通视图是幻灯片的主要编辑视图方式，可以用于撰写设计演示文稿，在启动 PowerPoint 2013 之后，系统默认以普通视图方式显示。

普通视图包含【幻灯片】选项卡、【大纲】选项卡、【幻灯片】窗格和【备注】窗格等 4 个工作区域，如图 12-3 所示。

图 12-3 普通视图

12.1.2 阅读视图

阅读视图可以通过大屏幕放映演示文稿，便于查看。如果希望在一个设有简单控件以方便审阅的窗口中查看演示文稿，而不想使用全屏的幻灯片放映视图，则也可以在自己的计算机上使用阅读视图。

在【视图】选项卡上的【演示文稿视图】选项组中单击【阅读视图】按钮，或单击状态栏上的【阅读视图】按钮都可以切换到阅读视图模式，如图 12-4 所示。

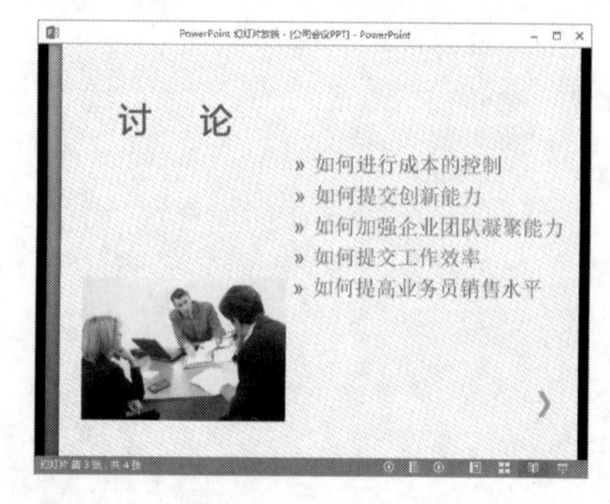

图 12-4 阅读视图

如果要更改演示文稿，可以随时从阅读视图切换至某个其他视图。具体操作方法为，在状态栏上直接单击其他视图模式按钮，或直接按 Esc 键退出阅读视图模式即可。

12.1.3 幻灯片浏览视图

幻灯片浏览视图是缩略图形式的幻灯片专有视图，在该视图方式下可以从整体上浏览所有幻灯片的效果，并可以方便地进行幻灯片的复制、移动和删除等操作，但是不能直接对幻灯片的内容进行编辑和修改。

在 PowerPoint 2013 的工作界面中选择【视图】选项卡，在打开的【演示文稿视图】选项组中单击【幻灯片浏览】按钮，或单击状态栏上的【幻灯片浏览】按钮，可切换到幻灯片浏览视图方式当中，如图 12-5 所示。

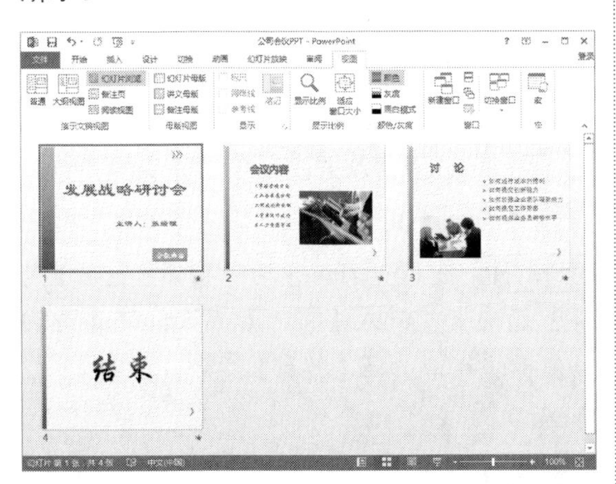

图 12-5　幻灯片浏览视图

在幻灯片浏览视图的工作区空白位置或幻灯片上右击，在弹出的快捷菜单中选择【新增节】命令，可以在幻灯片浏览视图中添加节，并按不同的类别或节对幻灯片进行排序，如图 12-6 所示。

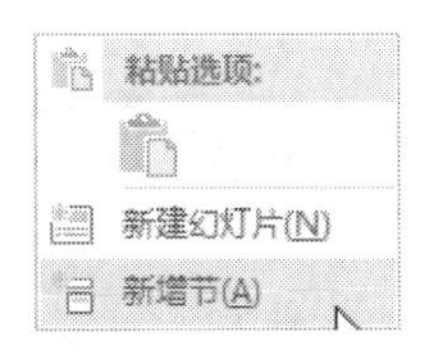

图 12-6　选择【新增节】命令

12.1.4 备注页视图

备注页视图的格局是整个页面的上方为幻灯片，而下方为备注页添加窗口。在【视图】选项卡上的【演示文稿视图】选项组中单击【备注页】按钮，可以切换到备注页视图状态，如图 12-7 所示。此时，可以直接在【备注】窗口中对备注内容进行编辑，如图 12-8 所示。

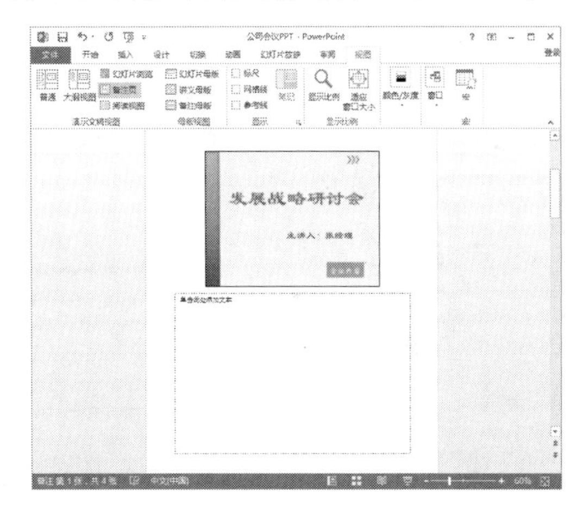

图 12-7　备注页视图

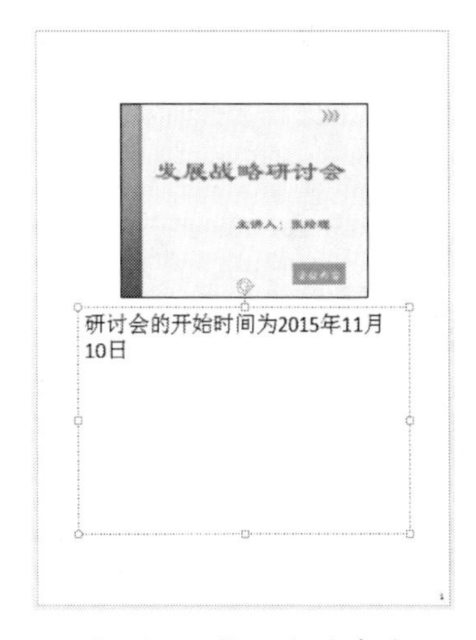

图 12-8　输入备注内容

12.2 演示文稿的基本操作

制作演示文稿前，需要掌握演示文稿的基本操作，如创建、保存、打开和关闭等。一个演示文稿由多张幻灯片构成，对演示文稿的操作实际上是对幻灯片的操作，包括插入、删除、隐藏和发布等。

12.2.1 新建演示文稿

制作演示文稿应该从新建空白文稿开始，当启动 PowerPoint 软件后将自动新建一个空白演示文稿，若需要自行新建一个演示文稿，可使用以下方式。

1. 直接创建空演示文稿

直接创建空演示文稿的具体操作步骤如下。

步骤 1 在 PowerPoint 2013 窗口中选择【文件】选项卡，如图 12-9 所示。

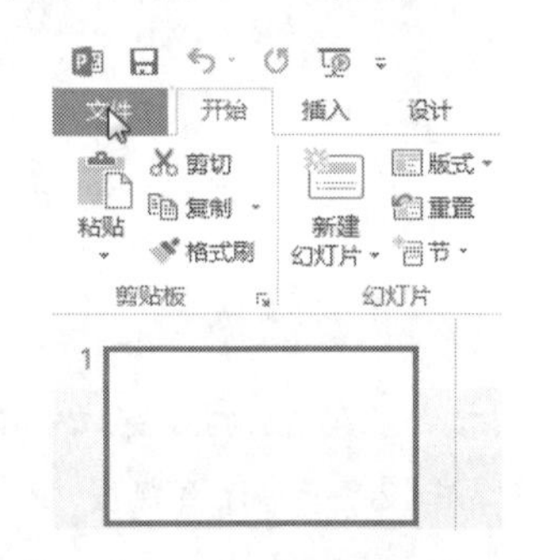

图 12-9　选择【文件】选项卡

步骤 2 进入【文件】界面，在其中选择【新建】选项，如图 12-10 所示。

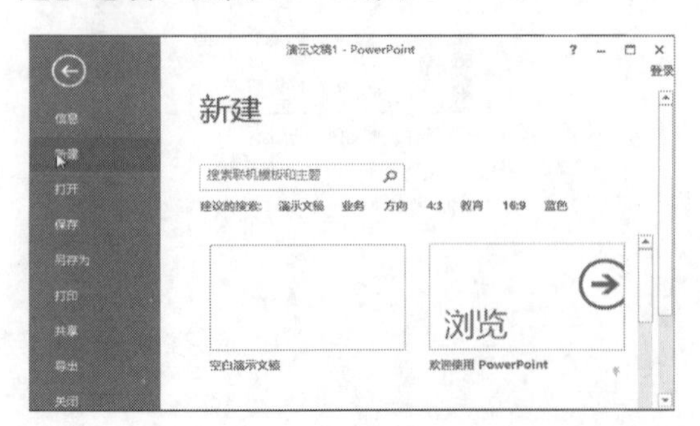

图 12-10　选择【新建】选项

步骤 3 进入【新建】界面，单击【空白演示文稿】选项，即可创建一个新的演示文稿，如图 12-11 所示。

图 12-11　新建演示文稿

2. 根据主题创建演示文稿

在 PowerPoint 2013 中提供了多个设计主题，用户可选择喜欢的主题来创建演示文稿，具体操作步骤如下。

步骤 1 在 PowerPoint 2013 窗口中选择【文件】选项卡，进入【文件】界面，在【建议搜索】一栏里选择【教育】主题，如图 12-12 所示。

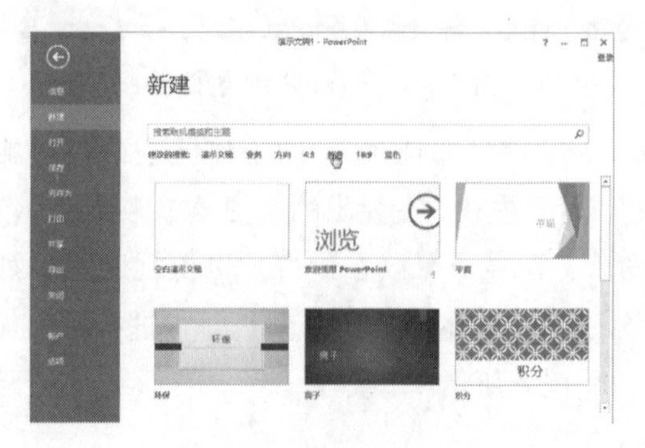

图 12-12　选择模板主题

步骤 2 搜索后可对教育主题进行分类，在右侧的【分类】栏里进行选择，如图 12-13 所示。

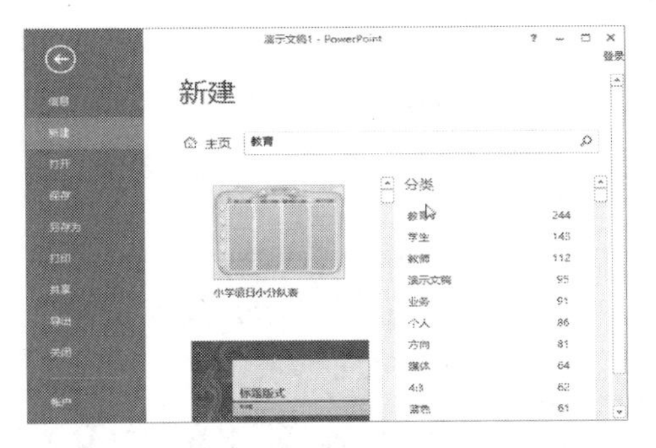

图 12-13 搜索结果

步骤 3 在【分类】栏选择【教育】类型，在弹出的教育主题模板中选择【在线儿童教育演示文稿、相册】主题，如图 12-14 所示。

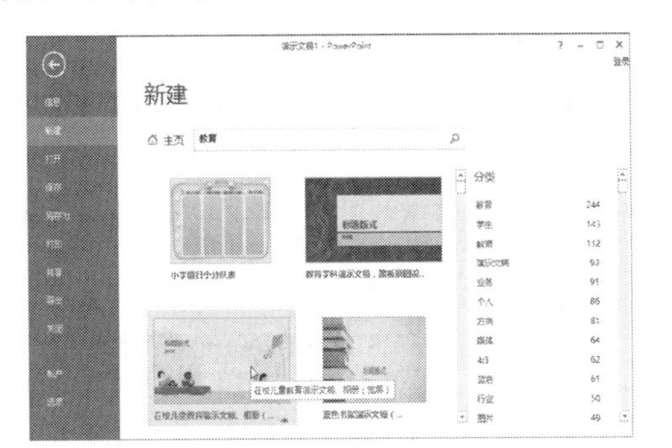

图 12-14 选择主题模板

步骤 4 弹出【在线儿童教育演示文稿、相册】对话框，单击【创建】按钮，如图 12-15 所示。

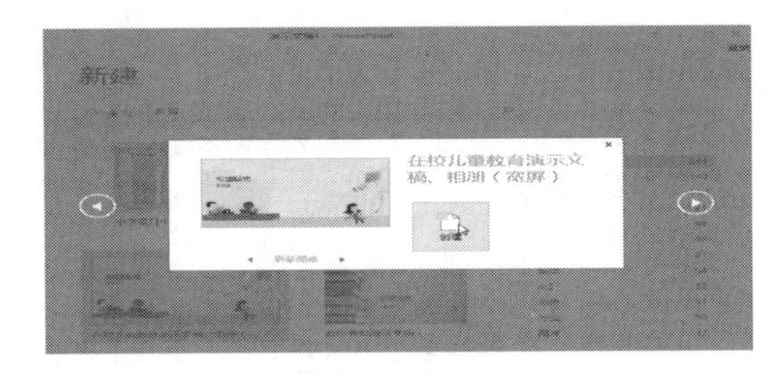

图 12-15 单击【创建】按钮

步骤 5 应用后的主题效果如图 12-16 所示。

图 12-16 使用主题类型创建演示文稿

3. 根据模板创建演示文稿

PowerPoint 2013 为用户提供了多种类型的模板，如积分、平板、环保等，具体操作步骤如下。

步骤 1 在 PowerPoint 2013 窗口中选择【文件】选项卡，进入【文件】界面，选择【新建】选项，在新建界面中选择一种样板模板，这里选择【环保】样板模板，如图 12-17 所示。

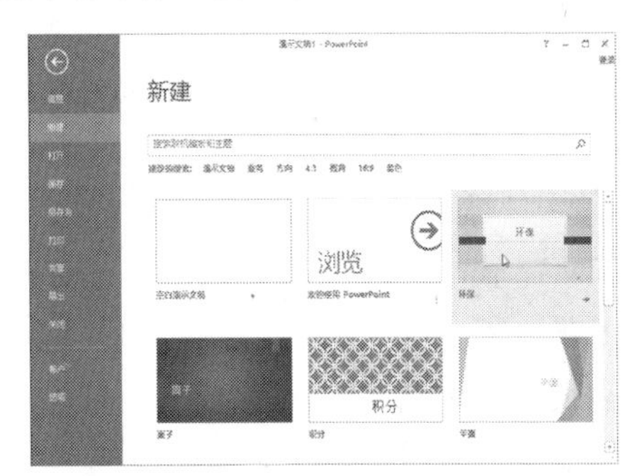

图 12-17 选择模板

步骤 2 弹出【环保】对话框，单击【创建】按钮，如图 12-18 所示。

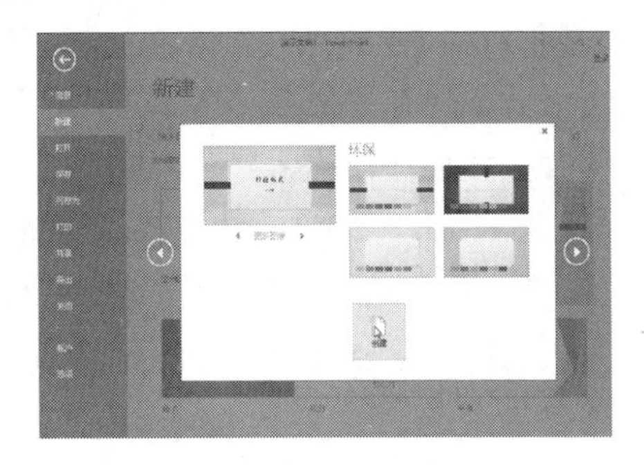

图 12-18 单击【创建】按钮

步骤 3 即可创建出应用所选样板模板的演示文稿，效果如图 12-19 所示。

图 12-19 根据模板创建演示文稿

12.2.2 保存演示文稿

创建新演示文稿后，如果要退出 PowerPoint 软件或演示文稿创建完毕后都需要将其保存。保存演示文稿的具体操作步骤如下。

步骤 1 单击快速访问工具栏上的【保存】按钮，如图 12-20 所示。

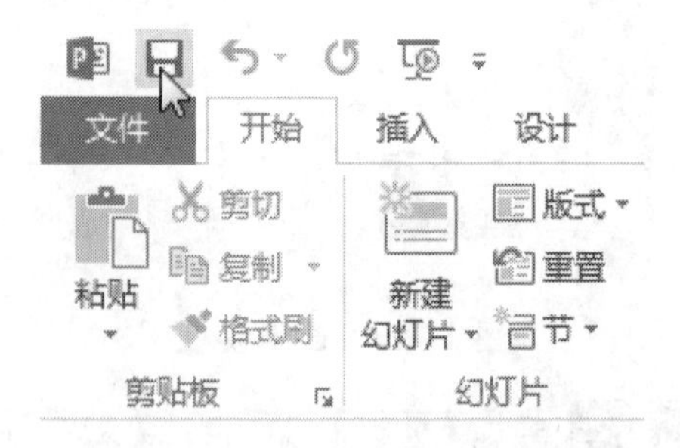

图 12-20 单击【保存】按钮

步骤 2 打开【另存为】对话框，双击【计算机】设置要保存的路径，在【文件名】文本框中输入文件保存的名称，如输入“企业宣传 .pptx”，单击【保存类型】右侧的下拉按钮，在弹出的下拉列表中选择文件保存的类型，如这里选择【PowerPoint 演示文稿（*.pptx）】选项，单击【保存】按钮即可保存文件，如图 12-21 所示。

图 12-21 【另存为】对话框

12.2.3 打开与关闭演示文稿

当退出 PowerPoint 软件后，需要再次打开所保存的演示文稿时，找到演示文稿保存路径即可打开。打开与关闭演示文稿的具体操作步骤如下。

步骤 1 双击桌面上的【计算机】图标，进入【计算机】窗口，在计算机磁盘中找到之前保存的演示文稿，双击该文稿即可将其打开，如图 12-22 所示。

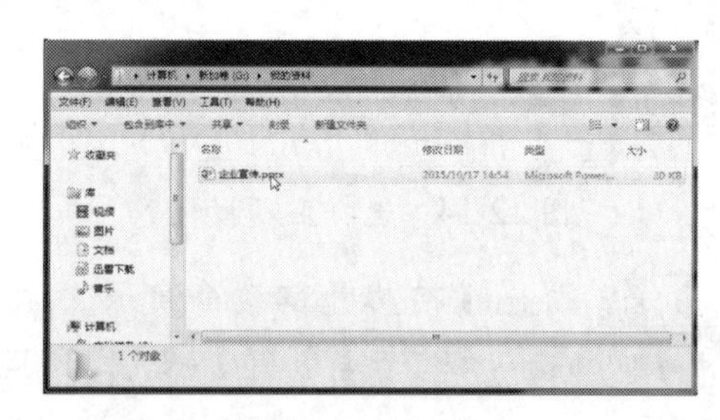

图 12-22 打开演示文稿

步骤 2 打开演示文稿后，单击窗口右上角的【关闭】按钮 ×，即可关闭该演示文稿，如图 12-23 所示。

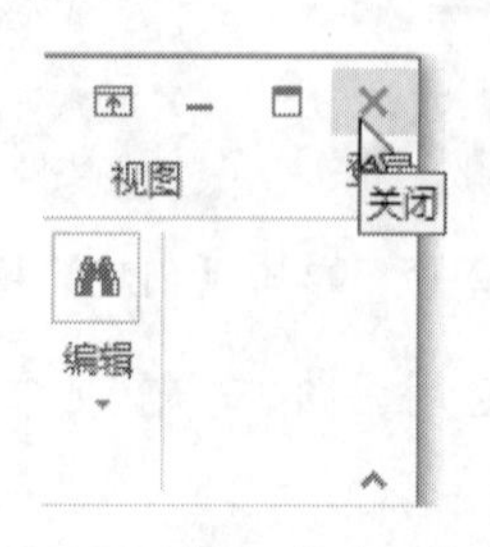

图 12-23 单击【关闭】按钮

12.2.4 加密演示文稿

对演示文稿进行加密可以防止他人在未经许可的情况下查看此演示文稿，加密演示文稿的方法有两种：一种是使用 Windows 7 操作系统的加密功能，另一种是使用 PowerPoint 2013 自带的加密功能。

1. 使用 Windows 7 操作系统的加密功能进行加密演示文稿

使用 Windows 7 操作系统的加密功能进行加密演示文稿的具体的操作步骤如下。

步骤 1 选择需要加密的演示文稿，右击，在弹出的快捷菜单中选择【属性】命令，打开【企业宣传 .pptx 属性】对话框，如图 12-24 所示。

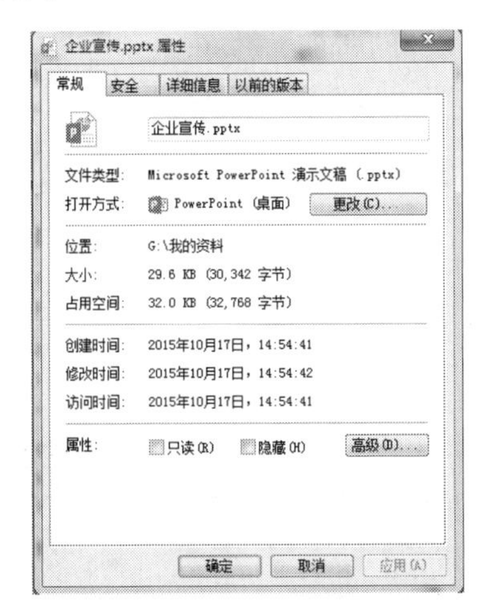

图 12-24 【企业宣传 .pptx 属性】对话框

步骤 2 选择【常规】选项卡，单击【高级】按钮，弹出【高级属性】对话框，选中【加密内容以便保护数据】复选框，如图 12-25 所示。

步骤 3 单击【确定】按钮，返回到【企业宣传 .pptx 属性】对话框，单击【应用】按钮，即完成该演示文稿的加密工作，如图 12-26 所示。

步骤 4 单击【确定】按钮，退出【企业宣传 .pptx 属性】对话框，这时可以看到该演示文稿显示为绿色，则表示加密成功，如图 12-27 所示。

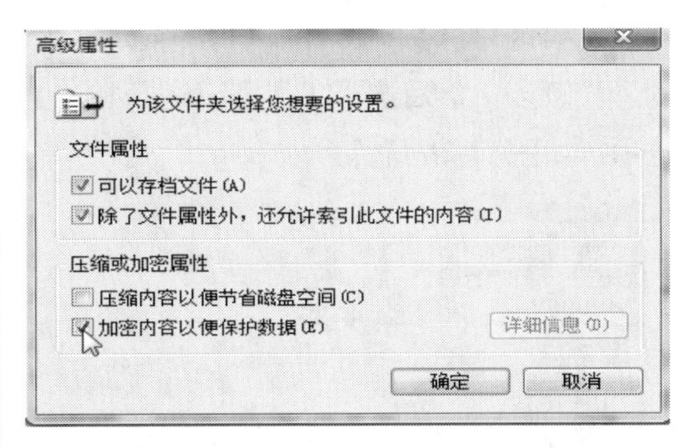

图 12-25 【高级属性】对话框

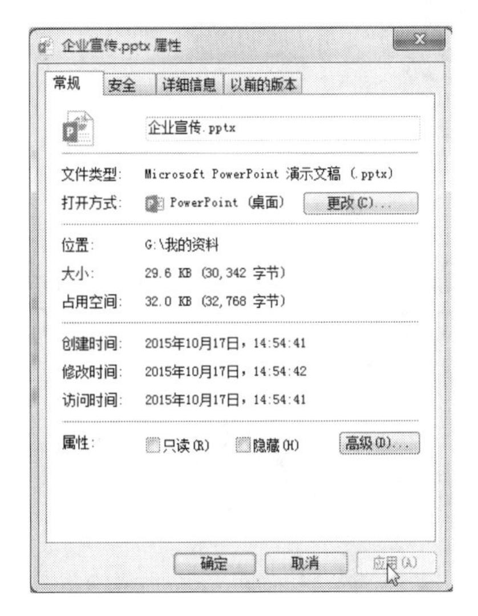

图 12-26 【企业宣传 .pptx 属性】对话框

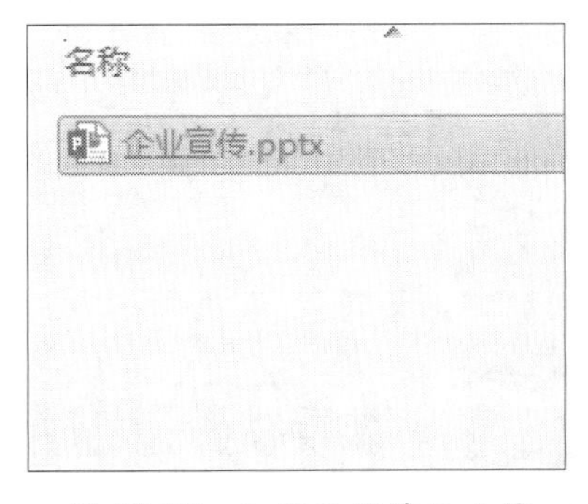

图 12-27 加密后的演示文稿

2. 使用 PowerPoint 2013 自带的加密功能进行加密演示文稿

使用 PowerPoint 2013 自带的加密功能进行加密演示文稿的具体的操作步骤如下。

步骤 1 选择【文件】选项卡，进入【文件】界面，选择【信息】选项，单击【保护演示文稿】的下拉列表，然后选择【用密码进行加密】选项，如图 12-28 所示。

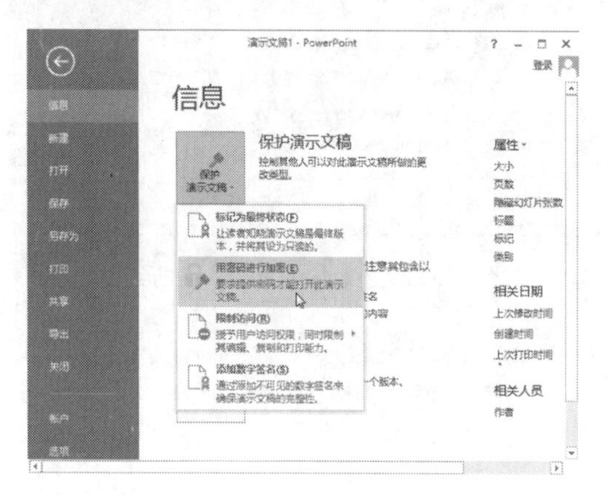

图 12-28 选择【用密码进行加密】选项

步骤 2 弹出【加密文档】对话框，在【密码】文本框内输入密码，然后单击【确定】按钮，如图 12-29 所示。

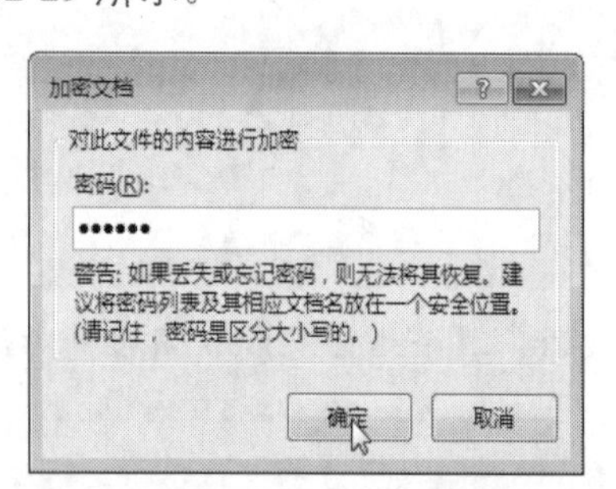

图 12-29 输入密码

步骤 3 弹出【确认密码】对话框，在【重新输入密码】文本框内再一次输入密码，然后单击【确定】按钮，如图 12-30 所示。

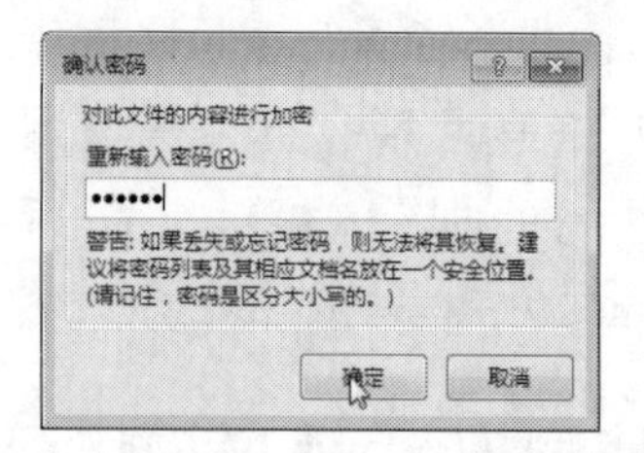

图 12-30 【确认密码】对话框

步骤 4 退出【确认密码】对话框，返回到【信息】界面，可以看到【保护演示文稿】选项显示为加密状态，则表示加密成功，如图 12-31 所示。

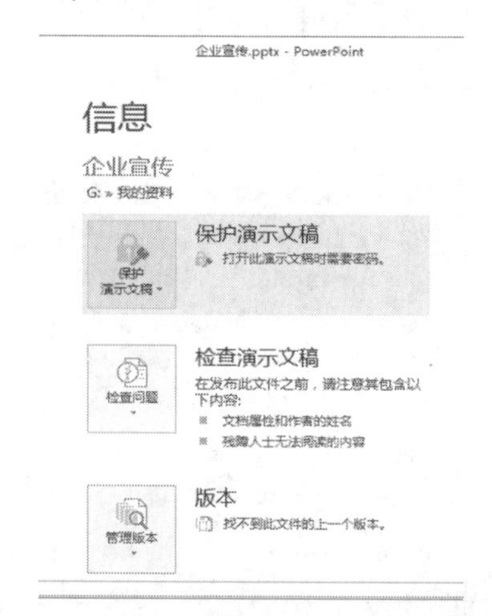

图 12-31 加密后的显示效果

12.3 幻灯片的基本操作

在 PowerPoint 2013 中，一个 PowerPoint 文件可称为一个演示文稿，一个演示文稿由多张幻灯片组成，每张幻灯片都可以进行基本操作，包括插入、删除、移动、复制、隐藏等。

12.3.1 插入幻灯片

打开 PowerPoint 演示文稿，可以在两张幻灯片之间插入一张新的幻灯片，具体操作步骤如下。

步骤 1 选中第一张幻灯片，右击，在弹出的快捷菜单中选择【新建幻灯片】命令，如图 12-32 所示。

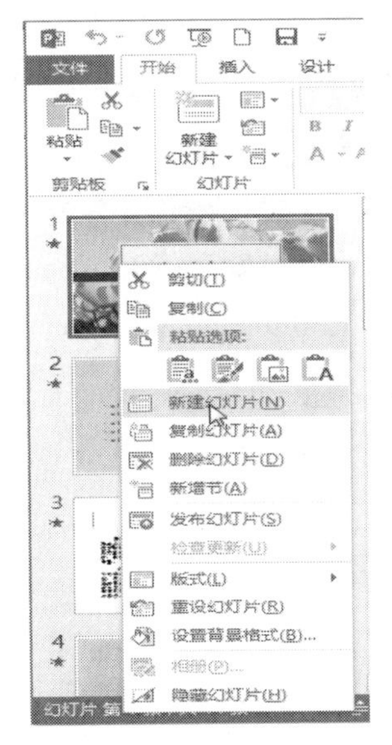

图 12-32　选择【新建幻灯片】命令

步骤 2 即可在第一张和第二张幻灯片之间插入一张新的幻灯片，如图 12-33 所示。

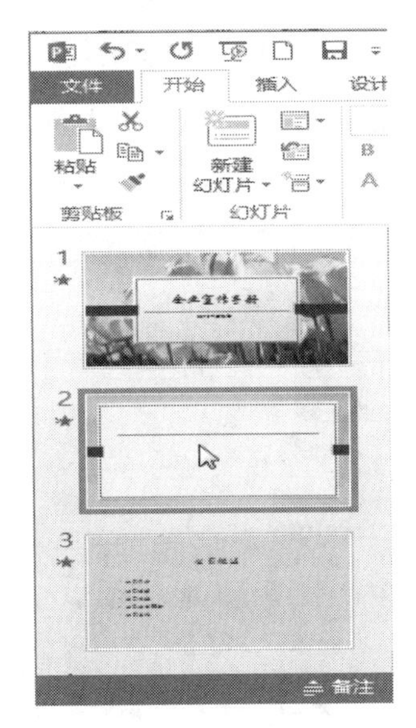

图 12-33　新建幻灯片

12.3.2 删除幻灯片

在创建演示文稿的过程中常常需要删除一些不需要的幻灯片，删除幻灯片的具体操作步骤如下。

步骤 1 选中需要删除的幻灯片，右击，在弹出的快捷菜单中选择【删除幻灯片】命令，如图 12-34 所示。

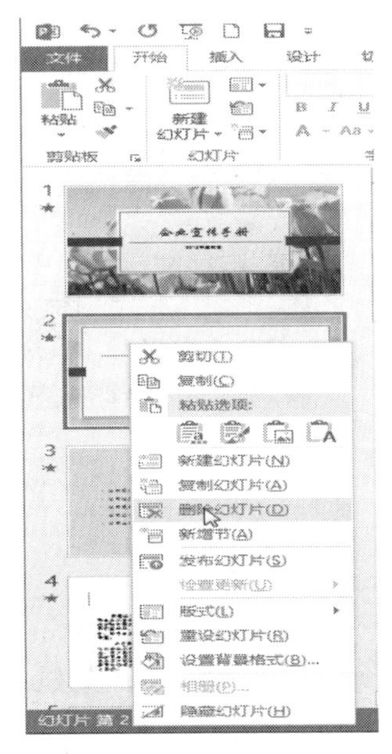

图 12-34　选择【删除幻灯片】命令

步骤 2 选中的幻灯片即可被删除，效果如图 12-35 所示。

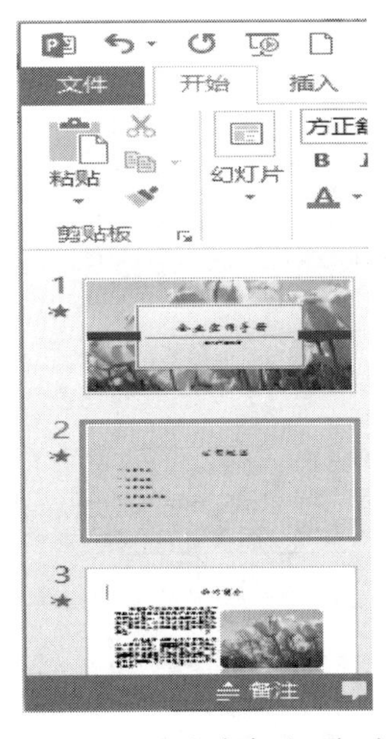

图 12-35　删除选中的幻灯片

12.3.3 移动幻灯片

有时移动幻灯片可以提高制作演示文稿的效率，移动幻灯片的具体操作步骤如下。

步骤 1 选中第一张幻灯片，在菜单栏中选择【剪切】命令，如图 12-36 所示。

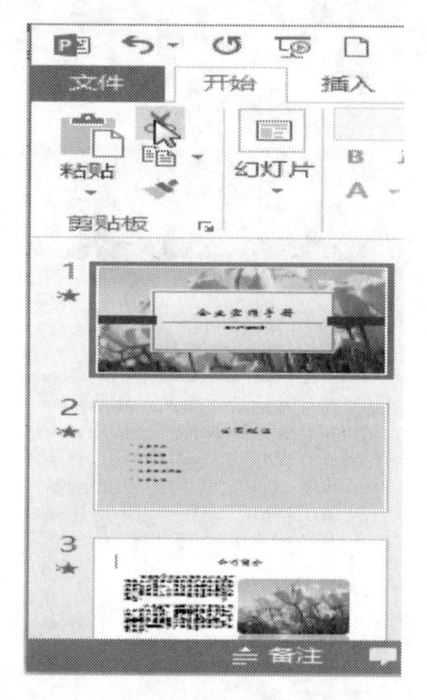

图 12-36 选择需要移动的幻灯片

步骤 2 将鼠标放在此幻灯片需要放置的位置，然后在菜单栏中选择【粘贴】命令，此时看到两张幻灯片交换位置，则说明移动成功，如图 12-37 所示。

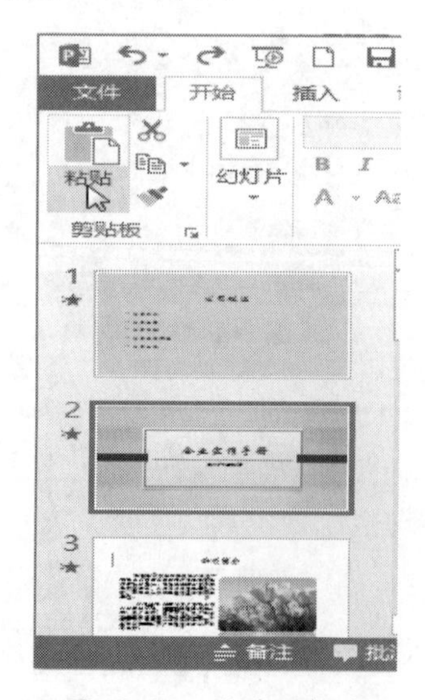

图 12-37 移动幻灯片

12.3.4 复制幻灯片

在制作演示文稿的过程中，一个相同版本的幻灯片需要添加不同的图片和文字时，可通过复制幻灯片的方式复制相同的幻灯片，具体操作步骤如下。

步骤 1 选中第一张灯片，在菜单栏中单击【复制】下三角按钮，选择第二个【复制】选项，如图 12-38 所示。

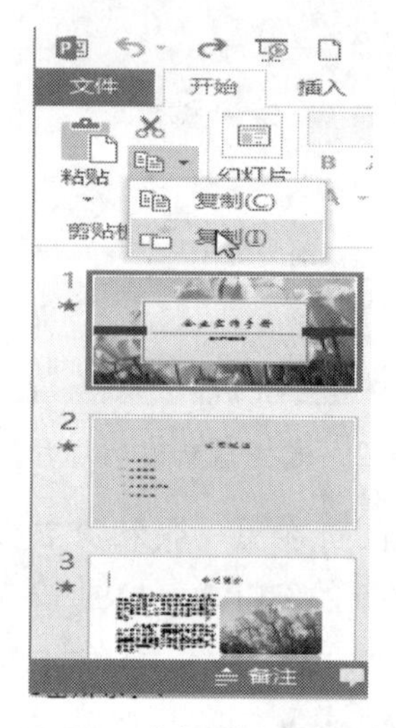

图 12-38 选择【复制】选项

步骤 2 可以看到这个演示文稿中有两张相同的幻灯片，则表示复制成功，如图 12-39 所示。

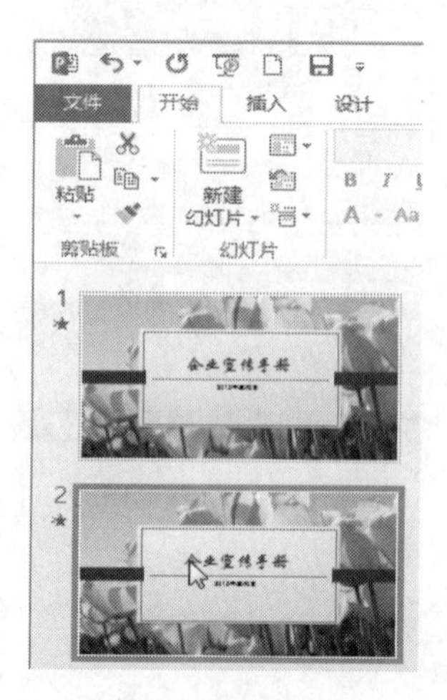

图 12-39 复制幻灯片

12.3.5 隐藏幻灯片

有时需要把部分幻灯片隐藏起来，此时可以将鼠标放在需要隐藏的幻灯片处进行操作，具体操作步骤如下。

步骤 1 选中第二张幻灯片，右击，在弹出的快捷菜单中选择【隐藏幻灯片】命令，如图 12-40 所示。

步骤 2 可以看到第二张幻灯片标号上出现隐藏标识符，且状态显示为虚幻状态，则说明隐藏操作成功，如图 12-41 所示。

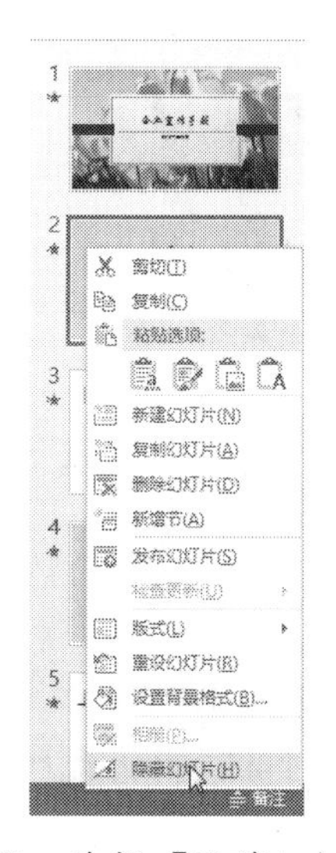

图 12-40 选择【隐藏幻灯片】命令

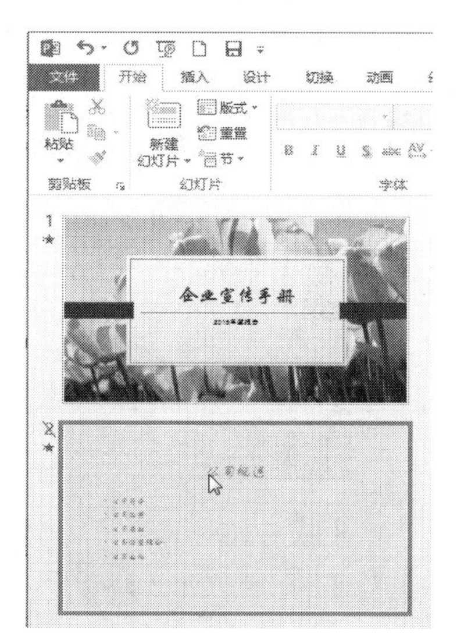

图 12-41 隐藏幻灯片

12.4 高效办公技能实战

12.4.1 为演示文稿设置不同的背景

为演示文稿设置不同的背景会展现出不同的风格，选择合适的背景也会提升吸引力，从而创建出漂亮、美观的演示文稿。为演示文稿设置不同背景的具体操作步骤如下。

步骤 1 选择其中一张需要不同背景的幻灯片，右击，在弹出的快捷菜单中选择【设置背景格式】命令，如图 12-42 所示。

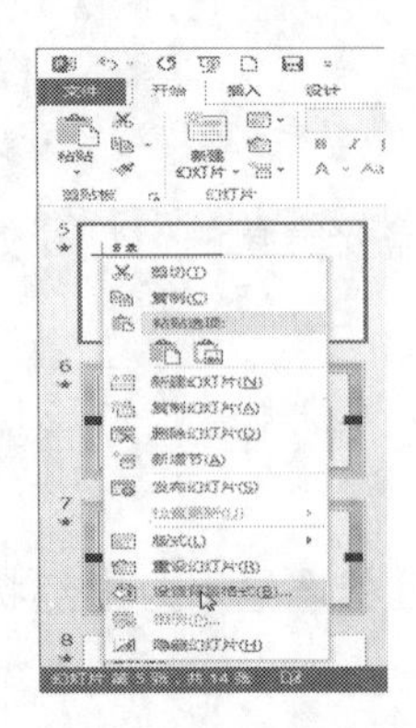

图 12-42　选择【设置背景格式】命令

步骤 2 打开【设置背景格式】窗格，在其中设置背景格式，如选中【图案填充】单选按钮，在弹出的【图案】列表中可以选择任意一种图案填充效果，如图 12-43 所示。

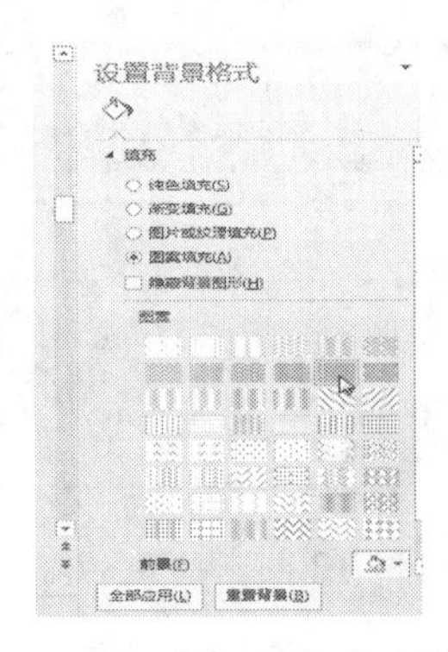

图 12-43　选择图案填充效果

步骤 3 单击【全部应用】按钮，即可改变此幻灯片的背景，如图 12-44 所示。

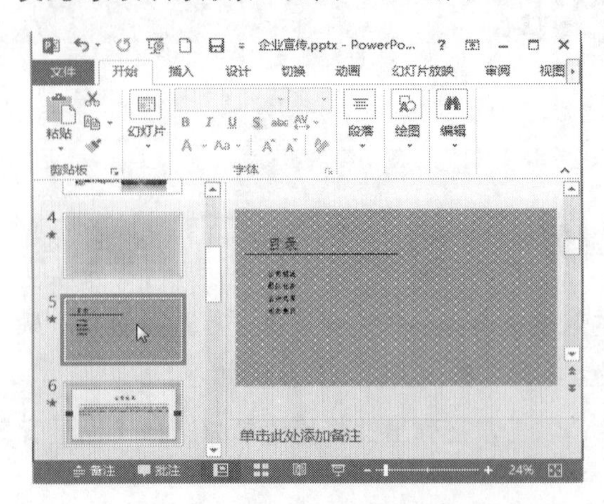

图 12-44　改变背景后的效果

12.4.2 使用模板制作公司宣传演示文稿

在同一演示文稿中不仅可以复制一张幻灯片，还可以一次复制多张幻灯片，具体操作步骤如下。

步骤 1 打开随书光盘中的“素材\ch12\公司会议 PPT”文件，如图 12-45 所示。

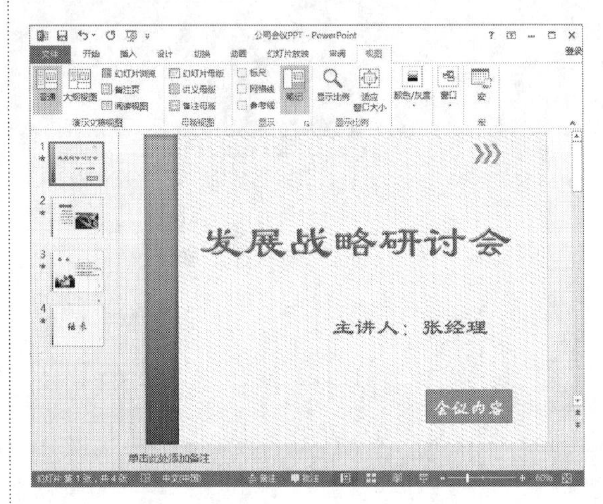

图 12-45　打开素材文件

步骤 2 在【幻灯片 / 大纲】窗格的【幻灯片】选项卡中的缩略图中单击第 1 张幻灯片，按住 Shift 键的同时单击第 3 张幻灯片即可将前 3 张连续的幻灯片选中，如图 12-46 所示。

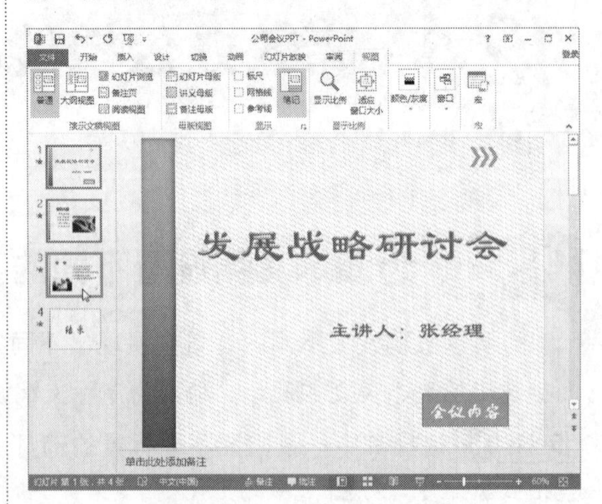

图 12-46　选中多张幻灯片

提示　如果按住 Ctrl 键的同时单击其他幻灯片缩略图，可以选中多张不连续的幻灯片。

步骤 3　在【幻灯片 / 大纲】窗格的【幻灯片】选项卡下选中的缩略图上右击，在弹出的快捷菜单中选择【复制幻灯片】命令，如图 12-47 所示。

步骤 4　系统即可自动复制选中的幻灯片，如图 12-48 所示。

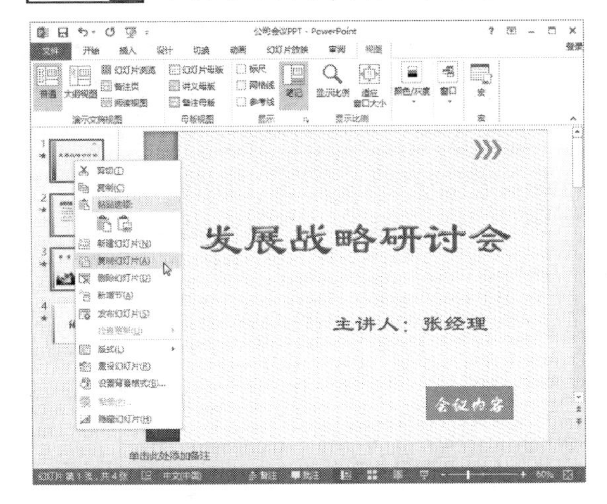

图 12-47　复制幻灯片

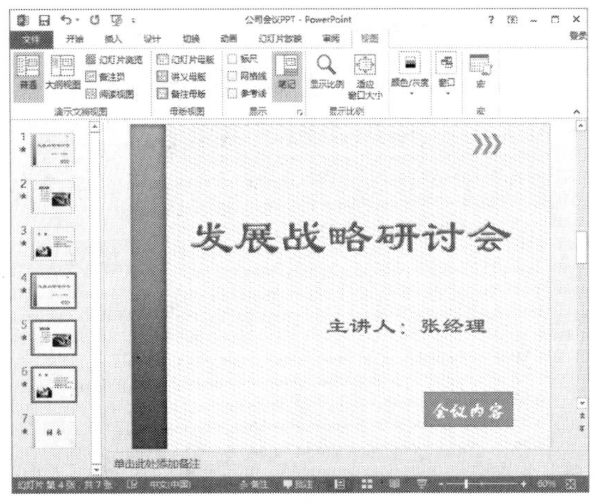

图 12-48　复制幻灯片后的显示效果

12.5 课后练习与指导

12.5.1 以不同方式浏览创建好的演示文稿

☆ 练习目标

了解不同视图方式的区别。

掌握查看演示文稿的方法。

☆ 专题练习指南

01　打开创建好的演示文稿。

02　选择【视图】→【普通】菜单项，以普通视图方式浏览演示文稿。

03　选择【视图】→【幻灯片浏览】菜单项，以幻灯片浏览视图方式浏览演示文稿。

04　选择【视图】→【幻灯片放映】菜单项，以幻灯片放映视图方式浏览演示文稿。

12.5.2 创建员工培训流程演示文稿

☆ 练习目标

了解创建演示文稿的流程。

掌握创建演示文稿的方法。

☆ 专题练习指南

01 创建演示文稿。可以根据需要创建空演示文稿、根据设计模板创建演示文稿、根据内容提示向导创建演示文稿和根据现有演示文稿创建演示文稿。

02 输入演示文稿的相关内容。

03 设置演示文稿的格式，包括文字字体、文字格式、文字颜色等。

04 保存演示文稿。

编辑演示文稿中的幻灯片

● **本章导读**

创建演示文稿最关键的部分就是编辑幻灯片的内容。本章主要介绍如何编辑幻灯片，包括编辑文本、插入并编辑表格、插入并编辑图表以及 SmartArt 图形应用等基本操作。

● **学习目标**

◎ 掌握输入并编辑文本。
◎ 掌握插入并编辑表格。
◎ 掌握插入并编辑图表。
◎ 掌握 SmartArt 图形的操作。

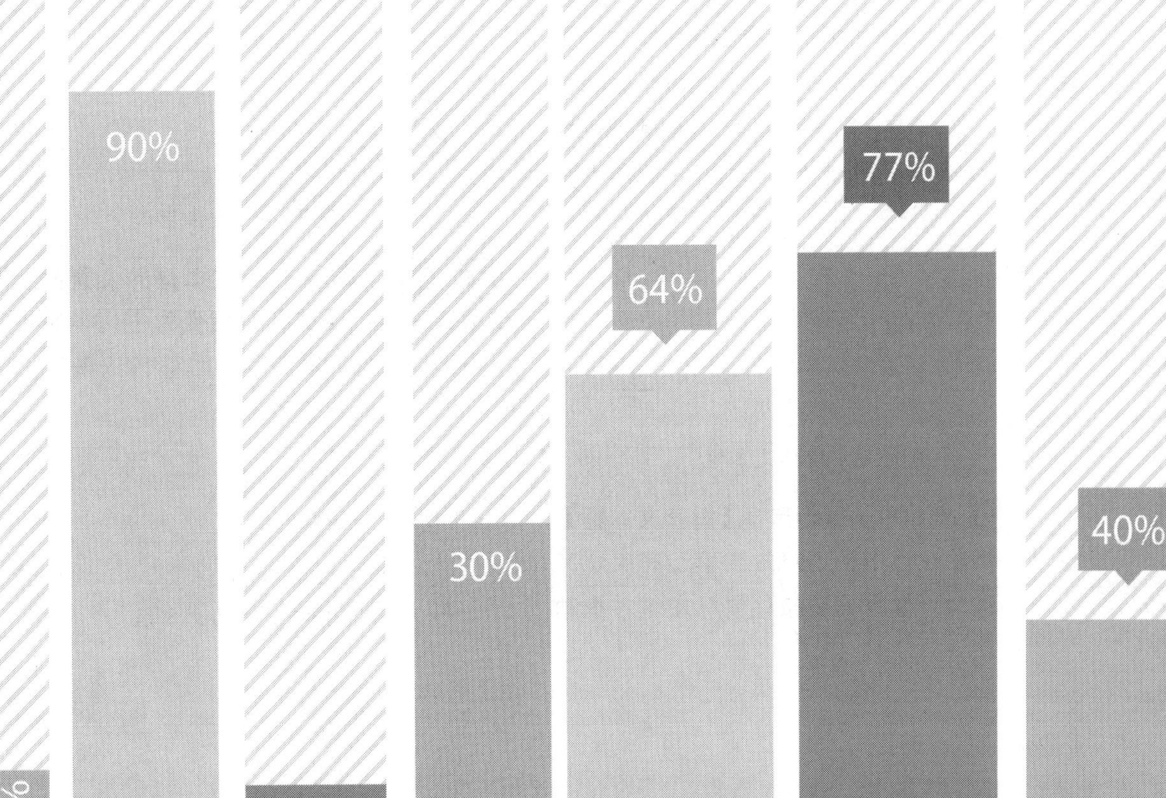

13.1 文本框操作

创建完幻灯片后，需要对文本框内的内容进行编辑，本节将主要介绍文本框的插入、复制、删除以及设置文本框样式的操作。

13.1.1 插入文本框

在制作幻灯片时，有时候需要在特定位置插入某些特定大小的文本框，具体操作步骤如下。

步骤 1 选择【插入】选项卡，单击【文本】选项组内的【文本框】下三角按钮，在弹出的下拉列表中选择横排文本框或垂直文本框，如图 13-1 所示。

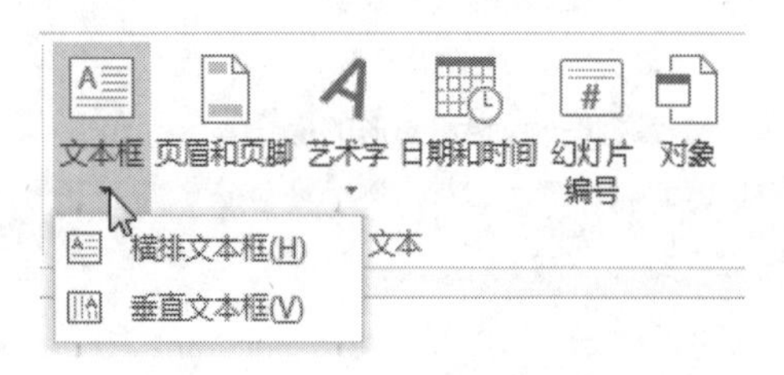

图 13-1 【文本框】下拉列表

步骤 2 例如单击鼠标选择【横排文本框】选项，然后在选中的幻灯片中单击将出现文本框，这时可根据需要按住鼠标左键并拖动鼠标指针来绘制文本框的大小，如图 13-2 所示。

图 13-2 横排文本框

步骤 3 例如单击鼠标选择【垂直文本框】选项，然后在选中的幻灯片里单击将出现文本框，这时可根据需要按住鼠标左键并拖动鼠标指针来绘制文本框的大小，如图 13-3 所示。

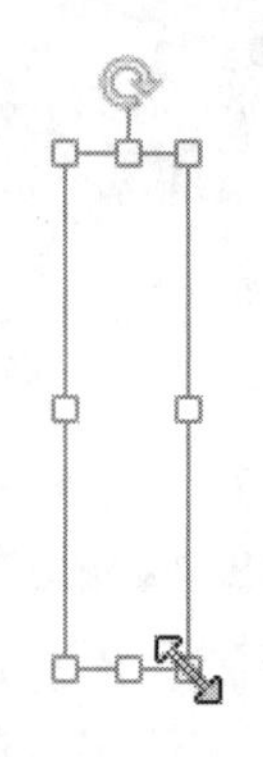

图 13-3 垂直文本框

步骤 4 释放鼠标后将显示绘制出的文本框，这时可在文本框内输入文本，如图 13-4 所示。

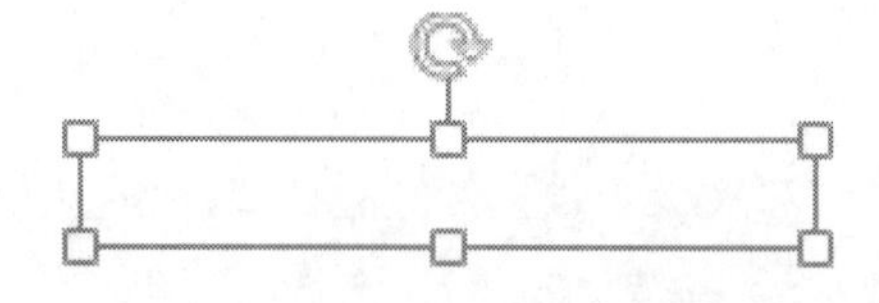

图 13-4 文本框

步骤 5 当需要改变文本框的位置时，单击该文本框，当鼠标指针变为✢时，将文本框拖到指定的位置即可，如图 13-5 所示。

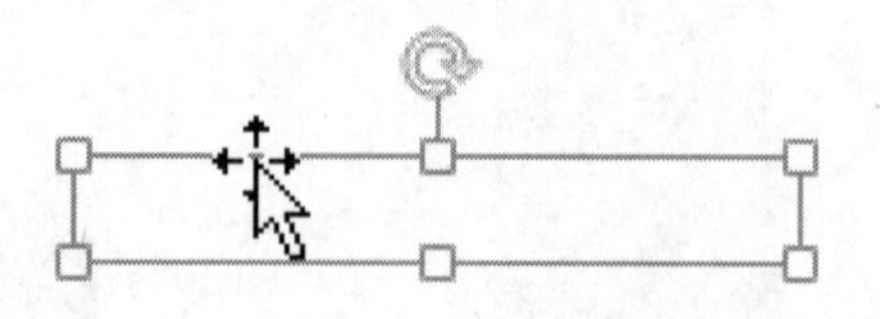

图 13-5 移动文本框

13.1.2 复制文本框

当需要在幻灯片中添加多个文本框时，可以通过复制文本框来完成，具体的操作步骤如下。

步骤 1 单击要复制的文本框边框，确保文本框处于被选中状态，如图 13-6 所示。

图 13-6　选中文本框

步骤 2 选择【开始】选项卡，选择【剪贴板】选项组内的【复制】命令，如图 13-7 所示。

步骤 3 选择【剪贴板】选项组内的【粘贴】命令，系统可自动完成文本框的复制操作，如图 13-8 所示。

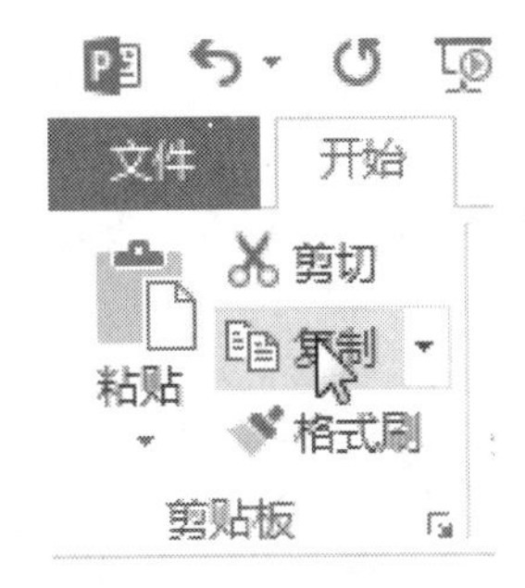

图 13-7　选择【复制】命令

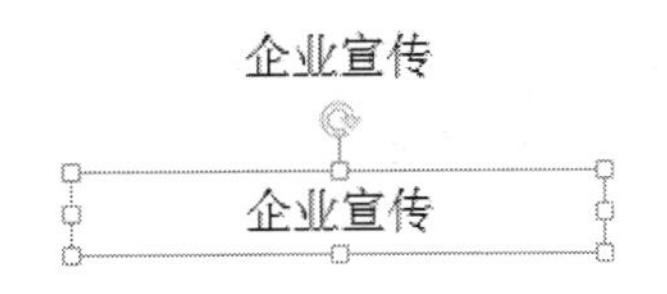

图 13-8　完成复制操作

13.1.3 删除文本框

需要删除多余或者不需要的文本框时，单击文本框边框选中该文本框，然后按 Delete 键即可将其删除。

13.2 文本输入

本节主要介绍文本的输入，包括在幻灯片内的占位符中输入标题与正文，在文本框内输入文本、符号、公式等操作方法。

13.2.1 输入标题与正文

输入标题与正文有两种方式：一种是在普通视图下的幻灯片占位符内输入标题与正文；另一种是在大纲视图下的幻灯片快速浏览区域内输入标题与文本。

1. 在普通视图下输入标题与正文

在普通视图下输入标题与正文具体操作步骤如下。

步骤 1 新建一张幻灯片，选择【标题和内容】版式，在【单击此处添加标题】或【单击此处添加文本】的占位符内单击，使占位符处于编辑状态，如图 13-9 所示。

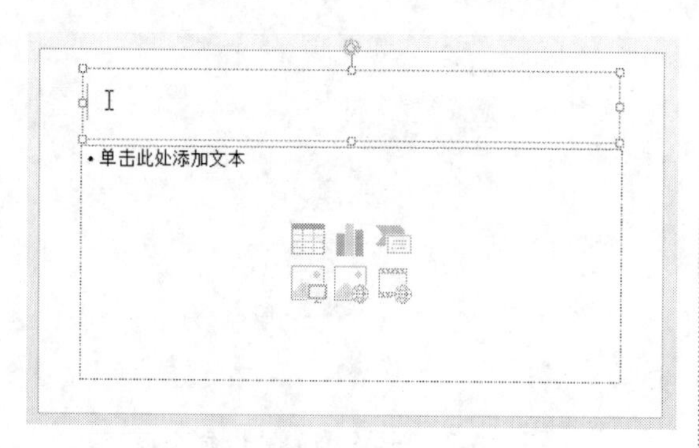

图 13-9 处于编辑状态的占位符

步骤 2 例如输入文本“企业宣传”替代占位符内的提示性文字，如图 13-10 所示。

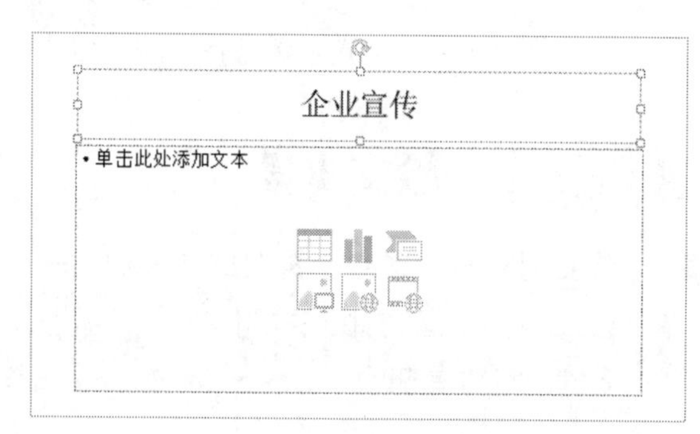

图 13-10 输入文字

2. 在大纲视图下输入标题与内容

在大纲视图下输入标题与内容具体操作步骤如下。

步骤 1 单击【视图】选项卡下【演示文稿视图】选项组中的【大纲视图】按钮，如图 13-11 所示。

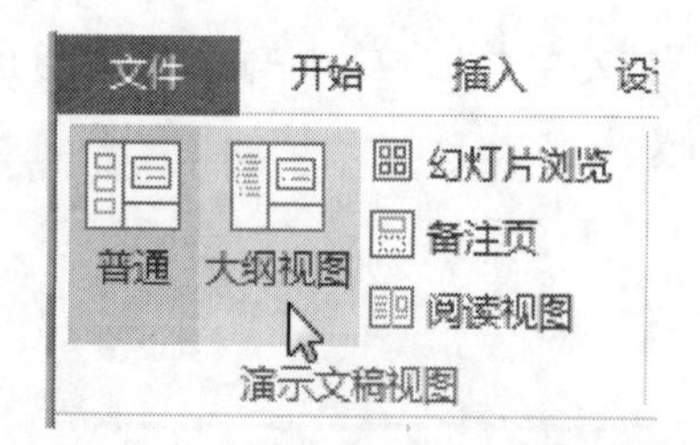

图 13-11 单击【大纲视图】按钮

步骤 2 切换到大纲视图，选中大纲视图下的幻灯片图标后面的文字，如图 13-12 所示。

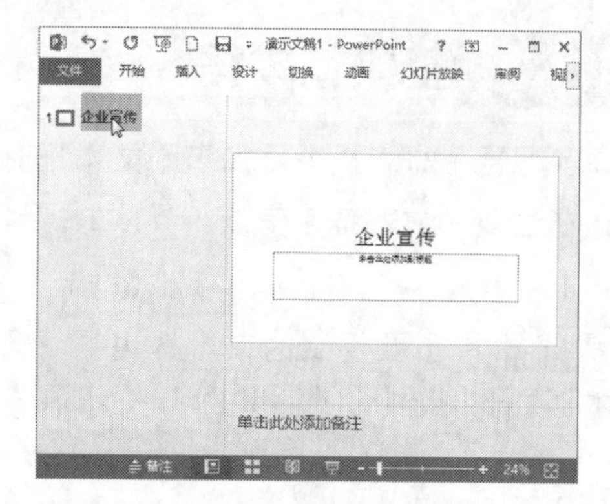

图 13-12 选中文字

步骤 3 直接输入新文本“企业简介”，输入后的文本会代替原来的文字，如图 13-13 所示。

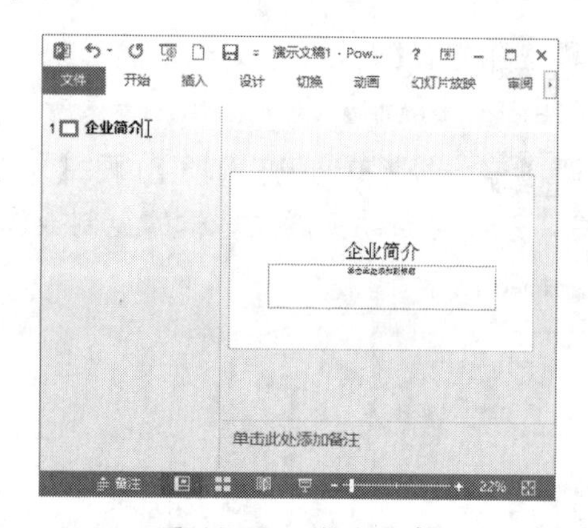

图 13-13 修改文字

步骤 4 移动光标运至“企业简介”文字之后，按 Enter 键插入一行，然后按 Tab 键降低内容的大纲级别，输入企业简介的文本内容，如图 13-14 所示。

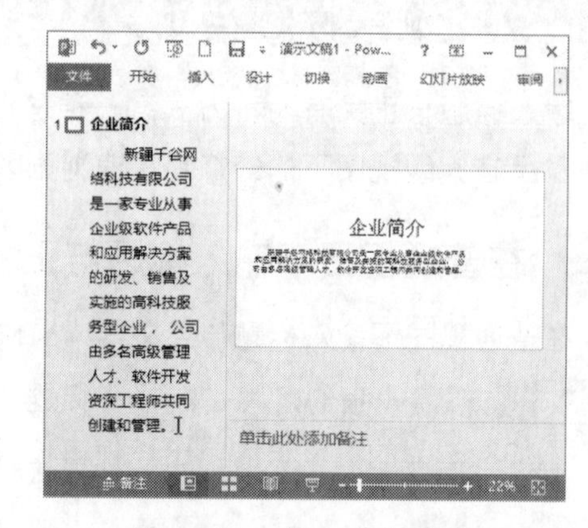

图 13-14 输入其他内容

13.2.2 在文本框中输入文本

除了在幻灯片内的占位符中输入文本外，还可以在幻灯片内的其他位置自建一个文本框输入文本。在插入和设置好文本框后即可输入文本内容，具体操作步骤如下。

步骤 1 单击【插入】选项卡下【文本】选项组内的【文本框】按钮，在弹出的下拉列表中选择【横排文本框】选项，如图 13-15 所示。

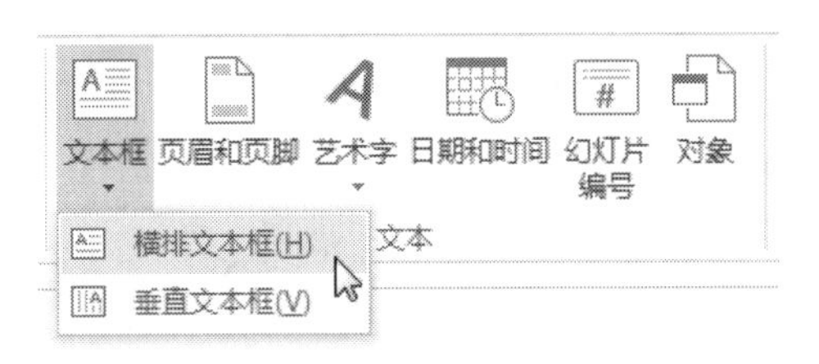

图 13-15　选择【横排文本框】选项

步骤 2 在幻灯片内单击，即可出现创建好的文本框，可根据需求按住鼠标左键并拖动鼠标指针来改变文本框的位置及大小，如图 13-16 所示。

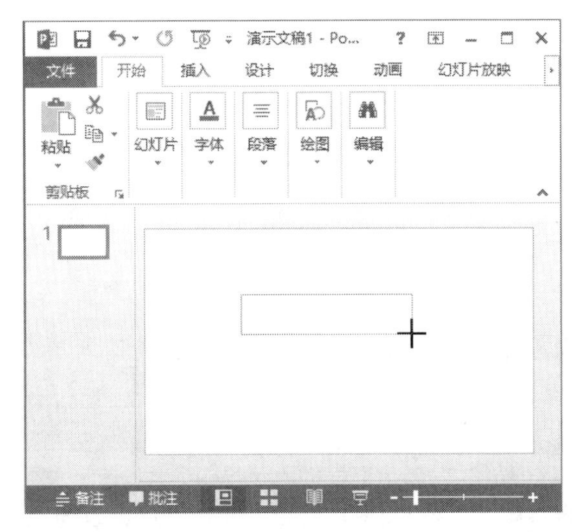

图 13-16　绘制横排文本框

步骤 3 单击文本框即可输入文本，如输入“幻灯片操作”，如图 13-17 所示。

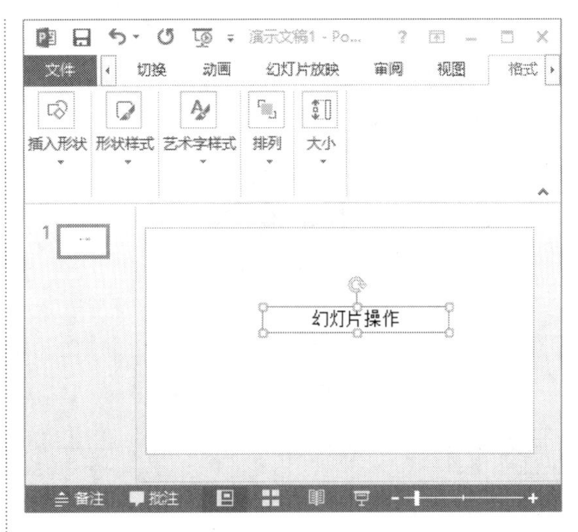

图 13-17　输入文字

提示　如果想在幻灯片中添加竖排文字，则需要插入垂直文本框，然后在该文本框中输入文字，如输入“幻灯片操作”，如图 13-18 所示。

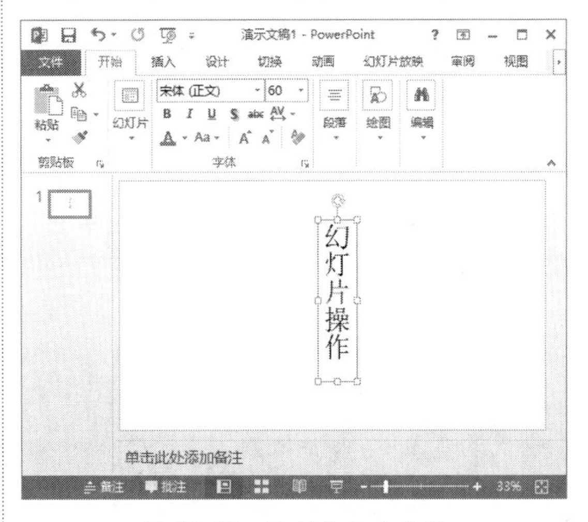

图 13-18　绘制垂直文本框

13.2.3 输入符号

有时需要在文本框里添加一些特定的符号作为辅助内容，这时可以使用 PowerPoint 2013 自带的符号功能进行添加，具体操作步骤如下。

步骤 1 选中文本框，将光标定位在文本内容第一行的开头处，然后单击【插入】选项卡下【符号】选项组中的【符号】按钮，如图 13-19 所示。

图 13-19 单击【符号】按钮

步骤 2 弹出【符号】对话框，在【字体】下拉列表框中选择需要的字体，如选择 Wingdings 选项，然后选中需要使用的字符，如图 13-20 所示。

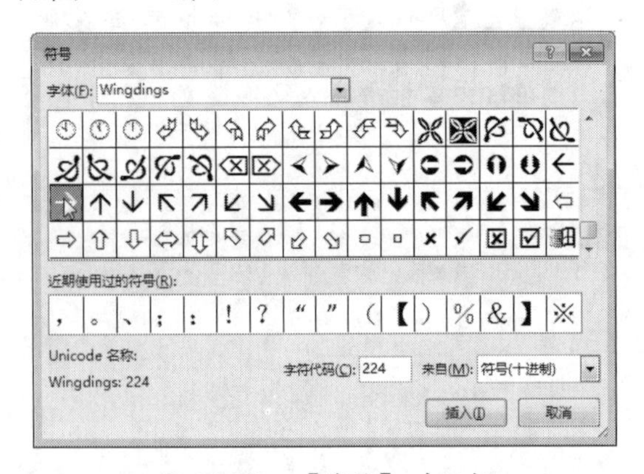

图 13-20 【符号】对话框

步骤 3 单击【插入】按钮，插入完成后再单击【确定】按钮，即可退出【符号】对话框。此时文本框内出现插入的新符号，如图 13-21 所示。

图 13-21 插入符号

步骤 4 依照上述步骤，分别在文本框的第二行和第三行开头插入相同的符号，完成后的效果如图 13-22 所示。

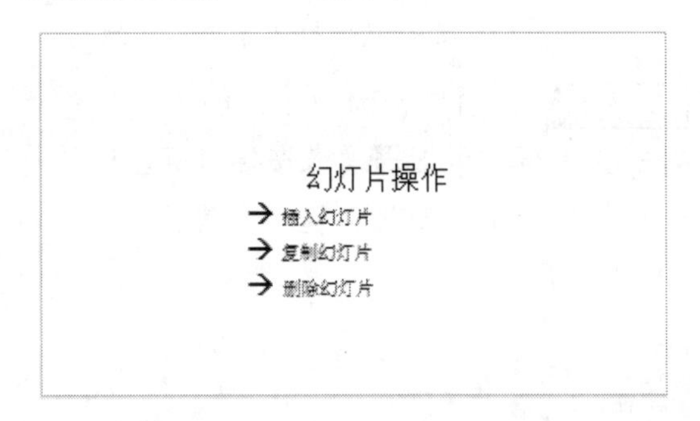

图 13-22 为其他行插入的符号

13.3 文字设置

输入文本后，可在【开始】选项卡【字体】选项组中设置文字的字体和颜色等。

13.3.1 字体设置

当在幻灯片中输入文字后，有时系统默认的字体类型不能满足需要，这时用户可以通过设置幻灯片中文字的字体来满足需要。字体设置的具体操作步骤如下。

步骤 1 选中文本，单击【开始】选项卡下【字体】选项组右下角的小斜箭头，弹出【字体】对话框，如图 13-23 所示。

图 13-23　【字体】对话框

步骤 2 在【中文字体】下拉列表框中选择需要的字体类型，如选择【方正舒体】类型，然后单击【确定】按钮，应用后的字体效果如图 13-24 所示。

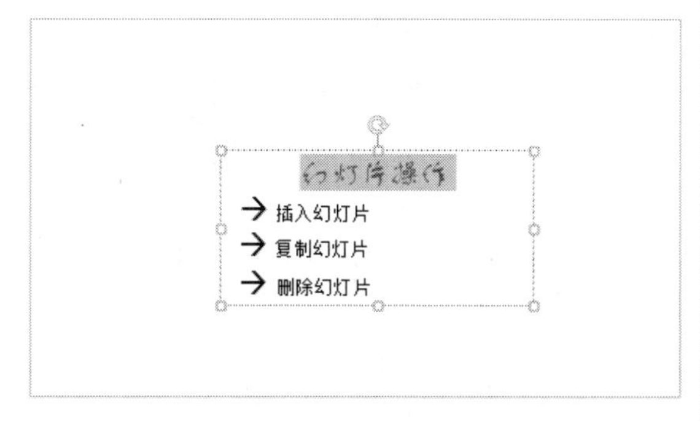

图 13-24　设置字体类型

步骤 3 如果需要改变文字的字体样式，同样可在【字体】对话框中进行设置。打开【字体】对话框，在【字体样式】下拉列表框中选择一种字体样式，然后单击【确定】按钮即可，如图 13-25 所示。

图 13-25　设置字体样式

步骤 4 调节【大小】文本框中的上三角/下三角按钮或者直接在文本框中输入字号的大小，然后单击【确定】按钮可设置字号的大小，如图 13-26 所示。

图 13-26　设置字号大小

13.3.2 颜色设置

PowerPoint 2013 中的字体默认为黑色，如果需要突出幻灯片中某一部分重要的内容，可以设置显眼的字体颜色来强调。设置字体颜色的具体操作步骤如下。

步骤 1 选中需要设置的字体，此时弹出【字体设置】工具栏，在该工具栏中单击【字体颜色】按钮，如图 13-27 所示。或单击【开始】选项卡【字体】选项组内的【字体颜色】按钮，如图 13-28 所示。

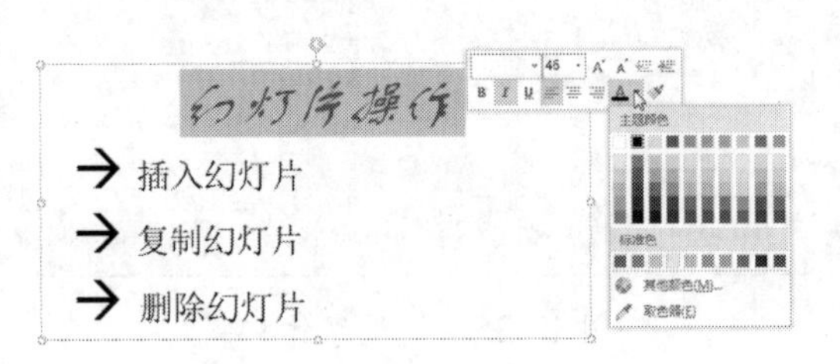

图 13-27 【字体设置】工具栏

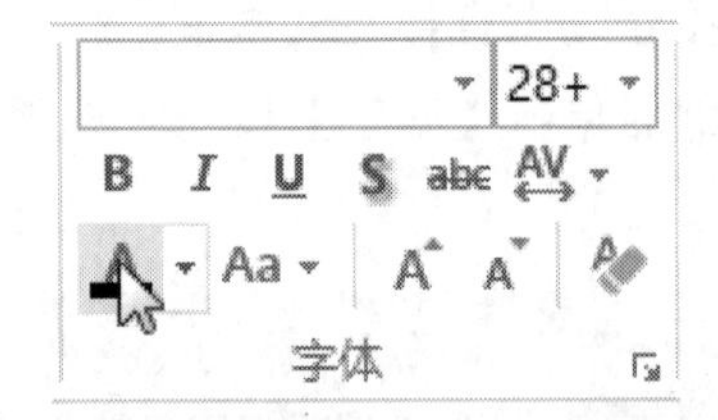

图 13-28 【字体】选项组

步骤 2 打开【字体颜色】下拉列表，在【主题颜色】和【标准色】设置区中选中一种颜色，如在【主题颜色】设置区中选中蓝色，如图 13-29 所示。

步骤 3 或者在【字体颜色】下拉列表中选择【其他颜色】选项，弹出【颜色】对话框，选择【标准】选项卡，选中其中一种颜色，然后单击【确定】按钮即可完成字体颜色的设置，如图 13-30 所示。

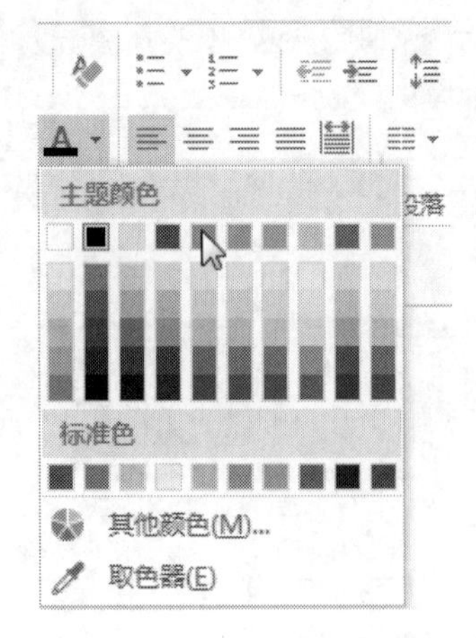

图 13-29 选择字体颜色

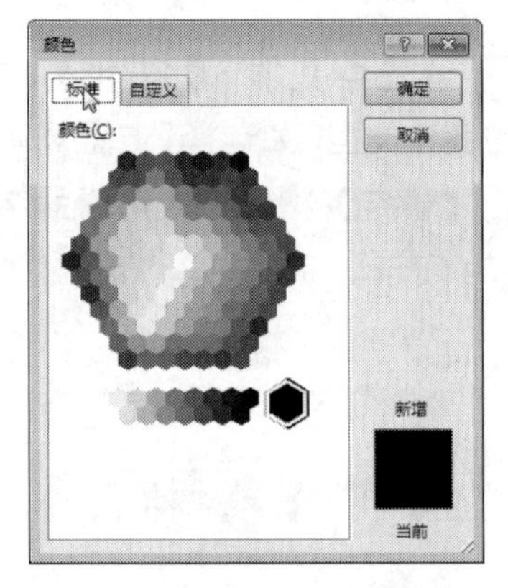

图 13-30 【颜色】对话框

13.4 段落设置

本节主要介绍段落格式的设置方法，包括对齐方式、缩进以及间距与行距等方面的设置。

13.4.1 对齐方式设置

对齐方式设置中包括 5 种设置方式：左对齐、居中对齐、右对齐、两端对齐、分散对齐。下面将分别予以介绍。

1. 左对齐

左对齐是指文本的左边缘与左页边距对齐，具体操作步骤如下。

步骤 1 选中幻灯片内的文本，单击【开始】选项卡下【段落】选项组中的【左对齐】按钮，如图 13-31 所示。

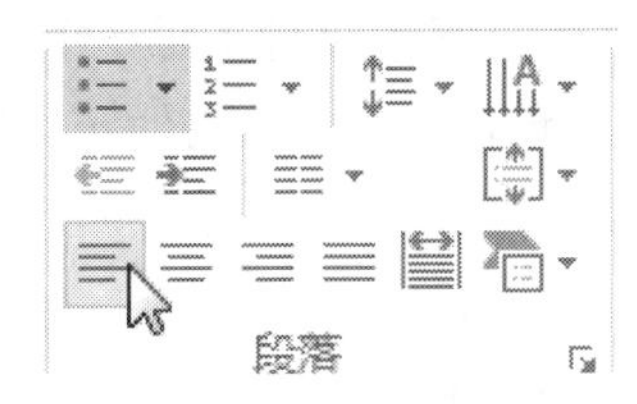

图 13-31　单击【左对齐】按钮

步骤 2 应用后的效果如图 13-32 所示。

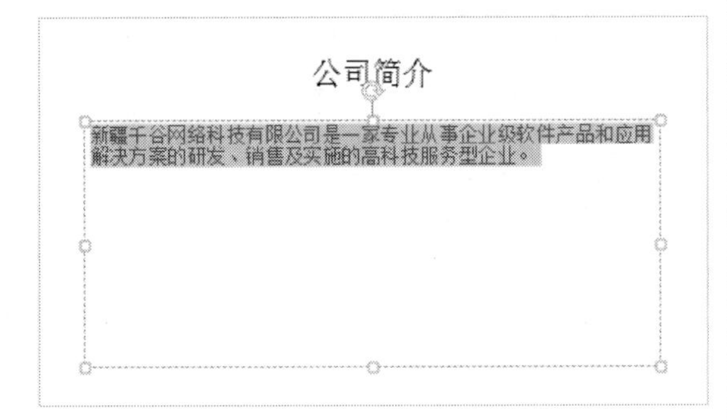

图 13-32　段落左对齐的效果

2. 居中对齐

居中对齐是指文本相对于页面以居中的方式排列，具体操作步骤如下。

步骤 1 选中幻灯片内的文本，单击【开始】选项卡下【段落】选项组中的【居中对齐】按钮，如图 13-33 所示。

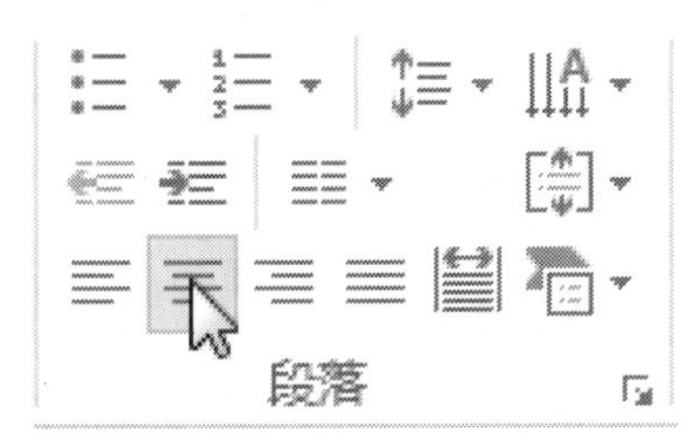

图 13-33　单击【居中对齐】按钮

步骤 2 应用后的效果如图 13-34 所示。

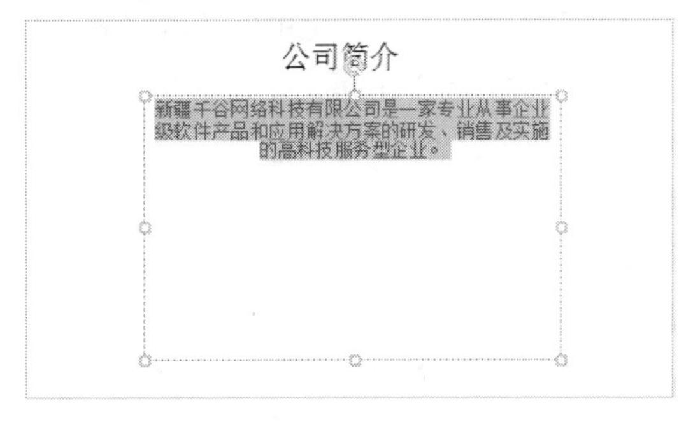

图 13-34　段落居中对齐的效果

3. 右对齐

右对齐指文本的右边缘与右页边距对齐，具体操作步骤如下。

步骤 1 选中幻灯片内的文本，单击【开始】选项卡下【段落】选项组中的【右对齐】按钮，如图 13-35 所示。

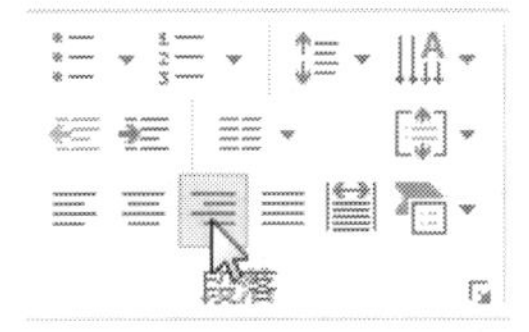

图 13-35　单击【右对齐】按钮

步骤 2 应用后的效果如图 13-36 所示。

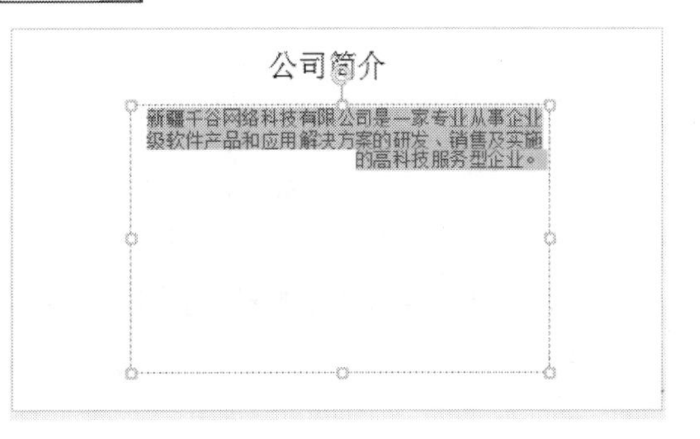

图 13-36　段落右对齐的效果

4. 两端对齐

两端对齐指设置文本两端，调整文字的水平间距，使其均匀地分布在左页边距和右页边距之间，具体操作步骤如下。

步骤 1 选中幻灯片内的文本，单击【开始】选项卡下【段落】选项组中的【两端对齐】按钮，如图 13-37 所示。

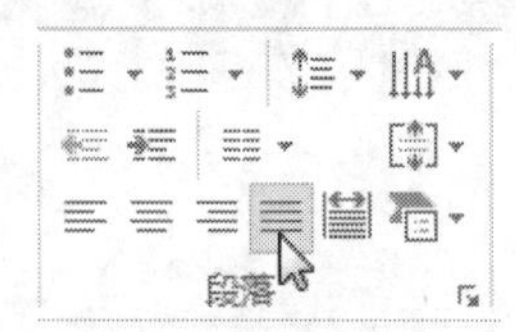

图 13-37 单击【两端对齐】按钮

步骤 2 应用后的效果如图 13-38 所示。

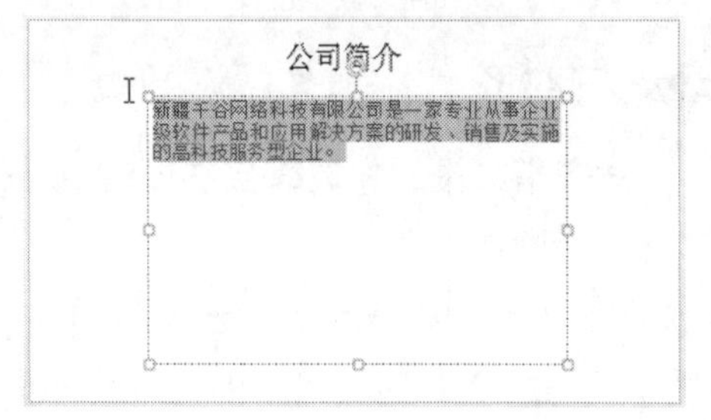

图 13-38 段落两端对齐的效果

5. 分散对齐

分散对齐是指文本左右两端的边缘分别与左页边距和右页边距对齐，具体操作步骤如下。

步骤 1 选中幻灯片内的文本，单击【开始】选项卡下【段落】选项组中的【分散对齐】按钮，如图 13-39 所示。

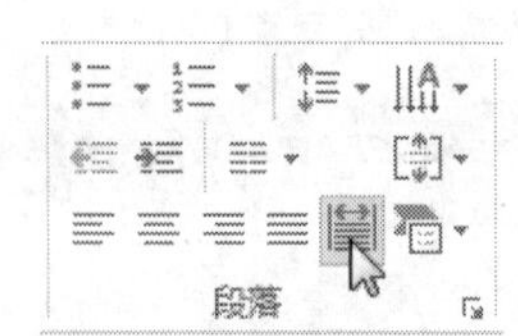

图 13-39 单击【分散对齐】按钮

步骤 2 应用后的效果如图 13-40 所示。

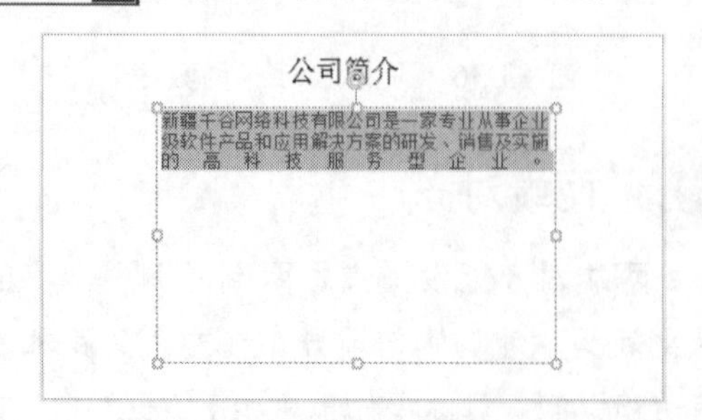

图 13-40 段落分散对齐的效果

13.4.2 缩进设置

段落缩进是指段落中的行相对于左边界和右边界的位置，它有两种方式：一种是首行缩进，另一种是悬挂缩进。

首行缩进

首行缩进是将段落中的第一行从左向右缩进一定的距离，首行外的其他行保持不变，具体操作步骤如下。

步骤 1 将光标定位于段落中，单击【开始】选项卡下【段落】右下角的小斜箭头，弹出【段落】对话框，在【缩进】设置区内的【特殊格式】下拉列表中选择【首行缩进】选项，在【度量值】文本框中输入“2 厘米”，如图 13-41 所示。

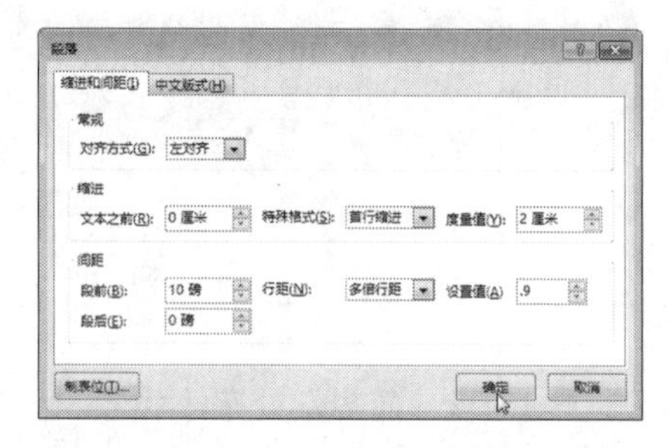

图 13-41 【段落】对话框

步骤 2 单击【确定】按钮，应用后的效果如图 13-42 所示。

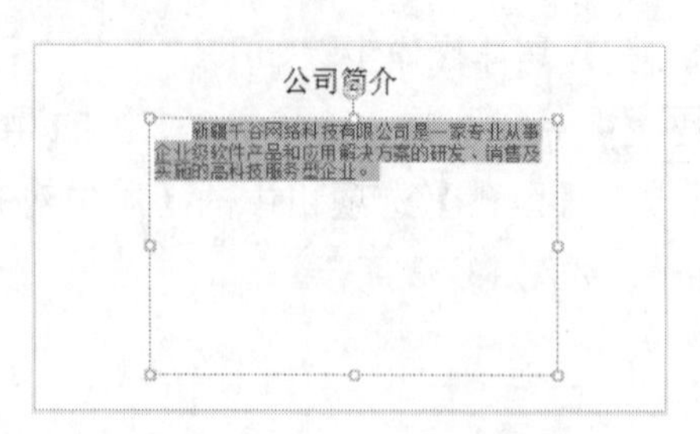

图 13-42 首行缩进的效果

悬挂缩进

悬挂缩进是指段落的首行文本不加改变，而首行以外的文本缩进一定的距离，具体操作步骤如下。

步骤 1 将光标定位于段落中，单击【开始】选项卡下【段落】右下角的小斜箭头，弹出【段落】对话框，在【缩进】设置区内的【特殊格式】下拉列表中选择【悬挂缩进】选项，在【文本之前】文本框内输入“2 厘米”，在【度量值】文本框内输入“2 厘米”，如图 13-43 所示。

步骤 2 单击【确定】按钮，悬挂缩进方式应用到选中的段落中，效果如图 13-44 所示。

图 13-43　输入悬挂缩进值

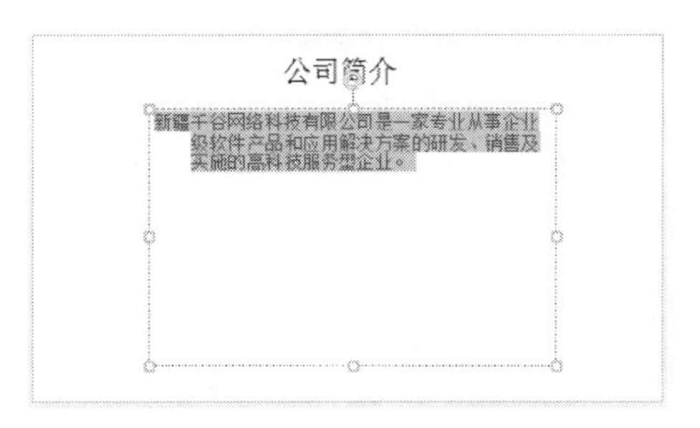

图 13-44　悬挂缩进的效果

13.4.3 间距与行距设置

段落行距包括段前距、段后距和行距。段前距和段后距是指当前段与上一段或下一段之间的距离。行距是指段内各行的距离。设置间距和行距的具体操作步骤如下。

步骤 1 单击【开始】选项卡【段落】右下角的小斜箭头，弹出【段落】对话框，在【间距】设置区内的【段前】文本框和【段后】文本框中均输入“10 磅”，在【行距】下拉列表中选择【1.5 倍行距】选项，如图 13-45 所示。

步骤 2 单击【确定】按钮，完成段落的间距和行距设置，效果如图 13-46 所示。

图 13-45　设置段落间距

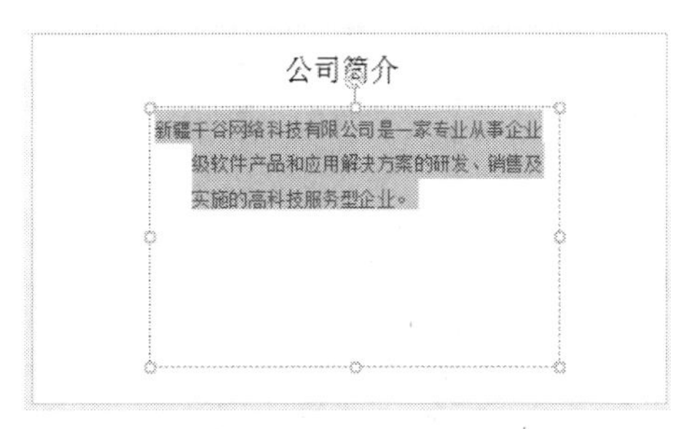

图 13-46　段落显示的效果

13.5 添加项目符号和编号

在 PowerPoint 2013 演示文稿中，使用项目符号或编号可以演示大量文本或顺序的流程。本节主要介绍为文本添加项目符号或编号、更改项目符号或编号的外形，以及调整缩进量等方法。

13.5.1 添加项目符号或编号

为幻灯片中的文本添加项目符号和编号可以使文本有条理，具体操作步骤如下。

步骤 1 在幻灯片上需要添加项目符号或编号的文本占位符或表中选中文本，如图 13-47 所示。

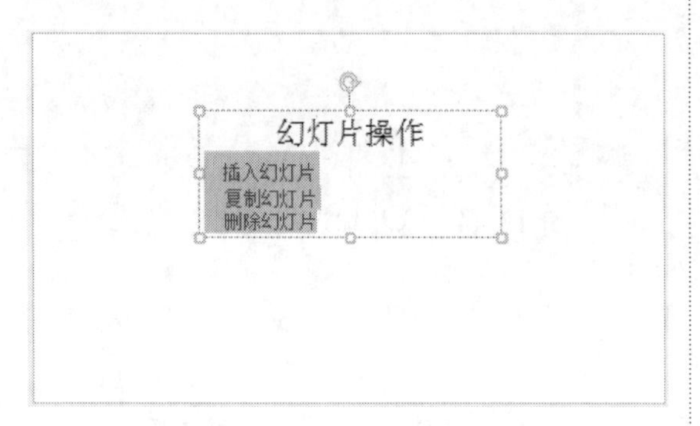

图 13-47 选中段落

步骤 2 单击【开始】选项卡下【段落】选项组中的【项目符号】按钮，在打开的下拉列表中选择一种项目符号样式，如图 13-48 所示。

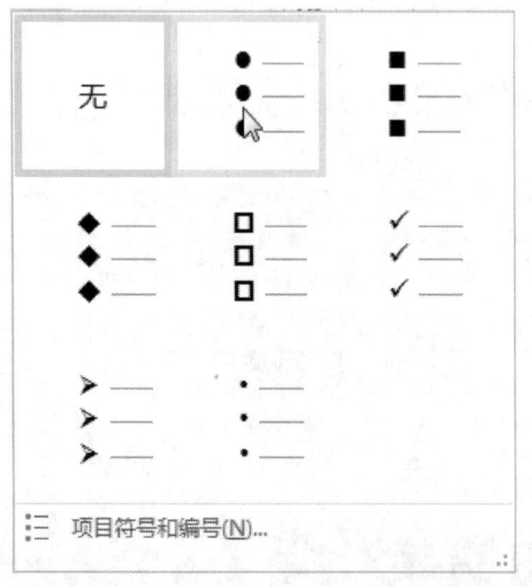

图 13-48 选择项目符号样式

步骤 3 应用后的效果如图 13-49 所示。

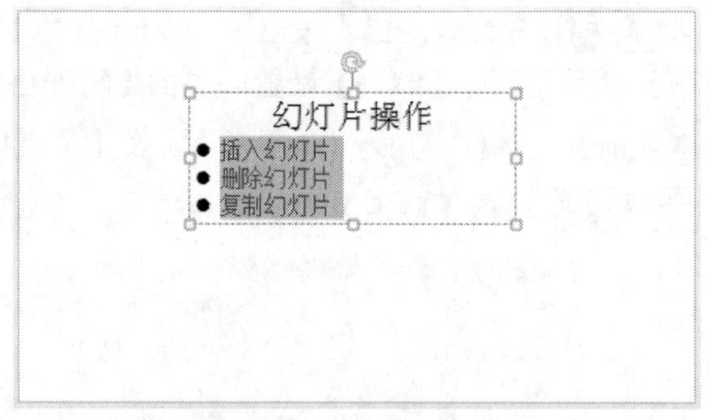

图 13-49 添加项目符号后的效果

步骤 4 单击【开始】选项卡下【段落】选项组中的【编号】按钮，在打开的下拉列表中选择一种编号样式，如图 13-50 所示。

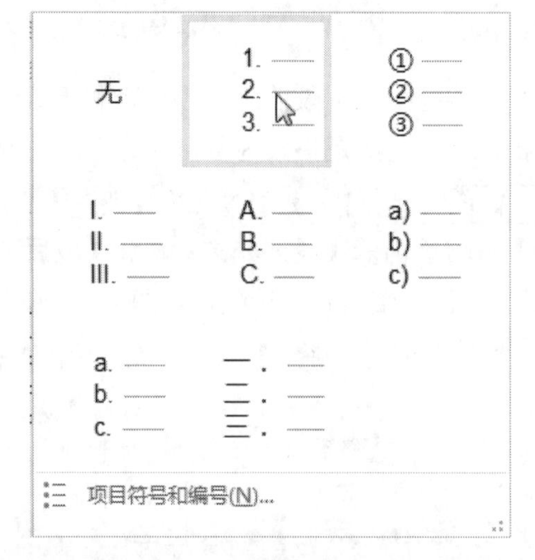

图 13-50 选择段落编号样式

步骤 5 选择后将应用到文本中，显示效果如图 13-51 所示。

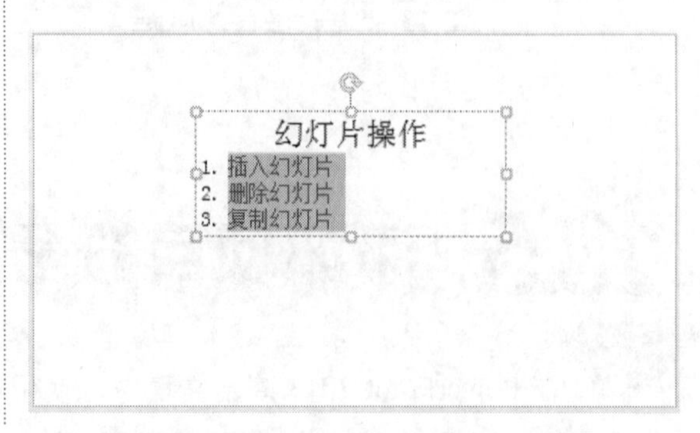

图 13-51 添加段落编号后的效果

13.5.2 调整缩进量

调整缩进量包括调整项目符号列表或编号列表中的缩进量、更改缩进或文本与项目符号或编号之间的间距，具体操作步骤如下。

步骤 1 选择【视图】选项卡，然后选中【显示】选项组中的【标尺】复选框，使演示文稿中的标尺显示出来，如图 13-52 所示。

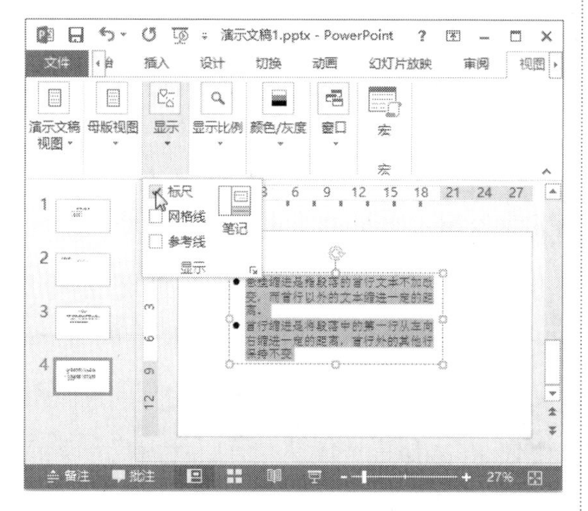

图 13-52　选中【标尺】复选框

步骤 2 选中要更改的项目符号或编号的文本，标尺中显示出首行缩进标记和左缩进标记，如图 13-53 所示。

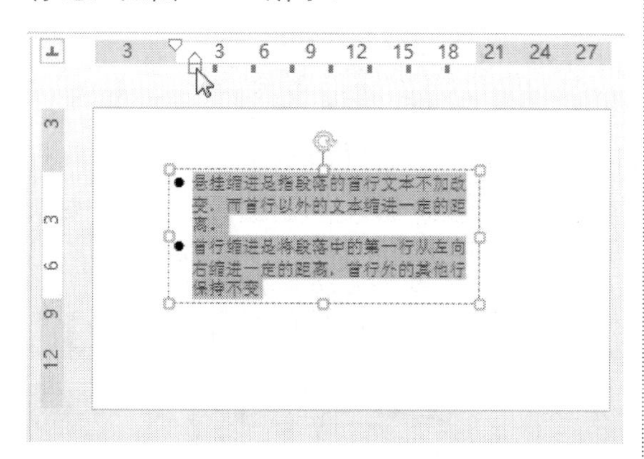

图 13-53　选中标尺标记

步骤 3 首行缩进标记用于显示项目符号或编号的缩进位置，单击拖动首行缩进标记来更改项目符号或编号的位置，如图 13-54 所示。

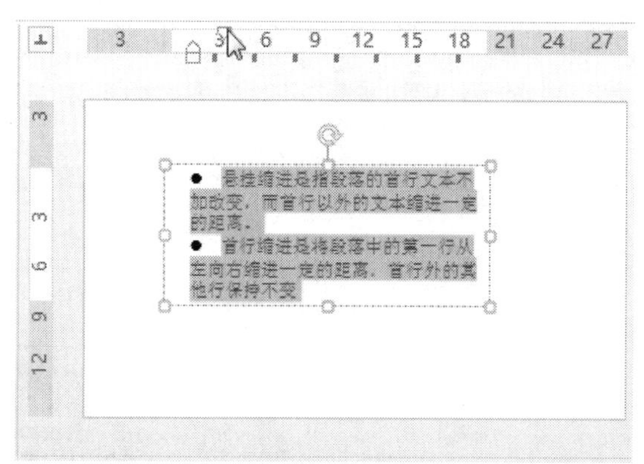

图 13-54　更改项目符号的位置

步骤 4 左缩进标记用于显示列表中文本的缩进位置，单击拖动左缩进标记，即可更改文本的位置，如图 13-55 所示。

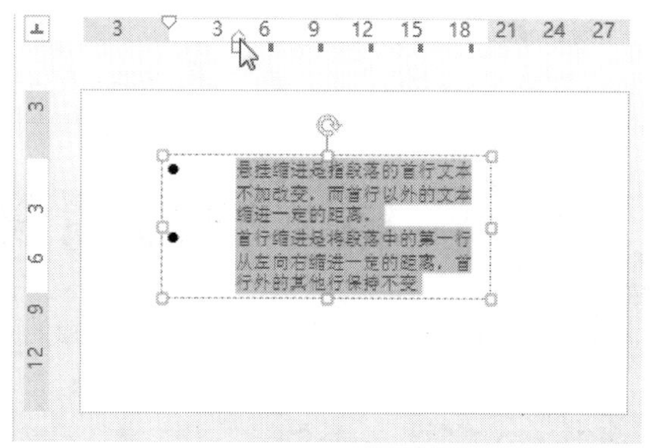

图 13-55　更改文本的位置

步骤 5 单击拖动左缩进标记底部的矩形部分，可同时移动缩进并使项目符号或编号与左文本缩进之间的关系保持不变，如图 13-56 所示。

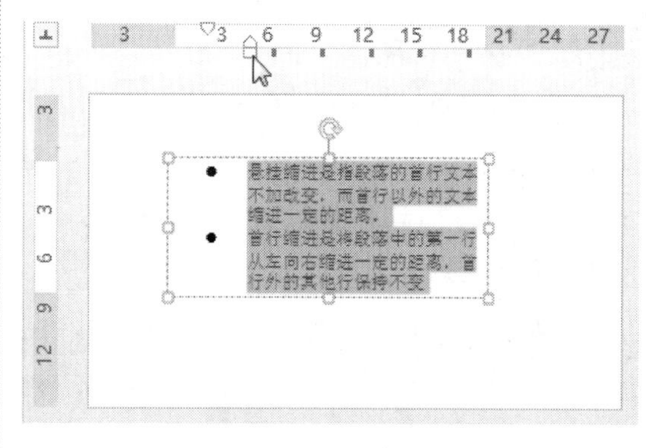

图 13-56　同时移动

步骤 6 将光标放置在要缩进的行的开头，单击【开始】选项卡下【段落】选项组中的【提高列表级别】按钮，可以在列表中创建缩进列表，如图 13-57 所示。

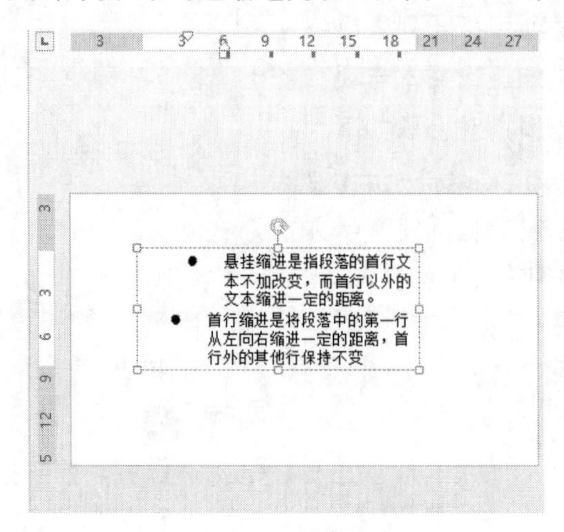

图 13-57　创建缩进列表

13.6 插入并编辑表格

为了更形象地在演示文稿中展示相关的数据信息，可在其中插入表格并添加文字内容。

13.6.1 插入表格

在 PowerPoint 2013 中插入表格有 3 种方式：第 1 种是直接插入表格并自定义行数和列数；第 2 种是绘制表格；第 3 种是插入 Excel 电子表格。

 插入表格

插入表格具体操作步骤如下。

步骤 1 单击【插入】选项卡下【表格】选项组中的【表格】按钮，打开【表格】下拉列表，选择【插入表格】选项，如图 13-58 所示。

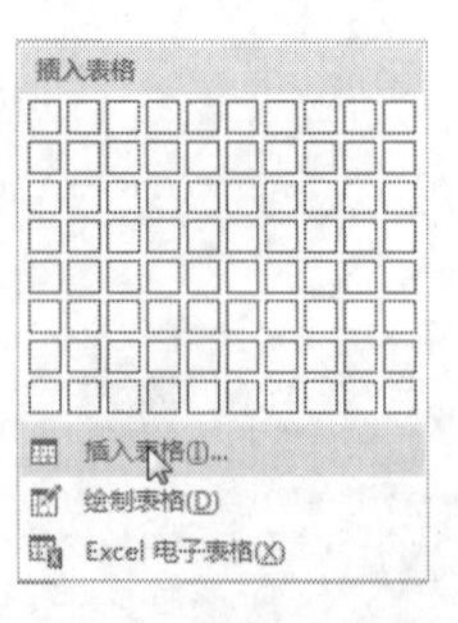

图 13-58　选择【插入表格】选项

步骤 2 在弹出的【插入表格】对话框中输入表格的行数和列数，如 5 行 5 列，如图 13-59 所示。

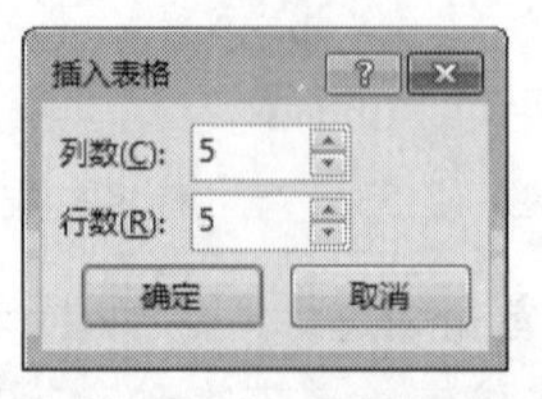

图 13-59　【插入表格】对话框

步骤 3 单击【确定】按钮，即可在选定幻灯片内生成 5 行 5 列的表格，如图 13-60 所示。

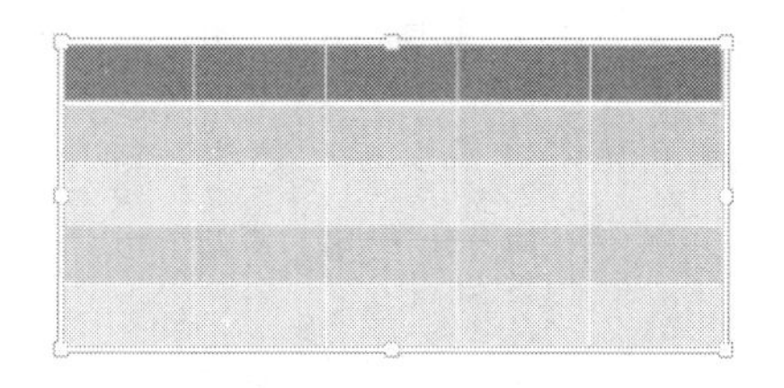

图 13-60　插入的表格

2. 绘制表格

绘制表格包括绘制表格线和对角线等，根据需要绘制出相关的行数和列数即可，具体操作步骤如下。

步骤 1 单击【插入】选项卡下【表格】选项组中的【表格】按钮，打开【表格】下拉列表，选择【绘制表格】选项，如图 13-61 所示。

图 13-61　选择【绘制表格】选项

步骤 2 此时在选中的幻灯片中出现绘制表格的笔，如图 13-62 所示。

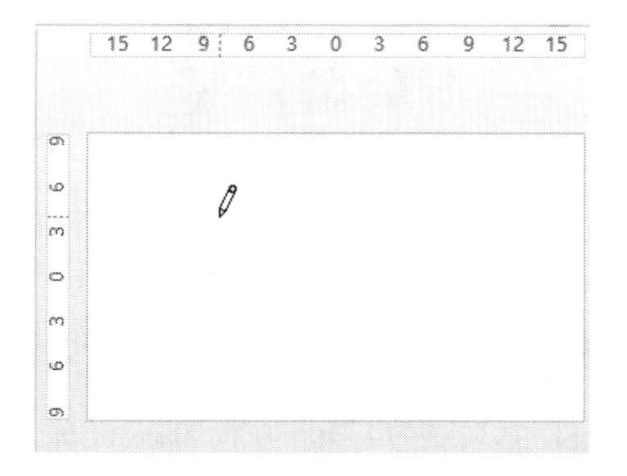

图 13-62　绘制表格的笔

步骤 3 根据需要绘制出表格的边框，如图 13-63 所示。

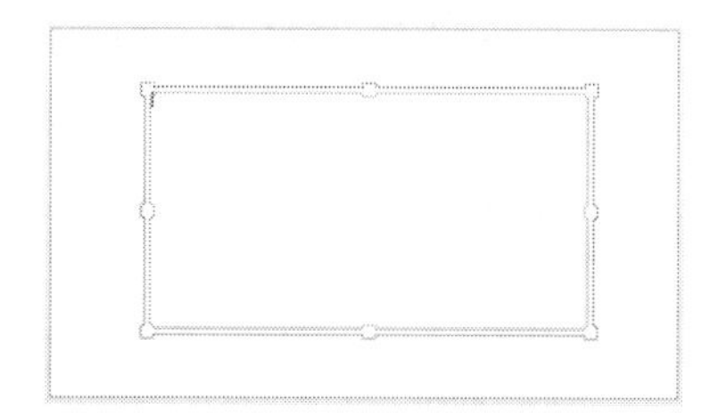

图 13-63　绘制表格的边框

步骤 4 单击【表格工具 - 设计】选项卡【绘图边框】选项组内的【绘制表格】按钮，在表格内绘制相应的行数和列数，如绘制 5 行 5 列，如图 13-64 所示。

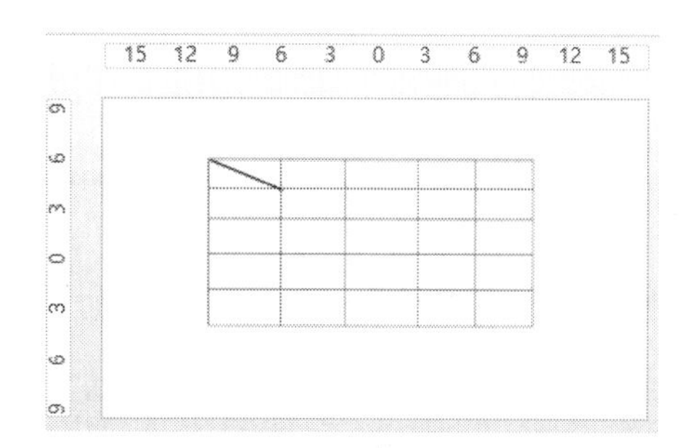

图 13-64　绘制表格中的行与列

3. 插入 Excel 电子表格

插入 Excel 电子表格具体操作步骤如下。

步骤 1 单击【插入】选项卡下【表格】选项组中的【表格】按钮，打开【表格】下拉列表，选择【Excel 电子表格】选项，如图 13-65 所示。

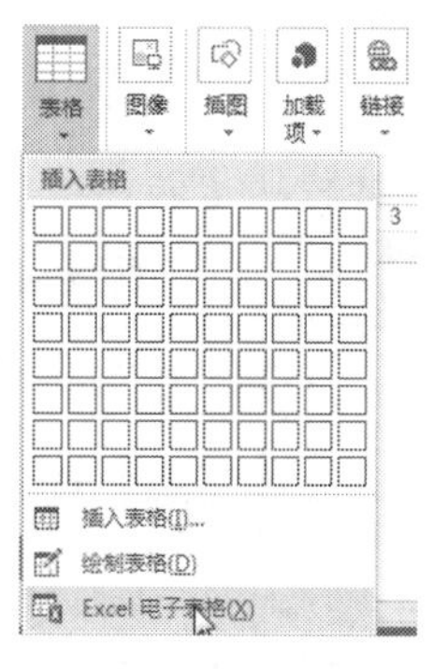

图 13-65　选择【Excel 电子表格】选项

步骤 2 此时在选中的幻灯片中自动出现一个 Excel 电子表格，选择该电子表格的右下角边框并拖动鼠标指针来改变大小，如图 13-66 所示。

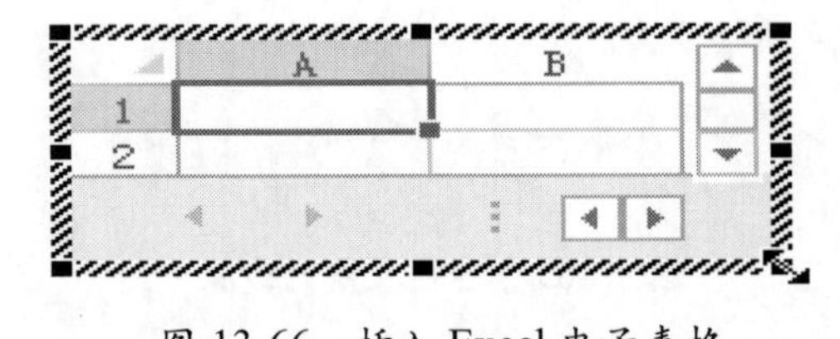

图 13-66　插入 Excel 电子表格

步骤 3 调整大小后的 Excel 电子表格如图 13-67 所示。

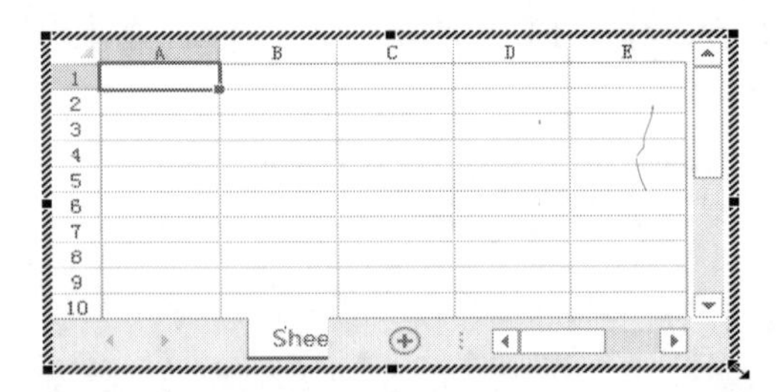

图 13-67　改变表格的大小

13.6.2 编辑表格

插入后的表格的编辑，主要有以下两种方式：一种是对表格的主题样式、底纹、边框、效果进行设置；一种是对输入的文本艺术字样式进行设置。

 表格样式的设置

表格样式的设置具体操作步骤如下。

步骤 1 插入表格后，单击【表格工具 - 设计】选项卡，然后从【表格样式】选项组中选择一种主题样式应用到表格中，如图 13-68 所示。

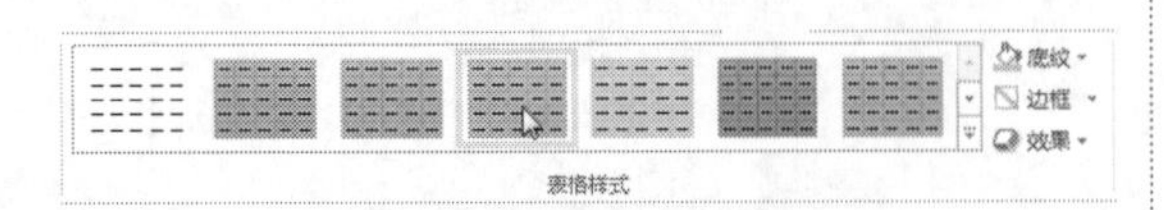

图 13-68　应用表格样式

步骤 2 单击【表格样式】选项组内的【底纹】按钮，打开其下拉列表，除了在【主题颜色】设置区中选择颜色设置外，还有【渐变】、【纹理】等效果设置，如图 13-69 所示。

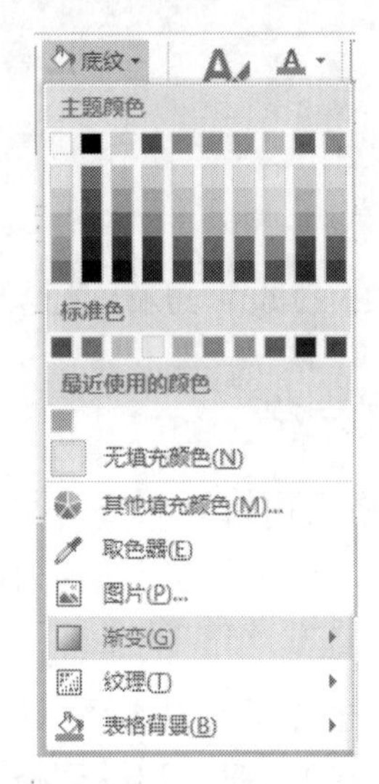

图 13-69　底纹设置

步骤 3 【渐变】选项中主要有 3 种设置方式，包括无渐变、浅色变体和深色变体，在这 3 种方式里可根据需要选择渐变效果，如图 13-70 所示。

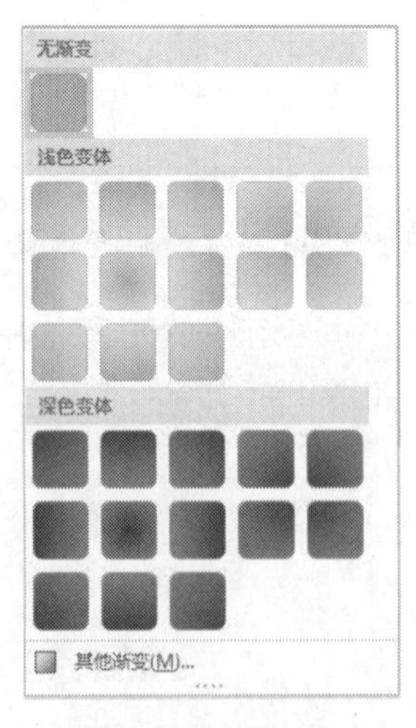

图 13-70　渐变效果

步骤 4 选择【纹理】选项，弹出【纹理】选项图，在该选项图中可选择一种纹理图进行应用，如图 13-71 所示。

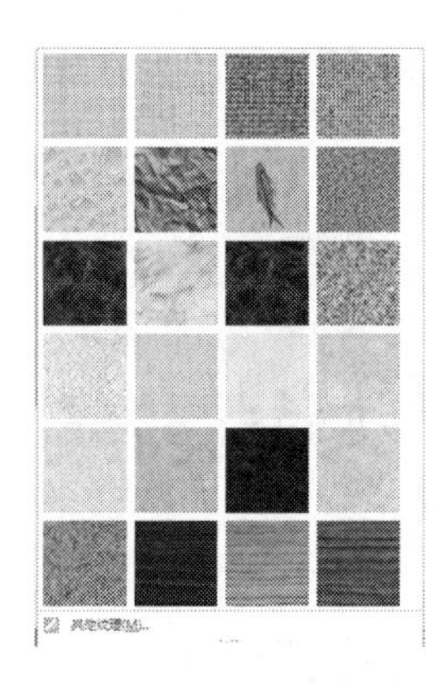

图 13-71 纹理填充效果

步骤 5 单击【表格样式】选项组内的【边框】按钮，打开其下拉列表，从列表中选择一种边框方式进行应用，如图 13-72 所示。

图 13-72 【边框】下拉列表

步骤 6 单击【表格样式】选项组内的【效果】按钮，在打开的下拉列表中包括单元格凹凸效果、阴影以及映像 3 种效果方式，如图 13-73 所示。

图 13-73 【效果】下拉列表

步骤 7 选择【单元格凹凸效果】选项，从弹出的效果组中选择一种，如图 13-74 所示。

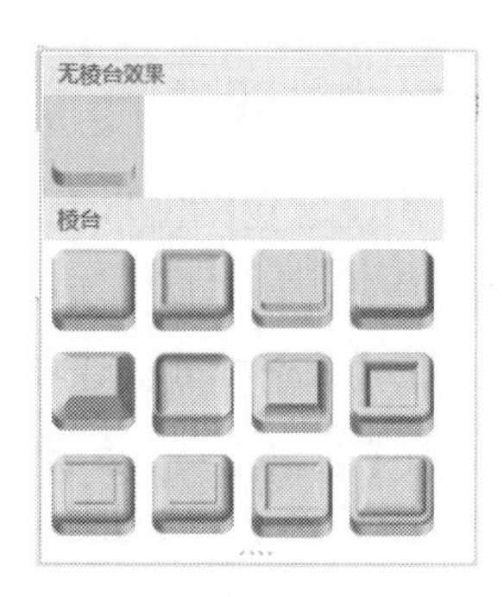

图 13-74 单元格凹凸效果

步骤 8 选择【阴影】选项，从弹出的效果组中选择一种，如图 13-75 所示。

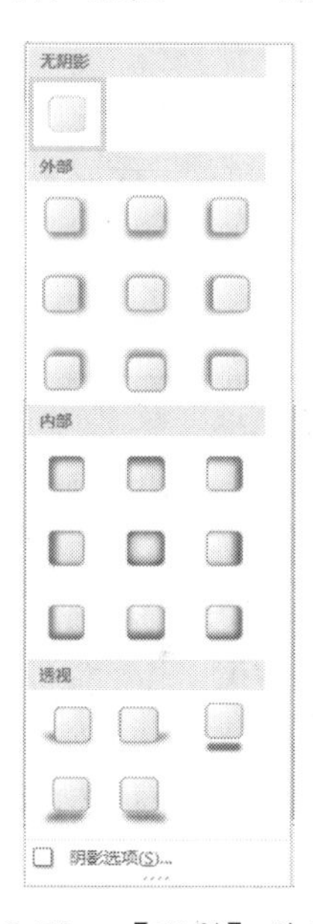

图 13-75 【阴影】效果组

步骤 9 选择【映像】选项，效果组中包括无映像、映像变体等方式，选择其中一种效果进行应用，如图 13-76 所示。

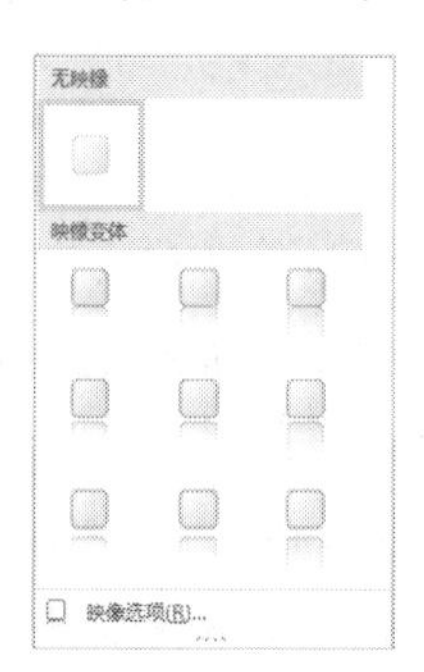

图 13-76 【映像】效果组

2. 输入文本的设置

输入文本的设置包括文本轮廓、文本填充和文字效果设置，具体操作步骤如下。

方法 1：在【快速样式】选项中设置。

步骤 1 单击【表格工具 - 设计】选项卡下【艺术字样式】选项组中的【快速样式】按钮，如图 13-77 所示。

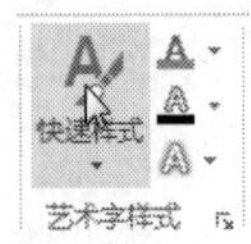

图 13-77　单击【快速样式】按钮

步骤 2 打开【快速样式】下拉列表，在其中选择一种需要应用的艺术字类型，如图 13-78 所示。

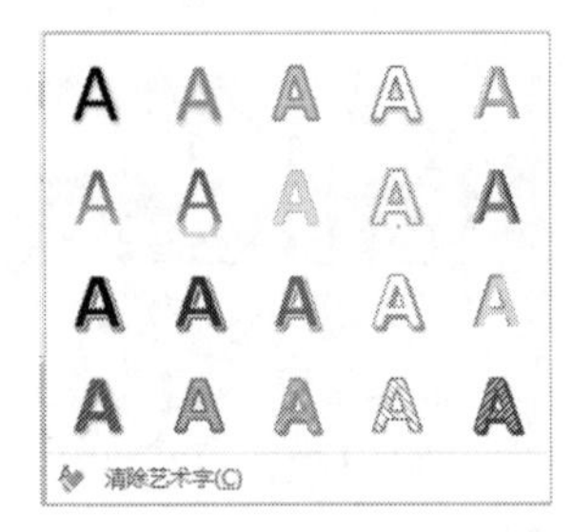

图 13-78　【快速样式】下拉列表

方法 2：在【文本填充】、【文本轮廓】和【文体效果】选项中分别进行设置。

步骤 1 单击【表格工具 - 设计】选项卡下【艺术字样式】选项组中的【文本填充】按钮，从下拉列表中选择一种颜色应用到文本中，如图 13-79 所示。

步骤 2 单击【表格工具 - 设计】选项卡下【艺术字样式】选项组中的【文本轮廓】按钮，从下拉列表中选择宽度和线条来定义文本轮廓，如图 13-80 所示。

步骤 3 选中表格中的文字，单击【表格工具 - 设计】选项卡下【艺术字样式】选项组中的【字体效果】按钮，弹出效果选项，如图 13-81 所示。

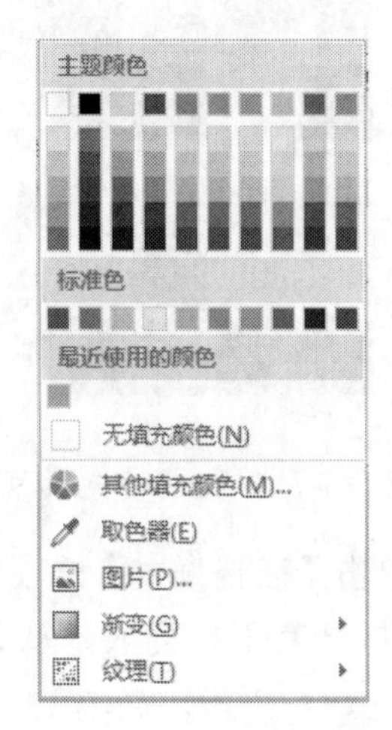

图 13-79　文本填充效果

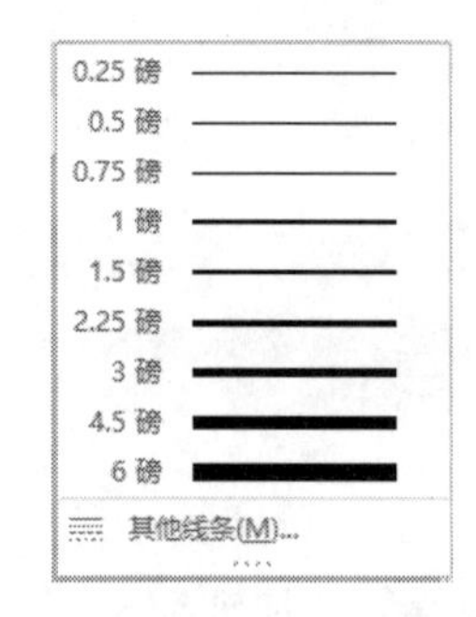

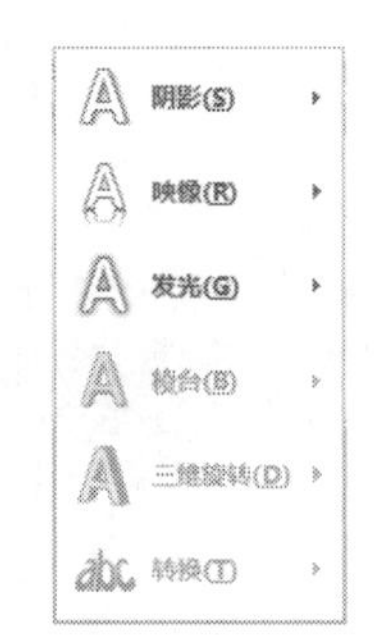

图 13-80　文本轮廓效果　图 13-81　字体效果

步骤 4 根据需要可在【阴影】、【映像】和【发光】3 种选项中选择合适的文字效果类型，如选择【发光】选项，从弹出的选项组中选择【发光变体】设置区内的一种效果类型，如图 13-82 所示。

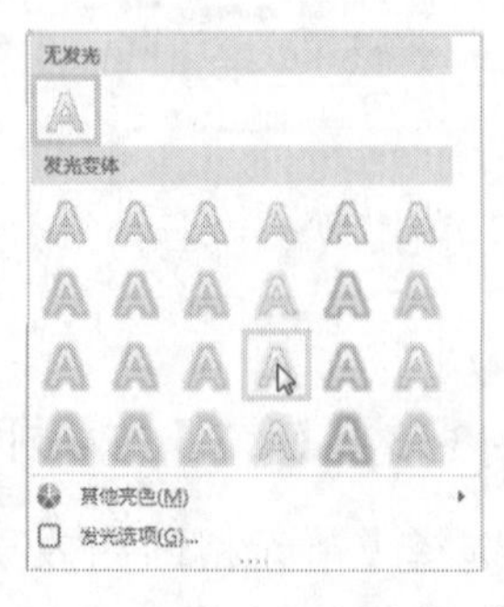

图 13-82　发光效果

步骤 5 应用后的效果如图 13-83 所示。

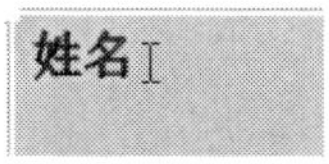

姓名

图 13-83　最终显示效果

13.7 插入并编辑常用图表

形象直观的图表与文字数据更容易让人理解，插入幻灯片的图表可以使文稿的演示效果更加清晰明了。在 PowerPoint 2013 中插入的图表有各种类型，包括柱形图、折线图、饼图、条形图等。

13.7.1 插入并编辑柱形图

当需要显示一段时间内数据的变化或者各数据之间的比较关系时，可用柱形图表示。插入并编辑柱形图的具体操作步骤如下。

步骤 1 打开 PowerPoint 2013，新建一张幻灯片。单击该幻灯片，从弹出的菜单选项中选择【版式】选项，选择【标题和内容】版式，然后在【幻灯片】窗口中单击【插入图表】按钮，如图 13-84 所示。

图 13-84　单击【插入图表】按钮

步骤 2 在弹出的【插入图表】对话框中选择【柱形图】选项，然后单击【确定】按钮，如图 13-85 所示。

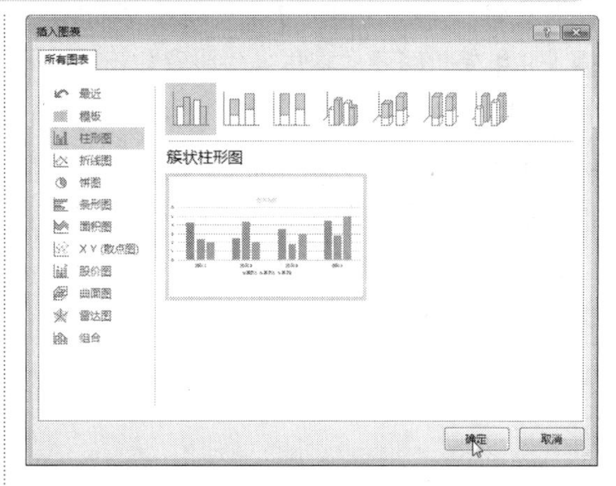

图 13-85　【插入图表】对话框

步骤 3 在幻灯片中自动出现 Excel 2013 工作界面，在单元格内分别输入信息，如图 13-86 所示。

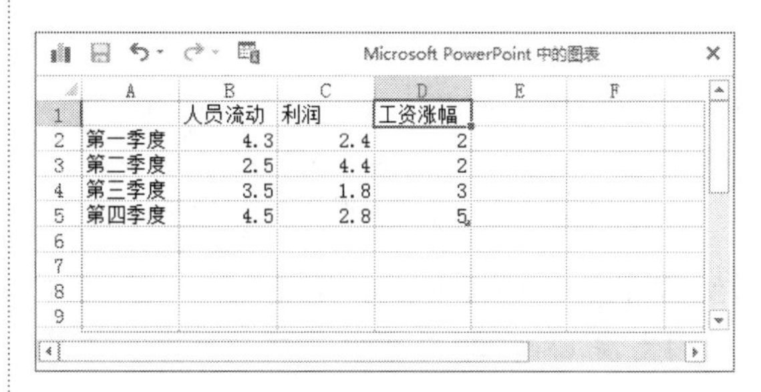

	A	B	C	D	E	F
1		人员流动	利润	工资涨幅		
2	第一季度	4.3	2.4	2		
3	第二季度	2.5	4.4	2		
4	第三季度	3.5	1.8	3		
5	第四季度	4.5	2.8	5		
6						
7						
8						
9						

图 13-86　Excel 2013 工作界面

步骤 4 输入完毕后关闭 Excel 表格即可，在【图表标题】文本框内输入标题名称，如“公司三大模块在四个季度的差异”，最终效果如图 13-87 所示。

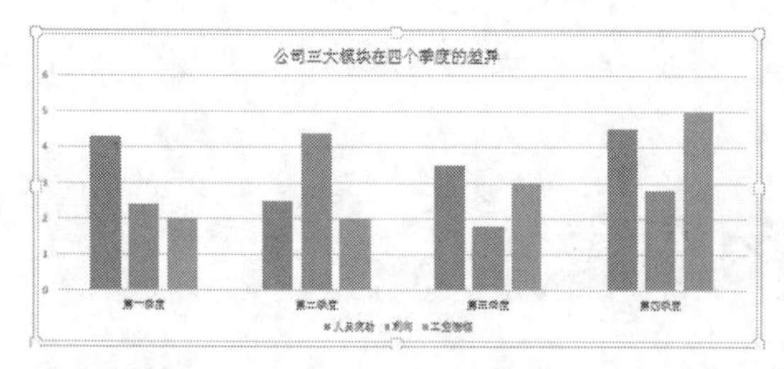

图 13-87 插入柱形图

13.7.2 插入并编辑折线图

为了更好地反映同一事物在不同时段的发展变化，可以选用折线图的方法来表示。插入并编辑折线图的具体操作步骤如下。

步骤 1 新建一张幻灯片，设置幻灯片版式为【标题和内容】版式，在该幻灯片中单击【插入图表】按钮，弹出【插入图表】对话框，选择【折线图】区域内的【带数据标记的折线图】选项，如图 13-88 所示。

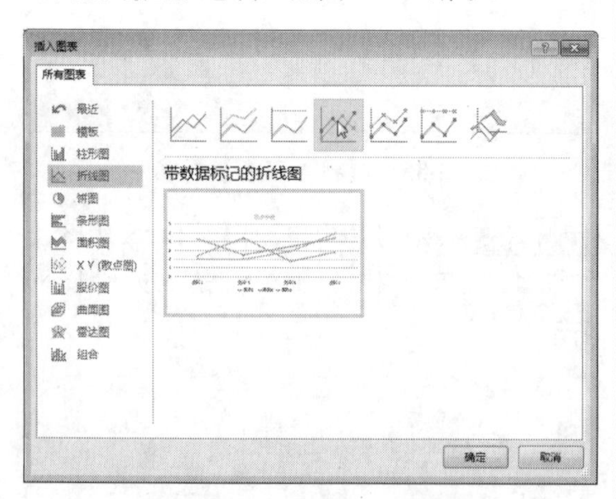

图 13-88 【插入图表】对话框

步骤 2 单击【确定】按钮后，幻灯片中自动出现 Excel 2013 工作界面，在单元格内分别输入对应的数据，如图 13-89 所示。

Microsoft PowerPoint 中的...

	A	B	C	D	E
1		软件销售量	图书销售量	光盘销售量	
2	第一季度	2300	2800	2650	
3	第二季度	3400	2500	1300	
4	第三季度	2400	1700	1900	
5	第四季度	4100	3600	2000	

图 13-89 Excel 2013 工作界面

步骤 3 输入完毕后关闭 Excel 表格即可，在【图表标题】文本框内输入标题名称，如“某网络公司去年 3 大产品各季度销量变化幅度”，最终效果如图 13-90 所示。

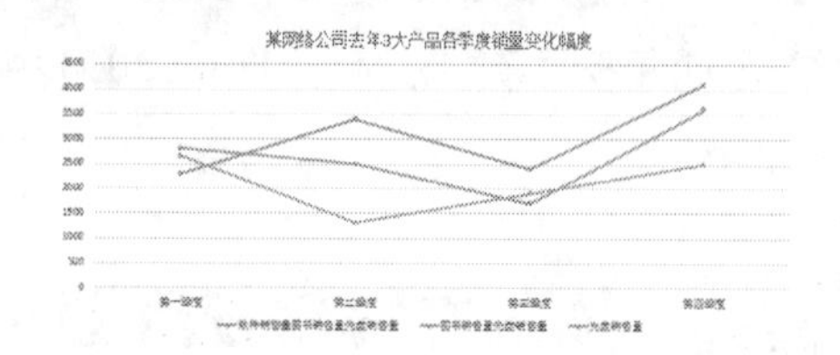

图 13-90 插入折线图

13.7.3 插入并编辑饼图

当需要用来表示几个事物所占百分比，明确看到各个部分所占份额时，可以采用饼图的方法来表示。插入并编辑饼图的具体操作步骤如下。

步骤 1 单击【插入】选项卡下【插图】选项组中的【图表】按钮，弹出【插入图表】对话框，选择【饼图】区域内的【三维饼图】选项，如图 13-91 所示。

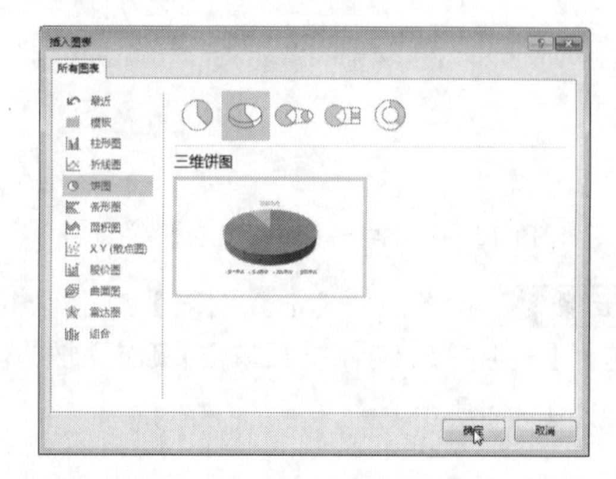

图 13-91 【插入图表】对话框

步骤 2 单击【确定】按钮，此时幻灯片内会自动出现 Excel 2013 工作界面，在单元格内分别输入对应的数据，如图 13-92 所示。

	A	B	C	D
1		各专业所占总人数的比例		
2	经管	21		
3	计科	32		
4	国商	17		
5	土建	30		
6				
7				

图 13-92 Excel 2013 工作界面

步骤 3 输入完毕后关闭 Excel 表格即可，此时在选定的幻灯片内插入一个三维饼图，最终效果如图 13-93 所示。

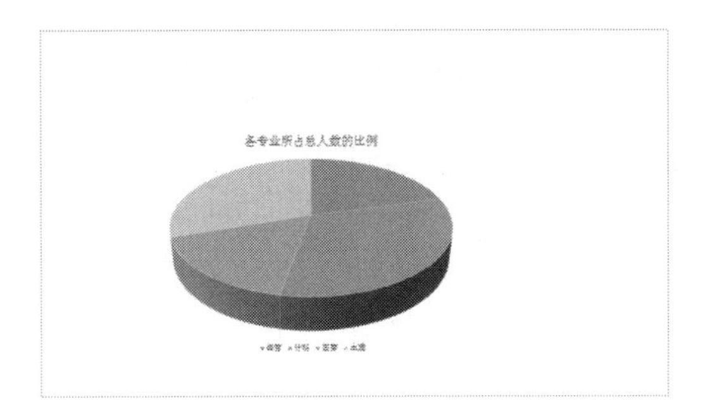

图 13-93 插入饼图

13.7.4 插入并编辑条形图

用一个单位长度（如 1 厘米）表示一定的数量，根据数量的多少，画成长短相应成比例的直条，并按一定的顺序排列起来，这样的统计图称为条形统计图。条形图可以清晰地表明各种数据的多少，易于比较数据间的差别。插入并编辑条形图的具体操作步骤如下。

步骤 1 单击【插入】选项卡下【插图】选项组中的【图表】按钮，弹出【插入图表】对话框，选择【条形图】区域内的【簇状条形图】选项，如图 13-94 所示。

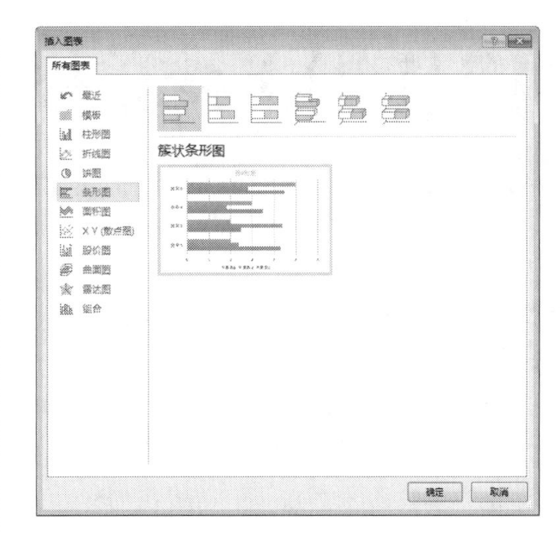

图 13-94 【插入图表】对话框

步骤 2 单击【确定】按钮，在幻灯片中自动出现 Excel 2013 工作界面，在单元格内分别输入对应的数据，如图 13-95 所示。

	A	B	C	D
1		冰箱	洗衣机	彩电
2	2010	300	450	500
3	2011	650	500	400
4	2012	750	1000	450
5	2013	1500	1800	650

图 13-95 Excel 2013 工作界面

步骤 3 输入完毕后关闭 Excel 表格即可，此时在选定的幻灯片内插入一个条形图，在【图表标题】文本框内输入标题名称，如“某家电公司过去四年内三大产品的销售量情况”，效果如图 13-96 所示。

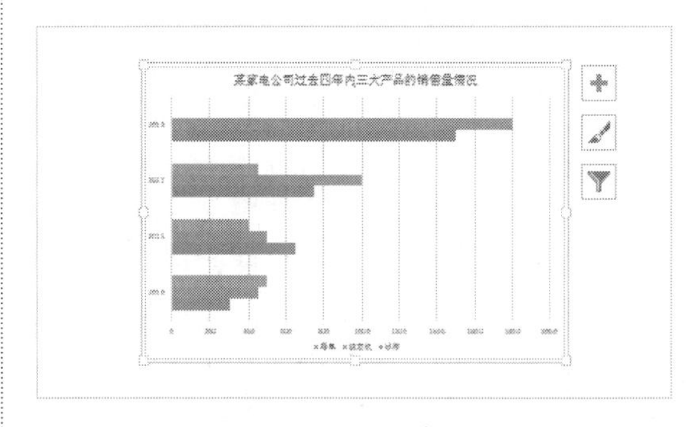

图 13-96 插入条形图

13.8 插入并设置SmartArt图形

SmartArt 图形是信息与观点的视觉表示形式，通过从多种不同布局中创建的 SmartArt 图形，可以快速、轻松和有效地传达信息。

13.8.1 创建组织结构图

组织结构图是以图形方式表示组织结构的管理结构，如某个公司内的一个管理部门与子部门的结构。在 PowerPoint 2013 中，通过使用 SmartArt 图形，可以创建组织结构图，具体操作步骤如下。

步骤 1 打开 PowerPoint 2013，新建一张幻灯片，将版式设置为【标题和内容】版式，然后在幻灯片中单击【插入 SmartArt 图形】按钮，如图 13-97 所示。

图 13-97 单击【插入 SmartArt 图形】按钮

步骤 2 弹出【选择 SmartArt 图形】对话框，选择【层次结构】区域内的【组织结构图】选项，然后单击【确定】按钮即可在幻灯片中创建组织结构图，如图 13-98 所示。

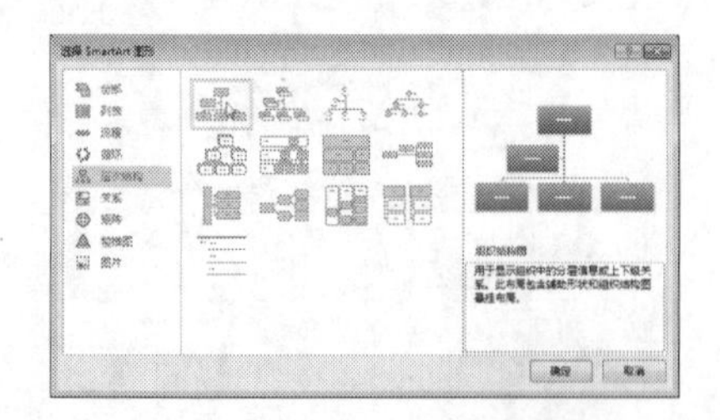

图 13-98 【选择 SmartArt 图形】对话框

步骤 3 同时弹出【在此处键入文字】窗格，如图 13-99 所示。

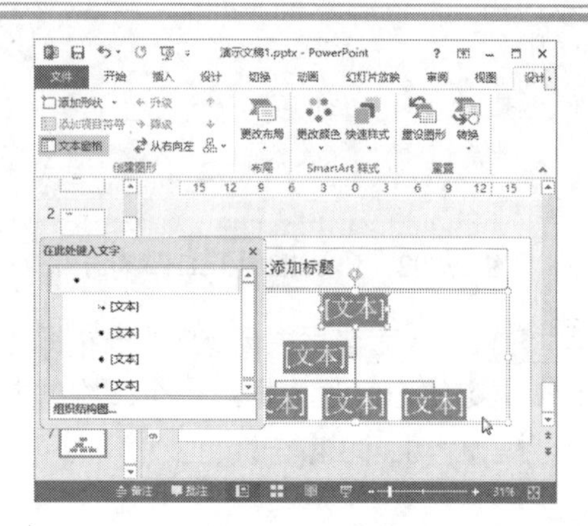

图 13-99 【在此处键入文字】窗格

步骤 4 在出现的【在此处键入文字】窗格中单击“文本”来输入文本内容，如图 13-100 所示。

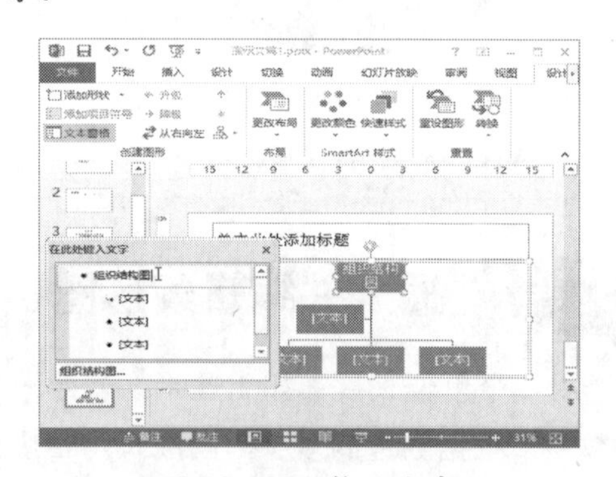

图 13-100 输入文字

步骤 5 或者在幻灯片中的组织结构图内的文本框内单击，直接输入文本内容，如图 13-101 所示。

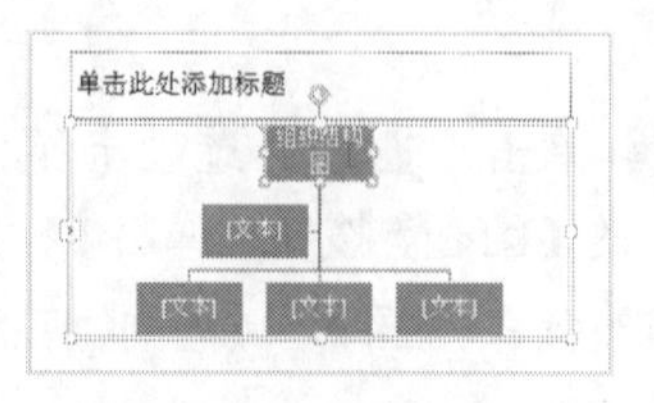

图 13-101 输入文字

13.8.2 添加与删除形状

在幻灯片内创建完 SmartArt 图形后，可以在现有的图形中添加或删除图形，具体操作步骤如下。

步骤 1　单击幻灯片中创建好的 SmartArt 图形，并单击距离添加新形状位置最近的现有形状，如图 13-102 所示。

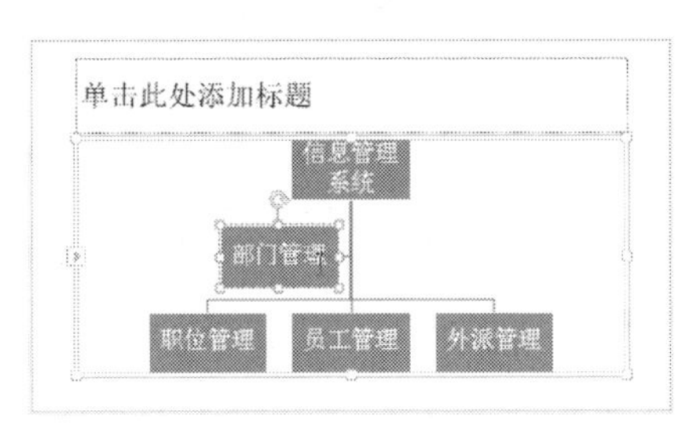

图 13-102　选择图形

步骤 2　单击【SmartArt 工具 - 设计】选项卡下【创建图形】选项组中的【添加形状】按钮，然后打开其下拉列表，选择【在后面添加形状】选项，如图 13-103 所示，即可在所选形状的后面添加一个新的形状。

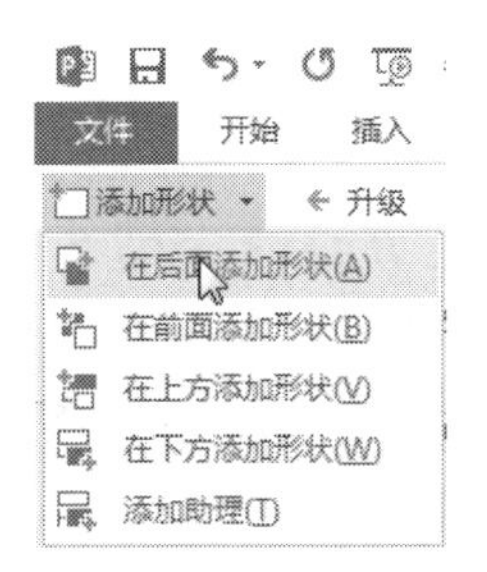

图 13-103　选择【在后面添加形状】选项

步骤 3　新添加的形状处于选中的状态，如图 13-104 所示。

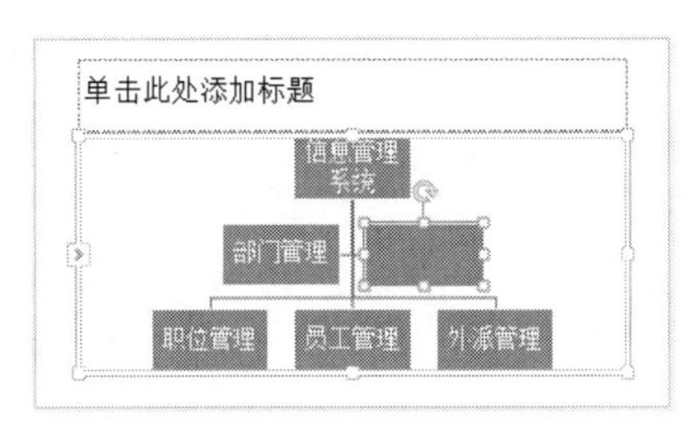

图 13-104　添加新形状

步骤 4　在添加的形状内输入文本，效果如图 13-105 所示。

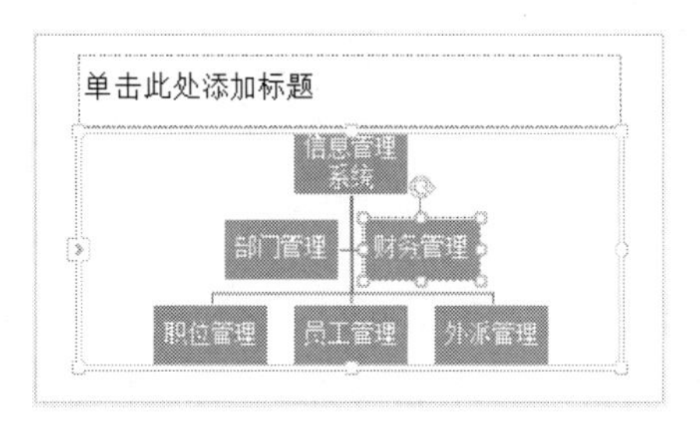

图 13-105　输入文字

步骤 5　如果要在 SmartArt 图形中删除一个形状，单击选中要删除的形状后按 Delete 键即可；如果要删除整个 SmartArt 图形，单击选中 SmartArt 图形后按 Delete 键即可。

13.8.3 更改形状的样式

插入 SmartArt 图形后，可以更改其中一个或多个形状的颜色和轮廓等样式，具体操作步骤如下。

步骤 1　单击选中 SmartArt 图形中的一个形状，如这里选择“部门管理”形状，如图 13-106 所示。

图 13-106　选择形状

步骤 2　单击【SmartArt 工具 - 格式】选项卡下【形状样式】选项组中的【形状填充】按钮，打开其下拉列表，在【主题颜色】设置区中选择绿色，“部门管理”形状即被填充为绿色，如图 13-107 所示。

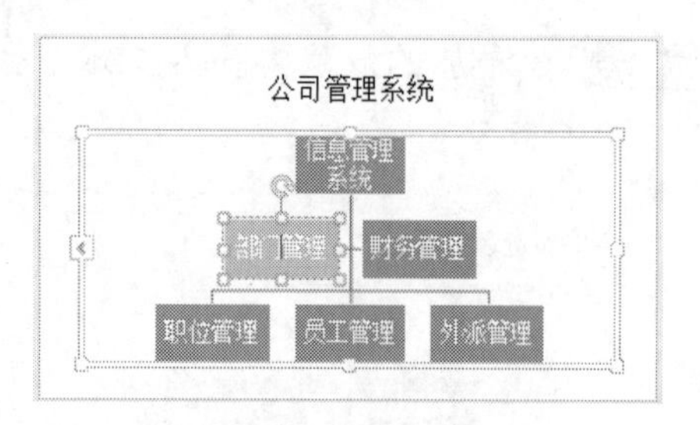

图 13-107　更换主题颜色

步骤 3 单击【SmartArt 工具 - 格式】选项卡下【形状样式】选项组中的【形状轮廓】按钮，打开其下拉列表，选择【虚线】子菜单中的【划线 - 点】选项，如图 13-108 所示。

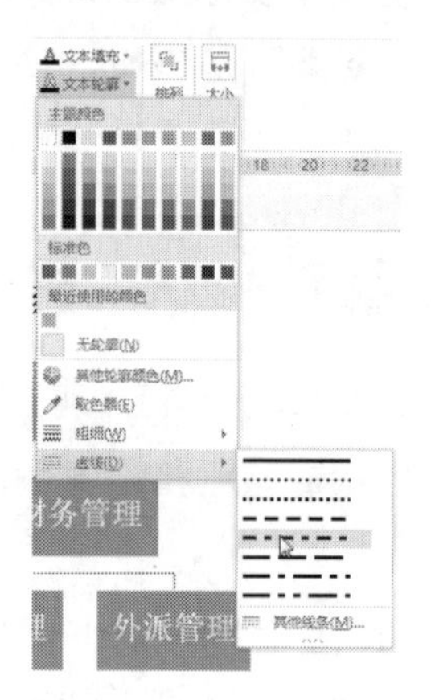

图 13-108　选择线条

步骤 4 此时“部门管理”的形状轮廓显示为“划线 - 点”的样式，如图 13-109 所示。

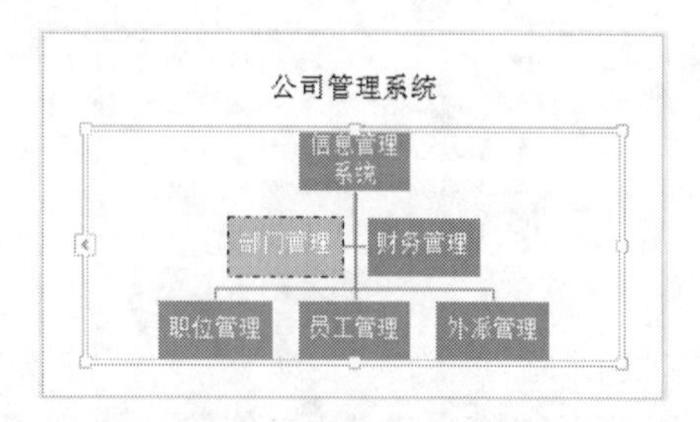

图 13-109　添加线条

步骤 5 选中“部门管理”形状，单击【SmartArt 工具 - 格式】选项卡下【形状样式】选项组中的【形状效果】按钮，在弹出的下拉列表中选择【柔化边缘】子菜单中的【10 磅】选项，如图 13-110 所示。

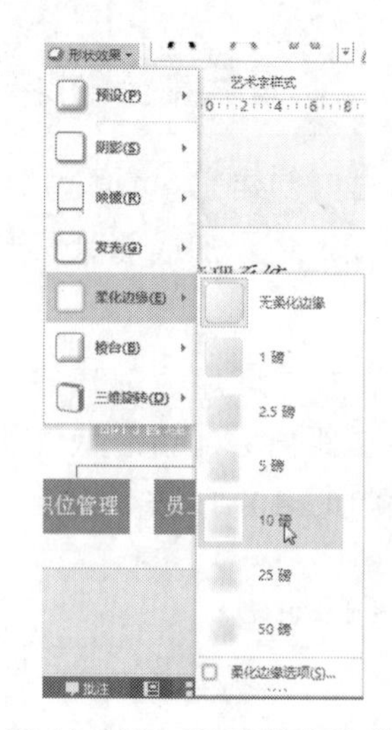

图 13-110　设置柔化边缘

步骤 6 此时“部门管理”形状显示为如图 13-111 所示的效果。

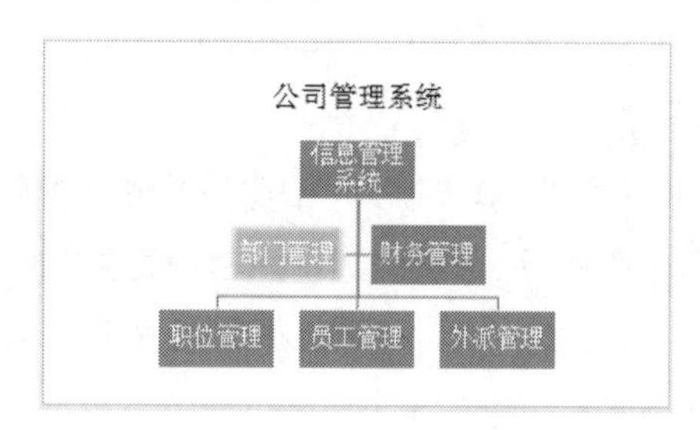

图 13-111　显示效果

步骤 7 选中“信息管理”形状，单击【SmartArt 工具 - 格式】选项卡下【形状样式】选项组右侧的【其他】按钮，在弹出的列表中选择【细微效果 - 橙色，强调颜色 2】选项，如图 13-112 所示。

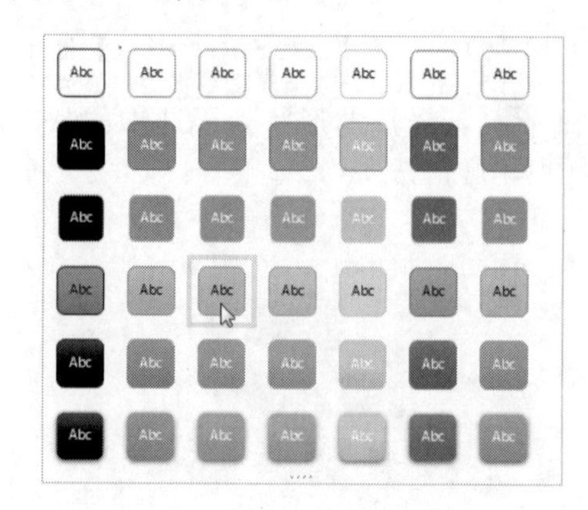

图 13-112　设置形状样式

步骤 8 应用后的效果如图 13-113 所示。

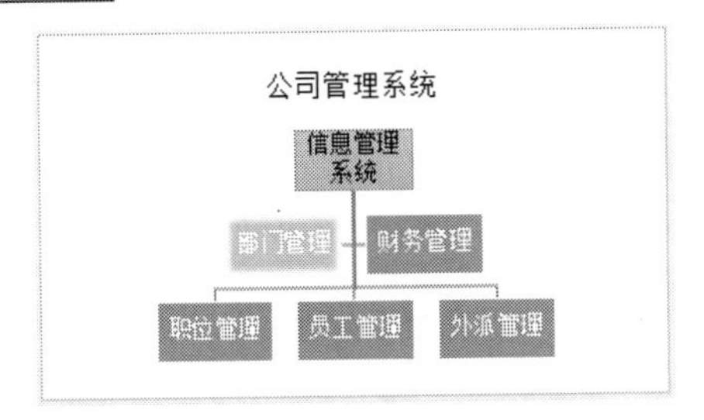

图 13-113　最终的显示效果

13.8.4 更改 SmartArt 图形的布局

创建好 SmartArt 图形后，可以根据需要改变 SmartArt 图形的布局方式，具体操作步骤如下。

方法 1：

步骤 1 选中幻灯片中的 SmartArt 图形，单击【SmartArt 工具 - 设计】选项卡下【布局】选项组中的【其他】按钮，从打开的下拉列表中选择【层次结构】选项，如图 13-114 所示。

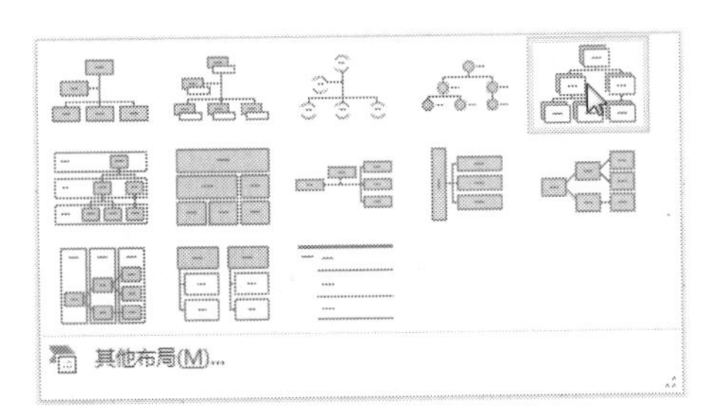

图 13-114　选择布局样式

步骤 2 应用后的布局效果如图 13-115 所示。

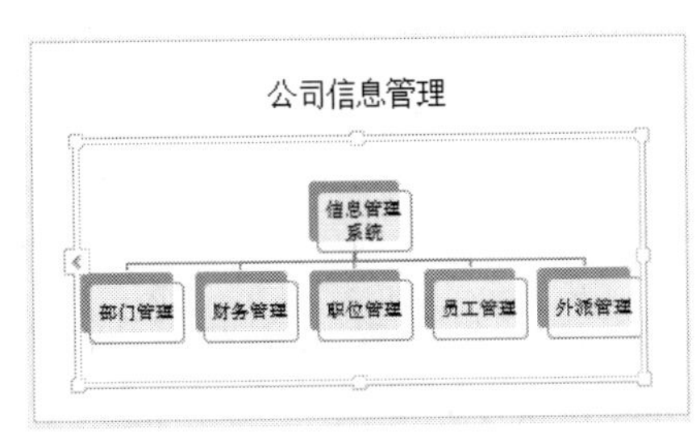

图 13-115　应用布局后的效果

方法 2：

步骤 1 选择【布局】选项组中的【其他】选项子菜单中的【其他布局】选项，弹出【选择 SmartArt 图形】对话框，选择【关系】区域内的【基本射线图】选项，如图 13-116 所示。

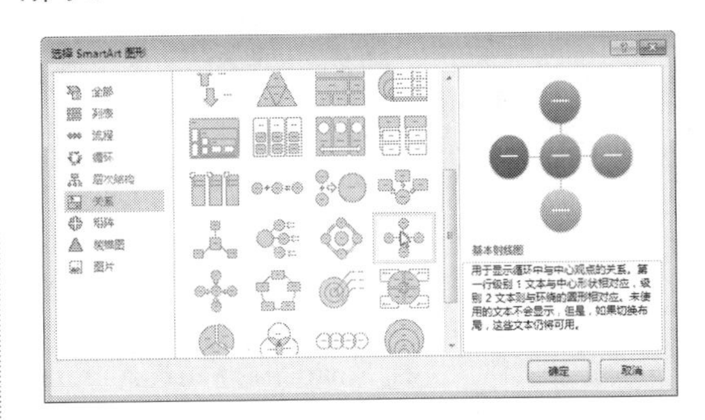

图 13-116　【选择 SmartArt 图形】对话框

步骤 2 单击【确定】按钮，最终的效果如图 13-117 所示。

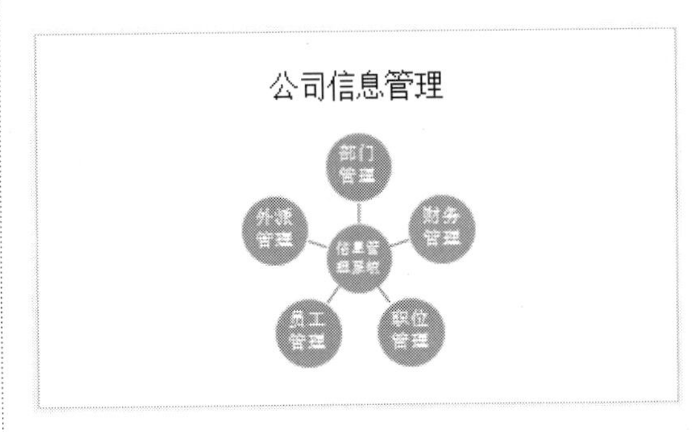

图 13-117　最终的显示效果

13.8.5 更改 SmartArt 图形的样式

除了更改部分形状的样式外，还可以更改整个 SmartArt 图形的样式，更改 SmartArt 图形的样式，具体操作步骤如下。

步骤 1 选中幻灯片中的 SmartArt 图形，单击【SmartArt 工具 - 设计】选项卡下【SmartArt 样式】选项组中的【更改颜色】按钮，从弹出的列表中选择【彩色】区域内的【彩色 - 着色】选项，如图 13-118 所示。

步骤 2 更改颜色样式的效果如图 13-119 所示。

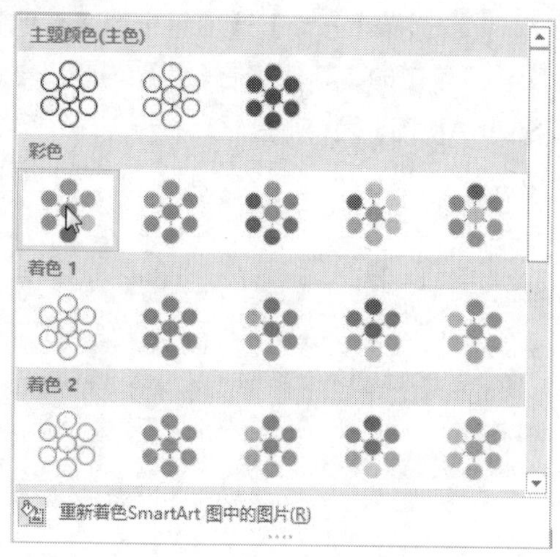

图 13-118 更改 SmartArt 颜色样式

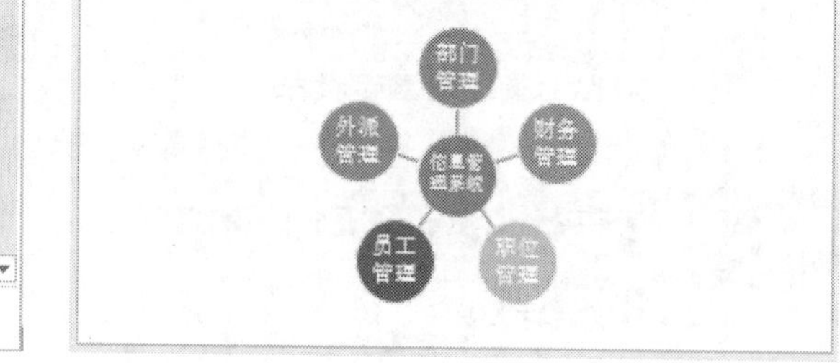

图 13-119 应用颜色样式后的效果

步骤 3 单击【SmartArt 工具 - 设计】选项卡下【SmartArt 样式】选项组中的【快速样式】区域内右侧的【其他】按钮，在弹出的列表中选择【优雅】选项，如图 13-120 所示。

步骤 4 应用后的效果如图 13-121 所示。

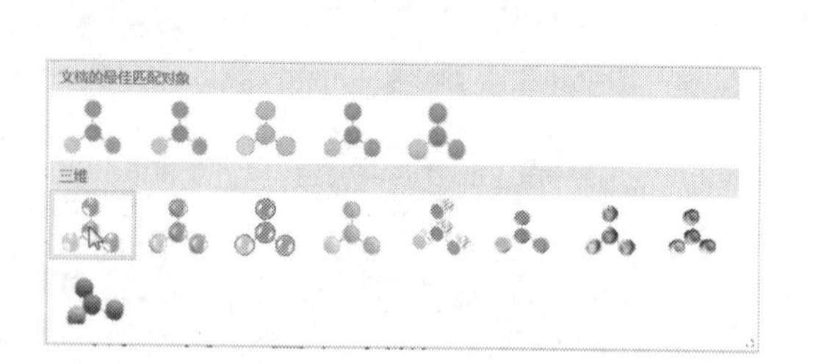

图 13-120 选择快速样式

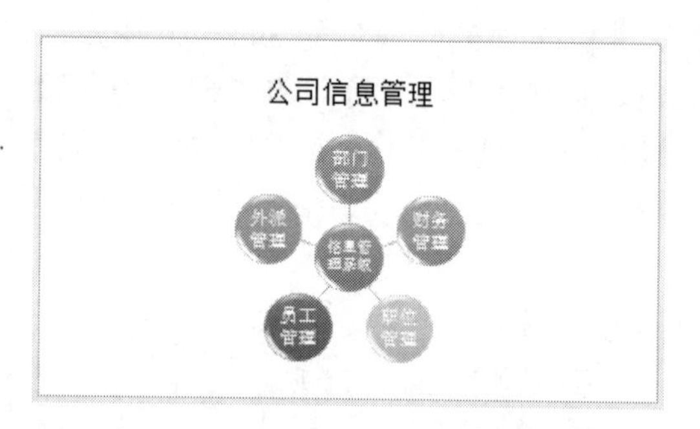

图 13-121 应用快速样式

13.9 高效办公技能实战

13.9.1 将图片作为项目符号

在 PowerPoint 中除了直接为文本添加项目符号外，还可以导入新的文件作为项目符号。下面介绍将自己的图片导入 PowerPoint 并作为项目符号的具体操作方法。

步骤 1 打开随书光盘中的“素材\ch13\蜂蜜功效与作用”文件，选中要添加项目符号的文本行，如图 13-122 所示。

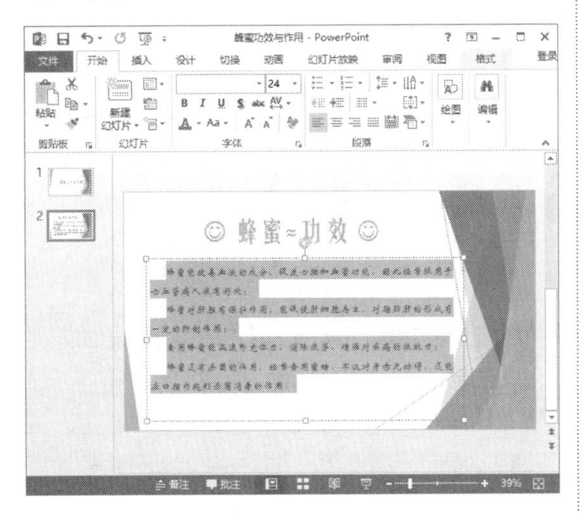

图 13-122　打开素材文件

步骤 2 单击【开始】选项卡【段落】选项组中的【项目符号】的下三角按钮，在弹出的下拉列表中选择【项目符号和编号】选项，如图 13-123 所示。

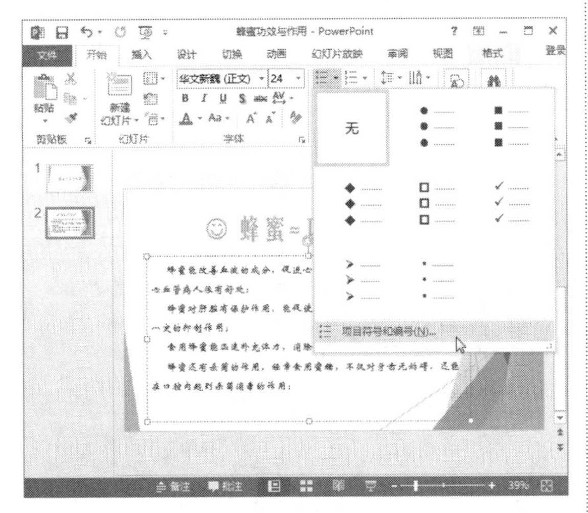

图 13-123　选择【项目符号与编号】选项

步骤 3 在打开的【项目符号和编号】对话框中单击【图片】按钮，如图 13-124 所示。

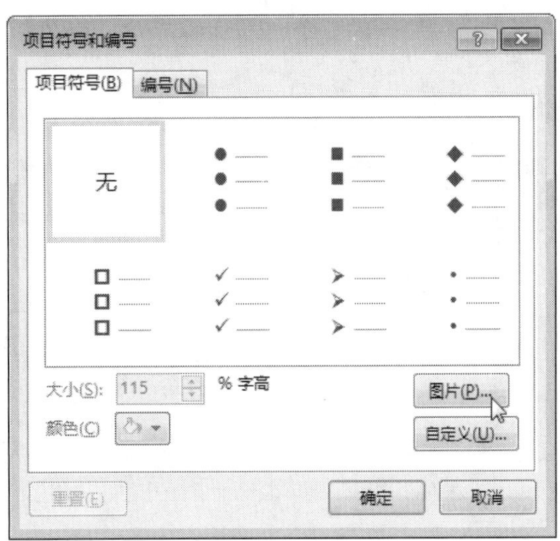

图 13-124　【项目符号和编号】对话框

步骤 4 在打开的【插入图片】对话框中单击【浏览】按钮，如图 13-125 所示。

图 13-125　【插入图片】对话框

步骤 5 打开【插入图片】对话框，选中随书光盘中的“素材\ch13\蜜蜂.jpg”文件，如图 13-126 所示。

步骤 6 单击【插入】按钮，返回到幻灯片之中，可以看到将插入的图片制作成项目符号添加到文本中，如图 13-127 所示。

图 13-126　选中要插入的图片

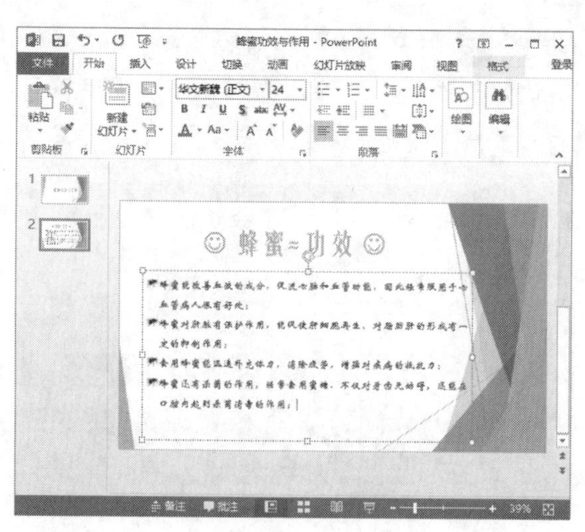

图 13-127　添加图片项目符号

13.9.2 将文本转换为 SmartArt 图形

在演示文稿中，将文本转换为 SmartArt 图形，可更好地在 PowerPoint 2013 中显示信息，具体操作步骤如下。

步骤 1 新建一张幻灯片，设置为【标题和内容】版式，在【单击此处添加文本】的占位符中输入文本，如图 13-128 所示。

步骤 2 单击内容文字占位符的边框，如图 13-129 所示。

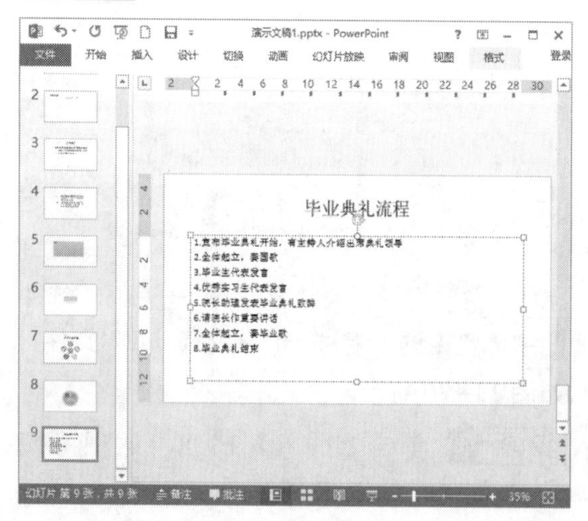

图 13-128　输入文本信息

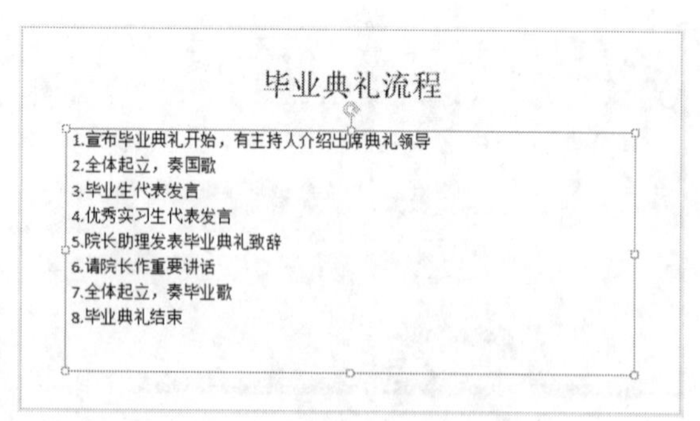

图 13-129　选中文本外的边框

步骤 3 单击【开始】选项卡下【段落】选项组中的【转换为 SmartArt 图形】按钮，从打开的下拉列表中选择【基本流程】选项，如图 13-130 所示。

步骤 4 应用后的效果如图 13-131 所示。

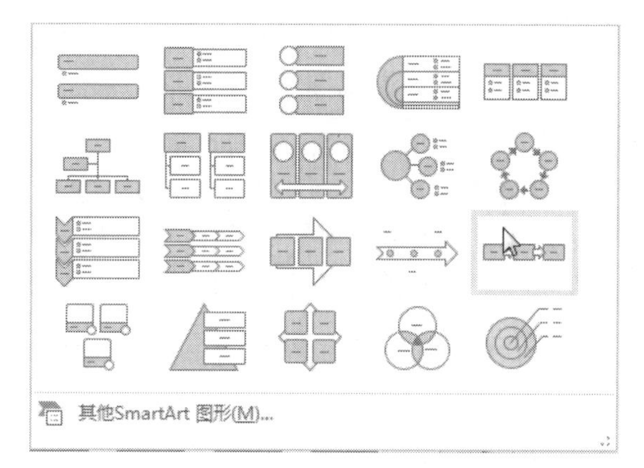

图 13-130 选择 SmartArt 图形类型

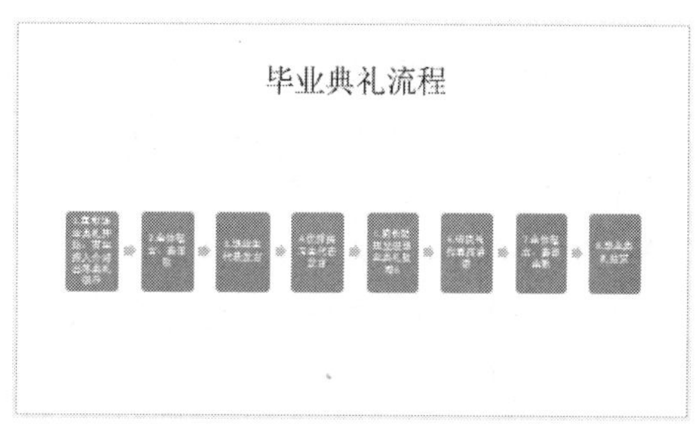

图 13-131 SmartArt 图形

步骤 5 单击【SmartArt 工具 - 设计】选项卡下【布局】选项组内【快速浏览】区域右侧的【其他】按钮，从弹出的列表中选择【基本蛇形流程】选项，如图 13-132 所示。

步骤 6 应用后的效果如图 13-133 所示。

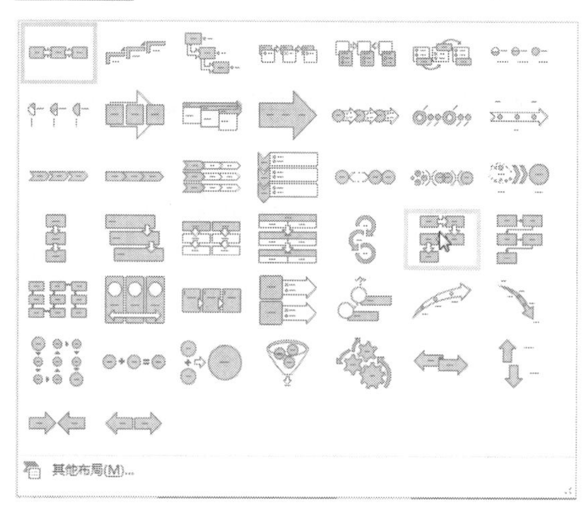

图 13-132 选择 SmartArt 图形

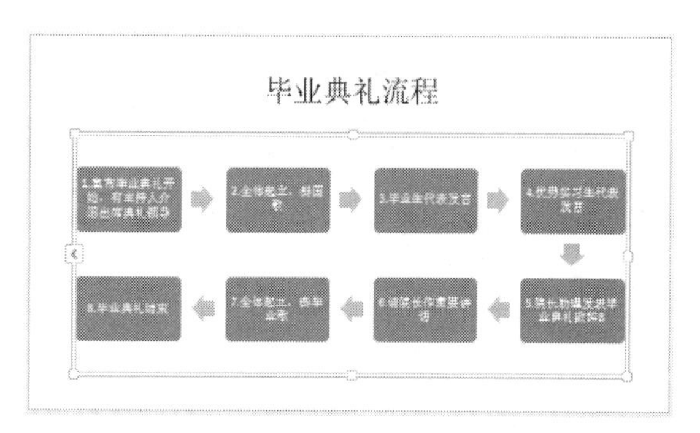

图 13-133 SmartArt 图形

13.10 课后练习与指导

13.10.1 在幻灯片中输入文本

☆ 练习目标

了解在幻灯片中输入文本的相关知识。

掌握在幻灯片中输入文本的操作方法。

☆ 专题练习指南

01 启动 PowerPoint 2013，新建一个空白幻灯片。

02 单击【插入】选项卡【文本】选项组的【文本框】按钮，或单击【文本框】下方的下拉按钮，从中选择要插入的文本框为横排文本框或垂直文本框。

03 在文本框中输入相应的文本信息。

04 选中输入的文本信息，选择【开始】选项卡，在【字体】选项组中设置字体的大小、颜色以及文字格式等。

13.10.2 复制与粘贴文本

☆ 练习目标

了解编辑文本的多种操作方法。

掌握复制与粘贴文本的操作方法。

☆ 专题练习指南

01 选择要复制的文本内容，单击【开始】选项卡【剪贴板】选项组中的【复制】按钮，或者按 Ctrl+C 快捷键。

02 将文本插入点定位于要插入复制文本的位置，单击【开始】选项卡【剪贴板】选项组中的【粘贴】按钮，或者按 Ctrl+V 快捷键。

美化演示文稿

● **本章导读**

在演示文稿中通常需要在一个幻灯片中列举出该幻灯片的主要内容，为使该幻灯片更加美观，需要对该幻灯片进行修饰，本章主要通过对幻灯片的美化和设计操作来提升放映效果。

● **学习目标**

◎ 了解幻灯片的背景设置。

◎ 掌握插入图像对象。

◎ 掌握插入媒体剪辑。

◎ 掌握幻灯片插入的动画效果。

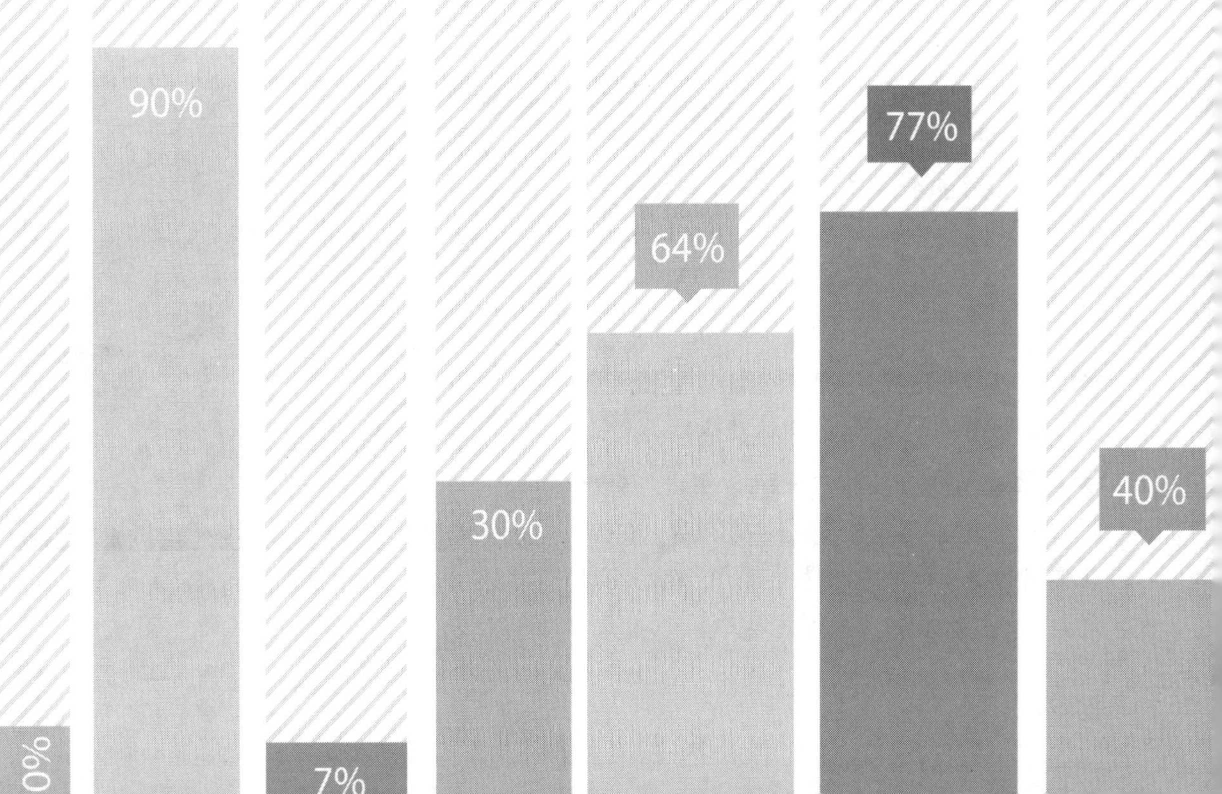

14.1 设计幻灯片

设计幻灯片可以提升演示文稿的放映效果，一个充满创意的演示文稿会更加具有吸引力。其中包括设置幻灯片主题效果和设置幻灯片背景等操作，本节主要介绍如何利用这两种操作美化幻灯片。

14.1.1 设置幻灯片主题效果

主题效果是指应用于幻灯片中元素的视觉属性的集合，是一组线条和一组填充效果。通过使用主题效果库，可以快速更改幻灯片中不同对象的外观，使其看起来更加专业、美观。设置幻灯片主题效果的具体操作步骤如下。

步骤 1 选择【设计】选项卡，从【主题】选项组内选择一种主题，当鼠标停留在每一个主题的缩略图时可预览应用于该幻灯片的效果，如将鼠标指针停留在【环保】主题效果的缩略图上，效果如图 14-1 所示。

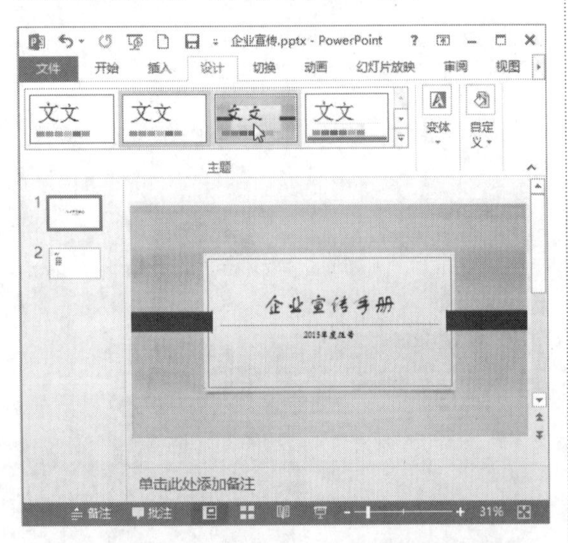

图 14-1　选择幻灯片主题类型

步骤 2 从【快速样式】组内选择一种主题效果，如这里选择【环保】主题效果，右击，在弹出的快捷菜单中选择【应用于选定幻灯片】命令，如图 14-2 所示。

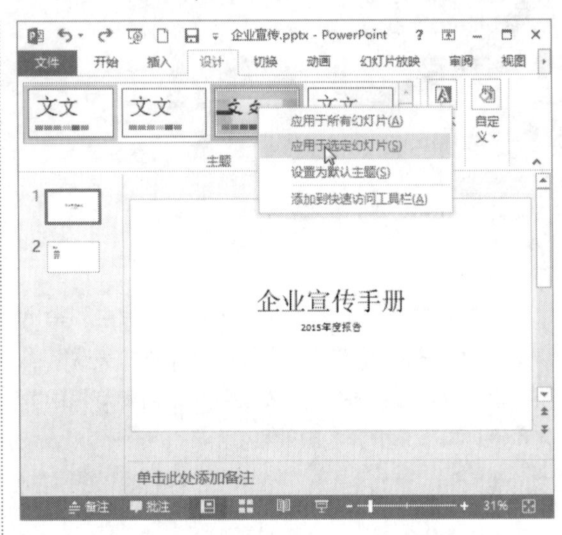

图 14-2　选择主题应用范围

步骤 3 【环保】主题效果应用成功后，在左侧的幻灯片快速浏览区域也会出现应用后的主题效果，如图 14-3 所示。

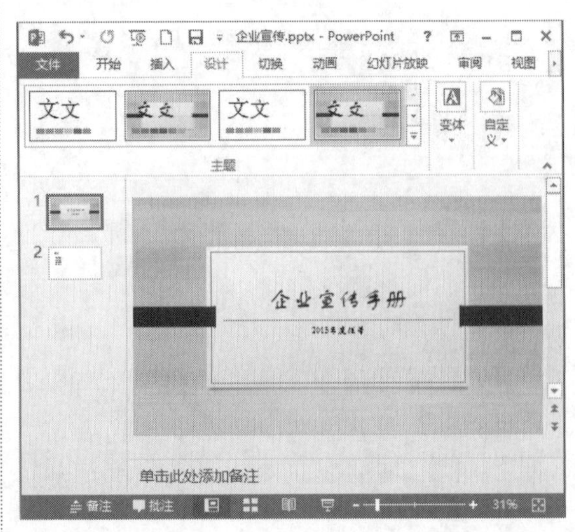

图 14-3　应用主题后的效果

14.1.2 设置幻灯片背景

为幻灯片添加一张漂亮的背景图片，可以让演示文稿显得更加生动形象。设置幻灯片背景的具体操作步骤如下。

步骤 1 单击【设计】选项卡下【自定义】选项组内的【设置背景格式】按钮，如图 14-4 所示。

图 14-4 【自定义】选项组

步骤 2 弹出【设置背景格式】窗格，从【填充】列表内选中【图片或纹理填充】单选按钮，如图 14-5 所示。

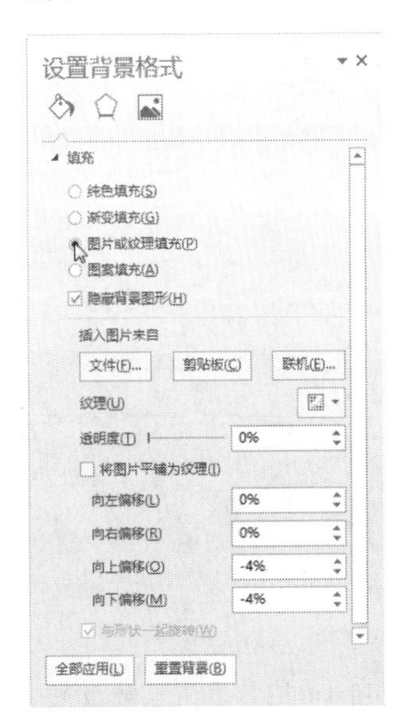

图 14-5 【设置背景格式】窗格

步骤 3 单击插入图片来自【文件】按钮，在本地计算机上选择需要插入的图片，插入后的图片将应用到幻灯片内，如图 14-6 所示。

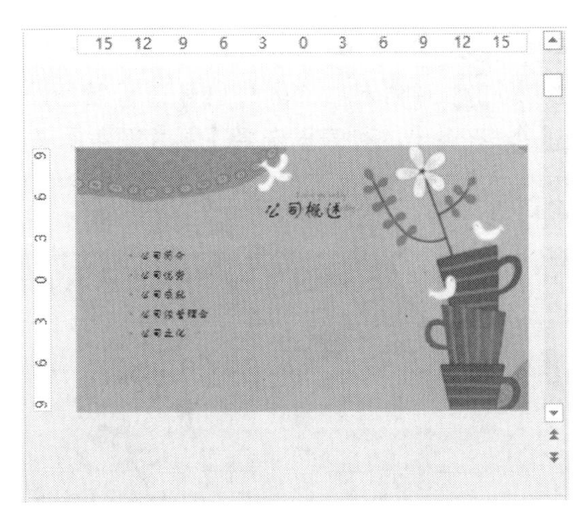

图 14-6 插入背景图片

步骤 4 插入图片后，可对图片进行效果设置。单击【设置背景格式】窗格内的【效果】按钮，弹出【艺术效果】设置选项，如图 14-7 所示。

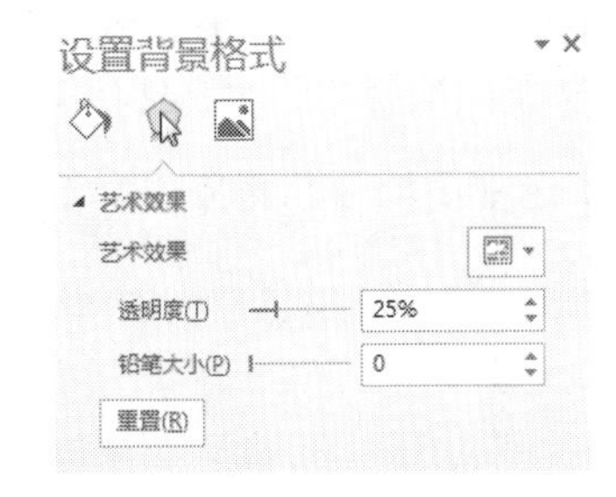

图 14-7 单击【效果】按钮

步骤 5 单击【线条图】按钮，在弹出的效果图内选择【映像】效果图，如图 14-8 所示。

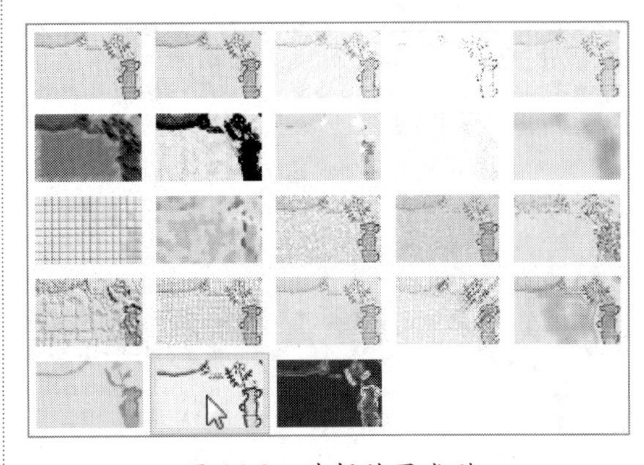

图 14-8 选择效果类型

步骤 6 应用后的效果如图 14-9 所示。

步骤 7 对插入后的图片也可进行颜色设置。单击【设置背景格式】窗格内的【图片】按钮，在弹出的列表里选择【图片颜色】选项，如图 14-10 所示。

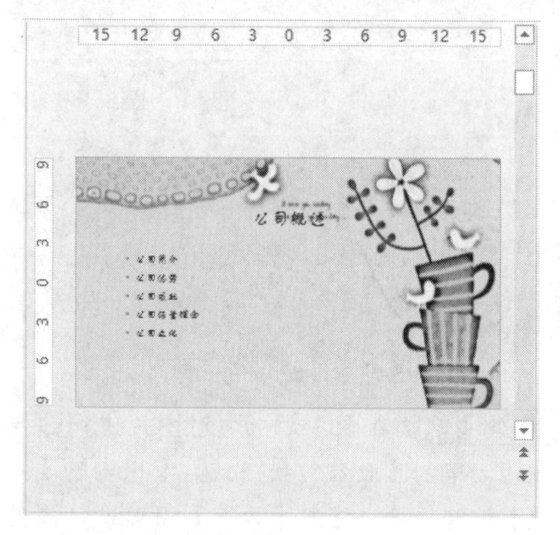

图 14-9 应用效果后的幻灯片

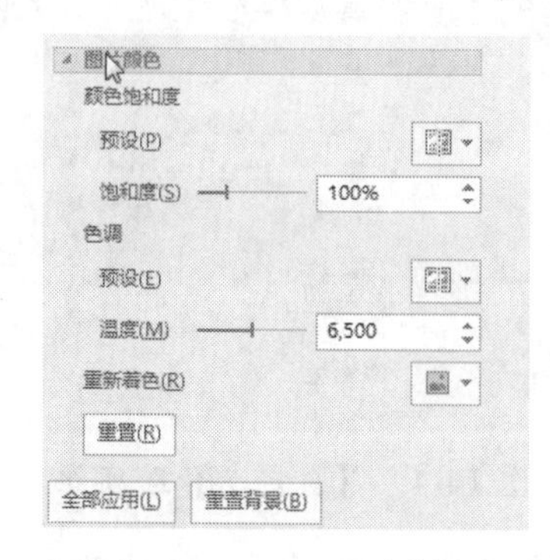

图 14-10 设置图片颜色

步骤 8 单击【重新着色】右侧的【重新着色】按钮，在弹出的着色图列表中选择【青色，着色 2 深色】选项，如图 14-11 所示。

步骤 9 选中后的颜色将应用到幻灯片内的图片中，效果如图 14-12 所示。

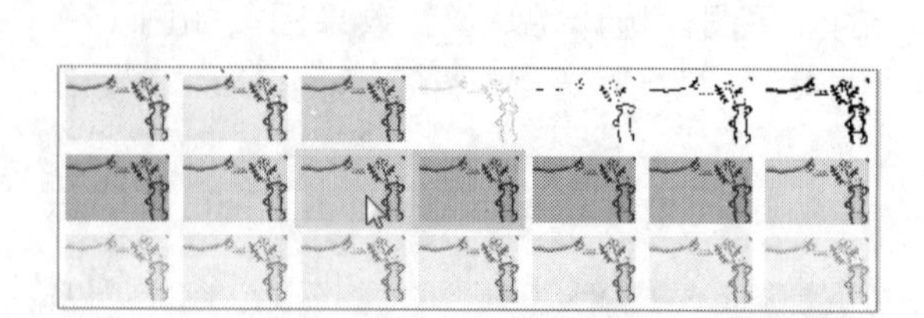

图 14-11 选择着色类型

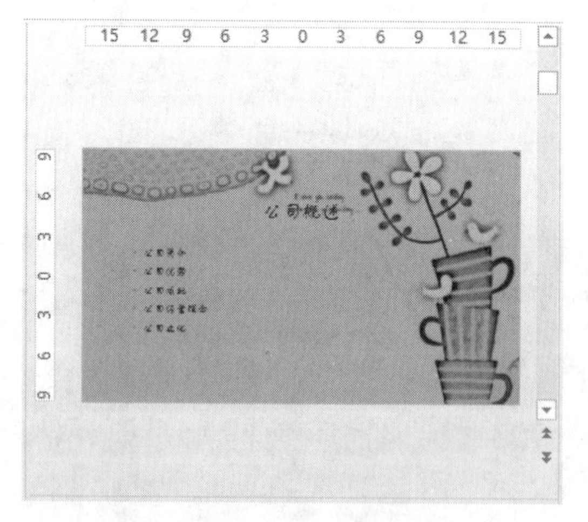

图 14-12 着色后的效果

14.2 插入图形对象

在幻灯片中常常需要绘制一些图形以对幻灯片进行修饰，本节主要介绍插入图形的基本操作，包括设置形状、剪贴画、图片以及艺术字等。

14.2.1 插入形状

插入形状的具体操作步骤如下。

步骤 1 新建一张幻灯片，将其设置为【空白】版式。单击【开始】选项卡【绘图】选项组中的【形状】按钮，如图 14-13 所示。

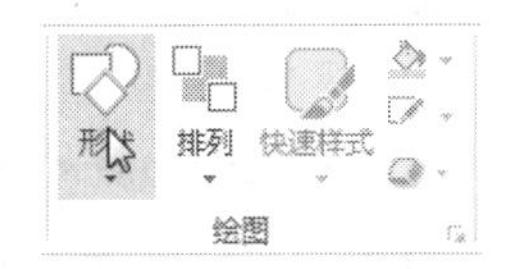

图 14-13　单击【形状】按钮

步骤 2 从弹出的下拉列表中选择【基本形状】区域内的【十字形】选项，如图 14-14 所示。

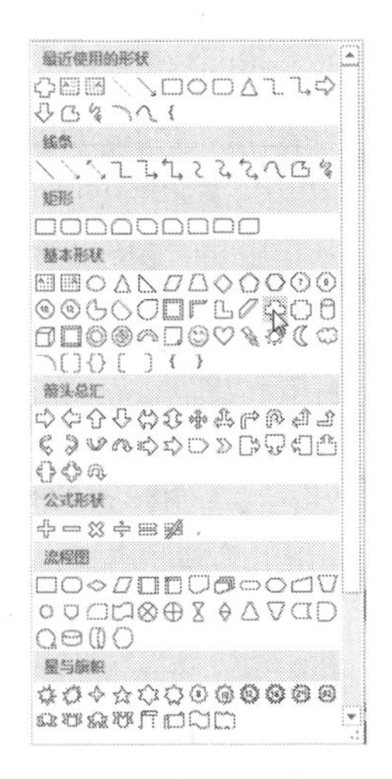

图 14-14　选择要绘制的形状

步骤 3 此时鼠标指针在幻灯片内显示为十，按住鼠标左键不放并拖到适当的位置释放鼠标，插入的十字形形状如图 14-15 所示。

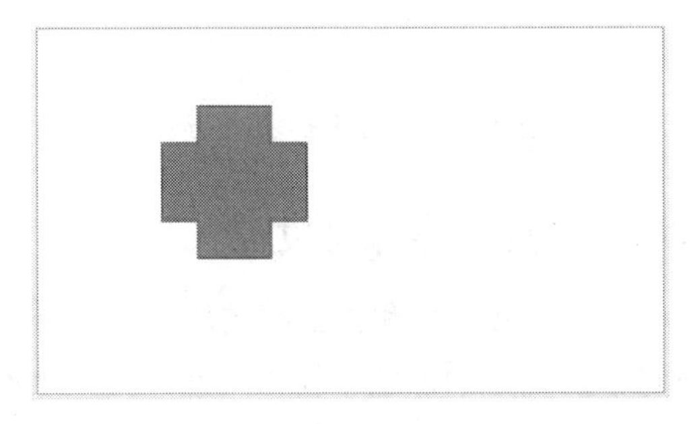

图 14-15　绘制形状

步骤 4 依照上述操作，在幻灯片内依次插入【流程图】区域内的【多文档】选项和【星与旗帜】区域内的【五角星】选项，最终效果如图 14-16 所示。

图 14-16　绘制其他类型的形状

14.2.2 设置形状

本节主要介绍形状的设置，包括排列形状、组合形状、设置形状的样式，在形状中添加文字等操作方法。

 1. 设置形状样式

设置形状的样式包括设置填充形状的颜色、形状轮廓和形状效果等，具体操作步骤如下。

步骤 1 先选中幻灯片内的一个形状，如选择五角星，如图 14-17 所示。

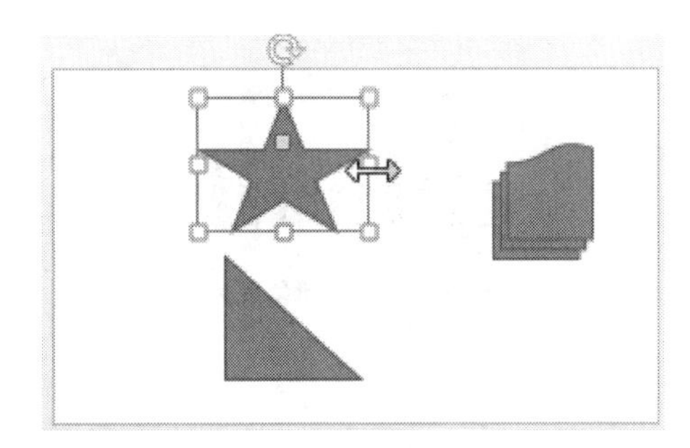

图 14-17　选择形状

步骤 2 单击【绘图工具 - 格式】选项卡【形状样式】选项组中的【形状填充】按钮，从弹出的列表中选择【标准色】区域内的【浅绿】选项，如图 14-18 所示。

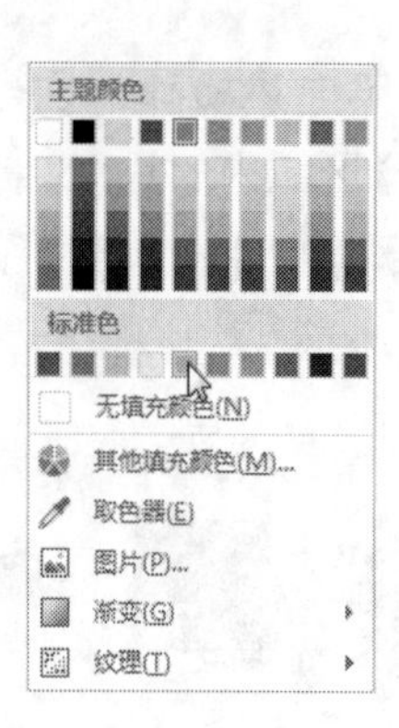

图 14-18　选择形状填充颜色

步骤 3 此时五角星被填充为浅绿，效果如图 14-19 所示。

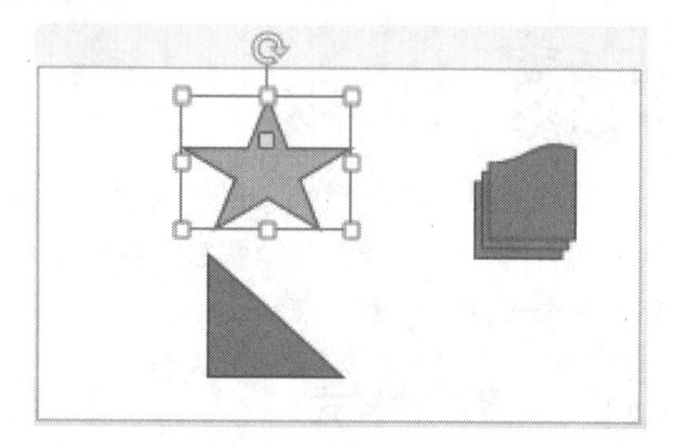

图 14-19　填充颜色后的效果

步骤 4 单击【形状工具 - 格式】选项卡【形状样式】选项组中的【形状轮廓】按钮，从弹出的列表中选择【标准色】区域内的【红色】选项，如图 14-20 所示。

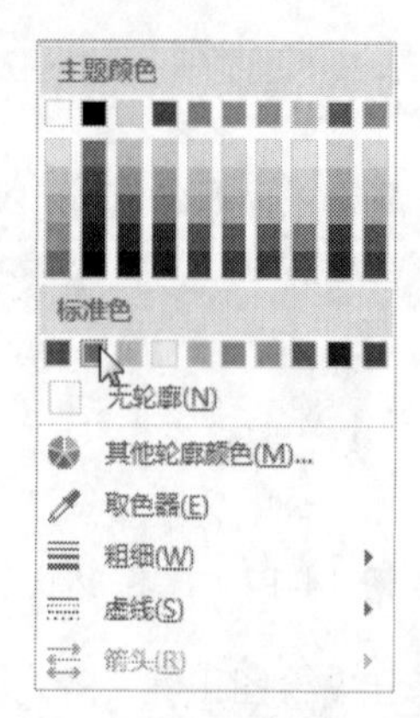

图 14-20　选择形状轮廓颜色

步骤 5 五角星的轮廓显示为红色，如图 14-21 所示。

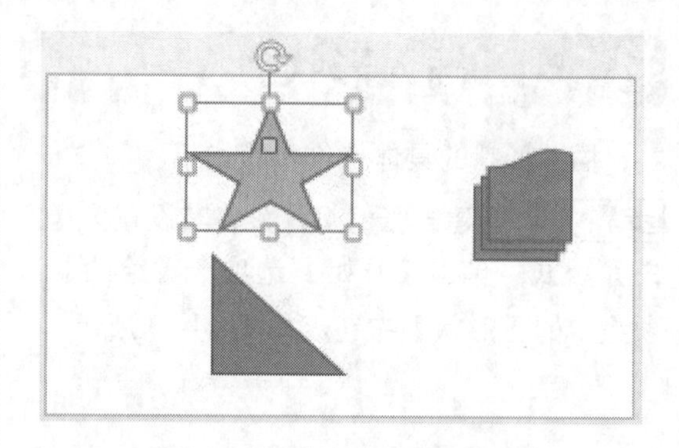

图 14-21　填充轮廓后的效果

步骤 6 单击【形状工具 - 格式】选项卡【形状样式】选项组中的【形状效果】按钮，从弹出的列表中选择【预设】子菜单中的【预设 9】选项，如图 14-22 所示。

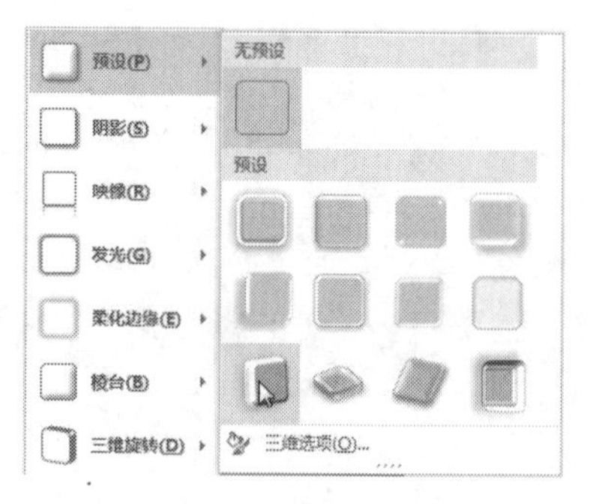

图 14-22　选择形状的效果

步骤 7 应用后的效果如图 14-23 所示。

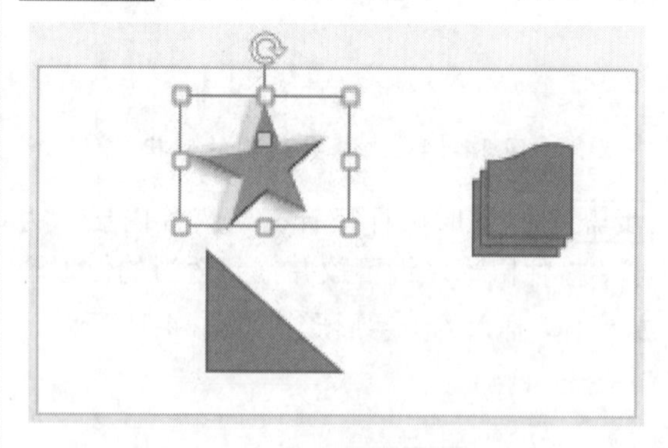

图 14-23　应用形状的效果

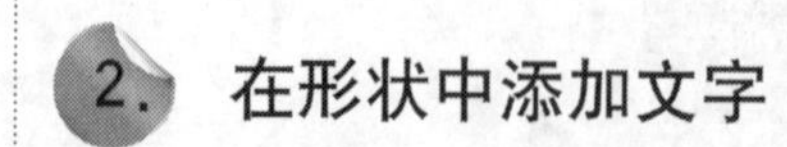

2. 在形状中添加文字

除了在文本框和占位符内输入文本外，还可以在插入的形状中输入文字，具体操作步骤如下。

步骤 1 新建一张幻灯片，在【插入】选项卡【插图】选项组中的【形状】下拉列表中选择相应的形状绘制成如下形状，如图 14-24 所示。

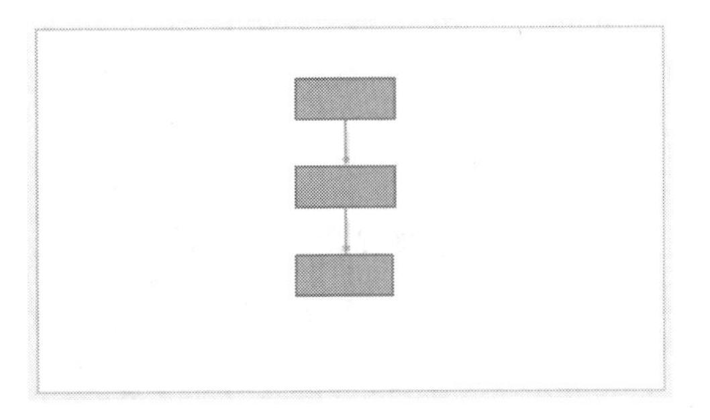

图 14-24　绘制形状

步骤 2 单击第一个形状，直接在形状里输入文字，如输入“早餐时间”并将字号设置为 28 号，如图 14-25 所示。

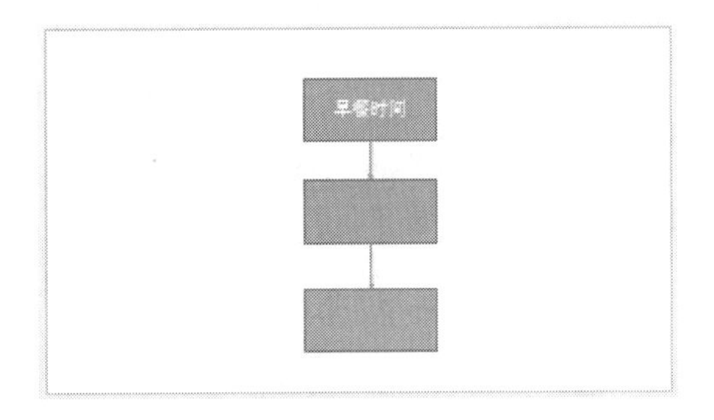

图 14-25　输入文字

步骤 3 依次在第二个和第三个形状中输入文字，最终的效果如图 14-26 所示。

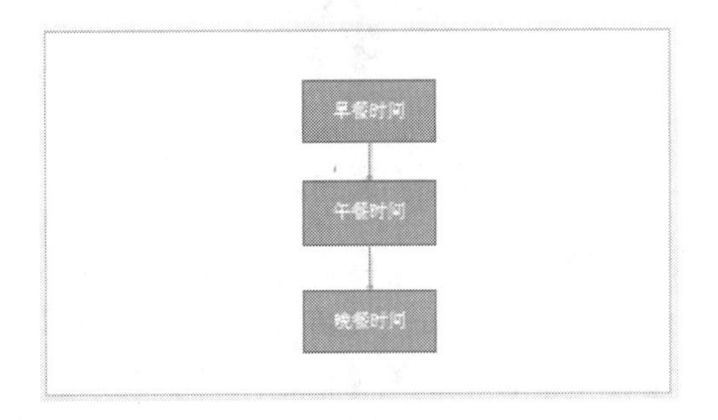

图 14-26　在其他形状中输入文字

提示　如果需要对输入的文字进行修改，可以直接单击该形状进入编辑状态。

14.2.3 插入图片

除应用现有的文字外，还需要插入相关的图片，为方便图片和文字排列，可更换幻灯片的版式后插入图片，具体操作步骤如下。

步骤 1 新建一张幻灯片，设置为【标题与内容】版式，单击幻灯片内的【图片】按钮，如图 14-27 所示。

图 14-27　单击幻灯片中的【图片】按钮

步骤 2 弹出【插入图片】对话框，这时可以根据需求选中相应的图片，如选择示例图片中的一张，如图 14-28 所示。

图 14-28　【插入图片】对话框

步骤 3 单击【插入】按钮，即可将图片插入到幻灯片中，如图 14-29 所示。

图 14-29　在幻灯片中插入图片

14.2.4 设置图片

对插入后的图片可进行基本设置，包括调整图片大小、裁剪图片、旋转图片、设置图片样式、设置图片颜色效果、设置图片艺术效果等。

 调整图片大小

插入图片的大小可根据幻灯片情况进行调整，调整图片大小的具体操作步骤如下。

步骤 1 选中插入的图片，将鼠标指针移至图片四周的控制点上，如图 14-30 所示。

图 14-30 选中图片

步骤 2 按住鼠标左键拖动，即可改变图片的大小，如图 14-31 所示。

图 14-31 调整图片大小

步骤 3 释放鼠标左键即可完成调整操作。

 裁剪图片

裁剪图片的方式包括裁剪为特定形状、裁剪为通用纵横比、通过裁剪来填充等，具体操作步骤如下。

步骤 1 当需要裁剪为特定形状时，选中幻灯片内的图片，单击【绘图工具 - 格式】选项卡【大小】选项组中的【裁剪】按钮，从弹出的下拉列表中选择【裁剪为形状】选项，如图 14-32 所示。

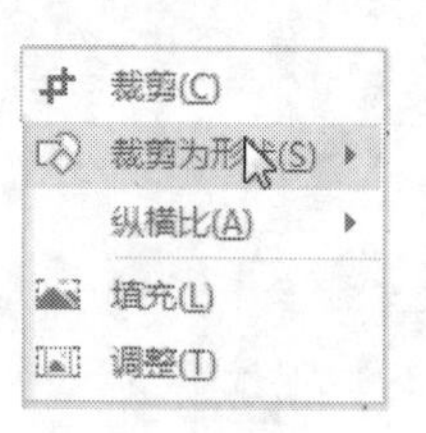

图 14-32 选择【裁剪为形状】选项

步骤 2 从【裁剪为形状】的子菜单中选择【基本形状】区域内的【心形】选项，如图 14-33 所示。

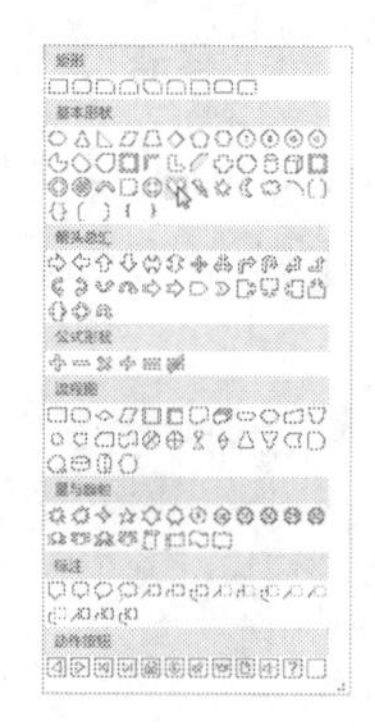

图 14-33 选择形状

步骤 3 裁剪后的效果如图 14-34 所示。

图 14-34 裁剪后的效果

步骤 4 当需要裁剪为通用纵横比时，选中幻灯片中的图片，单击【大小】选项组中的【裁剪】按钮，在弹出的下拉列表中选择【纵横比】选项，从其子菜单中选择【纵向】区域内的【2：3】选项，如图 14-35 所示。

步骤 5 裁剪为通用纵横比的效果如图 14-36 所示。

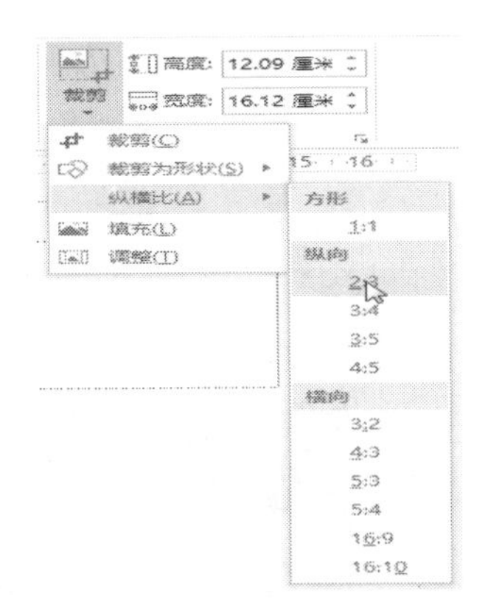

图 14-35　选择【纵横比】选项

图 14-36　以纵横比方式裁剪图片

步骤 6 当需要通过裁剪来填充形状时，先选中幻灯片内的图片，单击【大小】选项组中的【裁剪】按钮，在弹出的下拉列表中选择【填充】选项，如图 14-37 所示。

步骤 7 即可将图片裁剪为填充形状来保留原图片的纵横比，如图 14-38 所示。

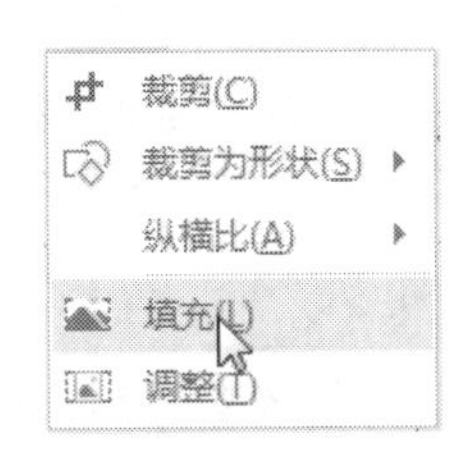

图 14-37　选择【填充】选项

图 14-38　以填充方式裁剪图片

3. 设置图片样式

插入图片后，可通过添加阴影、预设、发光、映像、柔化边缘、凹凸和三维旋转等效果来增强图片的感染力，具体操作步骤如下。

步骤 1 选中需要添加效果的图片，如图 14-39 所示。

步骤 2 单击【图片工具 - 格式】选项卡【图片样式】选项组中右侧的【其他】按钮，从弹出的列表中选择【棱台透视】选项，如图 14-40 所示。

图 14-39　选中要添加效果的图片

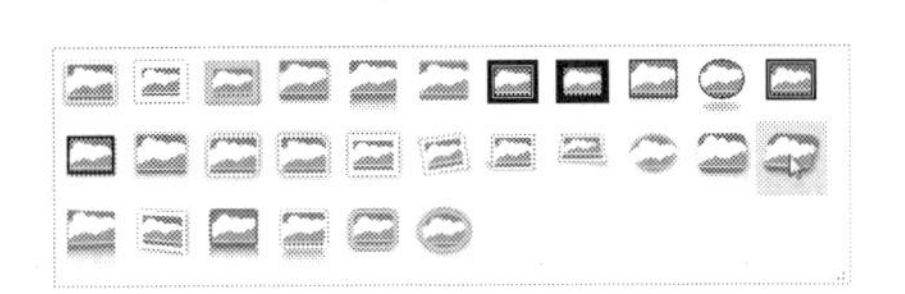

图 14-40　图片样式

步骤 3 即可将图片设置为棱台透视样式，如图 14-41 所示。

图 14-41 应用图片样式后的效果

 4. 设置图片颜色效果

可以通过调整图片颜色浓度和色调对图片重新着色或更改图片中某种颜色的透明度。设置图片颜色效果的具体操作步骤如下。

步骤 1 新建一张幻灯片，设置为【空白】版式。单击【插入】选项卡【图像】选项组中的【图片】选项，在弹出的【插入图片】对话框中选择一张图片应用到幻灯片中，如图 14-42 所示。

图 14-42 【插入图片】对话框

步骤 2 单击【插入】按钮，图片将应用到幻灯片中且处于选中状态。此时功能区自动切换到【图片工具 - 格式】选项卡，如图 14-43 所示。

步骤 3 单击【调整】选项组中的【颜色】按钮，在其下拉列表中选择【颜色饱和度】区域内的【饱和度：300】选项，如图 14-44 所示。

图 14-43 插入图片

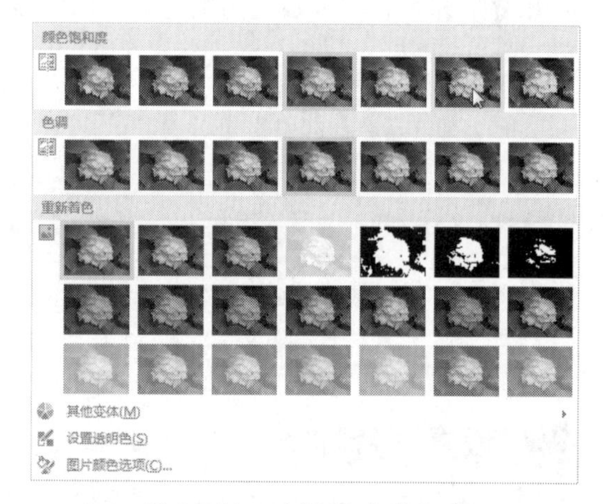

图 14-44 选择图片饱和度

步骤 4 应用后的图片效果如图 14-45 所示。

图 14-45 更改饱和度后的图片

步骤 5 单击【调整】选项组中的【颜色】按钮，在其下拉列表中选择【色调】区域内的【色温：11200k】选项，如图 14-46 所示。

步骤 6 应用后的效果如图 14-47 所示。

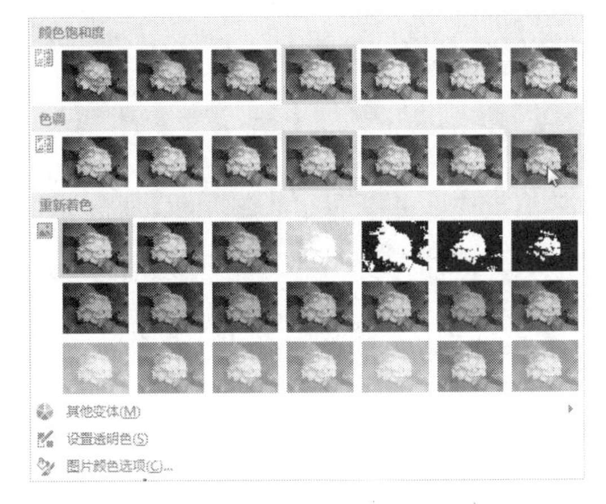

图 14-46　选择图片色调

图 14-47　更改色调后的图片

步骤 7 单击【调整】选项组中的【颜色】按钮，在其下拉列表中选择【重新着色】区域内的【绿色，着色 6 浅色】选项，如图 14-48 所示。

步骤 8 应用后的效果如图 14-49 所示。

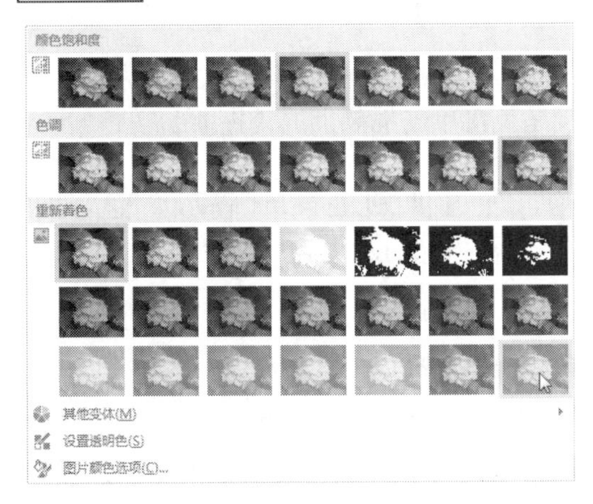

图 14-48　选择图片重新着色类型

图 14-49　重新着色后的显示效果

14.3 插入并设置视频

幻灯片除了插入图片、文字外，还可以插入视频，这样制作的幻灯片更加形象生动，使幻灯片放映时产生不同的效果。本节主要介绍插入 PC 上的视频、预览视频、设置视频播放颜色以及设置视频的样式等内容。

14.3.1 插入 PC 上的视频

在 PowerPoint 2013 演示文稿中插入 PC 上的视频，具体操作步骤如下。

步骤 1 单击选中需要添加视频文件的幻灯片，如图 14-50 所示。

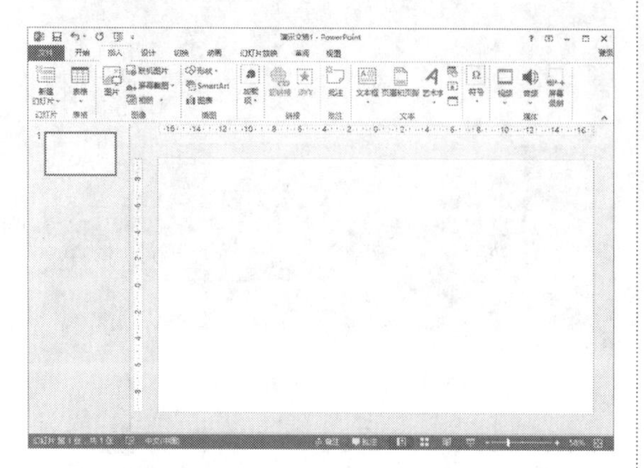

图 14-50 选中要添加视频的幻灯片

步骤 2 单击【插入】选项卡【媒体】选项组中的【视频】按钮，在弹出的下拉列表中选择【PC 上的视频】选项，如图 14-51 所示。

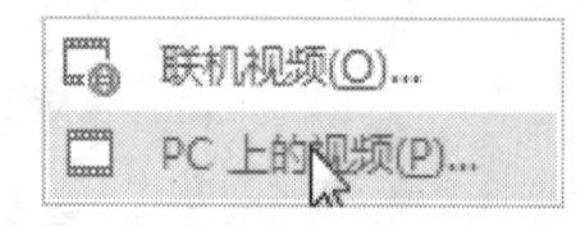

图 14-51 选择【PC 上的视频】选项

步骤 3 弹出【插入视频文件】对话框，从本地计算机上找到需要的视频文件，如图 14-52 所示。

图 14-52 【插入视频文件】对话框

步骤 4 单击【插入】按钮，所选的视频文件将应用到幻灯片中，如图 14-53 所示为预览插入到幻灯片中的部分视频截图。

图 14-53 插入后的视频

14.3.2 预览视频

播放视频有三种方式：第一种是在【视频工具 - 播放】选项里进行播放，第二种是在菜单栏中的【动画】选项里进行播放，第三种是直接单击视频上的【播放】按钮。

 1. 在【视频工具 – 播放】选项中进行播放

在【视频工具 - 播放】选项中进行播放的具体操作步骤如下。

步骤 1 选中幻灯片中的视频文件，单击【视频工具 - 播放】选项卡【预览】选项组中的【播放】按钮，如图 14-54 所示。

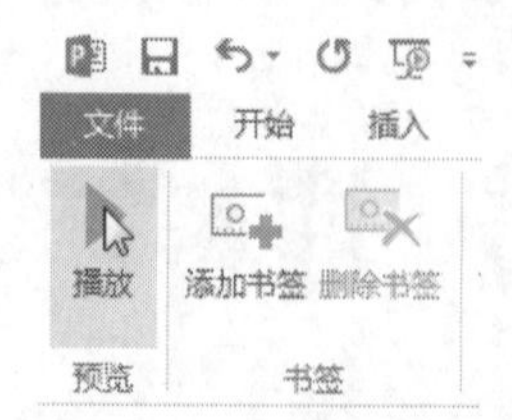

图 14-54 单击【播放】按钮

步骤 2 播放中的视频截图如图 14-55 所示。

图 14-55　播放视频

2. 在菜单栏中的【动画】选项里进行播放

在菜单栏中的【动画】选项里进行播放的具体操作步骤如下。

步骤 1 单击【动画】选项卡【动画】选项组中的【播放】按钮，如图 14-56 所示。

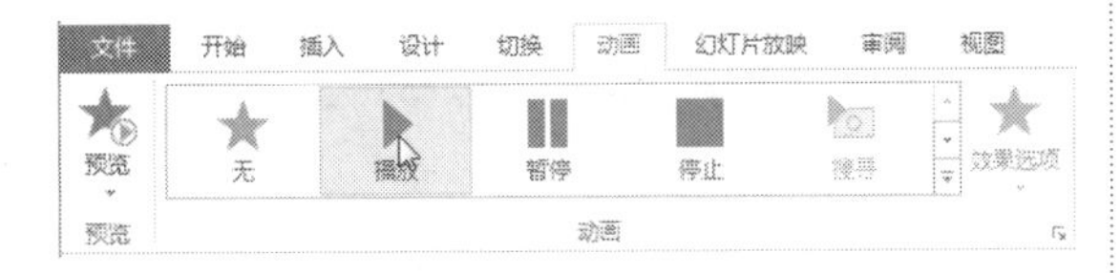

图 14-56　单击【播放】按钮

步骤 2 播放中的部分视频截图如图 14-57 所示。

图 14-57　播放视频

3. 直接单击视频上的【播放】按钮

在幻灯片中选中插入的视频文件后，单击视频文件图标左下方的【播放】按钮即可预览视频，如图 14-58 所示。

图 14-58　直接播放视频

14.3.3 设置视频播放颜色

设置视频播放颜色效果的具体操作步骤如下。

步骤 1 选中幻灯片中插入的视频文件，如图 14-59 所示。

图 14-59　选中幻灯片中的视频

步骤 2 单击【视频工具 - 格式】选项卡【调整】选项组中的【更正】按钮，在弹出的下拉列表中选择【亮度：0%，对比度：40%】选项，如图 14-60 所示。

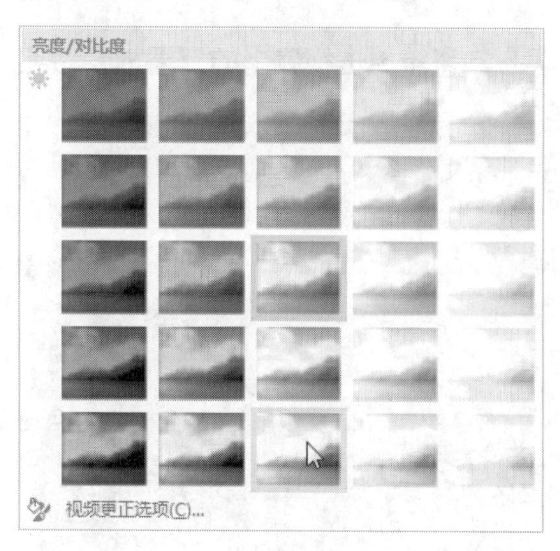

图 14-60 更改视频的亮度与对比度

步骤 3 调整亮度和对比度之后的效果如图 14-61 所示。

图 14-61 调整后的显示效果

步骤 4 单击【视频工具 - 格式】选项卡【调整】选项组中的【颜色】按钮，在弹出的下拉列表中选择【金色，着色 4 深色】选项，如图 14-62 所示。

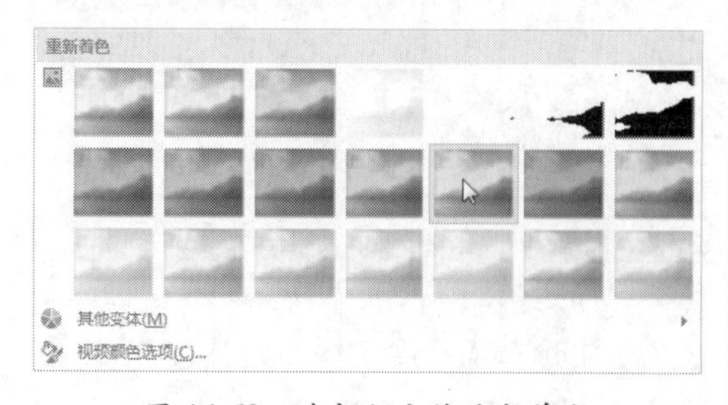

图 14-62 为视频文件重新着色

步骤 5 应用后的播放效果如图 14-63 所示。

图 14-63 重新着色后的视频显示效果

14.3.4 设置视频的样式

设置视频包括对视频的形状、边框以及效果进行设置，已达到更加理想的效果。设置视频样式的具体操作步骤如下。

步骤 1 选中幻灯片中插入的视频文件，如图 14-64 所示。

图 14-64 选中要设置样式的视频

步骤 2 单击【视频工具 - 格式】选项卡【视频样式】选项组中的【快速样式】选项右侧的【其他】按钮，在弹出的下拉列表中选择【中等】区域内的【旋转，渐变】选项，如图 14-65 所示。

图 14-65　快速样式面板

步骤 3 调整视频样式后的效果如图 14-66 所示。

图 14-66　应用视频样式后的效果

步骤 4 单击【视频工具 - 格式】选项卡【视频样式】选项组中的【视频边框】选项，在弹出的下拉列表中选择视频边框的【主题颜色】为【蓝色，着色 1】选项，如图 14-67 所示。

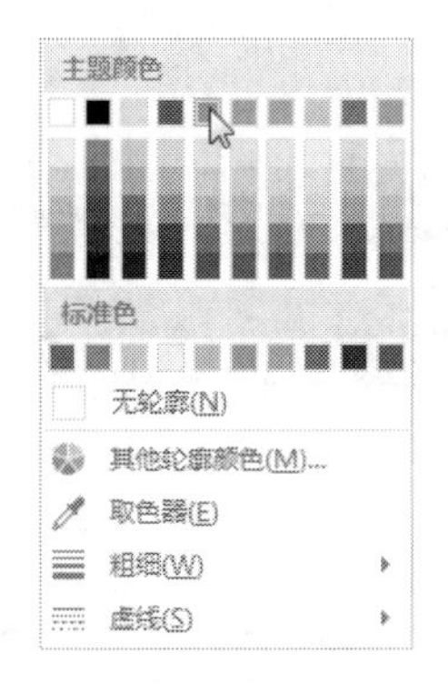

图 14-67　选择视频边框颜色

步骤 5 调整视频边框后的效果如图 14-68 所示。

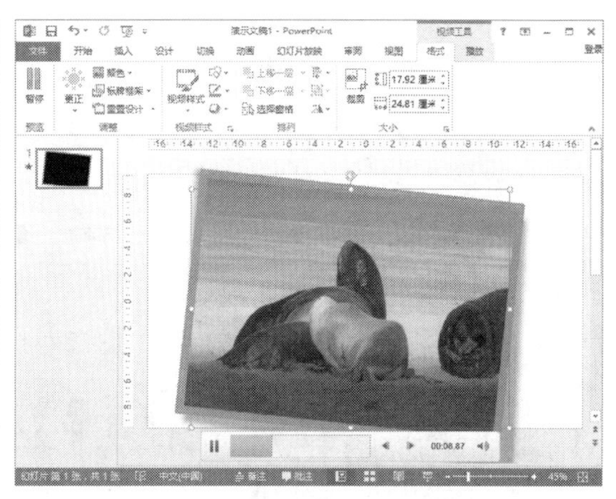

图 14-68　视频添加边框后效果

步骤 6 单击【视频工具 - 格式】选项卡【视频样式】选项组中的【视频效果】选项，在弹出的下拉列表中选择【发光变体】子菜单中的【橙色，18pt 发光，着色 2】选项，如图 14-69 所示。

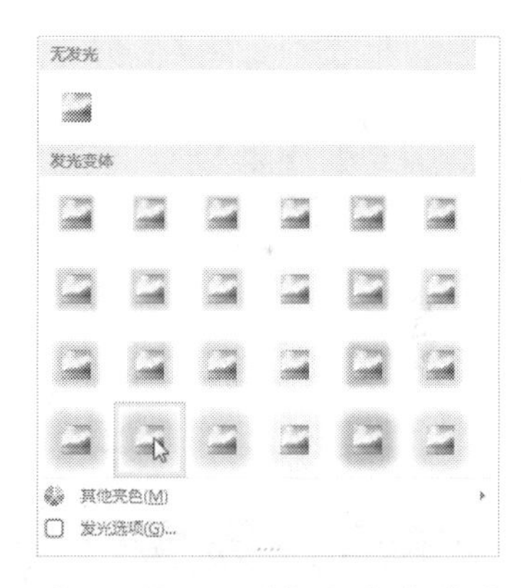

图 14-69　设置视频发光效果

步骤 7 调整后的视频效果如图 14-70 所示。

图 14-70　视频最终的显示效果

14.3.5 剪裁视频

在插入视频文件后，可以在视频的开头和末尾处进行修剪，使其与幻灯片的播放时间相适应。剪裁视频的具体操作步骤如下。

步骤 1 选中幻灯片内需要剪裁的视频，并单击视频文件下方的【播放】按钮，如图 14-71 所示。

步骤 2 单击【视频工具 - 播放】选项卡【编辑】选项组中的【剪裁视频】按钮，如图 14-72 所示。

图 14-71 选中视频

图 14-72 单击【剪裁视频】按钮

步骤 3 弹出【剪裁视频】对话框，在该对话框内可以看到视频的持续时间、开始时间和结束时间。单击对话框中显示的视频起点位置，当鼠标指针显示为双箭头时，拖动鼠标进行视频剪裁，直到需要的位置时释放鼠标，即可修剪视频的开头部分，如图 14-73 所示。

步骤 4 单击对话框中显示的视频终点位置，当鼠标指针显示为双箭头时，拖动鼠标指针进行剪裁，直到需要的视频结尾处释放鼠标，即可修剪视频的结尾部分，如图 14-74 所示。

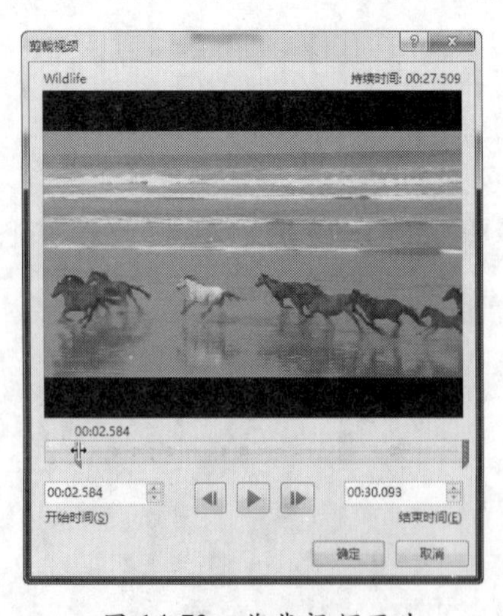

图 14-73 剪裁视频开头

图 14-74 剪裁视频结尾

步骤 5 单击对话框中的【播放】按钮，试看视频剪辑后的效果，然后单击【确定】按钮即可完成视频的剪裁。

14.4 创建动画

在演示文稿中添加适当的动画，可以使演示文稿的播放效果更加生动形象，也可以通过动画效果使一些复杂的内容逐步显示，以便观众理解。本节主要介绍如何创建动画。

14.4.1 创建进入动画

为对象创建进入动画，具体操作步骤如下。

步骤 1 选中幻灯片内需要创建动画效果的文字，如图 14-75 所示。

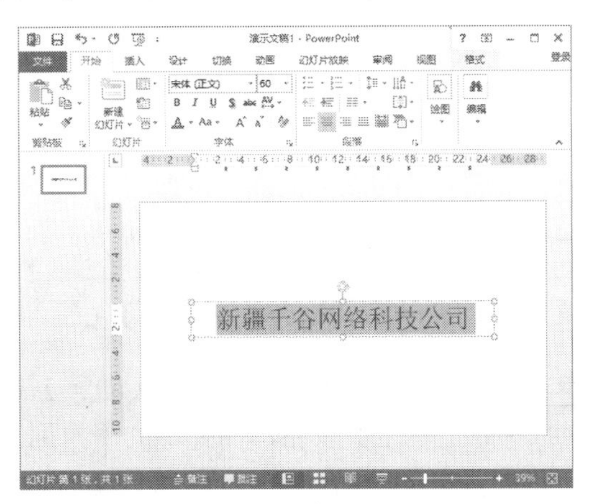

图 14-75　选中要添加动画的文本

步骤 2 单击【动画】选项卡【动画】选项组中的【其他】按钮，弹出如图 14-76 所示的下拉列表。

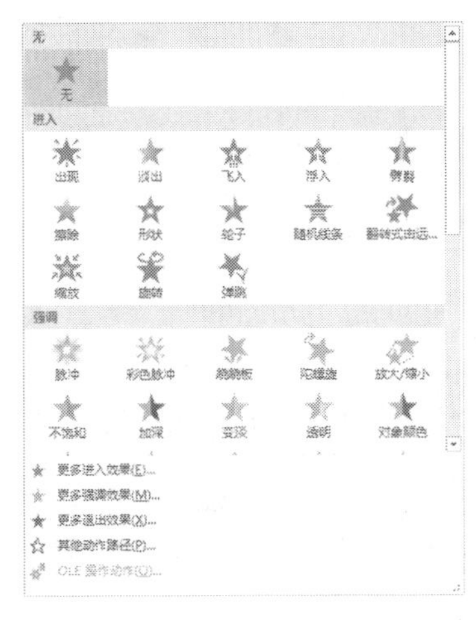

图 14-76　【动画】下拉列表

步骤 3 在下拉列表中选择【进入】区域内的【轮子】选项，如图 14-77 所示。

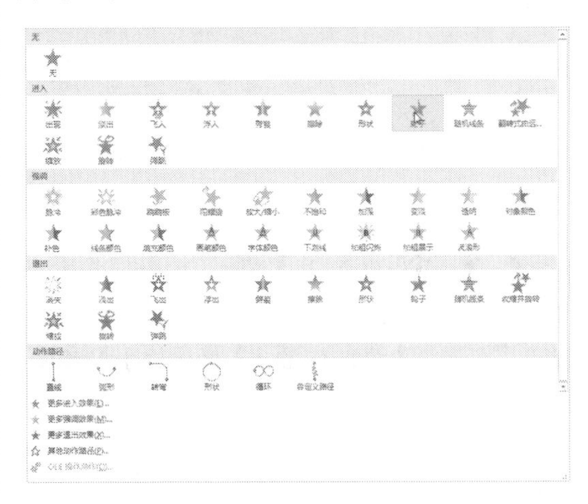

图 14-77　选择进入动画类型

步骤 4 添加此动画效果后，文字对象前面将显示一个动画编号标记，如图 14-78 所示。

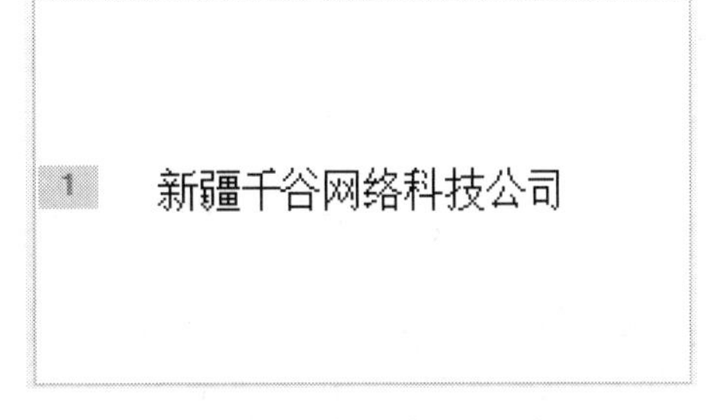

图 14-78　为文本添加动画

14.4.2 创建强调动画

为对象创建强调动画，包括【放大、缩小】、【不饱和】、【加深】等选项。创建强调动画的具体操作步骤如下。

步骤 1 选中幻灯片中需要创建强调效果的文字，如选择“公司简介”，如图 14-79 所示。

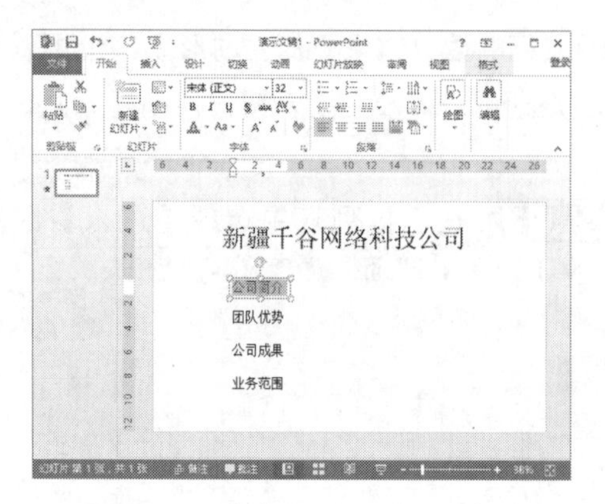

图 14-79 选中要添加动画的文本

步骤 2 单击【动画】选项卡【动画】选项组中的【其他】按钮，在弹出的下拉列表中选择【强调】区域内的【放大 / 缩小】选项，如图 14-80 所示。

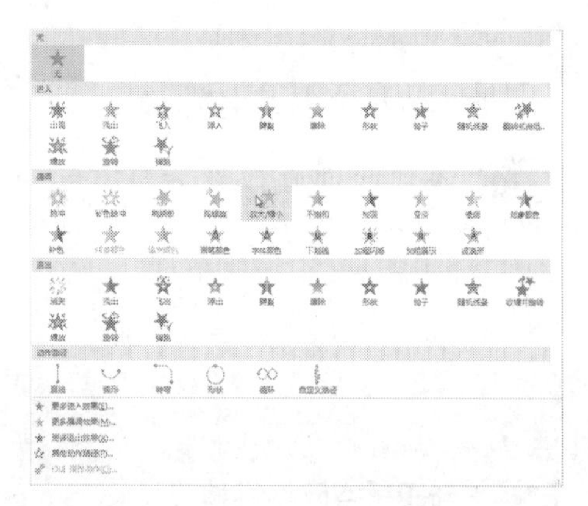

图 14-80 在【强调】区域中选择动画类型

步骤 3 即可为对象创建强调动画，且文字对象前面将显示一个动画编号标记，如图 14-81 所示。

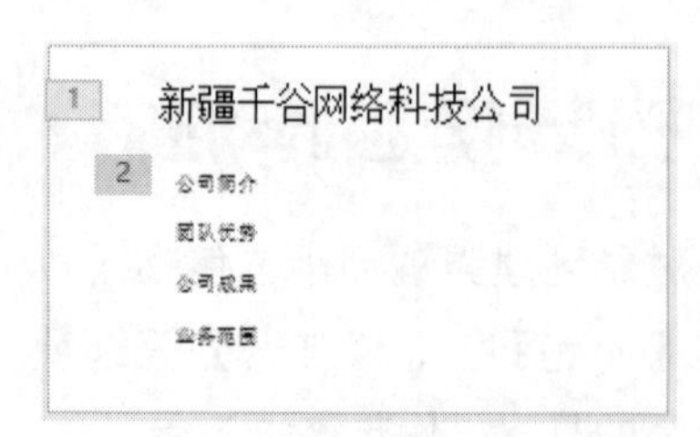

图 14-81 为文本添加动画效果

14.4.3 创建退出动画

为对象创建退出动画，这些效果包括【随机线条】、【缩放】、【飞出】、【淡出】等，创建退出动画的具体操作步骤如下。

步骤 1 选中幻灯片中需要创建退出效果的文字，如这里选择“团队优势”，如图 14-82 所示。

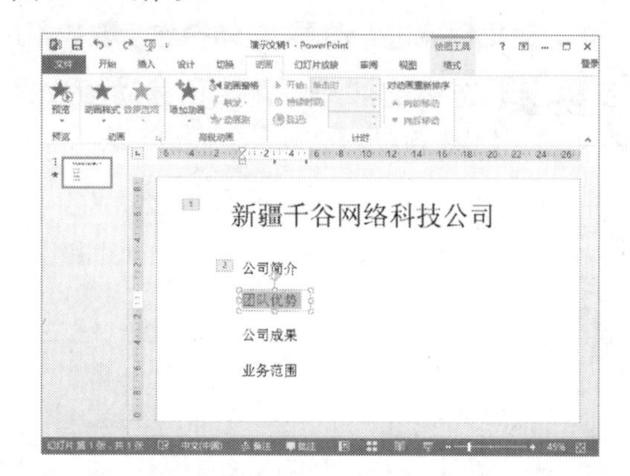

图 14-82 选中要添加动画的文本

步骤 2 单击【动画】选项卡【动画】选项组中的【其他】按钮，在弹出的下拉列表中选择【退出】区域内的【旋转】选项，如图 14-83 所示。

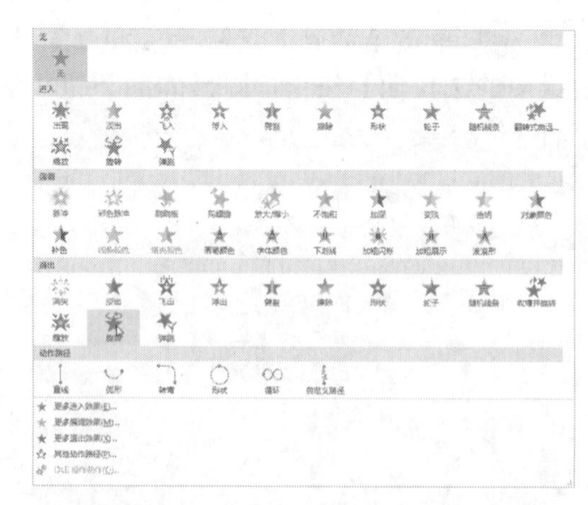

图 14-83 在【退出】区域中选择动画类型

步骤 3 即可为对象创建旋转效果的退出动画，且文字对象前面显示一个动画编号标记，如图 14-84 所示。

图 14-84　为文本添加动画效果

14.4.4　创建动作路径动画

为对象创建动作路径动画，可以实现转弯移动、直线移动以及弧线运动等。创建动作路径动画的具体操作步骤如下。

步骤 1 选中幻灯片中需要创建动作路径效果的文字，如这里选择“公司成果”，如图 14-85 所示。

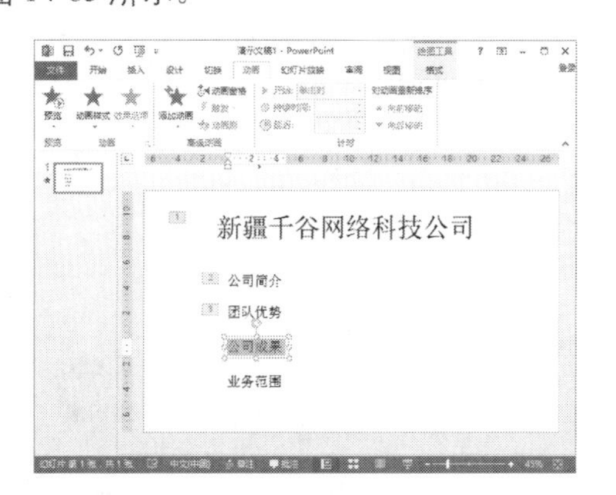

图 14-85　选中要添加动画的文本

步骤 2 单击【动画】选项卡【动画】选项组中的【其他】按钮，在弹出的下拉列表中选择【动作路径】区域内的【转弯】选项，如图 14-86 所示。

图 14-86　在【动作路径】区域中选择动画类型

步骤 3 即可为对象创建转弯效果的动作路径动画，且文字对象前面显示一个动画编号标记，如图 14-87 所示。

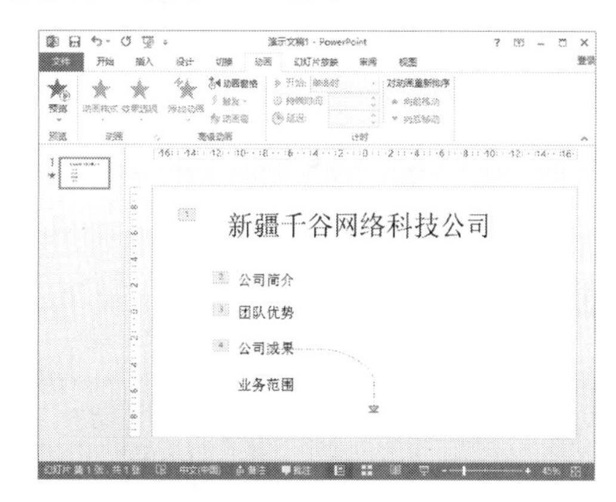

图 14-87　为文本添加动画效果

14.5　高效办公技能实战

14.5.1　使用 PowerPoint 制作电子相册

随着数码相机的不断普及，利用计算机制作电子相册的人越来越多。下面介绍使用 PowerPoint 2013 创建电子相册的具体操作步骤。

步骤 1 创建一个空白的PowerPoint文件，如图 14-88 所示。

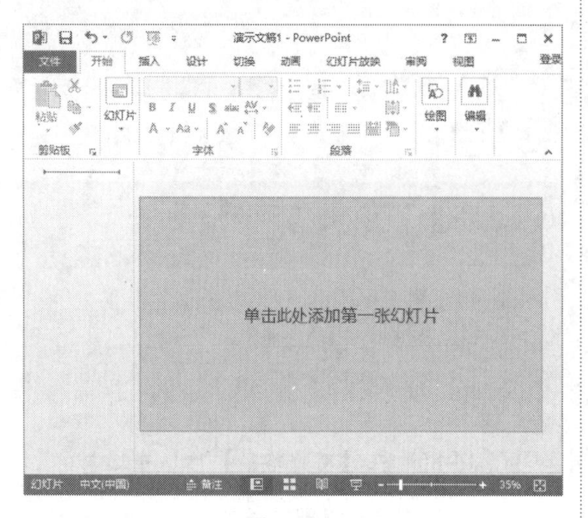

图 14-88 新建一个空白演示文稿

步骤 2 单击窗口中间的位置添加第一张幻灯片，如图 14-89 所示。

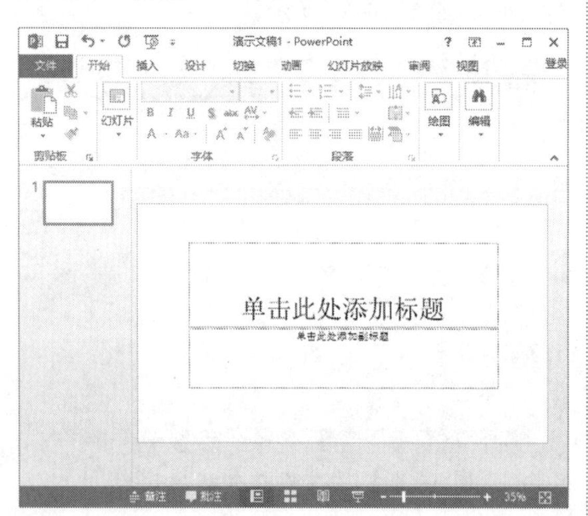

图 14-89 添加一张幻灯片

步骤 3 选择【插入】选项卡，在【图像】选项组中单击【相册】按钮，在弹出的下拉列表中选择【新建相册】选项，如图 14-90 所示。

步骤 4 随即打开【相册】对话框，如图 14-91 所示。

步骤 5 单击【文件/磁盘】按钮，打开【插入新图片】对话框，然后在【查找范围】下拉列表中找到图片存放的路径，接着在其下方的列表框中选择该文件夹中的所有图片，如图 14-92 所示。

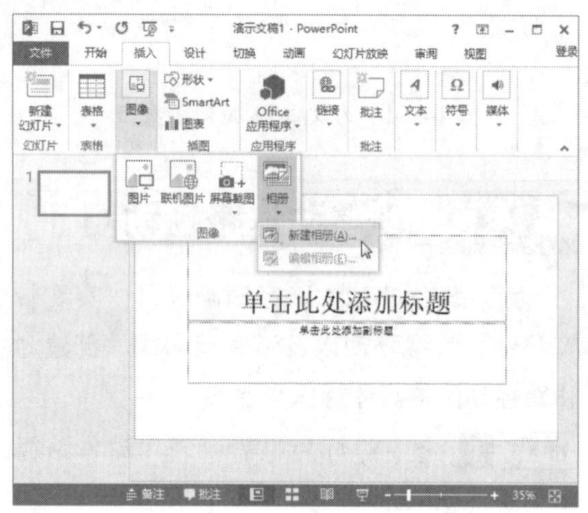

图 14-90 选择【新建相册】选项

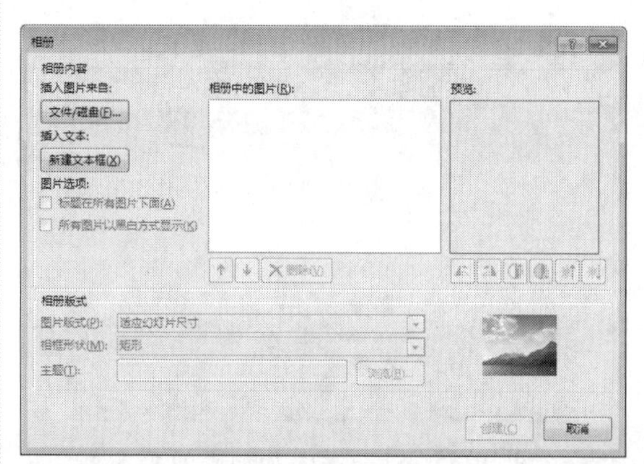

图 14-91 【相册】对话框

图 14-92 【插入新图片】对话框

步骤 6 单击【插入】按钮，返回到【相册】对话框中，此时在【相册中的图片】列表框中即可看到前面选择的图片，在【预览】列表框中看到当前选中图片的预览效果。在【相册中的图片】列表框中选择 4.jpg 选项，单击[↑]按钮，可以将其向上移动一张图片，如图 14-93 所示。

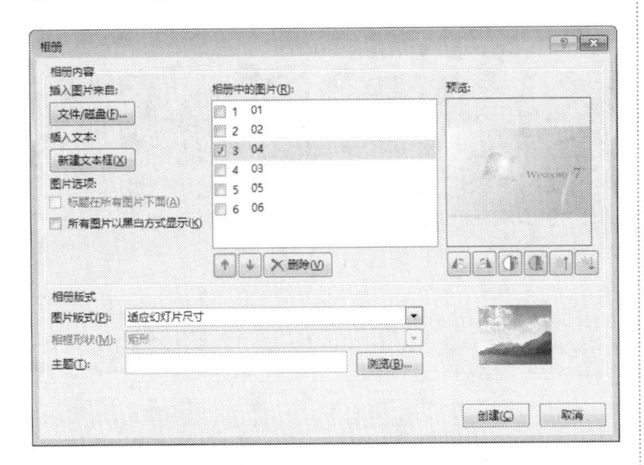

图 14-93　【相册】对话框

步骤 7 参照相同的方法，调整【相册中的图片】列表框中各个图片的先后顺序，如图 14-94 所示。

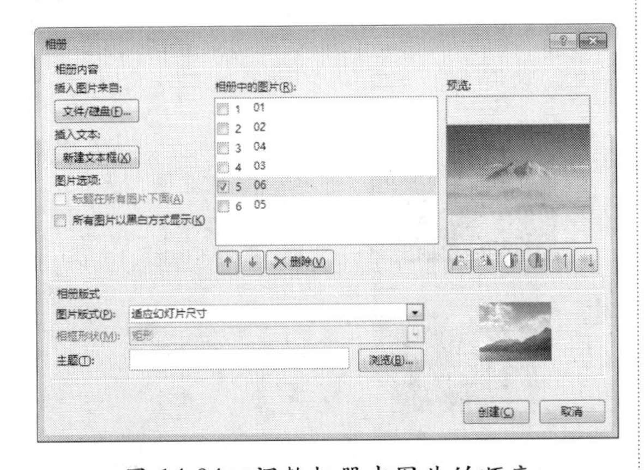

图 14-94　调整相册中图片的顺序

步骤 8 在【图片版式】下拉列表中选择【1 张图片】选项，然后在【相框形状】下拉列表中选择【圆角矩形】选项，如图 14-95 所示。

步骤 9 单击【相册版式】区域【主题】文本框右侧的【浏览】按钮，在弹出的【选择主题】对话框中选择需要的主题，如图 14-96 所示。

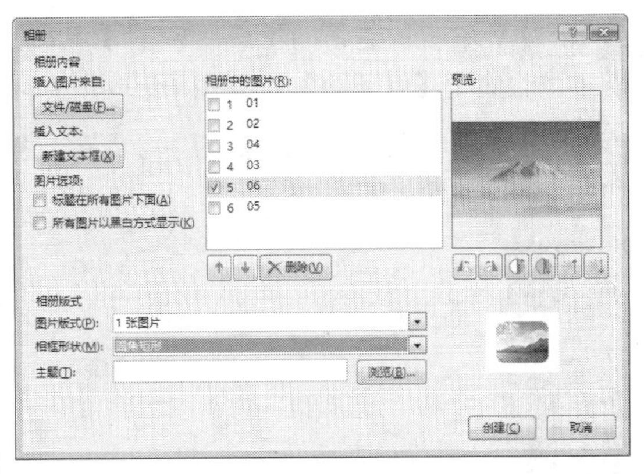

图 14-95　设置相册版式

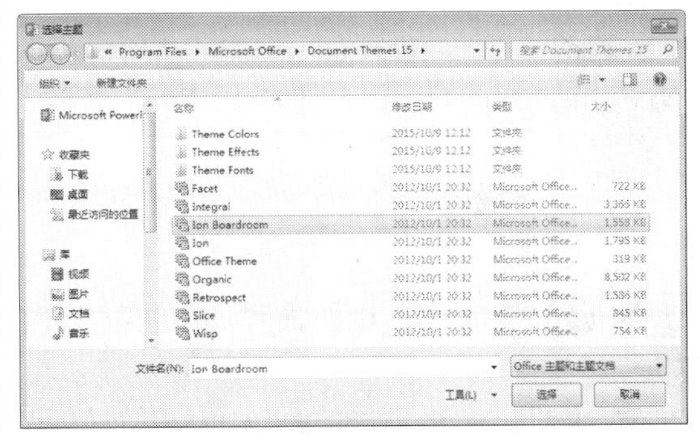

图 14-96　【选择主题】对话框

步骤 10 单击【选择】按钮，返回到【相册】对话框，单击【创建】按钮返回到幻灯片中，即可看到系统根据前面设置的内容自动创建了一个电子相册的演示文稿，如图 14-97 所示。

图 14-97　创建电子相册演示文稿

步骤 11 单击快速访问工具栏中的【保存】按钮，进入【另存为】界面，在其中选择文件保存的位置为【计算机】，如图 14-98 所示。

步骤 12 单击【浏览】按钮，打开【另存为】对话框，将该演示文稿保存为“电子相册”文件，如图 14-99 所示。

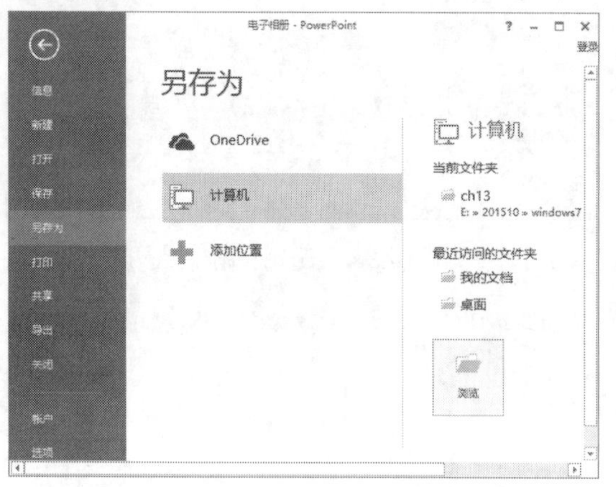

图 14-98　【另存为】界面

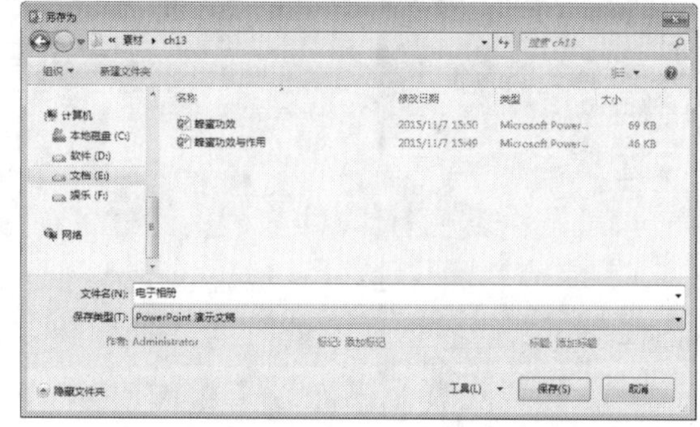

图 14-99　【另存为】对话框

步骤 13 选择产品电子相册 1 中的第一张幻灯片，在其中根据实际情况修改相应的信息，如图 14-100 所示。

步骤 14 在幻灯片浏览视图状态下的最终效果如图 14-101 所示。

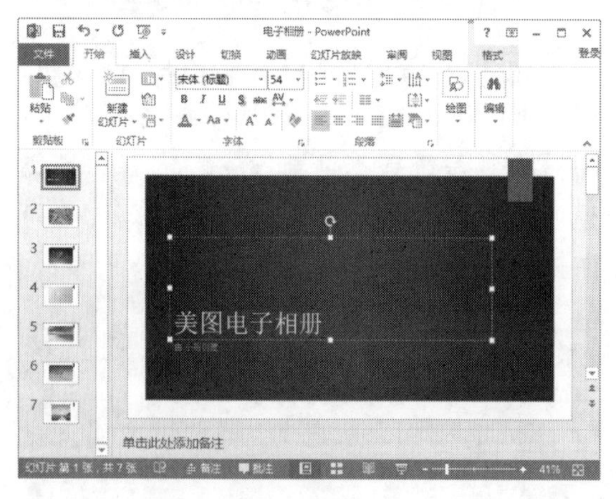

图 14-100　修改幻灯片信息

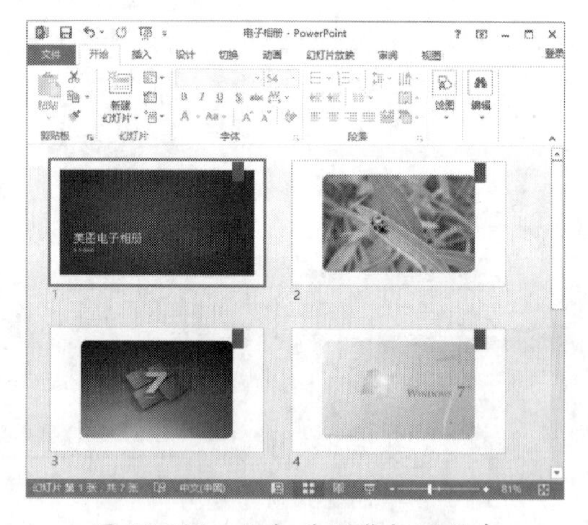

图 14-101　幻灯片浏览视图状态

14.5.2 制作电影字幕效果

在 PowerPoint 2013 中可以轻松实现电影字幕的播放效果，具体操作步骤如下。

步骤 1 新建一个【空白】版式的幻灯片，并选择【设计】选项卡【主题】选项组【其他主题】列表框中的【平面】主题样式，如图 14-102 所示。

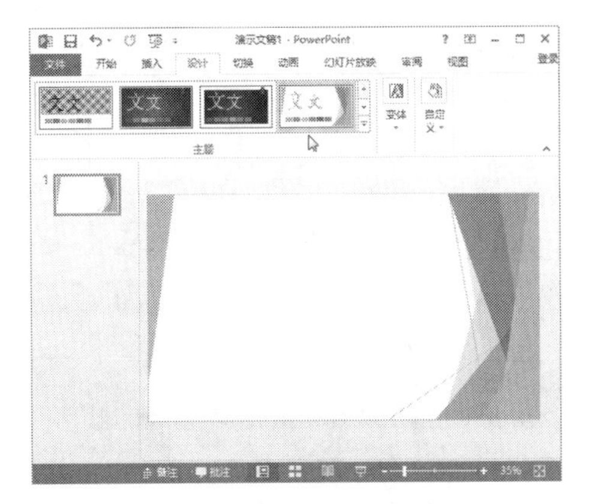

图 14-102　选择主题样式

步骤 2 单击【插入】选项卡【文本】选项组中的【文本框】按钮，在弹出的下拉列表中选择【横排文本框】选项，在幻灯片上绘制一个文本框，如图 14-103 所示。

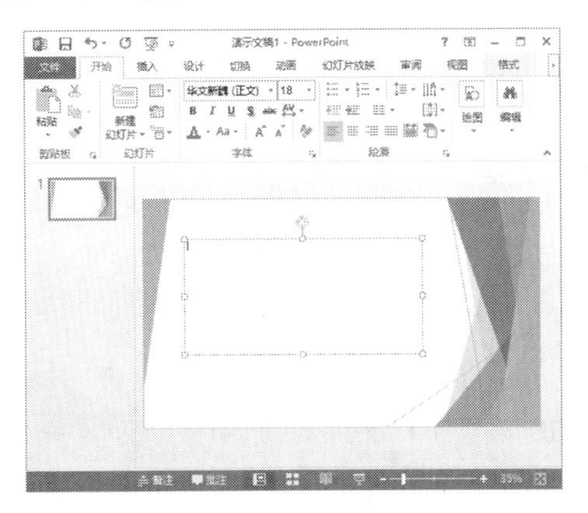

图 14-103　应用主题样式

步骤 3 右击文本框，在弹出的快捷菜单中选择【编辑文字】命令，如图 14-104 所示。

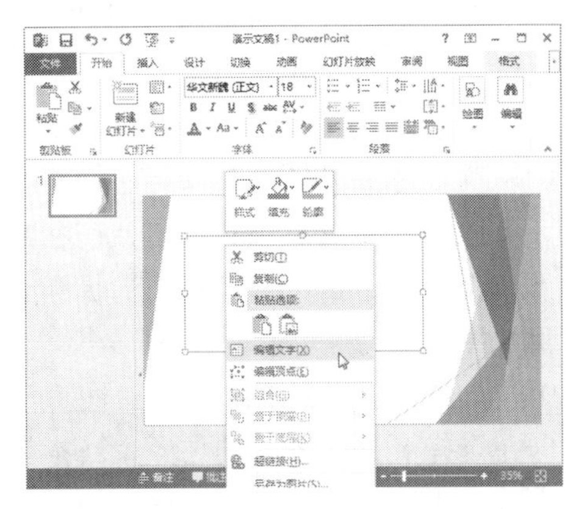

图 14-104　选择【编辑文字】命令

步骤 4 在文本框中输入文本内容，并调整文字的字体、大小及格式，如图 14-105 所示。

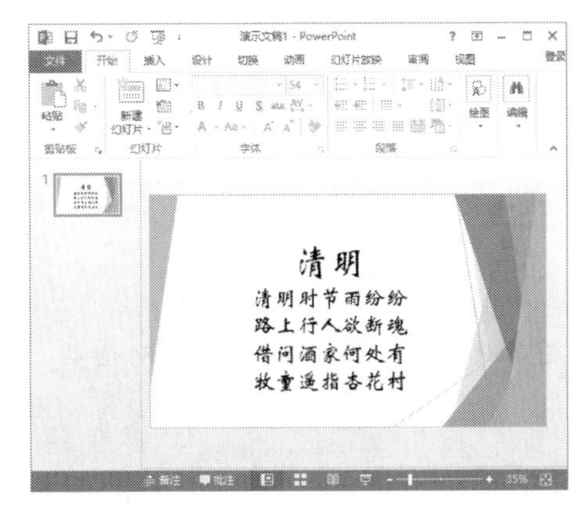

图 14-105　输入文字

步骤 5 选中文本框，单击【动画】选项卡【动画】选项组中的【动画样式】按钮，在弹出的下拉列表中选择【更多退出效果】选项，如图 14-106 所示。

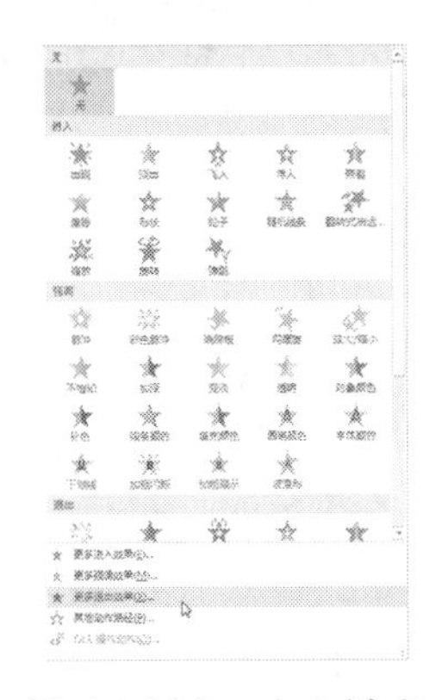

图 14-106　动画样式

步骤 6 在弹出的【更改退出效果】对话框中选择【华丽型】区域的【字幕式】选项，如图 14-107 所示。

步骤 7 单击【确定】按钮，即可完成电影字幕效果的制作。单击【动画】选项卡【预览】选项组中的【预览】按钮，可以预览制作的字幕动画效果，如图 14-108 所示。

步骤 8 在【动画】选项卡下【计时】选项组中可以设置动画播放的持续时间，如设置持续时间为 2 分钟，如图 14-109 所示。

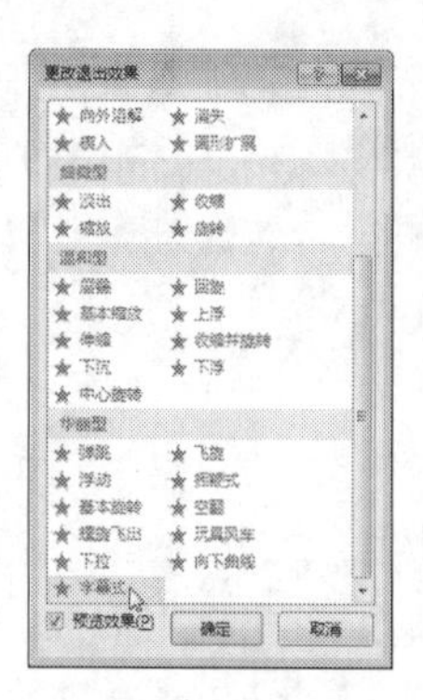

图 14-107 【更多退出效果】对话框

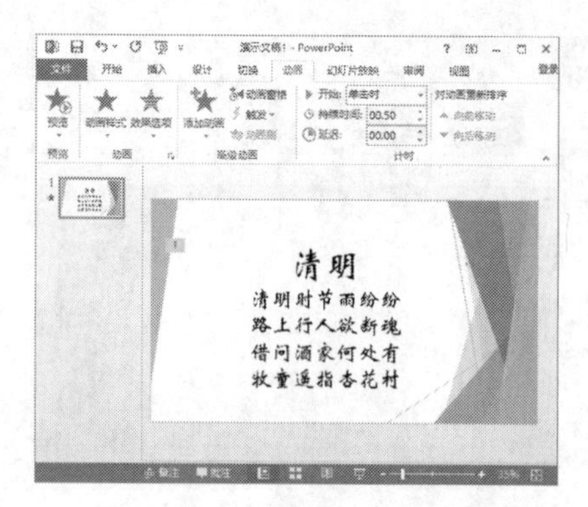

图 14-108 预览字幕动画

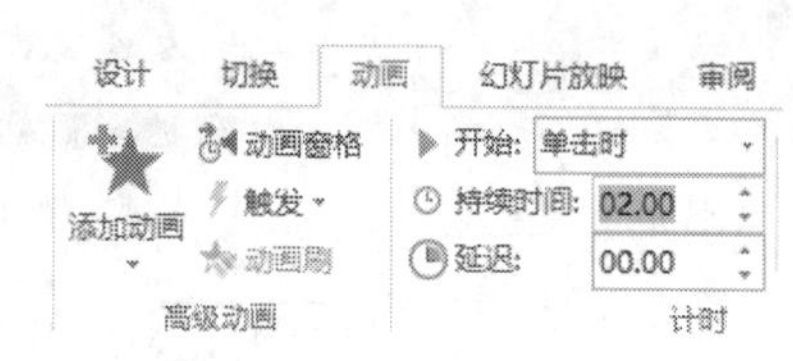

图 14-109 设置动画计时

14.6 课后练习与指导

14.6.1 创建个人电子相册

☆ 练习目标

了解插入电子相册的用途。

掌握创建电子相册的方法。

☆ 专题练习指南

01 新建相册。

02 插入照片。

03 插入艺术字或者文字。

04 插入背景音乐或多媒体文件。

14.6.2 调整图片的位置

☆ 练习目标

了解插入图片的过程。

掌握插入图片的方法。

☆ 专题练习指南

01 启动 PowerPoint 2013，单击【开始】选项卡下【幻灯片】选项组中的【新建幻灯片】按钮，在弹出的下拉列表中选择【标题和内容】版式。

02 新建一个幻灯片。

03 单击幻灯片编辑窗口中的【插入来自文件的图片】按钮，或单击【插入】选项卡【图片】选项组中的【图片】按钮。

04 弹出【插入图片】对话框，在【查找范围】下拉列表中选择图片所在的位置，然后在下面的列表框中选择需要使用的图片。

05 单击【插入】按钮即可。

06 选择要更改图片的位置，当指针在图片上变为✣形状时，按住鼠标左键拖曳，即可更改图片的位置。

放映、打包和发布幻灯片

● **本章导读**

在日常办公中，通常需要把制作好的 PowerPoint 演示文稿在计算机上放映，在放映过程中可以设置放映效果，如果演示文稿过大可以进行打包，也可以将演示文稿发布到幻灯片库中以便重复使用这些幻灯片。

● **学习目标**

◎ 掌握幻灯片切换效果。

◎ 掌握如何打包与解包演示文稿。

◎ 掌握演示文稿的发布操作。

◎ 掌握演示文稿的加密操作。

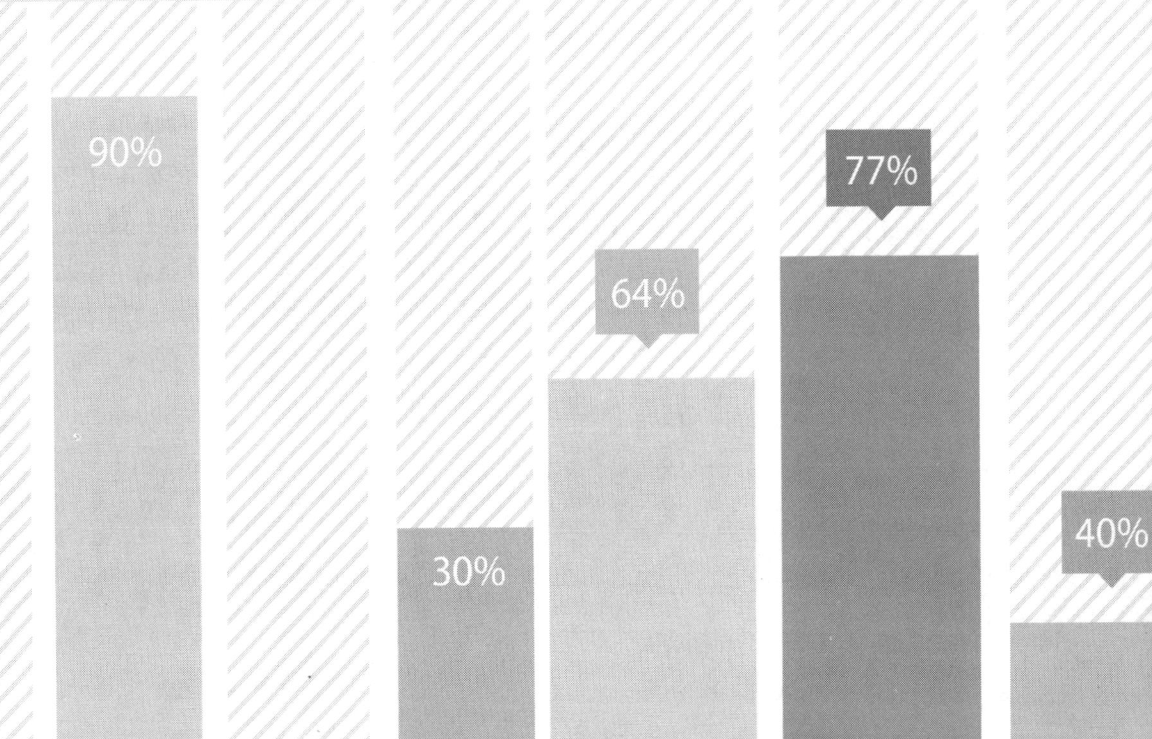

15.1 添加幻灯片切换效果

当一个演示文稿完成后，即可放映幻灯片。在放映幻灯片时可根据需要设置幻灯片的切换效果。幻灯片切换时产生的类似动画效果，可以使演示文稿在放映时更加形象生动。

15.1.1 添加细微型切换效果

为幻灯片添加细微型切换效果的具体操作步骤如下。

步骤 1 打开演示文稿，选中一张需要添加切换效果的幻灯片，如图 15-1 所示。

图 15-1 选择幻灯片

步骤 2 单击【切换】选项卡【切换到此幻灯片】选项组中的【其他】按钮，在弹出的下拉列表中选择【细微型】区域内的【擦除】选项，即可为选中的幻灯片添加擦除切换效果，如图 15-2 所示。

图 15-2 选择细微型切换效果

15.1.2 添加华丽型切换效果

除了为幻灯片添加细微型切换效果外，还可以为幻灯片添加华丽型切换效果。为幻灯片添加华丽型切换效果的具体操作步骤如下。

步骤 1 打开演示文稿，选中一张需要添加切换效果的幻灯片，如图 15-3 所示。

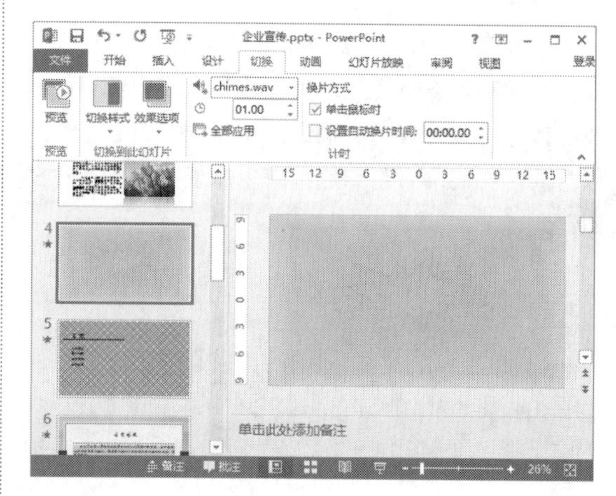

图 15-3 选择幻灯片

步骤 2 单击【切换】选项卡【切换到此幻灯片】选项组中的【其他】按钮，在弹出的下拉列表中选择【华丽】区域内的【溶解】选项，即可为选中的幻灯片添加溶解切换效果，如图 15-4 所示。

图 15-4 选择华丽型切换效果

15.1.3 添加动态切换效果

为幻灯片添加动态切换效果的具体步骤操作如下。

步骤 1 打开演示文稿，选中一张需要添加切换效果的幻灯片，如图 15-5 所示。

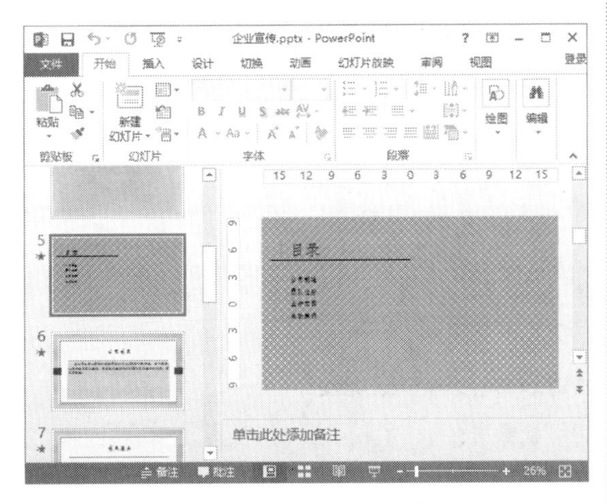

图 15-5　选择幻灯片

步骤 2 单击【切换】选项卡【切换到此幻灯片】选项组中的【其他】按钮，在弹出的下拉列表中选择【动态内容】区域内的【旋转】选项，即可为选中的幻灯片添加旋转切换效果，如图 15-6 所示。

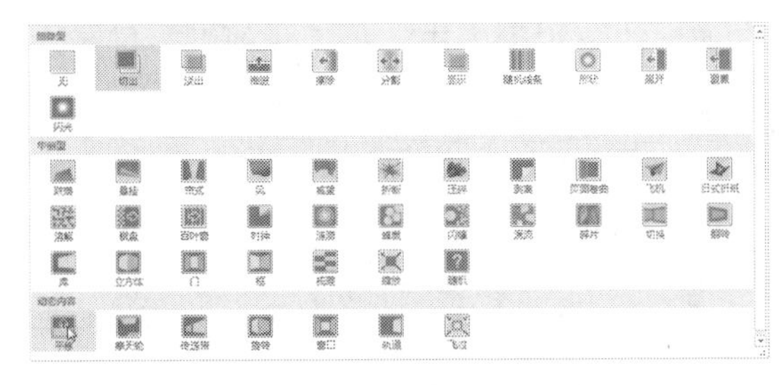

图 15-6　选择动态型切换效果

15.1.4 全部应用切换效果

除了为每一张幻灯片设置不同的切换效果外，还可以把演示文稿中的所有幻灯片设置为相同的切换效果。将一种切换效果应用到所有幻灯片上的具体操作步骤如下。

步骤 1 打开演示文稿，在左侧的幻灯片快速浏览区域内单击第一张幻灯片的缩略图，从而选择第一张幻灯片，如图 15-7 所示。

图 15-7　选择第一张幻灯片

步骤 2 单击【切换】选项卡【切换到此幻灯片】选项组中的【其他】按钮，在弹出的下拉列表中选择【华丽型】区域内的【日式折纸】选项，即可为选中的幻灯片添加日式折纸效果，如图 15-8 所示。

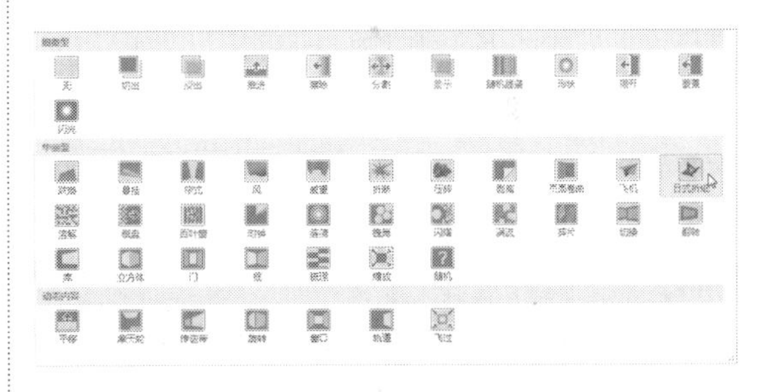

图 15-8　选择切换效果

步骤 3 单击【切换】选项卡【计时】选项组中的【全部应用】按钮，即可为所有的幻灯片设置相同的切换效果，如图 15-9 所示。

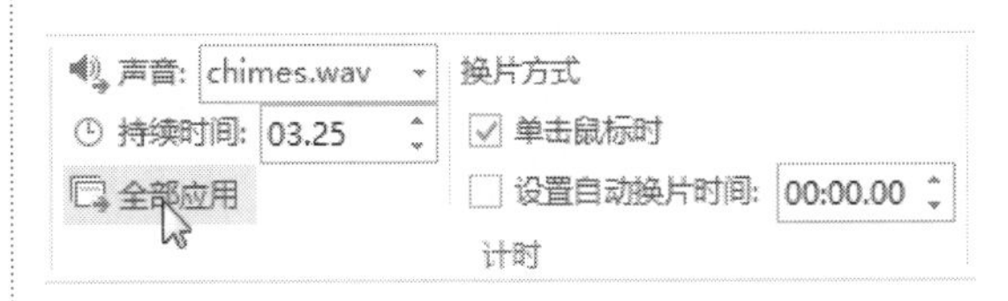

图 15-9　单击【全部应用】按钮

15.1.5 预览切换效果

为幻灯片设置过切换效果后，除了在放映演示文稿过程中观看切换的效果外，还可以在设置切换效果后直接预览切换的效果。

预览切换效果的具体操作如下：单击【切换】选项卡【预览】选项组中的【预览】按钮，然后在【幻灯片】窗格中预览切换效果，如图 15-10 所示。

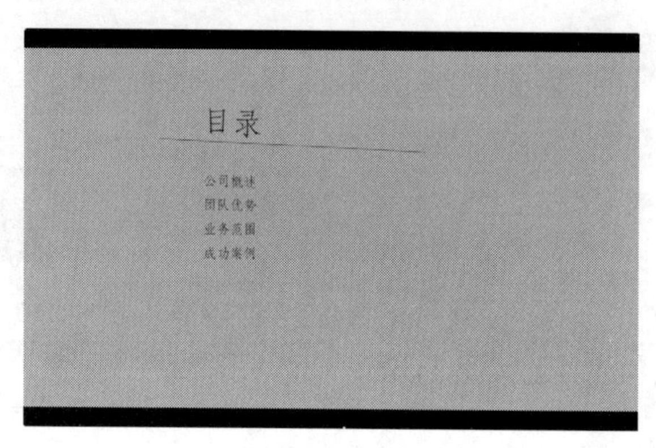

图 15-10　预览切换效果

15.2 设置切换效果

为幻灯片添加切换效果后，可以设置幻灯片切换效果的持续时间、添加声音效果以及对切换效果的属性进行自定义。

15.2.1 更改切换效果

如果对设置后的切换效果不满意，还可以更改幻灯片的切换效果。更改切换效果的具体操作步骤如下。

步骤 1 单击选中一张需要设置切换效果的幻灯片，如图 15-11 所示。

步骤 2 单击【切换】选项卡【切换到此幻灯片】选项组中【其他】按钮，在弹出的下拉列表中选择【华丽型】区域内的【飞机】选项，如图 15-12 所示。

步骤 3 预览切换效果不满意时，可以更改切换效果，如这里单击【切换】选项卡【切换到此幻灯片】选项组中的【其他】按钮，在弹出的下拉列表中选择【华丽型】区域内的【页面卷曲】选项，即可更改幻灯片的切换效果，如图 15-13 所示。

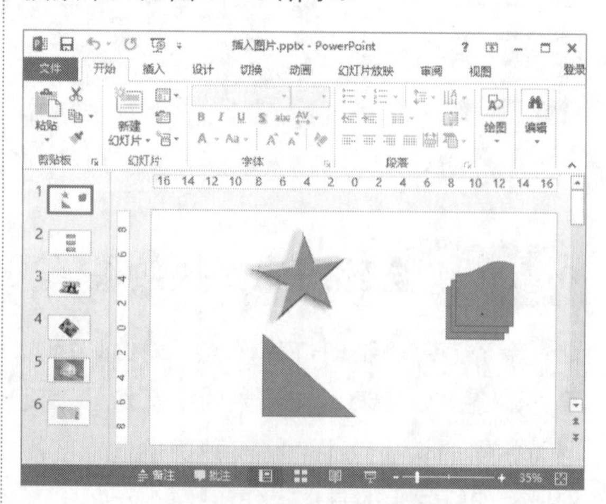

图 15-11　选择幻灯片

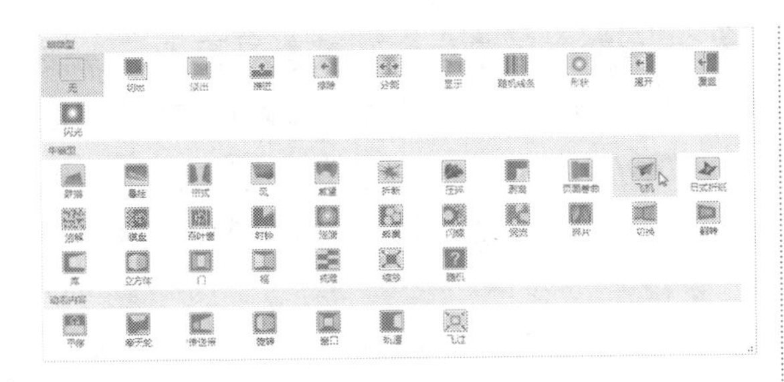

图 15-12 选择切换效果 1

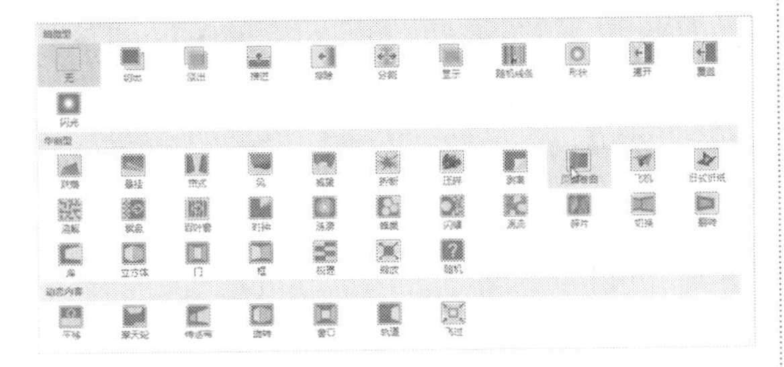

图 15-13 选择切换效果 2

15.2.2 设置切换效果属性

在 PowerPoint 2013 中的一些切换效果具有自定义的属性，可以对这些属性进行自定义设置，具体操作步骤如下。

步骤 1 单击选中一张需要设置效果属性的幻灯片，如这里选择第一张幻灯片，如图 15-14 所示。

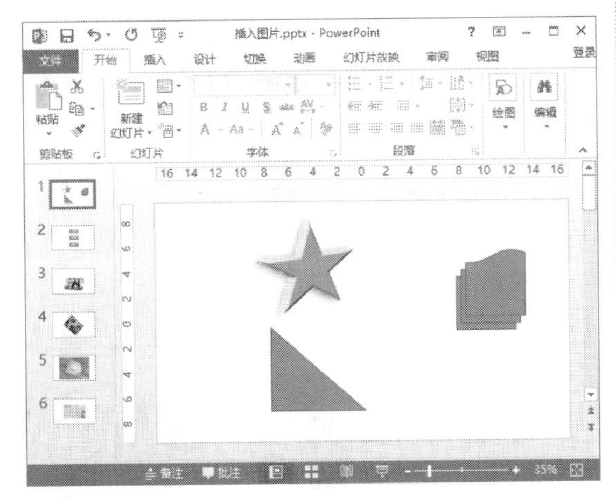

图 15-14 选择第一张幻灯片

步骤 2 单击【切换】选项卡【切换到此幻灯片】选项组中的【快速浏览】选项，如单击【随机线条】按钮，如图 15-15 所示。

图 15-15 单击【随机线条】按钮

步骤 3 单击【效果选项】按钮，在弹出的下拉列表中包括【垂直】和【水平】选项，此时随机线条切换效果默认的属性是垂直选项，可以选择【水平】选项更改切换效果的属性，如图 15-16 所示。

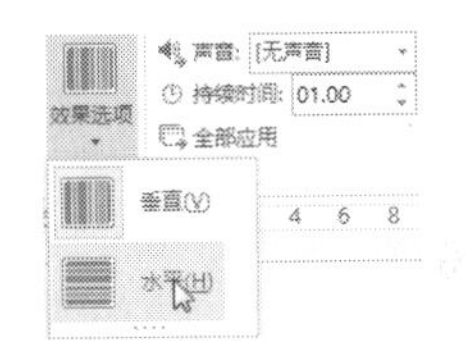

图 15-16 选择效果选项

15.2.3 为切换效果添加声音

为切换的效果添加声音可以使切换效果更加逼真，具体操作步骤如下。

步骤 1 单击选中需要为切换效果添加声音的一张幻灯片，如这里选择第二张幻灯片，如图 15-17 所示。

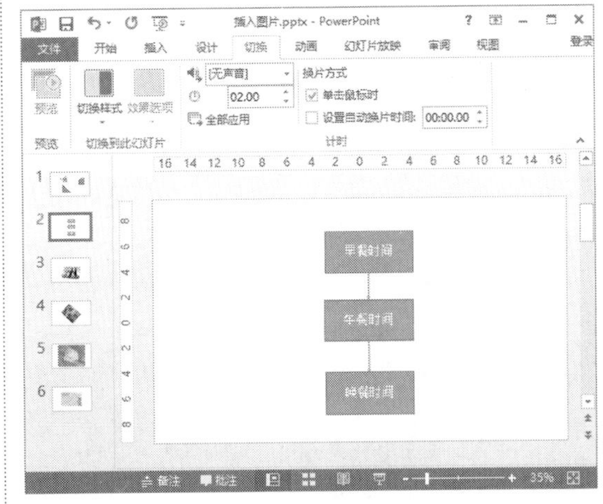

图 15-17 选择第二张幻灯片

步骤 2 单击【切换】选项卡【计时】选项组中的【声音】按钮，如图 15-18 所示。

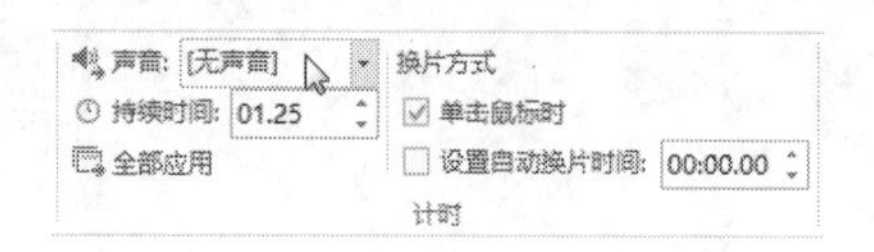

图 15-18 【计时】选项组

步骤 3 在弹出的下拉列表中选择一种声音特效，如选择【风铃】选项应用到幻灯片的切换效果中，如图 15-19 所示。

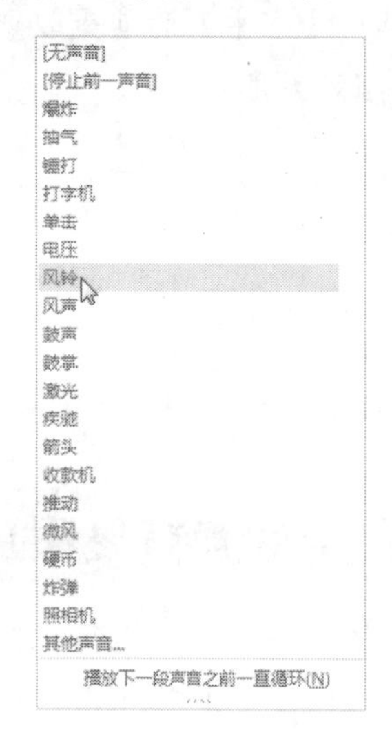

图 15-19 选择声音特效

步骤 4 也可以单击选择【其他声音】选项来添加需要的声音特效，如图 15-20 所示。

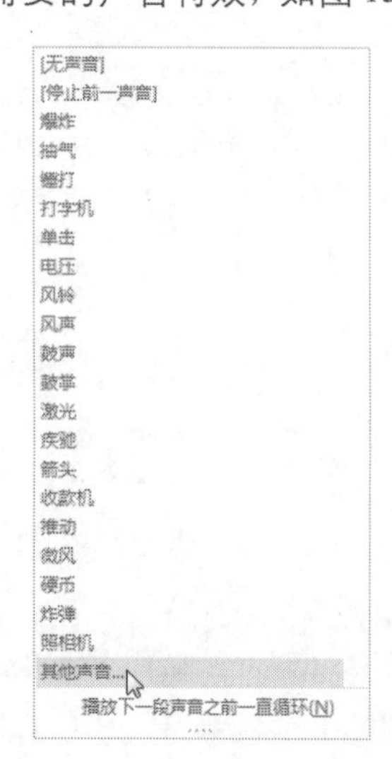

图 15-20 选择【其他声音】选项

步骤 5 弹出【添加音频】对话框，在该对话框中选择本地计算机上的音频文件，单击【确定】按钮后即可将该音频文件添加到幻灯片的切换效果中，如图 15-21 所示。

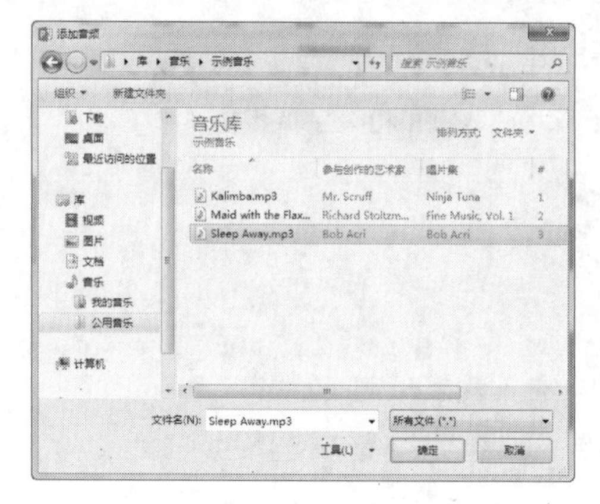

图 15-21 【添加音频】对话框

15.2.4 设置切换效果的持续时间

在切换幻灯片中，用户可自定义幻灯片切换的持续时间，从而控制幻灯片的切换速度，以便观众有充裕的时间去查看幻灯片内容。为幻灯片切换效果设置持续时间的具体操作步骤如下。

步骤 1 单击选中一张幻灯片，如这里选择演示文稿中的第一张幻灯片，如图 15-22 所示。

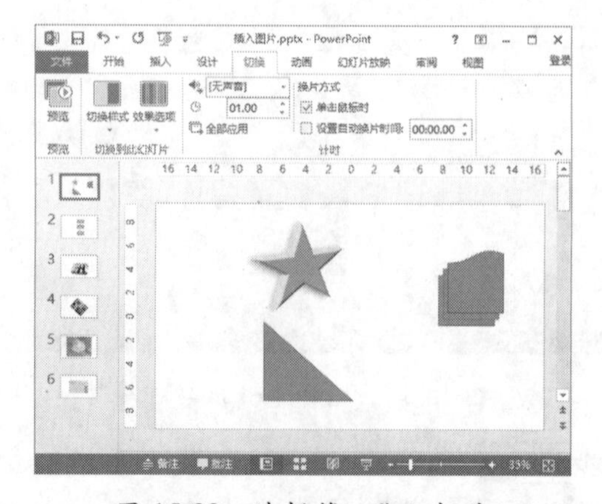

图 15-22 选择第一张幻灯片

步骤 2 单击【切换】选项卡【计时】选项组中的【持续时间】选项的文本框，如图 15-23 所示。

步骤 3 在【持续时间】文本框内输入自定义的时间，如输入“03.00”，即可将幻灯片的切换时间设置为 3 秒，如图 15-24 所示。

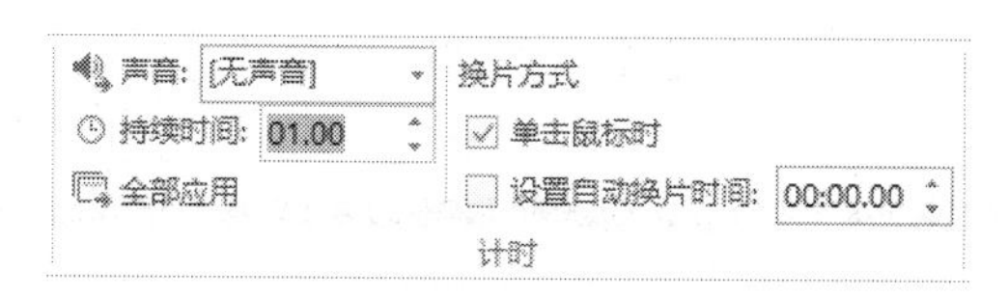

图 15-23　【计时】选项组

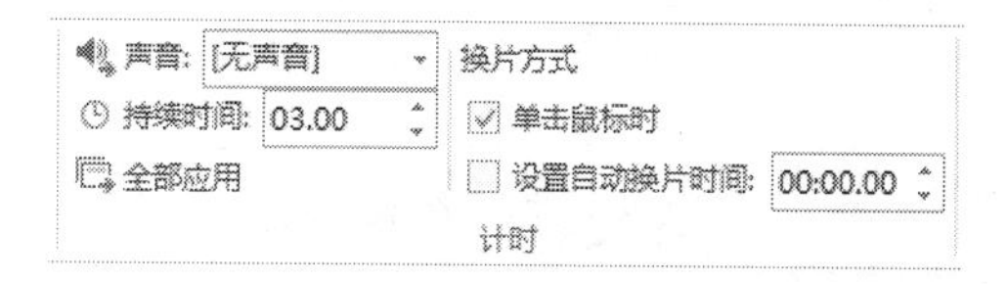

图 15-24　设置计时时间

15.2.5 设置切换方式

为幻灯片设置切换方式，以便在幻灯片放映时按照设置的方式进行切换。设置切换方式的具体操作步骤如下。

步骤 1 单击选中需要设置切换方式的幻灯片，如这里选择第三张幻灯片，如图 15-25 所示。

步骤 2 在【切换】选项卡【计时】选项组中的【换片方式】区域内选中【单击鼠标时】复选框，即可设置在该幻灯片内单击鼠标切换到下一张幻灯片中，如图 15-26 所示。

图 15-25　选择第三张幻灯片

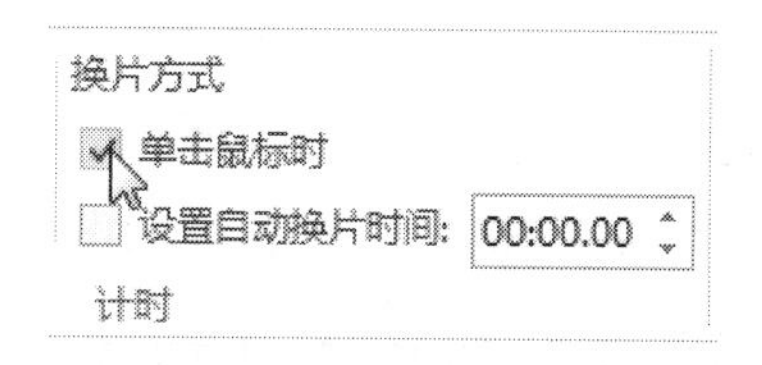

图 15-26　设置换片方式

步骤 3 在【切换】选项卡【计时】选项组中的【换片方式】区域内取消选中【单击鼠标时】复选框，选中【设置自动换片时间】复选框，即可自定义幻灯片切换的时间，如输入“00:10.00”，如图 15-27 所示。

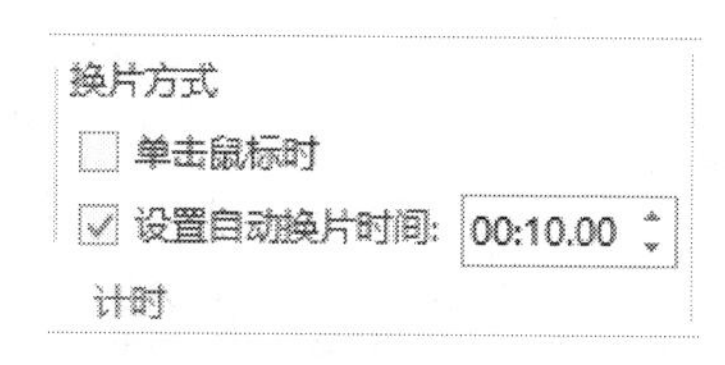

图 15-27　设置换片时间

步骤 4 设置自动换片时间后，从第三张幻灯片切换到第四张幻灯片的时间为 10 秒。

15.3 放映幻灯片

用户可根据需要设置幻灯片的放映方式，如自动放映、自定义放映、排练计时放映等。

15.3.1 从头开始放映

一般情况下，放映幻灯片是从头开始放映的，设置幻灯片从头开始放映的具体操作步骤如下。

步骤 1 打开本地计算机中的“插入图片 .pptx”演示文稿，如图 15-28 所示。

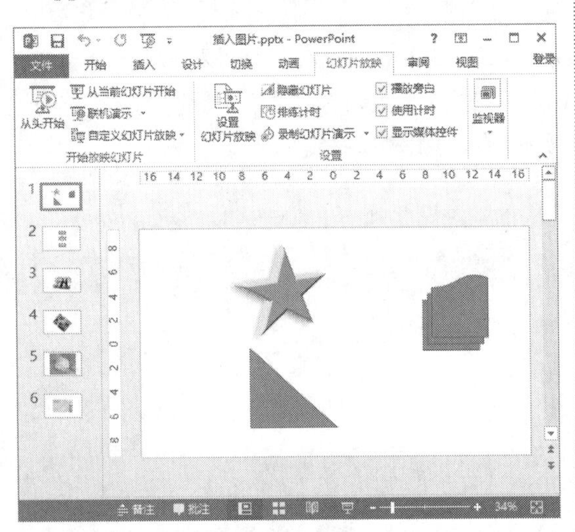

图 15-28 打开素材文件

步骤 2 单击【幻灯片放映】选项卡【开始放映幻灯片】选项组中的【从头开始】按钮，如图 15-29 所示。

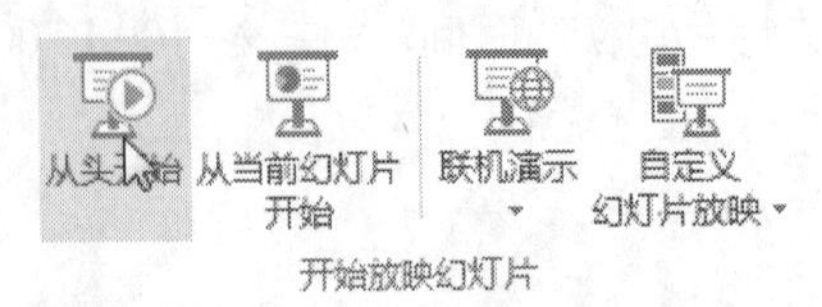

图 15-29 单击【从头开始】按钮

步骤 3 系统开始自动放映幻灯片，如图 15-30 所示。

步骤 4 单击鼠标或按空格键即可切换到下一张幻灯片，如图 15-31 所示。

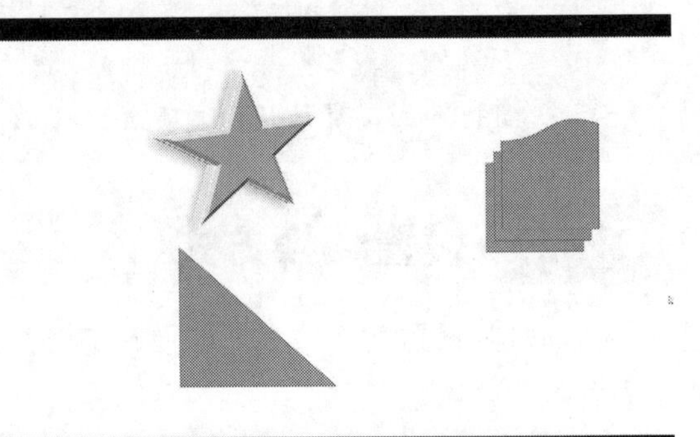

图 15-30 自动放映幻灯片

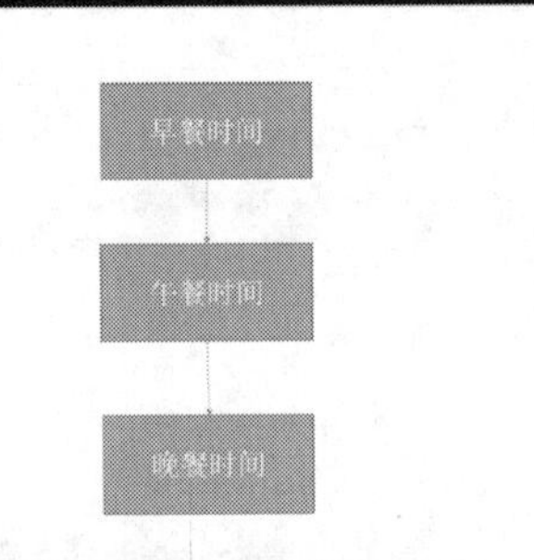

图 15-31 切换幻灯片

步骤 5 按 Esc 键即可退出幻灯片放映。

15.3.2 从当前幻灯片开始放映

放映幻灯片时可以选定某一张幻灯片开始放映，具体操作步骤如下。

步骤 1 打开创建好的演示文稿，选中需要从当前开始放映的幻灯片，如选择第三张幻灯片，如图 15-32 所示。

步骤 2 单击【幻灯片放映】选项卡【开始放映幻灯片】选项组中的【从当前幻灯片开始】按钮，如图 15-33 所示。

图 15-32　选择幻灯片

图 15-33　设置开始放映方式

步骤 3 系统即可从当前幻灯片开始放映，如图 15-34 所示。

图 15-34　从当前开始放映

步骤 4 单击鼠标或按空格键即可切换到下一张幻灯片，如图 15-35 所示。

图 15-35　切换幻灯片

步骤 5 按 Esc 键即可退出幻灯片放映。

15.3.3 自定义幻灯片放映

放映幻灯片时，可以为幻灯片设置多种自定义放映方式。设置自定义幻灯片放映的具体操作步骤如下。

步骤 1 打开创建好的演示文稿，如图 15-36 所示。

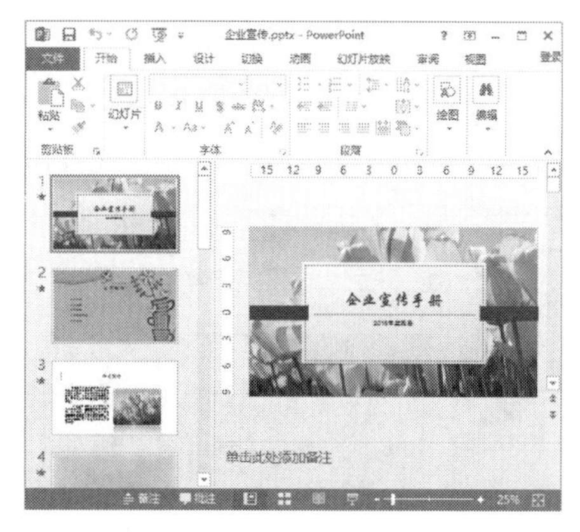

图 15-36　打开演示文稿

步骤 2 单击【幻灯片放映】选项卡【开始放映幻灯片】选项组中的【自定义幻灯片放映】按钮，在弹出的下拉列表中选择【自定义放映】选项，如图 15-37 所示。

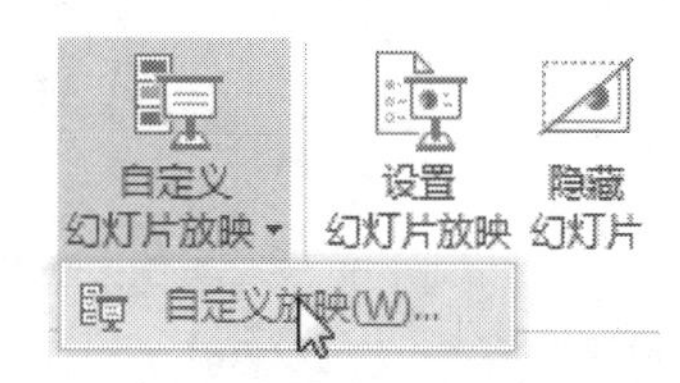

图 15-37　选择【自定义放映】选项

步骤 3 弹出【自定义放映】对话框，单击【新建】按钮，如图 15-38 所示。

图 15-38　【自定义放映】对话框

步骤 4 弹出【定义自定义放映】对话框，在【在演示文稿中的幻灯片】列表框中选择需要放映的幻灯片，然后单击【添加】按钮，即可将选中的幻灯片添加到【在自定义放映中的幻灯片】列表框中，如图 15-39 所示。

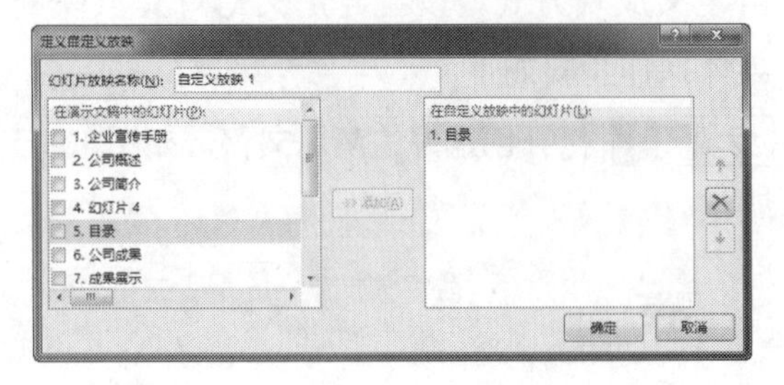

图 15-39　【定义自定义放映】对话框

步骤 5 单击【确定】按钮，返回到【自定义放映】对话框，如图 15-40 所示。

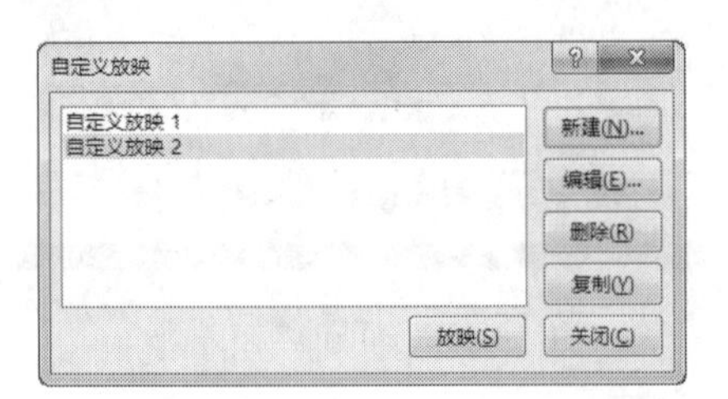

图 15-40　【自定义放映】对话框

步骤 6 单击【放映】按钮，即可查看自定义放映的效果，如图 15-41 所示。

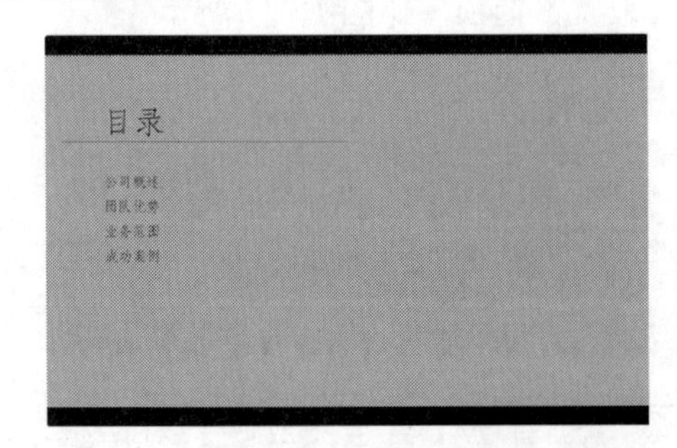

图 15-41　查看放映效果

15.3.4 放映时设置隐藏幻灯片

将演示文稿中的一张或多张幻灯片隐藏，在放映幻灯片时就可以不显示此幻灯片。设置隐藏幻灯片的具体操作步骤如下。

步骤 1 打开创建好的演示文稿，选择需要设置为隐藏的幻灯片，如这里选择第二张幻灯片，如图 15-42 所示。

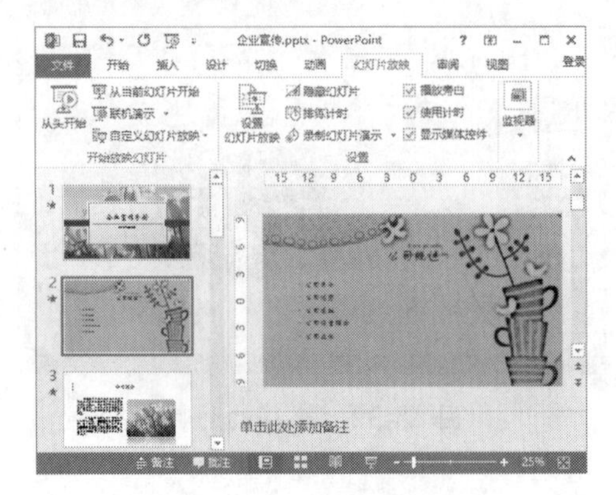

图 15-42　选择第二张幻灯片

步骤 2 单击【幻灯片放映】选项卡【设置】选项组中的【隐藏幻灯片】按钮，如图 15-43 所示。

图 15-43　单击【隐藏幻灯片】按钮

步骤 3 即可在左侧的幻灯片快速浏览区域内看到第二张幻灯片编号处于隐藏状态，如图 15-44 所示。设置完成后，在放映幻灯片时第二张幻灯片将不再显示。

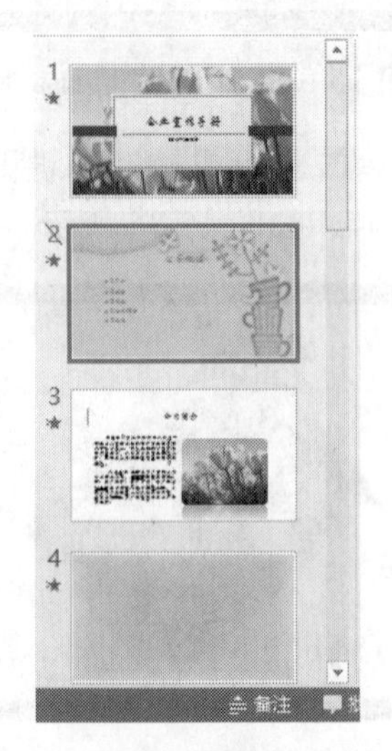

图 15-44　隐藏幻灯片

15.3.5 设置其他放映选项

在 PowerPoint 2013 中用户可以使用【设置幻灯片放映】功能，自定义放映类型、放映选项、换片方式等参数。设置幻灯片放映方式的具体操作步骤如下。

步骤 1 打开创建好的演示文稿，如打开已创建好的“企业宣传 .pptx”演示文稿，如图 15-45 所示。

图 15-45 打开演示文稿

步骤 2 单击【幻灯片放映】选项卡【设置】选项组中的【设置幻灯片放映】按钮，如图 15-46 所示。

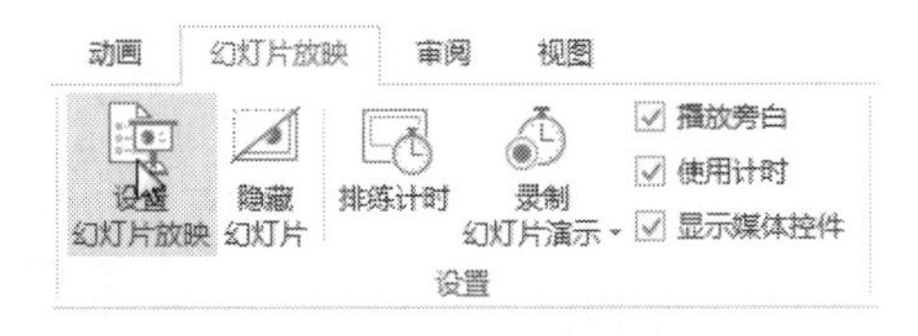

图 15-46 【幻灯片放映】选项卡

步骤 3 弹出【设置放映方式】对话框，单击【放映选项】区域内的【绘图笔颜色】按钮，在弹出的下拉列表中选择【标准色】区域内的浅蓝，如图 15-47 所示。

步骤 4 选中【放映幻灯片】区域中的第二个单选按钮，设置幻灯片放映的页数为 1 ～ 10，如图 15-48 所示。

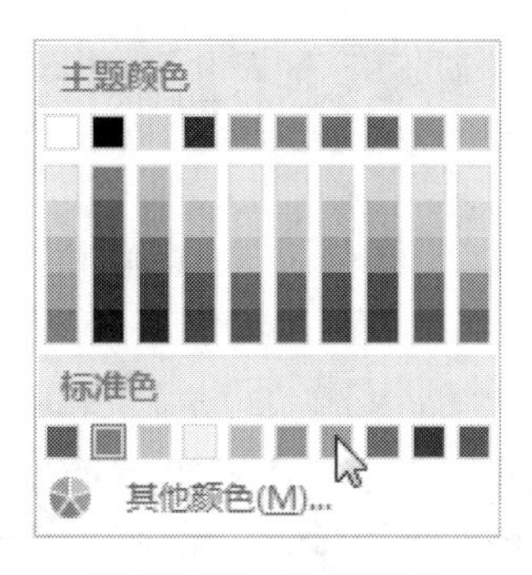

图 15-47 选择颜色

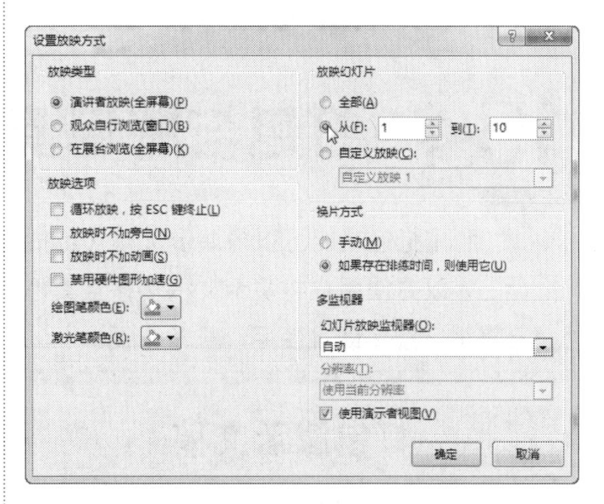

图 15-48 【设置放映方式】对话框

步骤 5 单击【确定】按钮，退出【设置放映方式】对话框。单击【幻灯片放映】选项卡【开始放映幻灯片】选项组中的【从头开始】按钮，如图 15-49 所示。

图 15-49 单击【从头开始】按钮

步骤 6 此时幻灯片进入放映模式，右击，在弹出的快捷菜单中选择【指针选项】子菜单中的【笔】命令，如图 15-50 所示。

步骤 7 用户在屏幕上写字，可以看到笔触的颜色发生变化，同时在放映幻灯片时，只放映了 1 ～ 10 页的幻灯片，如图 15-51 所示。

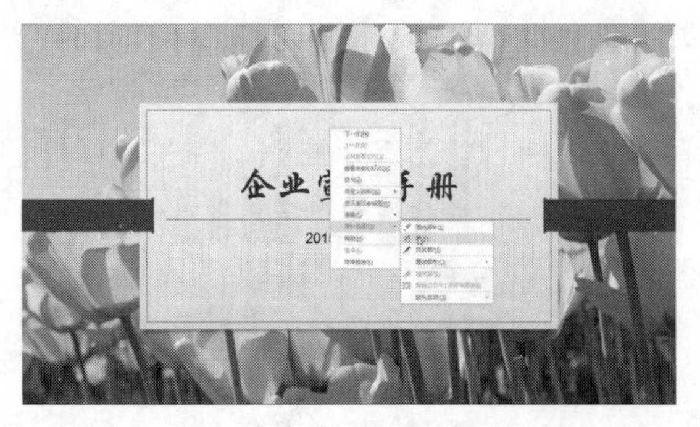

图 15-50 选择【笔】命令

图 15-51 在幻灯片中写字

15.4 打包与解包演示文稿

利用打包功能可以将演示文稿（包括所有链接的文档和多媒体文件）压缩至硬盘或软盘上，以方便用户将演示文稿转移至其他计算机上进行幻灯片播放。对打包的演示文稿，只需进行解包即可使用，非常方便。

15.4.1 打包演示文稿

打包演示文稿的具体操作步骤如下。

步骤 1 单击【文件】选项卡，进入【文件】界面，在该界面中选择【导出】选项，然后在【导出】界面中选择【将演示文稿打包成CD】选项，如图 15-52 所示。

图 15-52 【导出】界面

步骤 2 单击【打包成 CD】按钮，弹出【打包成 CD】对话框，在【将 CD 命名为】文本框中输入名称，如输入“插入图片 CD”，如图 15-53 所示。

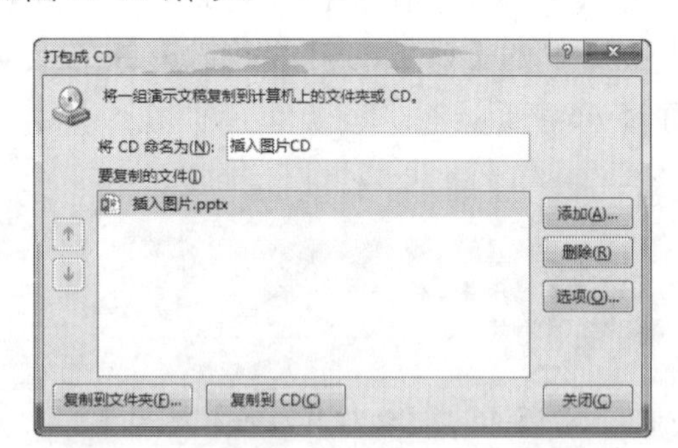

图 15-53 【打包成 CD】对话框

步骤 3 单击【选项】按钮，弹出【选项】对话框，在该对话框中设置打包的相关选项并选中复选框，在【打开每个演示文稿时所用密码】文本框和【修改每个演示文稿时所用密码】文本框内分别输入自定义密码，如图 15-54 所示。

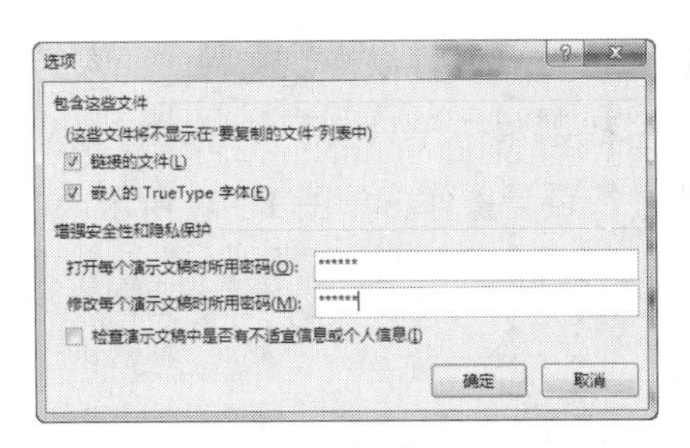

图 15-54　【选项】对话框

步骤 4　单击【确定】按钮，弹出【确认密码】对话框，在【重新输入打开权限密码】文本框中输入刚刚设置的密码，如图 15-55 所示。

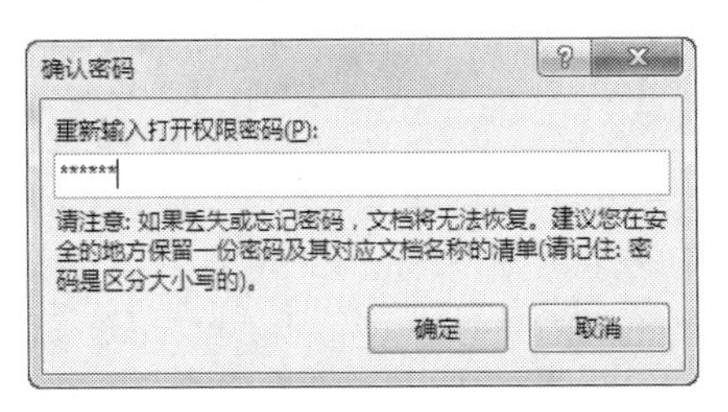

图 15-55　【确认密码】对话框

步骤 5　单击【确定】按钮，弹出【确认密码】对话框，在【重新输入修改权限密码】文本框内输入刚刚设置的密码，如图 15-56 所示。

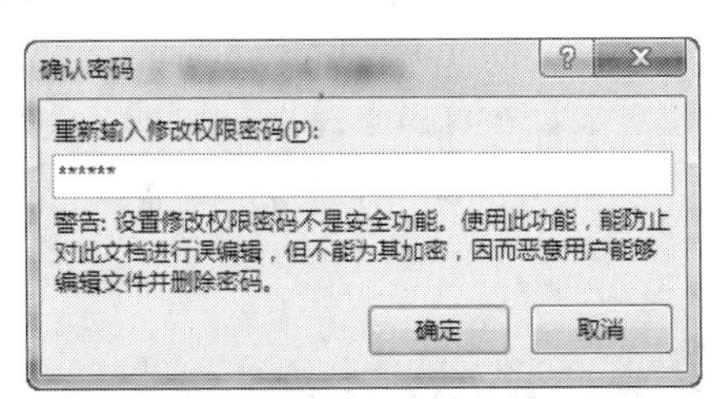

图 15-56　输入密码

步骤 6　单击【确定】按钮，返回到【打包成 CD】对话框，在该对话框中单击【复制到文件夹】按钮，弹出【复制到文件夹】对话框，如图 15-57 所示。

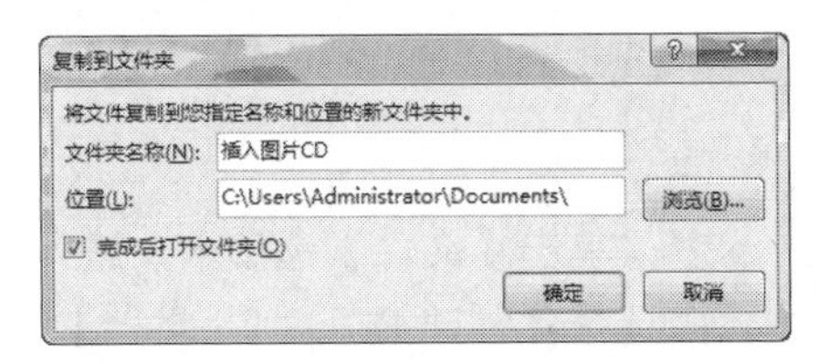

图 15-57　【复制到文件夹】对话框

步骤 7　单击【浏览】按钮，弹出【选择位置】对话框，在其中选择文件的保存位置，如选择"桌面"作为文件的保存位置，如图 15-58 所示。

图 15-58　【选择位置】对话框

步骤 8　单击【选择】按钮后返回到【复制到文件夹】对话框，然后单击【确定】按钮，弹出信息提示框，单击【是】按钮，即可开始复制文件，在复制完毕后，单击【关闭】按钮，即可完成演示文稿的打包操作，如图 15-59 所示。

图 15-59　信息提示对话框

步骤 9　打包完成后即可在桌面上看到"插入图片 CD"文件夹，如图 15-60 所示。

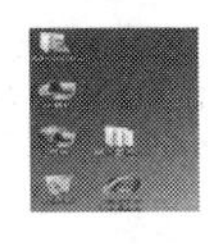

图 15-60　打包成的 CD

15.4.2　解包演示文稿

解包演示文稿的具体操作步骤如下。

步骤 1　找到打包演示文稿所在的位置，双击"插入图片 .pptx"文件，如图 15-61 所示。

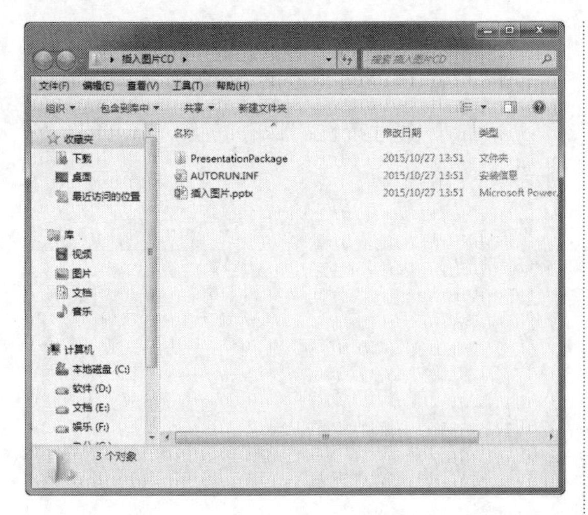

图 15-61　打开“插入图片 CD”文件夹

步骤 2 双击该文件后，弹出【密码】对话框，在【密码】文本框内输入密码以打开该文件，如图 15-62 所示。

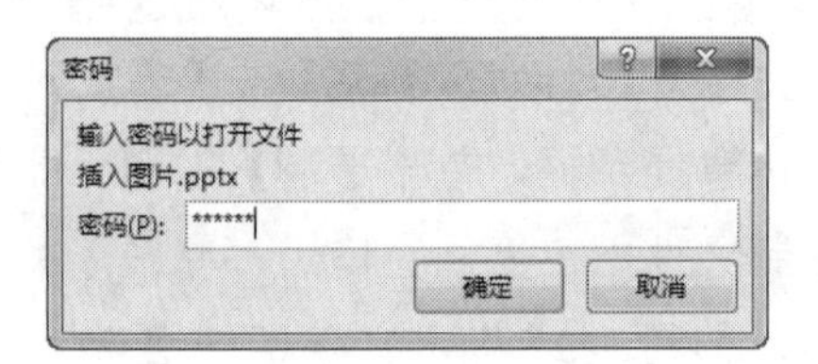

图 15-62　【密码】对话框

步骤 3 单击【确定】按钮，弹出【密码】对话框，此时可以选择输入密码，打开文件后既可以查看也可以修改文件，如果选择不输入密码则单击【只读】按钮，打开文件后只能进行查看操作，如图 15-63 所示。

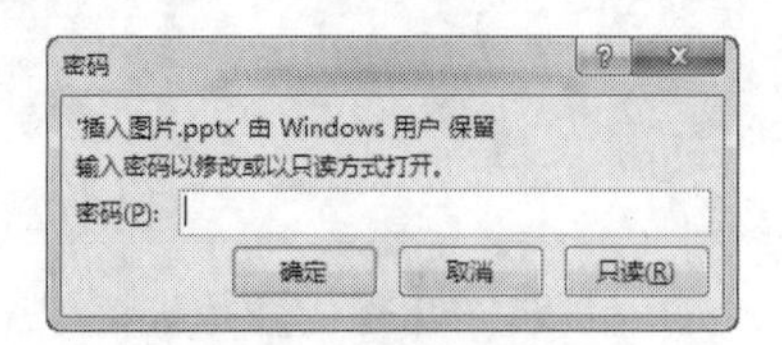

图 15-63　【密码】对话框

步骤 4 这里选择输入密码，以方便进行修改，输入后单击【确定】按钮，即可打开该文件进行操作，如图 15-64 所示。

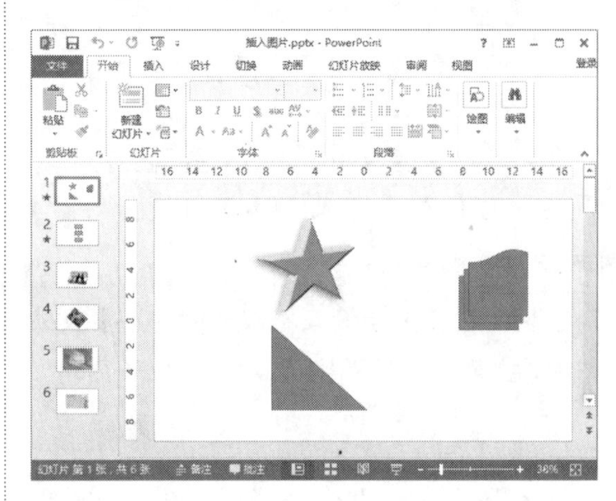

图 15-64　打开演示文稿

15.5 将演示文稿发布为其他格式

利用 PowerPoint 2013 软件中的导出功能，可以将演示文稿创建为 PDF/XPS 文档、视频或者讲义。

15.5.1 创建为 PDF/XPS 文档

将演示文稿创建为 PDF 文档的具体操作步骤如下。

步骤 1 打开本地计算机上的“插入图片 .pptx”演示文稿，单击【文件】选项卡，进入【文件】界面，在该界面中选择【导出】选项，在弹出的列表中选择【创建 PDF/XPS 文档】选项，如图 15-65 所示。

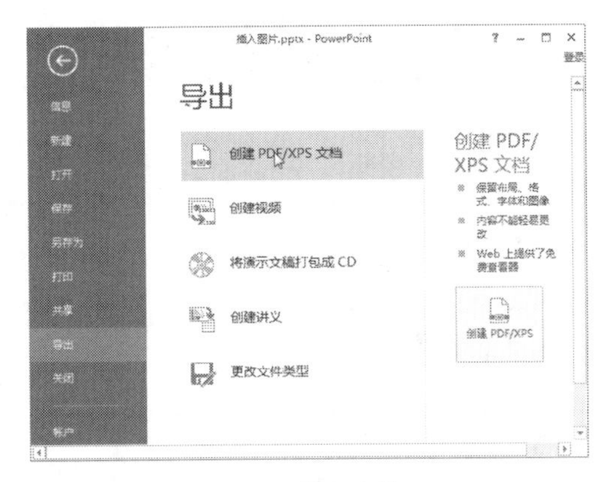

图 15-65　【导出】界面

步骤 2　单击子菜单右侧的【创建 PDF/XPS】按钮，如图 15-66 所示。

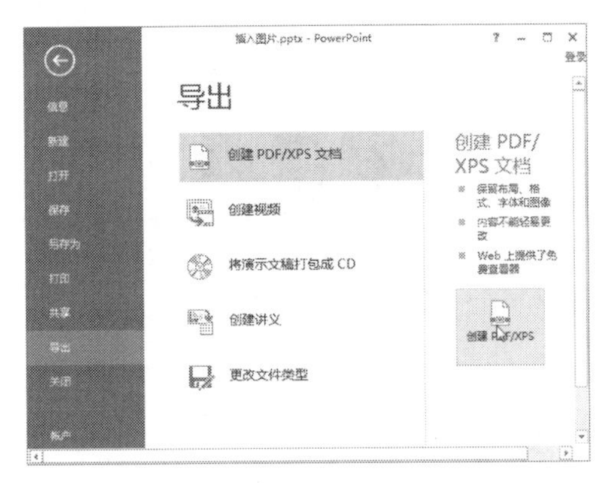

图 15-66　单击【创建 PDF/XPS 文档】按钮

步骤 3　弹出【发布为 PDF 或 XPS】对话框，在【文件名】文本框中输入文件名称，在【保存类型】下拉列表中选择保存的类型，如图 15-67 所示。

图 15-67　【发布为 PDF 或 XPS】对话框

步骤 4　单击【发布为 PDF 或 XPS】对话框中的【选项】按钮，弹出【选项】对话框，在该对话框内可设置保存的范围、发布的选项以及 PDF 选项等参数，如图 15-68 所示。

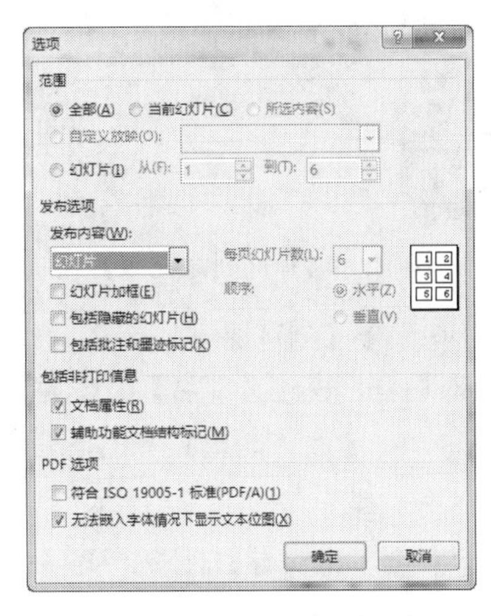

图 15-68　【选项】对话框

步骤 5　单击【确定】按钮，返回到【发布为 PDF 或 XPS】对话框，单击【发布】按钮，系统开始自动发布幻灯片文件，即可将演示文稿创建为 PDF 格式的文档，如图 15-69 所示。

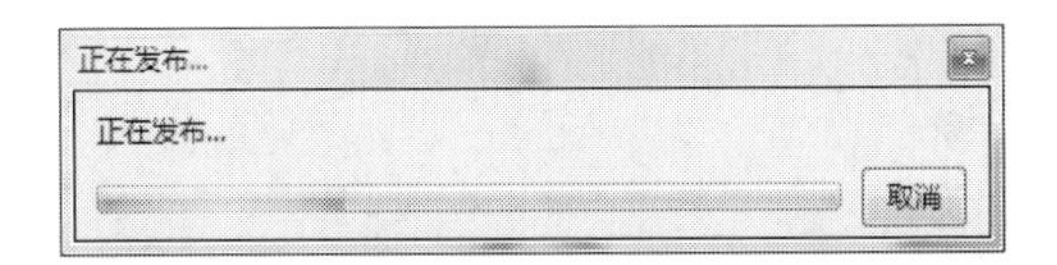

图 15-69　【正在发布】对话框

15.5.2 创建为视频

将演示文稿创建为视频的具体操作步骤如下。

步骤 1　打开本地计算机上的“插入图片 .pptx”演示文稿，单击【文件】选项卡，进入【文件】界面，在该界面中选择【导出】选项，在弹出的列表中选择【创建视频】选项，并在【放映每张幻灯片的秒数】微调框内设置放映每张幻灯片的时间，如图 15-70 所示。

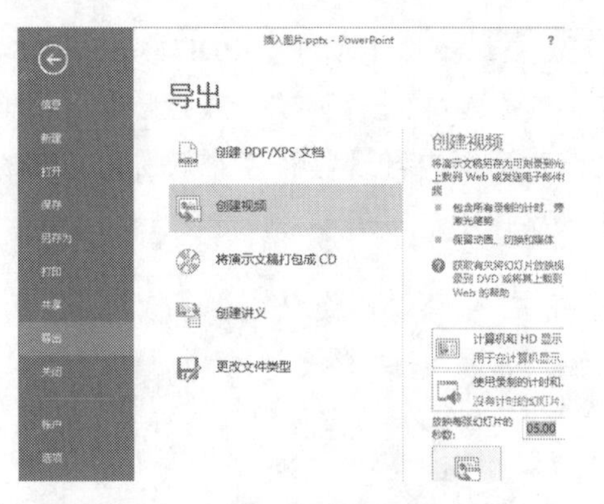

图 15-70　选择【创建视频】选项

图 15-71　【另存为】对话框

步骤 2 单击【创建视频】按钮，弹出【另存为】对话框，在【文件名】文本框内输入文件名称，在【保存类型】下拉列表中选择保存的文件类型，如图 15-71 所示。

步骤 3 单击【保存】按钮，系统开始自动制作视频。制作完成后根据路径找到制作好的视频文件，并播放该视频文件，如图 15-72 所示。

图 15-72　播放视频

15.6 高效办公技能实战

15.6.1 将演示文稿发布到幻灯片库

在 PowerPoint 2013 中创建完演示文稿后，用户可以直接将演示文稿中的幻灯片发布到幻灯片库中。这个幻灯片库可以是 SharePoint 网站，也可以是本地计算机上的文件夹，这样能够方便地重复使用这些幻灯片。将演示文稿中的幻灯片发布到幻灯片库中的具体操作步骤如下。

步骤 1 打开本地计算机上的“插入图片 .pptx”演示文稿，单击【文件】选项卡，进入【文件】界面，在该界面中选择【共享】选项，在弹出的列表中选择【发布幻灯片】选项，如图 15-73 所示。

步骤 2 单击右侧的【发布幻灯片】按钮，弹出【发布幻灯片】对话框，在该对话框中单击【发布到】文本框后的【浏览】按钮来选择发布的路径，如图 15-74 所示。

步骤 3 单击该对话框中的【全选】按钮，然后单击【发布】按钮，即可将演示文稿中的幻灯片发布到本地计算机上的文件夹内，如图 15-75 所示。

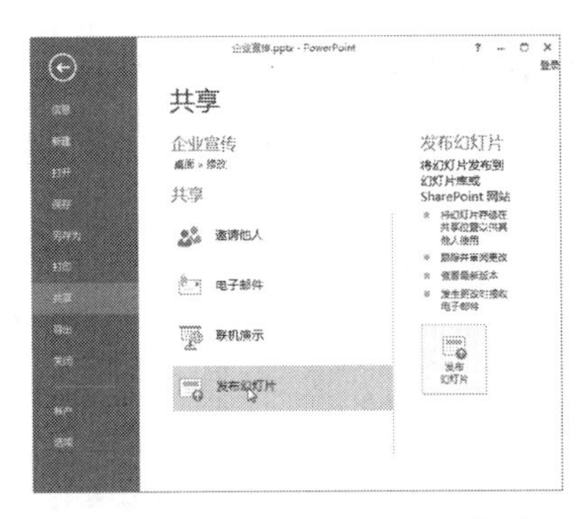

图 15-73　选择【发布幻灯片】选项

图 15-74　【发布幻灯片】对话框

图 15-75　发布幻灯片

步骤 4 根据发布的路径可以找到发布的幻灯片并查看幻灯片，如图 15-76 所示。

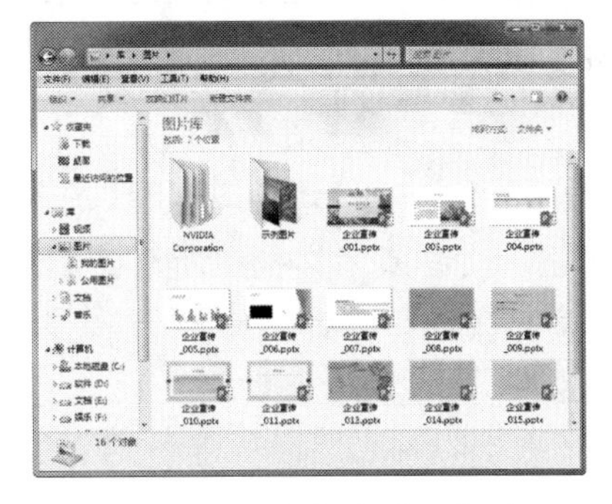

图 15-76　发布后的幻灯片

15.6.2 将演示文稿转换为 Word 文档

将演示文稿创建为 Word 文档就是将演示文稿创建为可以在 Word 文档中进行编辑和设置的讲义。将演示文稿创建为 Word 文档的具体操作步骤如下。

步骤 1 打开本地计算机上的“企业宣传 .pptx”演示文稿，单击【文件】选项卡，进入【文件】界面，在该界面中选择【导出】选项，在弹出的列表中选择【创建讲义】选项，如图 15-77 所示。

图 15-77　选择【创建讲义】选项

步骤 2 单击右侧的【创建讲义】按钮，弹出【发送到 Microsoft Word】对话框，在该对话框中选中【只使用大纲】单选按钮，如图 15-78 所示。

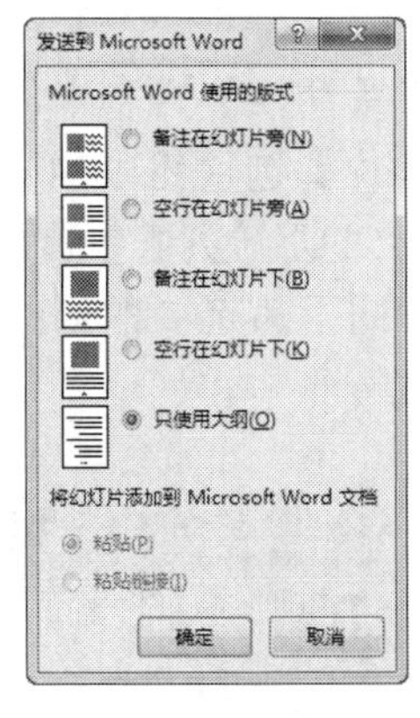

图 15-78　【发送到 Microsoft Word】对话框

步骤 3 单击【确定】按钮，系统自动启动 Word，并将演示文稿中的字符自动转换到 Word 文档中，如图 15-79 所示。

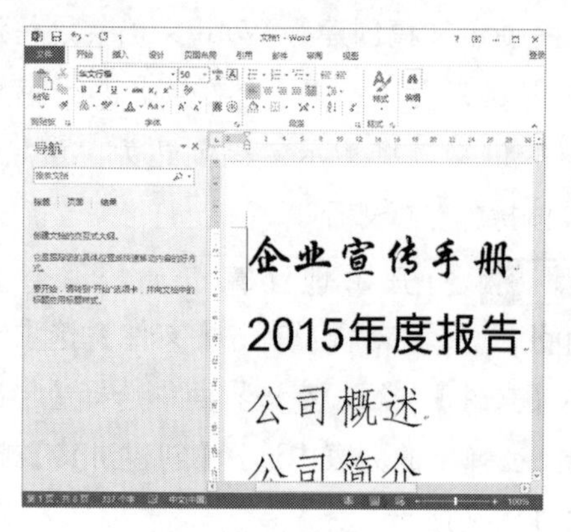

图 15-79 Word 文档

步骤 4 在 Word 文档中进行编辑并保存此讲义，即可完成 Word 文档的创建，如图 15-80 所示。

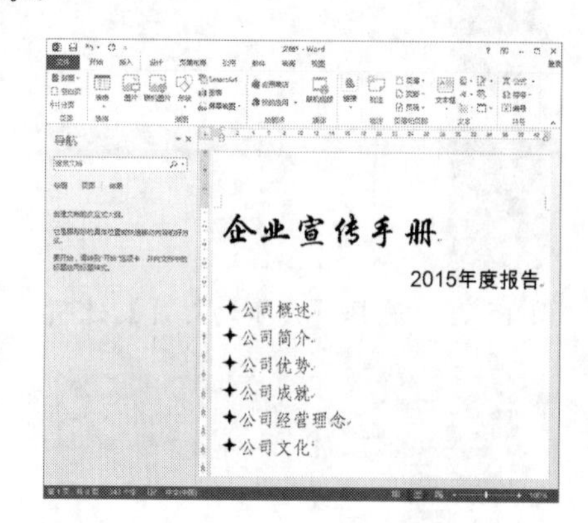

图 15-80 在 Word 中编辑讲义

15.7 课后练习与指导

15.7.1 添加幻灯片切换效果

☆ 练习目标

了解在幻灯片中添加切换效果的用途。

掌握在幻灯片中添加切换效果的方法与技巧。

☆ 专题练习指南

01 打开一个制作好的演示文稿，选中需要添加切换效果的幻灯片。

02 选择【切换】选项卡，单击【切换到此幻灯片】选项组中的【其他】按钮 ，在弹出的下拉列表中选择切换效果。

03 随即即可为选中的幻灯片添加相应的切换效果。

15.7.2 设置幻灯片放映的切换效果

☆ 练习目标

了解幻灯片放映切换效果的设置方法。

掌握设置幻灯片放映切换效果的方法与操作技巧。

☆ 专题练习指南

01 单击【切换】选项卡，进入【切换】界面，然后单击【切换到此幻灯片】选项组中的【其他】按钮，在弹出的下拉列表中选择需要的切换方式。

02 在【计时】选项组的【声音】下拉列表中选择需要的声音选项。

03 单击【计时】选项组中的【持续时间】数字微调框，可以从中设置幻灯片的持续时间。

04 单击【计时】选项组中的【全部应用】按钮，此时演示文稿中所有的幻灯片都会应用该切换效果。

第4篇

Outlook 邮件收发

日常办公不仅步入了无纸办公时代，而且也完全融入了网络时代，能通过网络迅速实现收发办公信件。本篇主要介绍 Outlook 邮件收发的相关技能。

使用 Outlook 2013 收发办公信件

● **本章导读**

通过本章介绍，读者可以快速了解 Outlook 2013 收发办公信件的基础知识，以及掌握相关的基础操作，包括在 Outlook 2013 中创建管理账户，以及利用该账户收发邮件和转发邮件等操作方法。

● **学习目标**

◎ 了解创建与管理电子邮箱账户。
◎ 掌握收发邮件操作。
◎ 掌握对于待收邮件的管理操作。
◎ 掌握管理联系人操作。
◎ 掌握为电子邮件添加附件的操作。

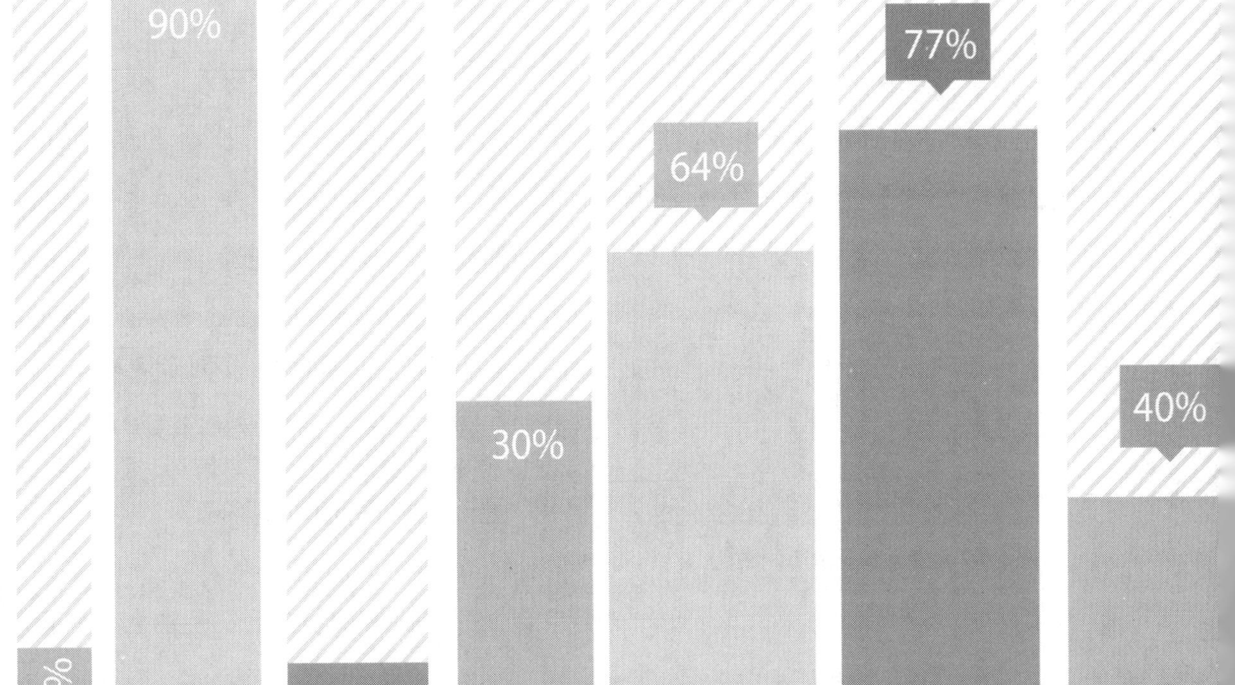

16.1 创建与管理账户

本节将介绍如何在 Outlook 2013 软件中创建一个电子邮箱账户，利用该账户进行接发邮件，以及对创建后的账户进行维护管理操作。

16.1.1 创建与配置邮箱账户

首次使用 Outlook 2013 软件需要创建一个电子邮箱账户，创建与配置邮箱账户的具体操作步骤如下。

步骤 1 打开 Outlook 2013 软件，单击【文件】选项卡，进入【文件】界面，在该界面中单击【添加账户】按钮，如图 16-1 所示。

图 16-1　单击【添加账户】按钮

步骤 2 弹出【添加账户】对话框，在该对话框中选中【电子邮件账户】单选按钮，然后单击【下一步】按钮，如图 16-2 所示。

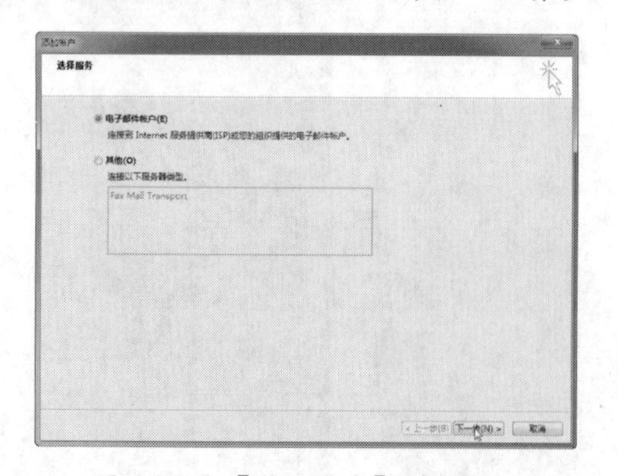

图 16-2　【添加账户】对话框 1

步骤 3 此时在【添加账户】对话框中选中【手动设置或其他服务器类型】单选按钮，如图 16-3 所示。

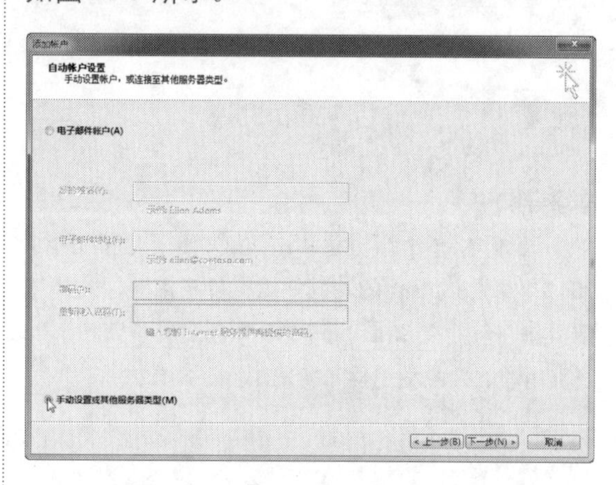

图 16-3　【添加账户】对话框 2

步骤 4 单击【下一步】按钮，选中【POP 或 IMAP】单选按钮，如图 16-4 所示。

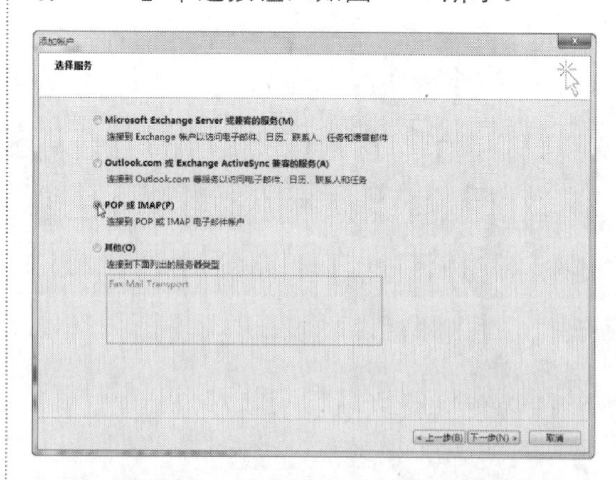

图 16-4　【添加账户】对话框 3

步骤 5 单击【下一步】按钮，在【添加账户】对话框中根据提示设置用户信息、服务器信息、登录信息，如图 16-5 所示。

图 16-5　【添加账户】对话框 4

步骤 6 在该对话框中单击右下角的【其他设置】按钮，弹出【Internet 电子邮件设置】对话框，选择【发送服务器】选项卡，选中【我的发送服务器（SMTP）要求验证】复选框，如图 16-6 所示。

图 16-6　【Internet 电子邮件设置】对话框

步骤 7 选择【高级】选项卡，选中【此服务器要求加密连接（SSL）】复选框，在【发送服务器（SMTP）】文本框中输入“465”，在【使用以下加密连接类型】下拉列表中选择 SSL 选项，选中【在服务器上保留邮件的副本】复选框，如图 16-7 所示。

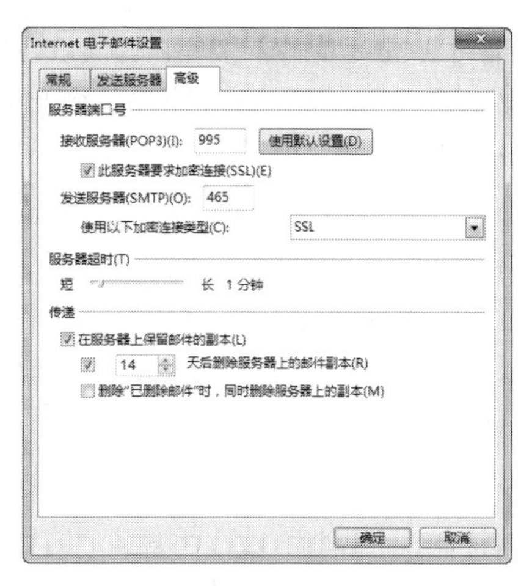

图 16-7　【高级】选项卡

步骤 8 设置完成后单击【确定】按钮，返回到【添加账户】对话框，在该对话框中单击【下一步】按钮，弹出【测试账户设置】对话框，如图 16-8 所示。

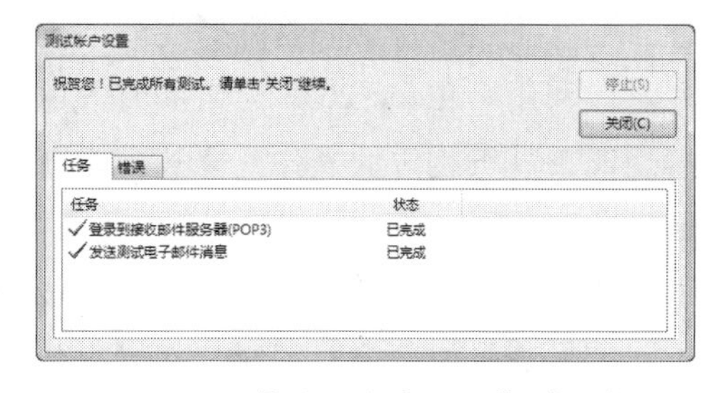

图 16-8　【测试账户设置】对话框

步骤 9 在【状态】栏下显示为【已完成】状态，说明创建邮件账户成功，单击【关闭】按钮，可在【添加账户】对话框中显示【设置全部完成】信息，如图 16-9 所示。

图 16-9　【添加账户】对话框

步骤 10 单击【完成】按钮，即可在【账户设置】对话框中查看创建的账户，如图 16-10 所示。

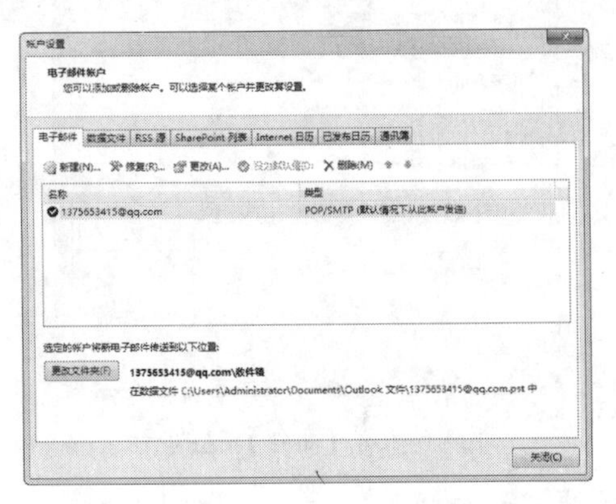

图 16-10 【账户设置】对话框

16.1.2 修改邮箱账户

当邮箱账户中的一些信息需要修改时，用户可以利用 Outlook 2013 自带的修改账户信息功能来进行相应的操作。修改邮箱账户的具体操作步骤如下。

步骤 1 选择【文件】选项卡，进入【文件】界面，单击【账户设置】按钮，在弹出的下拉列表中选择【账户设置】选项，如图 16-11 所示。

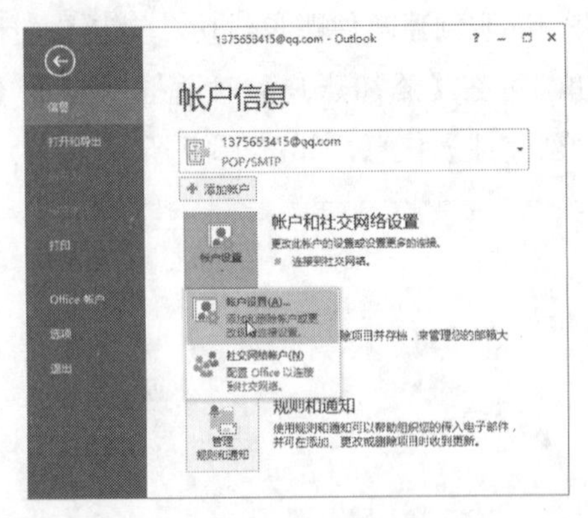

图 16-11 【账户信息】界面

步骤 2 打开【账户设置】对话框，选择【电子邮件】选项卡，单击【更改】按钮，如图 16-12 所示。

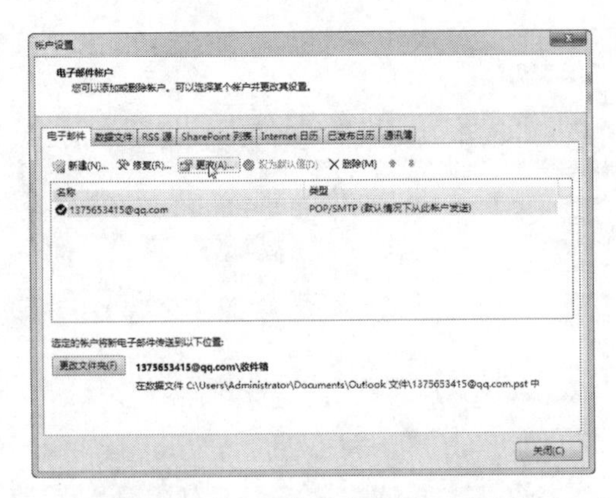

图 16-12 【账户设置】对话框

步骤 3 打开【更改账户】对话框，在【用户信息】区域中用户可根据需要进行相应的修改，如需要修改用户的姓名，可在【您的姓名】文本框中重新输入姓名，如图 16-13 所示。

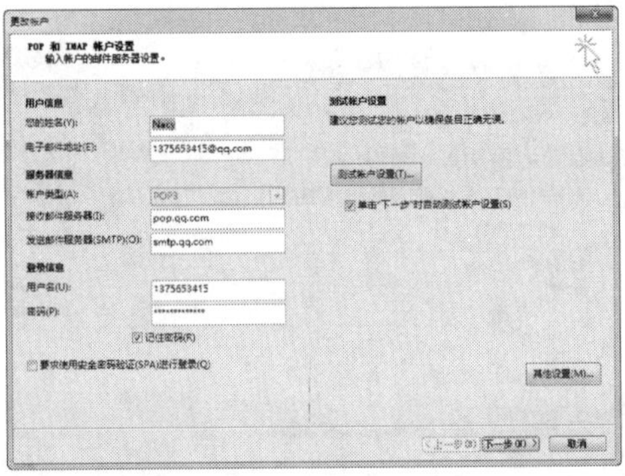

图 16-13 输入账户信息

步骤 4 单击【下一步】按钮，打开【测试账户设置】对话框，在【状态】栏中显示【已完成】状态，说明测试账户成功，如图 16-14 所示。

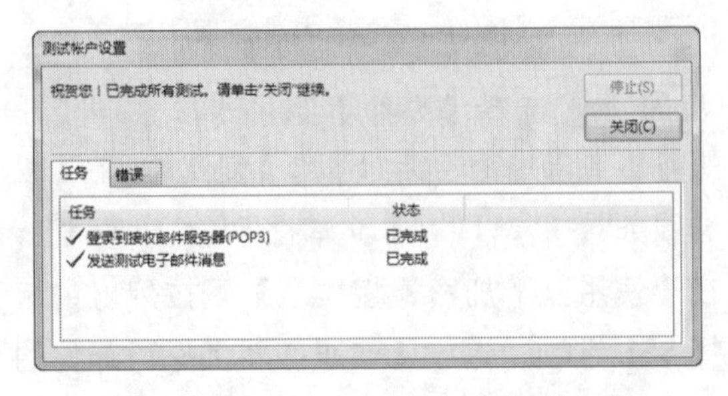

图 16-14 【测试账户设置】对话框

步骤 5 单击【关闭】按钮，返回到【更改账户】对话框，在该对话框中单击【完成】按钮，即可完成邮箱账户的修改操作，如图 16-15 所示。

图 16-15　【设置全部完成】对话框

16.1.3 删除邮箱账户

删除邮箱账户有两种方式：一种是在账户设置中删除，另一种是直接选中该邮箱进行删除。

方法 1：通过账户设置删除，具体操作步骤如下。

步骤 1 选择【文件】选项卡，进入【文件】界面，单击【账户设置】按钮，在弹出的下拉列表中选择【账户设置】选项，如图 16-16 所示。

图 16-16　选择【账户设置】选项

步骤 2 打开【账户设置】对话框，选择【电子邮件】选项卡，在账户列表中选中需要删除的邮箱账户，如图 16-17 所示。

图 16-17　【账户设置】对话框

步骤 3 单击【电子邮件】区域内的【删除】按钮，弹出 Microsoft Outlook 对话框，如图 16-18 所示。

图 16-18　信息提示框

步骤 4 单击【是】按钮，即可将该邮箱账户删除。

方法 2：通过选中该邮箱账户进行删除，具体操作步骤如下。

步骤 1 打开 Outlook 2013 软件，在左侧选中需要删除的账户，如图 16-19 所示。

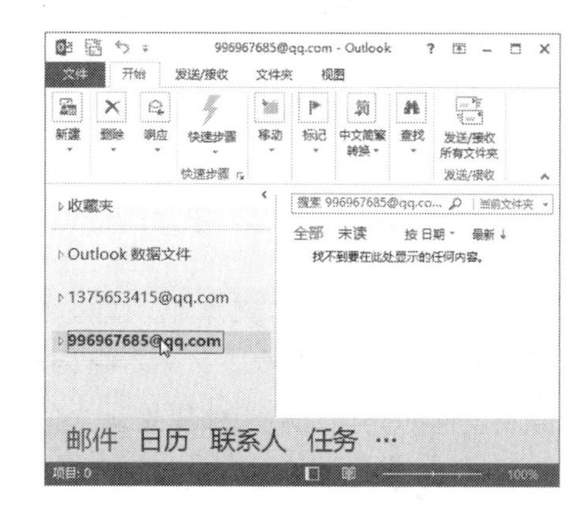

图 16-19　选中要删除的账户

步骤 2 右击，在弹出的快捷菜单中选择【删除“996967685@qq.com”】命令，如图 16-20 所示。

步骤 3 弹出 Microsoft Outlook 对话框，单击【是】按钮，即可删除该账户，如图 16-21 所示。

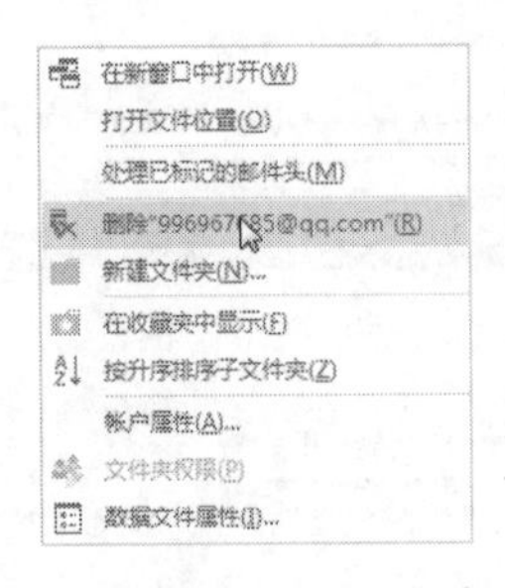

图 16-20 快捷菜单

图 16-21 信息提示对话框

16.2 使用Outlook收发信件

Outlook 的主要功能就是对邮箱账户的信件进行管理，包括发送邮件、接收邮件、回复邮件以及转发邮件等。

16.2.1 发送邮件

创建好账户后，可以给好友发送邮件，具体操作步骤如下。

步骤 1 打开 Outlook 2013，单击【开始】选项卡下【新建】选项组中的【新建电子邮件】按钮，如图 16-22 所示。

图 16-22 【新建】选项组

步骤 2 在【收件人】文本框内输入收件人电子邮箱地址，在【抄送】文本框内可以输入需要发送的其他收件人邮箱地址，在【主题】文本框内输入邮件的主题，如图 16-23 所示。

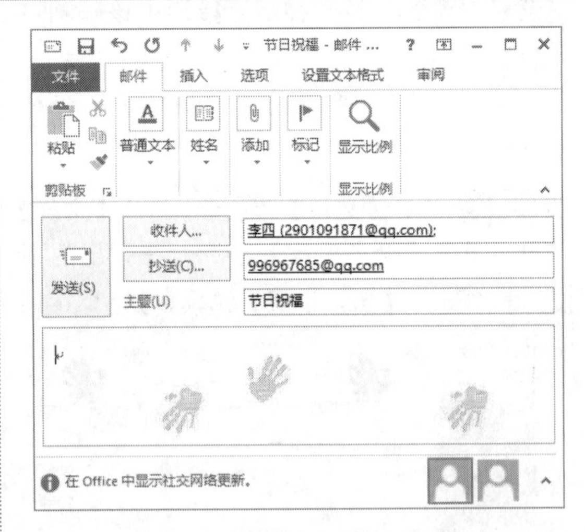

图 16-23 输入收件人信息

步骤 3 在内容编辑框内开始输入正文，如输入“祝新的一年财源滚滚，阖家欢乐！”，然后单击【发送】按钮，如图 16-24 所示。

步骤 4 即可将该邮件发送出去，在账户选项下选择【已发送邮件】选项，可以查看发送的邮件信息，如图 16-25 所示。

图 16-24　输入邮件信息

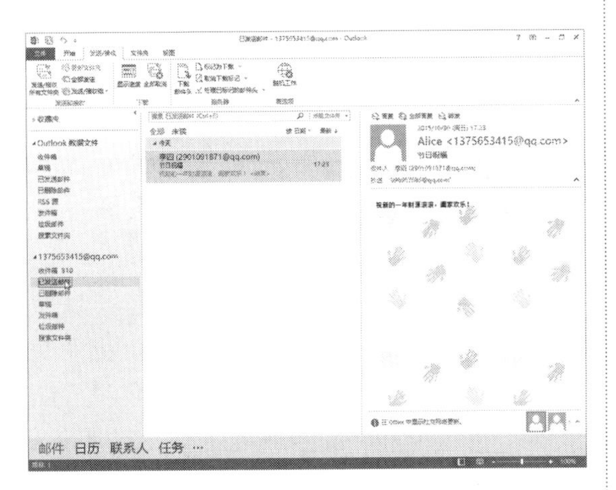

图 16-25　发送邮件

16.2.2　接收邮件

当邮件收发量特别大时，查阅邮件会非常不方便，从而错过了重要邮件。如果对接收的邮件进行分类，建立不同的文件夹来接收不同类型的邮件会大大提高阅读效率。设置接收邮件分类并接收邮件的具体操作步骤如下。

步骤 1 选择【文件】选项卡，进入【文件】界面，单击右侧的【规则和通知】按钮，如图 16-26 所示。

图 16-26　【账户信息】界面

步骤 2 打开【规则和通知】对话框，如图 16-27 所示。

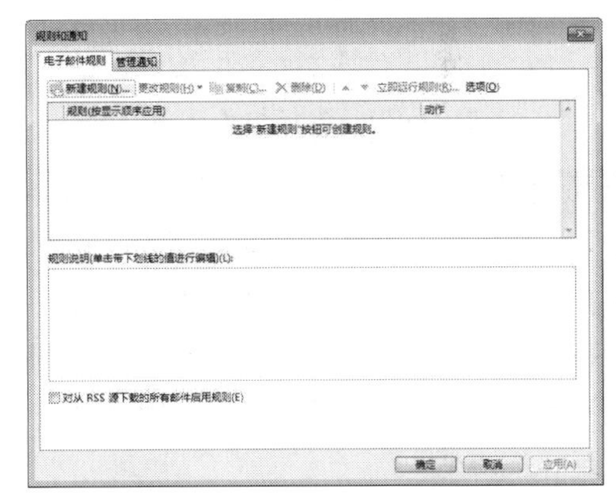

图 16-27　【规则和通知】对话框

步骤 3 单击【新建规则】按钮，弹出【规则向导】对话框，如图 16-28 所示。

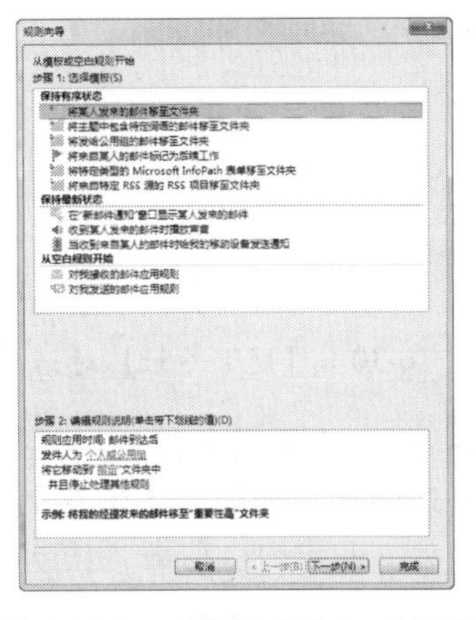

图 16-28　【规则向导】对话框

步骤 4 在该对话框中选择【保持有序状态】区域内的【将某人发来的邮件移至文件夹】选项，如图 16-29 所示。

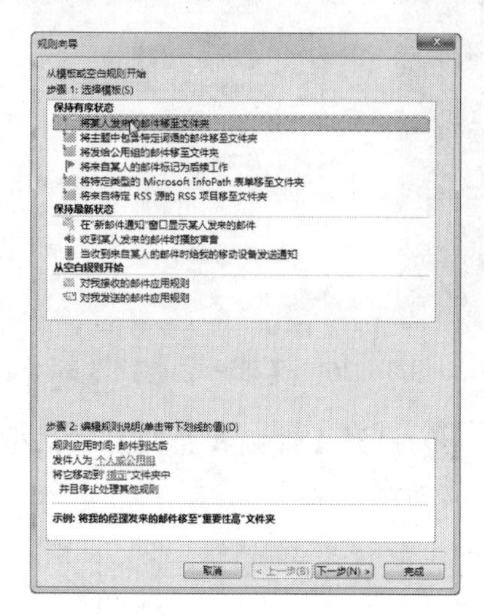

图 16-29 选择相关选项

步骤 5 在【步骤 2：编辑规则说明（单击带下划线的值）】区域内单击【个人或公用组】超链接，弹出【规则地址】对话框。在该对话框中可以选择将联系人的邮件收到指定的文件夹中，如双击选中联系人“李四”，如图 16-30 所示。

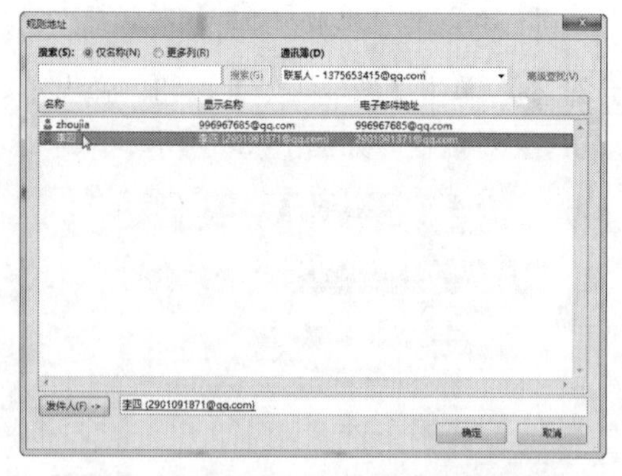

图 16-30 【规则地址】对话框

步骤 6 单击【确定】按钮，返回到【规则向导】对话框，继续在【步骤 2：编辑规则说明（单击带下划线的值）】区域内单击【指定】超链接，打开【规则和通知】对话框，如图 16-31 所示。

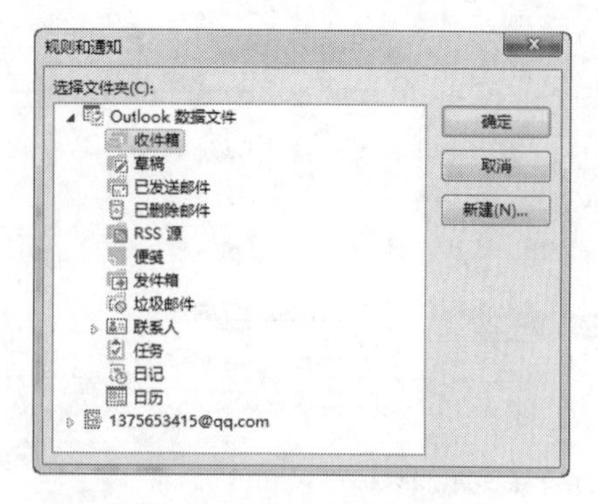

图 16-31 【规则和通知】对话框

步骤 7 此时可以选择一个文件夹来接收指定的联系人“李四”发来的邮件，如这里选择该邮箱账户下的“朋友”文件夹，如图 16-32 所示。

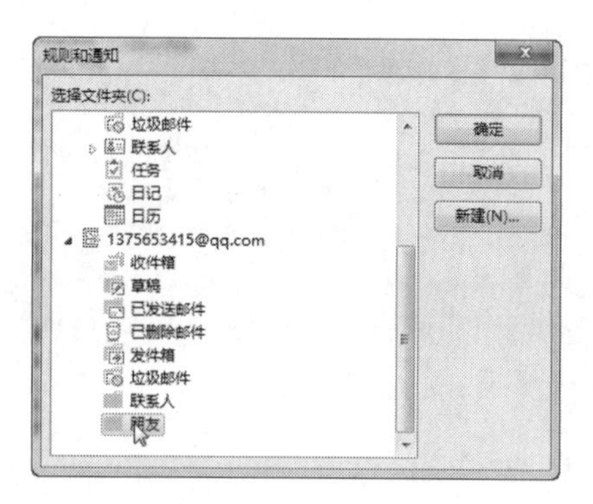

图 16-32 选择文件夹

步骤 8 单击【确定】按钮，返回到【规则向导】对话框，在该对话框中单击【完成】按钮，返回到【规则和通知】对话框，如图 16-33 所示。

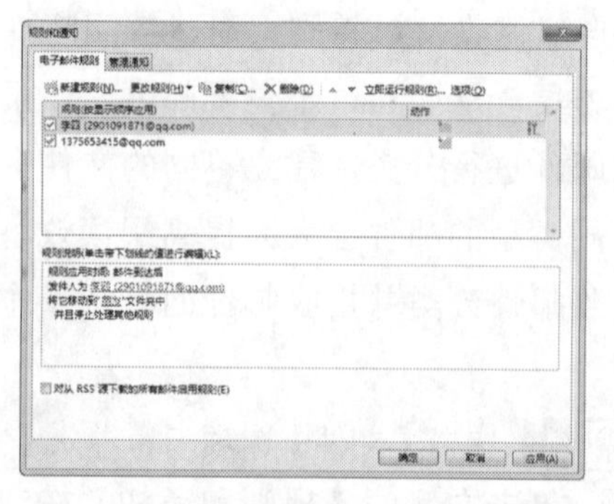

图 16-33 【规则和通知】对话框

步骤 9 单击【应用】按钮，然后再单击【确定】按钮，即可完成接收邮件的规则应用。当联系人“李四”发来邮件时，即可在邮箱账户下的“朋友”文件夹中查看，单击“朋友”文件夹，如图 16-34 所示。

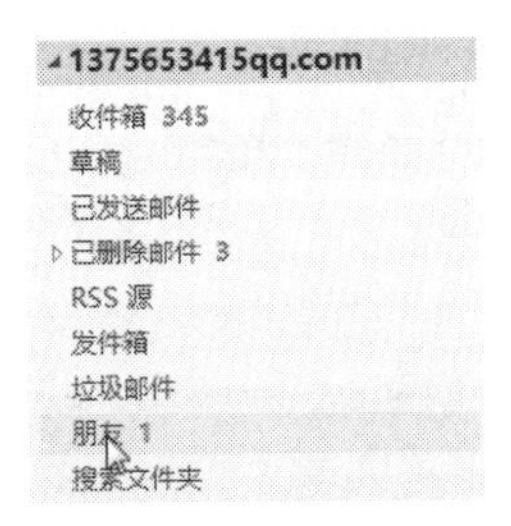

图 16-34　选择文件夹

步骤 10 弹出联系人“李四”发来的邮件信息，如图 16-35 所示。

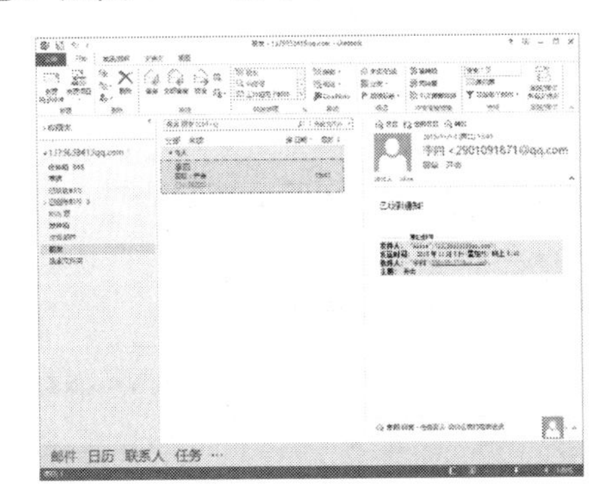

图 16-35　邮件信息

步骤 11 此时可在右侧查看邮件信息，也可双击邮件箱列表中联系人“李四”发来的邮件，如这里选择双击邮件，进入回复邮件窗口查看邮件信息，如图 16-36 所示。

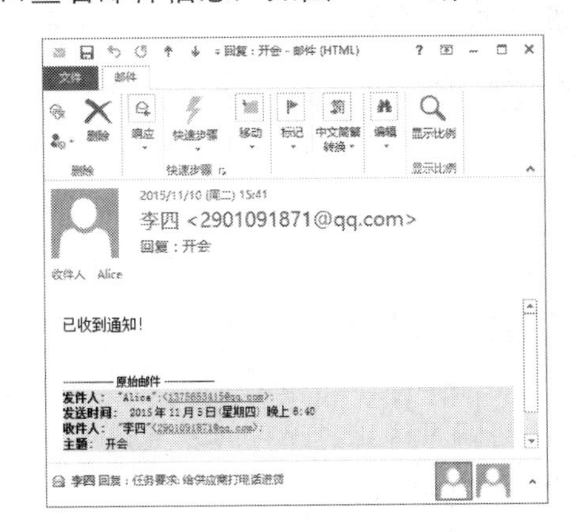

图 16-36　查看邮件信息

16.2.3 回复邮件

当收到邮件后，需要给对方回复邮件。回复邮件的操作步骤如下。

步骤 1 打开 Outlook 2013，选中一封需要回复的邮件，如图 16-37 所示。

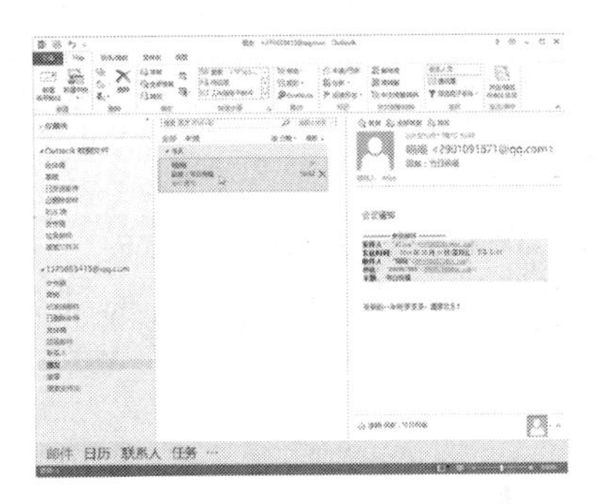

图 16-37　打开需要回复的邮件

步骤 2 单击右侧邮件浏览区域上方的【答复】按钮，如图 16-38 所示。

图 16-38　单击【答复】按钮

步骤 3 弹出邮件内容编辑框，可以在该编辑框内输入回复的内容，如图 16-39 所示。

图 16-39　输入回复的内容

步骤 4 内容编辑完成后，单击【发送】按钮，即可完成邮件的手动回复，如图 16-40 所示。

图 16-40　发送回复的邮件

16.2.4 转发邮件

转发邮件有两种方式：一种是手动转发，另一种是自动转发到个人或公用组。本节将介绍手动转发和自动转发的具体操作步骤。

步骤 1 打开 Outlook 2013，选择一封需要转发的邮件，如图 16-41 所示。

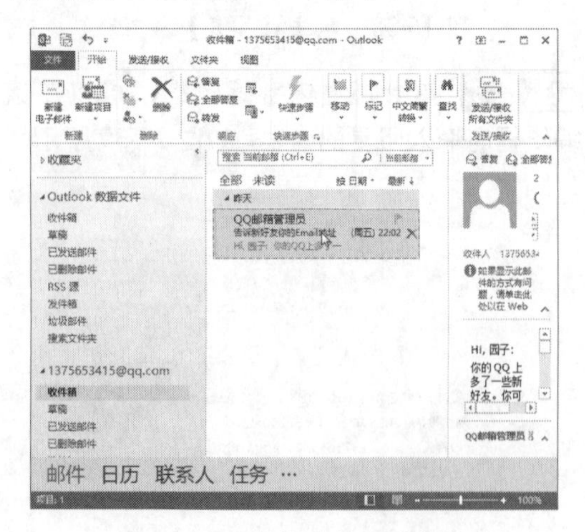

图 16-41　选择要转发的邮件

步骤 2 单击右侧邮件浏览区域上方的【转发】按钮，如图 16-42 所示。

图 16-42　单击【转发】按钮

步骤 3 在转发邮件界面选择【收件人】文本框，然后单击【邮件】选项卡【姓名】组中的【通讯簿】按钮，弹出【选择姓名：联系人】对话框，如图 16-43 所示。

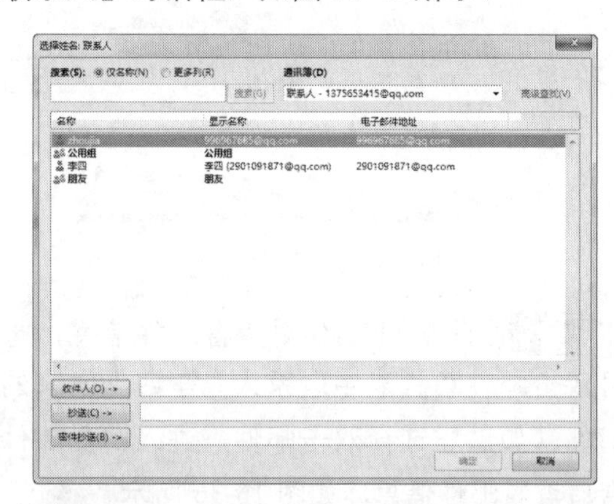

图 16-43　【选择姓名：联系人】对话框

步骤 4 在该对话框中选择转发给个人的电子邮箱地址，如双击选中联系人“李四”，在下方的【收件人】文本框中自动添加联系人的电子邮箱地址，如图 16-44 所示。

步骤 5 单击【确定】按钮，退出【选择姓名：联系人】对话框，在转发邮件界面中单击【发送】按钮即可将该封邮件转发给选中的联系人，如图 16-45 所示。

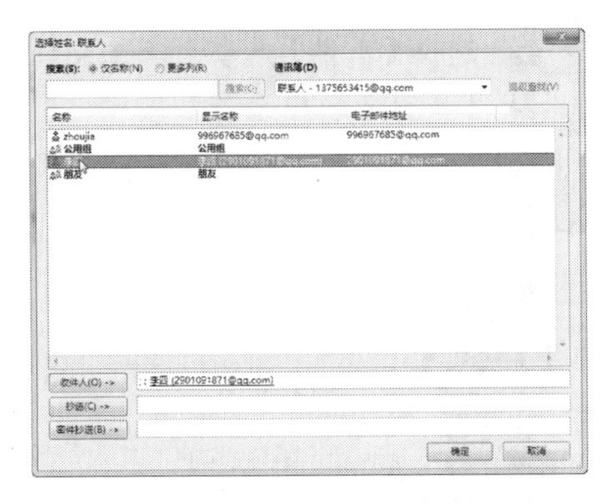

图 16-44　选择要添加的邮箱地址

图 16-45　转发邮件

16.3 使用Outlook管理邮件

邮件众多会造成阅读烦琐、查找困难、类别混乱，因此对邮件进行管理非常重要。管理邮件后不仅可以帮助用户轻松地阅读邮件，还能帮助用户及时、高效地反馈邮件。本节将介绍对已收邮件的自动整理、备份与恢复重要邮件以及跟踪邮件发送状态等操作方法。

16.3.1 已收邮件的自动整理

在进行邮件管理时，同一类的邮件非常多，可以将这些邮件移至同一文件夹，当再次收到这类邮件时，会统一移到该文件夹中。已收邮件的自动整理的具体操作步骤如下。

步骤 1　选中一封邮件，如图 16-46 所示。

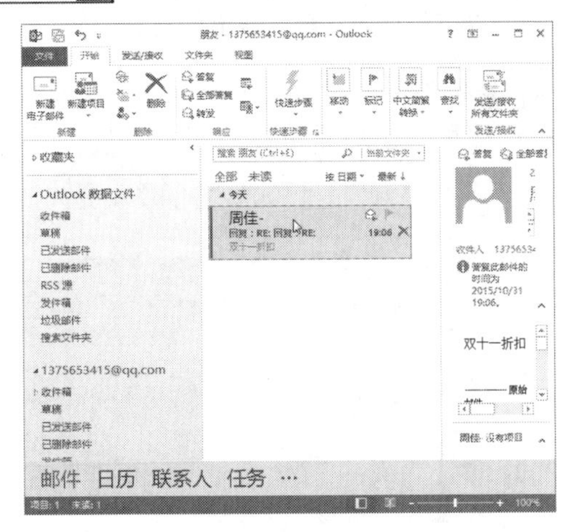

图 16-46　选中邮件

步骤 2　右击，在弹出的快捷菜单中选择【移动】子菜单中的【总是移动此对话中的邮件】命令，如图 16-47 所示。

图 16-47　快捷菜单

步骤 3　打开【始终移动对话】对话框，在该对话框中选择一个文件夹或新建一个文件夹用来接收此类邮件，如选择邮箱账户下的【垃圾邮件】选项，如图 16-48 所示。

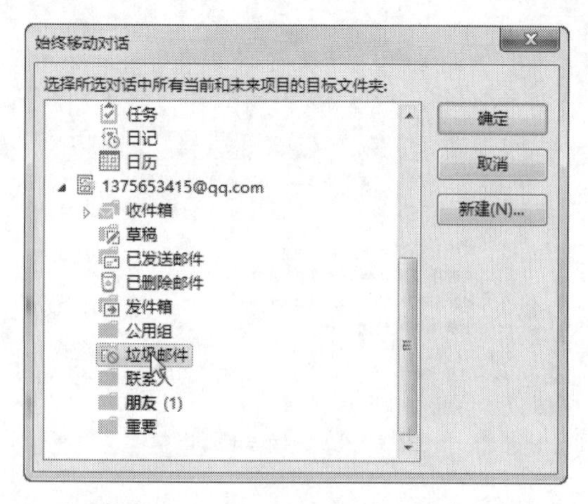

图 16-48 【始终移动对话】对话框

步骤 4 单击【确定】按钮，返回到邮件信息界面，右击选中该邮件，在弹出的快捷菜单中选择【规则】子菜单中的【总是移动来自此人的邮件】命令，如图 16-49 所示。

图 16-49 选择邮件整理规则

步骤 5 即可将该邮件移到“垃圾邮件”文件夹中，当以后再接收此人的邮件时，系统会自动接收到“垃圾邮件”文件夹中。

16.3.2 备份与恢复重要邮件

Outlook 2013 提供的备份与恢复重要邮件的功能有两种方式，下面将介绍这两种方式的具体操作过程。

 1. 通过账户设置来备份与恢复重要邮件

邮件已成为与客户沟通及工作安排等重要传输途径，邮件的重要性已不言而喻，因此定期备份邮件可以防止邮件的丢失而带来的重大损失。备份与恢复重要邮件的具体操作步骤如下。

步骤 1 选择【文件】选项卡，进入【文件】界面，然后单击【账户设置】按钮，在弹出的下拉列表中选择【账户设置】选项，如图 16-50 所示。

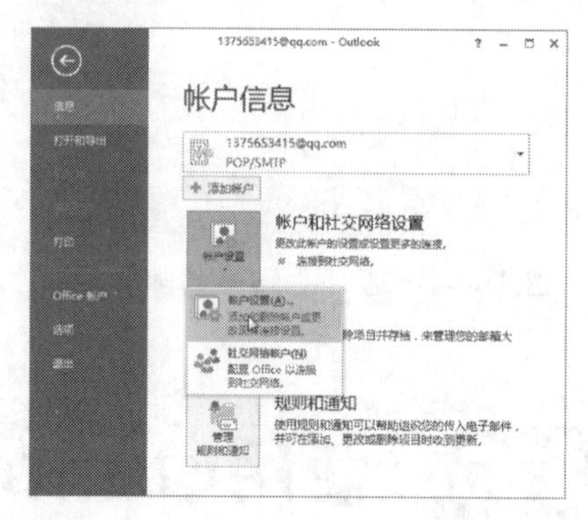

图 16-50 选择【账户设置】选项

步骤 2 打开【账户设置】对话框，在该对话框中选择【数据文件】选项卡，然后单击【打开文件位置】按钮，如图 16-51 所示。

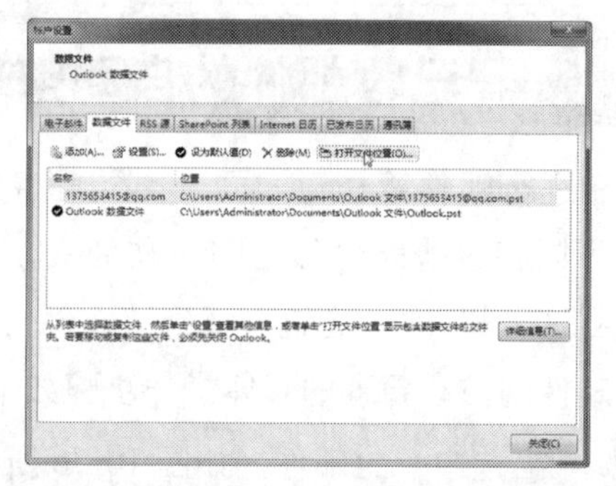

图 16-51 【账户设置】对话框

步骤 3 根据路径找到 Outlook 文件夹后将其复制即可备份邮箱内容，如图 16-52 所示。

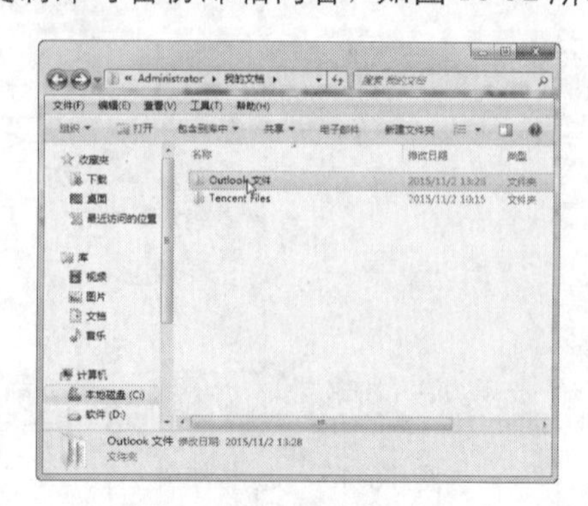

图 16-52 备份邮件

步骤 4 当计算机重装 Outlook 软件并且需要恢复这些邮件时，在【数据文件】选项卡中单击【添加】按钮，如图 16-53 所示。

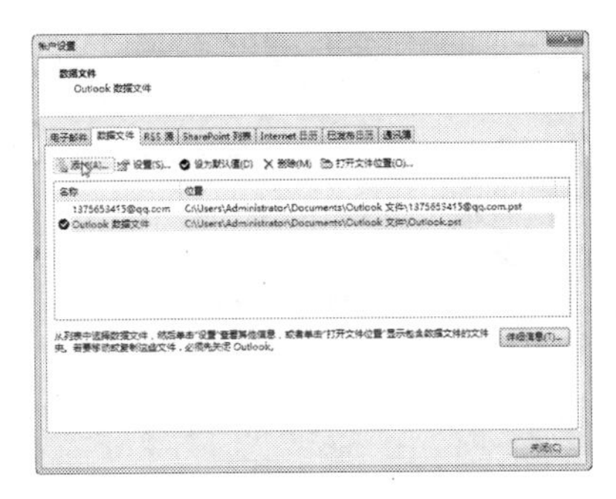

图 16-53　【数据文件】选项卡

步骤 5 找到文件所在位置进行添加，即可恢复备份的邮件，如图 16-54 所示。

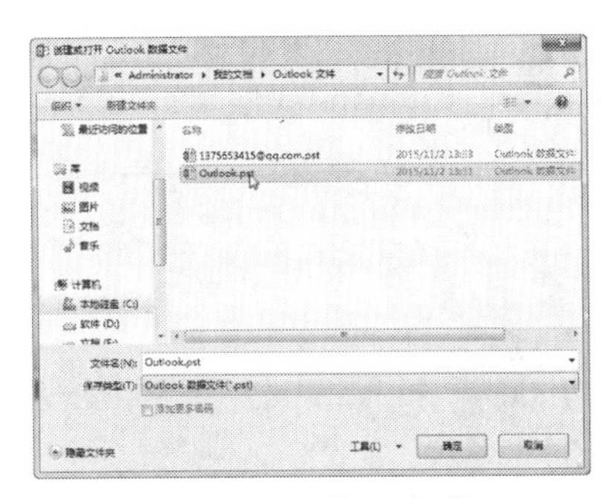

图 16-54　恢复邮件

2. 通过导入 / 导出功能备份与恢复重要邮件

通过导入 / 导出功能备份与恢复重要文件的具体操作步骤如下。

步骤 1 选择【文件】选项卡，进入【文件】界面，在该界面中选择【打开与导出】区域内的【导入 / 导出】选项，如图 16-55 所示。

步骤 2 打开【导入和导出向导】对话框，在【请选择要执行的操作】列表框内选择【导出到文件】选项，如图 16-56 所示。

步骤 3 单击【下一步】按钮，打开【导出到文件】对话框，在【创建文件的类型】列表框中选择【Outlook 数据文件】选项，如图 16-57 所示。

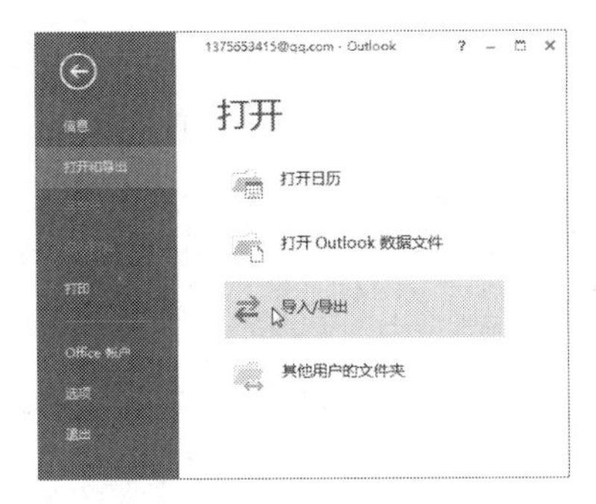

图 16-55　【打开】界面

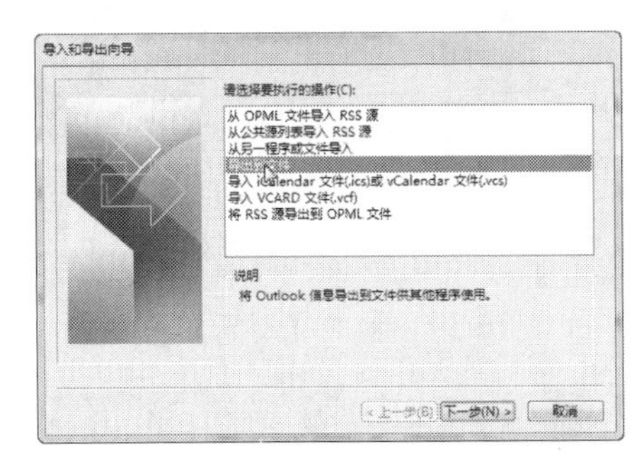

图 16-56　选择【导出到文件】选项

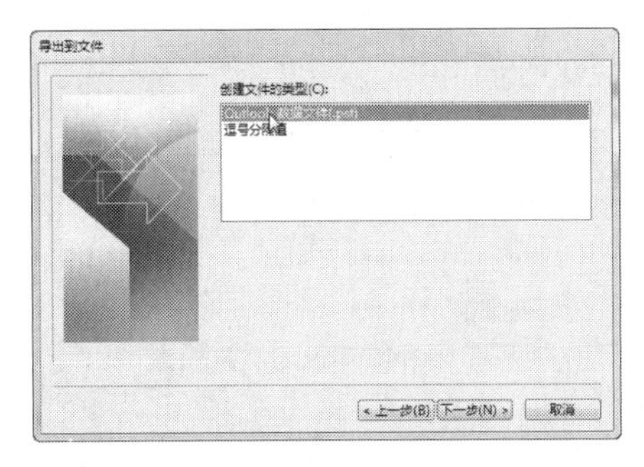

图 16-57　选择创建文件的类型

步骤 4 单击【下一步】按钮，打开【导出 Outlook 数据文件】对话框，选择【Outlook 数据文件】选项，如图 16-58 所示。

图 16-58　【导出 Outlook 数据文件】对话框

步骤 5 单击【下一步】按钮，然后在【导出 Outlook 数据文件】对话框中单击【将导出文件另存为】文本框右侧的【浏览】按钮，选择将该文件导出后需要放置的位置，如图 16-59 所示。

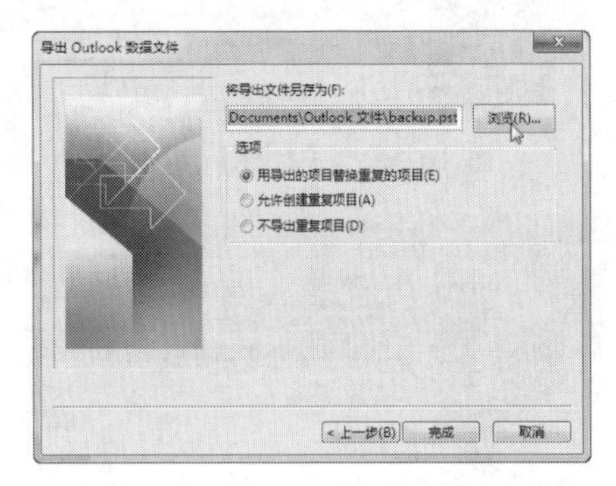

图 16-59 单击【浏览】按钮

步骤 6 单击【完成】按钮，打开【创建 Outlook 数据文件】对话框，在【密码】和【验证密码】文本框内输入设定的密码，如图 16-60 所示。

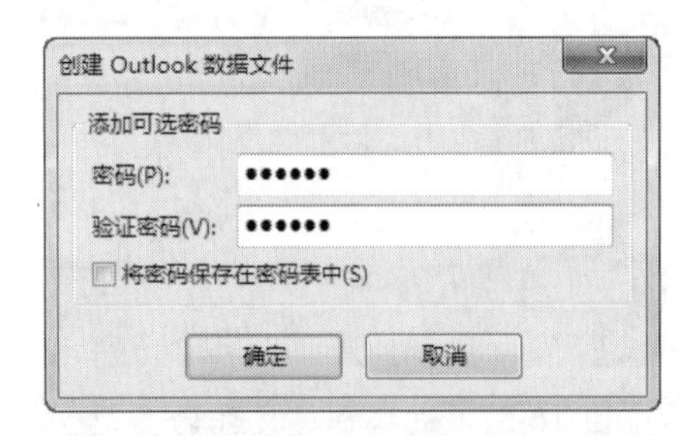

图 16-60 输入密码

步骤 7 单击【确定】按钮，打开【Outlook 数据文件密码】对话框，在【密码】文本框内设定密码，单击【确定】按钮即可完成邮件的备份操作，如图 16-61 所示。

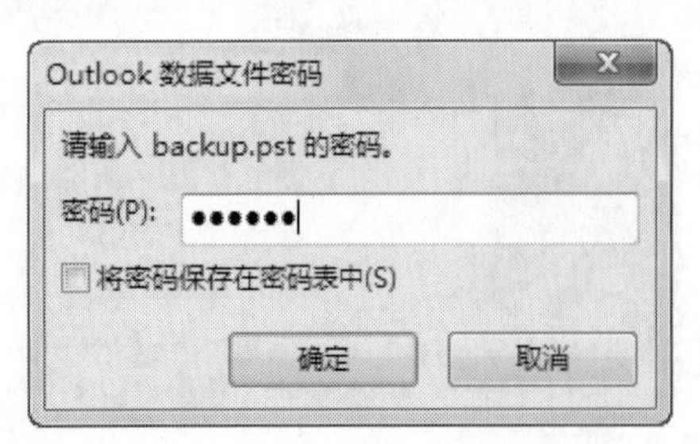

图 16-61 再次输入密码

步骤 8 当需要恢复备份的邮件时，在【导入和导出向导】对话框中选择【从另一程序和文件导入】选项，如图 16-62 所示。

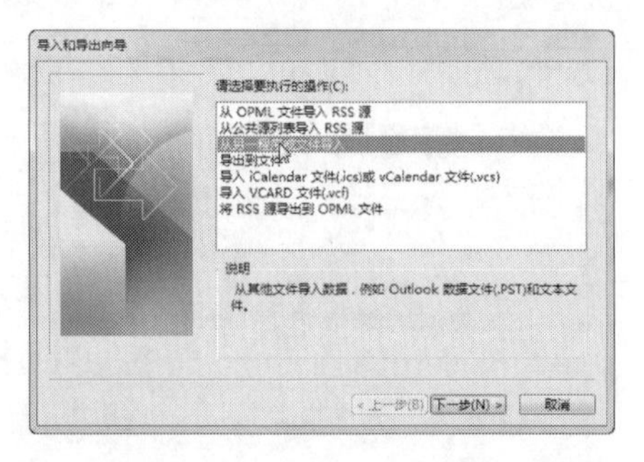

图 16-62 【导入和导出向导】对话框

步骤 9 单击【下一步】按钮，打开【导入文件】对话框，在【从下面位置选择要导入的文件类型】列表框内选择【Outlook 数据文件】选项，如图 16-63 所示。

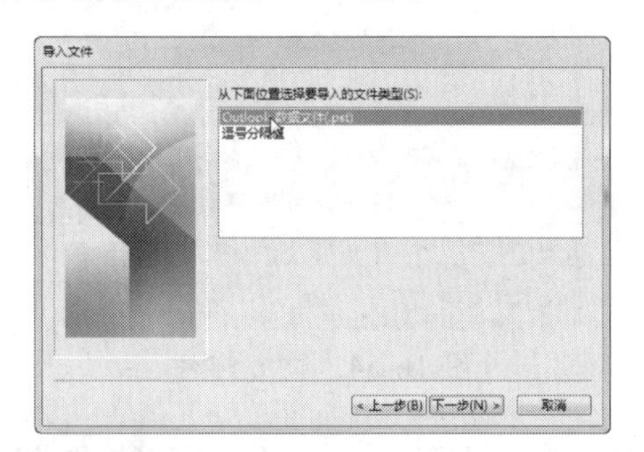

图 16-63 【导入文件】对话框

步骤 10 单击【下一步】按钮，打开【导入 Outlook 数据文件】对话框单击【导入文件】文本框右侧的【浏览】按钮，根据之前备份的文件路径找到该文件，如图 16-64 所示。

图 16-64 【导入 Outlook 数据文件】对话框

步骤 11　单击【下一步】按钮，打开【Outlook 数据文件密码】对话框，在【密码】文本框内输入之前设定的密码，如图 16-65 所示。

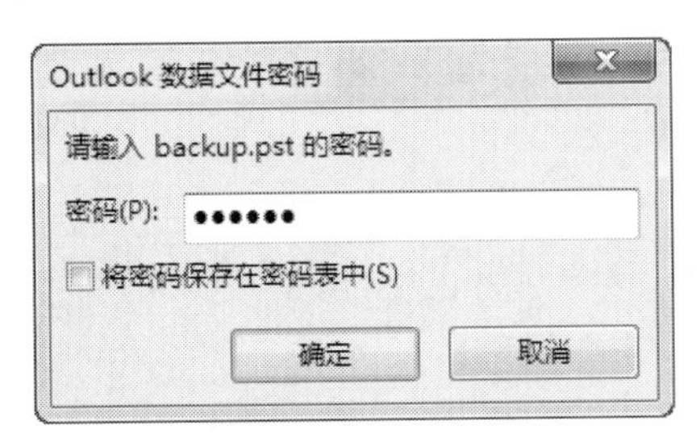

图 16-65　输入密码

步骤 12　单击【确定】按钮，在弹出的【Outlook 数据文件密码】对话框中再输入一次密码，然后单击【确定】按钮即可将备份的文件导入到 Outlook 2013 中。

16.3.3　跟踪邮件发送状态

发出的邮件不知道对方是否接收成功时，可以设置跟踪邮件的发送状态，包括设置邮件送达回执和设置邮件阅读回执，具体操作步骤如下。

步骤 1　单击【开始】选项卡下【新建】选项组中的【新建电子邮件】按钮，如图 16-66 所示。

图 16-66　【新建】选项组

步骤 2　进入到发送邮件界面，在【收件人】文本框内选择通讯簿中的联系人，如选择联系人“李四”，在【主题】文本框内输入发送邮件的主题，如输入“通知”，如图 16-67 所示。

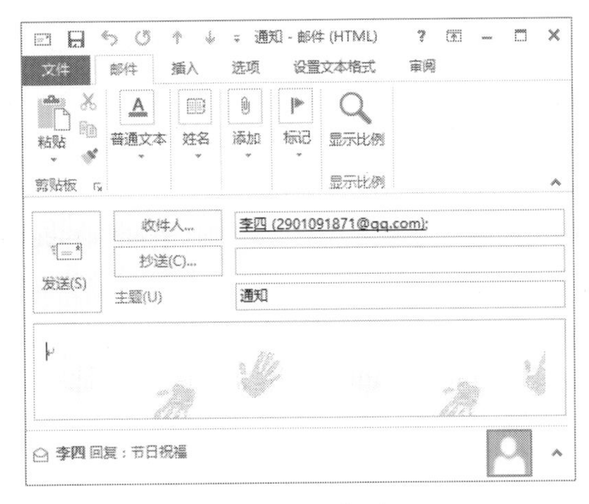

图 16-67　发送邮件界面

步骤 3　在内容编辑框内输入邮件的内容，如图 16-68 所示。

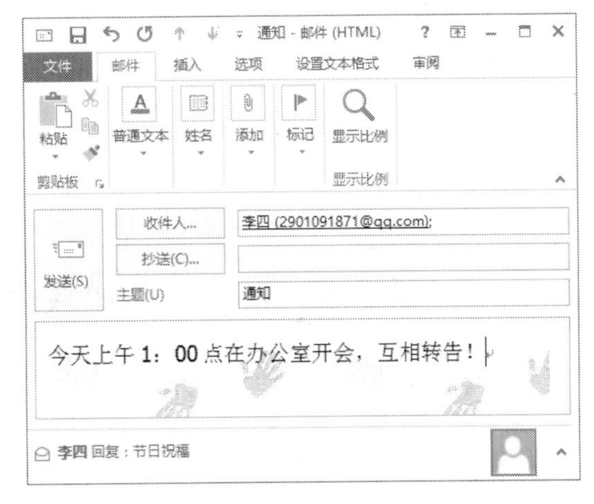

图 16-68　输入邮件信息

步骤 4　同时选中【选项】选项卡【跟踪】选项组中的【请求送达回执】复选框和【请求已读回执】复选框，如图 16-69 所示。

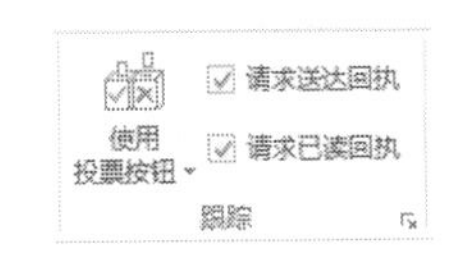

图 16-69　【跟踪】选项组

步骤 5　单击【发送】按钮，即可将这封邮件发送给联系人“李四”，当对方收到并阅读后会向发件人发送回执，如图 16-70 所示。

图 16-70 跟踪信息

16.4 添加联系人

在 Outlook 2013 中添加联系人有三种方式，包括通过新建项目、通讯簿和联系人列表来添加联系人。本节将介绍这三种添加联系人方式的具体操作步骤。

16.4.1 通过新建项目添加联系人

通过新建项目添加联系人的具体操作步骤如下。

步骤 1 单击【开始】选项卡下【新建】选项组中的【新建项目】按钮，在弹出的下拉列表中选择【联系人】选项，如图 16-71 所示。

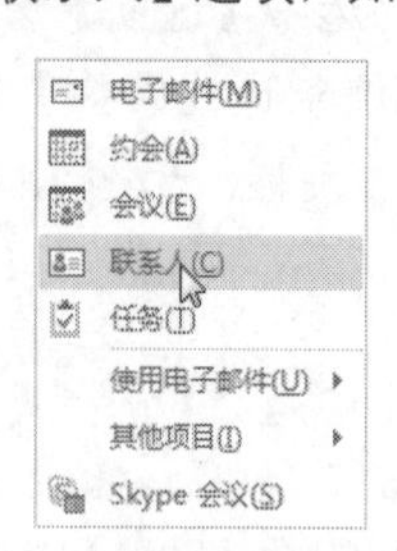

图 16-71 选择【联系人】选项

步骤 2 在【联系人】界面输入联系人的各项信息，然后单击【保存并关闭】按钮即可成功添加一个新的联系人，如图 16-72 所示。

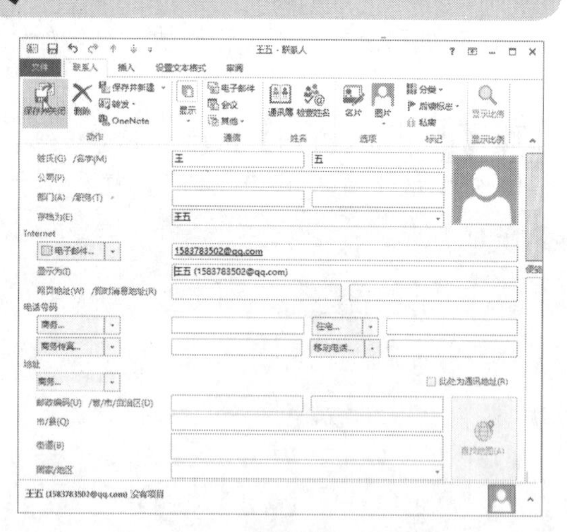

图 16-72 输入联系人信息

16.4.2 通过通讯簿添加联系人

通过通讯簿添加联系人的具体操作步骤如下。

步骤 1 单击【开始】选项卡下【查找】选项组中的【通讯簿】按钮，如图 16-73 所示。

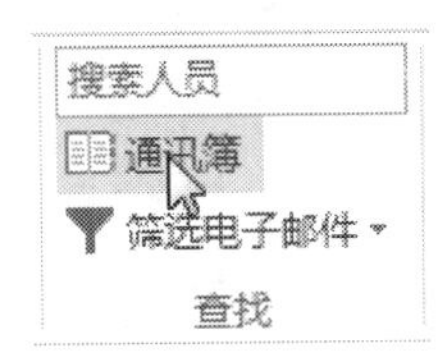

图 16-73　单击【通讯簿】按钮

步骤 2 打开【通讯簿：联系人】窗口，选择【文件】→【添加新地址】菜单项，如图 16-74 所示。

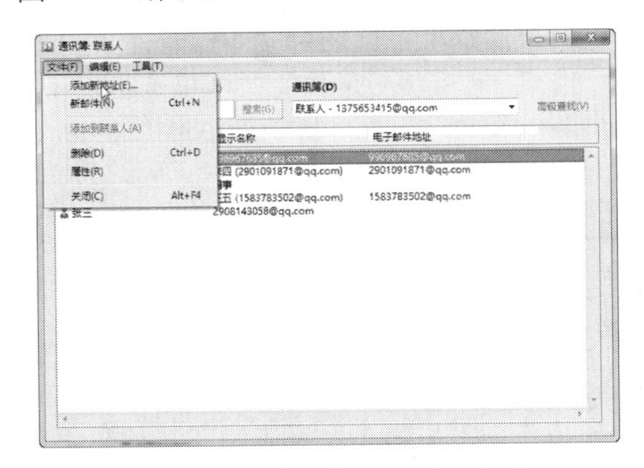

图 16-74　【通讯簿：联系人】窗口

步骤 3 打开【添加新地址】对话框，在【选定地址类型】列表框中选择【新建联系人】选项，如图 16-75 所示。

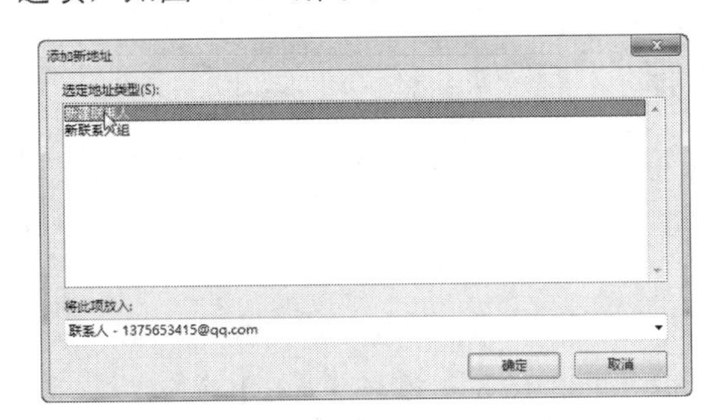

图 16-75　【添加新地址】对话框

步骤 4 单击【确定】按钮，打开【联系人】界面，在该界面中输入联系人的基本信息，然后单击【保存并关闭】按钮即可添加一位新的联系人，如图 16-76 所示。

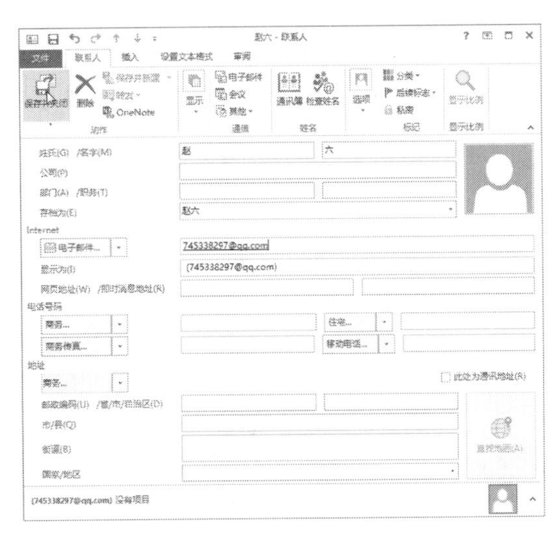

图 16-76　添加联系人

16.4.3 通过联系人列表添加联系人

通过联系人列表添加联系人的具体操作步骤如下。

步骤 1 打开 Outlook 2013 软件，在打开的界面中选择【联系人】选项，如图 16-77 所示。

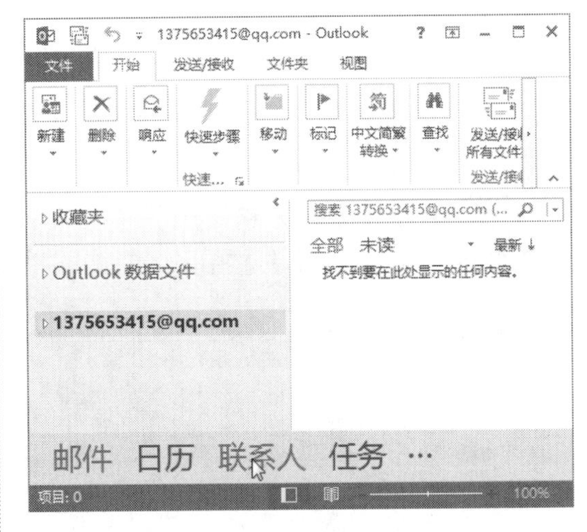

图 16-77　选择【联系人】选项

步骤 2 弹出联系人列表，在该列表空白处右击，在弹出的快捷菜单中选择【新建联系人】命令，如图 16-78 所示。

步骤 3 打开【联系人】界面，在该界面中输入新建联系人的各项信息，单击【保存并关闭】按钮即可添加一位新的联系人，如图 16-79 所示。

图 16-78　快捷菜单

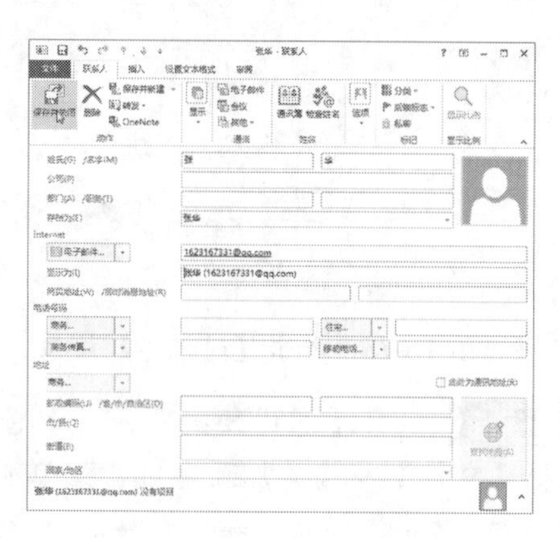

图 16-79　添加联系人

16.5 管理联系人

本节将介绍如何管理通讯簿中的联系人，包括修改或更新联系人的一些基本信息、对现有的联系人以及导入 / 导出联系人进行分组等内容。

16.5.1 修改联系人信息

当联系人的信息发生变动时，用户需要及时修改联系人的信息以确保该联系人的联系方式有效。修改联系人信息的具体操作步骤如下。

步骤 1 单击【开始】选项卡下【查找】选项组中的【通讯簿】按钮，如图 16-80 所示。

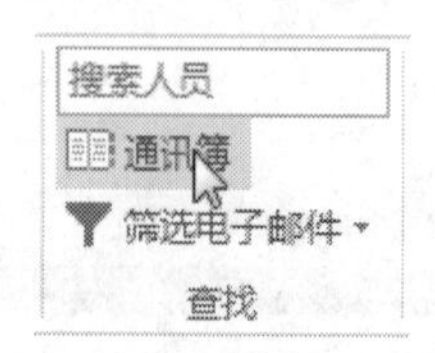

图 16-80　单击【通讯簿】按钮

步骤 2 打开【通讯簿：联系人】窗口，选中需要修改信息的联系人，如选择联系人“王五”，然后右击，在弹出的快捷菜单中选择【属性】命令，如图 16-81 所示。

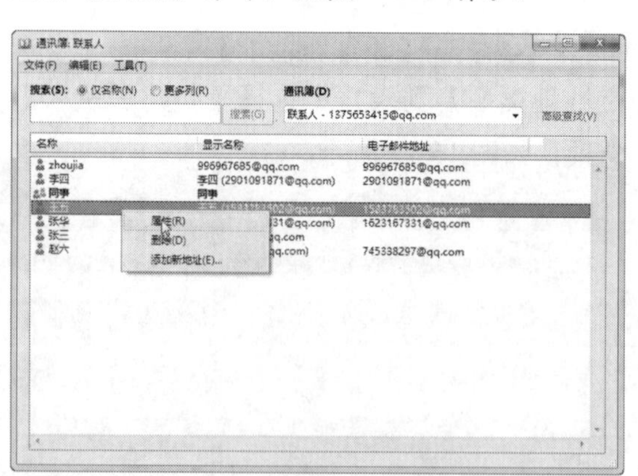

图 16-81　选择【属性】命令

步骤 3 打开【联系人】界面，在该界面中对联系人信息进行修改或补充，然后单击【保存并关闭】按钮，即可完成该联系人的信息修改，如图 16-82 所示。

图 16-82　修改联系人信息

16.5.2 联系人分组

对现有联系人进行分组，不仅方便用户查找联系人，还可以提高群发邮件的效率。在 Outlook 2013 中不必手动添加联系人进行分组，可以利用通讯簿选择联系人添加到同一组中，具体操作步骤如下。

步骤 1 单击【开始】选项卡下【新建】选项组中的【新建项目】按钮，在弹出的下拉列表中选择【其他项目】子菜单中的【联系人组】选项，如图 16-83 所示。

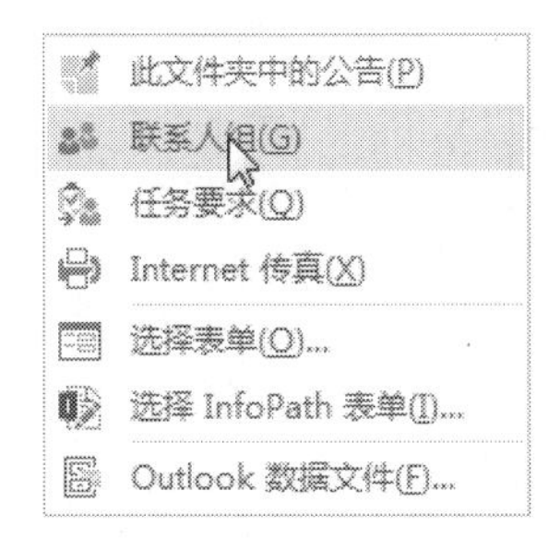

图 16-83　选择【联系人组】选项

步骤 2 在弹出的界面的【名称】文本框内输入新建联系人组的名称，如输入“我的同学”，如图 16-84 所示。

步骤 3 单击【添加成员】按钮，在弹出的下拉列表中选择【从通讯簿】选项，如图 16-85 所示。

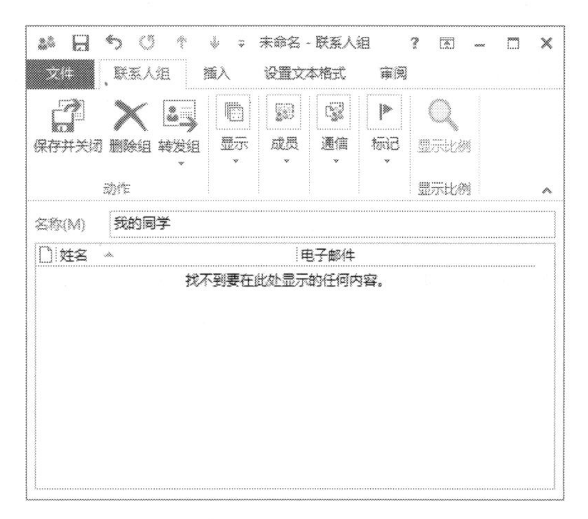

图 16-84　输入组信息

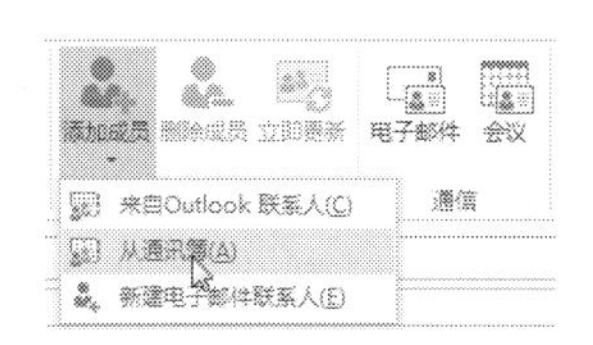

图 16-85　选择【从通讯簿】选项

步骤 4 打开【选择成员：联系人】对话框，在通讯簿中双击选中需要添加到“我的同学”组中的联系人，选中的联系人的电子邮箱地址会自动添加到【成员】列表框内，如图 16-86 所示。

图 16-86　【选择成员：联系人】对话框

步骤 5 单击【确定】按钮，返回到【我的同学 - 联系人组】界面，在该界面中单击【保存并关闭】按钮，即可完成对现有联系人的分组，如图 16-87 所示。

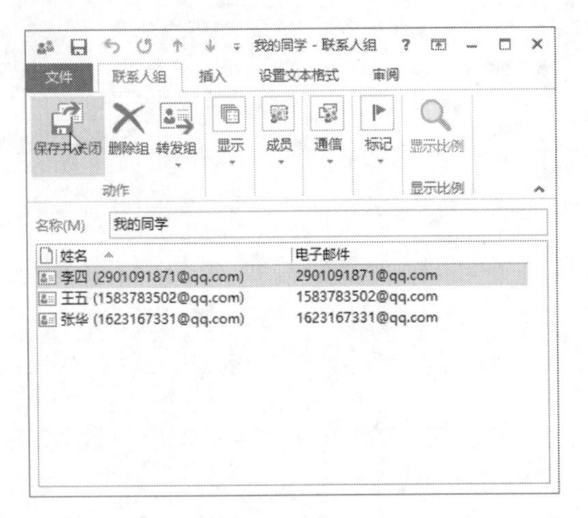

图 16-87　分组联系人

16.5.3 导入 / 导出联系人

有时为了防止联系人方式丢失，需要将通讯簿中的联系人导出进行保存，当计算机重新安装 Outlook 软件或联系人丢失，就可以将保存的联系人导入到 Outlook 2013 中。

1. 导出联系人

导出联系人的具体操作步骤如下。

步骤 1 选择【文件】选项卡，进入【文件】界面，在该界面中选择【选项】选项，如图 16-88 所示。

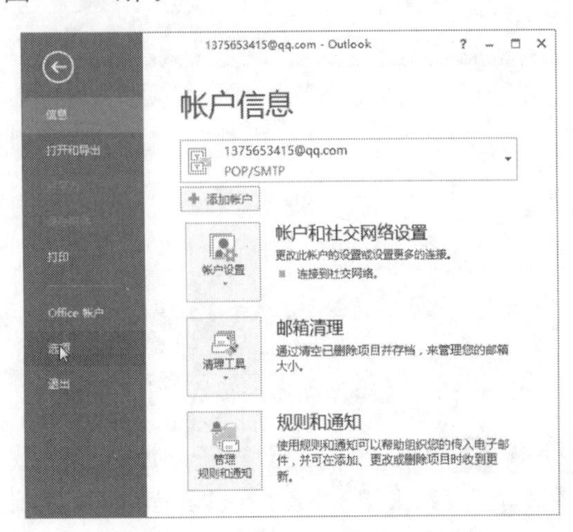

图 16-88　【账户信息】界面

步骤 2 打开【Outlook 选项】对话框，在左侧选择【高级】选项，在右侧单击【导出】区域内的【导出】按钮，如图 16-89 所示。

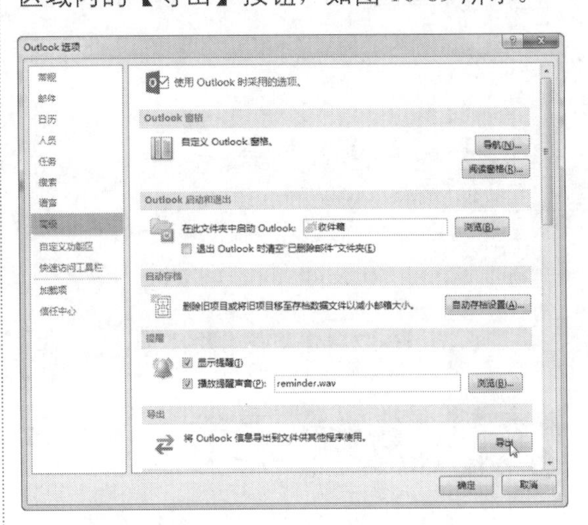

图 16-89　【Outlook 选项】对话框

步骤 3 打开【导入和导出向导】对话框，在【请选择要执行的操作】列表框内选择【导出到文件】选项，然后单击【下一步】按钮，如图 16-90 所示。

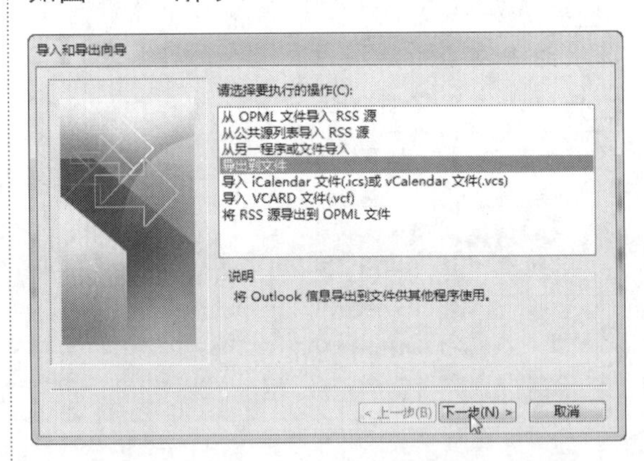

图 16-90　【导入和导出向导】对话框

步骤 4 打开【导出到文件】对话框，在【创建文件的类型】列表框内选择【逗号分隔值】选项，然后单击【下一步】按钮，如图 16-91 所示。

步骤 5 打开【导出到文件】对话框，在【选择导出文件夹的位置】列表框内选择【Outlook

数据文件】→【联系人】选项，如图 16-92 所示。

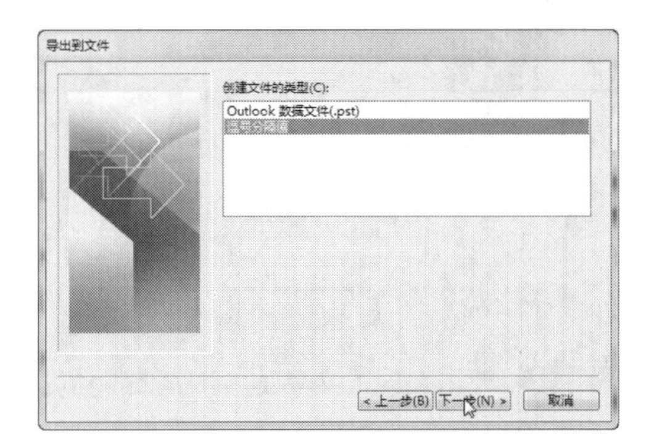

图 16-91　【导出到文件】对话框

图 16-92　选择导出文件夹的位置

步骤 6　单击【下一步】按钮，打开【导出到文件】对话框，然后单击【将导出文件另存为】文本框右侧的【浏览】按钮，如图 16-93 所示。

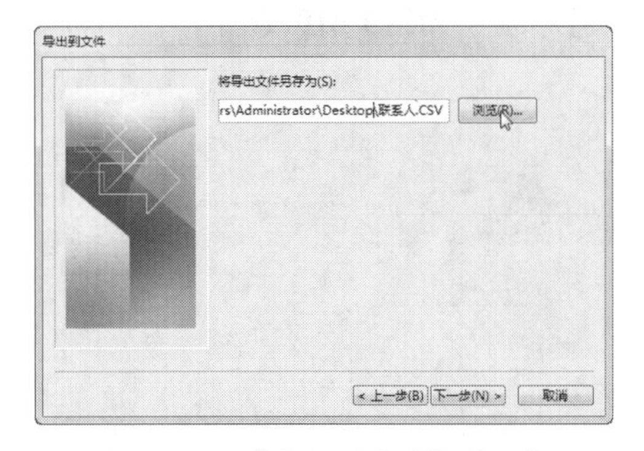

图 16-93　【导出到文件】对话框

步骤 7　打开【浏览】对话框，此时可根据用户需要选择文件保存的位置，如选择文件保存的位置为桌面，在【文件名】文本框内输入导出文件的名称，如输入“联系人.CSV”，然后单击【确定】按钮，如图 16-94 所示。

图 16-94　【浏览】对话框

步骤 8　返回到【导出到文件】对话框，单击【下一步】按钮，出现如图 16-95 所示界面。

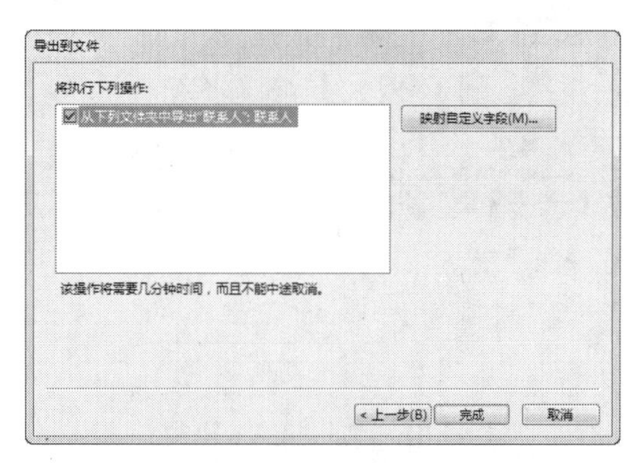

图 16-95　选择要执行的操作

步骤 9　单击【完成】按钮，即开始导出联系人，并显示将联系人导出到文件夹的进程，如图 16-96 所示。

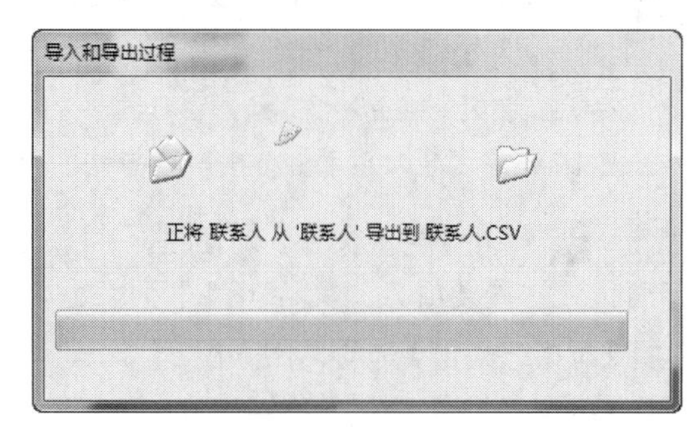

图 16-96　导出联系人

2. 导入联系人

导入联系人的具体操作步骤如下。

步骤 1 选择【文件】选项卡，进入【文件】界面，在该界面中选择【打开和导出】→【导入 / 导出】选项，如图 16-97 所示。

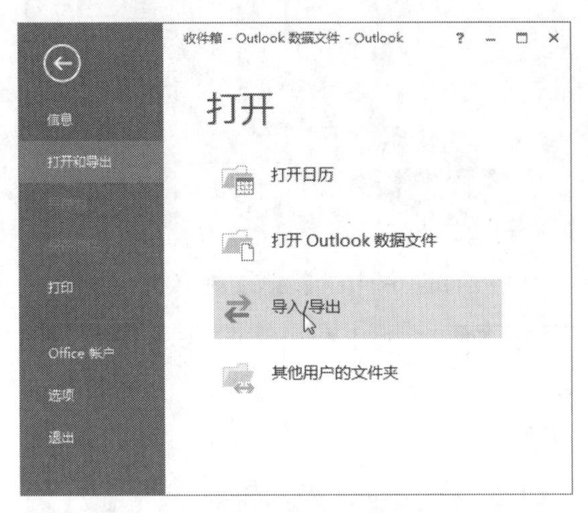

图 16-97 【打开】界面

步骤 2 打开【导入和导出向导】对话框，在【请选择要执行的操作】列表框内选择【从另一程序或文件导入】选项，然后单击【下一步】按钮，如图 16-98 所示。

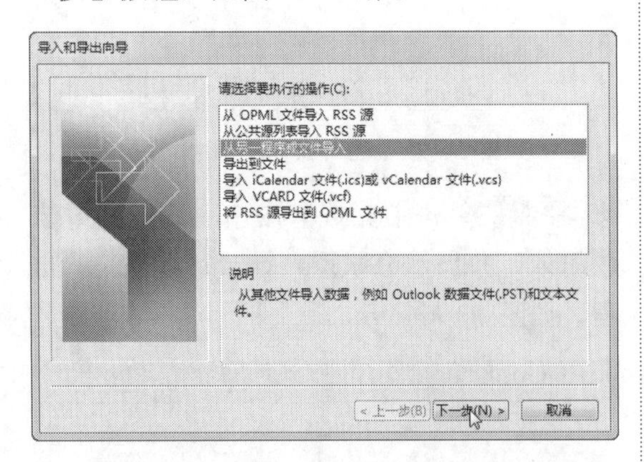

图 16-98 【导入和导出向导】对话框

步骤 3 打开【导入文件】对话框，在【从下面位置选择要导入的文件类型】列表框内选择【逗号分隔值】选项，然后单击【下一步】按钮，如图 16-99 所示。

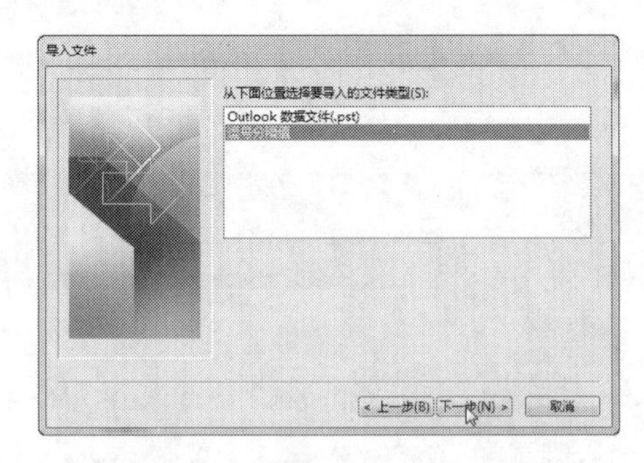

图 16-99 【导入文件】对话框

步骤 4 单击【导入文件】文本框右侧的【浏览】按钮，打开【浏览】对话框，在该对话框中按路径找到联系人文件夹进行导入，如图 16-100 所示。

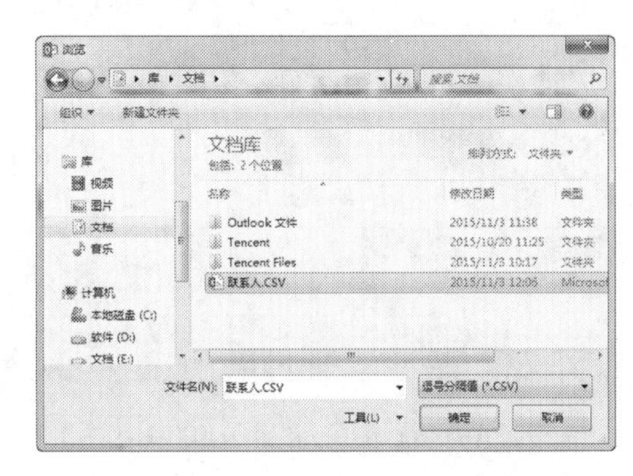

图 16-100 【浏览】对话框

步骤 5 单击【确定】按钮，返回到【导入文件】对话框，在【选项】区域中选中【允许创建重复项目】单选按钮，然后单击【下一步】按钮，如图 16-101 所示。

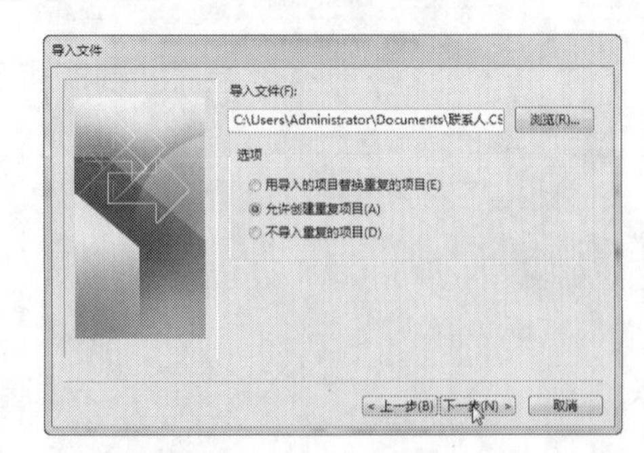

图 16-101 【导入文件】对话框

步骤 6 在【选择目标文件夹】列表框内选择【Outlook 数据文件】→【联系人】选项，如图 16-102 所示。

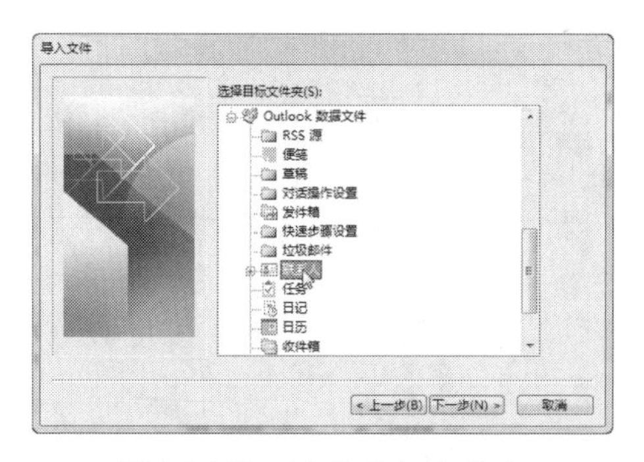

图 16-102　选择目标文件夹

步骤 7 单击【下一步】按钮，进入如图 16-103 所示的界面。

步骤 8 单击【完成】按钮，即开始导入联系人，并显示将联系人文件导入到 Outlook 2013 中的进程，如图 16-104 所示。

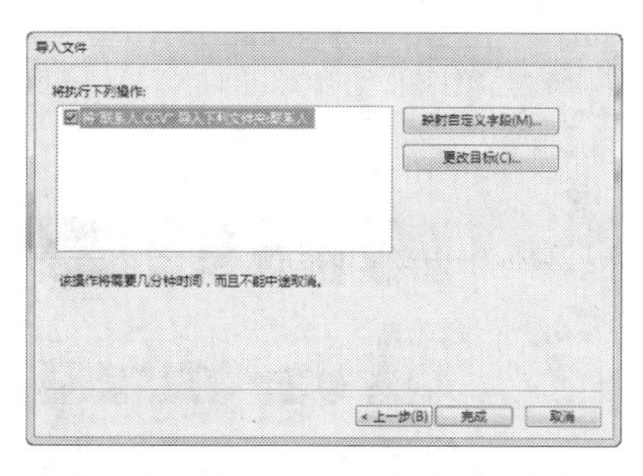

图 16-103　选择要执行的操作

图 16-104　导入联系人

16.6 高效办公技能实战

16.6.1 为电子邮件添加附件文件

电子邮件除了发送正文内的一些文本信息外，还可以将图片、声音、视频等附件文件发送到收件人的邮箱里，既满足了用户发送邮件的需求，也丰富了邮件的内容。本节将介绍如何在电子邮件中添加附件文件。

为电子邮件添加附件文件的具体操作步骤如下。

步骤 1 新建一封电子邮件。单击【开始】选项卡下【新建】选项组中的【新建电子邮件】按钮，如图 16-105 所示。

步骤 2 进入【新建电子邮件】界面，单击【插入】选项卡下【添加】选项组中的【附加文件】按钮，如图 16-106 所示。

图 16-105　单击【新建电子邮件】按钮

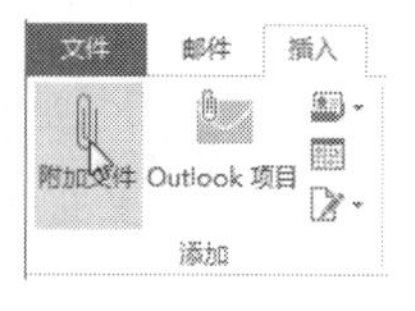

图 16-106　单击【附加文件】按钮

步骤 3 打开【插入文件】对话框，在该对话框查找范围内选择需要插入的图片、音频或者视频，如选择插入一张图片，然后单击【插入】按钮，如图 16-107 所示。

图 16-107 【插入文件】对话框

步骤 4 返回到新建电子邮件的界面，在【附件】文本框内显示插入的图片，如图 16-108 所示。

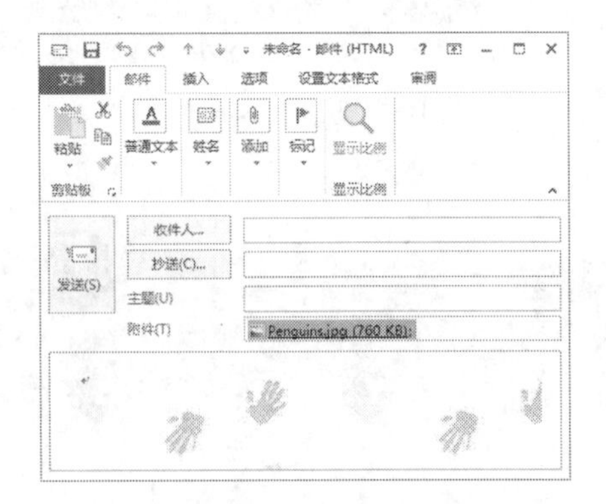

图 16-108 显示插入的图片

步骤 5 除了将图片、音频和视频作为附件发送给收件人外，还可以插入名片。单击【插入】选项卡下【添加】选项组中的【名片】按钮，在弹出的下拉列表中选择【其他名片】选项，如图 16-109 所示。

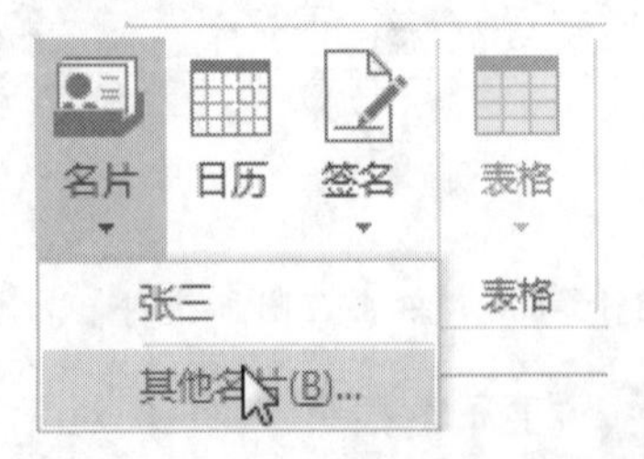

图 16-109 选择【其他名片】选项

步骤 6 打开【插入名片】对话框，选择联系人的名片作为附件插入到邮件中，如图 16-110 所示。

图 16-110 【插入名片】对话框

步骤 7 单击【确定】按钮，即可将该名片添加到【附件】文本框内，如图 16-111 所示。

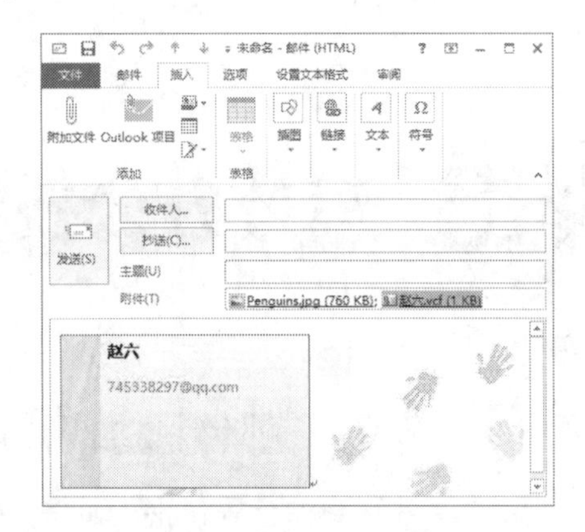

图 16-111 添加名片

步骤 8 添加完附件后，输入收件人地址和邮件内容，单击【发送】按钮，即可将该封带有附件的邮件发送给收件人。

16.6.2 使用 Outlook 发出会议邀请

发出公司会议邀请的具体操作步骤如下。

步骤 1 打开 Outlook 2013，在主界面中单击【开始】选项卡下【新建】选项组中的【新建项目】按钮，在弹出的下拉列表中选择【会议】选项，如图 16-112 所示。

图 16-112　选择【会议】选项

步骤 2 弹出发送会议邮件窗口，在【收件人】文本框内添加通讯簿中联系人的地址，单击【会议】选项卡下【与会者】选项组中的【通讯簿】选项，打开【选择与会者及资源：联系人】对话框，如图 16-113 所示。

图 16-113　【选择与会者及资源：联系人】对话框

步骤 3 当选择的与会者是必选时，可以单击该对话框下方的【必选】按钮，在其后面的文本框内添加联系人，如图 16-114 所示。

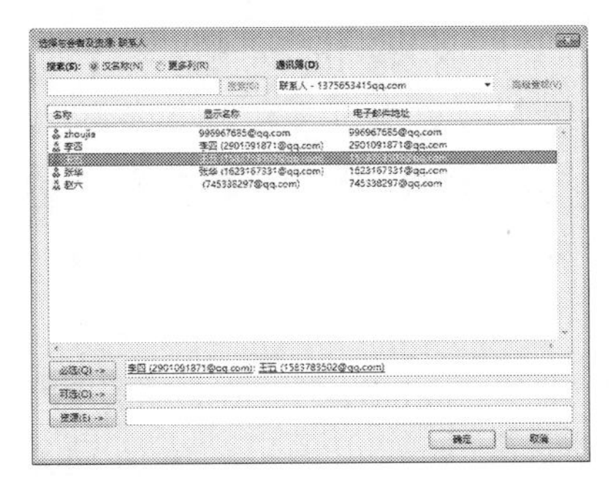

图 16-114　添加联系人到【必选】文本框

步骤 4 除了必须选择参与会议的联系人外，用户还可以根据需要选择可选的与会者，选中联系人后，单击【可选】按钮，即可将联系人添加到【可选】文本框内，如图 16-115 所示。

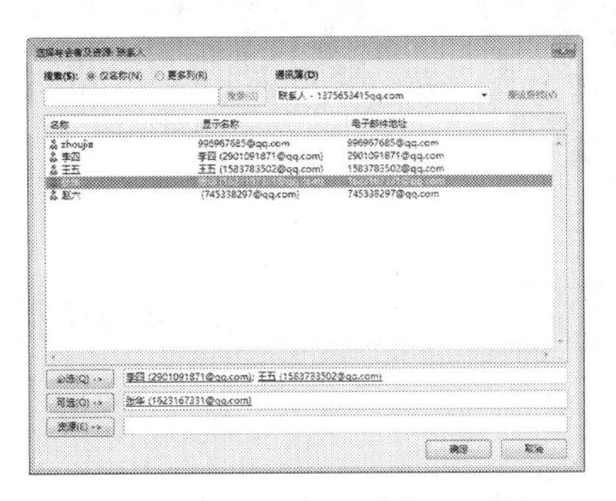

图 16-115　添加联系人到【可选】文本框

步骤 5 单击【确定】按钮，返回到发送会议邮件的界面，在【主题】文本框内输入会议主题，在【地点】文本框内输入开会的地点，然后设置会议的开始时间和结束时间，如图 16-116 所示。

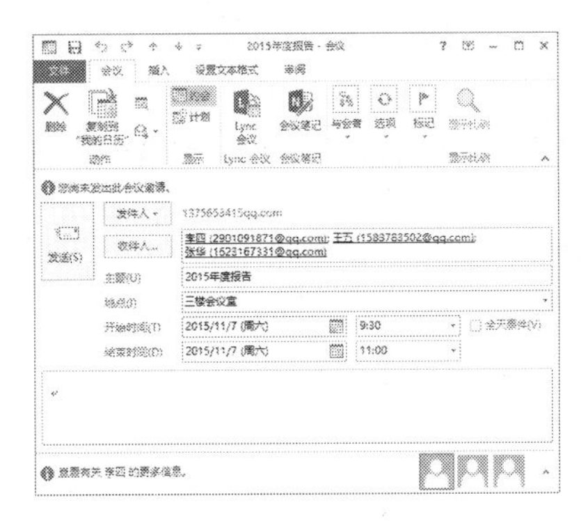

图 16-116　输入邮件信息

步骤 6 单击【发送】按钮，即可将会议邮件发送给与会者，如图 16-117 所示。

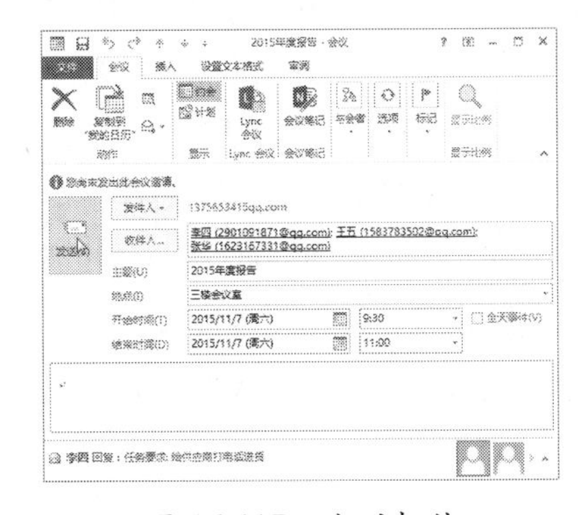

图 16-117　发送邮件

16.7 课后练习与指导

16.7.1 使用 Outlook 制订工作计划

☆ 练习目标

了解 Outlook 的日历功能。

掌握使用 Outlook 的日历功能制订工作计划的方法。

☆ 专题练习指南

01 打开 Outlook 2013，在左侧列表中选择【日历】选项，进入【日历】界面。

02 在需要添加计划的时间线上右击，在弹出的快捷菜单中选择相应的预定计划，如【新建约会】菜单项。

03 在弹出的【未命名 - 约会】窗口中添加“主题”“地点”“开始时间”“结束时间”以及“摘要信息”等即可。

16.7.2 自定义 Outlook 的导航窗格

练习目标

了解 Outlook 导航窗格的功能。

掌握灵活使用 Outlook 导航窗格的方法。

☆ 专题练习指南

01 选择 Outlook 2013 主界面中的【文件】选项卡，在弹出的列表中选择【选项】选项，弹出【Outlook 选项】对话框。

02 选择【高级】选项，在【自定义 Outlook 窗格】设置区域单击【导航窗格】按钮。

03 弹出【导航窗格选项】对话框，在【按此顺序显示按钮】列表框中根据需要选中相应的复选框，通过单击【上移】和【下移】按钮，可以调整导航窗格中显示按钮的顺序。

04 在【自定义 Outlook 窗格】设置区域单击【阅读窗格】按钮，打开【阅读窗格】对话框，可以根据需要设置阅读窗格选项。

05 在【自定义 Outlook 窗格】设置区域单击【待办事项栏】按钮，打开【待办事项栏选项】对话框，可以根据需要设置待办事项栏选项。

06 设置完成后单击【确定】按钮，保存设置。

第5篇

行业应用案例

Office 2013 具有的强大办公处理功能在各行各业都有广泛的应用，包括行政办公、人力资源管理和市场营销等行业。本篇通过职业案例进一步介绍 Office 2013 的强大功能。

Office 在行政办公中的应用

● **本章导读**

在行政办公中使用 Office 2013，可以制作公司的考勤制度、会议记录表、公司会议 PPT 等，极大地简化了传统方式下单调而又重复的工作。

● **学习目标**

◎ 了解 Office 2013 在行政办公中应用的范围。

◎ 掌握使用 Word 2013 制作公司考勤制度的方法。

◎ 掌握使用 Excel 2013 制作公司会议记录表的方法。

◎ 掌握使用 PowerPoint 2013 制作公司会议的方法。

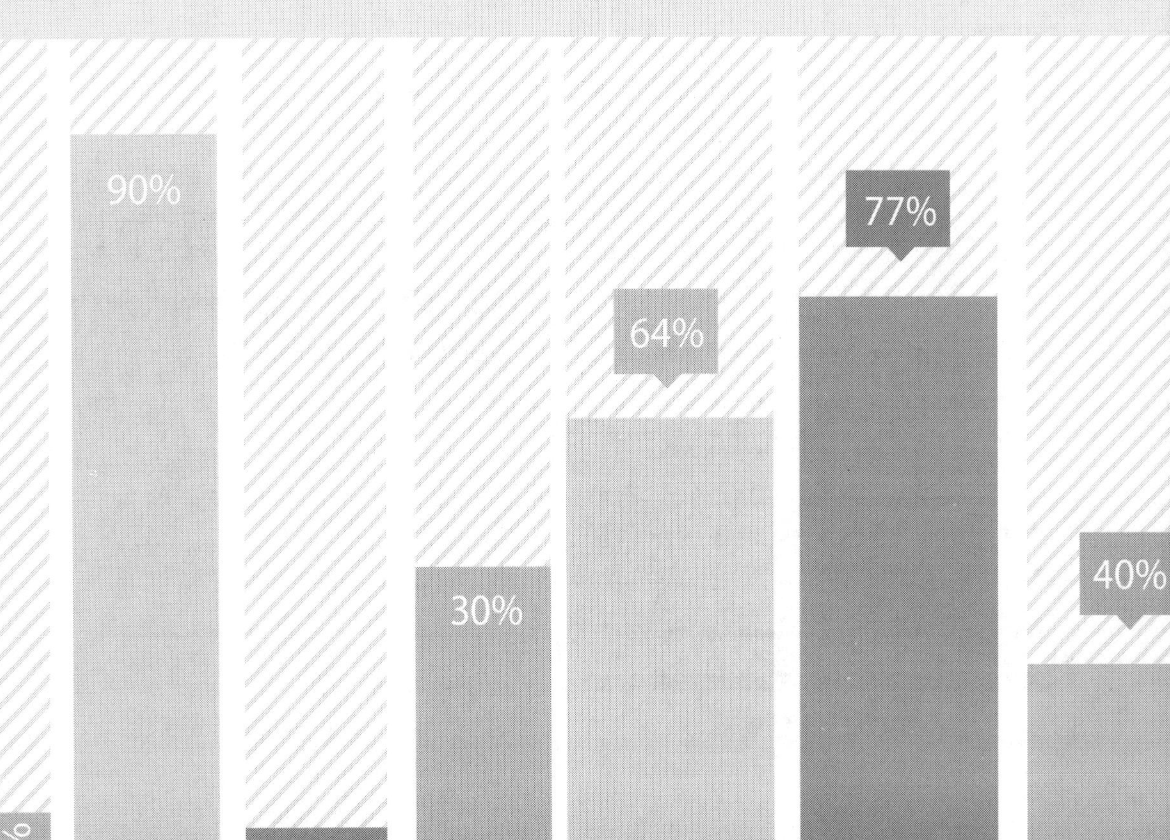

17.1 制作公司考勤制度

利用 Office 2013 中的 Word 组件可以制作公司考勤制度，帮助公司更加规范化地管理员工。制作公司考勤制度包括输入内容、设置页眉页脚、设计版式等，具体操作步骤如下。

步骤 1 打开 Word 2013，在正文内输入公司的考勤制度规则，如图 17-1 所示。

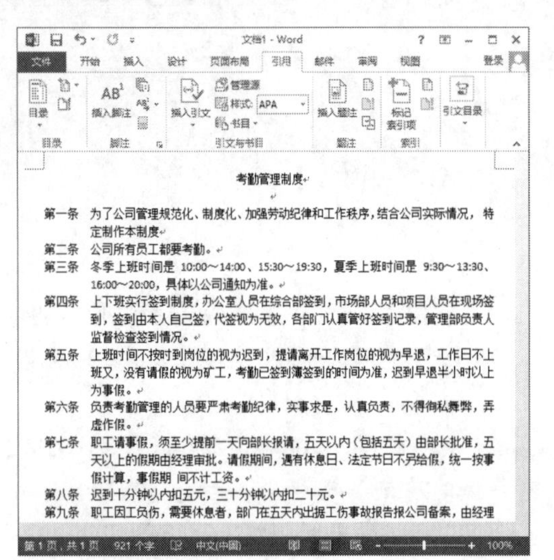

图 17-1 输入文本信息

步骤 2 输入考勤制度内容后，用户可以根据需要修改序号的样式，单击【第一条】序号就可以选中所有的序号，如图 17-2 所示。

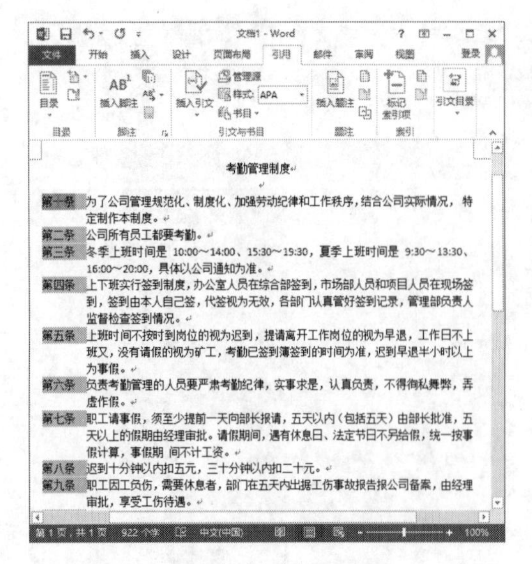

图 17-2 选择序号

步骤 3 单击【开始】选项卡下【段落】选项组中的【编号】按钮，在弹出的下拉列表中选择需要的编号样式即可，如图 17-3 所示。

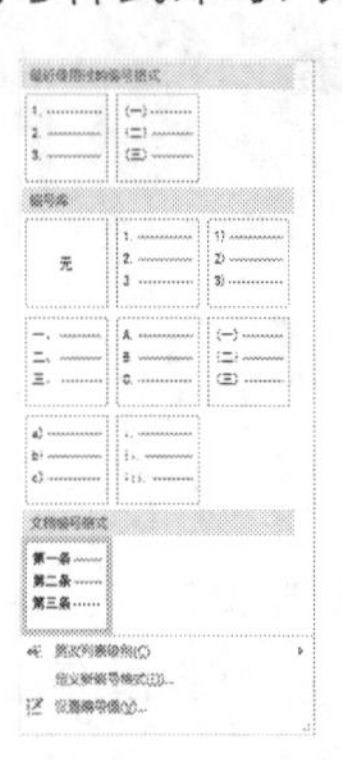

图 17-3 选择需要的编号样式

步骤 4 选中所有内容，单击【页面布局】选项卡下【页面设置】选项组中的【分栏】按钮，如图 17-4 所示。

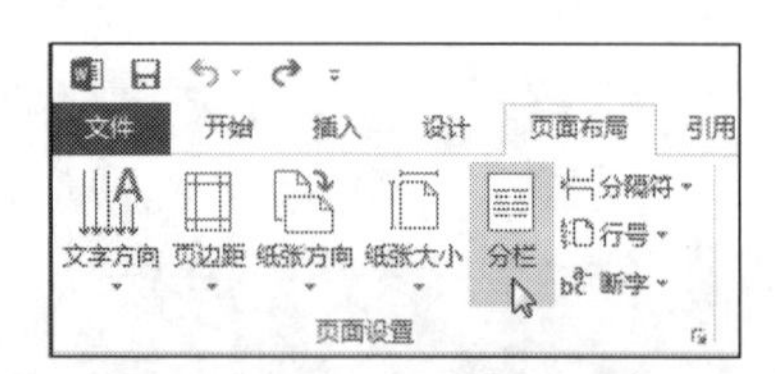

图 17-4 单击【分栏】按钮

步骤 5 在弹出的下拉列表中选择【两栏】选项，如图 17-5 所示。

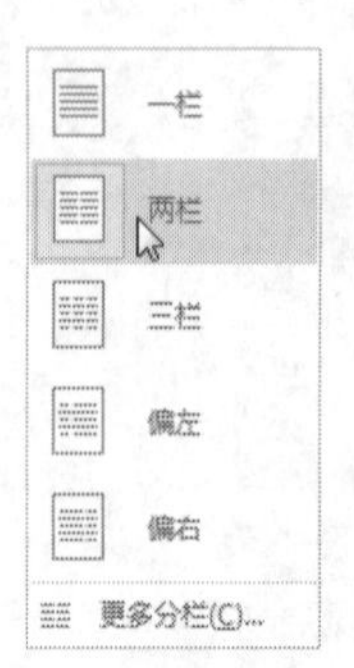

图 17-5 选择分栏数

步骤 6 分栏后的效果如图 17-6 所示。

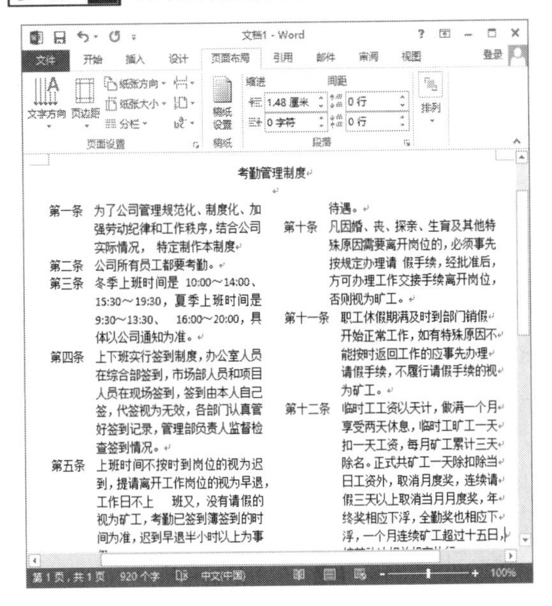

图 17-6　分栏显示文本

步骤 7 单击【插入】选项卡下【页眉和页脚】选项组中的【页眉】按钮，在弹出的下拉列表中选择【空白】选项，如图 17-7 所示。

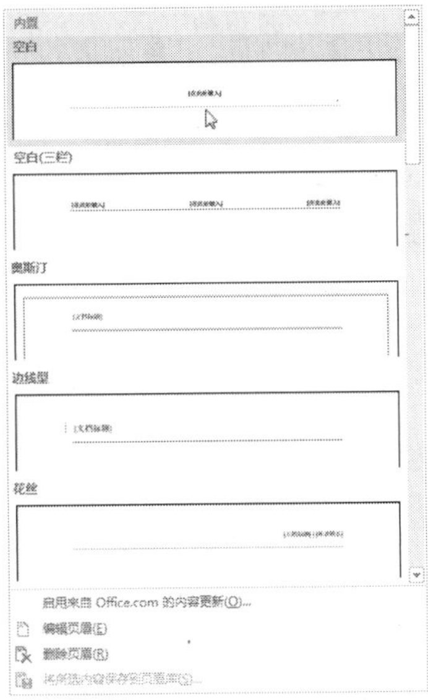

图 17-7　【页眉】下拉列表

步骤 8 这时在页眉上方插入【在此处键入】文本框，在该文本框中输入页眉内容，如输入“公司考勤制度”，并设置字体为“微软雅黑”，字号为“五号”，如图 17-8 所示。

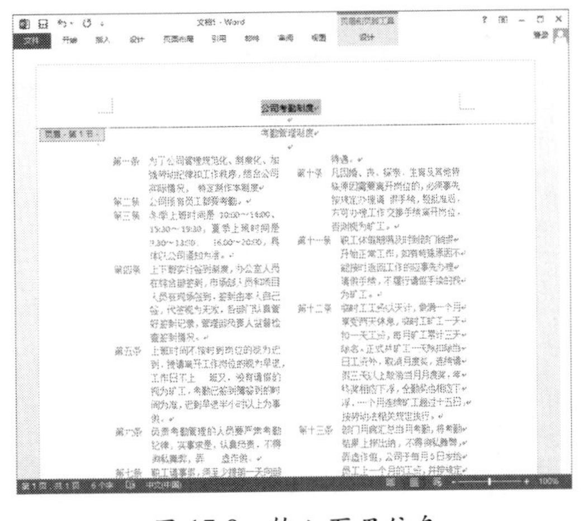

图 17-8　输入页眉信息

步骤 9 单击【插入】选项卡下【页眉和页脚】选项组中的【页脚】按钮，在弹出的下拉列表中选择【空白】选项，如图 17-9 所示。

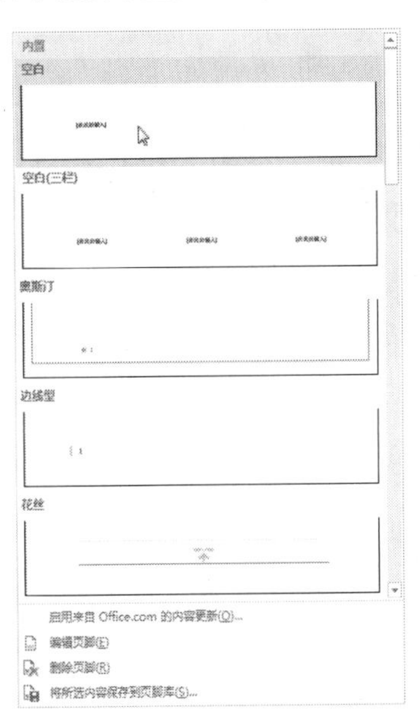

图 17-9　【页脚】下拉列表

步骤 10 在页脚左下方【在此处键入】位置内输入页脚名称，如输入“新建千谷网络科技有限公司”，将字体设置为“微软雅黑”，字号为“五号”，设置为居中，如图 17-10 所示。

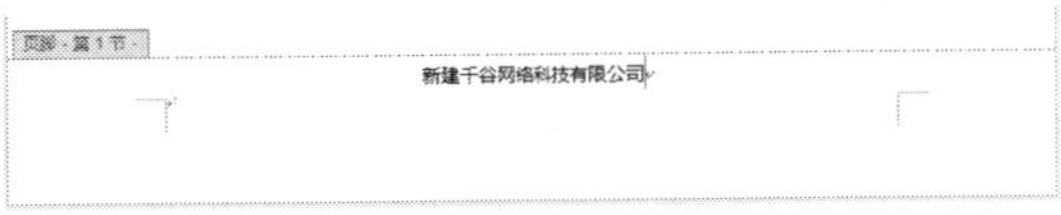

图 17-10　输入页脚信息

步骤 11 单击【页眉和页脚工具 - 设计】选项卡下【关闭】选项组中的【关闭页眉和页脚】按钮，即可退出页眉和页脚设计窗口，如图 17-11 所示。

图 17-11 关闭页眉和页脚

步骤 12 选择【文件】选项卡，进入【文件】界面，在该界面左侧选择【另存为】选项，然后选择【计算机】选项，单击【浏览】按钮，弹出【另存为】对话框，选择保存的路径及文件名，如在【文件名】文本框内输入“制作公司考勤制度”，然后单击【保留】按钮，即可完成制作公司考勤制度的创建和保存操作，如图 17-12 所示。

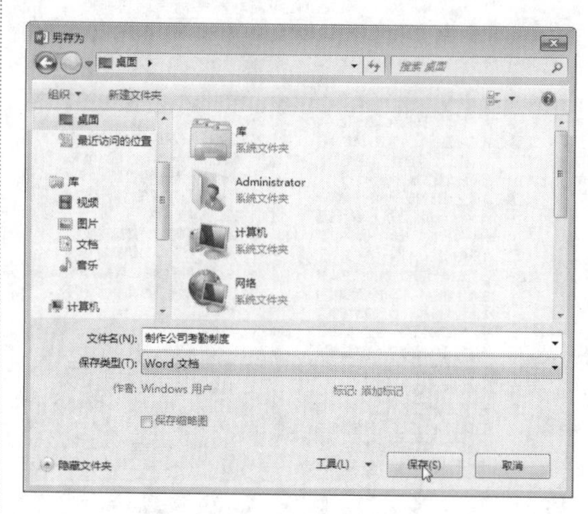

图 17-12 【另存为】对话框

17.2 制作会议记录表

会议记录表是由专门的记录人员把会议的组织情况和具体内容记录下来的一种表格，该表格方便公司领导了解会议召开情况，进而便于部署下一步工作任务。制作会议记录表的具体操作步骤如下。

步骤 1 打开 Excel 2013，在其左下角 Sheet1 工作表标签处右击，在弹出的快捷菜单中选择【重命名】命令，如图 17-13 所示。

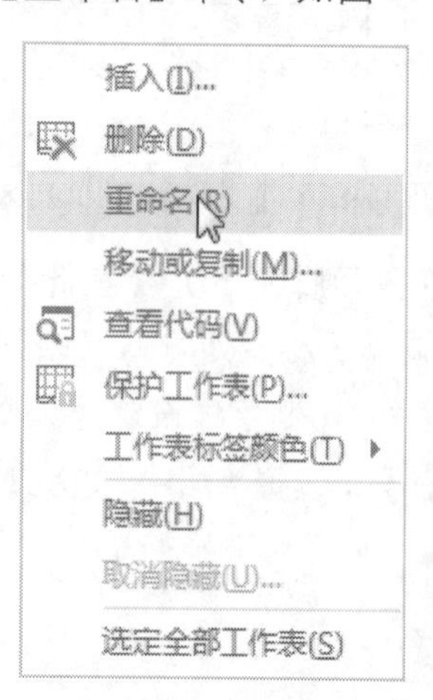

图 17-13 快捷菜单

步骤 2 将 Sheet1 工作表重命名为“会议记录表”，如图 17-14 所示。

图 17-14 重命名工作表

步骤 3 Excel 2013 默认的单元格比较窄，为了使会议记录表的内容看起来不拥挤，可以先设置单元格的行高。利用 Ctrl+A 快捷键选中所有的单元格，然后单击【开始】选项卡下【单元格】选项组中的【格式】按钮，如图 17-15 所示。

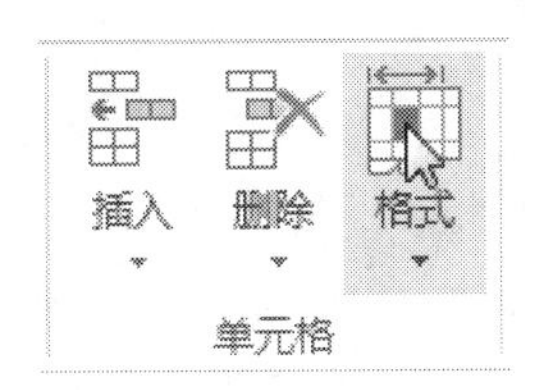

图 17-15　单击【格式】按钮

步骤 4 在弹出的下拉列表中选择【行高】选项，弹出【行高】对话框，在对话框中可定义行高值，如这里设置为“24.5”，单击【确定】按钮即可完成单元格的行高设置，如图 17-16 所示。

图 17-16　【行高】对话框

步骤 5 在单元格内分别输入记录会议的事项，如图 17-17 所示。

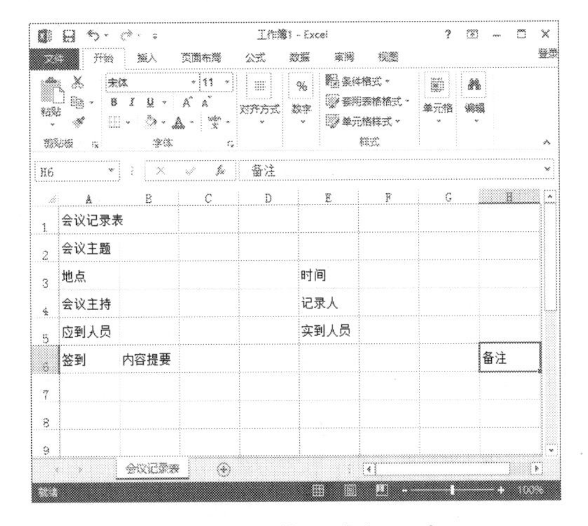

图 17-17　输入表格信息

步骤 6 选中【会议记录表】单元格，将鼠标指针移到单元格右下角边框，当指针变为“+”形状时按住鼠标左键不放并拖动鼠标到需要的位置，然后释放鼠标，如图 17-18 所示。

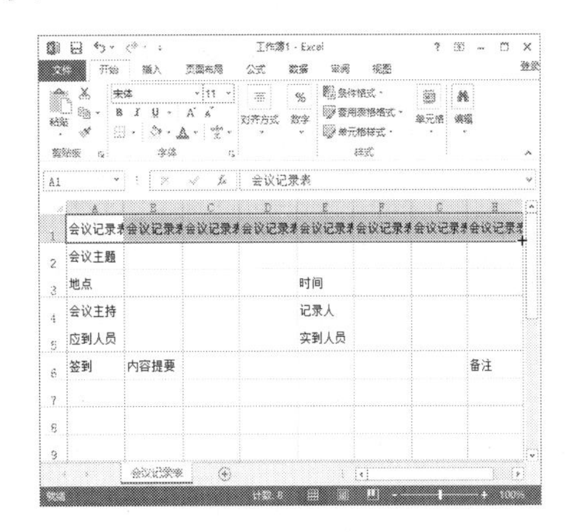

图 17-18　拖动表格标题

步骤 7 单击【开始】选项卡下【对齐方式】选项组中的【合并后居中】按钮，弹出 Microsoft Excel 对话框，在该对话框内单击【确定】按钮即可，如图 17-19 所示。

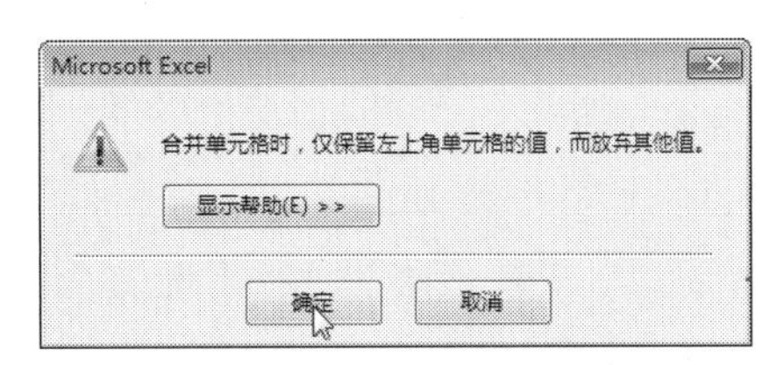

图 17-19　信息提示框

步骤 8 合并后的效果如图 17-20 所示。

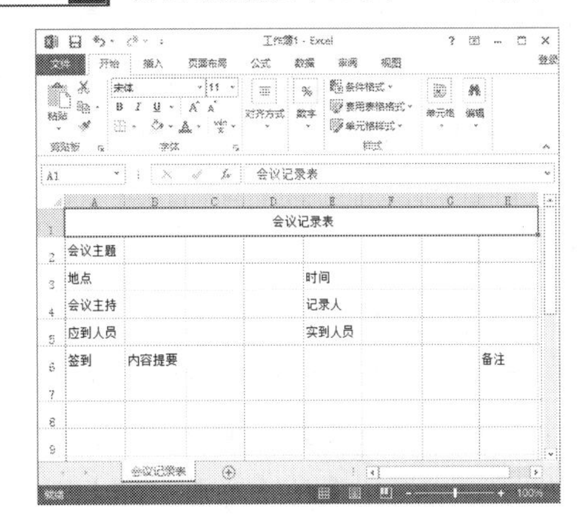

图 17-20　合并并居中显示表格标题

步骤 9 选中【会议主题】后的第一个单元格，依照步骤 6、步骤 7 的方法合并单元格，效果如图 17-21 所示。

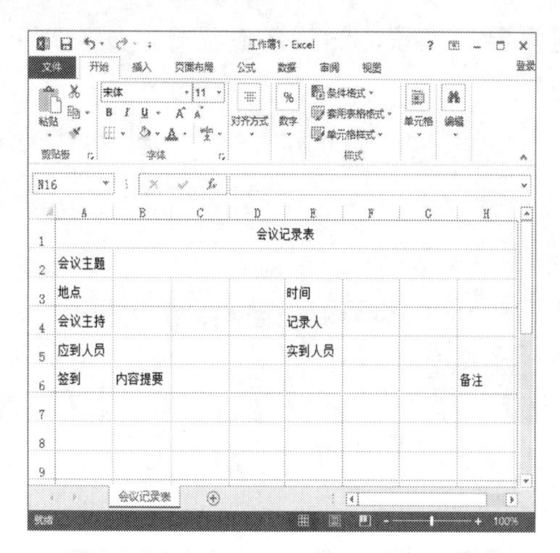

图 17-21 合并“会议主题”后的单元格

步骤 10 依次将相关事项的单元格进行合并，效果如图 17-22 所示。

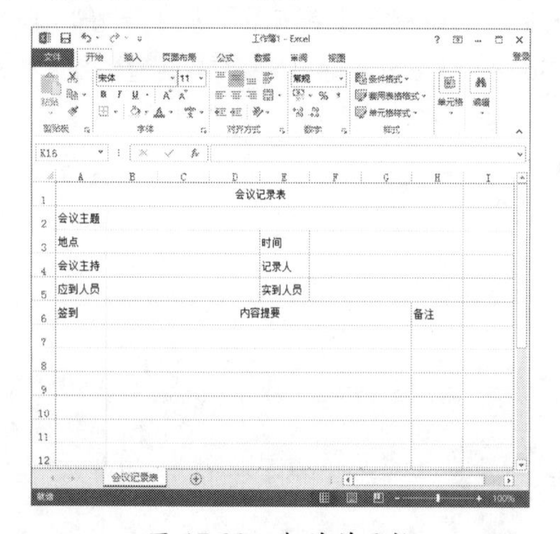

图 17-22 合并单元格

步骤 11 将鼠标指针放在【会议记录表】单元格的空白处，按住鼠标左键开始拖动鼠标直到合适的表格大小位置处，然后释放鼠标，如图 17-23 所示。

步骤 12 单击【开始】选项卡下【字体】选项组中的【下框线】右侧的下拉按钮，在弹出的下拉列表中选择【所有框线】选项，如图 17-24 所示。

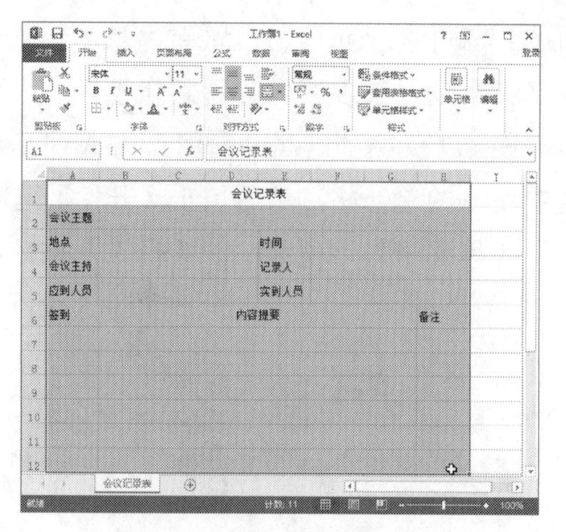

图 17-23 选中整个表格区域

图 17-24 选择【所有框线】选项

步骤 13 应用边框线后的效果如图 17-25 所示。

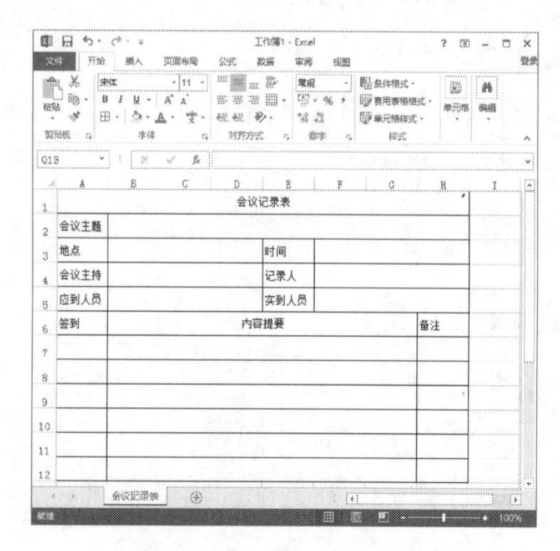

图 17-25 添加表格框线

步骤 14 此时可对会议记录表中的字体进行设置，如这里将“会议记录表”字体设置为“宋体”，字号为“16”，并将字体加粗，如图 17-26 所示。

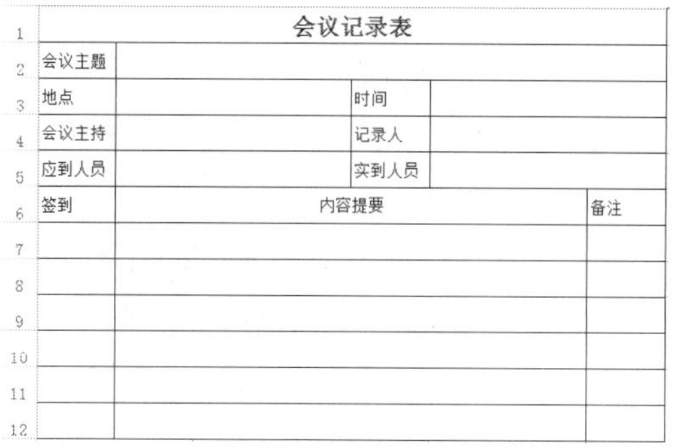

会议记录表				
会议主题				
地点		时间		
会议主持		记录人		
应到人员		实到人员		
签到	内容提要			备注

图 17-26 加粗显示表格标题

步骤 15 在 Excel 2013 中制作好会议记录表后，即可将该表打印出来使用。选中表格，单击【页面布局】选项卡下【页面设置】选项组中的【打印区域】按钮，在弹出的下拉列表中选择【设置打印区域】选项，如图 17-27 所示。

步骤 16 设置好打印区域后，选择【文件】选项卡，进入【文件】界面，在该界面的左侧选项中选择【打印】选项，进入到【打印】界面即可查看会议记录表打印的效果，如图 17-28 所示。

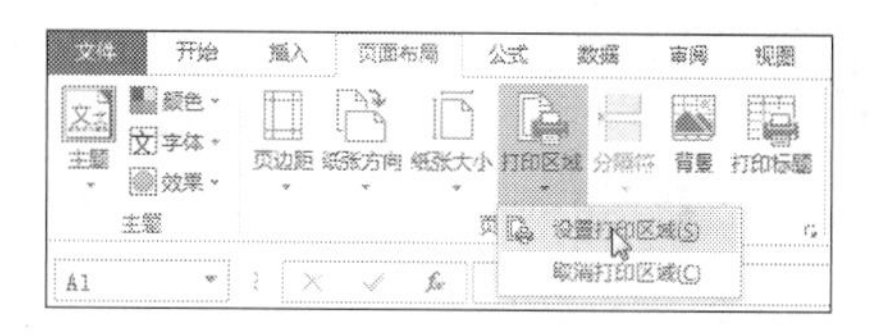

图 17-27 设置打印区域

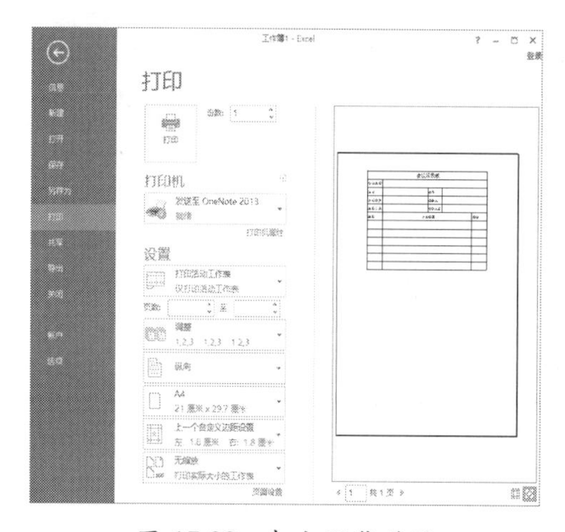

图 17-28 打印预览效果

步骤 17 单击【打印】按钮，即可完成会议记录表的打印。

17.3 制作公司会议PPT

使用 Office 2013 系列中的 PowerPoint 2013 软件制作会议 PPT，能帮助主讲人以文字、图片、色彩以及动画的方式更好地传达会议内容。

17.3.1 制作会议首页幻灯片

制作会议首页幻灯片的具体操作步骤如下。

步骤 1 打开 PowerPoint 2013 软件，在【搜索联机模板和主题】文本框中输入“会议”文本，然后单击文本框右侧的【搜索】按钮搜索相关的主题，如图 17-29 所示。

步骤 2 在弹出的【新建】界面中选择需要的会议模板，如这里选择【公司会议演示文稿】模板，如图 17-30 所示。

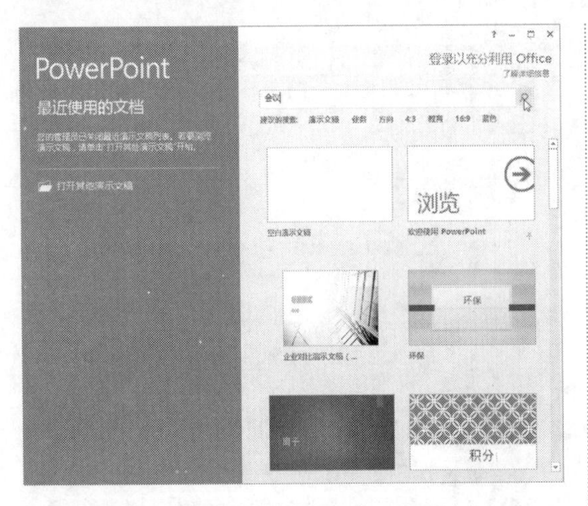

图 17-29　搜索“会议”主题模板

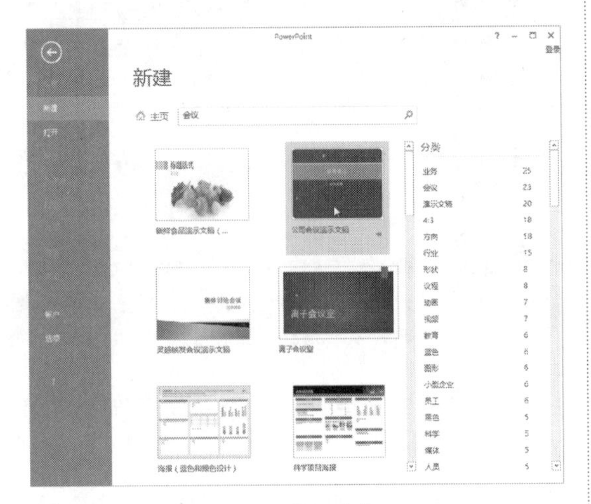

图 17-30　【新建】界面

步骤 3 弹出【公司会议演示文稿】对话框，单击【创建】按钮，如图 17-31 所示。

图 17-31　单击【创建】按钮

步骤 4 即可应用该主题模板，从而创建样式文稿，效果如图 17-32 所示。

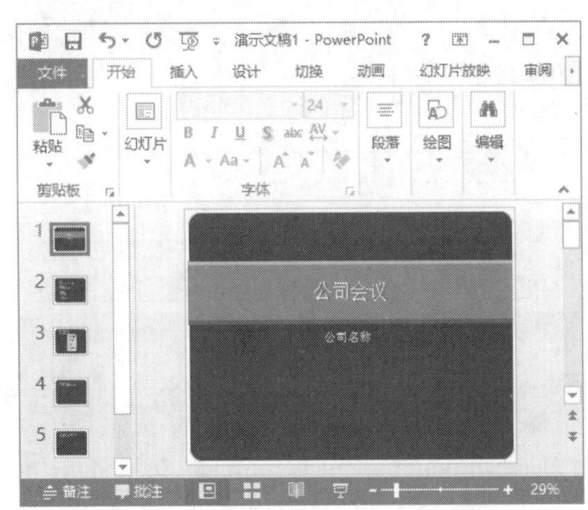

图 17-32　应用主题模板创建演示文稿

步骤 5 选中第一张幻灯片，单击【公司会议】文本框，将文本框内的文字删除，然后输入本次会议的名称，如输入“公司发展规划讨论会”，如图 17-33 所示。

图 17-33　输入会议名称

步骤 6 选中该文本，字体设置为“方正姚体”，字号为“44”，颜色设置为“靛蓝”，如图 17-34 所示。

步骤 7 选中【公司名称】文本框，将文本框内的文字删除，输入此次会议的演讲者姓名，如输入“主讲人：刘经理”，如图 17-35 所示。

图 17-34 设置字体格式

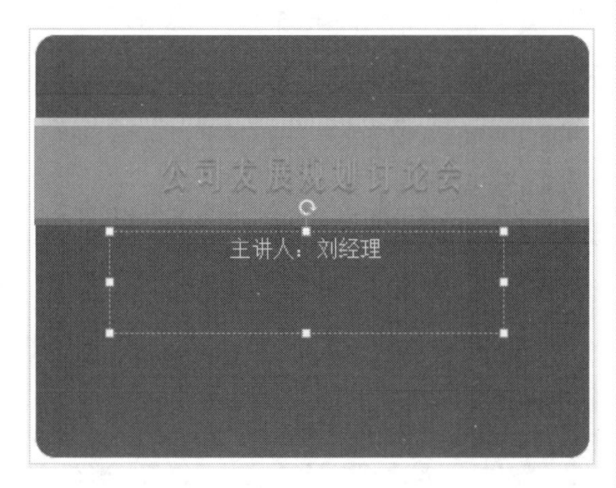

图 17-35 输入主讲人信息

步骤 8 单击【切换】选项卡下【切换到此幻灯片】选项组中的【其他】按钮，在弹出的选项列表中选择【华丽型】区域内的【梳理】选项，如图 17-36 所示。

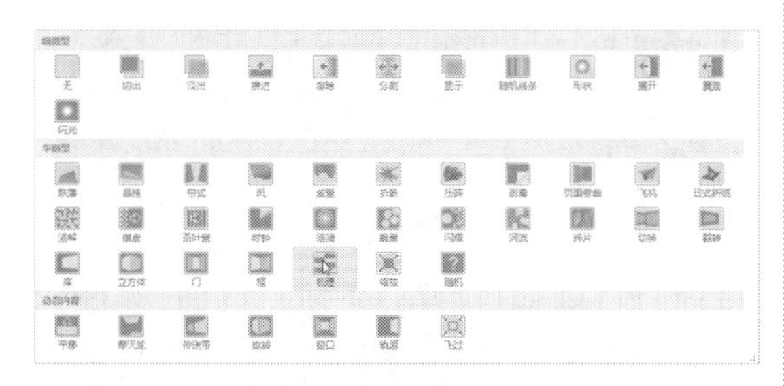

图 17-36 选择幻灯片切换效果

步骤 9 单击【切换】选项卡下【预览】选项组中的【预览】按钮，即可查看应用的切换效果，如图 17-37 所示。

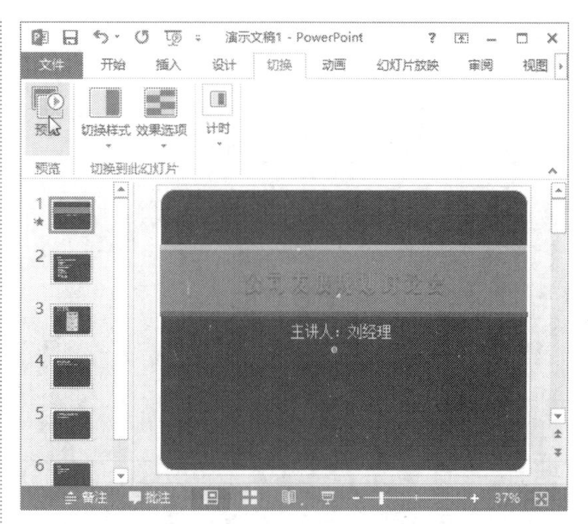

图 17-37 预览切换效果

17.3.2 制作会议议程幻灯片

制作会议议程幻灯片的具体操作步骤如下。

步骤 1 选中会议模板的第二张幻灯片，将此幻灯片设置为【两栏内容】版式，如图 17-38 所示。

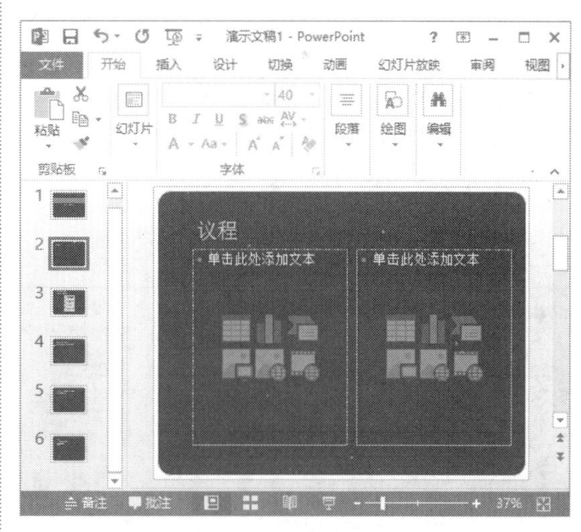

图 17-38 选择第二张幻灯片

步骤 2 在左侧的【单击此处添加文本】文本框内输入会议讨论的主要内容，如图 17-39 所示。

步骤 3 用户也可以根据需要改变议程事项前的序号，将鼠标指针放在序号与事项的

中间，按 Backspace 键即可删除序号，然后单击【插入】选项卡下【符号】选项组中的【符号】按钮，如图 17-40 所示。

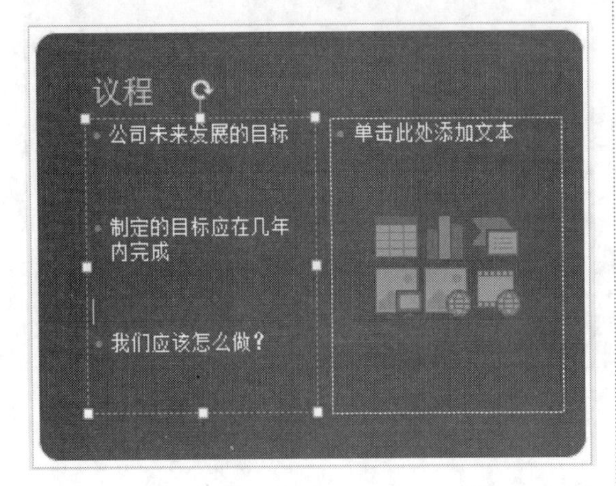

图 17-39　输入“议程”信息

图 17-40　单击【符号】按钮

步骤 4 弹出【符号】对话框，单击【字体】右侧的下拉按钮，在弹出的下拉列表中选择【普通文本】选项，如图 17-41 所示。

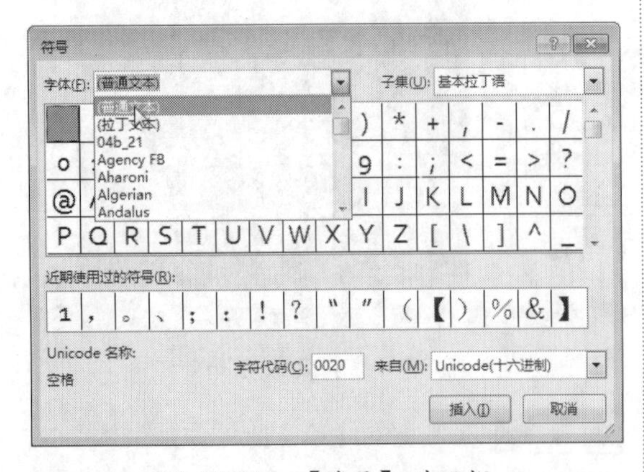

图 17-41　【符号】对话框

步骤 5 在【普通文本】字体选项框中选择需要的符号，如这里选择数字“1”，然后单击【插入】按钮，如图 17-42 所示。

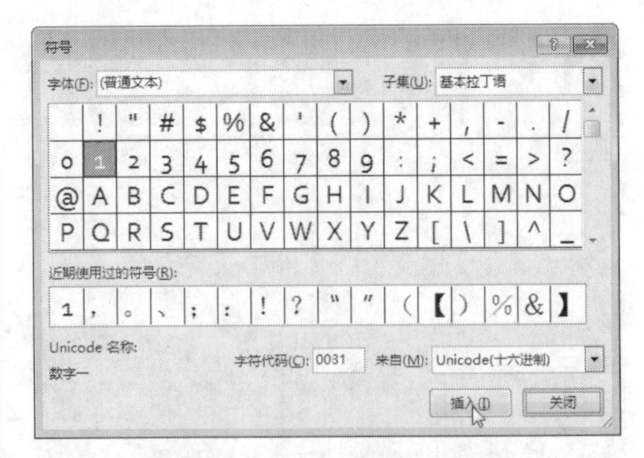

图 17-42　选择要插入的符号

步骤 6 单击【关闭】按钮即可退出【符号】对话框，应用后的效果如图 17-43 所示。

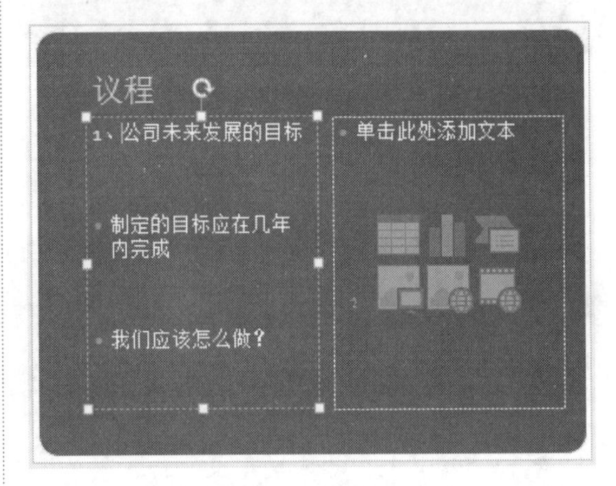

图 17-43　添加段落编号

步骤 7 依照上述步骤分别将数字“2”和数字“3”插入到剩下的事项前，如图 17-44 所示。

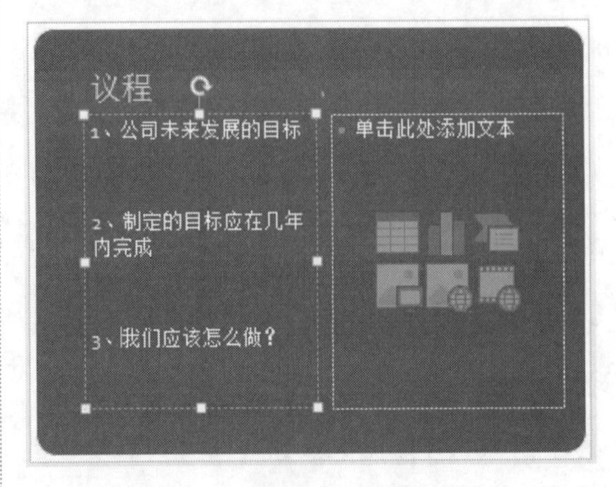

图 17-44　添加其他段落符号

步骤 8 单击右侧文本框内的【图片】按钮，如图 17-45 所示。

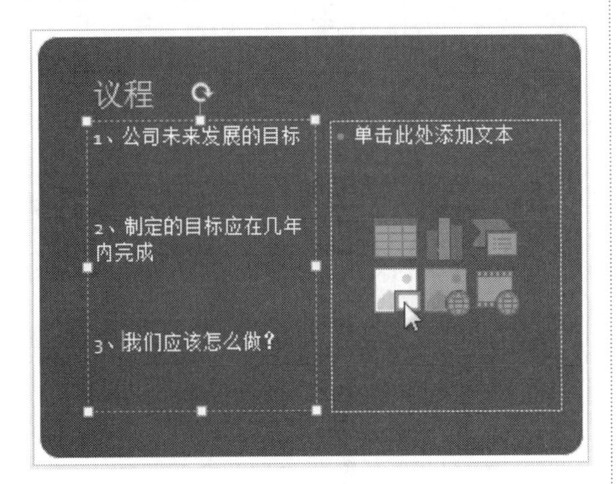

图 17-45 单击【图片】按钮

步骤 9 弹出【插入图片】对话框，在其中选择要插入的图片，如选择“会议讨论 .jpg”图片，然后单击【插入】按钮，如图 17-46 所示。

图 17-46 选择要插入的图片

步骤 10 即可将图片插入到幻灯片中，选中图片并拖动鼠标调整图片的大小及位置，最终效果如图 17-47 所示。

步骤 11 单击【切换】选项卡下【切换到此幻灯片】选项组中的【其他】按钮，在弹出的选项列表中选择【华丽型】区域内的【切换】选项，即可为该幻灯片添加切换效果，如图 17-48 所示。

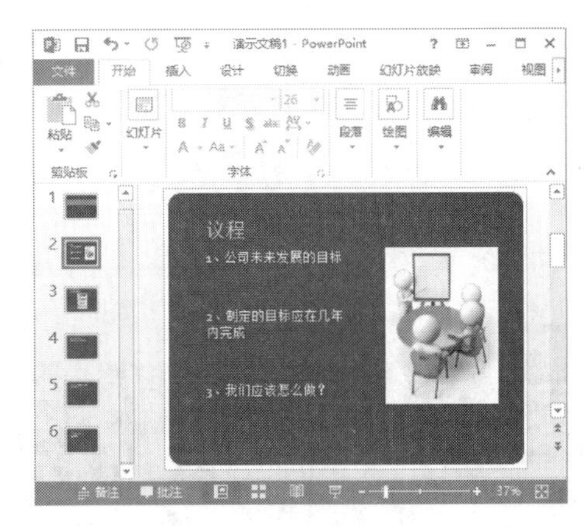

图 17-47 插入图片

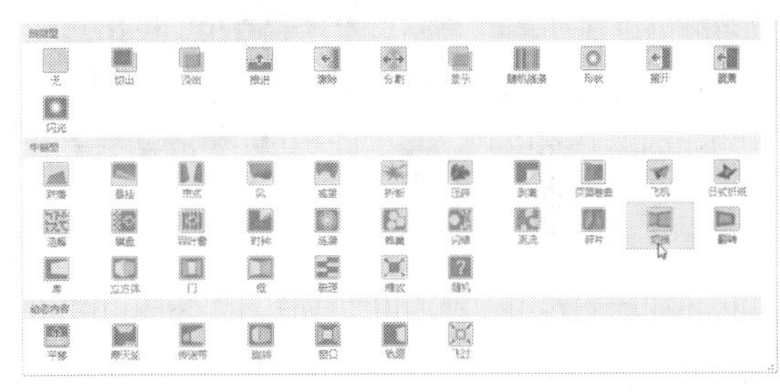

图 17-48 添加幻灯片切换效果

17.3.3 制作议程 1 幻灯片

制作议程 1 幻灯片的具体操作步骤如下。

步骤 1 选中左侧幻灯片快速浏览区域内的第二张幻灯片，右击，在弹出的快捷菜单中选择【新建幻灯片】命令，如图 17-49 所示。

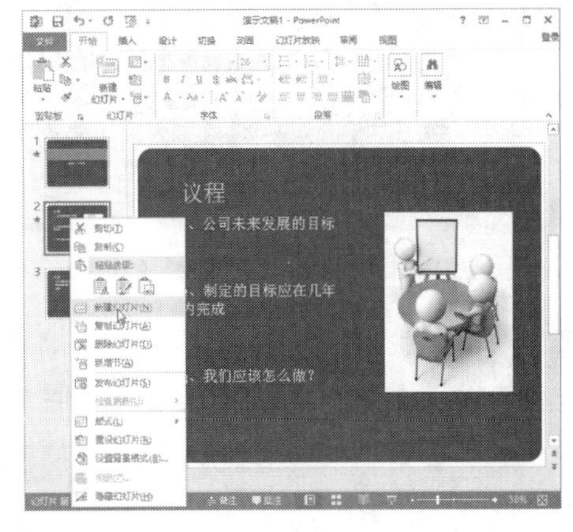

图 17-49 选择【新建幻灯片】命令

步骤 2 选中新建的幻灯片，右击，在弹出的快捷菜单中选择【版式】子菜单中的【标题和内容】命令，如图 17-50 所示。

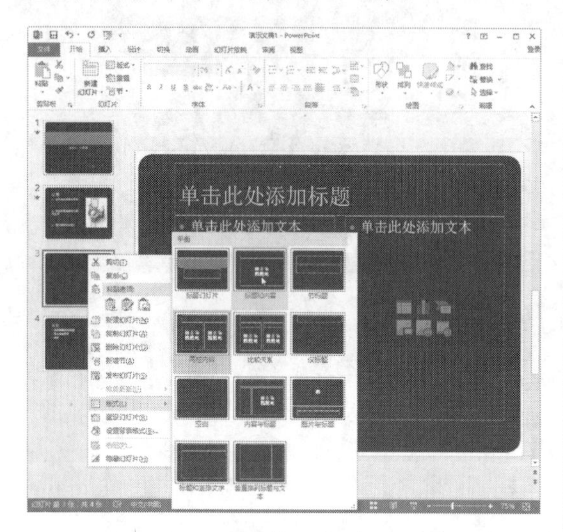

图 17-50 选择幻灯片的版式

步骤 3 在【单击此处添加标题】文本框内输入标题，如输入“公司未来发展目标”，然后选中字体，如图 17-51 所示。

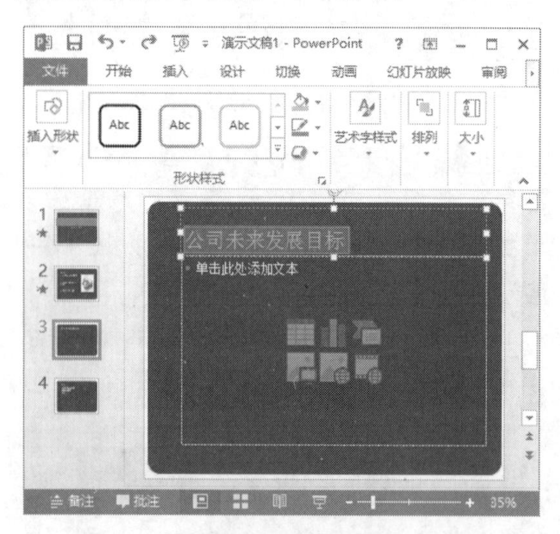

图 17-51 输入文本信息

步骤 4 单击【绘图工具 - 格式】选项卡下【艺术字样式】选项组中的【其他】按钮，在弹出的选项列表中选择【填充金色，着色 2，轮廓 - 着色 2】选项，如图 17-52 所示。

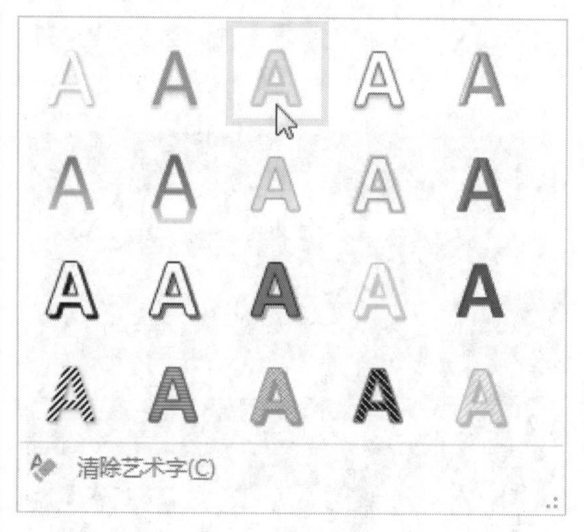

图 17-52 设置文本的艺术字效果

步骤 5 文本应用艺术字样式后的效果如图 17-53 所示。

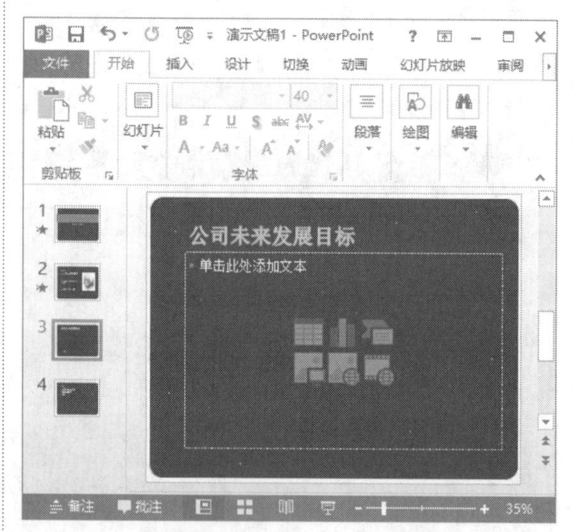

图 17-53 艺术字显示效果

步骤 6 在【单击此处添加文本】文本框内输入公司未来发展目标的具体内容，然后选中字体，将字体设置为“宋体”，字号为“18”，如图 17-54 所示。

步骤 7 单击【切换】选项卡下【切换到此幻灯片】选项组中的【其他】按钮，在弹出的选项列表中选择【华丽型】区域内的【悬挂】选项，如图 17-55 所示。

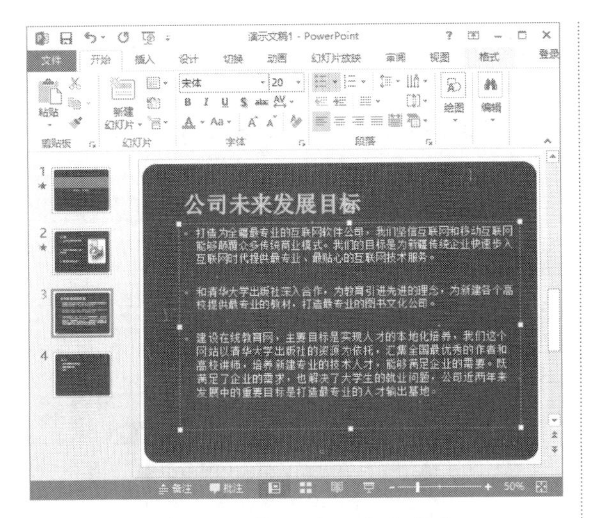

图 17-54　输入其他文本信息

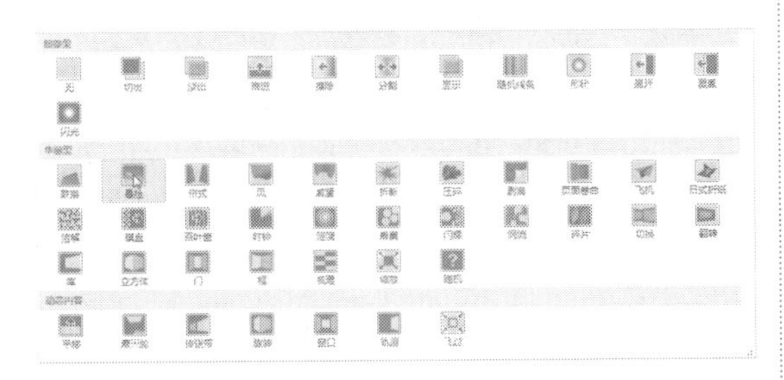

图 17-55　添加切换效果

步骤 8 单击【切换】选项卡下【计时】选项组中【声音】右侧的下拉按钮，在弹出的下拉列表中选择【微风】选项，如图 17-56 所示。

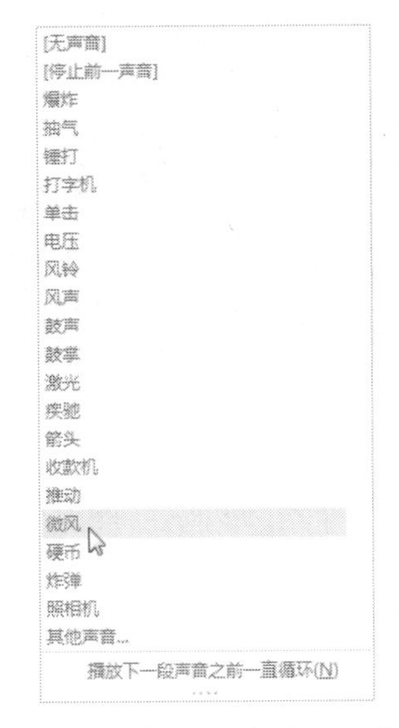

图 17-56　为切换效果添加声音

步骤 9 在【切换】选项卡下【计时】选项组中的【持续时间】文本框中自定义切换幻灯片的持续时间，如将切换时间设置为“2 秒”，即可完成制作议程 1 幻灯片的全过程，如图 17-57 所示。

图 17-57　设置计时时间

17.3.4 制作议程 2 幻灯片

议程 2 的主要内容是讨论制定的发展目标完成时间，制作议程 2 幻灯片的具体操作步骤如下。

步骤 1 选中左侧快速浏览区域内的第三张幻灯片，如图 17-58 所示。

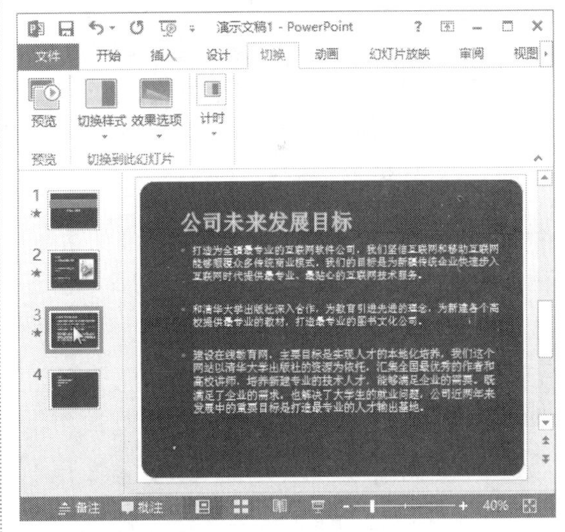

图 17-58　选择第三张幻灯片

步骤 2 右击，在弹出的快捷菜单中选择【新建幻灯片】命令，如图 17-59 所示。

步骤 3 即可新建一张幻灯片，如图 17-60 所示。

图 17-59　选择【新建幻灯片】命令

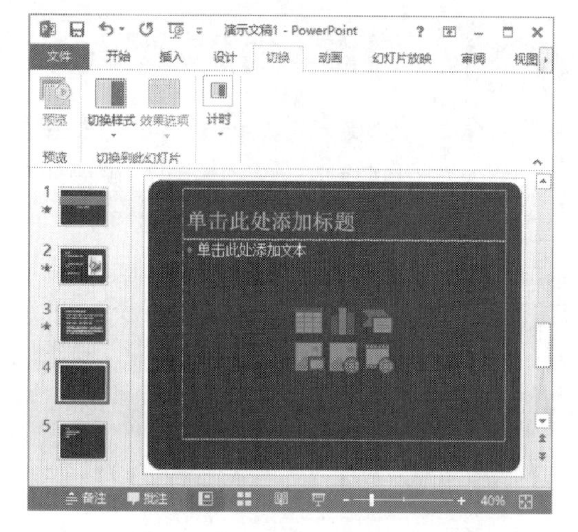

图 17-60　新建一张幻灯片

步骤 4 选中【单击此处添加标题】文本框，在其中输入标题，如输入“制定的目标应在几年内完成？”，如图 17-61 所示。

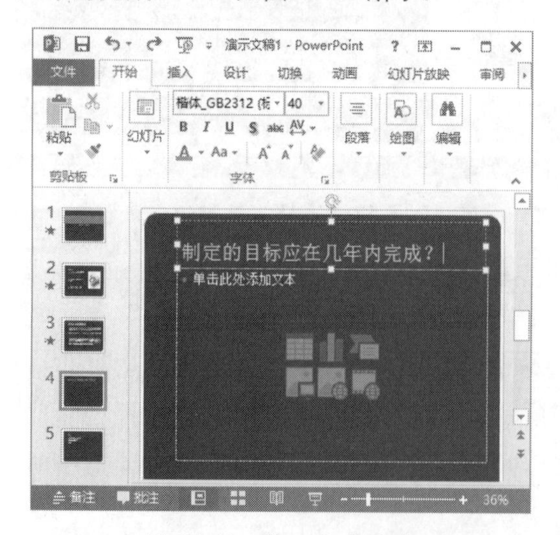

图 17-61　输入文本信息

步骤 5 使用格式刷将第三张幻灯片的标题格式应用到当前幻灯片的标题，选中第三张幻灯片，将光标停留在标题后，如图 17-62 所示。

图 17-62　选择幻灯片中的标题

步骤 6 单击【开始】选项卡下【剪贴板】选项组中的【格式刷】按钮，返回到当前幻灯片，此时可看到鼠标指针变成刷子的形状，如图 17-63 所示。

图 17-63　选择格式刷

步骤 7 按住鼠标左键开始拖动鼠标直到选中所有的字体，如图 17-64 所示。

步骤 8 选中字体后释放鼠标，即可将第三张幻灯片的标题格式应用到当前幻灯片的标题上，如图 17-65 所示。

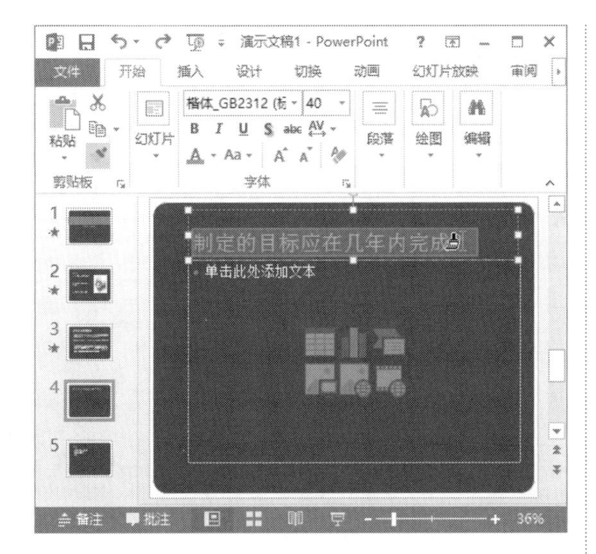

图 17-64　选中整个标题

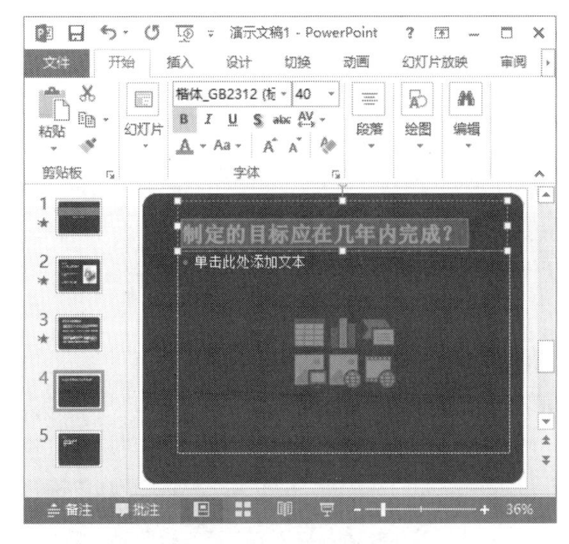

图 17-65　应用格式刷

步骤 9 在【单击此处添加文本】文本框内输入该张幻灯片的具体内容，如图 17-66 所示。

步骤 10 单击【切换】选项卡下【切换到此幻灯片】选项组中的【其他】按钮，在弹出的选项列表中选择【动态内容】区域内的【轨道】选项，为该张幻灯片添加切换效果，如图 17-67 所示。

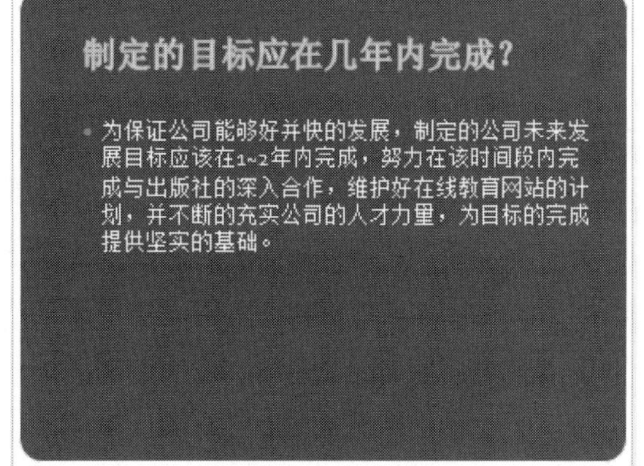

图 17-66　输入文本信息

图 17-67　添加幻灯片切换效果

17.3.5　制作议程 3 幻灯片

制作议程 3 幻灯片的主要内容是应该怎么做才能在规定的时间内完成目标。制作议程 3 幻灯片的具体操作步骤如下。

步骤 1 选中左侧快速浏览区域内的第四张幻灯片，然后单击【开始】选项卡【幻灯片】选项组中的【新建幻灯片】按钮，在弹出的下拉列表中选择【标题和内容】选项，如图 17-68 所示。

步骤 2 在新建幻灯片中的【单击此处添加标题】文本框内输入标题，如输入“我们应该怎么做？”，如图 17-69 所示。

步骤 3 使用格式刷将第四张幻灯片的标题格式应用到当前幻灯片的标题，如图 17-70 所示。

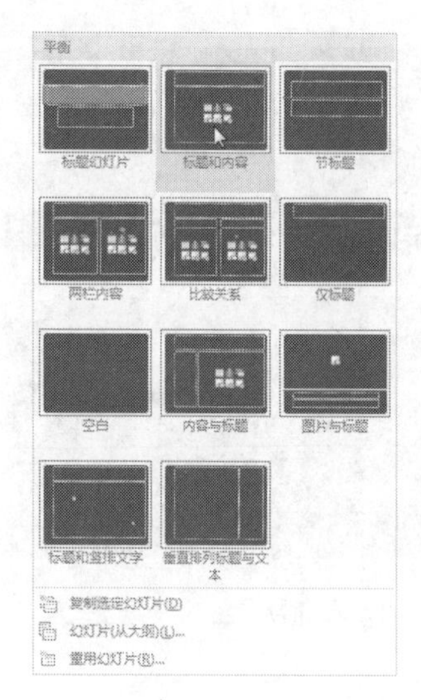

图 17-68 【新建幻灯片】下拉列表

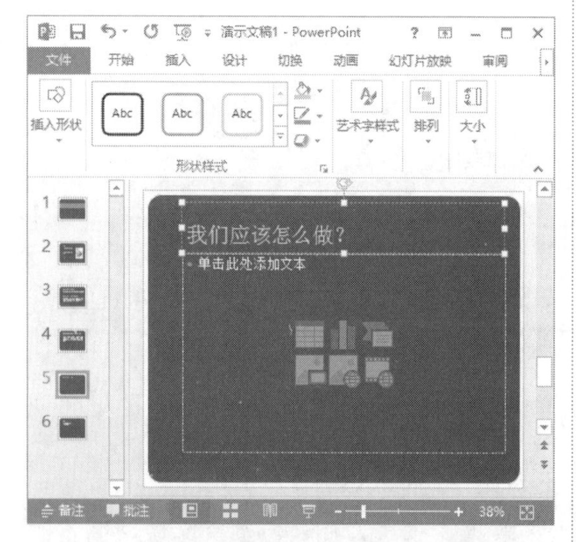

图 17-69 输入文本信息

图 17-70 使用格式刷应用格式

步骤 4 在【我们应该怎么做？】文本框下插入一条分隔线。单击【插入】选项卡下【插图】选项组中的【形状】按钮，在弹出的下拉列表中选择【线条】区域内的直线选项，如图 17-71 所示。

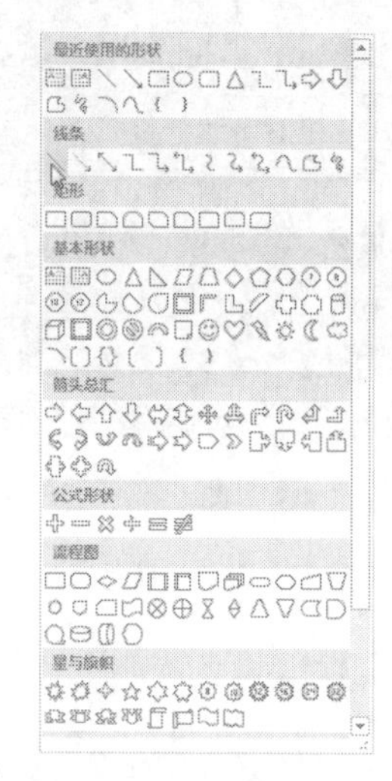

图 17-71 选择形状

步骤 5 当鼠标变为“十”字形状时开始从左至右绘制直线，如图 17-72 所示。

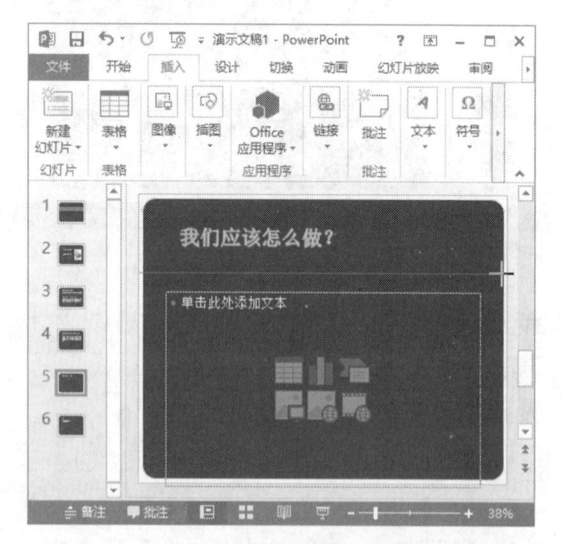

图 17-72 绘制直线

步骤 6 选中该条直线，单击【绘图工具 - 格式】选项卡下【形状样式】选项组中的【其他】按钮，在弹出的选项列表中选择【粗线，强调颜色 6】选项，如图 17-73 所示。

图 17-73　添加直线样式

步骤 7　直线应用样式后的效果如图 17-74 所示。

图 17-74　直线显示效果

步骤 8　单击【插入】选项卡下【图像】选项组中的【图片】按钮，弹出【插入图片】对话框，在该对话框中选择要插入的图片，如图 17-75 所示。

图 17-75　【插入图片】对话框

步骤 9　单击【插入】按钮，即可将图片插入当前幻灯片中，如图 17-76 所示。

图 17-76　插入图片到幻灯片中

步骤 10　选中图片，将鼠标指针移到右上角边框上，当鼠标指针变为双箭头时可对图片进行缩放，然后根据需要拖动图片到相应的位置，如图 17-77 所示。

图 17-77　调整图片大小与位置

步骤 11　选中图片，将鼠标指针放在旋转按钮上，然后开始旋转图片，如图 17-78 所示。

图 17-78　旋转图片

步骤 12 旋转到合适的位置释放鼠标，最终效果如图 17-79 所示。

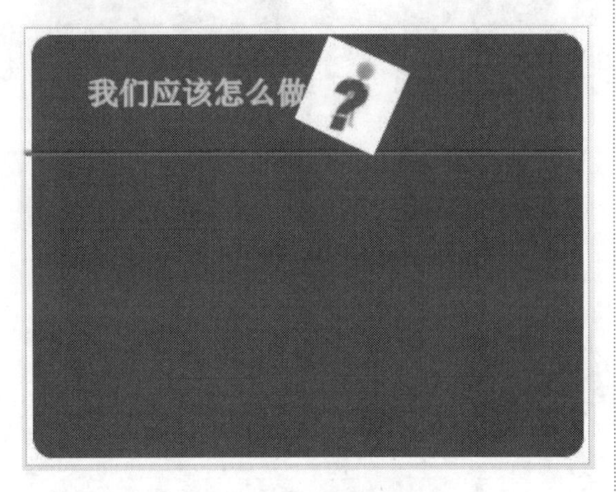

图 17-79　图片显示效果

步骤 13 在分隔线下方插入一个横排文本框。单击【插入】选项卡下【文本】选项组中的【文本框】按钮，在弹出的下拉列表中选择【横排文本框】选项，如图 17-80 所示。

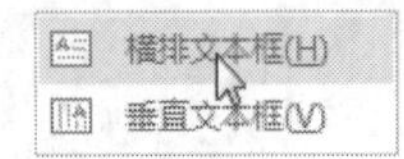

图 17-80　选择【横排文本框】选项

步骤 14 在幻灯片空白处单击，文本框即可出现，调整适当的位置和大小后，输入相关的内容，如图 17-81 所示。

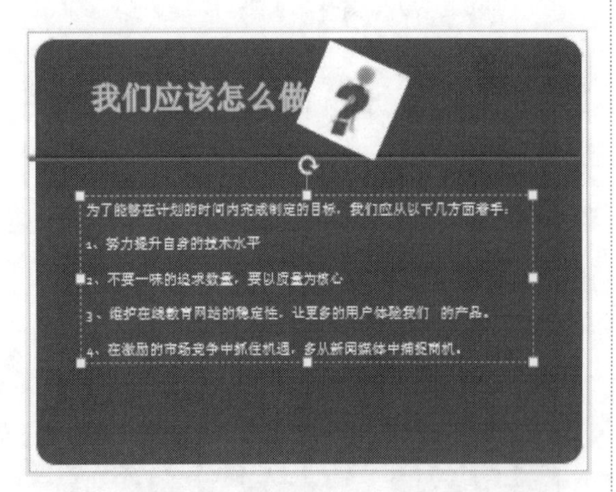

图 17-81　输入文本信息

步骤 15 单击【切换】选项卡下【切换到此幻灯片】选项组中的【其他】按钮，在弹出的下拉列表中选择【细微型】区域内的【分割】选项，为该张幻灯片添加切换效果，如图 17-82 所示。

图 17-82　添加幻灯片切换效果

17.3.6 制作结束页幻灯片

制作结束页幻灯片的具体操作步骤如下。

步骤 1 单击【开始】选项卡下【幻灯片】选项组中的【新建幻灯片】按钮，在弹出的下拉列表中选择【空白】版式，如图 17-83 所示。

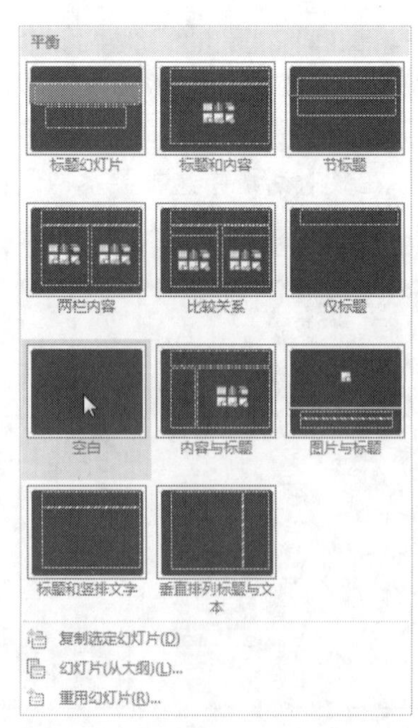

图 17-83　【新建幻灯片】下拉列表

步骤 2 新建的幻灯片如图 17-84 所示。

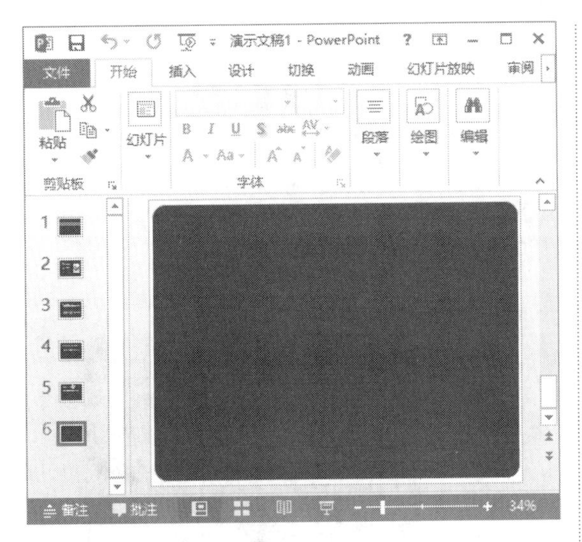

图 17-84　新建一张幻灯片

步骤 3　单击【插入】选项卡下【文本】选项组中的【艺术字】按钮，在弹出的下拉列表中选择【填充 - 白色，文本，轮廓 - 背景 1，清晰阴影 - 背景 1】选项，如图 17-85 所示。

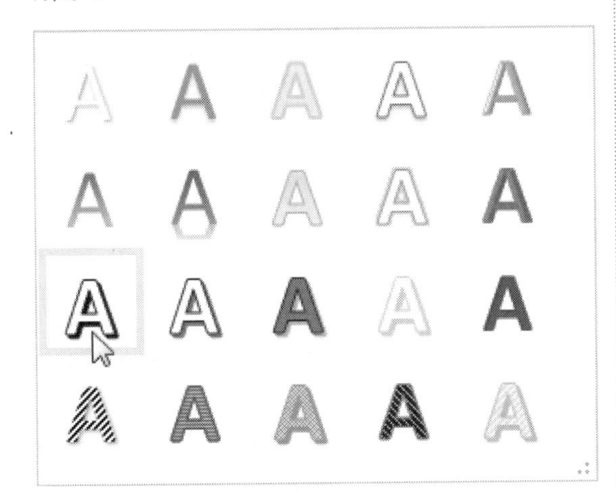

图 17-85　选择艺术字样式

步骤 4　在【请在此放置您的文字】文本框内输入结束语，如输入“谢谢观赏”，将字体设置为“楷体”，字号为“100”，如图 17-86 所示。

步骤 5　选中文本框，为艺术字设置动画效果。单击【动画】选项卡下【动画】选项组中的【其他】按钮，在弹出的下拉列表中选择【进入】区域内的【弹跳】选项，如图 17-87 所示。

图 17-86　输入艺术字

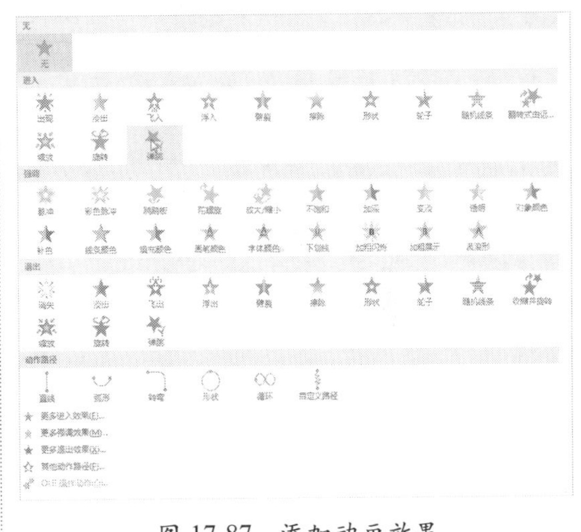

图 17-87　添加动画效果

步骤 6　设置好动画效果后，艺术字文本框前会显示一个动画编号，如图 17-88 所示。

步骤 7　为当前幻灯片设置切换效果。单击【切换】选项卡下【切换到此幻灯片】选项组中的【其他】按钮，在弹出的下拉列表中选择【华丽型】区域内的【日式折纸】选项，如图 17-89 所示。

图 17-88　动画编号显示

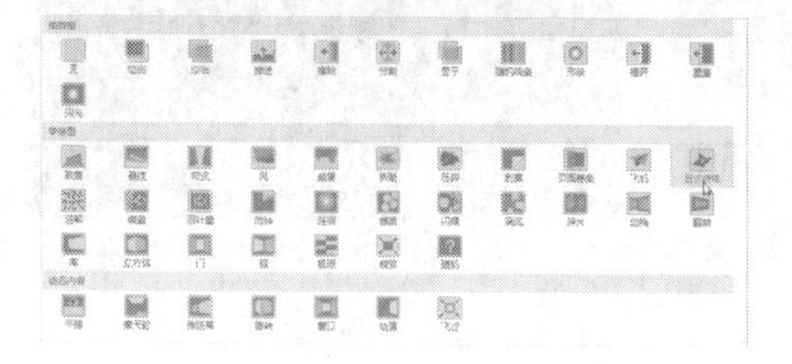

图 17-89　添加幻灯片切换效果

步骤 8　单击【切换】选项卡下【预览】选项组中的【预览】按钮即可预览当前幻灯片的切换效果，如图 17-90 所示。

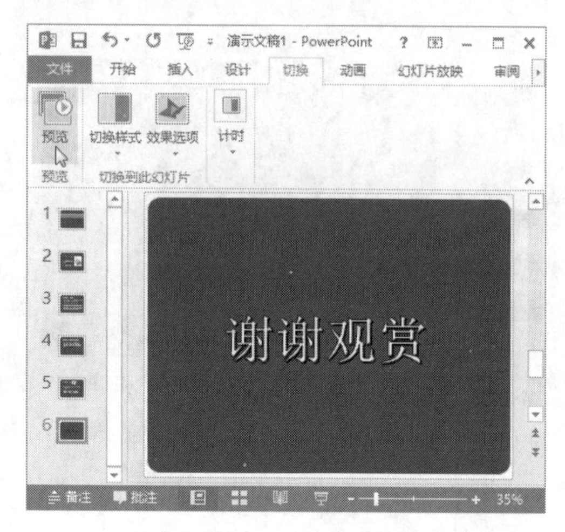

图 17-90　预览效果

Office 在人力资源管理中的应用

● **本章导读**

人力资源管理是一项系统而又复杂的组织工作，一个企业的人力资源管理者，时常需要根据需求做出各种样式的求职信息登记表、员工年度考核系统以及员工培训 PPT 等。这些问题使用 Office 2013 都可以轻松解决。

● **学习目标**

◎ 了解 Office 2013 在人力资源管理中的相关应用。

◎ 掌握使用 Word 2013 制作求职信息登记表的方法。

◎ 掌握使用 Excel 2013 制作员工年度考核信息表的方法。

◎ 掌握使用 PowerPoint 2013 制作员工培训 PPT 的技巧。

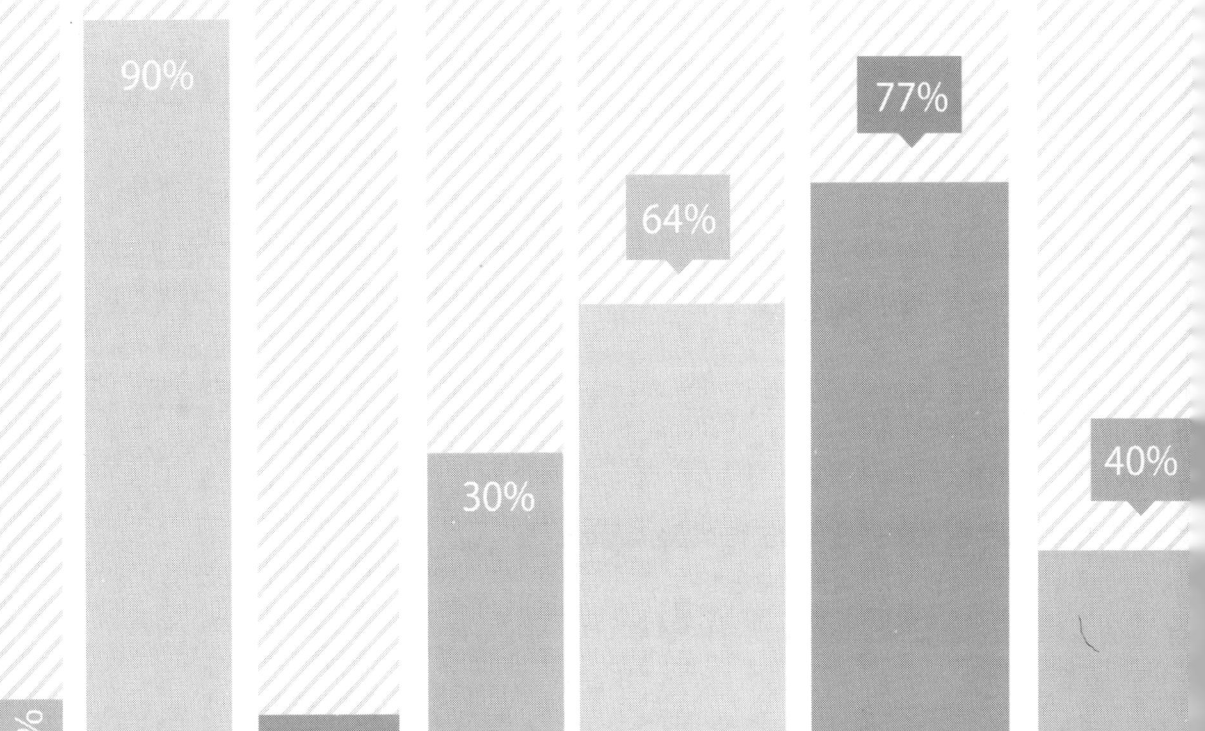

18.1 制作求职信息登记表

使用 Office 2013 系列中的 Word 2013 软件可以帮助人力资源管理者轻松、快速地制作求职信息登记表。制作求职信息登记表的具体操作步骤如下。

步骤 1 打开 Word 2013 软件，单击【空白文档】图标，新建一个文档，如图 18-1 所示。

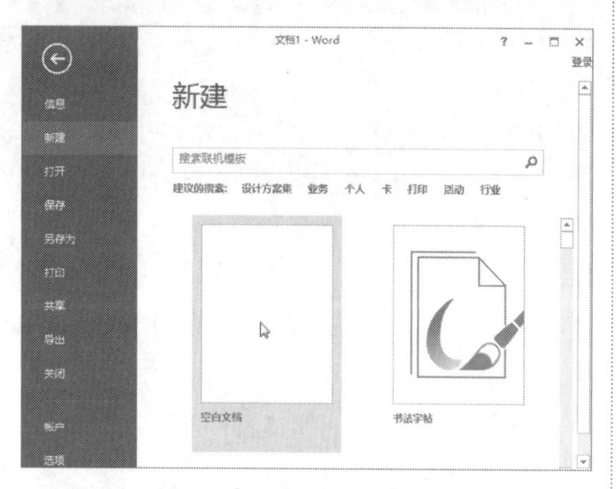

图 18-1 【新建】界面

步骤 2 在新建的文档中输入表格的名称，如输入“求职信息登记表”，将字体设置为“华文琥珀”，字号为“二号”，然后选中文本将对齐方式设置为“居中”，如图 18-2 所示。

图 18-2 输入文档标题

步骤 3 按 Enter 键，另起一行，在表名的左侧制作应聘岗位的填写位置，右侧制作填表时间，将字体设置为“宋体”，字号为“五号”，如图 18-3 所示。

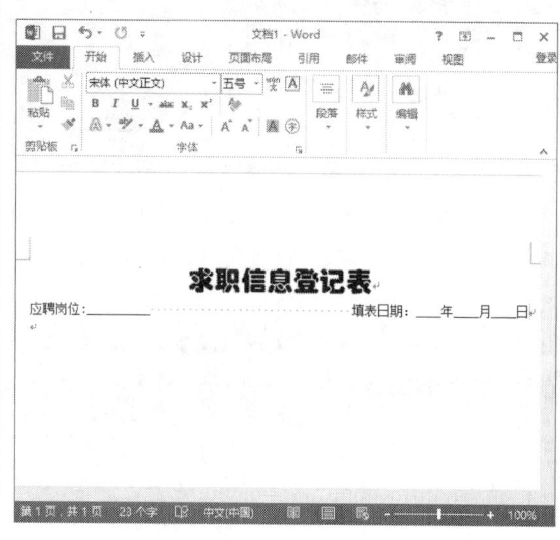

图 18-3 输入文本信息

步骤 4 单击【插入】选项卡下【表格】选项组中的【表格】按钮，在弹出的下拉列表中选择【插入表格】选项，如图 18-4 所示。

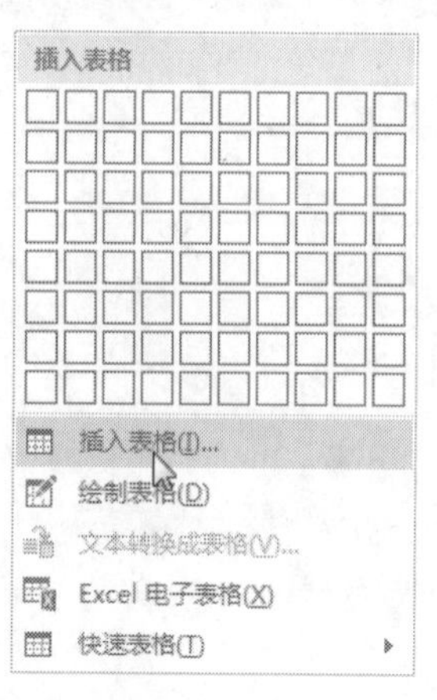

图 18-4 选择【插入表格】选项

步骤 5 弹出【插入表格】对话框，在该对话框中可自定义表格的行数和列数，如将表格设置为 8 行 7 列，然后单击【确定】按钮，如图 18-5 所示。

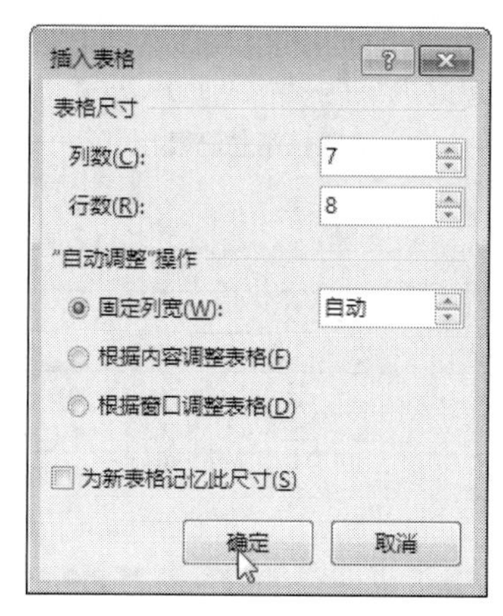

图 18-5　【插入表格】对话框

步骤 6 选中插入到文档中的表格，右击，在弹出的快捷菜单中选择【表格属性】命令，如图 18-6 所示。

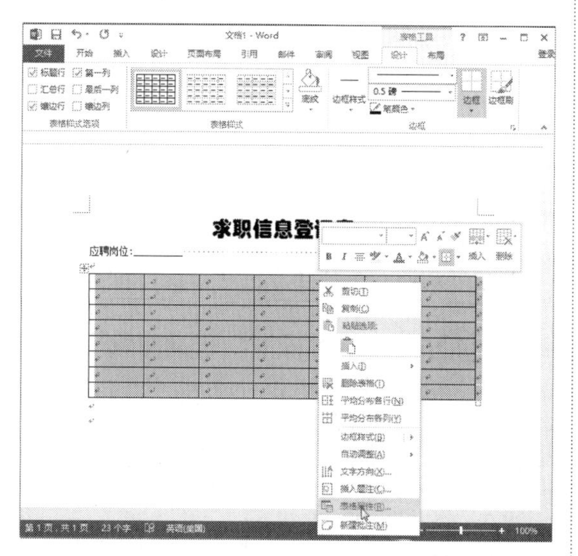

图 18-6　选择【表格属性】命令

步骤 7 弹出【表格属性】对话框，选中【行】选项卡下【尺寸】区域内的【指定高度】复选框，在其后面的文本框内输入行高值，如输入“1 厘米”，如图 18-7 所示。

图 18-7　【表格属性】对话框

步骤 8 选中【列】选项卡下【字号】区域内的【指定宽度】复选框，在其后面的文本框内自定义宽度值，如输入“2.2 厘米”，如图 18-8 所示。

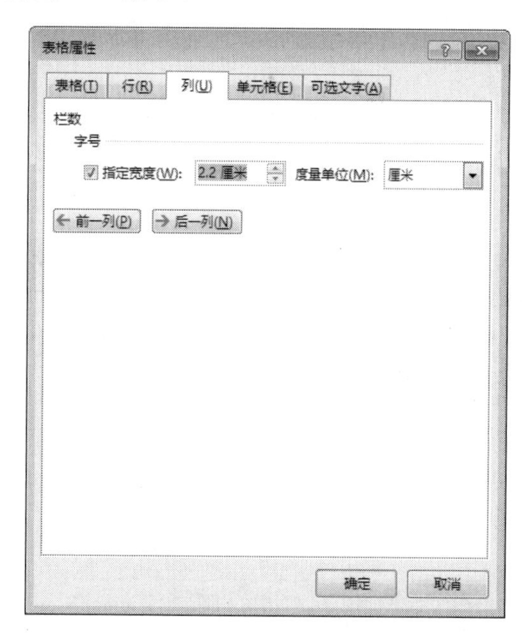

图 18-8　【列】选项卡

步骤 9 单击【确定】按钮，退出【表格属性】对话框，调整行高和列宽后的表格效果如图 18-9 所示。

图 18-9　调整后的表格效果

步骤 10 设置输入表格内的文字对齐方式。选中表格，单击【表格工具 - 布局】选项卡下【对齐方式】选项组中的【水平居中】按钮，如图 18-10 所示。

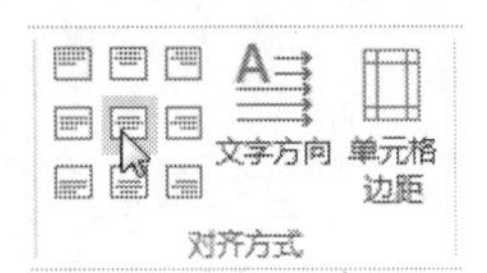

图 18-10　设置对齐方式

步骤 11 在插入的表格中输入求职人员需要填写的基本项目，如图 18-11 所示。

求职信息登记表

应聘岗位:________　　填表日期:___年___月___日

姓名		性别		民族		
身高		体重		籍贯		
学历		专业				
毕业院校				政治面貌		
婚姻状况					电子邮箱	
现所居地				通讯地址		
联系电话				紧急联系电话		

图 18-11　输入表格信息

步骤 12 合并上述表格中相关事项的单元格，选中如图 18-12 所示的单元格。

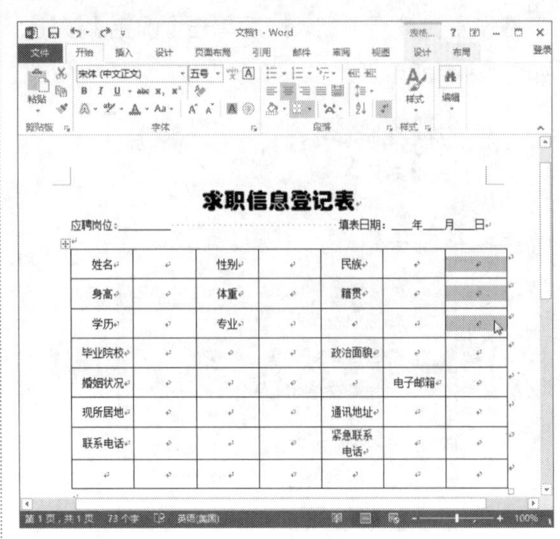

图 18-12　选择单元格

步骤 13 右击，在弹出的快捷菜单中选择【合并单元格】命令，如图 18-13 所示。

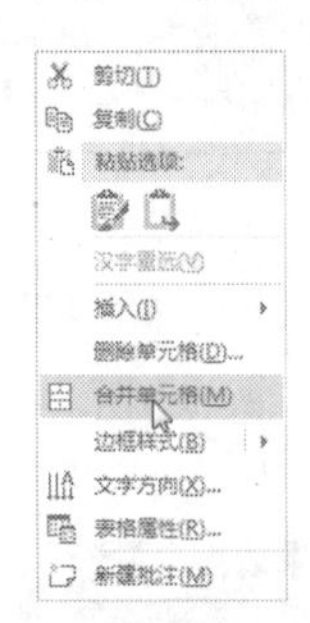

图 18-13　选择【合并单元格】命令

步骤 14 合并单元格后，在其中输入“一寸照片”，如图 18-14 所示。

姓名		性别		民族		一寸照片
身高		体重		籍贯		
学历		专业				
毕业院校				政治面貌		
婚姻状况					电子邮箱	
现所居地				通讯地址		
联系电话				紧急联系电话		

图 18-14　输入文本信息

步骤 15 按照上述方法依次合并相关事项的单元格，效果如图 18-15 所示。

姓名		性别		民族		一寸照片
身高		体重		籍贯		
学历		专业				
毕业院校				政治面貌		
婚姻状况					电子邮箱	
现所居地				通讯地址		
联系电话				紧急联系电话		

图 18-15 合并单元格

步骤 16 在【婚姻状况】单元格右侧还需添加三个复选框，用于求职者在填写信息时进行选择。单击【插入】选项卡下【符号】选项组中的【符号】按钮，在弹出的下拉列表中选择【其他符号】选项，如图 18-16 所示。

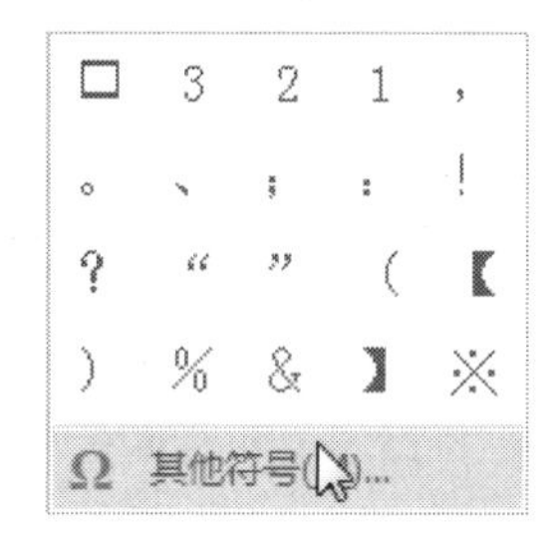

图 18-16 选择【其他符号】选项

步骤 17 弹出【符号】对话框，单击【符号】选项卡下【字体】文本框右侧的下拉按钮，在弹出的下拉列表中选择 Wingdings 选项，如图 18-17 所示。

图 18-17 【符号】对话框

步骤 18 在 Wingdings 字体文本框内选择【正方形】选项，如图 18-18 所示。

图 18-18 选择要插入的符号

步骤 19 单击【插入】按钮，然后再单击【关闭】按钮，即可将选中的符号应用到表格中，效果如图 18-19 所示。

姓名		性别		民族		一寸照片
身高		体重		籍贯		
学历		专业				
毕业院校				政治面貌		
婚姻状况	□				电子邮箱	
现所居地				通讯地址		
联系电话				紧急联系电话		

图 18-19 插入符号到文档中

步骤 20 按照上述方法再添加两个相同的符号，然后在符号后面分别输入文本内容，如输入“未婚”“已婚”“离异”，如图 18-20 所示。

姓名		性别		民族		一寸照片
身高		体重		籍贯		
学历		专业				
毕业院校				政治面貌		
婚姻状况	□未婚 □已婚 □离异				电子邮箱	
现所居地				通讯地址		
联系电话				紧急联系电话		

图 18-20 插入其他符号信息

步骤 21 将鼠标光标停留在表格外，如图 18-21 所示。

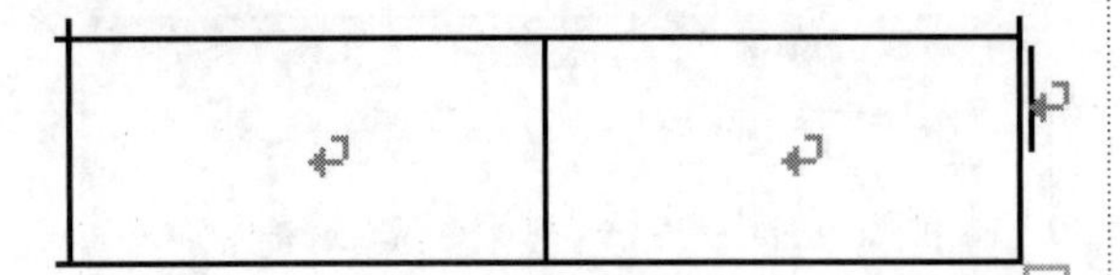

图 18-21 定位光标

步骤 22 按 Enter 键在表格中插入多行，最终效果如图 18-22 所示。

姓名		性别		民族		一寸照片
身高		体重		籍贯		
学历		专业				
毕业院校				政治面貌		
婚姻状况	□未婚 □已婚 □离异				电子邮箱	
现所居地				通讯地址		
联系电话				紧急联系电话		

图 18-22 插入多行

步骤 23 输入求职意向的相关内容后，用户可根据需要合并单元格，如图 18-23 所示。

姓名		性别		民族		一寸照片
身高		体重		籍贯		
学历		专业				
毕业院校				政治面貌		
婚姻状况	□未婚 □已婚 □离异				电子邮箱	
现所居地				通讯地址		
联系电话				紧急联系电话		
求职意向						
期望薪水		最低薪水		工总地点		
到岗时间		其他要求				

图 18-23 合并相关单元格

步骤 24 继续完成求职信息登记表中的【教育 / 培训经历】、【工作 / 实践经历】等内容的制作，效果如图 18-24 所示。

求职意向					
期望薪水		最低薪水		工总地点	
到岗时间		其他要求			
教育/培训经历					
时间	院校名称/培训机构	专业/内容	荣誉/成果		
工作/实践经历					
时间	公司名称	职务	离职原因		

图 18-24 完成其他表格模块的制作

步骤 25 在求职信息登记表的结束处输入求职者的相关承诺内容以及签名等信息，如图 18-25 所示。

自我评价
本人承诺： 本人提供的以上信息均为属实，并同意对此表中的任何信息进行调查，本人明白并同意提供虚假不实信息会成为该求职申请的被拒绝或以后被立即辞退的原因，而公司为此不必承担任何经济补偿。 签名：________ 时间：___年___月___日

图 18-25 输入文本信息

步骤 26 为该表中的各类事项添加底纹。选中“求职意向”文本，如图 18-26 所示。

姓名		性别		民族		一寸照片
身高		体重		籍贯		
学历		专业				
毕业院校				政治面貌		
婚姻状况	□未婚 □已婚 □离异				电子邮箱	
现所居地				通讯地址		
联系电话				紧急联系电话		
求职意向						
期望薪水		最低薪水		工总地点		
到岗时间		其他要求				

图 18-26 选择文字

步骤 27 右击，在弹出的快捷菜单中选择【表格属性】命令，如图 18-27 所示。

图 18-27　选择【表格属性】命令

步骤 28 弹出【表格属性】对话框，单击【边框和底纹】按钮，如图 18-28 所示。

图 18-28　【表格属性】对话框

步骤 29 弹出【边框和底纹】对话框，单击【底纹】选项卡【填充】区域内的【无颜色】右侧的下拉按钮，由弹出的下拉列表中选择【主题颜色】区域内的【蓝色，着色 1，淡色 40%】选项，如图 18-29 所示。

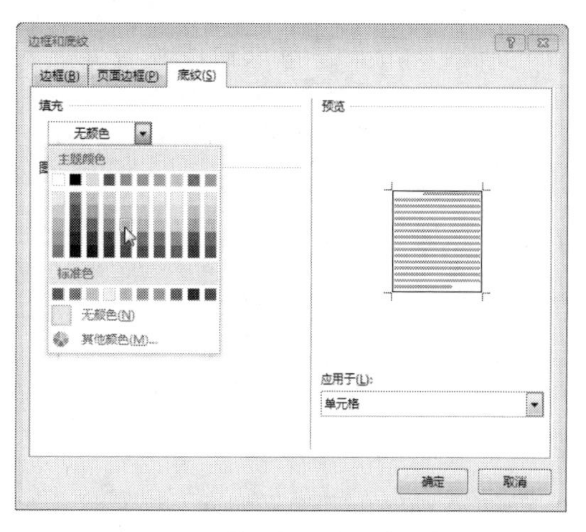

图 18-29　【边框和底纹】对话框

步骤 30 单击【确定】按钮，返回到【表格属性】对话框，在该对话框中再单击【确定】按钮，即可将选择的底纹颜色应用到“求职意向”单元格中，效果如图 18-30 所示。

姓名		性别		民族		一寸照片
身高		体重		籍贯		
学历		专业				
毕业院校				政治面貌		
婚姻状况	□未婚……□已婚……□离异				电子邮箱	
现所居地				通讯地址		
联系电话				紧急联系电话		
求职意向						

图 18-30　添加表格底纹效果

步骤 31 按照以上方法将表格内剩下的事项依次添加相同的底纹颜色。然后将纸张大小设置为“A3”，这样制作的表格会在同一页面中。单击【页面布局】选项卡下【页面设置】选项组中的【纸张大小】按钮，在弹出的下拉列表中选择 A3 选项，如图 18-31 所示。

步骤 32 选择【文件】选项卡，进入【文件】界面，在左侧的选项列表中选择【打印】选项，此时可在【打印】界面查看求职信息登记表的最终效果，如图 18-32 所示。

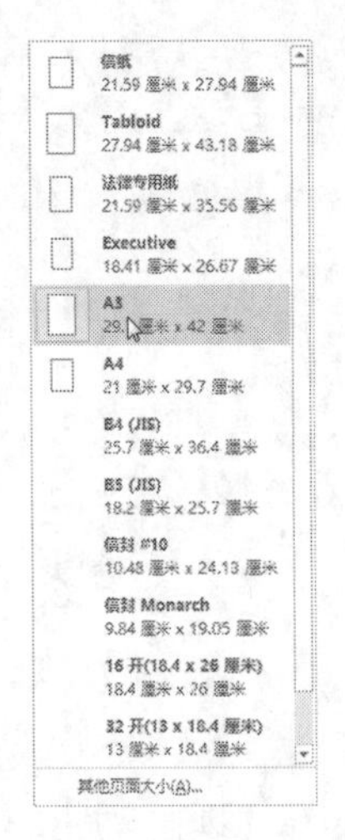

图 18-31　选择纸张大小

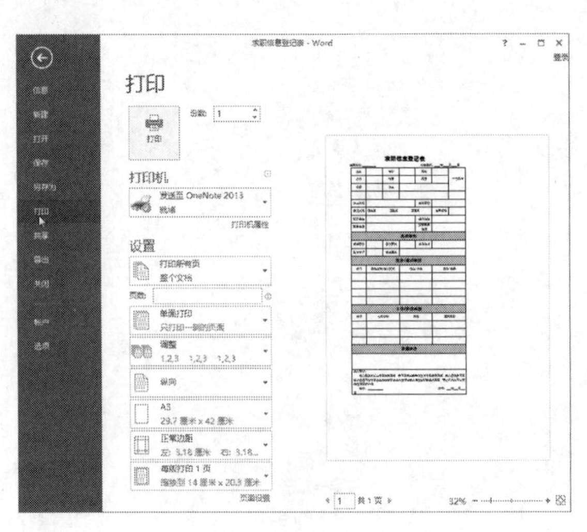

图 18-32　打印预览

18.2 制作员工年度考核信息表

员工年度考核信息表是对员工的业绩、能力、出勤等内容进行综合的评价，使用 Office 2013 系列中的 Excel 2013 软件制作员工年度考核信息表的具体操作步骤如下。

步骤 1 打开 Excel 2013 软件并新建一个空白工作簿，在其左下角 Sheet1 工作表标签处右击，在弹出的快捷菜单中选择【重命名】命令，如图 18-33 所示。

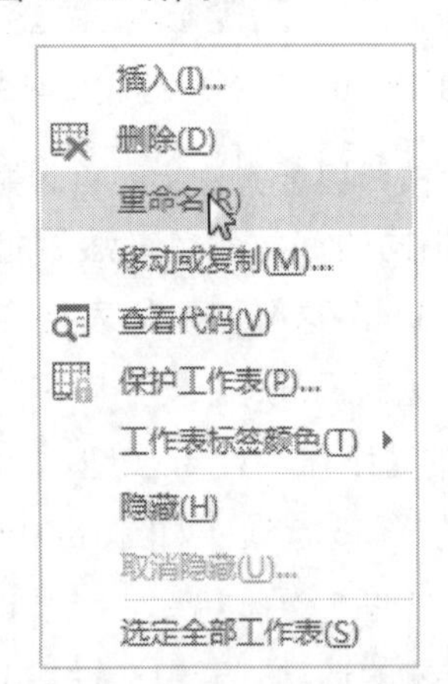

图 18-33　选择【重命名】命令

步骤 2 将 Sheet1 工作表重命名为“年度考核系统”，如图 18-34 所示。

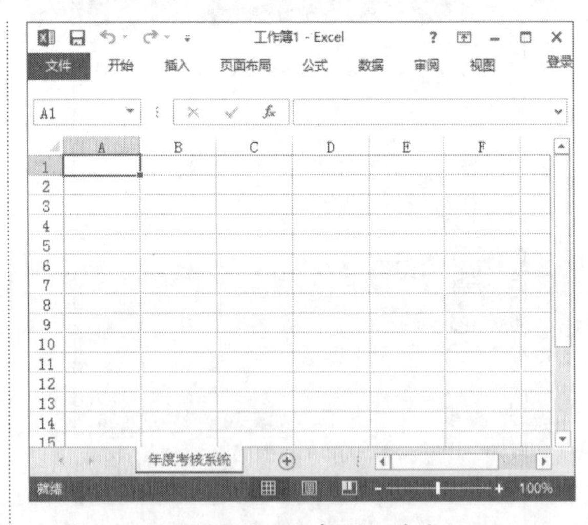

图 18-34　重命名工作表

步骤 3 利用 Ctrl+A 快捷键选中所有的单元格，将鼠标指针放在数字 1 和数字 2 之间的黑色分隔线上，当鼠标指针变为“十”字形状时，即可按住鼠标左键向下移动分隔线来改变行高，如图 18-35 所示。

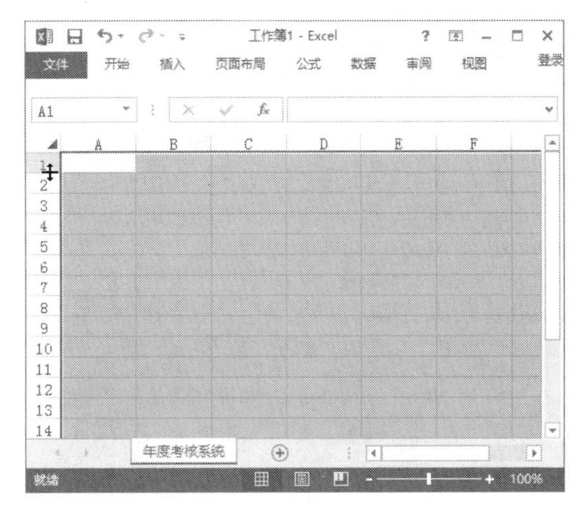

图 18-35 选中所有表格

步骤 4 改变行高后的效果如图18-36所示。

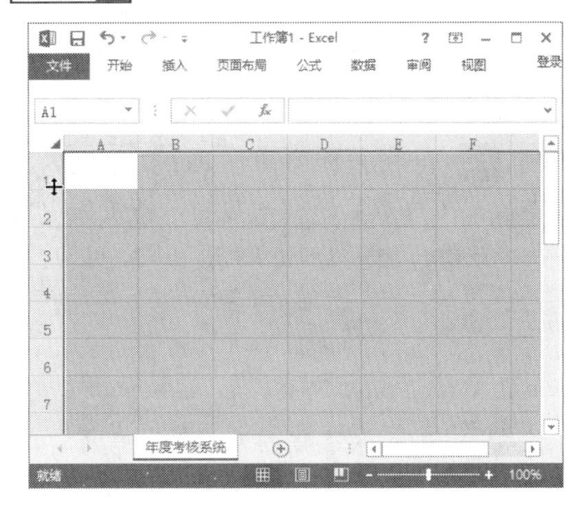

图 18-36 调整行高

步骤 5 在单元格内分别输入年度考核的事项，如图18-37所示。

图 18-37 输入年度考核事项

步骤 6 在各个考核的事项下输入员工的考核信息，如图18-38所示。

图 18-38 输入考核信息

步骤 7 在【合计】一栏中计算出每个员工的总分数，选中所有员工的各项考核分数，如图18-39所示。

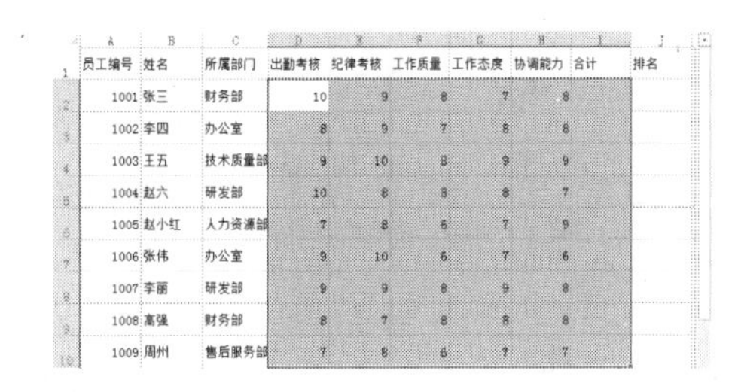

图 18-39 选中考试分数单元格区域

步骤 8 单击【开始】选项卡下【编辑】选项组中的【自动求和】按钮，如图18-40所示。

图 18-40 单击【自动求和】按钮

步骤 9 此时系统会自动求出每一位员工的考核总分数，如图18-41所示。

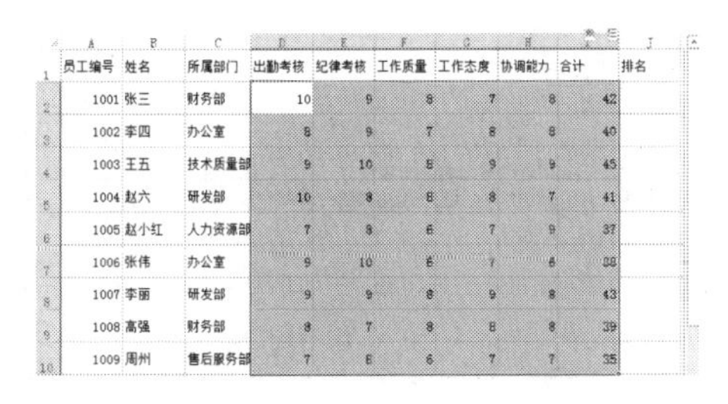

图 18-41 计算考核总分数

步骤 10 对员工的考核总分进行排名，单击【插入函数】按钮，如图 18-42 所示。

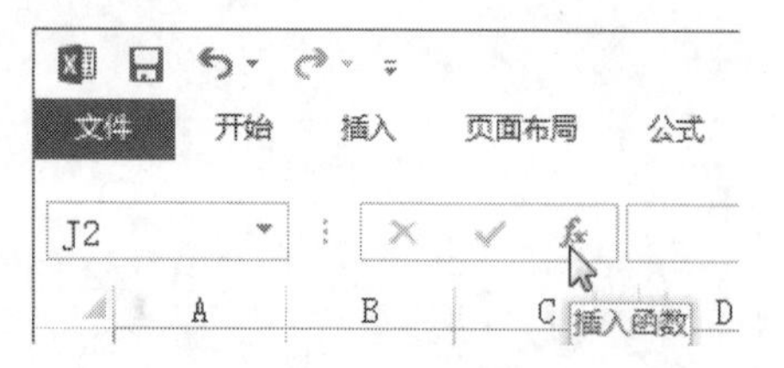

图 18-42　单击【插入函数】按钮

步骤 11 弹出【插入函数】对话框，单击【或选择类别】文本框右侧的下拉按钮，在弹出的下拉列表中选择【全部】选项，如图 18-43 所示。

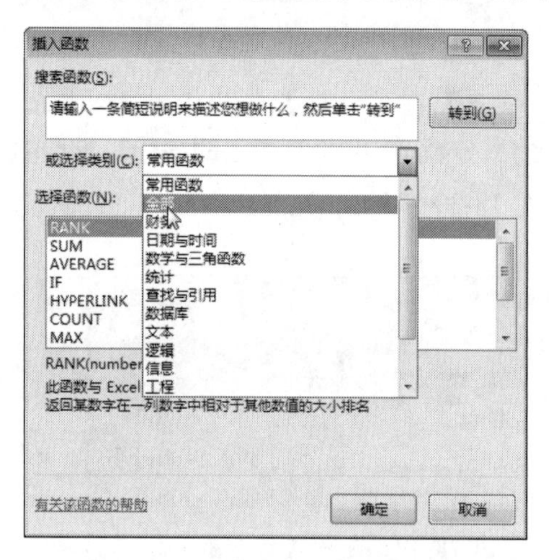

图 18-43　选择【全部】选项

步骤 12 在【选择函数】列表框内选择 RANK 选项，如图 18-44 所示。

图 18-44　选择要插入的函数

步骤 13 单击【确定】按钮，弹出【函数参数】对话框，将鼠标光标停留在Number文本框内，然后单击年度考核系统中需要排序的数字，使该数字处于选中状态，如图 18-45 所示。

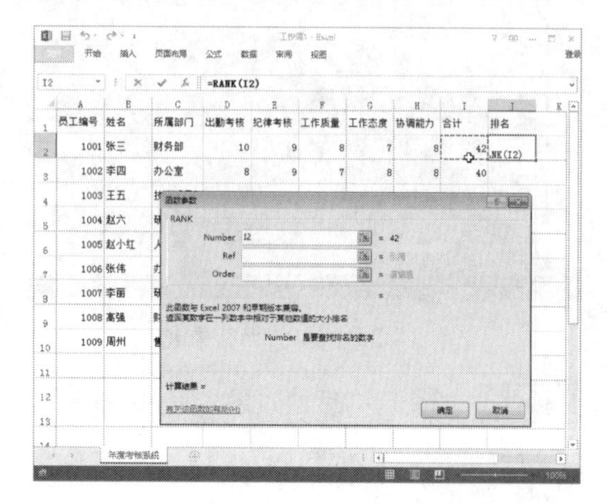

图 18-45　选中单元格中的数字

步骤 14 再将光标停留在 Ref 文本框内，选中需要排序数字所在的数组，使该数组处于选中状态，如图 18-46 所示。

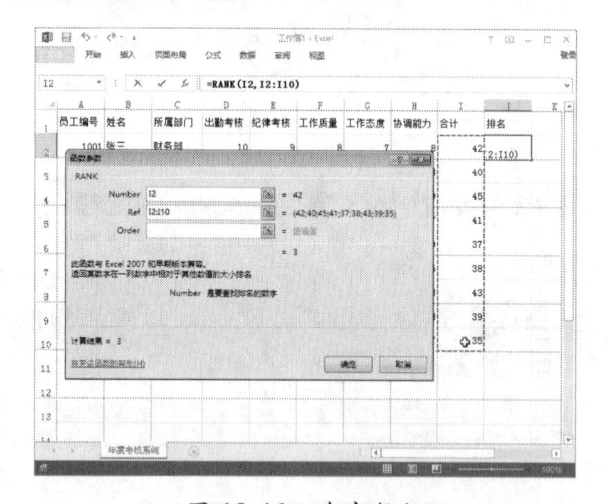

图 18-46　选中数组

步骤 15 单击【确定】按钮，系统将自动对选择的数字在所在的数组中进行排序，如图 18-47 所示。

步骤 16 按照上述方法对其他员工的总分进行排名，最终效果如图 18-48 所示。至此，就完成了员工年度考核信息表的制作。

员工编号	姓名	所属部门	出勤考核	纪律考核	工作质量	工作态度	协调能力	合计	排名
1001	张三	财务部	10	9	8	7	8	42	3
1002	李四	办公室	8	9	7	8	8	40	
1003	王五	技术质量部	9	10	8	9	9	45	
1004	赵六	研发部	10	8	8	8	7	41	
1005	赵小红	人力资源部	7	8	6	7	9	37	
1006	张伟	办公室	9	10	6	7	6	38	
1007	李丽	研发部	9	9	8	9	8	43	
1008	高强	财务部	8	7	8	8	8	39	
1009	周州	售后服务部	7	8	6	7	7	35	

图 18-47　计算排名

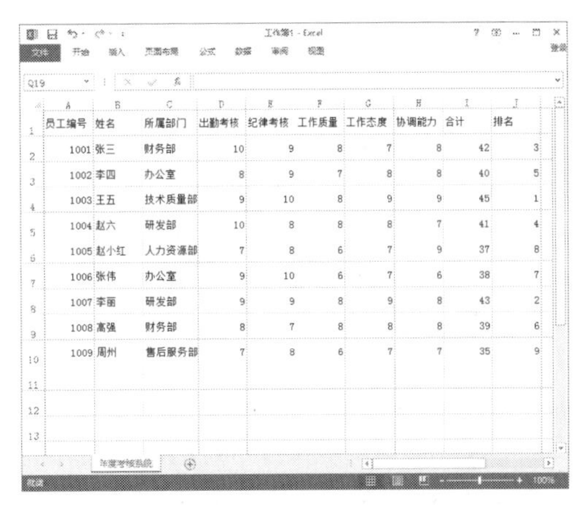

员工编号	姓名	所属部门	出勤考核	纪律考核	工作质量	工作态度	协调能力	合计	排名
1001	张三	财务部	10	9	8	7	8	42	3
1002	李四	办公室	8	9	7	8	8	40	5
1003	王五	技术质量部	9	10	8	9	9	45	1
1004	赵六	研发部	10	8	8	8	7	41	4
1005	赵小红	人力资源部	7	8	6	7	9	37	8
1006	张伟	办公室	9	10	6	7	6	38	7
1007	李丽	研发部	9	9	8	9	8	43	2
1008	高强	财务部	8	7	8	8	8	39	6
1009	周州	售后服务部	7	8	6	7	7	35	9

图 18-48　最终的显示效果

18.3 制作员工培训PPT

使用 Office 2013 系列中的 PowerPoint 2013 软件制作员工培训 PPT，可以帮助主讲人更加深刻、形象地传达培训的内容，以达到引起员工共鸣和思考的目的。

18.3.1 制作首页幻灯片

制作首页幻灯片的具体操作步骤如下。

步骤 1 打开 PowerPoint 2013 软件，单击【空白演示文稿】图标，新建一个演示文稿，如图 18-49 所示。

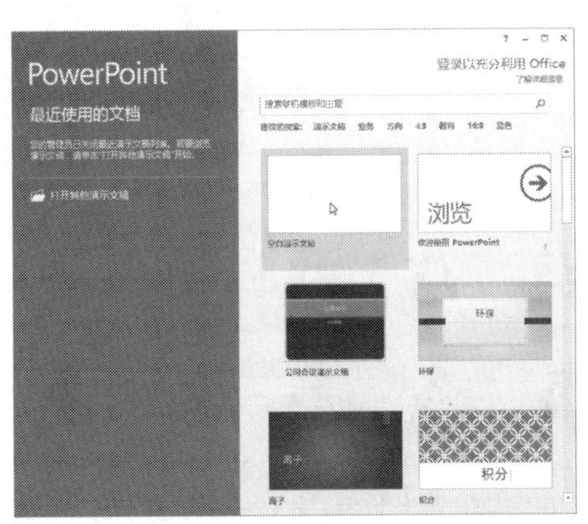

图 18-49　选择空白演示文稿

步骤 2 为新建的演示文稿设置主题效果。单击【设计】选项卡【主题】选项组中的【其他】按钮，在弹出的下拉列表中选择【丝状】选项，如图 18-50 所示。

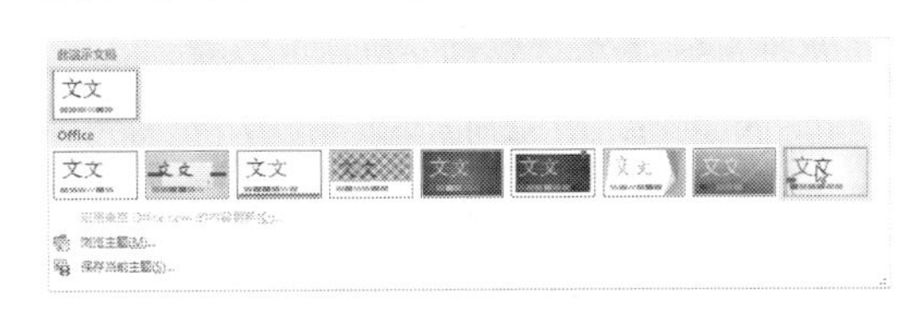

图 18-50　选择主题样式

步骤 3 应用丝状主题后的效果如图 18-51 所示。

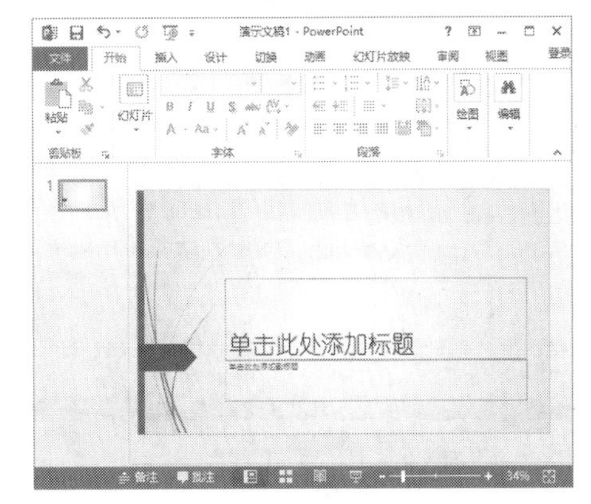

图 18-51　应用主题

步骤 4 用户还可根据需要改变丝状主题的颜色。单击【设计】选项卡下【变体】选项组中的【其他】按钮，在弹出的下拉列表中选择【颜色】选项，如图 18-52 所示。

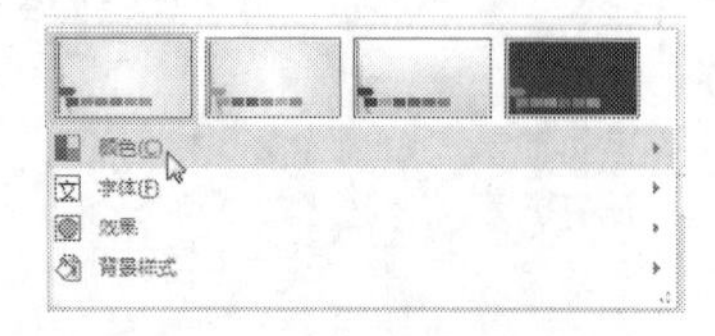

图 18-52 选择【颜色】选项

步骤 5 弹出【颜色】下拉列表，在该列表中选择【紫罗兰色】选项，如图 18-53 所示。

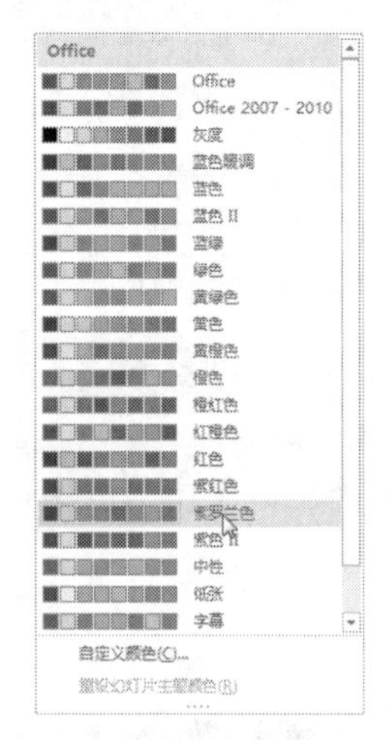

图 18-53 选择颜色样式

步骤 6 应用后的效果如图 18-54 所示。

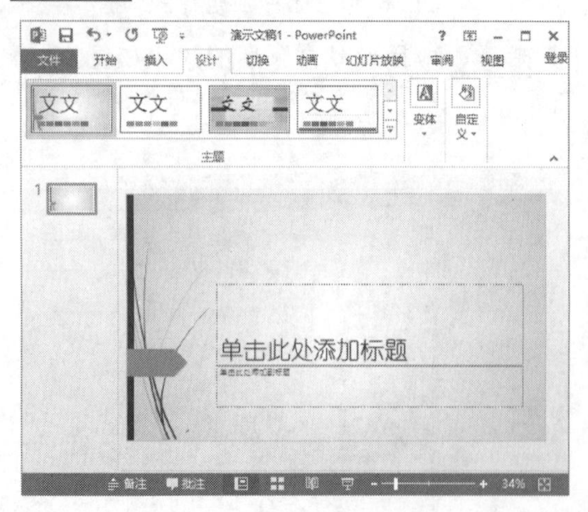

图 18-54 应用颜色效果

步骤 7 在【单击此处添加标题】文本框内输入“员工培训”，将字体设置为“华文行楷”，字号为“66”，对齐方式设置为“居中”，然后选中文本框并拖动调整其位置，如图 18-55 所示。

图 18-55 输入信息

步骤 8 为标题设置艺术字样式。选中文本框内的字体，单击【绘图工具 - 格式】选项卡下【艺术字样式】选项组中的【其他】按钮，在弹出的下拉列表中选择【填充 - 蓝色，着色 3，锋利棱台】选项，如图 18-56 所示。

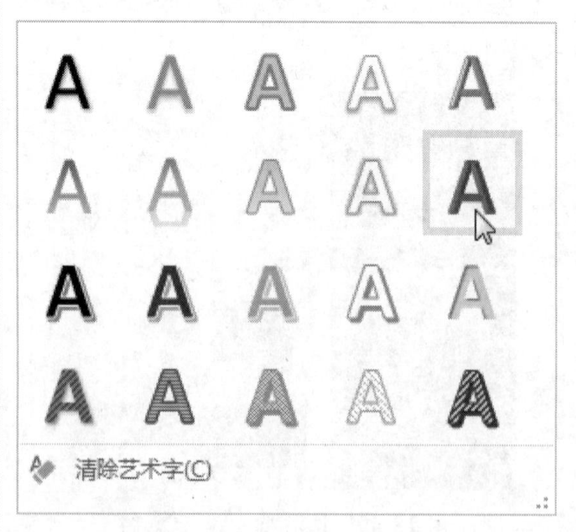

图 18-56 选择艺术字样式

步骤 9 应用后的效果如图 18-57 所示。

图 18-57　应用艺术字样式

步骤 10　在【单击此处添加副标题】文本框内输入此次主讲人的姓名，如这里输入“主讲人：刘经理”，然后选中文本框内的文本，将字体设置为“微软雅黑”，字号为“28”，并调整文本框的位置，使其与标题文本框相适应，如图 18-58 所示。

图 18-58　输入其他信息

步骤 11　为副标题文本框设置动画效果。单击【动画】选项卡下【动画】选项组中的【其他】按钮，在弹出的下拉列表中选择【翻转式由远及近】选项，如图 18-59 所示。

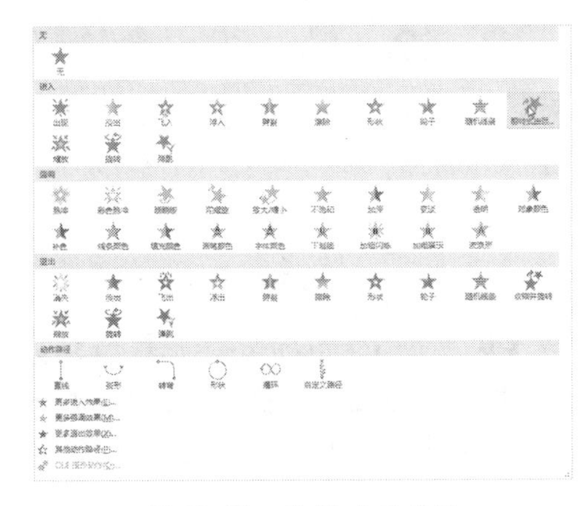

图 18-59　选择动画效果

步骤 12　设置【翻转式由远及近】动画效果的开始模式。单击【动画】选项卡下【计时】选项组中【开始】右侧的下拉按钮，在弹出的下拉列表中选择【单击时】选项，如图 18-60 所示。

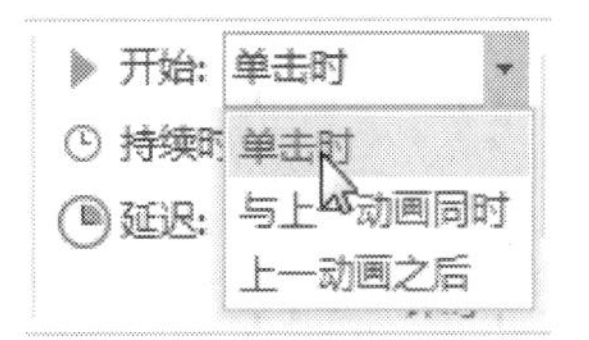

图 18-60　设置动画开始条件

步骤 13　设置动画效果及开始模式的文本框前面会显示一个动画编号，如图 18-61 所示。

图 18-61　为“主讲人”添加动画

步骤 14　单击【动画】选项卡下【预览】选项组中的【预览】按钮，可以预览设置的动画效果，如图 18-62 所示。

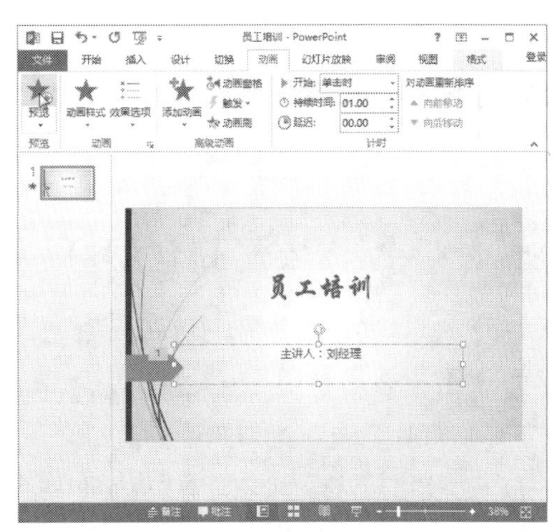

图 18-62　预览动画效果

步骤 15 设置当前幻灯片的切换效果。单击【切换】选项卡下【切换到此幻灯片】选项组中的【其他】按钮，在弹出的下拉列表中选择【华丽型】区域内的【悬挂】选项，如图 18-63 所示。

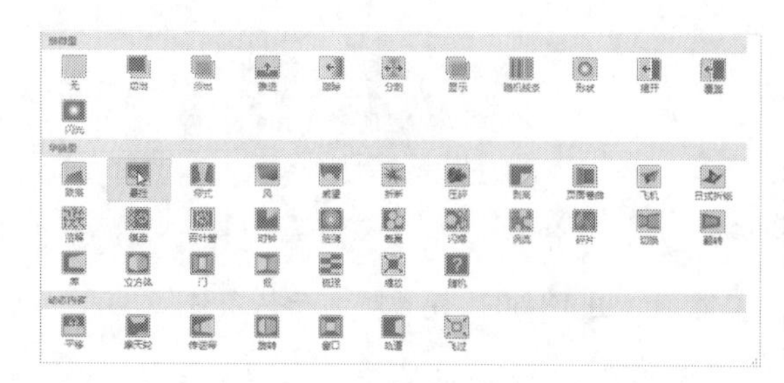

图 18-63　为幻灯片添加切换效果

步骤 16 单击【切换】选项卡下【预览】选项组中的【预览】按钮，可以预览设置的幻灯片切换效果，如图 18-64 所示。至此，就完成了员工培训 PPT 首页的制作。

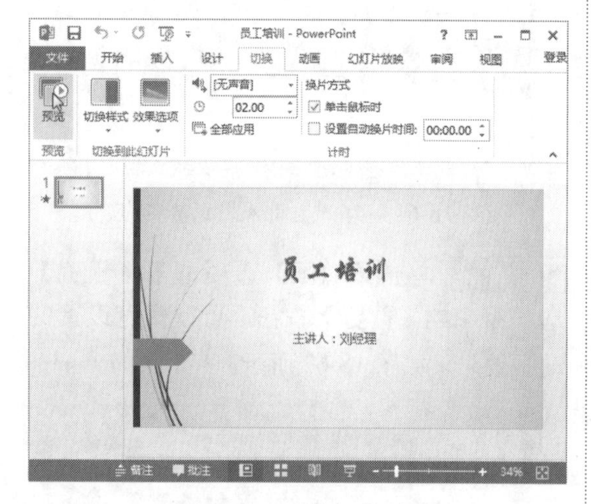

图 18-64　预览切换效果

18.3.2　制作公司简介幻灯片

制作公司简介幻灯片的具体操作步骤如下。

步骤 1 新建幻灯片。单击【开始】选项卡下【幻灯片】选项组中的【新建幻灯片】按钮，在弹出的下拉列表中选择【标题和内容】选项，如图 18-65 所示。

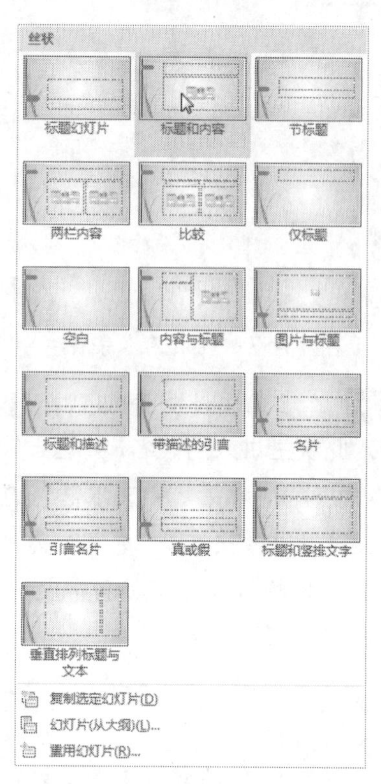

图 18-65　选择幻灯片版式

步骤 2 单击【插入】选项卡下【文本】选项组中的【艺术字】按钮，在弹出的下拉列表中选择【渐变填充 - 水绿色，着色 4，轮廓 - 着色 4】选项，如图 18-66 所示。

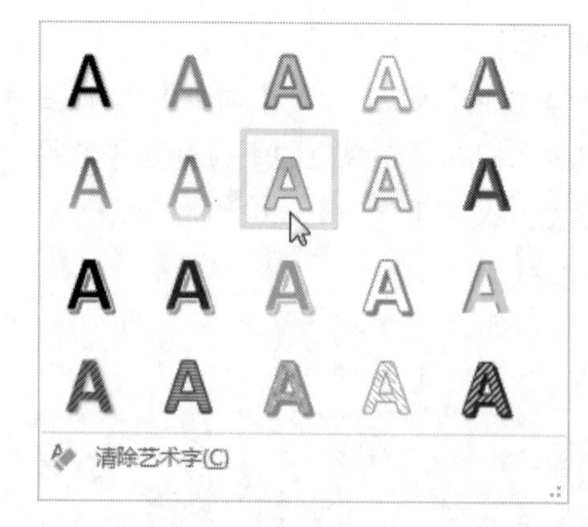

图 18-66　选择艺术字样式

步骤 3 选中【单击此处添加标题】文本框的边框，按 Delete 键删除文本框，并将插入的艺术字文本框拖到此位置，如图 18-67 所示。

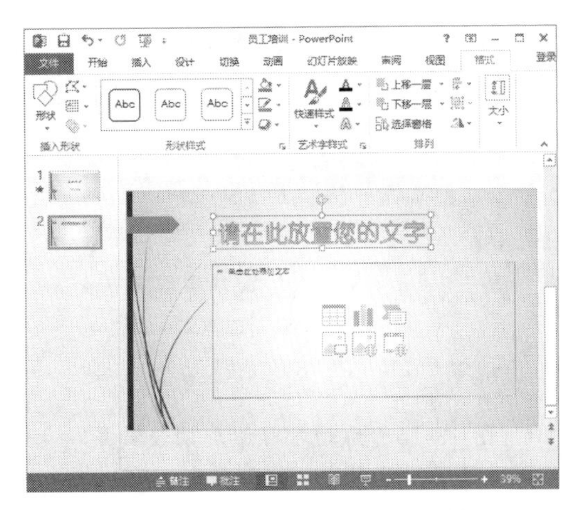

图 18-67　插入艺术字文本框

步骤 4 在【请在此放置您的文字】文本框内输入“公司简介”，如图 18-68 所示。

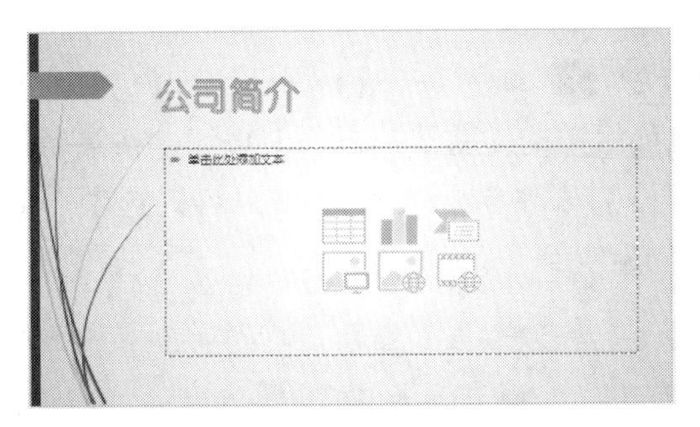

图 18-68　输入文本信息

步骤 5 在【单击此处添加文本】文本框内输入公司简介的具体内容，然后将字体设置为“华文楷体”，字号为“18”，如图 18-69 所示。

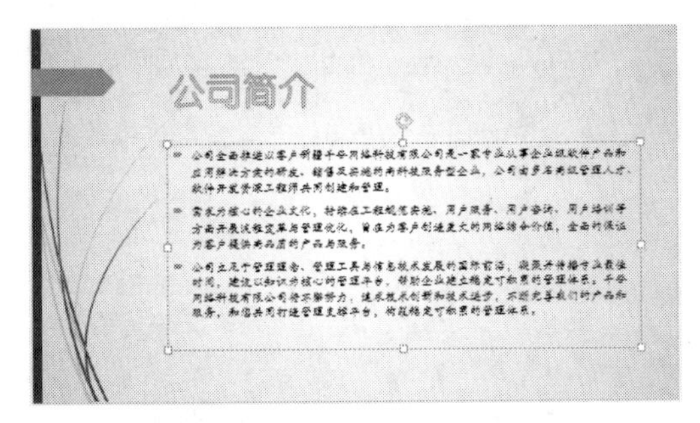

图 18-69　输入其他信息

步骤 6 选中文本框内的文本，单击【开始】选项卡下【段落】选项组中的【段落】按钮，弹出【段落】对话框，如图 18-70 所示。

图 18-70　【段落】对话框

步骤 7 选择【缩进和间距】选项卡，在【间距】区域内单击【行距】右侧的下拉按钮，在弹出的下拉列表中选择【多倍行距】选项，如图 18-71 所示。

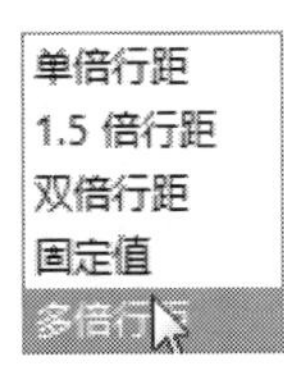

图 18-71　选择行距

步骤 8 在【间距】区域内的【设置值】文本框内自定义行距值，如将行距设置为“1.3”，然后单击【确定】按钮，如图 18-72 所示。

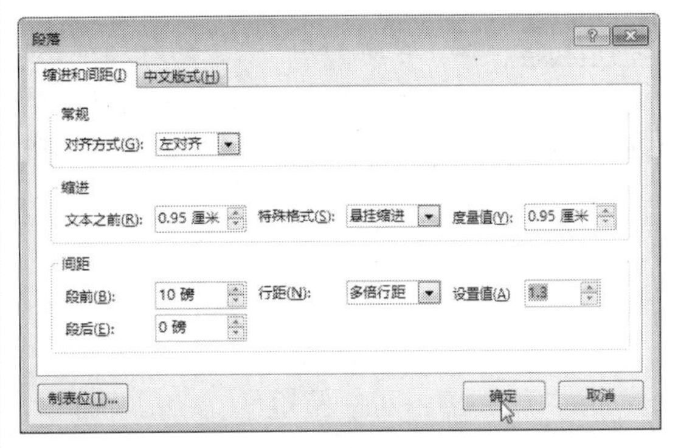

图 18-72　【段落】对话框

步骤 9 行距设置后的效果如图 18-73 所示。

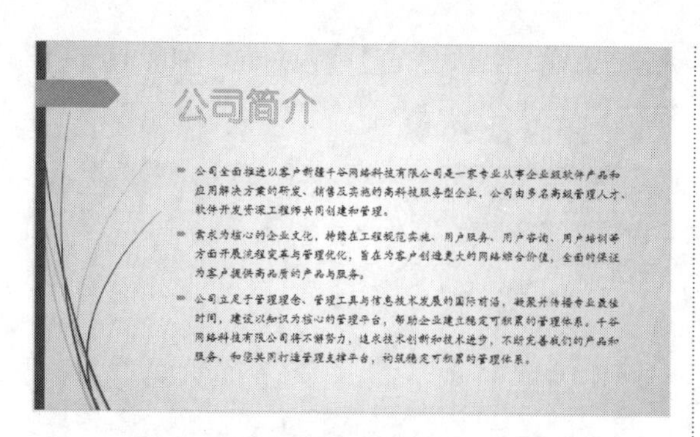

图 18-73　添加段落行距后的效果

步骤 10 选中该文本框，单击【动画】选项卡下【动画】选项组中的【其他】按钮，在弹出的下拉列表中选择【进入】区域内的【弹跳】选项，如图 18-74 所示。

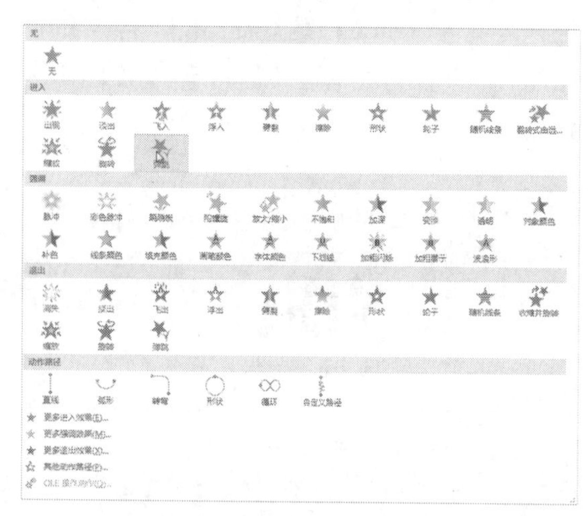

图 18-74　选择动画类型

步骤 11 设置【弹跳】动画效果的开始模式。单击【动画】选项卡下【计时】选项组中的【开始】右侧的下拉按钮，在弹出的下拉列表中选择【单击时】选项，如图 18-75 所示。

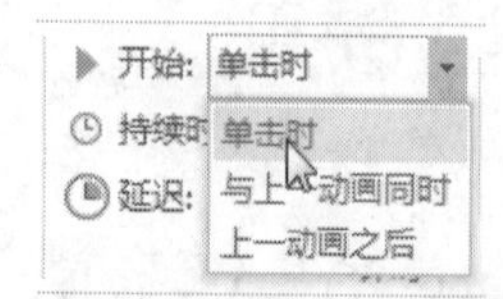

图 18-75　设置动画开始条件

步骤 12 设置幻灯片的切换效果。单击【切换】选项卡下【切换到此幻灯片】选项组中的【其他】按钮，在弹出的下拉列表中选择【华丽型】区域内的【剥离】选项，如图 18-76 所示。至此，就完成了公司简介幻灯片的制作。

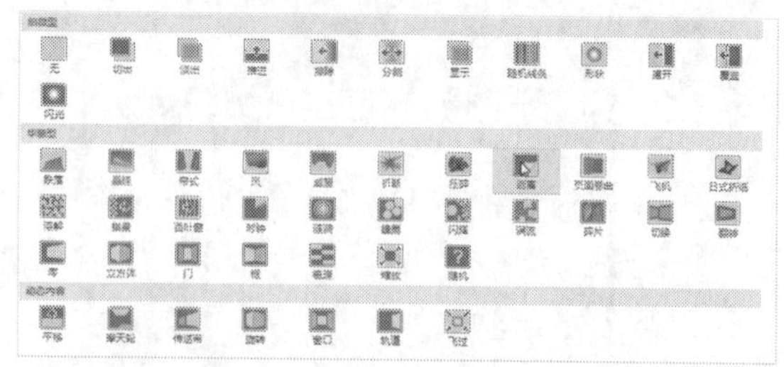

图 18-76　为幻灯片添加切换效果

18.3.3 制作员工福利幻灯片

制作员工福利幻灯片的具体操作步骤如下。

步骤 1 单击【开始】选项卡下【幻灯片】选项组中的【新建幻灯片】按钮，在弹出的下拉列表中选择【标题和内容】选项，如图 18-77 所示。

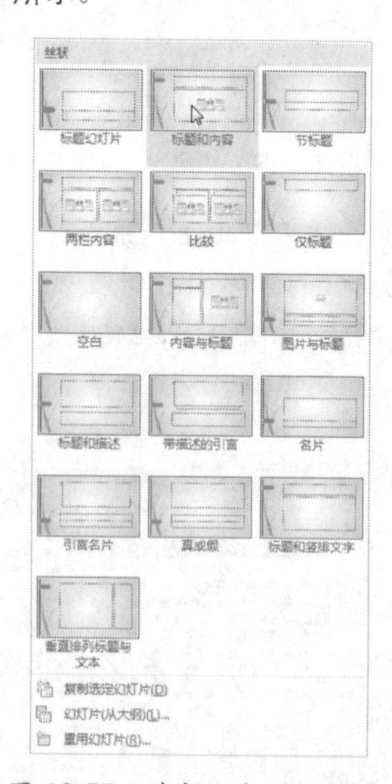

图 18-77　选择幻灯片的版式

步骤 2 在【单击此处添加标题】文本框内输入标题“员工福利”，然后使用格式刷将第二张幻灯片标题的格式应用到当前幻灯片的标题上，应用后的效果如图 18-78 所示。

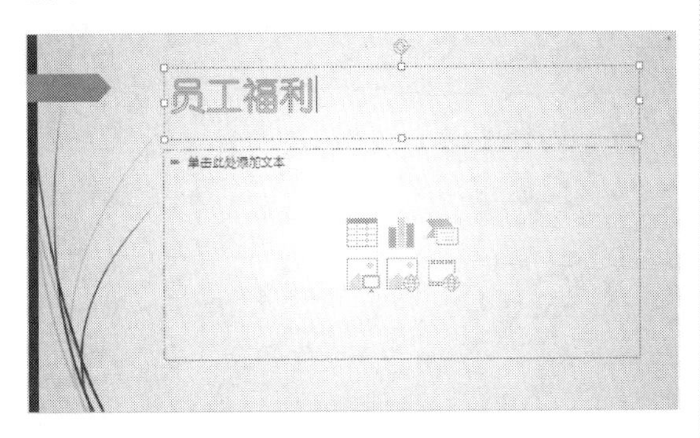

图 18-78　输入标题

步骤 3 单击【单击此处添加文本】文本框内的【插入表格】按钮，如图 18-79 所示。

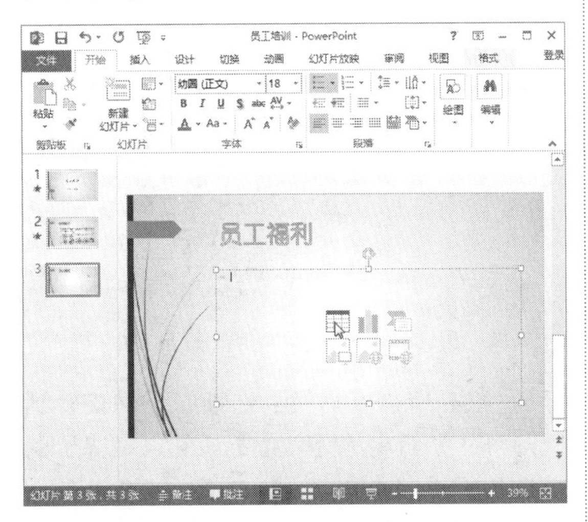

图 18-79　单击【表格】按钮

步骤 4 弹出【插入表格】对话框，在该对话框中可自定义行数和列数，如将表格设置为 7 行 2 列，然后单击【确定】按钮，如图 18-80 所示。

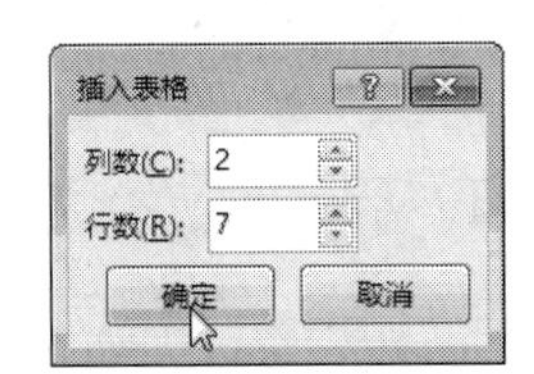

图 18-80　【插入表格】对话框

步骤 5 单击插入的表格，将鼠标指针放到表格右下角边框上，当鼠标指针变为双箭头形状时，按住鼠标左键并拖动改变表格的大小，如图 18-81 所示。

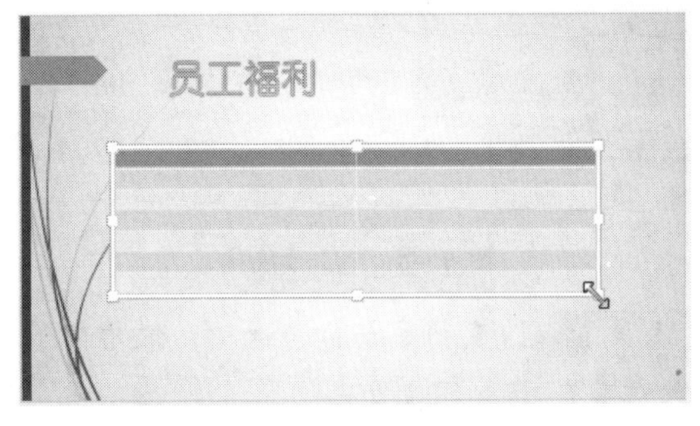

图 18-81　插入表格

步骤 6 拖动中的部分效果如图 18-82 所示。

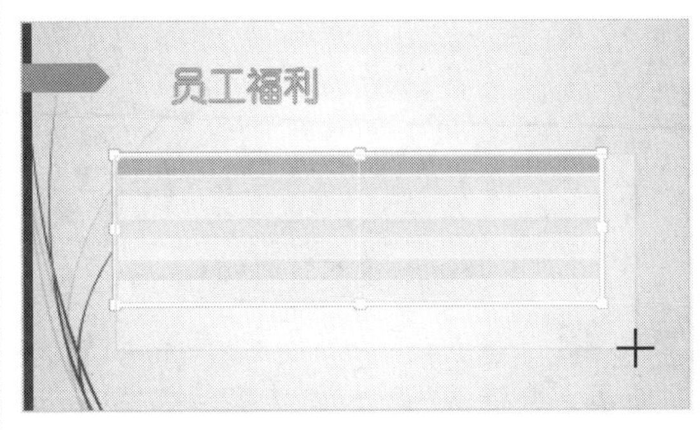

图 18-82　调整表格大小

步骤 7 将鼠标指针放在两列之间的分隔线上，当鼠标指针变为 形状时可按住鼠标左键并拖动来改变行宽，如图 18-83 所示。

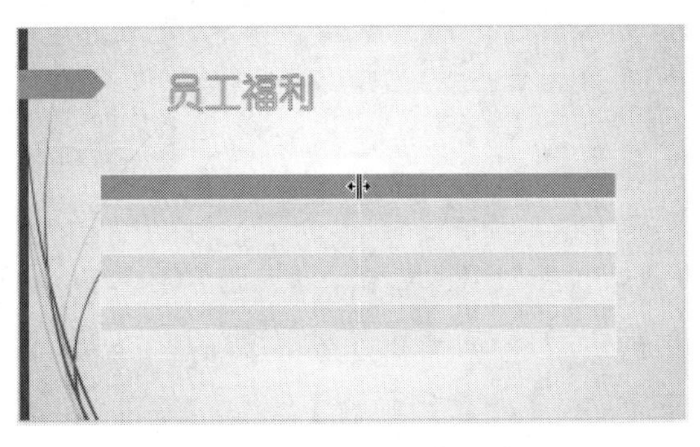

图 18-83　改变表格列宽

步骤 8 拖动中的效果如图 18-84 所示。

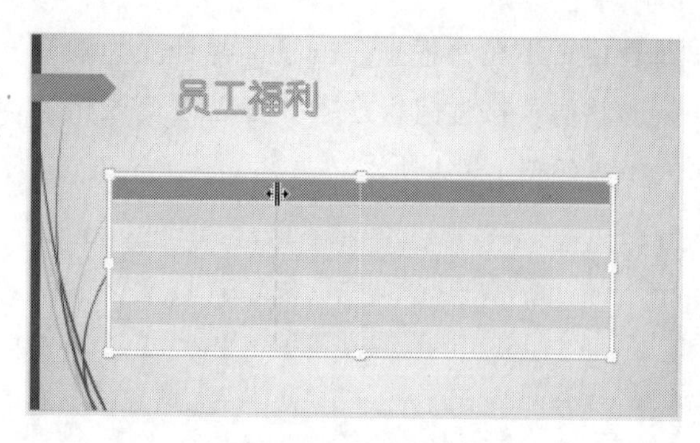

图 18-84　移动鼠标

步骤 9 改变行高与列宽之后，表格的最终效果如图 18-85 所示。

图 18-85　表格最终效果

步骤 10 表格设置好后，在表格内输入向新员工介绍的相关福利内容，如图 18-86 所示。

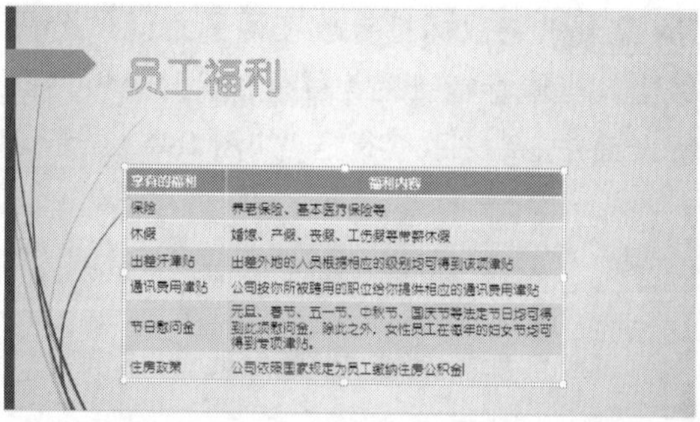

图 18-86　输入表格内容

步骤 11 选中表格，单击【动画】选项卡下【动画】选项组中的【其他】按钮，在弹出的下拉列表中选择【退出】区域内的【旋转】选项，如图 18-87 所示。

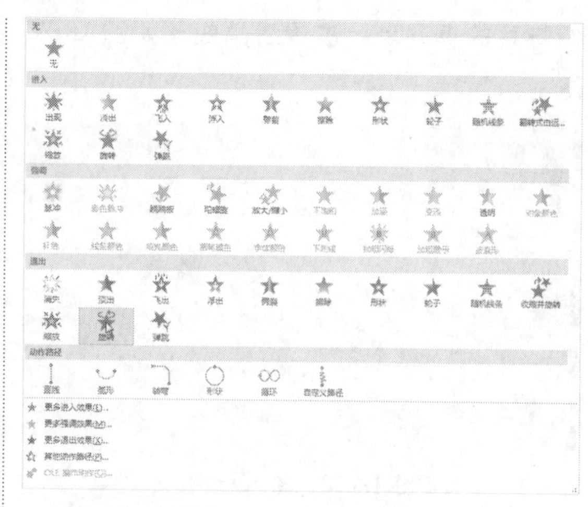

图 18-87　为表格添加动画

步骤 12 设置【旋转】动画效果的开始模式。单击【动画】选项卡下【计时】选项组中的【开始】右侧的下拉按钮，在弹出的下拉列表中选择【单击时】选项，如图 18-88 所示。

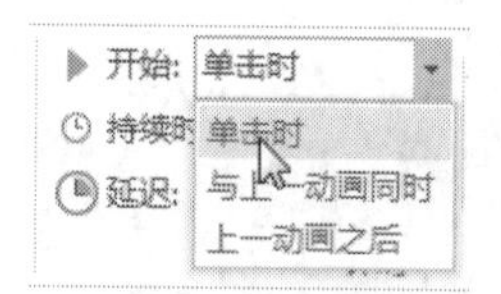

图 18-88　设置动画开始条件

步骤 13 单击【切换】选项卡下【切换到此幻灯片】组中的【其他】按钮，在弹出的下拉列表中选择【动态内容】区域内的【摩天轮】选项，如图 18-89 所示。

图 18-89　为幻灯片添加切换效果

步骤 14 单击【切换】选项卡下【预览】选项组中的【预览】按钮，可以预览设置的幻灯片切换效果，如图 18-90 所示。至此，就完成了员工福利幻灯片的制作。

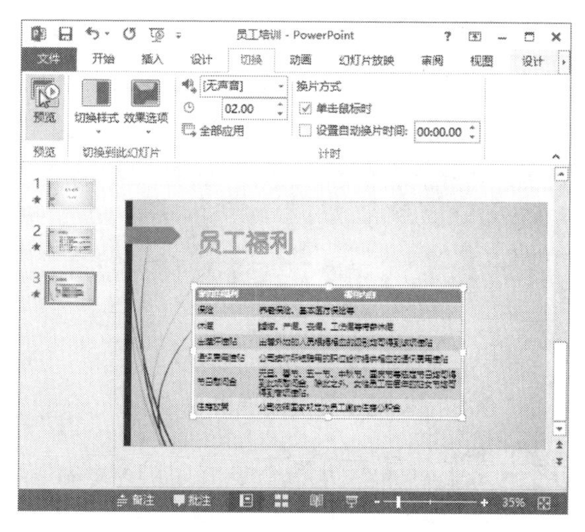

图 18-90 预览切换效果

18.3.4 制作培训目的幻灯片

制作培训目的幻灯片的具体操作步骤如下。

步骤 1 选中左侧幻灯片浏览区域内的第三张幻灯片，然后右击，在弹出的下拉列表中选择【新建幻灯片】选项，如图 18-91 所示。

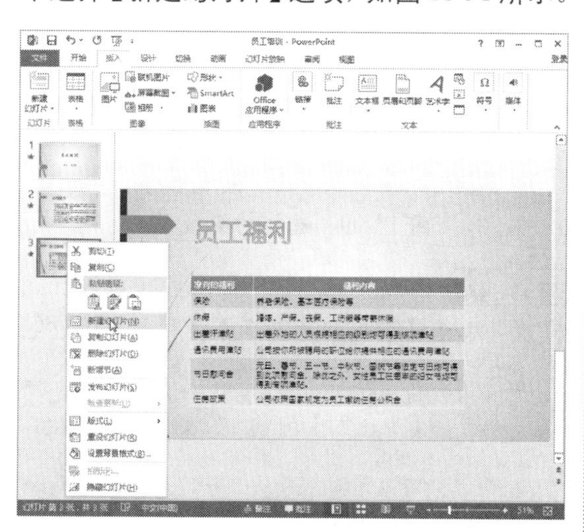

图 18-91 选择【新建幻灯片】选项

步骤 2 在左侧幻灯片浏览区域内选中新建的幻灯片，右击，在弹出的下拉列表中选择【版式】区域内的【两栏内容】选项，如图 18-92 所示。

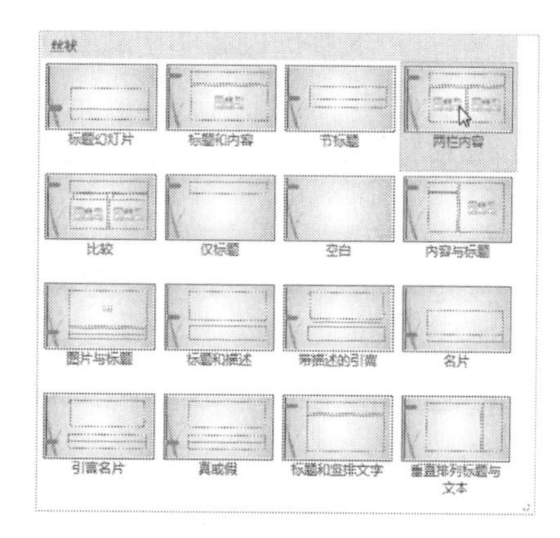

图 18-92 选择幻灯片版式

步骤 3 应用【两栏内容】版式后的幻灯片效果如图 18-93 所示。

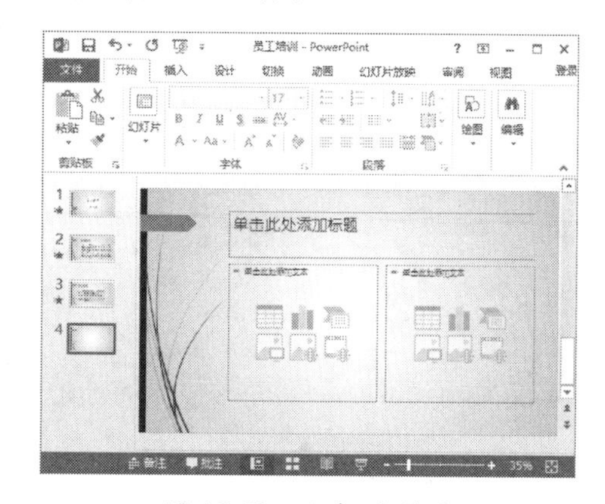

图 18-93 幻灯片效果

步骤 4 在【单击此处添加标题】文本框内输入标题“培训目的”，然后使用格式刷将第三张幻灯片标题的格式应用到当前幻灯片的标题上，应用后的效果如图 18-94 所示。

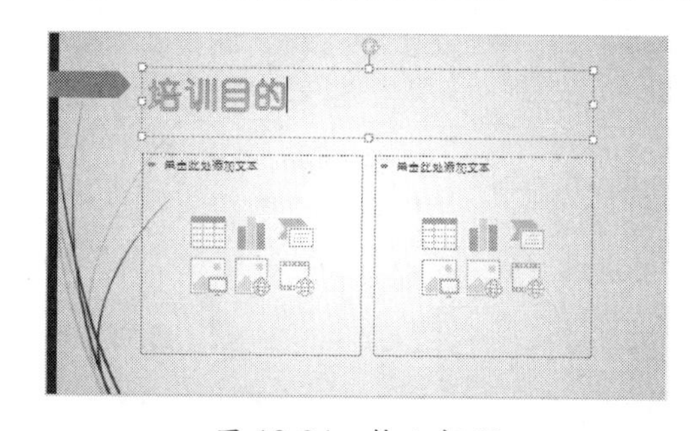

图 18-94 输入标题

步骤 5 在左侧的【单击此处添加文本】文本框内输入培训目的的相关内容 1，然后

选中文本内容，将字体设置为“宋体”，字号为“18”，如图 18-95 所示。

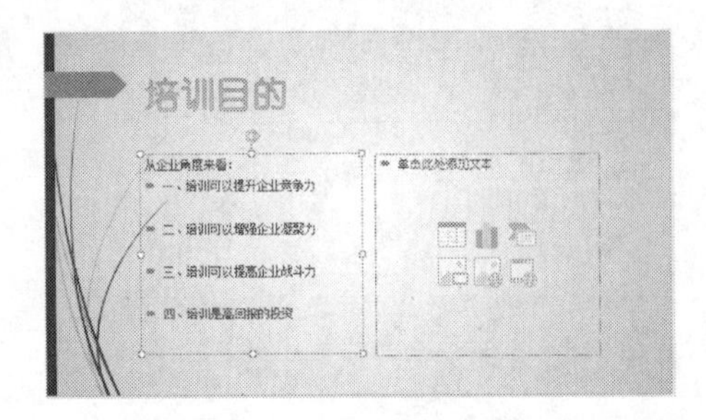

图 18-95　在左侧输入信息

步骤 6 在右侧的【单击此处添加文本】文本框内输入培训目的的相关内容 2，然后选中文本内容，将字体设置为“宋体”，字号为“18”，如图 18-96 所示。

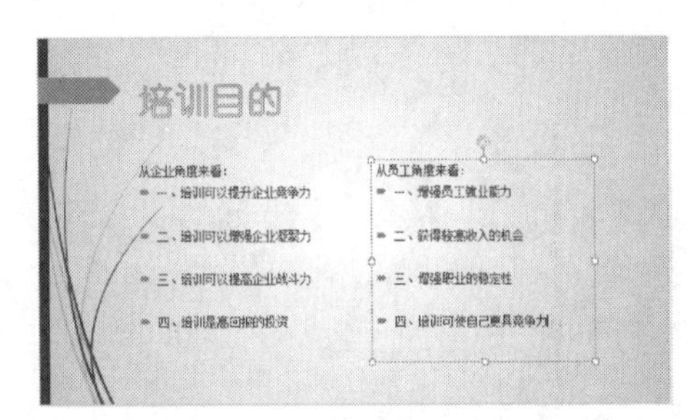

图 18-96　在右侧输入信息

步骤 7 设置左侧文本框的动画效果。选中左侧的文本框，单击【动画】选项卡下【动画】选项组中的【其他】按钮，在弹出的下拉列表中选择【进入】区域内的【飞入】选项，如图 18-97 所示。

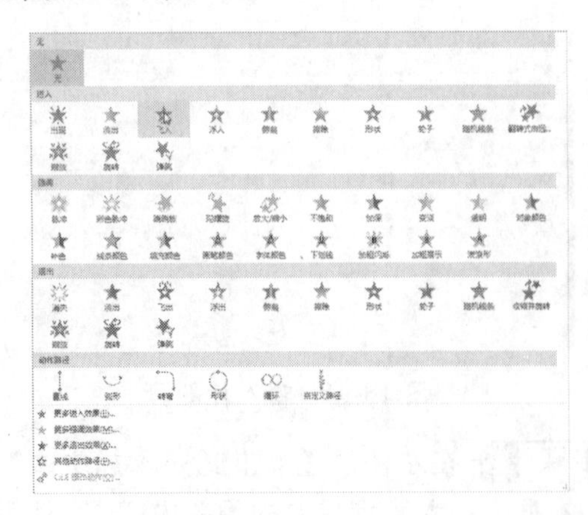

图 18-97　选择动画效果

步骤 8 为左侧文本框的动画效果设置开始模式。单击【动画】选项卡下【计时】选项组中【开始】右侧的下拉按钮，在弹出的下拉列表中选择【单击时】选项，如图 18-98 所示。

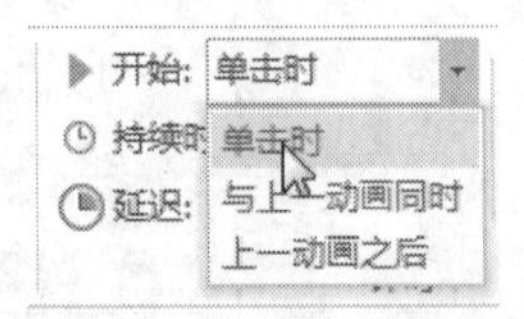

图 18-98　设置动画开始条件

步骤 9 设置右侧文本框的动画效果。选中右侧的文本框，单击【动画】选项卡下【动画】选项组中的【其他】按钮，在弹出下拉列表中选择【进入】区域内的【飞入】选项，如图 18-99 所示。

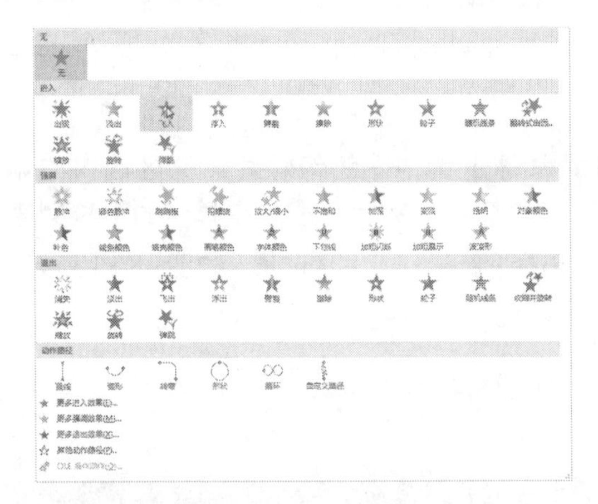

图 18-99　选择动画效果

步骤 10 为右侧文本框的动画效果设置开始模式。单击【动画】选项卡下【计时】选项组中【开始】右侧的下拉按钮，在弹出的下拉列表中选择【单击时】选项，如图 18-100 所示。

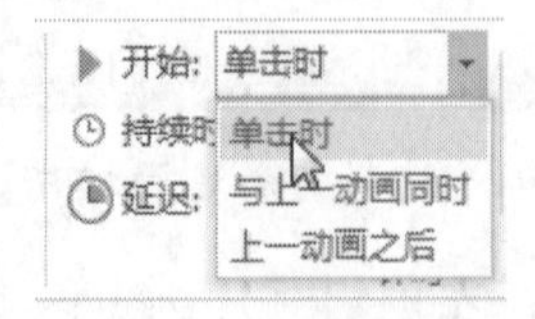

图 18-100　设置动画开始条件

步骤 11 设置幻灯片切换效果。单击【切换】选项卡下【切换到此幻灯片】选项组中的【其

他】按钮，在弹出的下拉列表中选择【华丽型】区域内的【切换】选项，如图 18-101 所示。

图 18-101　选择幻灯片切换效果

步骤 12 单击【切换】选项卡下【预览】选项组中的【预览】按钮，可以预览设置的幻灯片切换效果，如图 18-102 所示。至此，就完成了培训目的幻灯片的制作。

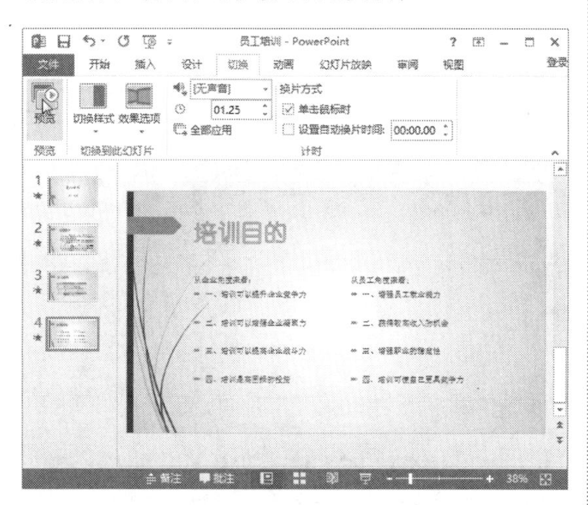

图 18-102　最终的显示效果

18.3.5 制作培训标准幻灯片

制作培训标准幻灯片的具体操作步骤如下。

步骤 1 新建一张幻灯片，并设置为【标题和内容】版式，如图 18-103 所示。

步骤 2 在【单击此处添加标题】文本框内输入标题“培训标准”，然后使用格式刷将第四张幻灯片标题的格式应用到当前幻灯片的标题上，应用后的效果如图 18-104 所示。

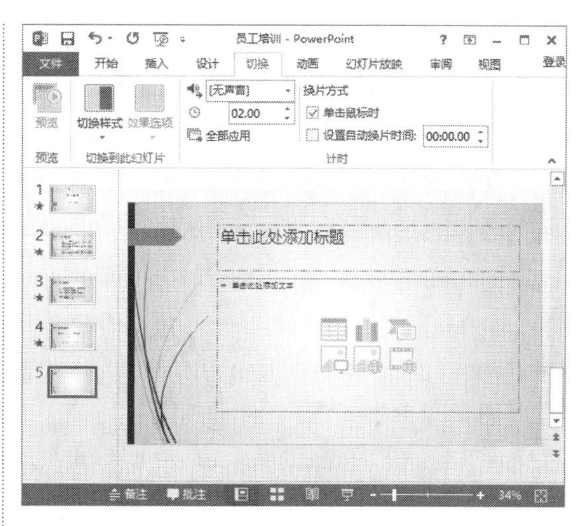

图 18-103　新建一个幻灯片

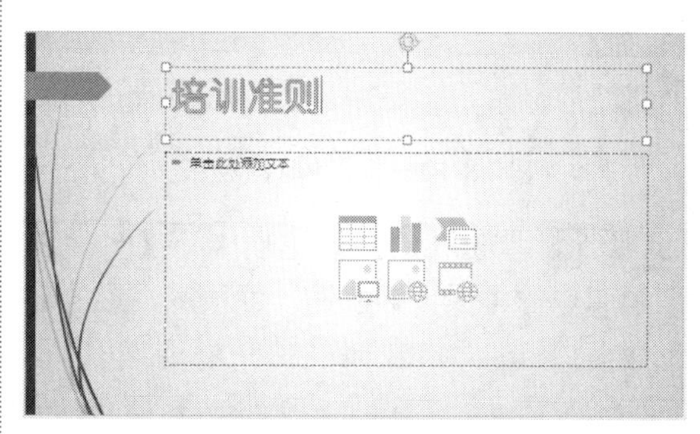

图 18-104　输入标题

步骤 3 在【单击此处添加文本】文本框内输入培训标准的相关内容，然后选中文本内容，将字体设置为“宋体”，字号为“20”，如图 18-105 所示。

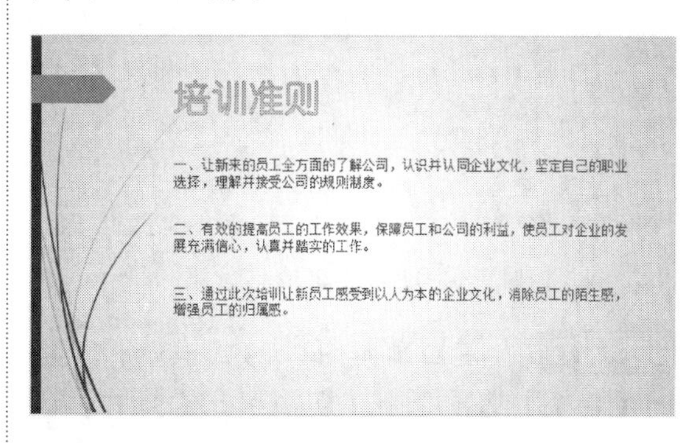

图 18-105　输入培训准则内容

步骤 4 选中添加文本内容的文本框，为其设置动画效果，并将开始模式设置为“单击时”。单击【动画】选项卡下【动画】选项组中的【其他】按钮，在弹出的下拉列表中选择【退出】区域内的【缩放】选项，如图 18-106 所示。

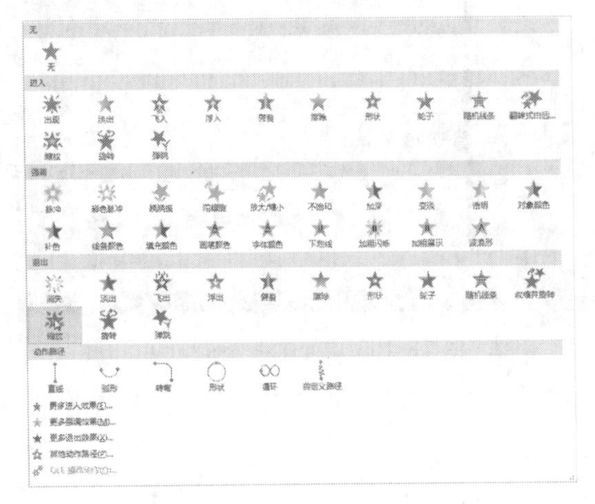

图 18-106 选择动画效果

步骤 5 单击【动画】选项卡下【预览】选项组中的【预览】按钮，可预览设置的动画效果，如图 18-107 所示。

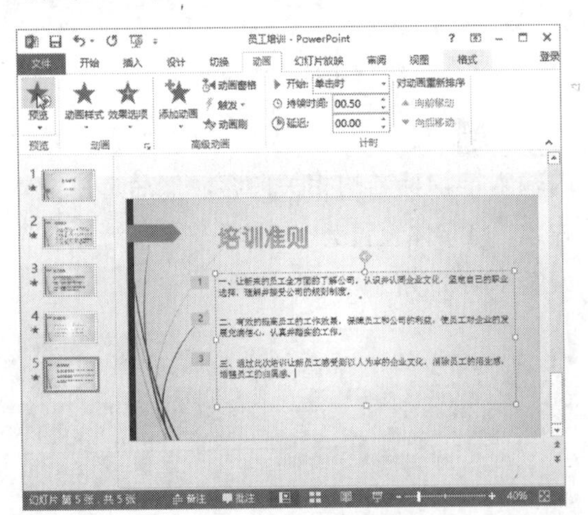

图 18-107 预览动画效果

步骤 6 设置当前幻灯片的切换效果。单击【切换】选项卡下【切换到此幻灯片】选项组中的【其他】按钮，在弹出的下拉列表中选择【华丽型】区域内的【翻转】选项，如图 18-108 所示。至此，就完成了培训标准幻灯片的制作。

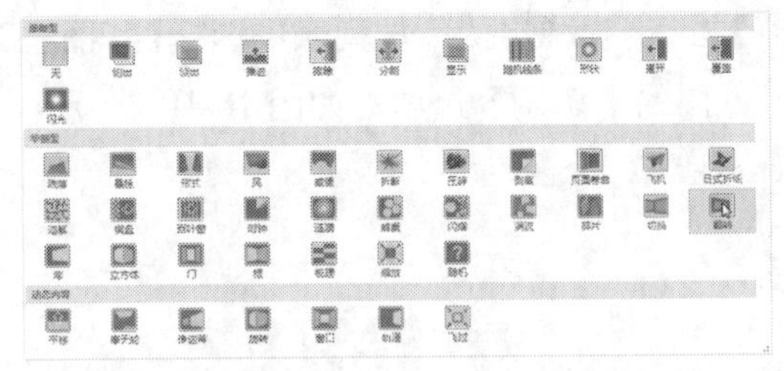

图 18-108 设置幻灯片切换效果

18.3.6 制作培训过程幻灯片

制作培训过程幻灯片的具体操作步骤如下。

步骤 1 新建一张幻灯片，将其设置为【标题和内容】版式，如图 18-109 所示。

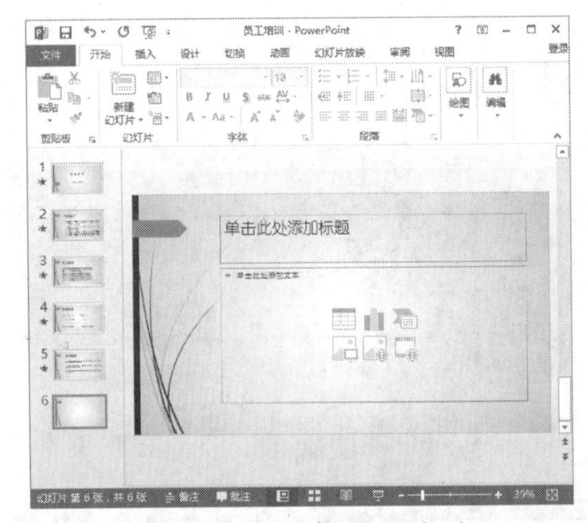

图 18-109 新建一张幻灯片

步骤 2 在【单击此处添加标题】文本框内输入标题“培训过程”，然后使用格式刷将第五张幻灯片标题的格式应用到当前幻灯片的标题上，应用后的效果如图 18-110 所示。

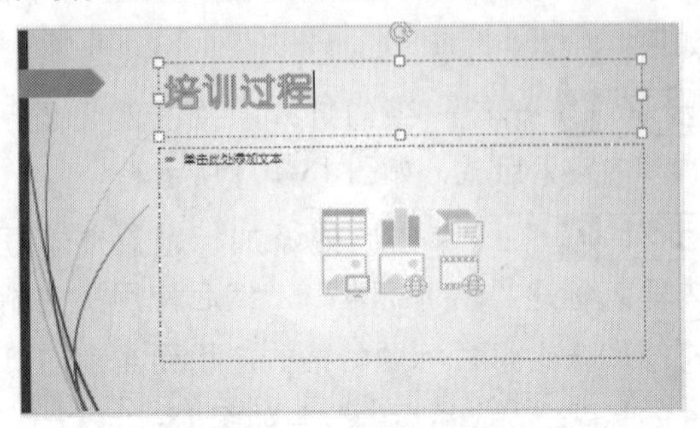

图 18-110 输入标题

步骤 3 单击【单击此处添加文本】文本框内的【插入 SmartArt 图形】按钮，如图 18-111 所示。

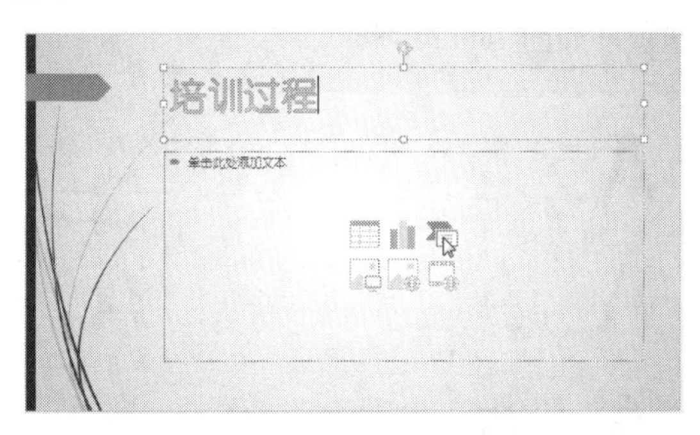

图 18-111　单击【SmartArt 图形】按钮

步骤 4 弹出【选择 SmartArt 图形】对话框，在左侧选项列表中选择【流程】区域内的【连续块状流程】选项，如图 18-112 所示。

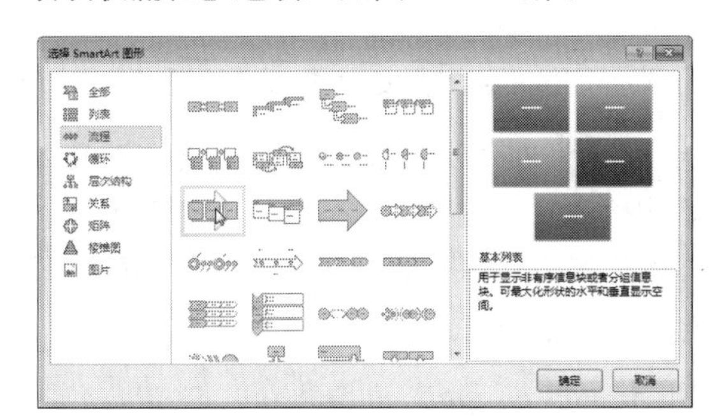

图 18-112　【选择 SmartArt 图形】对话框

步骤 5 单击【确定】按钮，该 SmartArt 图形将插入幻灯片中，如图 18-113 所示。

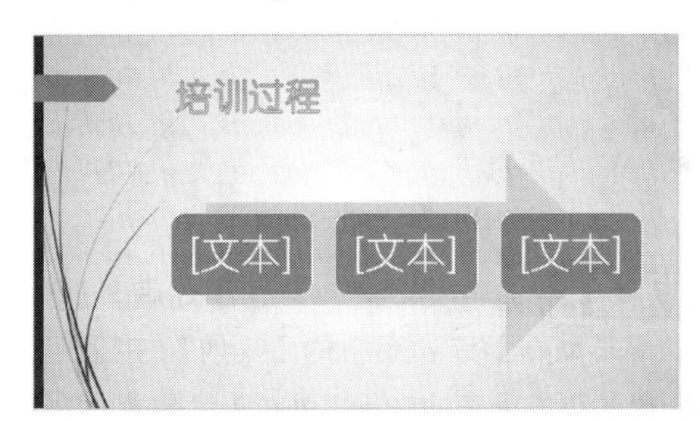

图 18-113　插入 SmartArt 图形

步骤 6 选中插入到幻灯片中的 SmartArt 图形，单击【绘图工具 - 设计】选项卡下【SmartArt 样式】选项组中的【其他】按钮，在弹出的下拉列表中选择【强烈效果】选项，如图 18-114 所示。

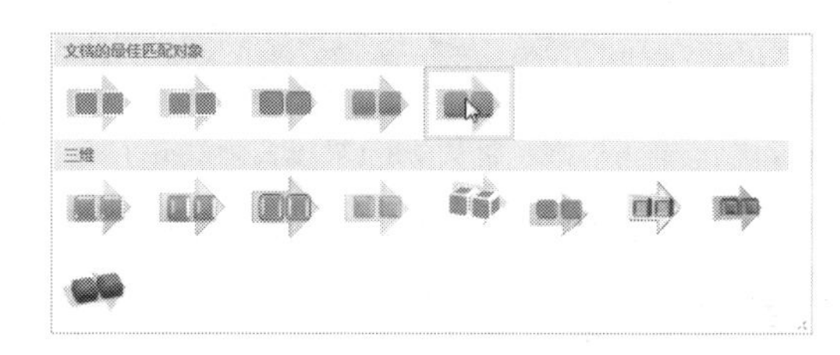

图 18-114　设置图形样式

步骤 7 在 SmartArt 图形中的文本框内输入培训流程相关文字，如图 18-115 所示。

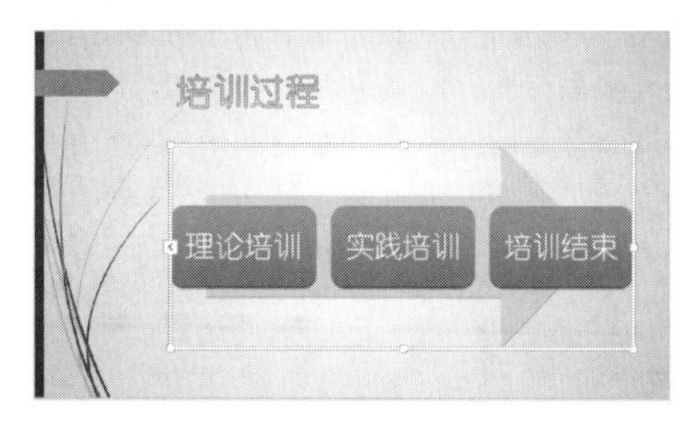

图 18-115　输入文本信息

步骤 8 选中 SmartArt 图形，单击【动画】选项卡下【动画】选项组中的【其他】按钮，在弹出的下拉列表中选择【强调】区域内的【陀螺旋】选项，如图 18-116 所示。

图 18-116　选择动画效果

步骤 9 单击【动画】选项卡下【预览】选项组中的【预览】按钮，可预览设置的动画效果，如图 18-117 所示。

图 18-117 预览动画效果

步骤 10 设置幻灯片的切换效果。单击【切换】选项卡下【切换到此幻灯片】选项组中的【其他】按钮，在弹出的下拉列表中选择【华丽型】区域内的【页面蜷曲】选项，如图 18-118 所示。至此，就完成了培训过程幻灯片的制作。

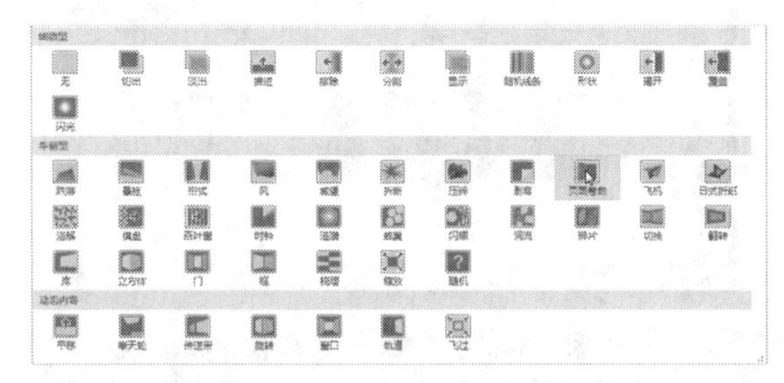

图 18-118 设置幻灯片切换效果

18.3.7 制作结束页幻灯片

制作结束页幻灯片的具体操作步骤如下。

步骤 1 新建一张幻灯片，将其设置为【空白】版式，如图 18-119 所示。

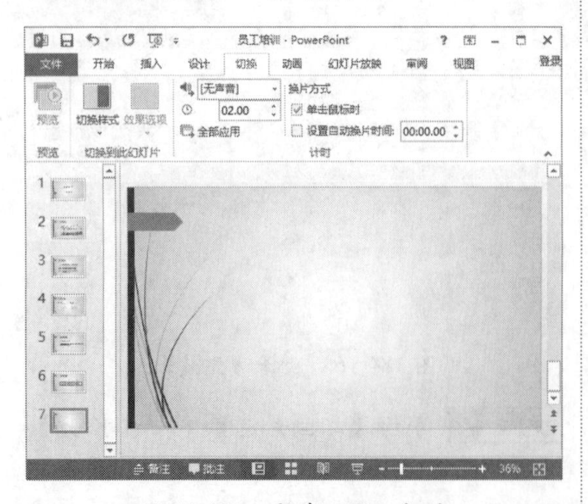

图 18-119 新建一张幻灯片

步骤 2 单击【插入】选项卡下【文本】选项组中的【艺术字】按钮，在弹出的下拉列表中选择【填充 - 水绿色，着色 4，软棱台】选项，如图 18-120 所示。

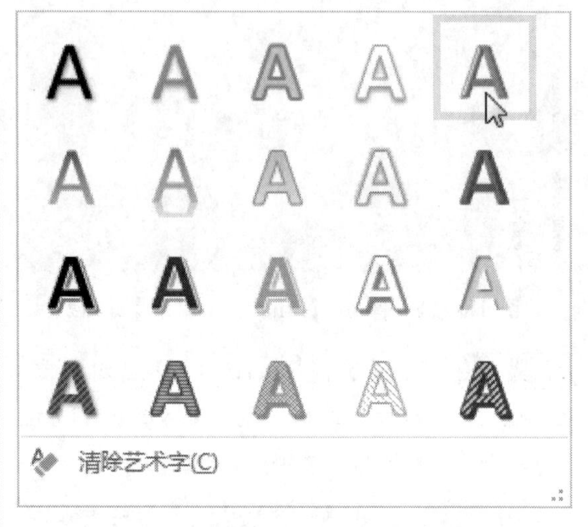

图 18-120 选择艺术字样式

步骤 3 在【请在此放置您的文字】文本框内输入文本内容，如输入“谢谢观看”，字体设置为“华文琥珀”，字号为“100”，如图 18-121 所示。

图 18-121 输入文本信息

步骤 4 选中文本框，单击【动画】选项卡下【动画】选项组中的【其他】按钮，在弹出的下拉列表中选择【强调】区域内的【放大 / 缩小】选项，如图 18-122 所示。

步骤 5 单击【动画】选项卡下【预览】选项组中的【预览】按钮，可预览设置的动画效果，如图 18-123 所示。

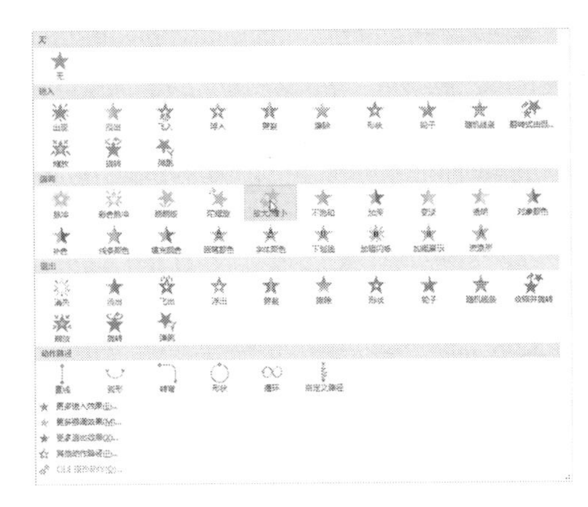

图 18-122　选择动画效果

图 18-123　预览动画效果

步骤 6 设置幻灯片的切换效果。单击【切换】选项卡下【切换到此幻灯片】选项组中的【其他】按钮，在弹出的下拉列表中选择【华丽型】区域内的【日式折纸】选项，如图 18-124 所示。至此，就完成了结束页幻灯片的制作。

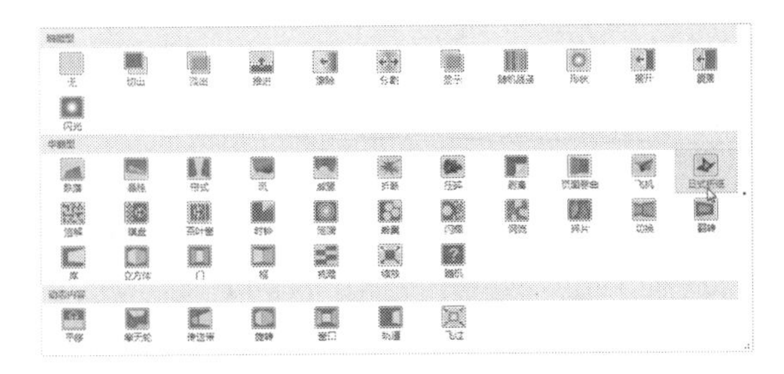

图 18-124　添加幻灯片切换效果

Office 在市场营销中的应用

- **本章导读**

市场情况千变万化，对于做市场营销工作的员工来说，既要能够制作出一份完美的营销计划，也要能够制作出一份实用的销售报表。本章主要介绍如何制作营销计划书、产品销售统计报表、营销会议 PPT 等。

- **学习目标**

◎ 了解 Office 2013 在市场营销中的相关应用。

◎ 掌握使用 Word 2013 制作营销计划书的方法。

◎ 掌握使用 Excel 2013 制作产品销售统计报表的方法。

◎ 掌握使用 PowerPoint 2013 制作营销会议 PPT 的方法。

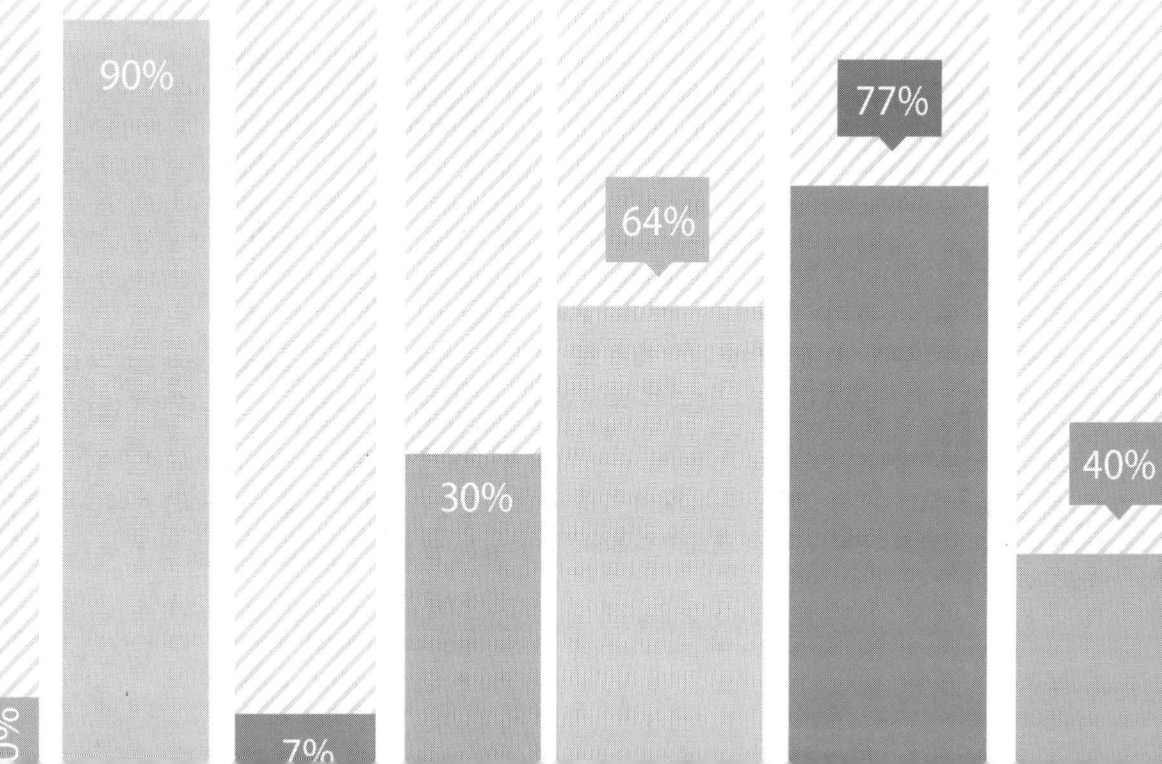

19.1 制作营销计划书

营销计划书是应对市场环境变化的最重要的手段之一，从某种程度上来说，它可以帮助企业合理安排资源。因此，制作一份精准的营销计划书是企业发展最重要的一个前提。本节主要介绍如何制作营销计划书，包括首页和具体内容格式的制作。

19.1.1 制作营销计划书首页

营销计划书的首页一般由计划书的名称、计划公司以及制作人组成。制作营销计划书首页的具体操作步骤如下。

步骤 1 打开 Word 2013，单击【空白文档】图标，新建一个空白 Word 文档，如图 19-1 所示。

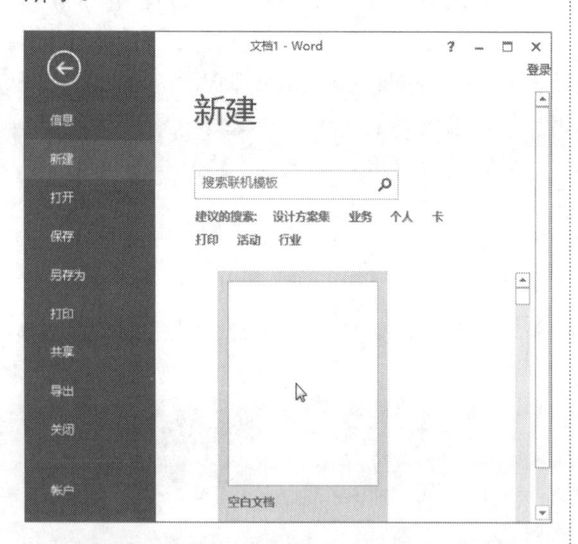

图 19-1 新建空白文档

步骤 2 在新建的 Word 文档中输入首页的标题，如输入“营销计划书”，将每一个字设置为一个段落，即将鼠标光标停留在每一个字后面，然后按 Enter 键，使每个字后面都显示回车标识符，如图 19-2 所示。

步骤 3 选中文本，将字体设置为“微软雅黑”，字号为“48”，对齐方式为“居中”，如图 19-3 所示。

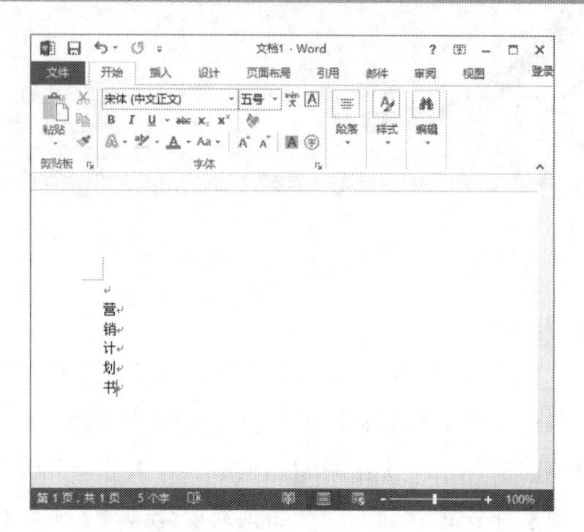

图 19-2 输入首页文本信息

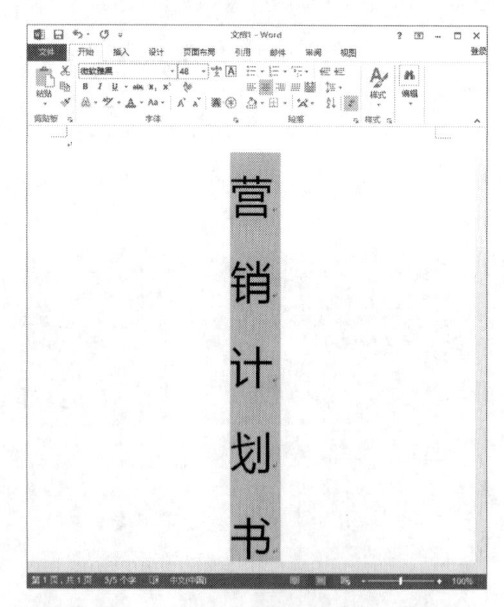

图 19-3 设置首页标题的字体格式

步骤 4 设置字体之间的间距。选中文本，单击【开始】选项卡下【段落】选项组中的【段落设置】按钮，弹出【段落】对话框，如图 19-4 所示。

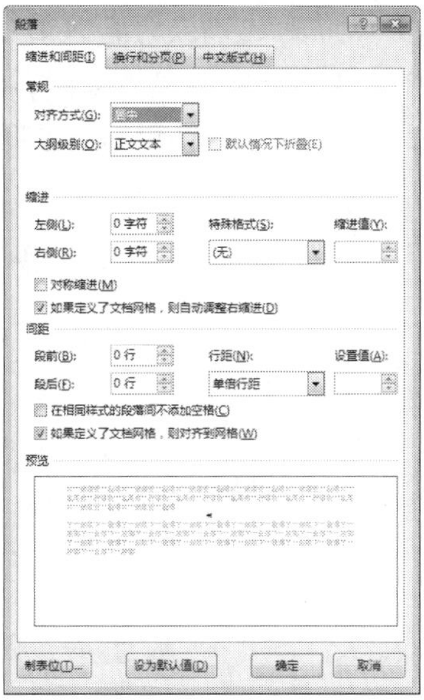

图 19-4　【段落】对话框

步骤 5 在【缩进和间距】选项卡【间距】区域内的【段前】文本框和【段后】文本框内分别输入间距值，如都输入“0.5”，然后单击【确定】按钮，如图 19-5 所示。

图 19-5　设置段落间距

步骤 6 在营销计划书的首页还需要输入计划公司名称、计划者姓名以及计划时间等落款信息，然后选中文本，将字体设置为“宋体”，字号为“五号”，如图 19-6 所示。

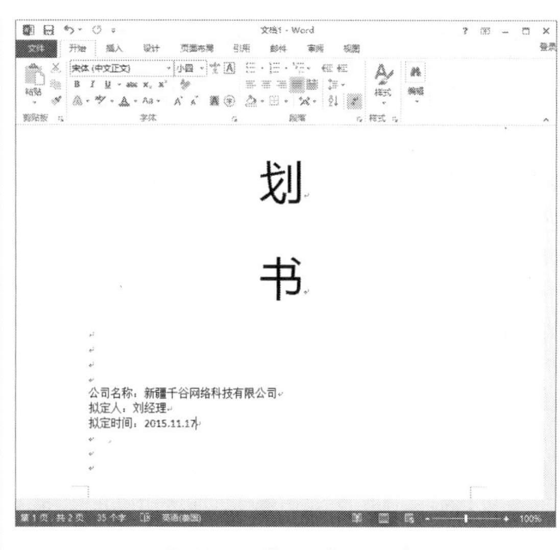

图 19-6　输入其他信息

步骤 7 选中首页中的落款，单击【开始】选项卡下【段落】选项组中的【右对齐】按钮，如图 19-7 所示。

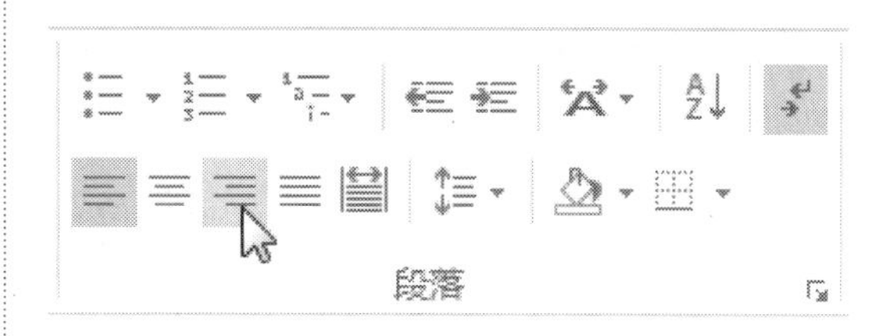

图 19-7　设置段落对齐方式

步骤 8 即可将落款中的文本内容设置为右对齐，如图 19-8 所示。

图 19-8　右对齐落款信息

步骤 9 调整各项落款的相对位置，使其相对于冒号对齐，如图 19-9 所示。

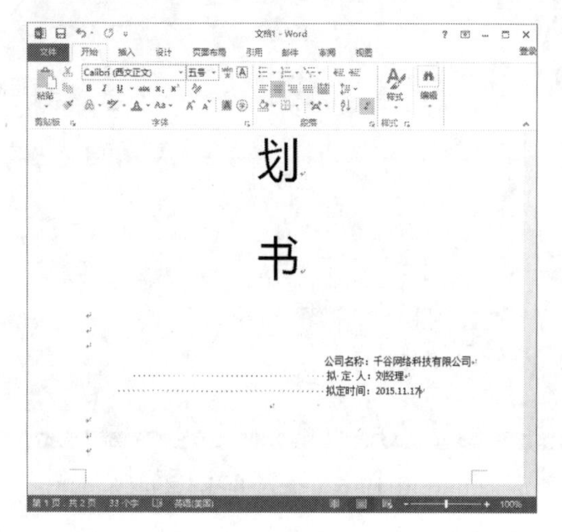

图 19-9 调整位置

步骤 10 选择落款项目后的文字，如选择“千谷网络科技有限公司”，单击【开始】选项卡下【字体】选择组中的【下划线】按钮，如图 19-10 所示。

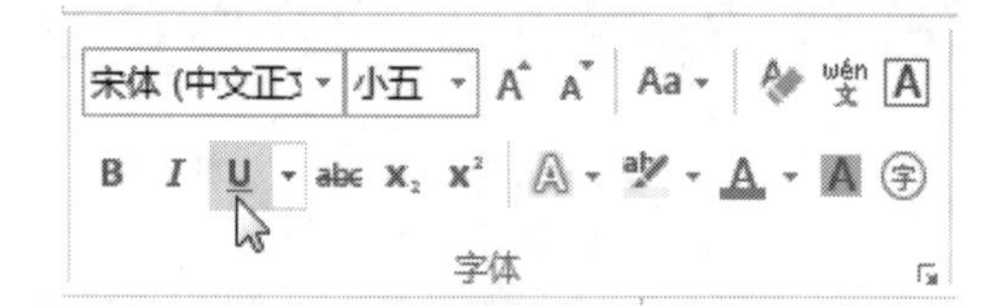

图 19-10 单击【下划线】按钮

步骤 11 添加下划线后的效果如图 19-11 所示。

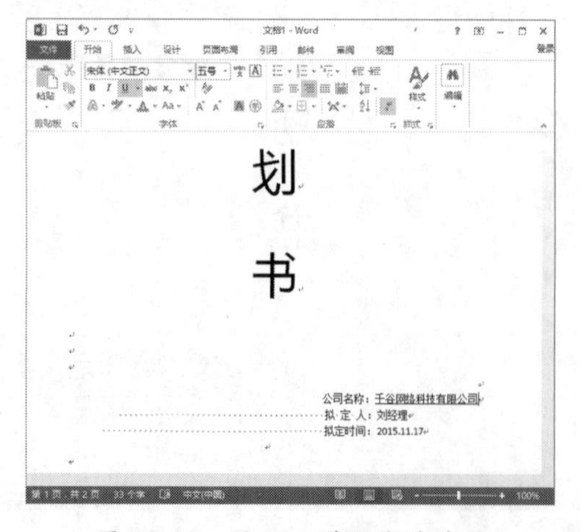

图 19-11 添加下划线后的效果

步骤 12 依照上述方法为其余落款项后的文本内容添加下划线，最终效果如图 19-12 所示。至此，就完成了营销计划书首页的制作。

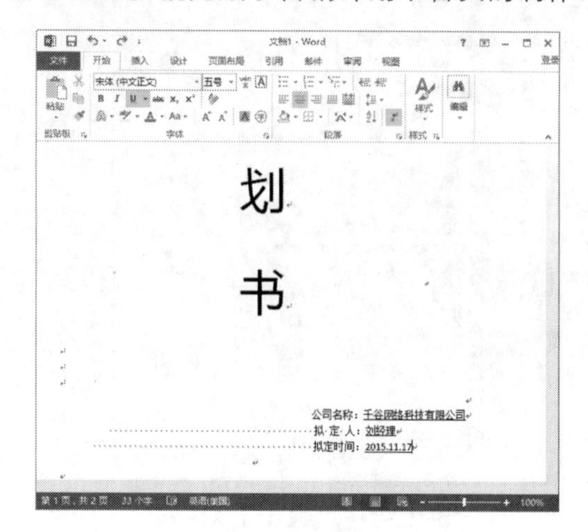

图 19-12 完成首页的制作

19.1.2 制作营销计划书内容

制作营销计划书内容的具体操作步骤如下。

步骤 1 在营销计划书的正文中输入具体内容，包括计划概要、营销状况、营销目标、营销计划、营销方案等内容，如图 19-13 所示。

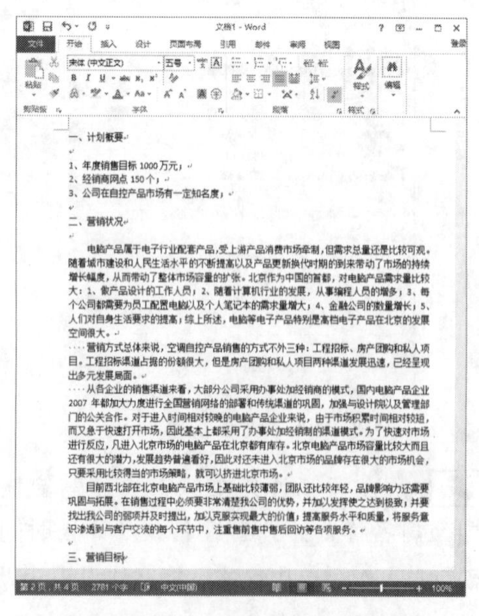

图 19-13 输入营销计划的内容

步骤 2 设置段落之间的行距。选中标题为“营销状况”下方的文本内容，单击【开始】选项卡下【段落】选项组中的【段落设置】按钮，弹出【段落】对话框，如图19-14所示。

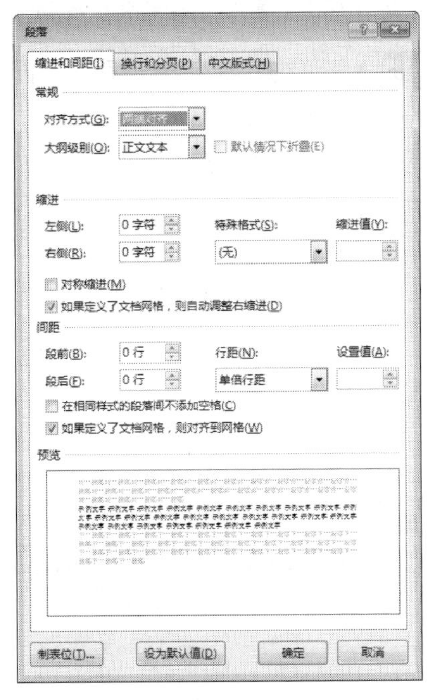

图19-14 【段落】对话框

步骤 3 单击【缩进和间距】选项卡下【间距】区域内的【行距】文本框，在弹出的下拉列表中选择【多倍行距】选项，如图19-15所示。

图19-15 设置行距

步骤 4 在【间距】区域内的【设置值】文本框内自定义多倍行距的值，如输入“1.25”，如图19-16所示。

图19-16 输入间距值

步骤 5 单击【确定】按钮，使用相同的方法设置其他段落行距，设置行距后的段落效果如图19-17所示。

二、营销状况

电脑产品属于电子行业配套产品，受上游产品消费市场牵制，但需求总量还是比较可观。随着城市建设和人民生活水平的不断提高以及产品更新换代时期的到来带动了市场的持续增长幅度，从而带动了整体市场容量的扩张。北京作为中国的首都，对电脑产品需求量比较大：1、做产品设计的工作人员；2、随着计算机行业的发展，从事编程人员的增多；3、每个公司都需要为员工配置电脑以及个人笔记本的需求量增大；4、金融公司的数量增长；5、人们对自身生活要求的提高；综上所述，电脑等电子产品特别是高档电子产品在北京的发展空间很大。

营销方式总体来说，空调自控产品销售的方式不外三种：工程招标、房产团购和私人项目。工程招标渠道占据的份额很大，但是房产团购和私人项目两种渠道发展迅速，已经呈现出多元发展局面。

从各企业的销售渠道来看，大部分公司采用办事处加经销商的模式，国内电脑产品企业2007年都加大力度进行全国营销网络的部署和传统渠道的巩固，加强与设计院以及管理部门的公关合作。对于进入时间相对较晚的电脑产品企业来说，由于市场积累时间相对较短，而又急于快速打开市场，因此基本上都采用了办事处加经销制的渠道模式。为了快速对市场进行反应，凡进入北京市场的电脑产品在北京都有库存。北京电脑产品市场容量比较大而且还有很大的潜力，发展趋势普遍看好，因此对还未进入北京市场的品牌存在很大的市场机会，只要采用比较得当的市场策略，就可以挤进北京市场。

目前西北部在北京电脑产品市场上基础比较薄弱，团队还比较年轻，品牌影响力还需要巩固与拓展。在销售过程中必须要非常清楚我公司的优势，并加以发挥使之达到极致；并要找出我公司的弱项并及时提出，加以克服实现最大的价值；提高服务水平和质量，将服务意识渗透到与客户交流的每个环节中，注重售前售中售后回访等各项服务。

图19-17 设置段落后的显示效果

步骤 6 设置标题的格式。选中标题，将字体设置为“宋体”，字号为“小二”，并将字体设置为加粗显示，如图19-18所示。

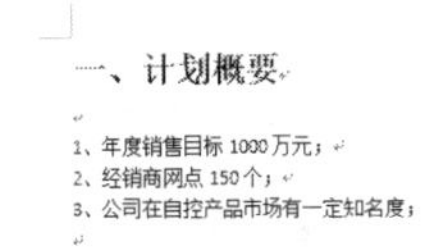

一、计划概要

1、年度销售目标1000万元；
2、经销商网点150个；
3、公司在自控产品市场有一定知名度；

图19-18 设置标题的文本格式

步骤 7 设置标题的大纲级别。单击【开始】选项卡下【段落】选项组中的【段落设置】按钮，弹出【段落】对话框，如图19-19所示。

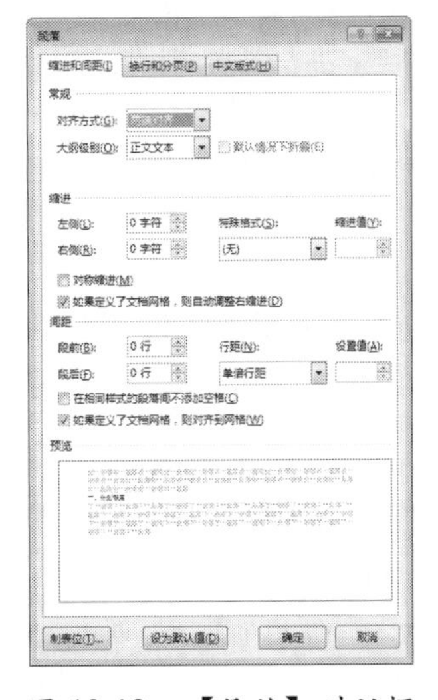

图19-19 【段落】对话框

步骤 8 单击【缩进和间距】选项卡下【常规】区域内的【大纲级别】右侧的下拉按钮，在弹出的下拉列表中选择【1 级】选项，如图 19-20 所示。

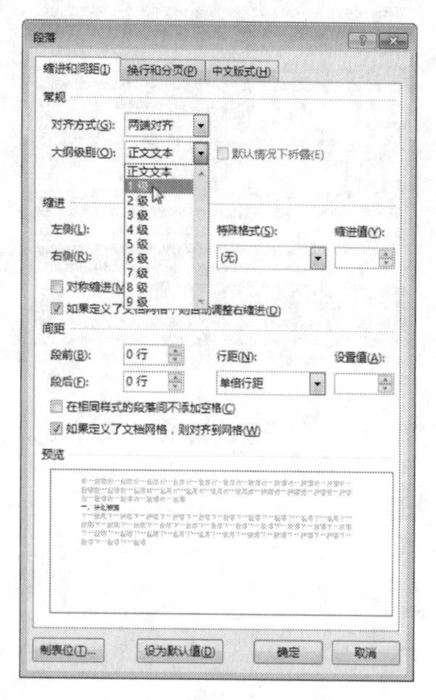

图 19-20　选择级别

步骤 9 单击【确定】按钮，退出【段落】对话框，即可将选中的标题设置为一级标题，如图 19-21 所示。

一、计划概要
1、年度销售目标 1000 万元；
2、经销商网点 150 个；
3、公司在自控产品市场有一定知名度；

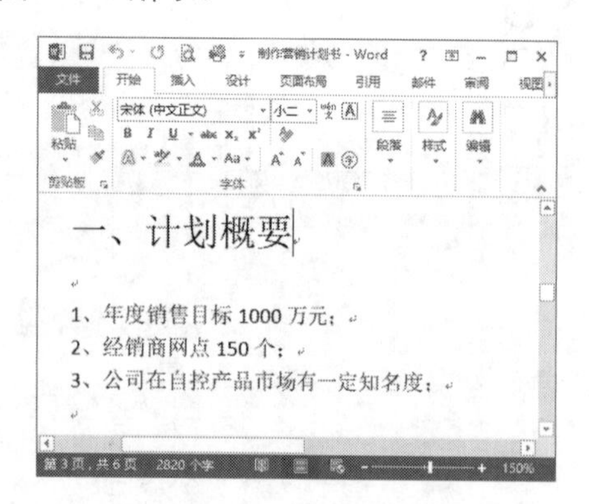

图 19-21　标题为一级级别

步骤 10 使用格式刷将剩下的一级标题刷成相同的格式。将鼠标光标停留在已设置好格式的一级标题后，单击【开始】选项卡【剪贴板】选项组中的【格式刷】按钮，如图 19-22 所示。

文件
开始
剪切
复制
粘贴
格式刷
剪贴板

图 19-22　单击【格式刷】按钮

步骤 11 此时鼠标箭头变成刷子的形状，单击鼠标左键从左至右选中标题“二、营销状况”，如图 19-23 所示。

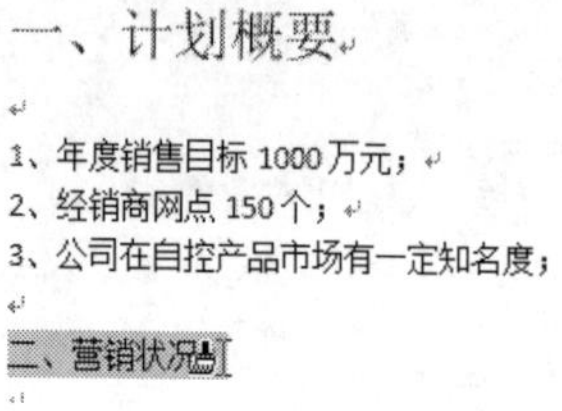

一、计划概要
1、年度销售目标 1000 万元；
2、经销商网点 150 个；
3、公司在自控产品市场有一定知名度；
二、营销状况

图 19-23　使用格式刷

步骤 12 选中之后释放鼠标，即可将该标题与设置好的标题刷成相同的格式，如图 19-24 所示。

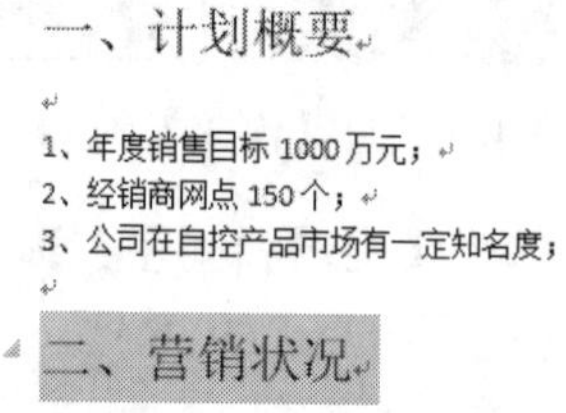

一、计划概要
1、年度销售目标 1000 万元；
2、经销商网点 150 个；
3、公司在自控产品市场有一定知名度；
二、营销状况

图 19-24　应用格式

步骤 13 按照上述使用格式刷的方法将其他同级标题刷成相同的格式，这里不再一一赘述，如图 19-25 所示。

四、营销策略

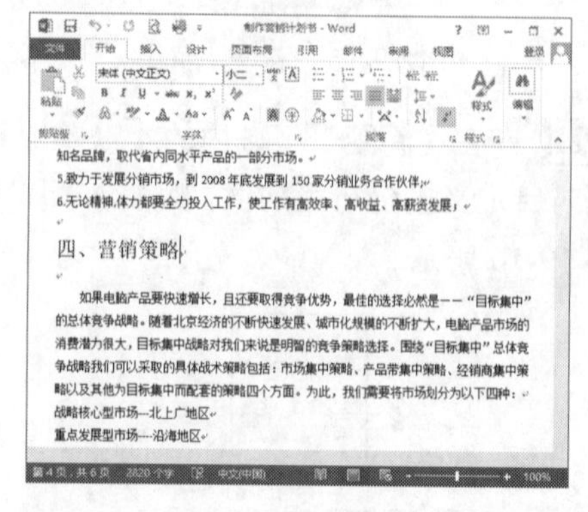

图 19-25　设置其他标题文本的格式

步骤 14 设置页眉。单击【插入】选项卡下【页眉和页脚】选项组中的【页眉】按钮，在弹出的下拉列表中选择【空白】选项，如图 19-26 所示。

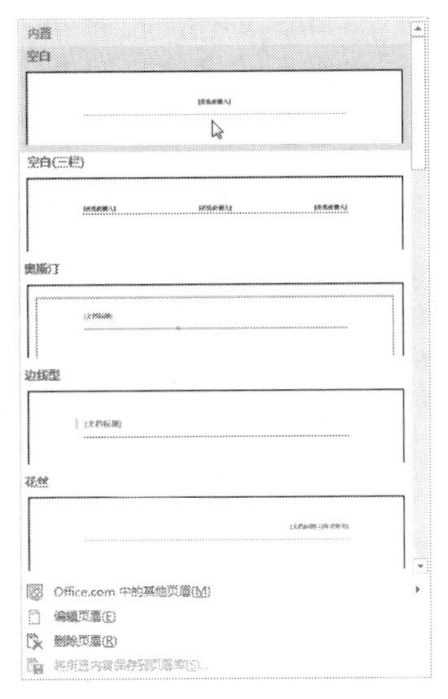

图 19-26　【页眉】下拉列表

步骤 15 即可进入页眉和页脚编辑模式，在【在此处键入】位置内输入自定义的页眉内容，如输入“千谷网络科技有限公司”，并将字体设置为“黑体”，字号为“小五”，如图 19-27 所示。

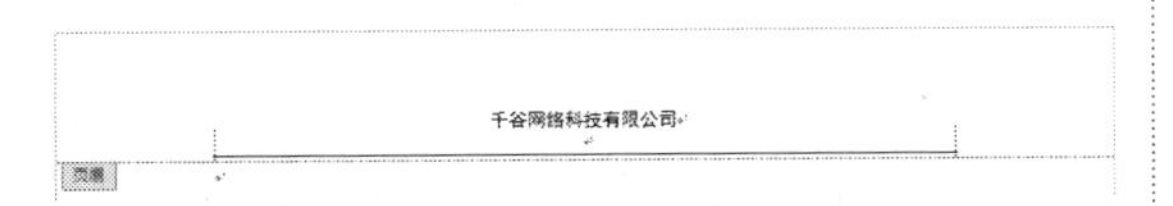

图 19-27　输入页眉信息

步骤 16 此时会看到首页也会显示编辑好的页眉内容，但一般首页不设置页眉，因此需将首页的页眉去掉。在页眉和页脚编辑模式中选中【页眉和页脚工具 - 设计】选项卡下【选项】选项组中的【首页不同】复选框，如图 19-28 所示。

图 19-28　【选项】选项组

步骤 17 即可将首页的页眉内容去掉，如图 19-29 所示。

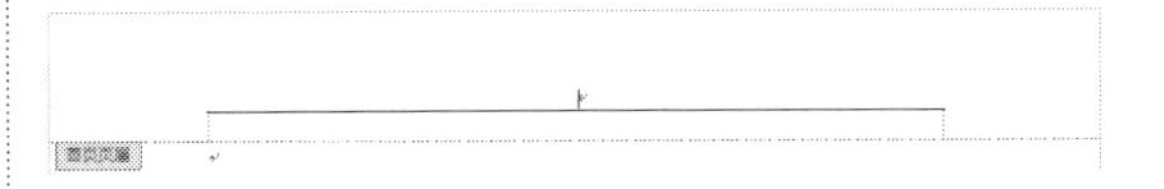

图 19-29　删除的页面内容

步骤 18 单击【开始】选项卡下【样式】选项组中的【正文】按钮，即可将首页的页眉格式框删除，如图 19-30 所示。

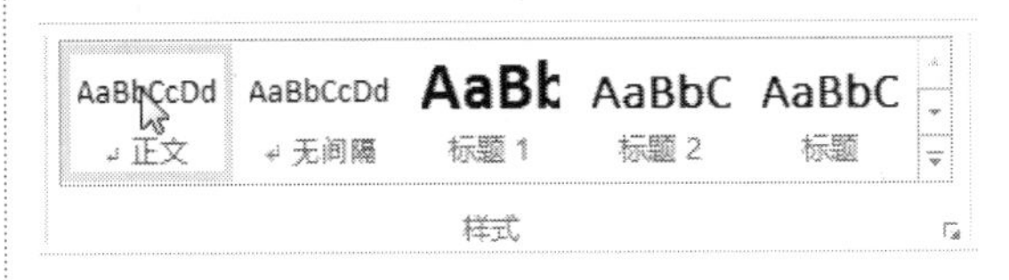

图 19-30　选择正文样式

步骤 19 单击【页眉和页脚工具 - 设计】选项卡【关闭】选项组中的【关闭页眉和页脚】按钮，即可退出页眉和页脚编辑模式，如图 19-31 所示。

图 19-31　单击【关闭页眉和页脚】按钮

步骤 20 设置页码。单击【插入】选项卡下【页眉和页脚】选项组中的【页码】按钮，在弹出的下拉列表中选择【页面底端】子菜单中的【加粗显示的数字 2】选项，如图 19-32 所示。

步骤 21 设置页码格式，去掉首页的页码。单击【插入】选项卡下【页眉和页脚】选项组中的【页码】按钮，在弹出的下拉列表中选择【设置页码格式】选项，如图 19-33 所示。

步骤 22 弹出【页码格式】对话框，在【页码编号】区域内选中【起始页码】单选按钮，并在后面的文本框内输入“0”，即页码从零开始，如图 19-34 所示。

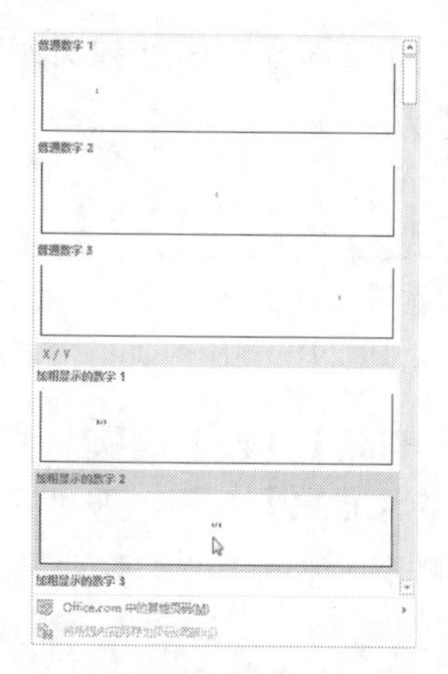

图 19-32　【页脚】设置界面

页面顶端(T)
页面底端(B)
页边距(P)
当前位置(C)
设置页码格式(F)...
删除页码(R)

图 19-33　选择【设置页码格式】选项

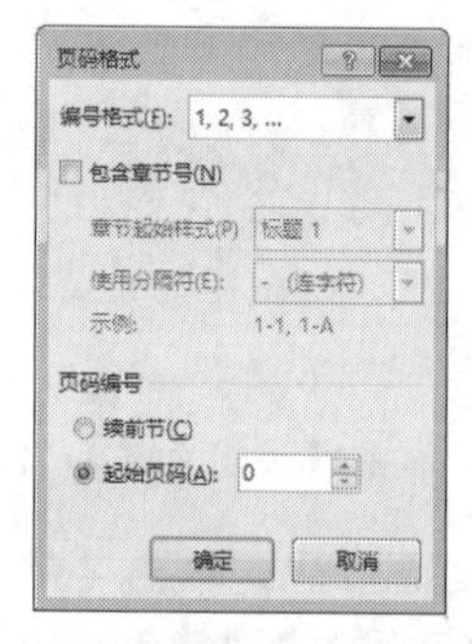

图 19-34　【页码格式】对话框

步骤 23 单击【确定】按钮，退出【页码格式】对话框，即可将首页设置为零页，并不再显示页码，如图 19-35 所示。

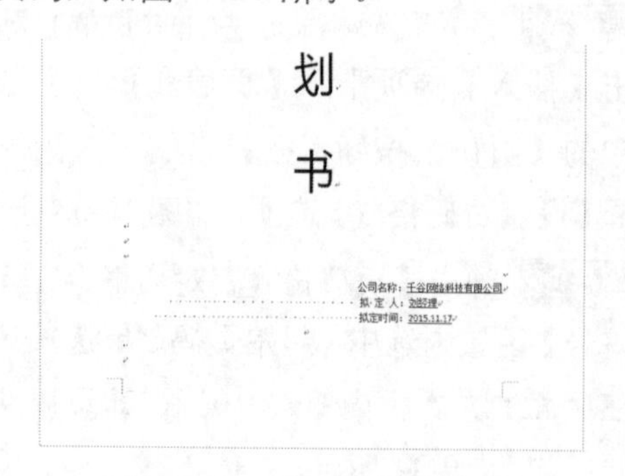

图 19-35　首页不显示页脚

步骤 24 生成营销计划书的目录。将鼠标光标停留在首页的底端，然后单击【插入】选项卡下【页面】选项组中的【空白页】按钮，即可在首页下方插入一张空白页，如图 19-36 所示。

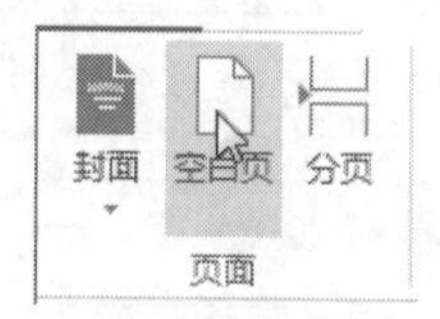

图 19-36　单击【空白页】按钮

步骤 25 单击【引用】选项卡下【目录】选项组中的【目录】按钮，在弹出的下拉列表中选择【自动目录 1】选项，如图 19-37 所示。

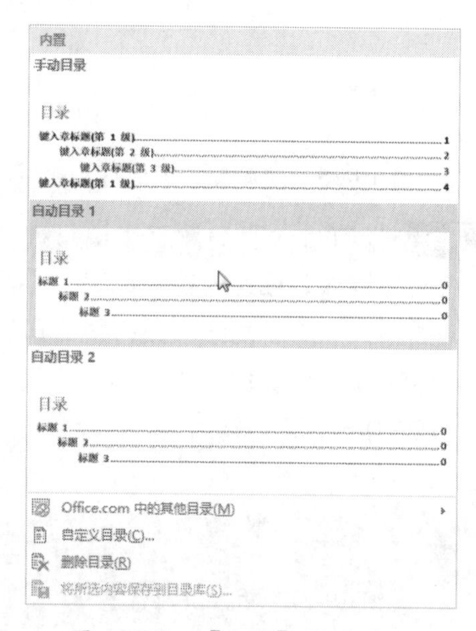

图 19-37　【目录】设置界面

步骤 26 即可在插入的空白页内生成目录，如图 19-38 所示。

步骤 27 选中“目录”文本，将字体设置为“宋体”，字号为“二号”，对齐方式为“居中”，然后选中目录下方的文本内容，将字号设置为“小四”，并将鼠标光标停留在每一个目录的页码后，按 Enter 键插入一行，最终效果如图 19-39 所示。至此，就完成了营销计划书的制作。

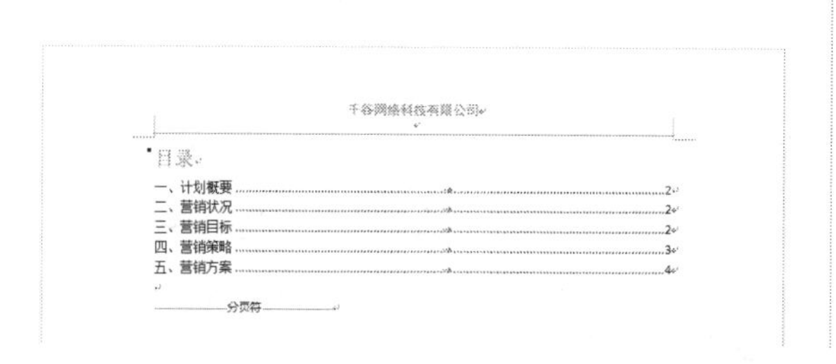

图 19-38　插入目录

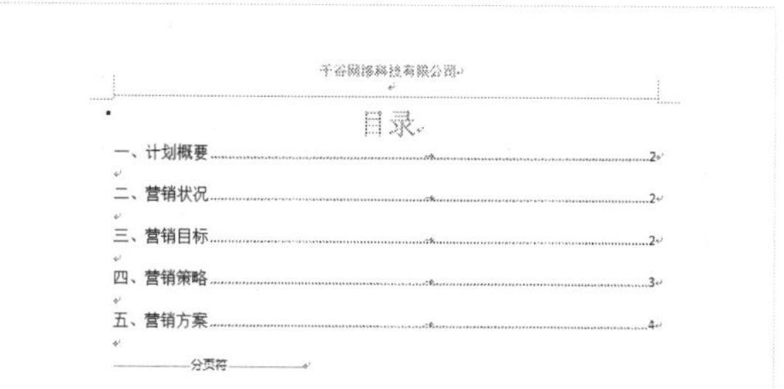

图 19-39　设置目录文字的字体格式

19.2 制作产品销售统计报表

使用 Excel 2013 制作销售统计报表，可以帮助市场营销管理人员更好地分析产品销售情况，并根据销售统计报表制作完善的计划来提高公司的利润。制作产品销售统计报表的具体操作步骤如下。

步骤 1 打开 Excel 2013 软件，单击【空白工作簿】图标，如图 19-40 所示。

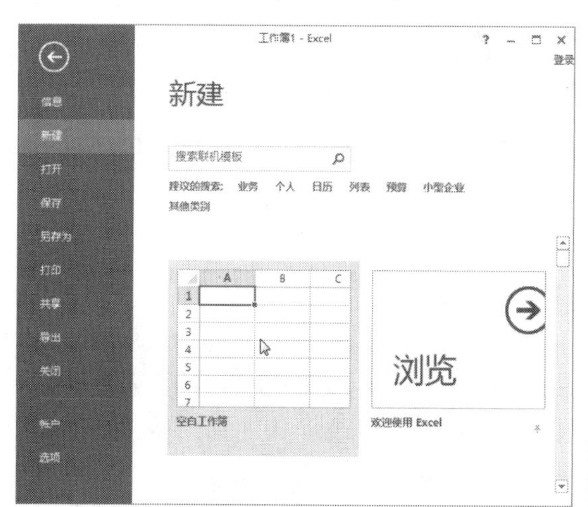

图 19-40　选择空白工作簿

步骤 2 在新建的空白工作簿的 Sheet1 工作表标签处右击，在弹出的快捷菜单中选择【重命名】命令，如图 19-41 所示。

步骤 3 将 Sheet1 工作表重命名为“产品销售统计报表”，如图 19-42 所示。

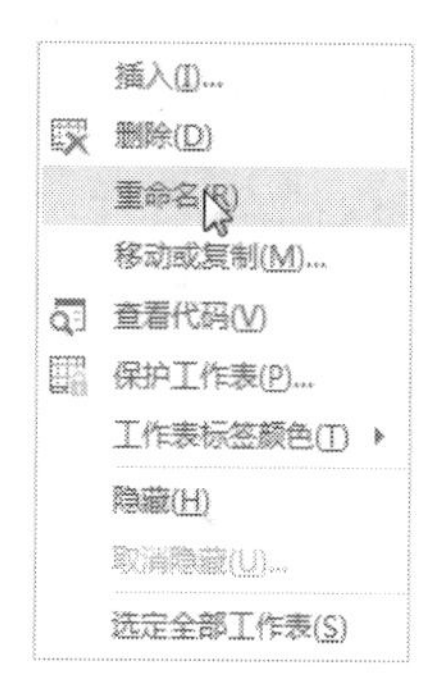

图 19-41　选择【重命名】命令

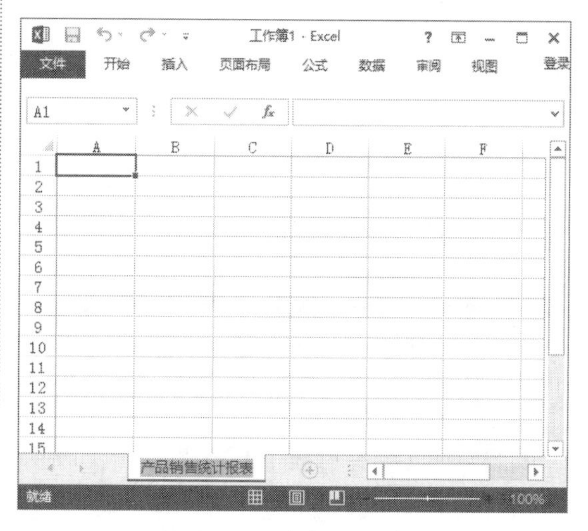

图 19-42　重命名工作表

步骤 4 选中 A1 单元格，在该单元格内输入表名，如输入“产品销售统计报表”，然后将字体设置为“黑体”，字号为“16”，如图 19-43 所示。

图 19-43　输入报表标题

步骤 5 将鼠标放在 A1 单元格内，按住鼠标左键从左至右拖动选中 A1:B1:C1 单元格区域，如图 19-44 所示。

图 19-44　选中 A1:C1 单元格区域

步骤 6 单击【开始】选项卡【对齐方式】选项组中的【合并后居中】按钮，如图 19-45 所示。

步骤 7 即可将选中的三个单元合并成一个单元格，如图 19-46 所示。

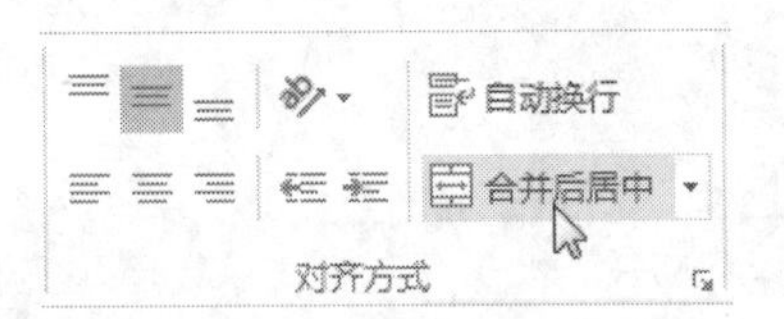

图 19-45　单击【合并后居中】按钮

图 19-46　标题显示效果

步骤 8 按Ctrl+A快捷键选中所有单元格，然后将鼠标光标放在数字 2 和数字 3 之间的黑色分隔线上，鼠标指针变成双箭头形状，如图 19-47 所示。

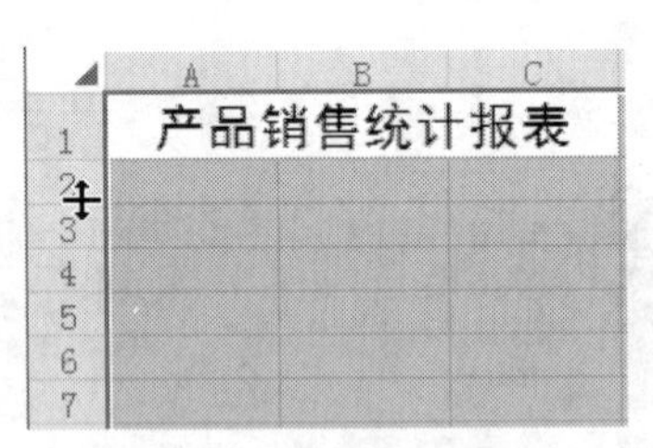

图 19-47　选中所有表格

步骤 9 按住鼠标左键向下拖动分隔线来改变行高，如图 19-48 所示。

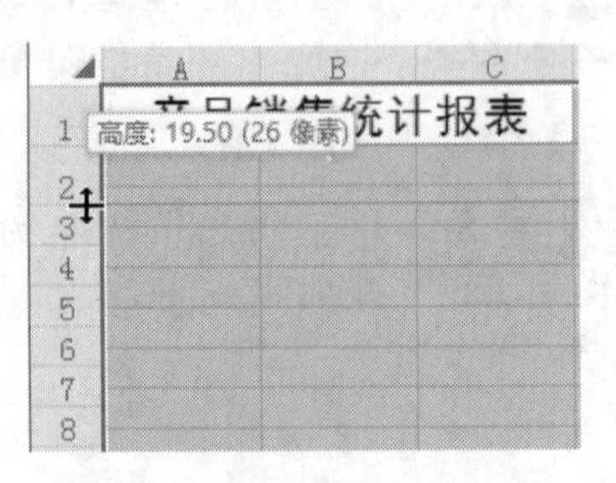

图 19-48　调整单元格行高

步骤 10 设置行高后，即可在单元格内输入表格内的各项名称，如图 19-49 所示。

产品销售统计报表					
销售日期	产品名称	销售区域	销售数量	产品单价	销售额

图 19-49　输入表格信息

步骤 11 在各项名称下输入相关的产品销售数据，如图 19-50 所示。

产品销售统计报表					
销售日期	产品名称	销售区域	销售数量	产品单价	销售额
2015/8/3	电视	上海分部	83	3300	
2015/8/7	电视	大连分部	56	3300	
2015/8/11	电视	杭州分部	41	3300	
2015/8/23	电视	广东分部	76	3300	
2015/8/4	电脑	广州分部	146	5450	
2015/8/8	电脑	北京分部	311	5450	
2015/8/19	电脑	乌鲁木齐分部	149	5450	
2015/8/23	电脑	北京分部	212	5450	
2015/8/27	电脑	天津分部	254	5450	
2015/8/1	冰箱	乌鲁木齐分部	213	4000	
2015/8/6	冰箱	北京分部	361	4000	
2015/8/11	冰箱	上海分部	389	4000	
2015/8/15	冰箱	大连分部	231	4000	
2015/8/18	冰箱	广州分部	198	4000	
2015/8/27	冰箱	杭州分部	167	4000	

图 19-50　输入销售数据

步骤 12 选中 F3 单元格，在该单元格内输入“=D3*E3”，此时 D3 单元格和 E3 单元格内的数据处于选中状态，如图 19-51 所示。

步骤 13 按 Enter 键，系统自动求出销售额，如图 19-52 所示。

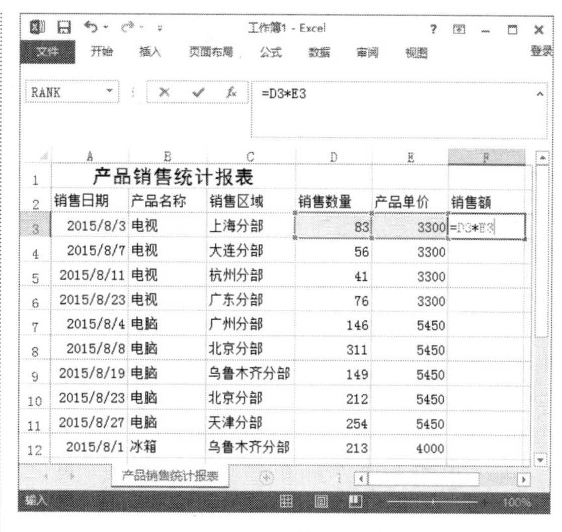

产品销售统计报表					
销售日期	产品名称	销售区域	销售数量	产品单价	销售额
2015/8/3	电视	上海分部	83	3300	=D3*E3
2015/8/7	电视	大连分部	56	3300	
2015/8/11	电视	杭州分部	41	3300	
2015/8/23	电视	广东分部	76	3300	
2015/8/4	电脑	广州分部	146	5450	
2015/8/8	电脑	北京分部	311	5450	
2015/8/19	电脑	乌鲁木齐分部	149	5450	
2015/8/23	电脑	北京分部	212	5450	
2015/8/27	电脑	天津分部	254	5450	
2015/8/1	冰箱	乌鲁木齐分部	213	4000	

图 19-51　输入公式

产品销售统计报表					
销售日期	产品名称	销售区域	销售数量	产品单价	销售额
2015/8/3	电视	上海分部	83	3300	273900
2015/8/7	电视	大连分部	56	3300	
2015/8/11	电视	杭州分部	41	3300	
2015/8/23	电视	广东分部	76	3300	
2015/8/4	电脑	广州分部	146	5450	
2015/8/8	电脑	北京分部	311	5450	
2015/8/19	电脑	乌鲁木齐分部	149	5450	
2015/8/23	电脑	北京分部	212	5450	
2015/8/27	电脑	天津分部	254	5450	
2015/8/1	冰箱	乌鲁木齐分部	213	4000	

图 19-52　计算销售额

步骤 14 重新选中 F3 单元格，将鼠标指针放在单元格右下角处，使指针变成“十”字形状，如图 19-53 所示。

销售数量	产品单价	销售额
83	3300	273900
56	3300	
41	3300	

图 19-53　复制公式

步骤 15 此时按住鼠标左键向下选中销售额下的单元格，如图 19-54 所示。

	A	B	C	D	E	F
1	产品销售统计报表					
2	销售日期	产品名称	销售区域	销售数量	产品单价	销售额
3	2015/8/3	电视	上海分部	83	3300	273900
4	2015/8/7	电视	大连分部	56	3300	
5	2015/8/11	电视	杭州分部	41	3300	
6	2015/8/23	电视	广东分部	76	3300	
7	2015/8/4	电脑	广州分部	146	5450	
8	2015/8/8	电脑	北京分部	311	5450	
9	2015/8/19	电脑	乌鲁木齐分部	149	5450	
10	2015/8/23	电脑	北京分部	212	5450	
11	2015/8/27	电脑	天津分部	254	5450	
12	2015/8/1	冰箱	乌鲁木齐分部	213	4000	
13	2015/8/6	冰箱	北京分部	361	4000	
14	2015/8/11	冰箱	上海分部	389	4000	
15	2015/8/15	冰箱	大连分部	231	4000	
16	2015/8/18	冰箱	广州分部	198	4000	
17	2015/8/27	冰箱	杭州分部	167	4000	

图 19-54 复制公式到其他单元格

步骤 16 选中之后释放鼠标，系统会自动求出销售额，如图 19-55 所示。

	A	B	C	D	E	F
1	产品销售统计报表					
2	销售日期	产品名称	销售区域	销售数量	产品单价	销售额
3	2015/8/3	电视	上海分部	83	3300	273900
4	2015/8/7	电视	大连分部	56	3300	184800
5	2015/8/11	电视	杭州分部	41	3300	135300
6	2015/8/23	电视	广东分部	76	3300	250800
7	2015/8/4	电脑	广州分部	146	5450	795700
8	2015/8/8	电脑	北京分部	311	5450	1694950
9	2015/8/19	电脑	乌鲁木齐分部	149	5450	812050
10	2015/8/23	电脑	北京分部	212	5450	1155400
11	2015/8/27	电脑	天津分部	254	5450	1384300
12	2015/8/1	冰箱	乌鲁木齐分部	213	4000	852000
13	2015/8/6	冰箱	北京分部	361	4000	1444000
14	2015/8/11	冰箱	上海分部	389	4000	1556000
15	2015/8/15	冰箱	大连分部	231	4000	924000
16	2015/8/18	冰箱	广州分部	198	4000	792000
17	2015/8/27	冰箱	杭州分部	167	4000	668000

图 19-55 计算出所有的销售额

步骤 17 对产品分类进行汇总。选中产品名称下的任意单元格，单击【数据】选项卡【分级显示】选项组中的【分类汇总】按钮，如图 19-56 所示。

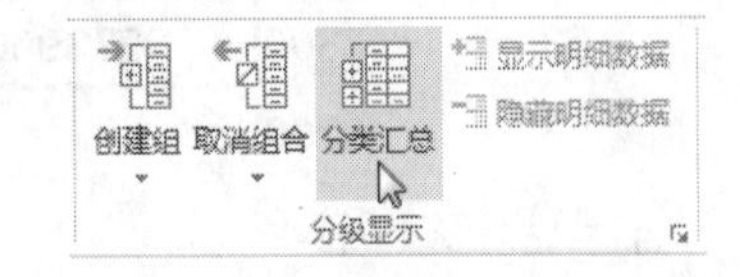

图 19-56 单击【分类汇总】按钮

步骤 18 弹出【分类汇总】对话框，在该对话框中单击【分类字段】右侧的下拉按钮，在弹出的下拉列表中选择【产品名称】选项，如图 19-57 所示。

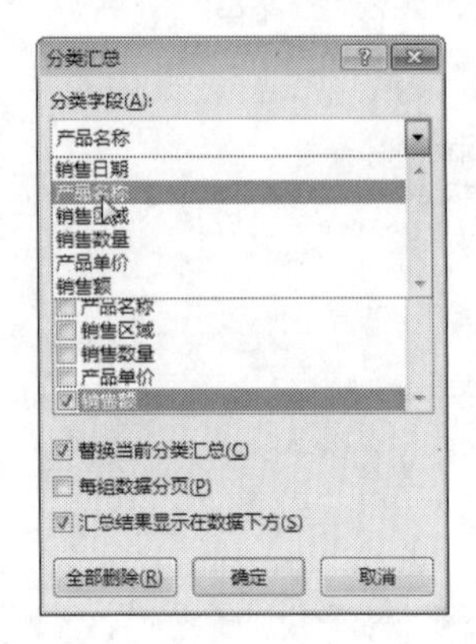

图 19-57 【分类汇总】对话框

步骤 19 单击【汇总方式】右侧的下拉按钮，在弹出的下拉列表中选择【求和】选项，如图 19-58 所示。

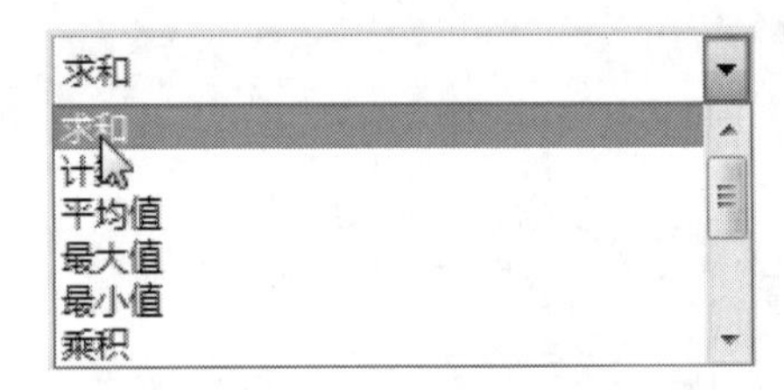

图 19-58 选择【求和】选项

步骤 20 选中【选定汇总项】区域中的【销售额】复选框，如图 19-59 所示。

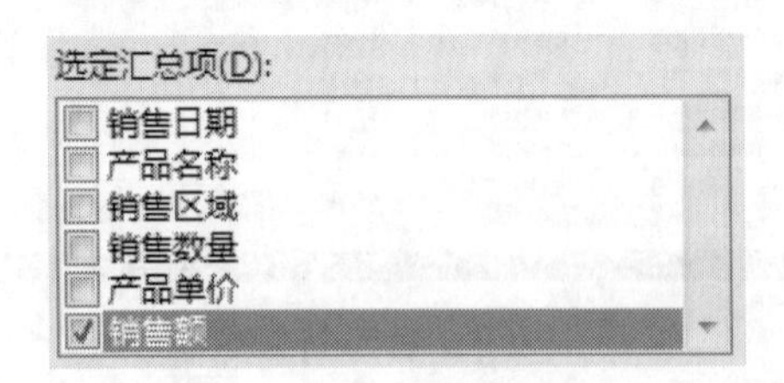

图 19-59 选中【销售额】复选框

步骤 21 设置好后，单击【确定】按钮，退出【分类汇总】对话框，即可对设置的产品分类的销售额进行汇总，如图 19-60 所示。至此，一个简单的产品销售统计表就制作完成了。

销售日期	产品名称	销售区域	销售数量	产品单价	销售额
产品销售统计报表					
2015/8/3	电视	上海分部	83	3300	273900
2015/8/7	电视	大连分部	56	3300	184800
2015/8/11	电视	杭州分部	41	3300	135300
2015/8/23	电视	广东分部	76	3300	250800
	电视 汇总				844800
	电脑 汇总				5842400
2015/8/1	冰箱	乌鲁木齐分部	213	4000	852000
2015/8/6	冰箱	北京分部	361	4000	1444000
2015/8/11	冰箱	上海分部	389	4000	1556000
2015/8/15	冰箱	大连分部	231	4000	924000
2015/8/18	冰箱	广州分部	198	4000	792000
2015/8/27	冰箱	杭州分部	167	4000	668000
	冰箱 汇总				6236000
	总计				12923200

图 19-60　产品销售统计表

19.3 营销会议PPT

使用 Office 2013 系列中的 PowerPoint 2013 软件可以制作营销会议 PPT，帮助营销管理人员通过演示文稿的展示更好地传达营销会议的思想。

19.3.1 制作首页幻灯片

制作营销会议首页幻灯片的具体操作步骤如下。

步骤 1 打开 PowerPoint 2013 软件，单击【空白演示文稿】图标，如图 19-61 所示。

图 19-61　选择空白演示文稿

步骤 2 新建一个空白演示文稿，如图 19-62 所示。

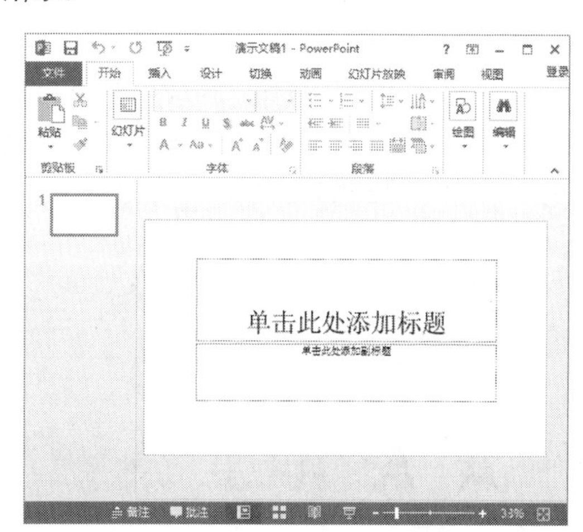

图 19-62　新建一个空白演示文稿

步骤 3 更换演示文稿的主题。单击【设计】选项卡下【主题】选项组中的【其他】按钮，

在弹出的下拉列表中选择【平面】选项，如图 19-63 所示。

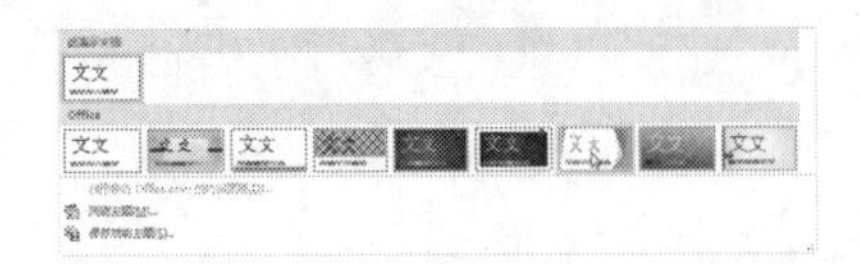

图 19-63　选择主题类型

步骤 4 在【单击此处添加标题】文本框内输入标题名称，如输入“营销会议”，将字体设置为“方正姚体”，字号为“66”，对齐方式为“居中”，如图 19-64 所示。

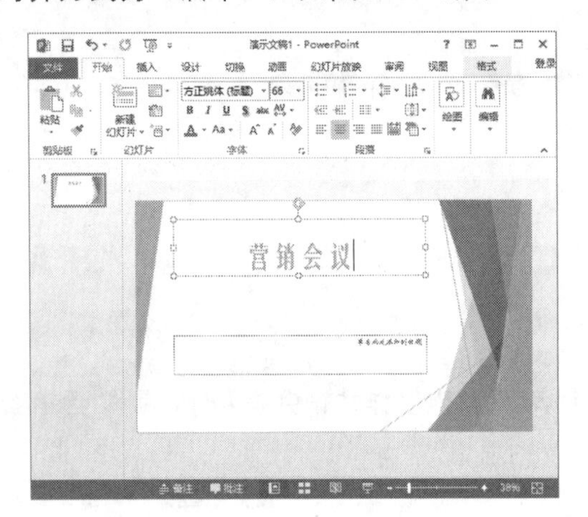

图 19-64　应用主题

步骤 5 选中标题文本框内的文字，单击【绘图工具 - 格式】选项卡下【艺术字样式】选项组中的【其他】按钮，在弹出的下拉列表中选择【填充 - 白色，轮廓 - 着色 1，阴影】选项，如图 19-65 所示。

图 19-65　选择艺术字样式

步骤 6 更换艺术字样式后的效果如图 19-66 所示。

图 19-66　输入艺术字文本信息

步骤 7 在【单击此处添加副标题】文本框内输入主讲人的姓名，如输入“主讲人：刘经理”，将字体设置为“黑体”，字号为“28”，对齐方式为“居中”，如图 19-67 所示。

图 19-67　输入“主讲人”信息

步骤 8 选中副标题文本框，设置动画效果。单击【动画】选项卡下【动画】选项组中的【其他】按钮，在弹出的下拉列表中选择【进入】区域内的【翻转式由远及近】选项，如图 19-68 所示。

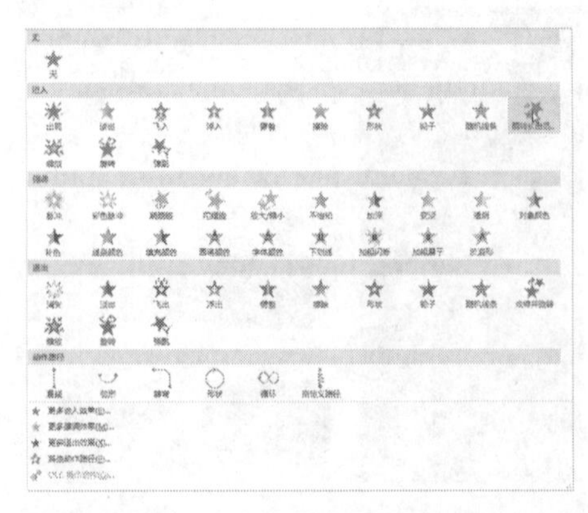

图 19-68　选择动画类型

步骤 9 设置【翻转式由远及近】动画效果的开始模式。单击【动画】选项卡下【计时】选项组中【开始】右侧的下拉按钮，在弹出的下拉列表中选择【单击时】选项，如图 19-69 所示。

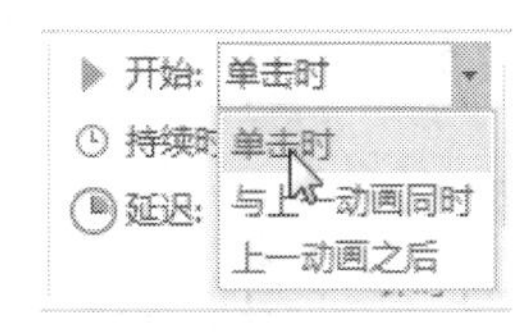

图 19-69 设置动画开始条件

步骤 10 单击【动画】选项卡下【预览】选项组中的【预览】按钮，可以预览设置的动画效果，如图 19-70 所示。

图 19-70 预览动画

步骤 11 设置幻灯片的切换效果。单击【切换】选项卡下【切换到此幻灯片】选项组中的【细微型】区域内的【覆盖】选项，如图 19-71 所示。

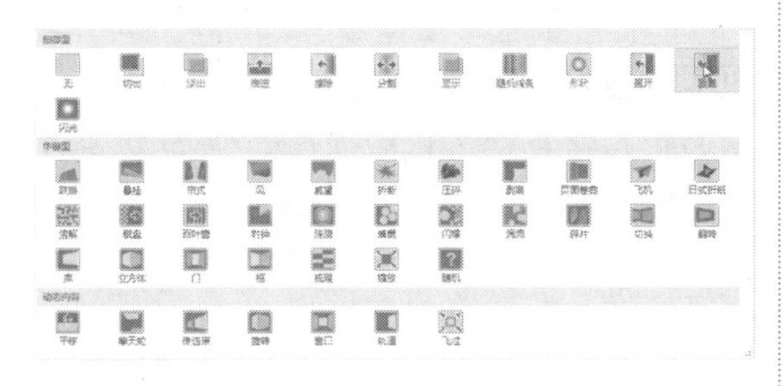

图 19-71 选择幻灯片切换效果

步骤 12 单击【切换】选项卡下【预览】选项组中的【预览】按钮，可以预览设置的幻灯片切换效果，如图 19-72 所示。至此，就完成了营销会议 PPT 首页的制作。

图 19-72 预览幻灯片

19.3.2 制作营销定义幻灯片

制作营销定义幻灯片的具体操作步骤如下。

步骤 1 单击【开始】选项卡下【幻灯片】选项组中的【新建幻灯片】按钮，在弹出的下拉列表中选择【两栏内容】选项，如图 19-73 所示。

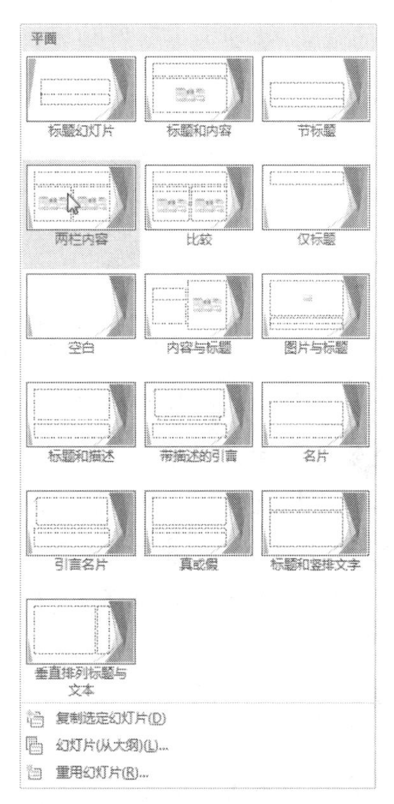

图 19-73 选择幻灯片版式

步骤 2 即可新建一张幻灯片，如图 19-74 所示。

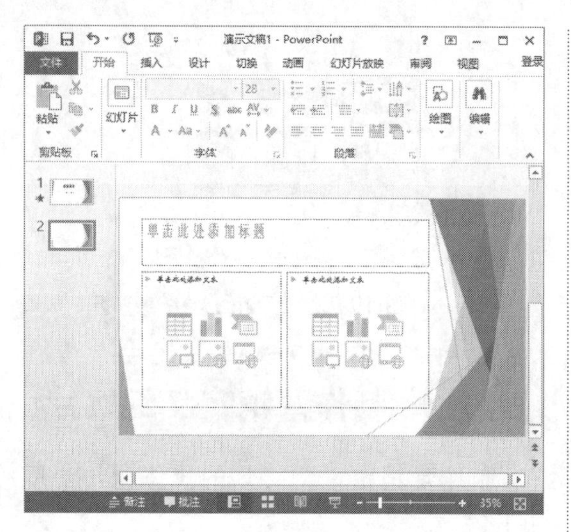

图 19-74　新建一张幻灯片

步骤 3 在【单击此处添加标题】文本框内输入标题名称，如输入“营销的定义”，并将字体设置为“宋体”，字号为“40”，如图 19-75 所示。

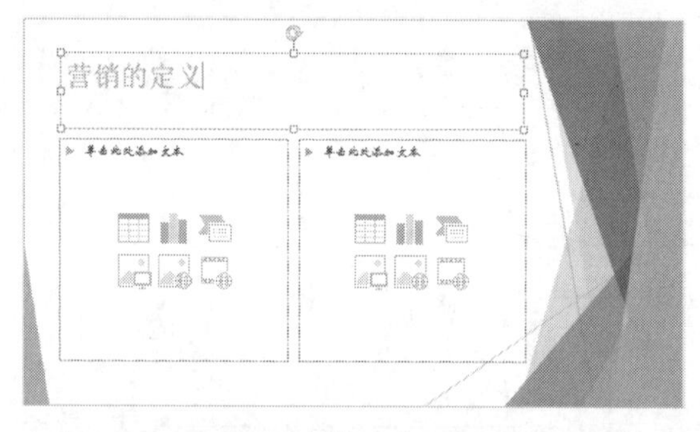

图 19-75　输入标题信息

步骤 4 设置艺术字样式。选中标题框内的文字，单击【绘图工具 - 格式】选项卡下【艺术字样式】选项组中的【其他】按钮，在弹出的下拉列表中选择【渐变填充 - 橙色，着色 4，轮廓 - 着色 4】选项，如图 19-76 所示。

步骤 5 应用艺术字样式后的效果，如图 19-77 所示。

步骤 6 在左侧【单击此处添加文本】文本框内输入文本标题，如输入“营销的核心”，将字体设置为“华文新魏”，字号为“20”，如图 19-78 所示。

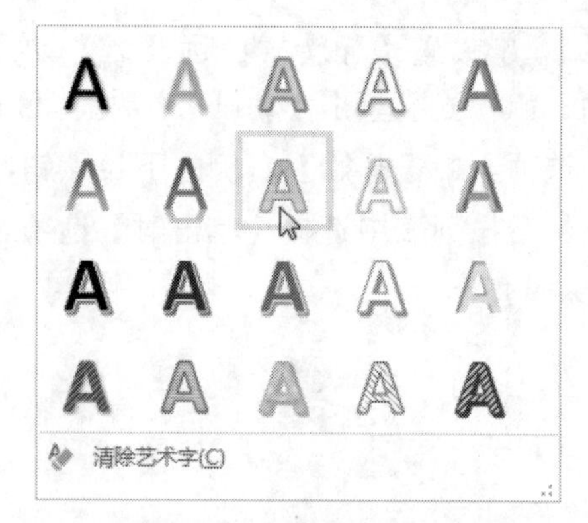

图 19-76　选择艺术字样式

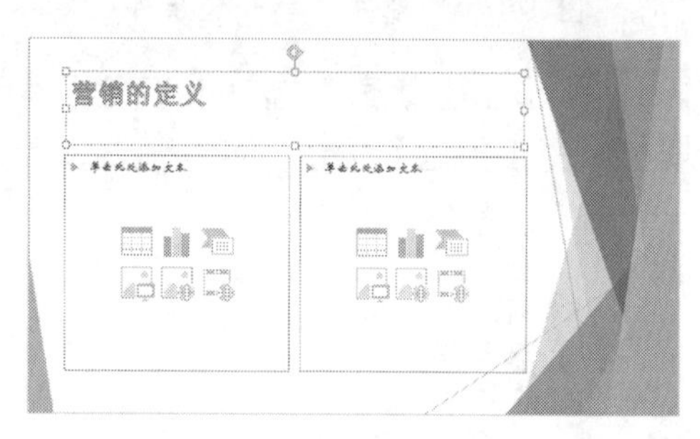

图 19-77　应用艺术字样式

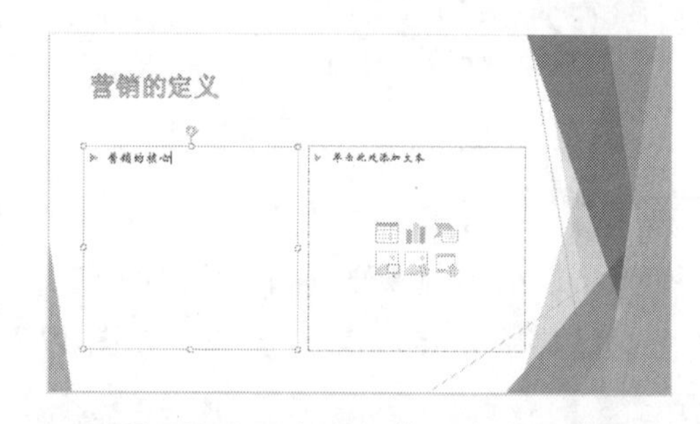

图 19-78　在左侧输入文本信息

步骤 7 在左侧【单击此处添加文本】文本框内输入相关的文本内容，然后将字体设置为“华文新魏”，字号为“18”，如图 19-79 所示。

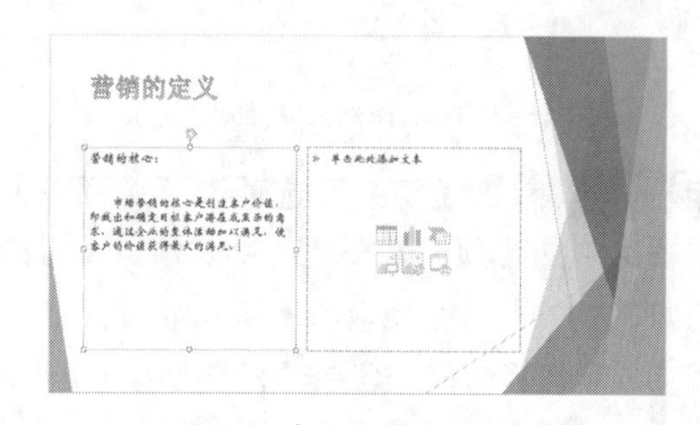

图 19-79　在左侧输入相关内容

步骤 8 在右侧的【单击此处添加文本】文本框内输入标题及相关内容，如图 19-80 所示。

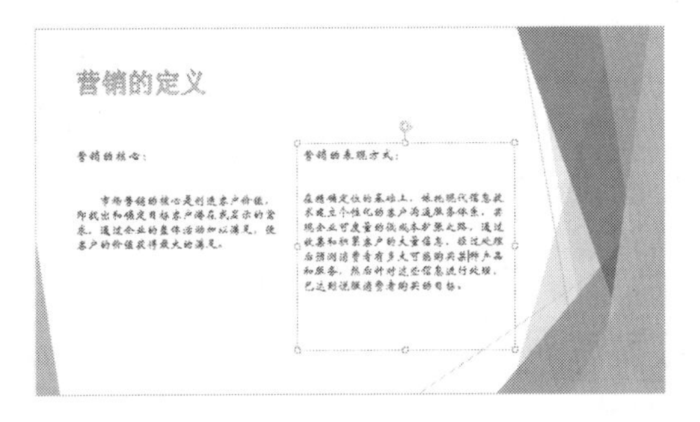

图 19-80 在右侧输入相关内容

步骤 9 按Ctrl键的同时单击【营销的定义】标题下方的两个文本框，使两个文本框处于选中状态，如图 19-81 所示。

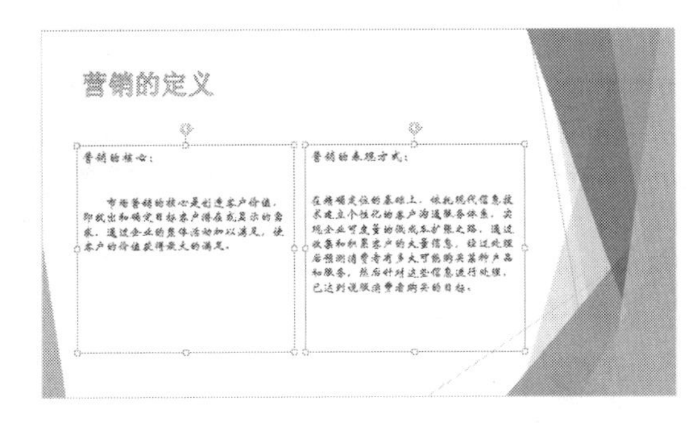

图 19-81 选择幻灯片中的两个文本框

步骤 10 为选中的文本框设置动画效果。单击【动画】选项卡下【动画】选项组中的【其他】按钮，在弹出的下拉列表中选择【进入】区域内的【浮入】选项，如图 19-82 所示。

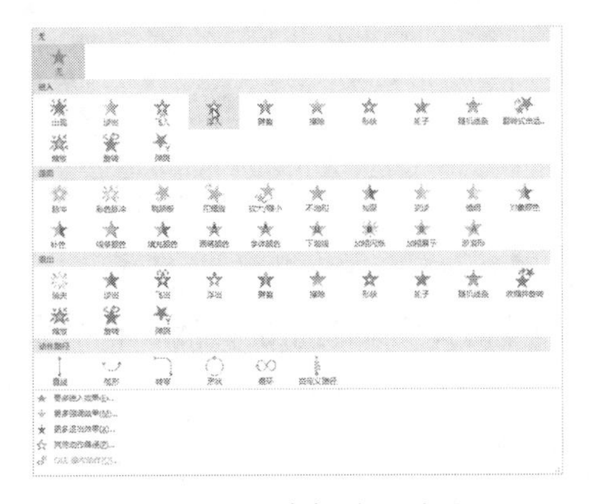

图 19-82 选择动画效果

步骤 11 设置动画效果的开始模式。单击【动画】选项卡下【计时】选项组中【开始】右侧的下拉按钮，在弹出的下拉列表中选择【单击时】选项，如图 19-83 所示。

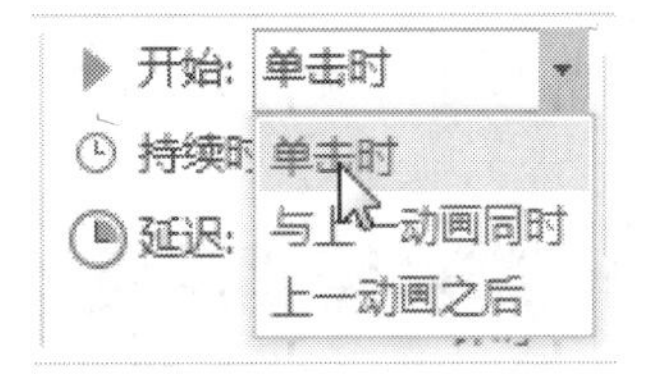

图 19-83 设置动画开始条件

步骤 12 单击【动画】选项卡下【预览】选项组中的【预览】按钮，可预览设置的动画效果，如图 19-84 所示。

图 19-84 预览动画效果

步骤 13 设置幻灯片的切换效果。单击【切换】选项卡下【切换到此幻灯片】选项组中的【其他】按钮，在弹出的下拉列表中选择【华丽型】区域内的【切换】选项，如图 19-85 所示。

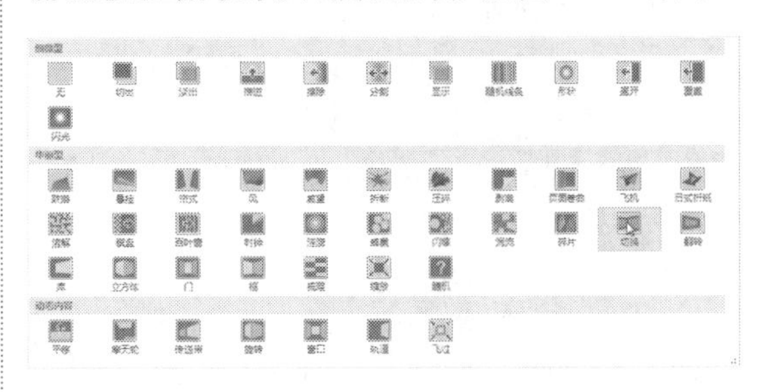

图 19-85 设置幻灯片切换效果

步骤 14 单击【切换】选项卡下【预览】选项组中的【预览】按钮，可预览设置的幻灯片切换效果，如图 19-86 所示。至此，就完成了营销会议 PPT 营销定义幻灯片的制作。

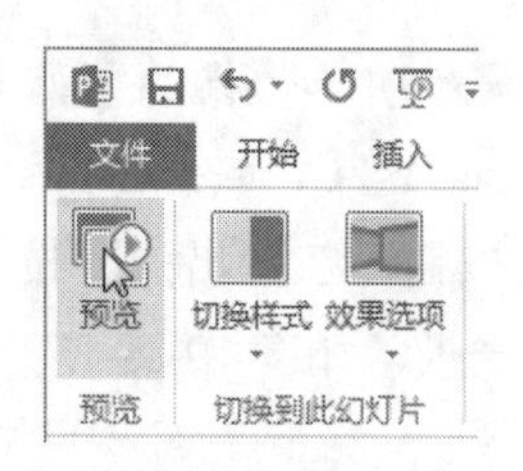

图 19-86　预览切换效果

19.3.3 制作营销特点幻灯片

制作营销特点幻灯片的具体操作步骤如下。

步骤 1 单击【开始】选项卡下【幻灯片】选项组中的【新建幻灯片】按钮，在弹出的下拉列表中选择【标题和内容】选项，如图 19-87 所示。

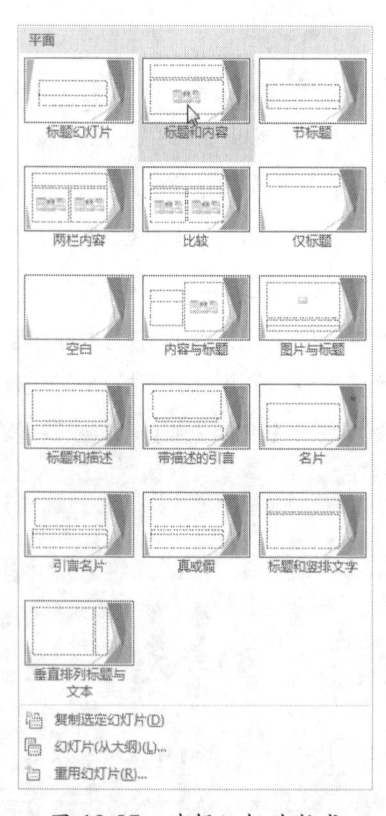

图 19-87　选择幻灯片版式

步骤 2 在新建幻灯片中的标题文本框内输入标题名称，如输入“营销的特点”，如图 19-88 所示。

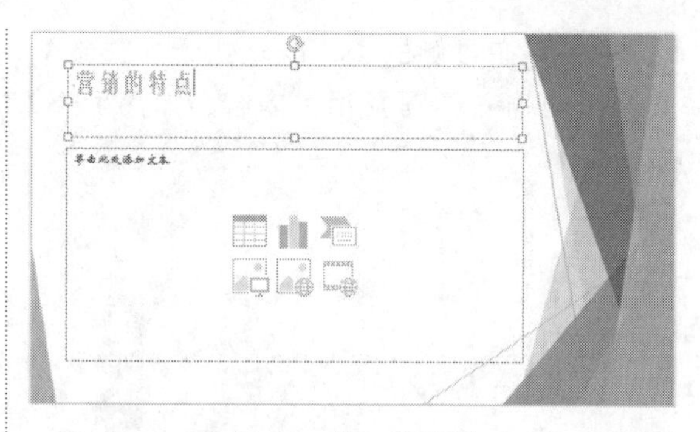

图 19-88　输入标题内容

步骤 3 使用格式刷将第二张幻灯片的标题格式应用到当前幻灯片的标题上，最终效果如图 19-89 所示。

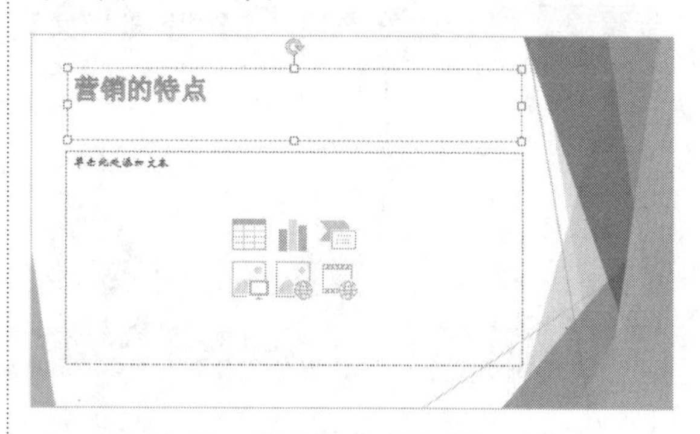

图 19-89　使用格式刷复制标题格式

步骤 4 在【单击此处添加文本】文本框内单击【图片】按钮，如图 19-90 所示。

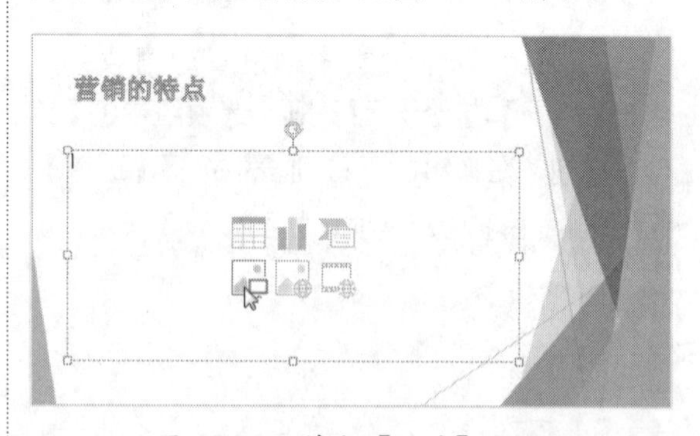

图 19-90　单击【图片】按钮

步骤 5 弹出【插入图片】对话框，在该对话框中选择要添加的图片，然后单击【插入】按钮，如图 19-91 所示。

步骤 6 即可将选中的图片插入到幻灯片中，如图 19-92 所示。

图 19-91　选择要插入的图片

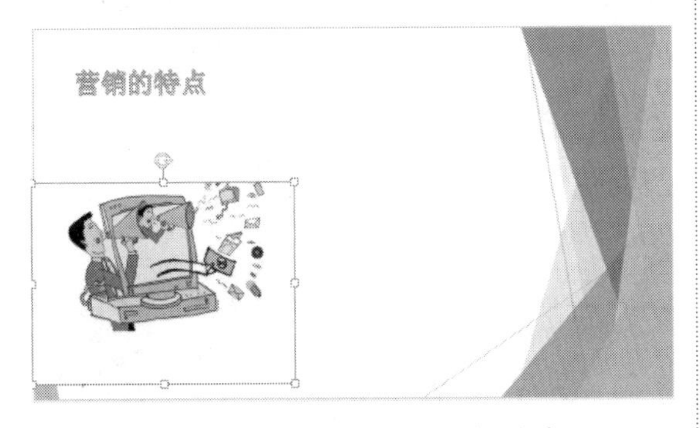

图 19-92　插入图片到幻灯片中

步骤 7 单击【插入】选项卡下【文本】选项组中的【文本框】按钮，在弹出的下拉列表中选择【横排文本框】选项，如图 19-93 所示。

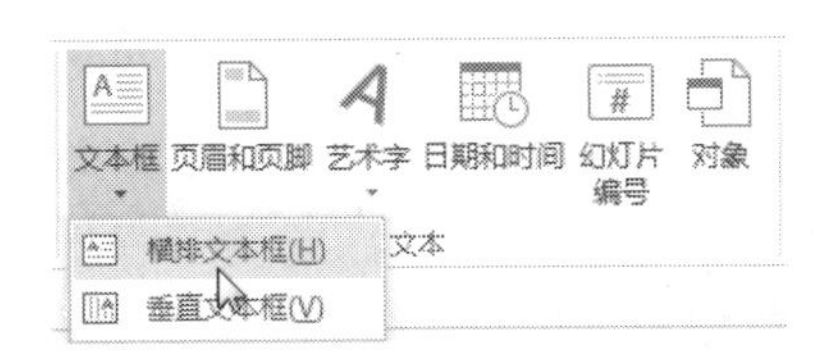

图 19-93　选择【横排文本框】选项

步骤 8 选中插入的横排文本框，按住鼠标左键拖动文本框改变其大小并调整到适当的位置，如图 19-94 所示。

步骤 9 在插入的文本框内输入营销特点的相关内容，如图 19-95 所示。

步骤 10 设置插入的文本框动画效果。单击【动画】选项卡下【动画】选项组中的【其他】按钮，在弹出的下拉列表中选择【进入】区域内的【弹跳】选项，如图 19-96 所示。

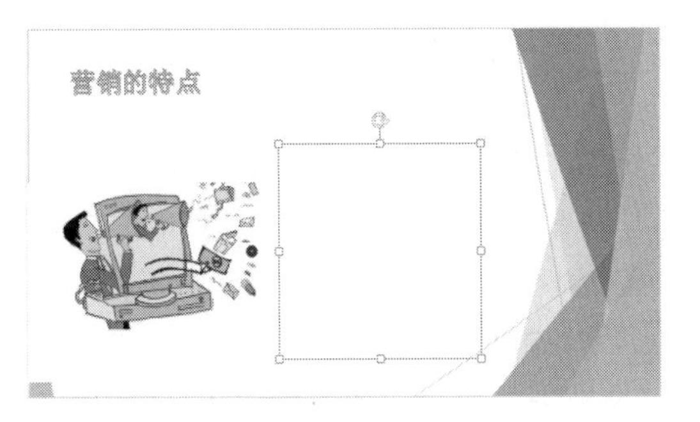

图 19-94　调整文本框

图 19-95　输入相关内容

图 19-96　选择动画效果

步骤 11 设置【弹跳】动画效果的开始模式。单击【动画】选项卡下【计时】选项组中【开始】右侧的下拉按钮，在弹出的下拉列表中选择【单击时】选项，如图 19-97 所示。

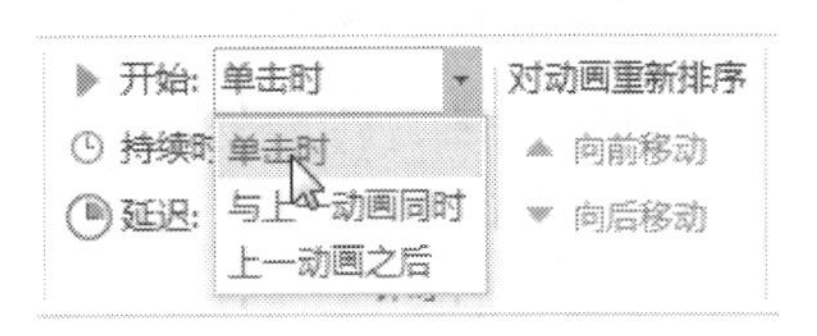

图 19-97　设置动画开始条件

步骤 12 设置当前幻灯片的切换效果。单击【切换】选项卡下【切换到此幻灯片】选项组中的【其他】按钮，在弹出的下拉列表中选择【华丽型】区域内的【剥离】选项，如图 19-98 所示。至此，就完成了营销特点幻灯片的制作。

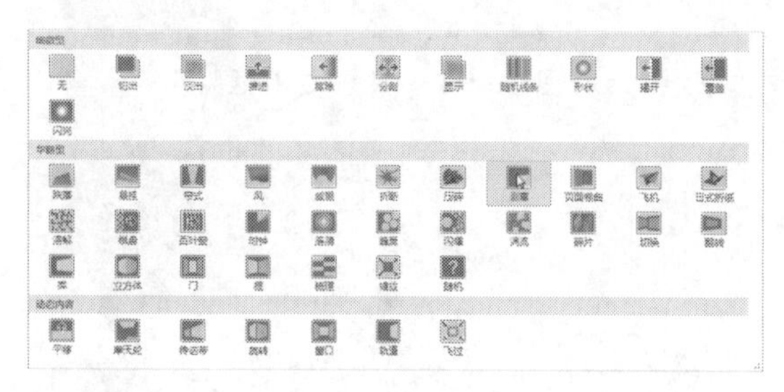

图 19-98 选择动画切换效果

19.3.4 制作营销战略幻灯片

制作营销战略幻灯片的具体操作步骤如下。

步骤 1 单击【开始】选项卡下【幻灯片】选项组中的【新建幻灯片】按钮，在弹出的下拉列表中选择【两栏内容】，如图 19-99 所示。

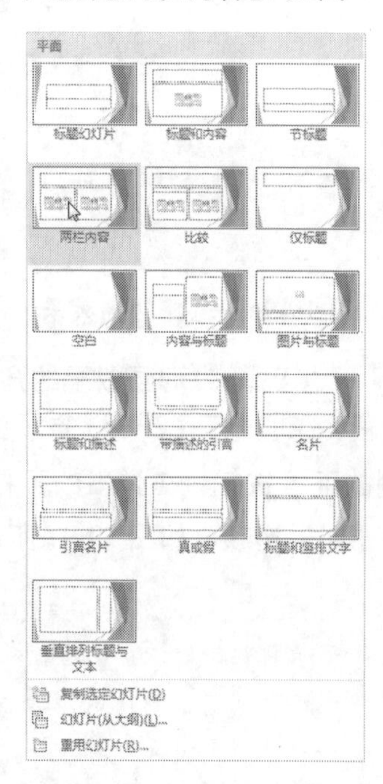

图 19-99 选择幻灯片版式

步骤 2 在新建幻灯片的添加标题文本框内输入标题的名称，如输入“营销战略”，如图 19-100 所示。

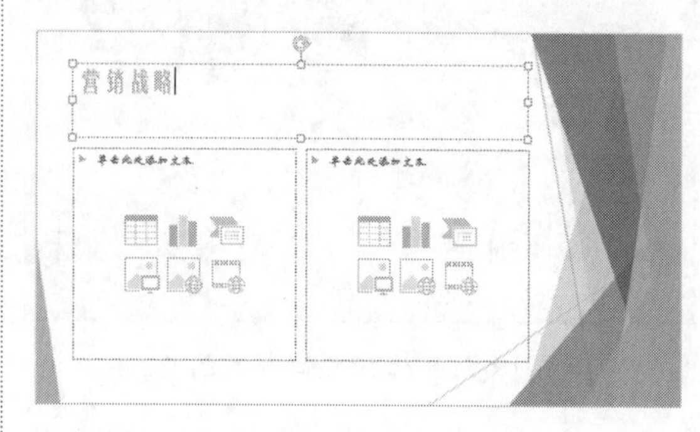

图 19-100 输入标题信息

步骤 3 使用格式刷将第三张幻灯片的标题格式应用到当前幻灯片的标题上，应用后的效果如图 19-101 所示。

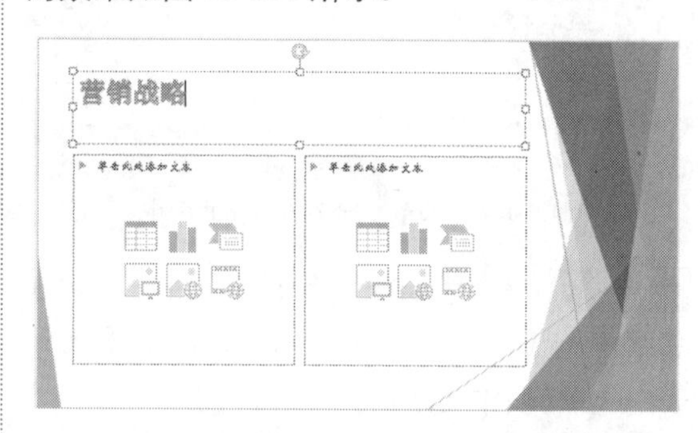

图 19-101 使用格式刷复制标题格式

步骤 4 在左侧【单击此处添加文本】文本框内输入相关文本的标题及内容，将标题的字体设置为“华文新魏”，字号为“24”，标题下方的字体设置为“华文新魏”，字号为“18”，如图 19-102 所示。

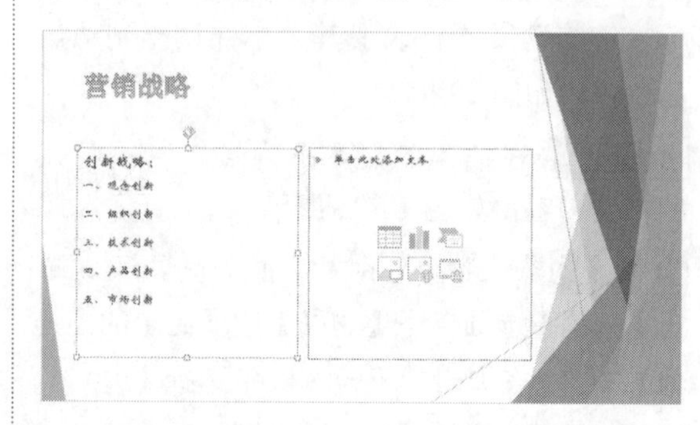

图 19-102 在左侧输入标题与内容

步骤 5 在右侧【单击此处添加文本】文本框内输入标题及内容，使用格式刷将左侧文本框内的字体格式应用到当前文本框内的文字上，如图 19-103 所示。

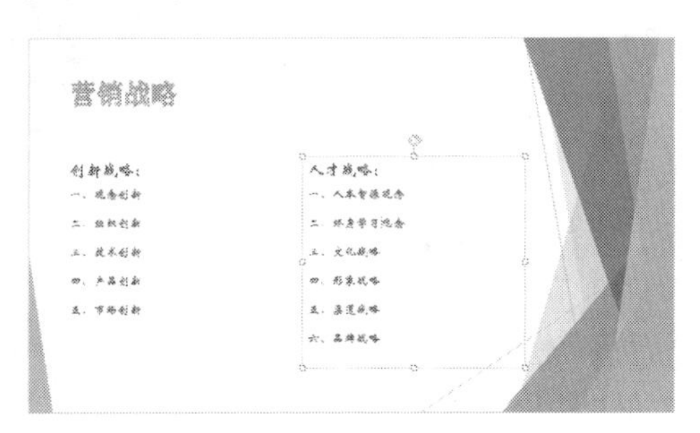

图 19-103　在右侧输入相关内容

步骤 6 将左侧文本框的内容转换为 SmartArt 图形。单击【开始】选项卡下【段落】选项组中的【转换为 SmartArt 图形】按钮，在弹出的下拉列表中选择【垂直块列表】选项，如图 19-104 所示。

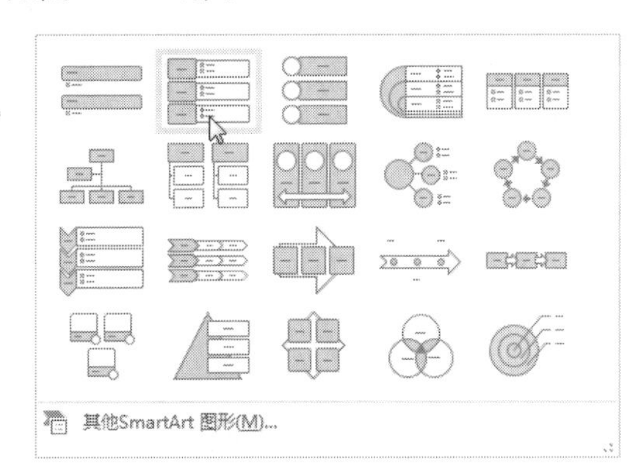

图 19-104　选择 SmartArt 图形

步骤 7 即可将选中的文本内容转换为 SmartArt 图形，如图 19-105 所示。

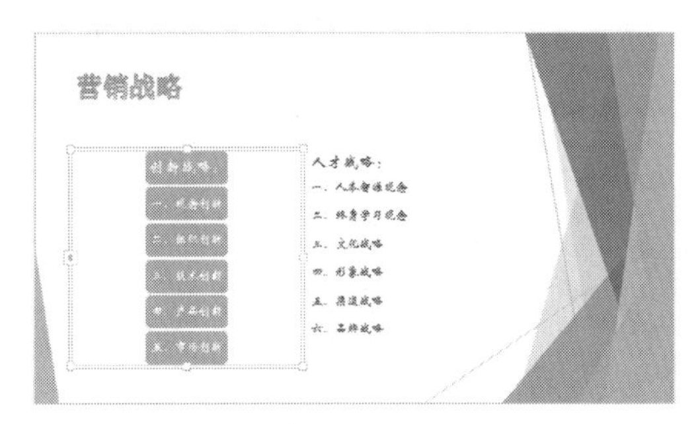

图 19-105　将文本转换为 SmartArt 图形

步骤 8 根据上述方法将右侧文本框中的文本内容转换为 SmartArt 图形，如图 19-106 所示。

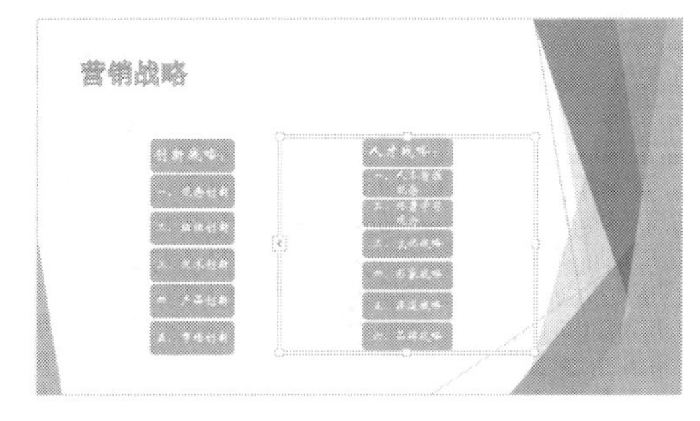

图 19-106　转换其他文本内容

步骤 9 更改 SmartArt 图形颜色。选中左侧的文本框，单击【SmartArt 工具 - 设计】选项卡下【SmartArt 样式】选项组中的【更改颜色】按钮，在弹出的下拉列表中选择【彩色】区域内的【彩色 - 着色】选项，如图 19-107 所示。

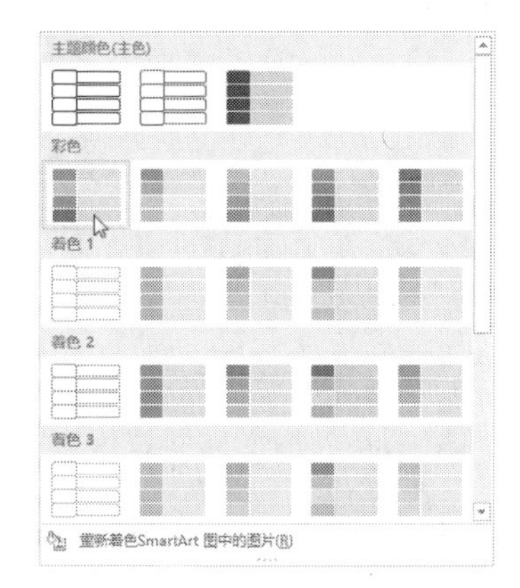

图 19-107　为图形着色

步骤 10 更改颜色后的效果如图 19-108 所示。

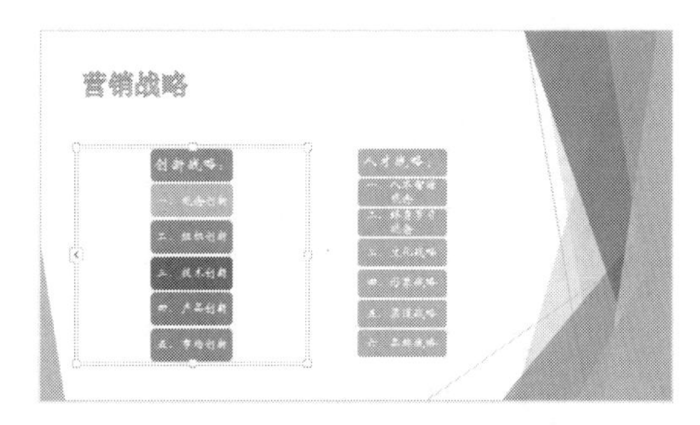

图 19-108　应用后的效果

步骤 11 根据上述方法将右侧的 SmartArt 图形更改成相同的颜色，最终效果如图 19-109 所示。

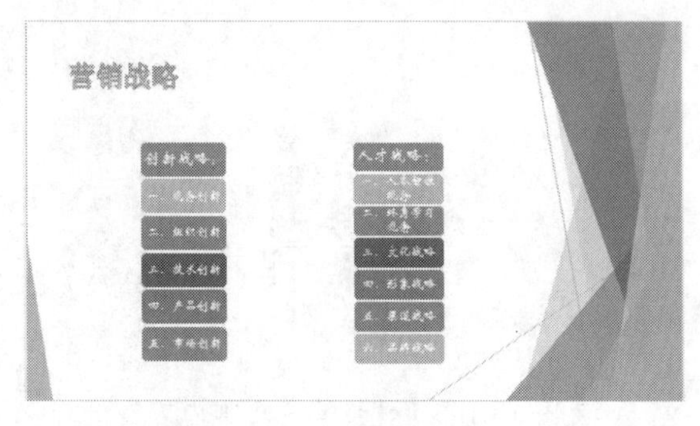

图 19-109 为其他图形着色

步骤 12 设置幻灯片的切换效果。单击【切换】选项卡下【切换到此幻灯片】选项组中的【其他】按钮，在弹出的下拉列表中选择【动态内容】区域内的【轨道】选项，如图 19-110 所示。

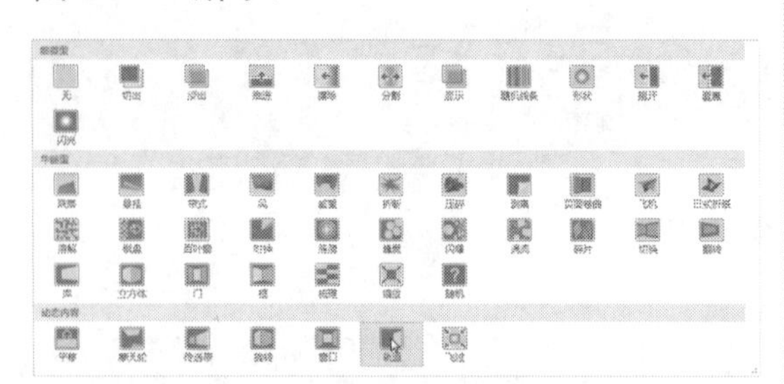

图 19-110 选择幻灯片切换效果

步骤 13 单击【切换】选项卡下【预览】选项组中的【预览】按钮，如图 19-111 所示，可预览设置的幻灯片切换效果。至此，就完成了营销战略幻灯片的制作，如图 19-112 所示。

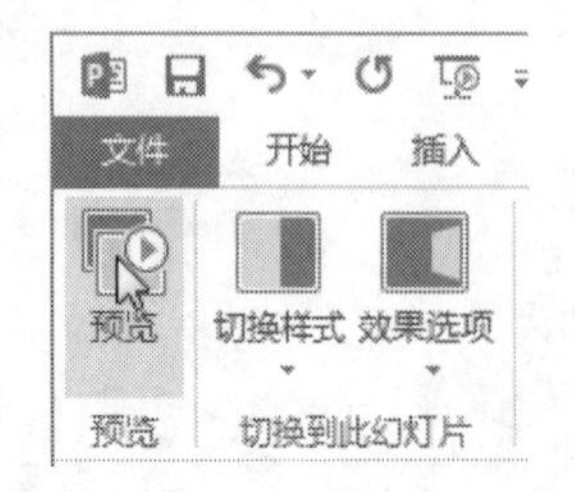

图 19-111 预览切换效果

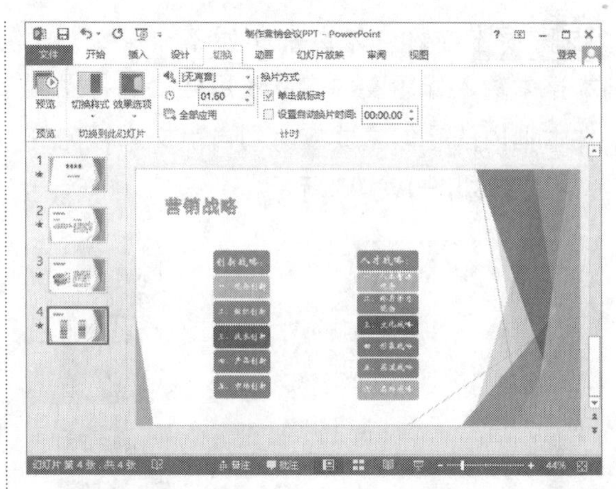

图 19-112 最终的显示效果

19.3.5 制作营销意义幻灯片

制作营销意义幻灯片的具体操作步骤如下。

步骤 1 单击【开始】选项卡下【幻灯片】选项组中的【新建幻灯片】按钮，在弹出的下拉列表中选择【标题和内容】选项，如图 19-113 所示。

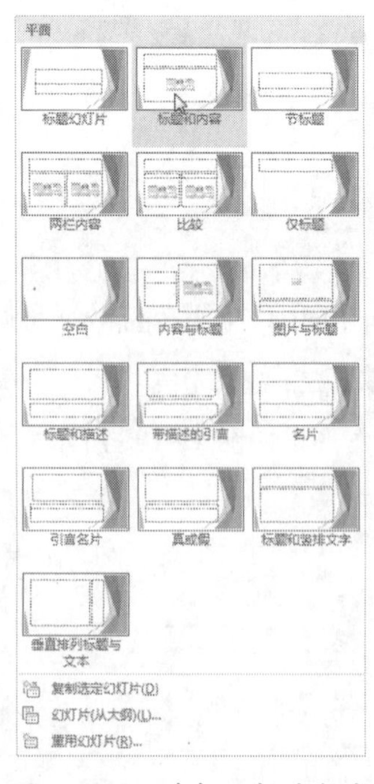

图 19-113 选择幻灯片版式

步骤 2 在新建幻灯片的添加标题文本框内输入标题名称，如输入“营销意义”，如图 19-114 所示。

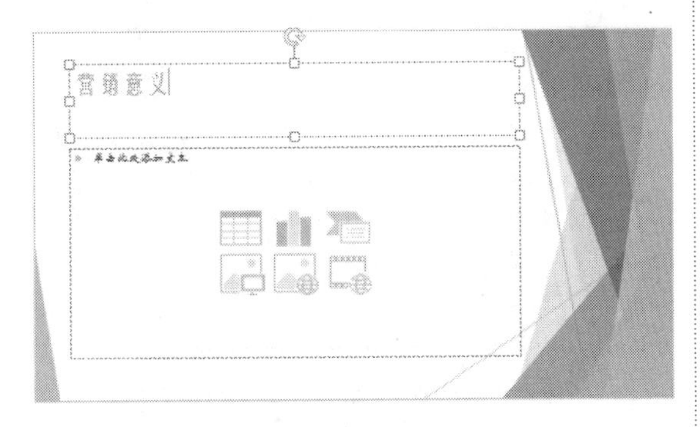

图 19-114 新建一张幻灯片

步骤 3 使用格式刷将第四张幻灯片标题的格式应用到当前幻灯片的标题上，应用后的效果如图 19-115 所示。

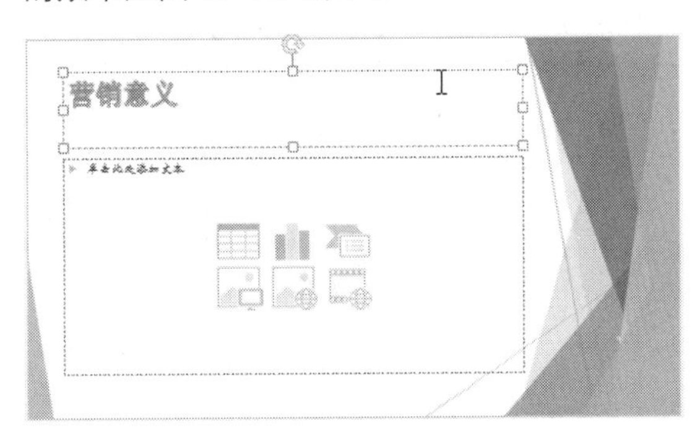

图 19-115 使用格式刷复制标题格式

步骤 4 在【单击此处添加文本】文本框内输入营销意义相关的内容，将字体设置为“华文新魏”，字号为“20”，如图 19-116 所示。

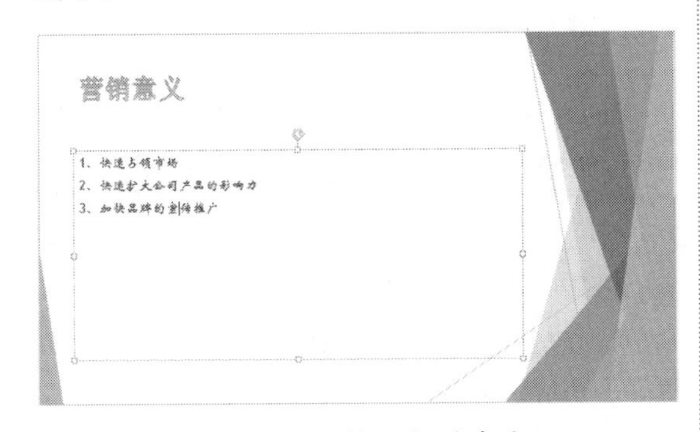

图 19-116 输入相关内容

步骤 5 将文本框内的文本内容转换为 SmartArt 图形。单击【开始】选项卡下【段落】选项组中的【转换为 SmartArt 图形】按钮，在弹出的下拉列表中选择【目标图列表】选项，如图 19-117 所示。

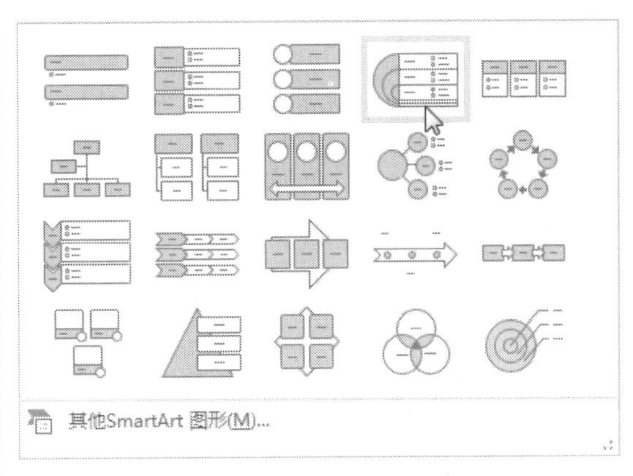

图 19-117 选择 SmartArt 图形

步骤 6 即可将文本内容转换为 SmartArt 图形，如图 19-118 所示。

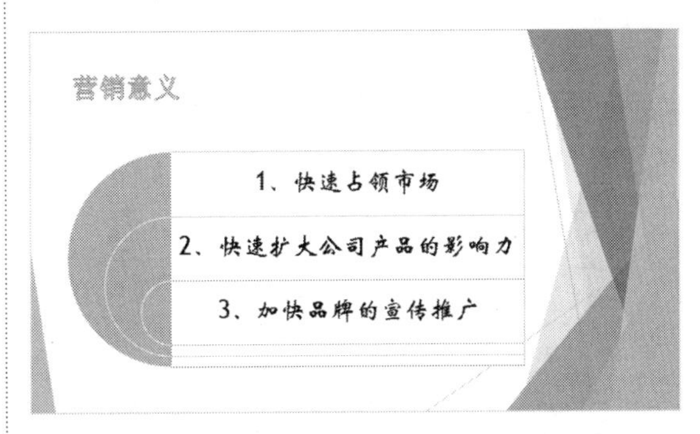

图 19-118 转换文本为图形

步骤 7 选中 SmartArt 图形，单击【动画】选项卡下【动画】选项组中的【其他】按钮，在弹出的下拉列表中选择【进入】区域内的【翻转式由远及近】选项，如图 19-119 所示。

步骤 8 为【翻转式由远及近】动画效果设置开始模式。单击【动画】选项卡下【计时】选项组中【开始】右侧的下拉按钮，在弹出的下拉列表中选择【单击时】选项，如图 19-120 所示。

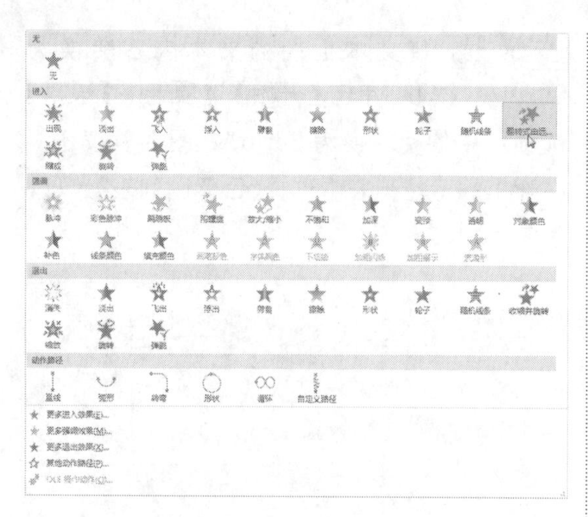

图 19-119　选择动画效果

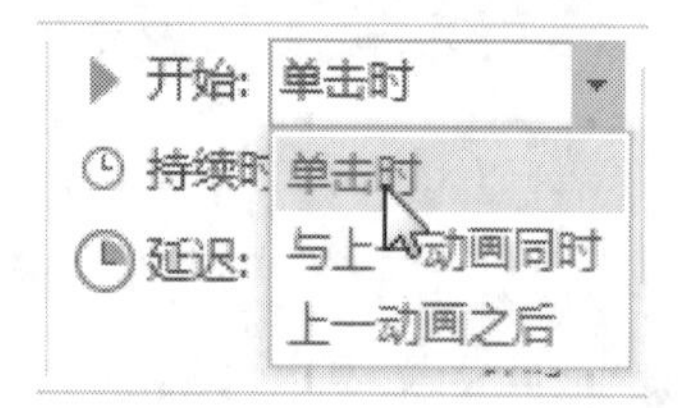

图 19-120　设置动画开始条件

步骤 9 设置幻灯片切换效果。单击【切换】选项卡下【切换到此幻灯片】选项组中的【其他】按钮，在弹出的下拉列表中选择【华丽型】区域内的【随机】选项，如图 19-121 所示。

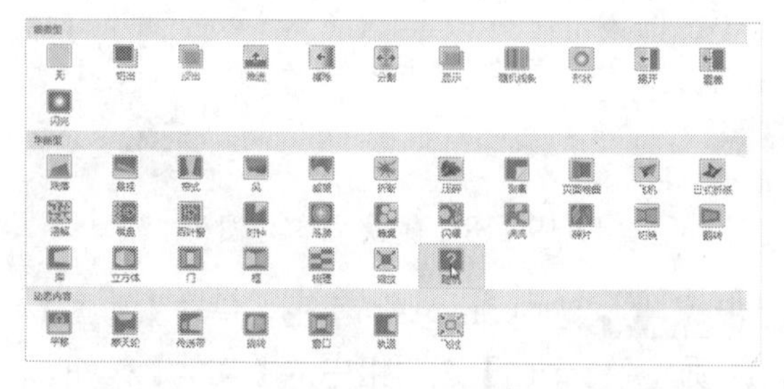

图 19-121　选择幻灯片切换效果

步骤 10 选中左侧幻灯片浏览区域内的第五张幻灯片，然后单击幻灯片编号下方的【播放动画】图标，即可预览当前幻灯片中设置的动画效果以及幻灯片切换效果，如图 19-122 所示。至此，就完成了营销意义幻灯片的制作。

图 19-122　预览幻灯片切换效果

19.3.6 制作结束页幻灯片

制作结束页幻灯片的具体操作步骤如下。

步骤 1 单击【开始】选项卡下【幻灯片】选项组中的【新建幻灯片】按钮，在弹出的下拉列表中选择【空白】选项，如图 19-123 所示。

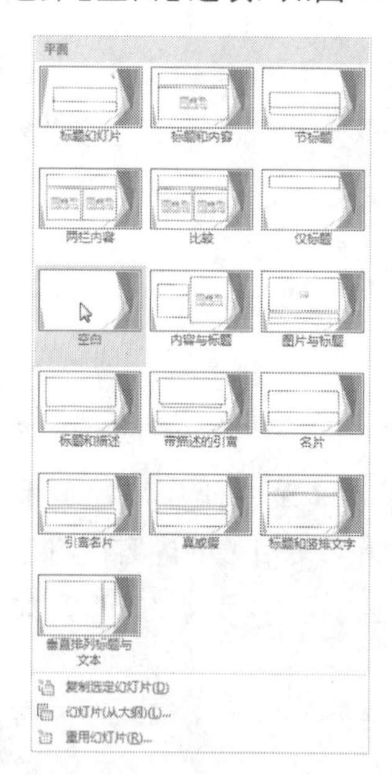

图 19-123　选择幻灯片版式

步骤 2 单击【插入】选项卡下【文本】选项组中的【文本框艺术字】按钮，在弹出的下拉列表中选择【图案填充 - 蓝 - 灰，文本 2，深色上对角线，清晰阴影 - 文本 2】选项，如图 19-124 所示。

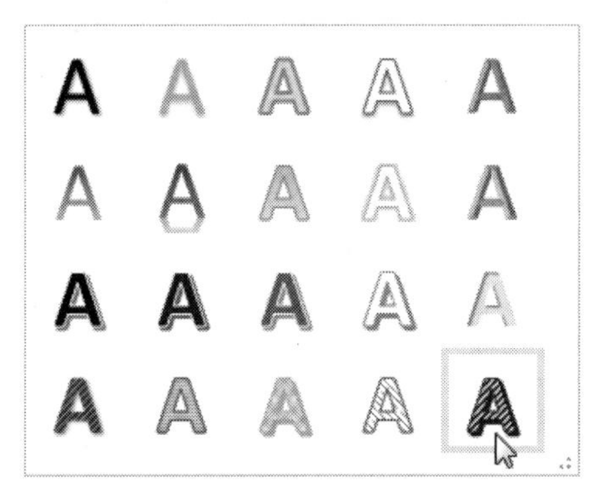

图 19-124 选择艺术字样式

步骤 3 在【请在此放置您的文字】文本框内输入“完”，将字体设置为“宋体”，字号为“150”，如图 19-125 所示。

图 19-125 输入文字

步骤 4 选中艺术字文本框，单击【动画】选项卡下【动画】选项组中的【其他】按钮，在弹出的下拉列表中选择【退出】区域内的【收缩并旋转】选项，如图 19-126 所示。

步骤 5 设置幻灯片的切换效果。单击【切换】选项卡下【切换到此幻灯片】选项组中的【其他】按钮，在弹出的下拉列表中选择【华丽型】区域内的【涟漪】选项，如图 19-127 所示。

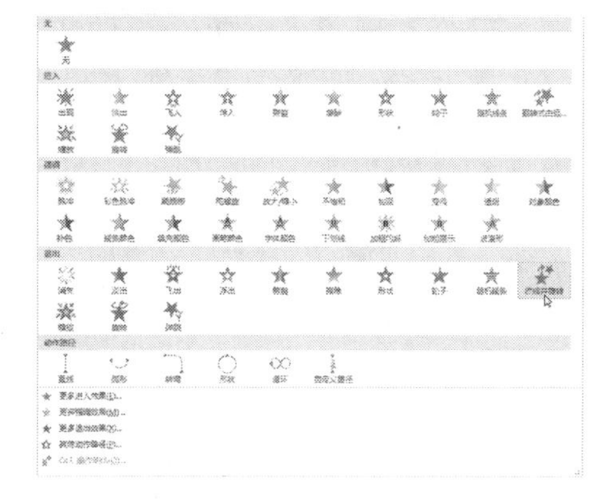

图 19-126 选择动画效果

图 19-127 选择幻灯片切换效果

步骤 6 选中左侧幻灯片浏览区域内的第六张幻灯片，然后单击幻灯片编号下方的【播放动画】图标，即可预览当前幻灯片中设置的动画效果以及幻灯片切换效果，如图 19-128 所示。至此，就完成了营销会议结束页幻灯片的制作。

图 19-128 预览幻灯片效果

第6篇

高手办公秘籍

高效办公是各个公司所追逐的目标和要求，也是对电脑办公人员最基本的技能要求。本篇主要介绍 Office 2013 中各个组件如何配合工作的知识。

Office 2013 组件之间协作办公

● **本章导读**

Office 组件之间的协同办公主要包括 Word 与 Excel 之间的协作、Word 与 PowerPoint 之间的协作、Excel 与 PowerPoint 之间的协作，以及 Outlook 与其他组件之间的协作等。

● **学习目标**

◎ 掌握 Word 与 Excel 之间的协作技巧与方法。

◎ 掌握 Word 与 PowerPoint 之间的协作技巧与方法。

◎ 掌握 Excel 与 PowerPoint 之间的协作技巧与方法。

◎ 掌握 Outlook 与其他组件之间的协作关系。

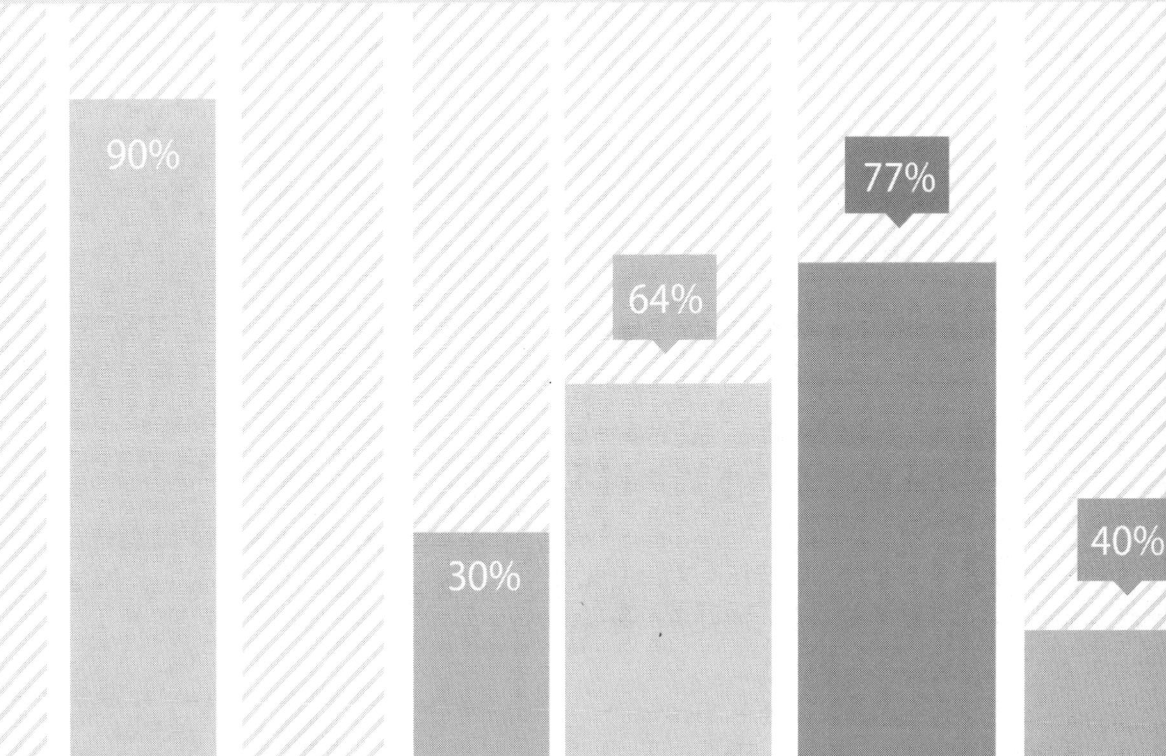

20.1 Word与Excel之间的协作

Word 与 Excel 都是现代化办公所必不可少的工具，Word 与 Excel 的协同办公技能可以说是每个办公人员所必须熟练掌握的。

20.1.1 在 Word 中创建 Excel 工作表

Office 2013 的 Word 组件提供了创建 Excel 工作表的功能，这使得用户可以直接在 Word 中创建 Excel 工作表，而不用在两个软件之间来回切换。

在 Word 文档中创建 Excel 工作表的具体操作步骤如下。

步骤 1 在 Word 2013 的工作界面中选择【插入】选项卡，在打开的功能界面中单击【文本】选项组中的【对象】按钮，如图 20-1 所示。

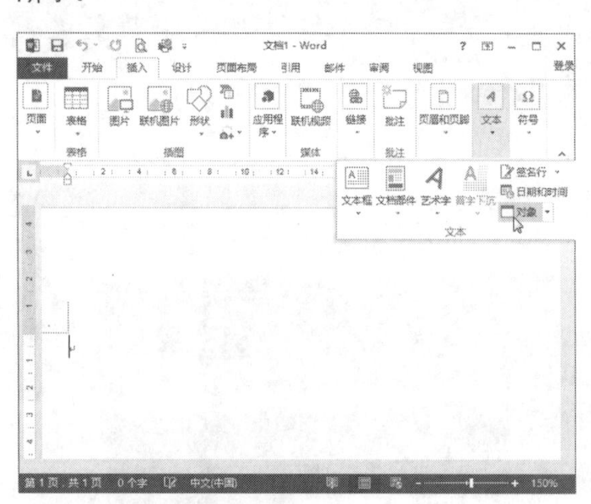

图 20-1 选择【对象】选项

步骤 2 弹出【对象】对话框，在【对象类型】列表框中选择【Microsoft Excel 工作表】选项，如图 20-2 所示。

步骤 3 单击【确定】按钮，文档中就会出现 Excel 工作表的状态，同时当前窗口最上方的功能区将显示 Excel 软件的功能区，然后直接在工作表中输入需要的数据即可，如图 20-3 所示。

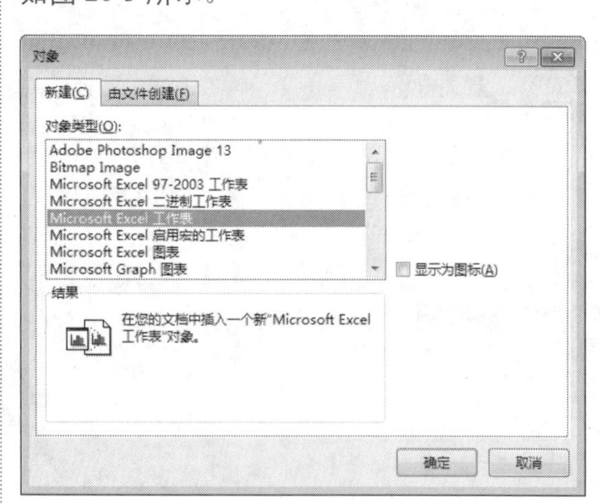

图 20-2 【对象】对话框

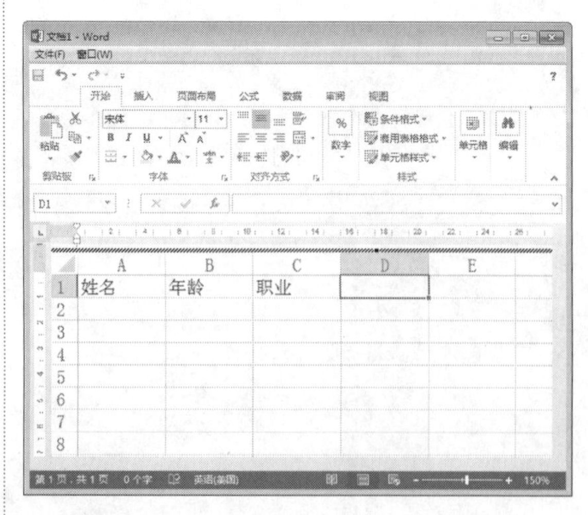

图 20-3 在 Word 中创建 Excel 工作表

20.1.2　在 Word 中调用 Excel 工作表

除了可以在 Word 中创建 Excel 工作表之外，还可以在 Word 中调用已经创建好的工作表，具体的操作步骤如下。

步骤 1 打开 Word 软件，在其工作界面中选择【插入】选项卡，在打开的功能界面中单击【文本】选项组中的【对象】按钮 对象 ，弹出【对象】对话框，在其中选择【由文件创建】选项卡，如图 20-4 所示。

图 20-4　【由文件创建】选项卡

步骤 2 单击【浏览】按钮，在弹出的【浏览】对话框中选择需要插入的 Excel 文件。这里选择随书光盘中的“素材\ch20\社保缴费统计表.xlsx”文件，单击【插入】按钮，如图 20-5 所示。

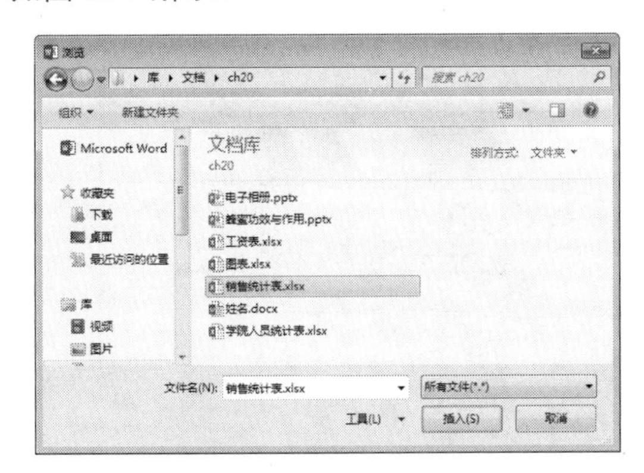

图 20-5　【浏览】对话框

步骤 3 返回【对象】对话框，单击【确定】按钮，即可将 Excel 工作表插入到 Word 文档中，如图 20-6 所示。

图 20-6　【对象】对话框

步骤 4 插入 Excel 工作表后，可以通过工作表四周的控制点调整工作表的位置及大小，如图 20-7 所示。

姓名	销量	单价	销售额	提成
王艳	38	¥230.00	¥8,740.00	1,049
李娟	16	¥230.00	¥3,680.00	442
张军	32	¥230.00	¥7,360.00	883
吴飞	26	¥230.00	¥5,980.00	718
宋娟	18	¥230.00	¥4,140.00	497
李静	22	¥230.00	¥5,060.00	607
王鹏	29	¥230.00	¥6,670.00	800
邵倩	19	¥230.00	¥4,370.00	524
周天	30	¥230.00	¥6,900.00	828
郝燕	21	¥230.00	¥4,830.00	580
郑光	21	¥230.00	¥4,830.00	580
彭军帅	26	¥230.00	¥5,980.00	718

图 20-7　在 Word 中调整 Excel 工作表

20.1.3　在 Word 中编辑 Excel 工作表

在 Word 中除了可以创建和调整 Excel 工作表之外，还可以对 Excel 工作表进行编辑，具体的操作步骤如下。

步骤 1 在 Word 中插入一个需要编辑的工作表，如图 20-8 所示。

姓名	销量	单价	销售额	提成
王艳	38	￥230.00	￥8,740.00	1,049
李娟	16	￥230.00	￥3,680.00	442
张军	32	￥230.00	￥7,360.00	883
吴飞	26	￥230.00	￥5,980.00	718
宋娟	18	￥230.00	￥4,140.00	497
李静	22	￥230.00	￥5,060.00	607
王鹏	29	￥230.00	￥6,670.00	800
邵倩	19	￥230.00	￥4,370.00	524
周天	30	￥230.00	￥6,900.00	828
郝燕	21	￥230.00	￥4,830.00	580
郑光	21	￥230.00	￥4,830.00	580

图 20-8　打开要编辑的 Excel 工作表

步骤 2 修改姓名为王艳的销售数量，如将“38”修改为“42”，双击插入的工作表，进入工作表编辑状态，然后选中“38”所在的单元格中的文字，在其中直接输入“42”即可，如图 20-9 所示。

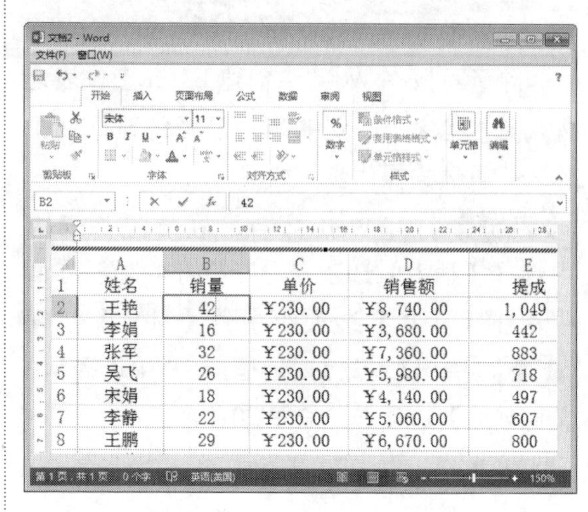

	A	B	C	D	E
1	姓名	销量	单价	销售额	提成
2	王艳	42	￥230.00	￥8,740.00	1,049
3	李娟	16	￥230.00	￥3,680.00	442
4	张军	32	￥230.00	￥7,360.00	883
5	吴飞	26	￥230.00	￥5,980.00	718
6	宋娟	18	￥230.00	￥4,140.00	497
7	李静	22	￥230.00	￥5,060.00	607
8	王鹏	29	￥230.00	￥6,670.00	800

图 20-9　修改表格中的数据

提示 参照相同的方法可以编辑工作表中其他单元格的数值。

20.2 Word与PowerPoint之间的协作

Word 与 PowerPoint 之间也可以协同办公，将 PowerPoint 演示文稿制作成 Word 文档的方法有两种，一种是在 Word 状态下将演示文稿导入到 Word 文档中，另一种是将演示文稿发送到 Word 文档中。

20.2.1 在 Word 中创建 PowerPoint 演示文稿

在 Word 文档中创建 PowerPoint 演示文稿的具体操作步骤如下。

步骤 1 打开 Word 软件，在其工作界面中选择【插入】选项卡，在打开的功能界面中单击【文本】选项组中的【对象】按钮 对象，弹出【对象】对话框，在【新建】选项卡中选择【Microsoft PowerPoint 幻灯片】选项，如图 20-10 所示。

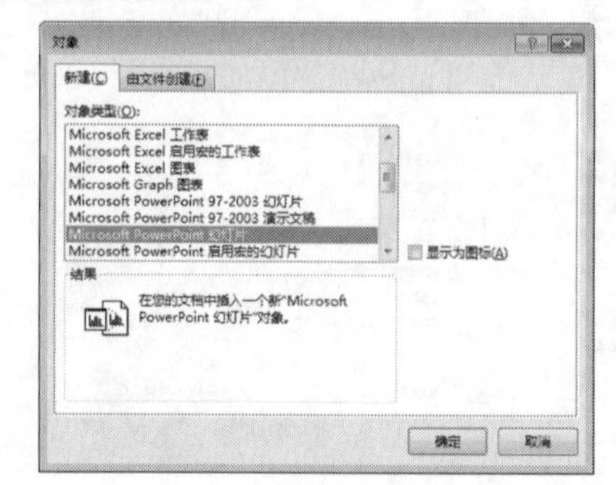

图 20-10　【对象】对话框

步骤 2 单击【确定】按钮，即可在 Word 文档中添加一个幻灯片，如图 20-11 所示。

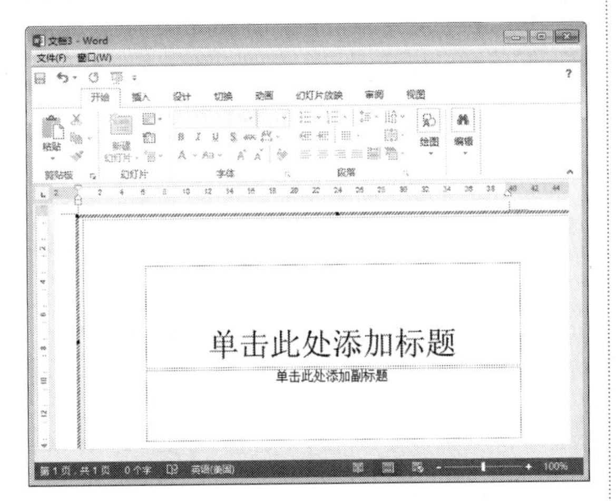

图 20-11 在 Word 中创建幻灯片

步骤 3 在【单击此处添加标题】占位符中输入标题信息，如输入“产品介绍报告”，如图 20-12 所示。

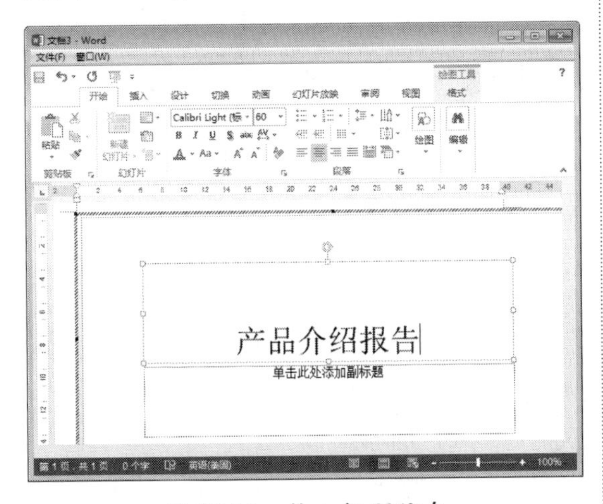

图 20-12 输入标题信息

步骤 4 在【单击此处添加副标题】占位符中输入幻灯片的副标题，如输入“——蜂蜜系列产品”，如图 20-13 所示。

步骤 5 右击创建的幻灯片，在弹出的快捷菜单中选择【设置背景格式】命令，如图 20-14 所示。

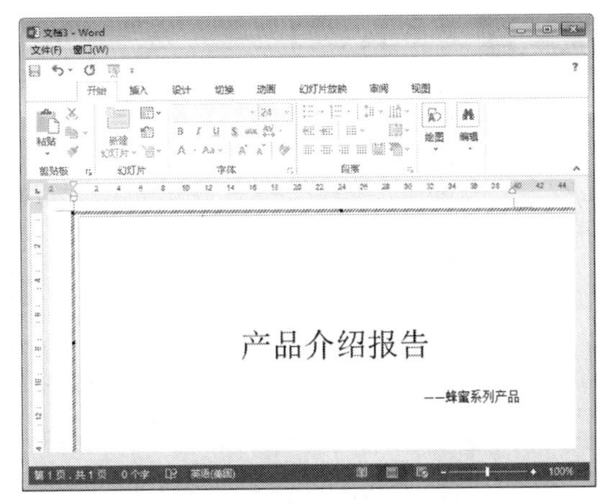

图 20-13 输入副标题信息

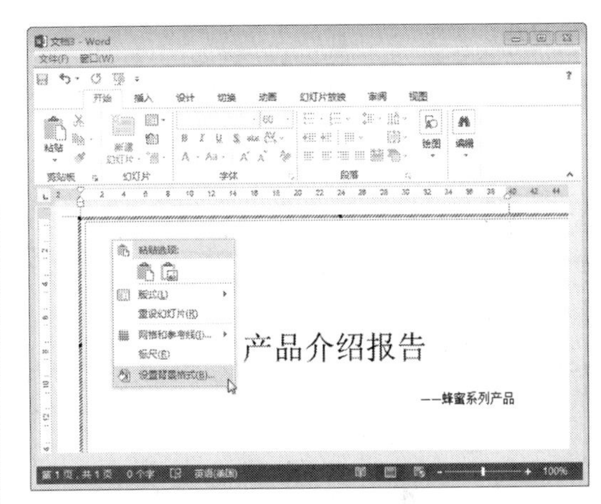

图 20-14 选择【设置背景格式】命令

步骤 6 打开【设置背景格式】窗格，在其中将填充的颜色设置为蓝色，如图 20-15 所示。

图 20-15 选择蓝色作为填充颜色

步骤 7 单击【关闭】按钮，返回到 Word 文档中，在其中可以看到设置之后的幻灯片背景，如图 20-16 所示。

图 20-16　添加的幻灯片背景颜色

步骤 8 选中该幻灯片的边框，当鼠标变为双向箭头时，按住鼠标左键不放，拖曳鼠标便可调整幻灯片的大小，如图 20-17 所示。

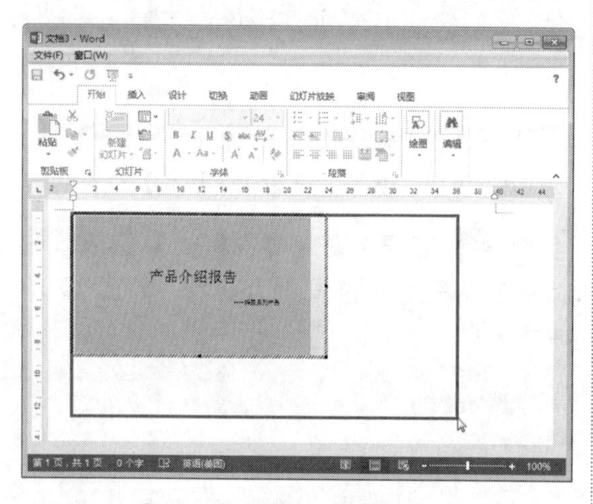

图 20-17　调整幻灯片的大小

20.2.2 在 Word 中添加 PowerPoint 演示文稿

在 PowerPoint 中创建好演示文稿之后，用户除了可以在 PowerPoint 中进行编辑和放映外，还可以将 PowerPoint 演示文稿插入到 Word 软件中进行编辑及放映，具体的操作步骤如下。

步骤 1 打开 Word 软件，单击【插入】选项卡【文本】选项组中的【对象】按钮 对象，在弹出的【对象】对话框中选择【由文件创建】选项卡，单击【浏览】按钮，如图 20-18 所示。

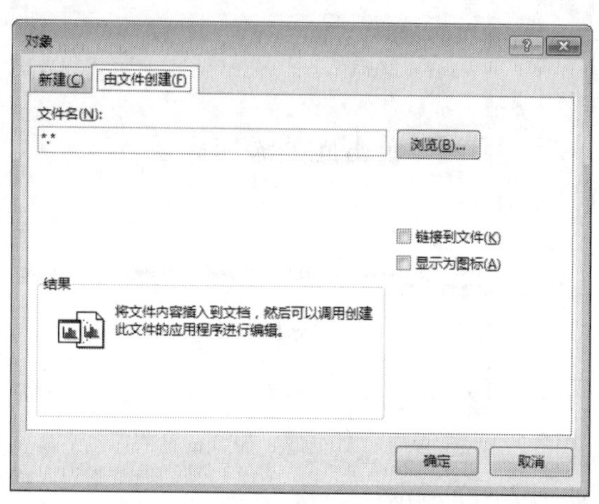

图 20-18　【对象】对话框

步骤 2 在打开的【浏览】对话框中选择需要插入的 PowerPoint 文件。这里选择随书光盘中的“素材\ch20\电子相册.pptx”文件，然后单击【插入】按钮，如图 20-19 所示。

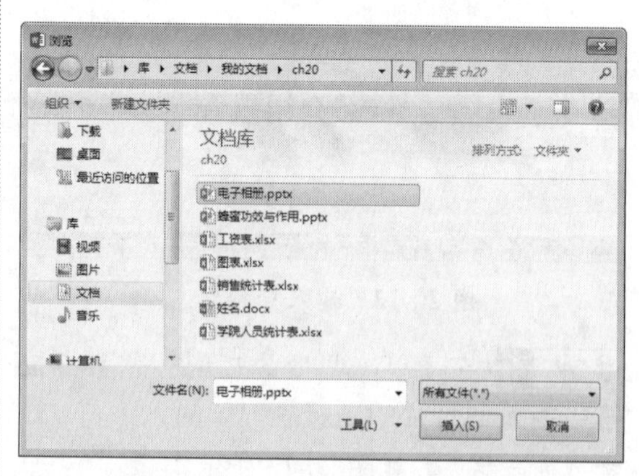

图 20-19　【浏览】对话框

步骤 3 返回【对象】对话框，单击【确定】按钮，即可在文档中插入所选的演示文稿，如图 20-20 所示。

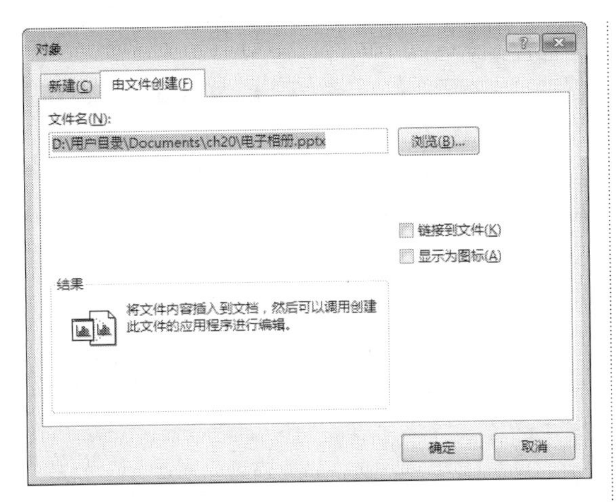

图 20-20　【对象】对话框

步骤 4　插入 PowerPoint 演示文稿以后，通过演示文稿四周的控制点可以调整演示文稿的位置及大小，如图 20-21 所示。

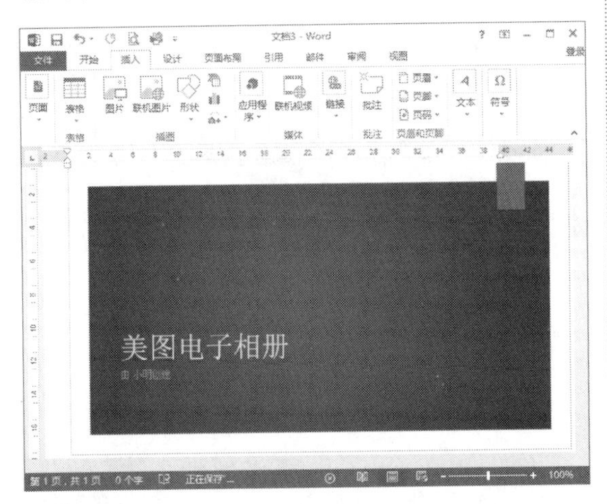

图 20-21　在 Word 中调整演示文稿

20.2.3 在 Word 中编辑 PowerPoint 演示文稿

插入到 Word 文档中的 PowerPoint 幻灯片作为一个对象，也可以像其他对象一样进行调整大小或者移动位置等操作。

在 Word 中编辑 PowerPoint 演示文稿的具体操作步骤如下。

步骤 1　将需要在 Word 中编辑的 PowerPoint 演示文稿插入到 Word 文档中，如图 20-22 所示。

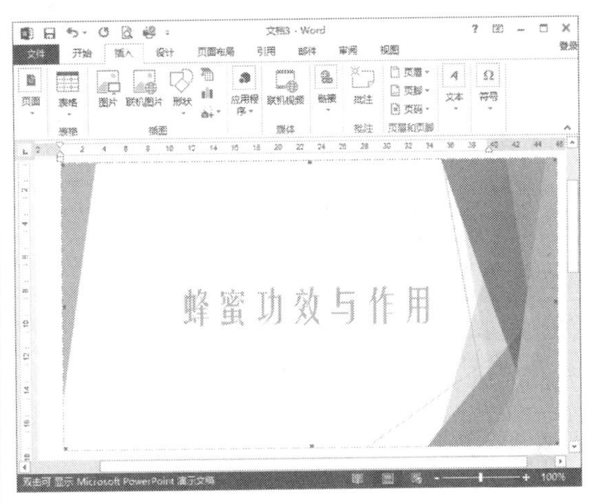

图 20-22　在 Word 中插入需要编辑的演示文稿

步骤 2　双击插入的幻灯片对象，或者在该对象上右击，然后在弹出的快捷菜单中选择【“演示文稿”对象】→【显示】命令，如图 20-23 所示。

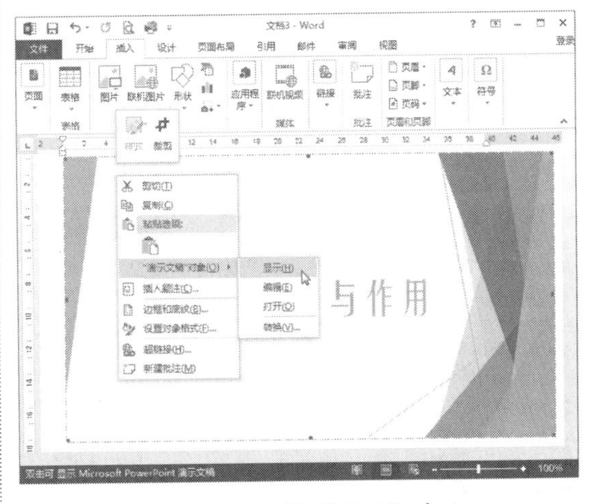

图 20-23　选择【显示】命令

步骤 3　即可进入幻灯片的放映视图开始放映幻灯片，如图 20-24 所示。

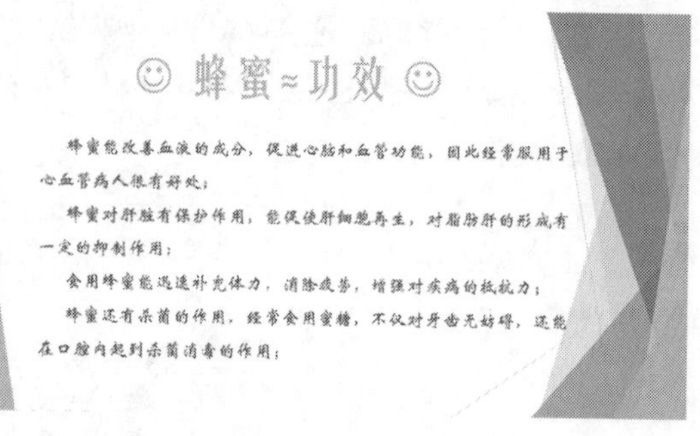

图 20-24　放映幻灯片

步骤 4 在插入的幻灯片对象上右击，在弹出的快捷菜单中选择【“演示文稿” 对象】→【打开】命令，如图 20-25 所示。

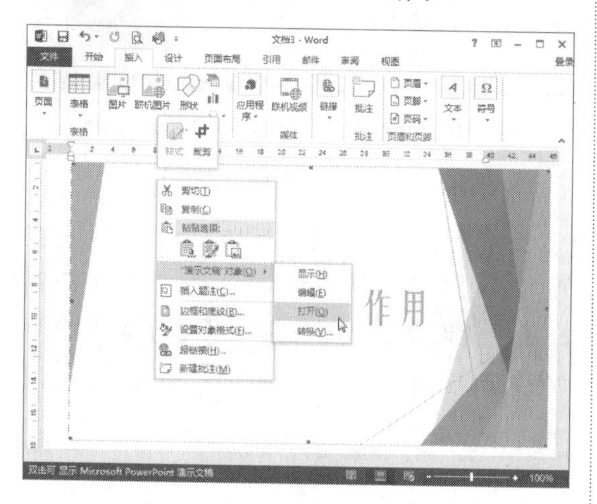

图 20-25　选择【打开】命令

步骤 5 弹出 PowerPoint 程序窗口，进入该演示文稿的编辑状态，如图 20-26 所示。

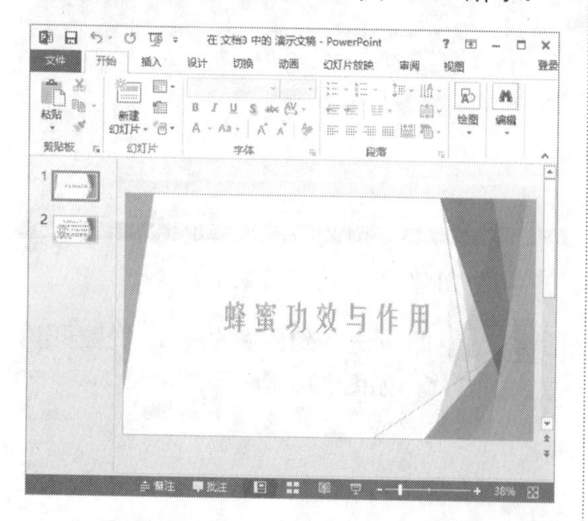

图 20-26　进入幻灯片的编辑状态

步骤 6 右击插入的幻灯片，在弹出的快捷菜单中选择【“演示文稿” 对象】→【编辑】命令，如图 20-27 所示。

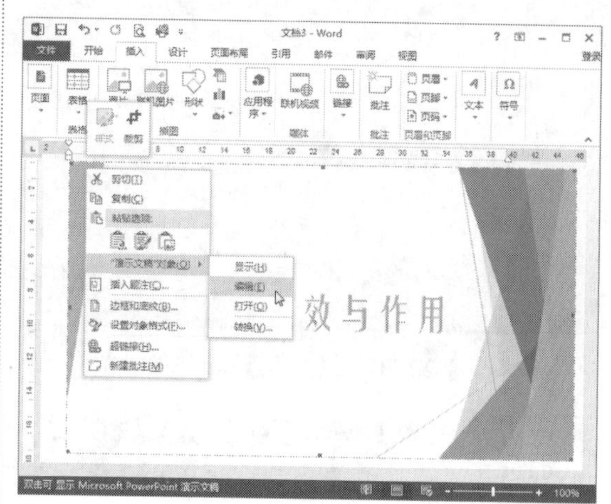

图 20-27　选择【编辑】命令

步骤 7 此时在 Word 中会显示 PowerPoint 程序的菜单栏和工具栏等，通过这些工具可以对幻灯片进行编辑操作，如图 20-28 所示。

图 20-28　开始编辑

步骤 8 右击插入的幻灯片，在弹出的快捷菜单中选择【边框和底纹】命令，如图 20-29 所示。

步骤 9 打开【边框】对话框，在【边框】选项卡中的【设置】列表框中选择【方框】选项，如图 20-30 所示。

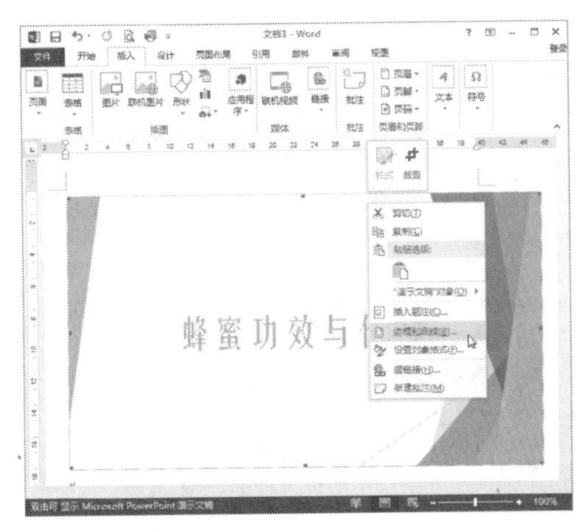

图 20-29 选择【边框和底纹】命令

图 20-30 【边框】选项卡

步骤 10 设置完成后，单击【确定】按钮，返回到 Word 文档中，即可看到为幻灯片对象添加的方框效果，如图 20-31 所示。

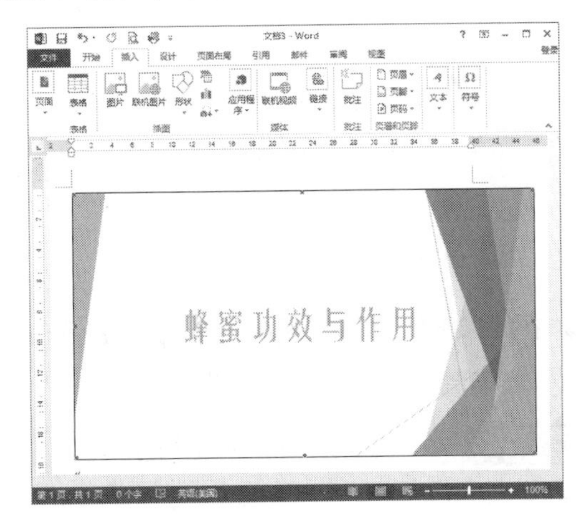

图 20-31 添加的边框效果

步骤 11 右击插入的幻灯片，在弹出的快捷菜单中选择【设置对象格式】命令，如图 20-32 所示。

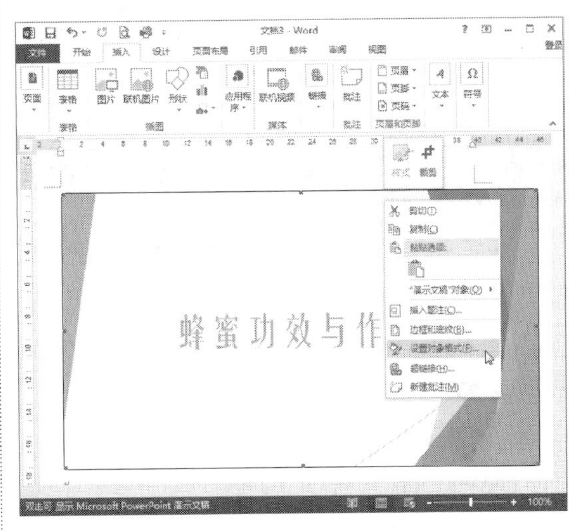

图 20-32 选择【设置对象格式】命令

步骤 12 打开【设置对象格式】对话框，选择【版式】选项卡，在【环绕方式】组合框中设置该对象的文字环绕方式，如“紧密型”，最后单击【确定】按钮，如图 20-33 所示。

图 20-33 【设置对象格式】对话框

20.3 Excel与PowerPoint之间的协作

除了 Word 与 Excel、Word 与 PowerPoint 之间存在相互的协同办公关系外，Excel 与 PowerPoint 之间也存在信息的相互共享与调用关系。

20.3.1 在 PowerPoint 中插入 Excel 工作表

在使用 PowerPoint 进行放映讲解的过程中，用户可以直接将制作好的 Excel 工作表插入到 PowerPoint 软件中进行放映，具体操作步骤如下。

步骤 1 打开随书光盘中的“素材\ch20\学院人员统计表.xlsx”文件，如图 20-34 所示。

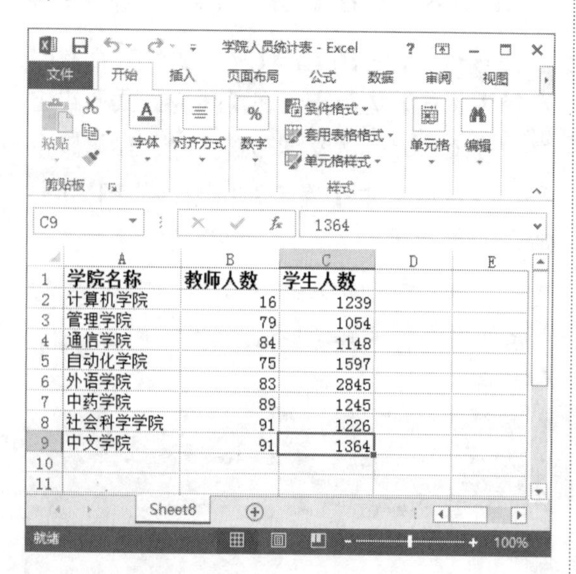

图 20-34 打开素材文件

步骤 2 将需要复制的数据区域选中，然后右击，在弹出的快捷菜单中选择【复制】命令，如图 20-35 所示。

步骤 3 切换到 PowerPoint 软件中，单击【开始】选项卡【剪贴板】选项组中的【粘贴】按钮，如图 20-36 所示。

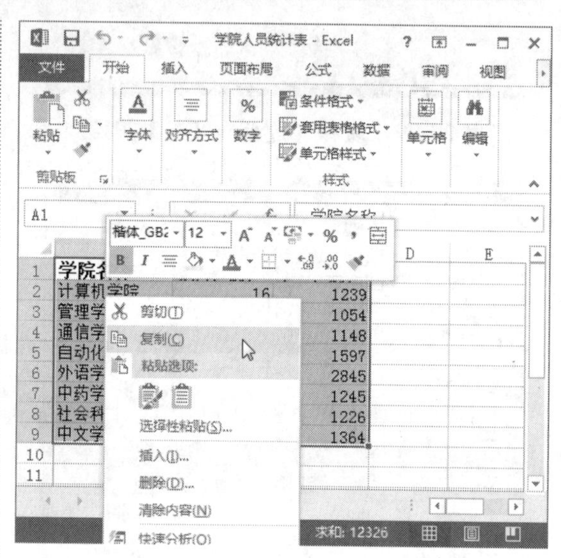

图 20-35 选择【复制】命令

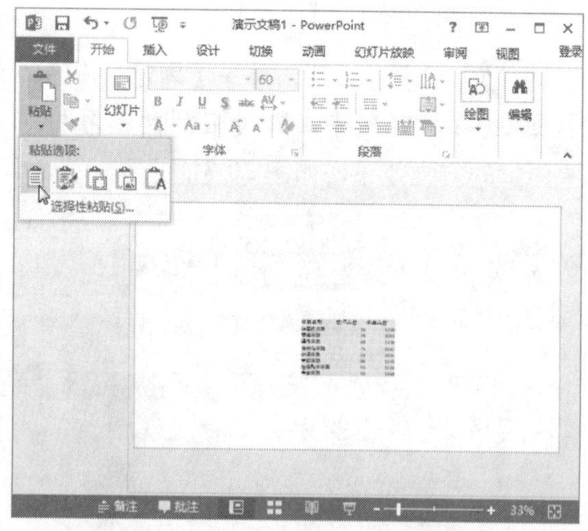

图 20-36 单击【粘贴】按钮

步骤 4 最终效果如图 20-37 所示。

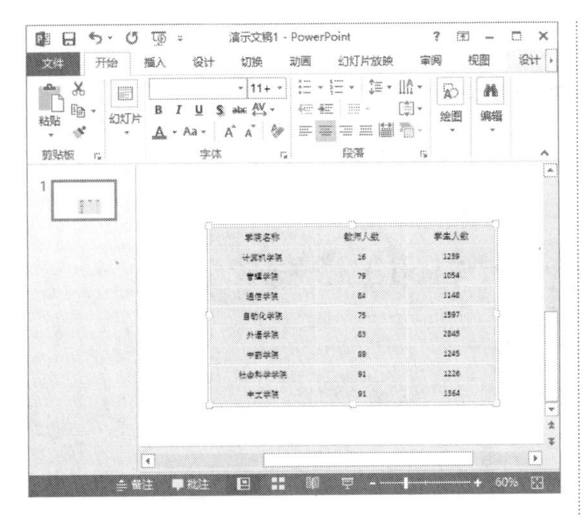

图 20-37　粘贴工作表

20.3.2 在 PowerPoint 中插入 Excel 图表

用户也可以在 PowerPoint 中播放 Excel 图表，将 Excel 图表到 PowerPoint 中的具体操作步骤如下。

步骤 1 打开随书光盘中的“素材 \ch20\ 图表 .xlsx”文件，如图 20-38 所示。

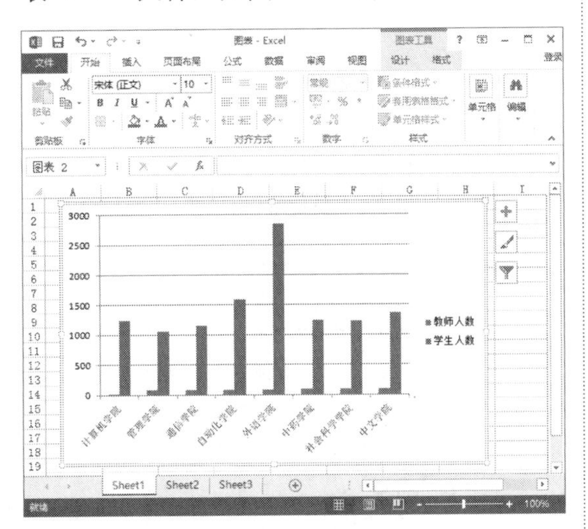

图 20-38　打开素材文件

步骤 2 选中需要复制的图表，然后右击，在弹出的快捷菜单中选择【复制】命令，如图 20-39 所示。

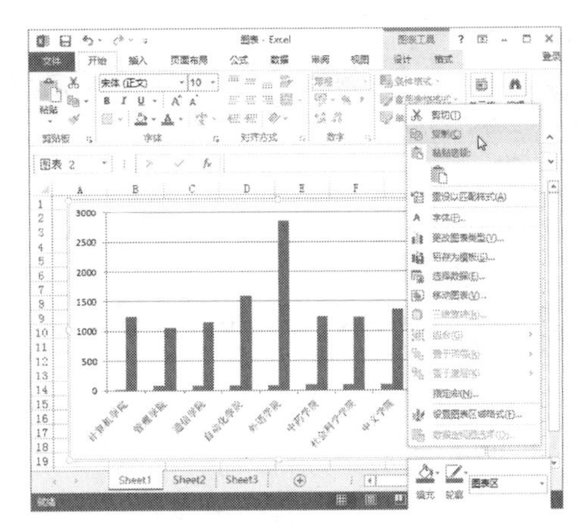

图 20-39　选择【复制】命令

步骤 3 切换到 PowerPoint 软件中，单击【开始】选项卡【剪贴板】选项组中的【粘贴】按钮，如图 20-40 所示。

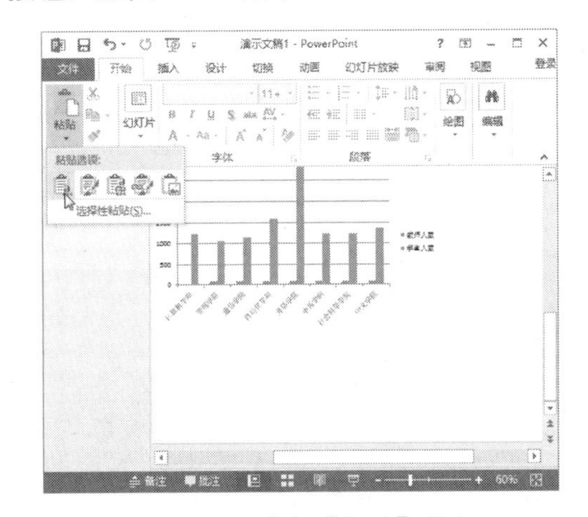

图 20-40　单击【粘贴】按钮

步骤 4 最终效果如图 20-41 所示。

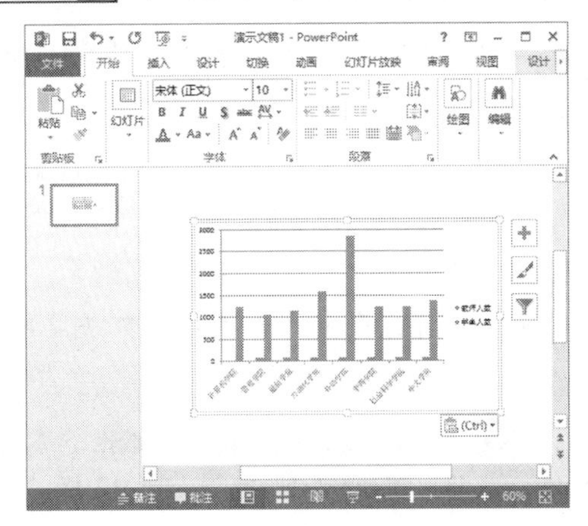

图 20-41　粘贴图表

20.4 高效办公技能实战

20.4.1 使用 Word 和 Excel 组合逐个打印工资表

本实例介绍如何使用 Word 和 Excel 组合逐个打印工资表。作为公司财务人员，能够熟练并快速打印工资表是一项基本技能。

使用 Word 和 Excel 组合逐个打印工资表的具体的操作步骤如下。

步骤 1 打开随书光盘中的“素材\ch20\工资表.xlsx”文件，如图 20-42 所示。

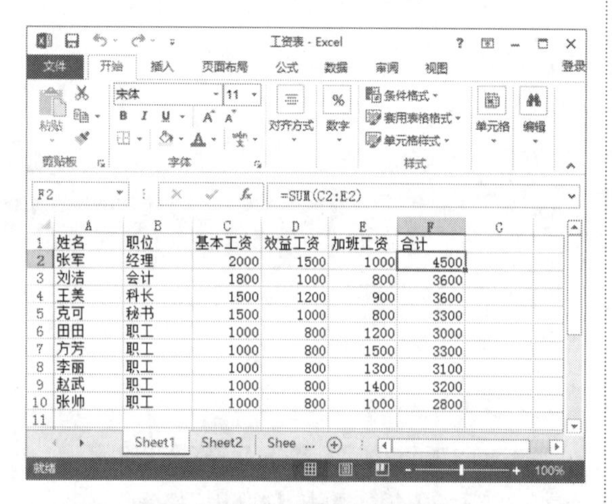

	A	B	C	D	E	F
1	姓名	职位	基本工资	效益工资	加班工资	合计
2	张军	经理	2000	1500	1000	4500
3	刘洁	会计	1800	1000	800	3600
4	王美	科长	1500	1200	900	3600
5	克可	秘书	1500	1000	800	3300
6	田田	职工	1000	800	1200	3000
7	方芳	职工	1000	800	1500	3300
8	李丽	职工	1000	800	1300	3100
9	赵武	职工	1000	800	1400	3200
10	张帅	职工	1000	800	1000	2800

图 20-42　打开素材文件

步骤 2 新建一个 Word 文档，并按“工资表.xlsx”文件格式创建表格，如图 20-43 所示。

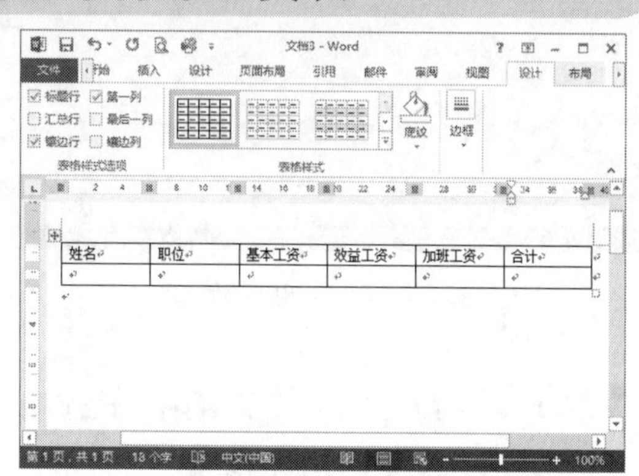

图 20-43　创建表格

步骤 3 选择 Word 文档中的【邮件】选项卡下【开始邮件合并】选项组中的【开始邮件合并】按钮，在弹出的下拉列表中选择【邮件合并分布向导】选项，如图 20-44 所示。

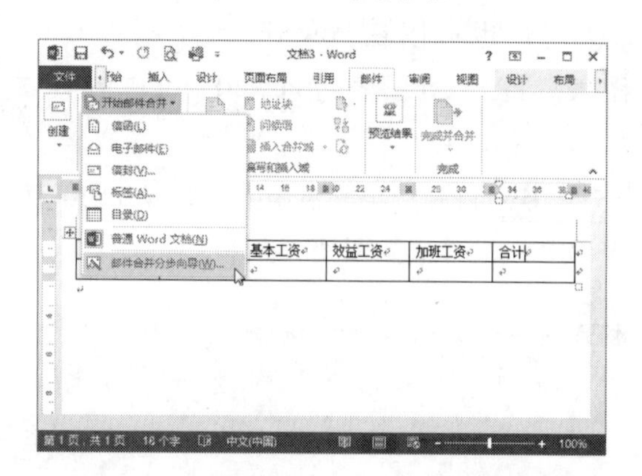

图 20-44　选择【邮件合并分步向导】选项

步骤 4 在窗口的右侧弹出【邮件合并】窗格，选择文档类型为【信函】选项，如图 20-45 所示。

邮件合并

选择文档类型

正在使用的文档是什么类型?

◉ 信函
○ 电子邮件
○ 信封
○ 标签
○ 目录

信函

将信函发送给一组人。您可以个性化设置每个人收到的信函。

单击“下一步”继续。

第 1 步，共 6 步

→ 下一步: 开始文档

图 20-45　选择文档类型

步骤 5 单击【下一步：开始文档】按钮，保持默认选项，如图 20-46 所示。

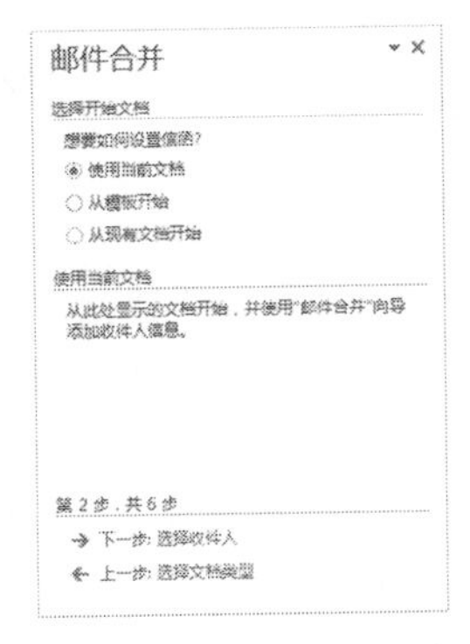

图 20-46 选择开始文档邮件合并第 2 步

步骤 6 单击【下一步：选择收件人】按钮，保持默认选项，单击【浏览】超链接，如图 20-47 所示。

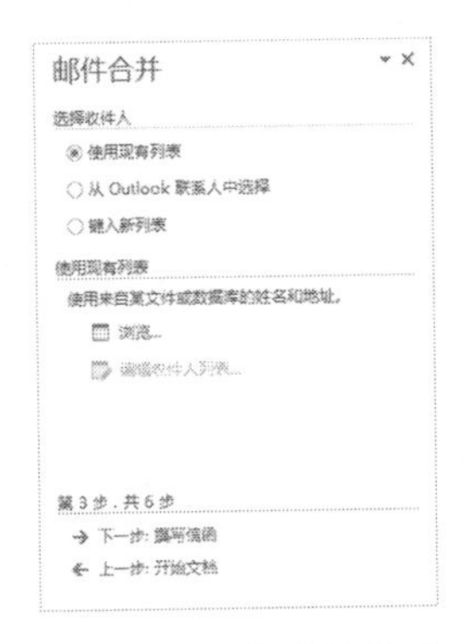

图 20-47 选择收件人

步骤 7 打开【选取数据源】对话框，选择随书光盘中的"素材 \ch20\ 工资表 .xlsx"文件，如图 20-48 所示。

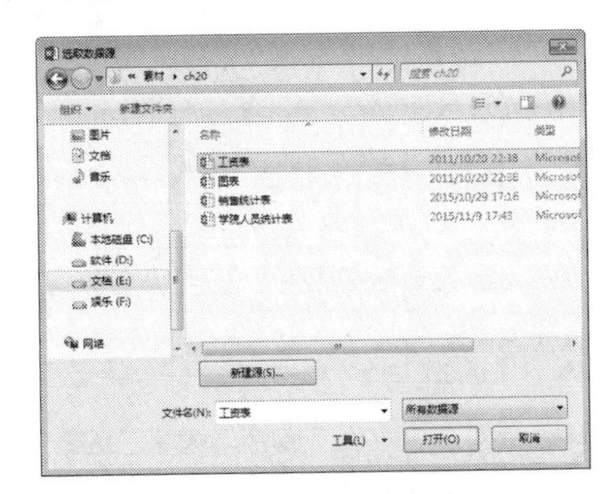

图 20-48 【选取数据源】对话框

步骤 8 单击【打开】按钮，弹出【选择表格】对话框，选择在步骤 1 时打开的工作表，如图 20-49 所示。

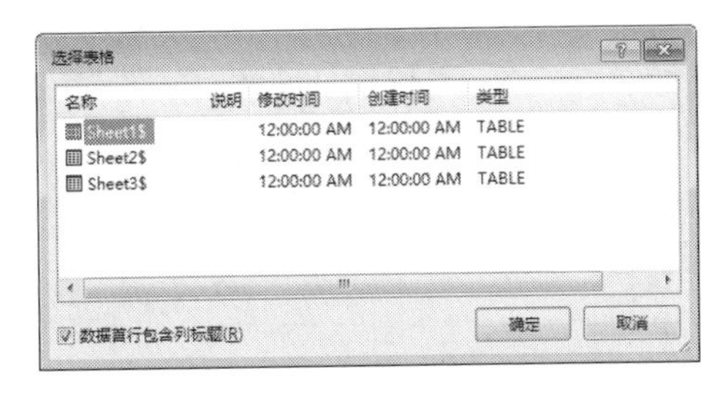

图 20-49 【选择表格】对话框

步骤 9 单击【确定】按钮，弹出【邮件合并收件人】对话框，保持默认设置，单击【确定】按钮，如图 20-50 所示。

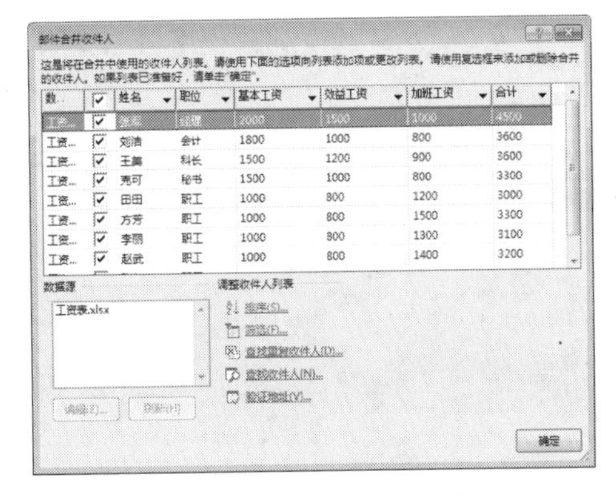

图 20-50 【邮件合并收件人】对话框

步骤 10 返回【邮件合并】窗格，连续单击下一步按钮直至最后一步，如图 20-51 所示。

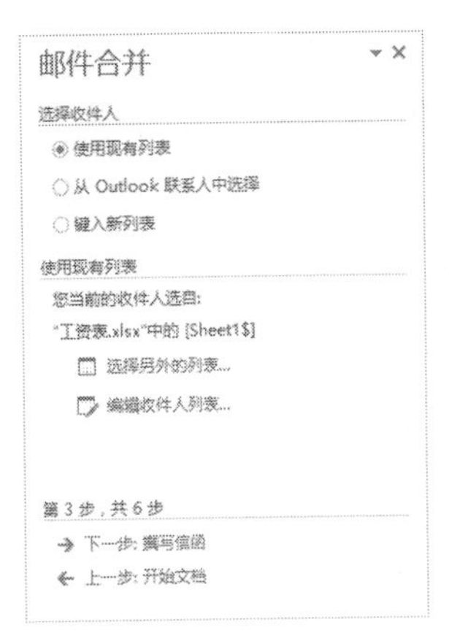

图 20-51 返回【邮件合并】窗格

步骤 11 选择【邮件】选项卡下【编写和插入域】选项组中的【插入合并域】→【姓名】选项，如图 20-52 所示。

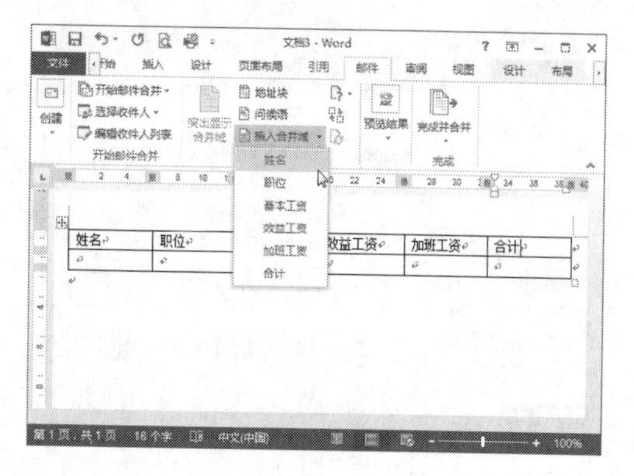

图 20-52 选择【姓名】选项

步骤 12 根据表格标题设计，依次将第 1 条“工资表.xlsx”文件中的数据填充至表格中，如图 20-53 所示。

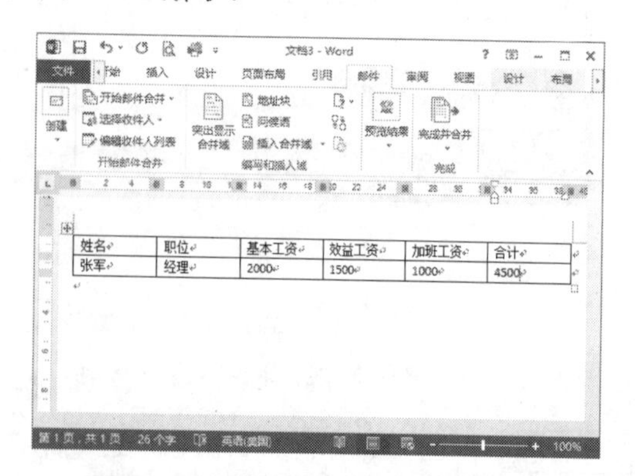

图 20-53 插入合并域的其他内容

步骤 13 单击【邮件合并】窗格中的【编辑单个信函】超链接，如图 20-54 所示。

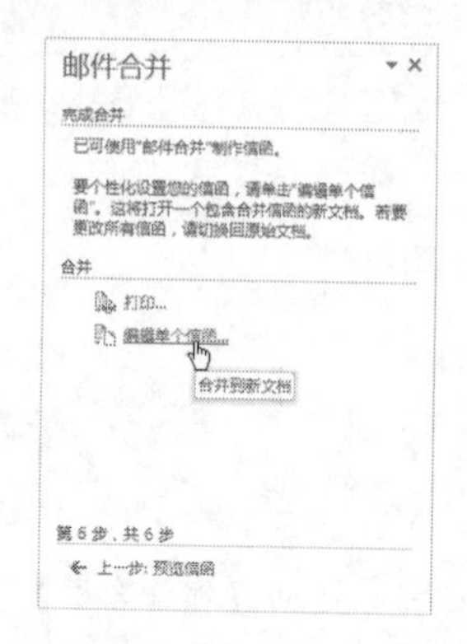

图 20-54 完成邮件合并

步骤 14 打开【合并到新文档】对话框，选中【全部】单选按钮，如图 20-55 所示。

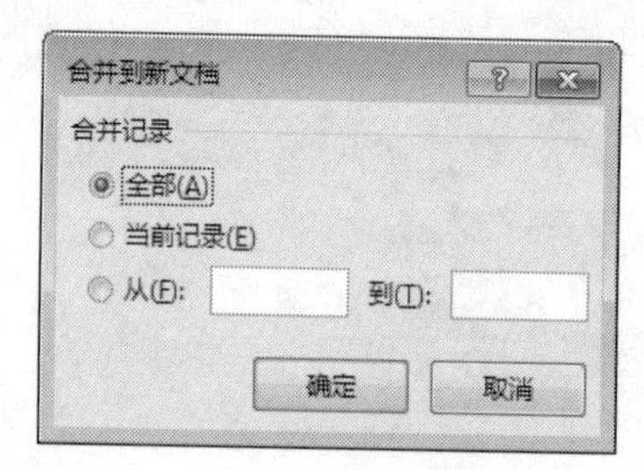

图 20-55 【合并到新文档】对话框

步骤 15 单击【确定】按钮，将新生成一个信函文档，该文档中对每一个员工的工资将分页显示，如图 20-56 所示。

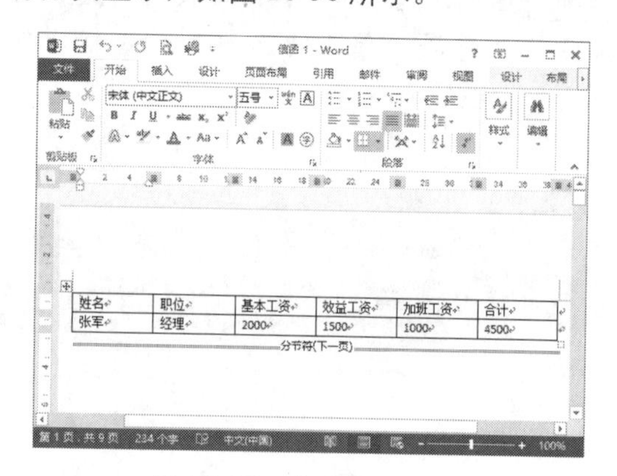

图 20-56 生成信函文件

步骤 16 删除文档中的分页符号，将员工工资条放置在一页中显示，然后保存并打印工资条，如图 20-57 所示。

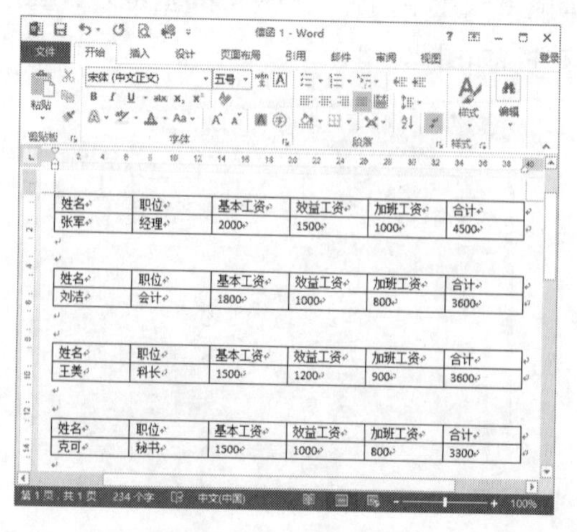

图 20-57 保存工资条

20.4.1 Outlook 与其他组件之间的协作

使用 Word 可以查看、编辑和编写电子邮件，尤其 Outlook 与 Word 之间常用 Outlook 通讯簿查找地址，两者关系非常紧密。在 Word 中查找 Outlook 通讯簿的具体操作步骤如下。

步骤 1 打开 Word 软件，单击【邮件】选项卡下【创建】选项组中的【信封】按钮，如图 20-58 所示。

步骤 2 打开【信封和标签】对话框，在【收信人地址】列表框中输入对方的邮件地址，如图 20-59 所示。

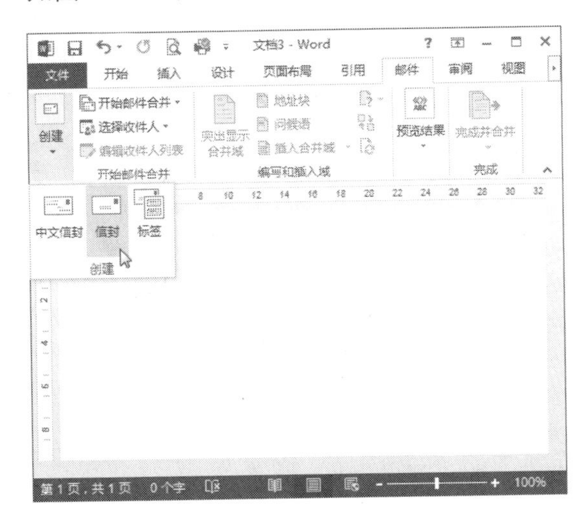

图 20-58　单击【信封】按钮

图 20-59　【信封和标签】对话框

提示 用户还可以在【信封和标签】对话框中单击【通讯簿】按钮，从 Outlook 中查找对方的邮箱地址。

20.5 课后练习与指导

20.5.1 在 Word 中调用单张幻灯片

☆　练习目标

了解 Word 与 PowerPoint 的协同关系。

掌握在 Word 中调用幻灯片的方法。

☆　专题练习指南

01　打开制作好的演示文稿，并选中需要调用的单个幻灯片。

02　右击选中的单张幻灯片，在弹出的快捷菜单中选择【复制】命令。

03　切换到 Word 软件中，单击【开始】选项卡【剪贴板】选项组中的【粘贴】按钮下方的倒三角按钮，在弹出的下拉列表中选择【选择性粘贴】选项。

04　弹出【选择性粘贴】对话框，选中【粘贴】单选按钮，在右侧的【形式】列表框中选择【Microsoft PowerPoint 幻灯片对象】选项。

05　单击【确定】按钮，即可将选中的幻灯片粘贴到 Word 文档中。

20.5.2 在 Word 中调用 Excel 图表

☆ 练习目标

了解 Word 与 Excel 的协同关系。

掌握在 Word 中调用 Excel 图表的方法。

☆ 专题练习指南

01　打开 Word 软件，单击【插入】选项卡【文本】选项组中的【对象】按钮。

02　在弹出的【对象】对话框中选择【由文件创建】选项卡。

03　单击【浏览】按钮，在弹出的【浏览】对话框中选择需要插入的 Excel 图表文件。

04　单击【插入】按钮，返回【对象】对话框，单击【确定】按钮，即可将 Excel 图表文件插入到 Word 文档中。

05　使用复制、粘贴的方法，可将 Excel 图表文件插入到 Word 文档中。